Silk: Der Urknall

Umschlagmotiv: Eine von der Seite gesehene Spiralgalaxie, der Sombreronebel (M 104 / NGC 4594)

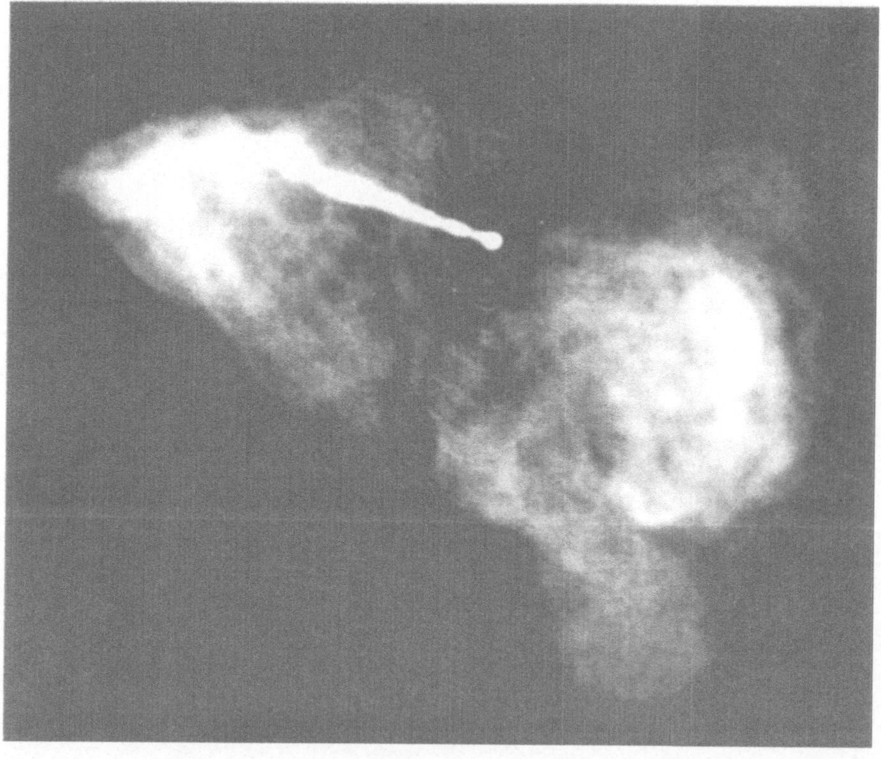

Frontispiz. Ein mit dem „Very Large Array“ in Socorro (New Mexico) aufgenommenes Radiobild der elliptischen Riesengalaxie Messier 87. Man erkennt die komplexe Filamentstruktur der Radiokeulen und den Strahl, der diese Gebiete mit Energie versorgt. Der Radiostrahl geht vom Kerngebiet der Galaxie aus, in dem ein sehr massereiches schwarzes Loch vermutet wird.

Joseph Silk

Der Urknall

Die Geburt des Universums

Aus dem Englischen nach der zweiten, revidierten amerikanischen Auflage von Hilmar W. Duerbeck

Birkhäuser Verlag
Springer-Verlag

Die Originalausgabe erschien 1980 und 1989 (Revised and Updated Edition) unter dem Titel „The Big Bang“ bei W.H. Freeman and Company, New York

CIP-Titelaufnahme der Deutschen Bibliothek
Silk, Joseph:
Der Urknall: die Geburt des Universums / Joseph Silk. Aus d. Engl. nach d. 2., rev. amerikanischen Aufl. von Hilmar Duerbeck.– Basel; Boston; Berlin: Birkhäuser; Berlin; Heidelberg: Springer, 1990
Einheitssacht.: The big bang <dt.>

ISBN-13: 978-3-642-93481-0 e-ISBN-13: 978-3-642-93480-3
DOI: 10.1007/978-3-642-93480-3

Birkhäuser Verlag
Basel · Boston · Berlin

Springer-Verlag
Berlin · Heidelberg · New York · Tokyo

Softcover reprint of the hardcover 1st edition 1990

Buchgestaltung: H.W. Duerbeck und M. Tacke
Umschlaggestaltung: Albert Gomm

Inhaltsverzeichnis

Vorwort

Der Urknall ist die moderne Form der Schöpfungsgeschichte, ein seit dem Beginn der Menschheit faszinierendes Thema. Als Inspirationsquelle für den Weltanfang ist die Mystik durch die Wissenschaft ersetzt worden. Zweck meines Buches ist es, in verständlicher Form die wissenschaftlichen Ansätze zu beschreiben, die den Ursprung der Strukturen in unserer Welt zu erklären suchen. Die Größe dieser Strukturen reicht von Planeten und Sternen über Galaxien, große Galaxienhaufen bis hin zur Gesamtheit des beobachtbaren Universums. Die Urknalltheorie liefert die Grundlage meiner Diskussion. Diese Theorie stützt sich auf astronomische Daten, die mit großem Aufwand an den Sternwarten der Welt zusammengetragen wurden. Sie gründet sich weiterhin auf neuere Fortschritte der Teilchenphysik im Verständnis der grundlegenden Natur der Materie. Die Forschung ist längst nicht am Ende angelangt, und die Theorie ist noch unvollständig. Jetzt ist jedoch der Augenblick gekommen, zu beschreiben, wo wir in der Forschung stehen und welche Richtung wir einschlagen sollen.

Ich habe die Mathematik aus dem Text ausgeklammert, jedoch versucht, viele der grundlegenden Ideen getreu darzustellen. Meine Hoffnung ist, daß ich die Faszination des nach der endgültigen Wahrheit strebenden Kosmologen übermitteln kann, ohne daß ich die grundlegenden Gedanken grob verwässere oder zu sehr zu vereinfache. Leser, die nach mehr Einzelheiten und einem tieferen Verständnis suchen, seien auf die im Literaturverzeichnis erwähnten weiterführenden Werke verwiesen.

Um die Bühne für diese kosmische Saga vorzubereiten, beschreiben die Eingangskapitel des Buches die Geschichte der kosmologischen Ideen von den griechischen Wissenschaftler-Philosophen bis zur Neuzeit. Die Grundlagen der Urknalltheorie werden erläutert und eine einfache Beschreibung der Theorie wird gegeben, einschließlich der Diskussion verschiedener Urknalltheorien. Obwohl viele der astronomischen Ergebnisse neueren Datums sind und viele Einzelheiten eines weiteren Studiums bedürfen, liefert die Urknalltheorie die beste Erklärung für die vorliegenden Beobachtungstatsachen. Seit der ersten englischen Ausgabe dieses Buches (1980) sind insbesondere in unserem Verständnis des Augenblicks der Schöpfung wesentliche Fortschritte erzielt worden. Während der frühesten Augenblicke der Expansion des Universums herrschten so extreme Bedingungen, daß die Energien der kleinsten Teilchen viel höher waren als diejenigen, die wir heute in den größten Teilchenbeschleunigern erzielen können. Im Urknall herrschten Bedingungen, die es erlauben, die innerste Struktur der Materie zu erforschen. Teilchenphysiker haben sich dieses kosmische Laboratorium zunutze gemacht, um die neuesten Modelle für die Wechselwirkungen der Elementarteilchen zu entwerfen. Ihre Suche nach der endgültigen Symmetrie, aus der sich schließlich alle Eigenschaften der Materie entwickelten, umfaßt Bestrebungen, die Quantentheorie der Kernkräfte und der elektromagnetischen Kräfte mit der Gravitationstheorie zu vereinigen. Diese Suche hat zu neuen Erkenntnissen über den Anfang des Universums geführt, die in Kapitel 6 beschrieben sind.

Galaxien sind die Bausteine des Universums. Deshalb müssen wir ihren Ursprung und ihre Entwicklung verstehen, um das Universum selbst begreifen zu können. Wir werden also erkunden, wie Galaxien entstanden sind und wie sie sich in Gruppen und Haufen zusammenfanden. Wir werden die Geheimnisse der Radiogalaxien und der Quasare entschleiern. Wir werden auch sehen, wie die ersten Sterne entstanden sind und werden nachfolgende Generationen von Sternen über die Äonen, die zwischen ihrer Geburt und ihrem Tod liegen, verfolgen. Ihren Höhepunkt erreicht unsere kosmische Reise mit der Bildung der schweren Elemente und der Entstehung des Sonnensystems. In den beiden letzten Kapiteln versuchen wir, die künftige Entwicklung des Universums abzuschätzen, und wir diskutieren mögliche Alternativen zur Urknalltheorie.

Einige der in diesem Buch angeschnittenen Themen sind eine Quelle lebhafter Debatten unter aktiven Forschern. Wo Meinungsverschiedenheiten bestehen, habe ich im allgemeinen den Standpunkt der Mehrheit angenommen, aber ich habe alternative Theorien nicht ignoriert. Wo es keine vorherrschende Lehrmeinung gibt, habe ich meine eigenen Vorurteile einfließen lassen. So sind zum Beispiel die Diskussionen der Entstehung von Galaxien und Sternen notwendigerweise hochgradig subjektiv und spekulativ.

Der größte Teil der Urknalltheorie beruht jedoch mehr auf Tatsachen als auf Spekulationen. Außerdem gibt man der Urknalltheorie aufgrund ihrer relativen Einfachheit den Vorzug vor anderen, exotischeren Theorien. Die endgültigen kosmologischen Prüfungen (die „kosmologischen Tests") können nur am Teleskop, nicht mittels philosophischer Debatten durchgeführt werden. Wie der Leser im folgenden sehen wird, spricht augenblicklich der überwiegende Teil der kosmologischen Beobachtungsdaten zugunsten der Urknalltheorie.

Die erste Fassung dieses Buches wurde begonnen, als ich ein Guggenheim-Stipendium hatte und, von Berkeley beurlaubt, im Jahre 1976 Mitglied des Institute of Advanced Study in Princeton war. Sie wurde beendet, als ich Visiting Professor im Physikalischen Institut der Universität von Kalifornien in Davis war, für dessen Gastfreundschaft ich dankbar bin. Die vorliegende überarbeitete und aktualisierte Ausgabe wurde 1987 in Berkeley geschrieben. John Barrow, J. Richard Bond, William Burke, Bernard Carr, Larry Marschall, P. James Peebles, Bradley Peterson, Martin Rees, Michael Rowan-Robinson und Robert Wagoner haben Entwürfe von Teilen des Buches oder des gesamten Buches gelesen und kritische Kommentare und Vorschläge geliefert. Dank gebührt auch Pat Crowder, die geduldig die Reinschrift der vielen Bearbeitungen tippte.

Joseph Silk

1

Einführung in die Kosmologie

Je m'en vais chercher un grand peut-être.

FRANÇOIS RABELAIS

*Kosmologie** ist das Studium der großräumigen Struktur und Entwicklung des Universums. Wenn wir die entfernten Regionen des Raumes durchstreifen, schauen wir in der Zeit zurück, sehen wir die am weitesten entfernten Galaxien so, wie sie vor Jahrmilliarden waren, als ihr Licht seine lange Reise durch den Raum antrat. Auch die großen Galaxien waren einst jung, und die Fragestellung, wie sich im Kosmos eine Struktur entwickelte, ist eng mit der Kosmologie verknüpft. Das Studium der Entstehung von beobachtbaren Strukturen im Universum, von den riesigen Galaxienhaufen bis hin zu unserem Sonnensystem, fällt in den Forschungsbereich der *Kosmogonie.* Die herausragenden Fragen, denen man sich gegenübersieht, sind: Wie begann das Universum? Wie entstanden die Galaxien und wie bildeten sie ihre beobachtete Vielheit von Formen und Größen aus? Wie entstanden die Sterne und Planeten und wie entwickelte sich das Leben?

Vor dreißig Jahren war es noch nicht möglich, eine einigermaßen sichere Antwort auf die grundlegenden Fragen der Kosmologie und Kosmogonie zu geben. Unsere Kenntnis der weit entfernten Bereiche des Universums und des frühen Universums war so dürftig, daß mehrere sehr unterschiedliche kosmologische Theorien die Beobachtungsdaten erklären konnten. In den vergangenen Jahren haben Astronomen jedoch aufregende neue Entdeckungen über die Natur des Universums gemacht, und diese Entdeckungen lieferten die überwältigende Unterstützung einer einzigen kosmologischen Theorie. Heute werden die zentralen Fragen der Kosmologie und Kosmogonie im Rahmen dieser *Urknalltheorie* erforscht.

Obwohl wir nicht in der Lage sind, alle zentralen Fragen der Kosmologie zu beantworten, liefert uns die Urknalltheorie doch einen groben Umriß

*Begriffe in Schrägschrift werden im Abschnitt „Worterklärungen" erläutert

der Entwicklung des Universums. In den folgenden Kapiteln werden wir über Entdeckungen berichten, die Hinweise für einen Urknall geliefert haben, und werden die Entwicklung des Universums von den ersten Augenblicken an verfolgen. Während wir versuchen, einige der grundlegenden Fragen der Kosmologie und Kosmogonie zu beantworten, werden unvermeidlich neue Fragen und Probleme auftreten. Viele Einzelheiten unserer Theorie bleiben unsicher, und in solchen Fällen können wir alternative Erklärungsversuche vorschlagen und eine Richtung andeuten, die die zukünftige Forschung einschlagen kann, um zwischen diesen Hypothesen zu unterscheiden. Unsere Diskussion umfaßt also nicht nur die Vergangenheit und Zukunft des Universums, sondern auch die Vergangenheit und Zukunft der menschlichen Anstrengungen, das Universum zu verstehen. Beginnen wollen wir mit den Prinzipien, die Ausgangspunkte einer jeden wissenschaftlich-kosmologischen Theorie bilden.

Kosmologische Prinzipien

Von Urzeiten an haben wir Menschen nur widerstrebend die Vorstellung aufgeben wollen, daß wir eine zentrale Rolle im Universum spielen. Zunächst wurde ein geozentrisches Universum vorgeschlagen und dann fallengelassen, anschließend wurde ein heliozentrisches Universum vorgeschlagen und fallengelassen. Erst im zwanzigsten Jahrhundert erkannte man, daß unsere Sonne ein gewöhnlicher Stern nahe dem Rand einer gewöhnlichen Galaxie ist. Unsere Galaxis ist Teil einer lockeren Anhäufung von Galaxien an der Peripherie eines großen Galaxienhaufens. Selbst dieser Haufen, der Virgohaufen, ist nur ein schwacher Abglanz der wirklich großen Galaxienhaufen, die wir an anderen Stellen des Universums beobachten. Unser Platz im Universum ist nicht ausgezeichnet, ist ohne Bedeutung.

Diese mit Hilfe der größten optischen Teleskope gewonnene Erkenntnis bringt die Kosmologen in eine unangenehme Lage. Unsere Beobachtungen werden von einem ganz bestimmten Ort im Universum aus angestellt, doch der Aufbau einer kosmologischen Theorie verlangt die Kenntnis der Verteilung und der Eigenschaften der Materie im ganzen Universum. Um dieser unangenehmen Einschränkung zu entgehen, postulieren die Kosmologen ein universelles Prinzip: Sie setzen voraus, daß unsere lokale Stichprobe des Universums keine Unterschiede gegenüber weiter entfernten und unzugänglichen Regionen aufweist. Es gibt gewichtige philosophische Gründe, die für ein solches universelles Prinzip sprechen: Zum einen sollten die physikalischen Gesetze im ganzen Universum gleichartig sein, denn wenn sie es nicht wären, würden Experimente nicht wiederholbar sein, und unsere physikalischen Gesetze wären bedeutungslos. Eine überzeugendere philosophische Forderung ist, daß das Universum im Großen so einfach wie möglich sein soll. Dieses auch als „Ockhams Rasiermesser" bekannte Prinzip ist der natürliche Weg, auf dem die Physik fortscheitet: Man nimmt das einfachste gültige Modell an, das imstande ist, die Phänomene zu erklären. Es gibt jedoch unterschiedliche Formulierungen kosmologischer Prinzipien.

1543 machte Kopernikus den Vorschlag, die Erde nicht im Mittelpunkt des Universums anzunehmen. Eine logische Erweiterung der kopernikanischen Theorie ist, unsere Galaxis an keinem bevorzugten Ort zu sehen. Dies führt uns zum Hauptbestandteil der modernen Kosmologie, dem *kopernikanischen kosmologischen Prinzip*, welches besagt, daß wir das Universum von keinem ausgezeichneten Punkt im Raum aus betrachten. Eine Untersuchung der großen Anzahl der auf Photoplatten sichtbaren Galaxien zeigt, daß die Häufigkeit ihres Auftretens in verschiedenen Richtungen recht gleichförmig ist. Dieser Befund zeigt, daß das Universum lokal *isotrop* ist – von der Erde aus gesehen, erscheint es in verschiedenen Richtungen gleich. (Eine vom Mittelpunkt aus betrachtete Kugel ist isotrop, ein Hühnerei nicht.) Das kopernikanische Prinzip nimmt an, daß das Universum von jedem beliebigen Punkt im Raum aus nahezu isotrop erscheint. Nur ein Augenblick des Nachdenkens sollte für die Feststellung genügen, daß Isotropie um jeden beliebigen Punkt verlangt, daß das Universum auch räumlich homogen ist, denn wäre es ungleichförmig, würde es nur von ganz bestimmten Punkten aus isotrop erscheinen.

Einige Kosmologen haben versucht, das kosmologische Prinzip zu verallgemeinern, indem sie den Begriff der Zeitinvarianz einschlossen. Nach diesem Prinzip ist das Universum für alle Zeiten unveränderlich, zumindest auf den größten Skalen. Dieses *vollkommene kosmologische Prinzip* besagt, daß das Universum von jedem beliebigen Punkt aus *und* zu jeder beliebigen Zeit einen gleichartigen Anblick bietet. Diese Annahme führte zur *Steady-State*-Theorie, der Theorie eines stationären Zustandes des Universums. Diese Theorie hat aufgrund von Beobachtungen an Glaubwürdigkeit eingebüßt. Deshalb akzeptieren die Kosmologen im allgemeinen nur die weniger einschränkende Form des kosmologischen Prinzips, und wir beschränken uns auf die Annahme, daß das Universum hinsichtlich des Raumes ungefähr homogen und isotrop ist, sich aber zeitlich ändern kann.

Unser Überblick über die kosmologischen Prinzipien wäre unvollständig ohne eine Erwähnung des *anthropischen kosmologischen Prinzips*. Diese Annahme nimmt den genau entgegengesetzten Standpunkt zum vollkommenen kosmologischen Prinzip ein: Sie behauptet, daß wir das Universum zu einer bevorzugten Zeit sehen, obwohl das gegenwärtige Universum von jedem Punkt des Raumes aus gleichartig erscheint. Diese Annahme einer bevorzugten Zeit folgt aus der Notwendigkeit des Auftretens von besonderen Bedingungen, die die Entwicklung von Leben begünstigen. Wäre das

Universum zum Beispiel sehr viel heißer oder dichter, als es heute ist, hätten sich keine Galaxien bilden können. Wäre die Schwerkraft merklich von ihrer gemessenen Stärke verschieden, hätten sich Planetensysteme entweder nicht bilden können, oder sie wären dem Leben, wie wir es kennen, nicht zuträglich. Schließlich ist es ein bemerkenswerter Umstand, daß das Alter der Erde dem Alter der ältesten Sterne und Galaxien, die die Astronomen gefunden haben, vergleichbar ist (innerhalb eines Faktors vier). Das anthropische kosmologische Prinzip erhebt diese Ähnlichkeit zum Postulat. Man könnte sich das Universum weit unregelmäßiger und ungeordneter vorstellen, als es in Wirklichkeit ist. Das anthropische Prinzip bestätigt, daß in diesem Fall die Bedingungen für das Leben unzuträglich wären. Als Beobachter bewohnen wir also ein ganz besonderes Universum, und dieses Universum ist isotrop und homogen. Natürlich könnten andere Universen existieren, die sowohl isotrop als homogen sind, aber dennoch kein Leben ermöglichen. Beispielsweise ist zur Erzeugung von Kohlenstoff eine Kernverschmelzung erforderlich, die im Innern massereicher Sterne abläuft. Ein Zeitraum von mindestens einigen Millionen Jahren wird benötigt, ehe diese Sterne sterben und der Kohlenstoff freigesetzt werden kann. Ein jüngeres Universum würde Leben, wie wir es kennen, nicht ermöglichen, auch wenn es isotrop und homogen ist. Das anthropische Argument ist ein grundlegendes Argument, weil es sich zur Aufgabe macht, das kopernikanische kosmologische Prinzip zu erklären, das in praktisch allen gültigen Kosmologien eine zentrale Rolle spielt. Viele Physiker weigern sich trotzdem, es ernst zu nehmen, da sie glauben, daß die endgültigen Fragen über den Ursprung des Universums eher durch die Physik als durch die Philosophie beantwortet werden sollten.

Der anthropische Ansatz ist weiterentwickelt worden. In seiner stärksten Form besagt das anthropische Prinzip, daß Leben, selbst intelligentes Leben, unvermeidbar ist. Nicht nur war das Universum der Entwicklung intelligenter Lebensformen förderlich, bei Vorgabe des unerforschlichen Charakters der biologischen Evolution verlangt das starke anthropische Prinzip sogar das Auftreten solcher Lebensformen. Eine der prinzipiellen Schwächen aller anthropischen Argumente ist ihre Unbestimmtheit: Wir können mit ihren Kriterien einen Menschen nicht von einem Mammut, einen Delphin nicht von einem Dinosaurier unterscheiden; alle Lebensformen sind in dieser günstigsten aller Kosmologien gleichermaßen akzeptabel.

Moderne Kosmologien

Jede Art des kosmologischen Prinzips führt zu einer grundlegend unterschiedlichen Betrachtung des Universums. Das kopernikanische kosmologische Prinzip bildet die Grundlage der Urknalltheorie. Die Urknalltheorie ist in der Tat älter als die Entdeckung der Expansion des Universums. Wenn das Universum überall homogen und isotrop sein soll und die allgemeine Relativitätstheorie die korrekte Beschreibung der Schwerkraft darstellt, führt dies auf direktem Wege zu einer Urknalltheorie. Es gibt in der Tat zwei unterschiedliche Modelle der Urknall-Kosmologie. Nach der einen wird das Universum für immer expandieren; nach der anderen wird das Universum schließlich wieder zusammenstürzen. In beiden Modellen wirkt der kinetischen Energie der ursprünglichen Explosion, die das Universum expandieren läßt, die anziehende Gravitationskraft entgegen, die wir als potentielle Energie auffassen können, und die bestrebt ist, das Universum zu einem schließlichen Zusammenstürzen zu bringen. Der Unterschied der beiden Modelle liegt zwischen dem Überwiegen der kinetischen Energie, das von der ersten Theorie vorhergesagt wird, und der größeren Anziehungskraft, die von der zweiten vorhergesagt wird.

Die Urknalltheorie sagt aus, daß das Universum in der Vergangenheit viel dichter und heißer gewesen sein muß. Diese Theorie verletzt das perfekte kosmologische Prinzip, dem zufolge das Universum zu allen Zeiten gleich aussehen soll. Um das perfekte kosmologische Prinzip zu erfüllen, wurde die Steady-State-Theorie, die Theorie des stationären Zustandes des Universums, entwickelt. Diese von Hermann Bondi, Thomas Gold und Fred Hoyle im Jahre 1948 vorgeschlagene Theorie sagt ein für alle Zeiten gleichartiges Aussehen des Universums voraus, indem sie fordert, daß Materie stetig neu erschaffen wird, in genau der Rate, die notwendig ist, damit überall im Universum die gleiche mittlere Materiedichte erhalten bleibt. Die Steady-State-Kosmologie war eine sehr kühne Theorie, zumindest in ihrer ursprünglichen Form. Das schwächste Element in der Urknalltheorie, der erste Augenblick der Schöpfung, wurde bloßgelegt. Wenn die Urknalltheorie annehmen konnte, daß das Universum zu einem bestimmten Zeitpunkt in der fernen, aber endlichen Vergangenheit erschaffen wurde, warum war es dann nicht genauso vernünftig, anzunehmen, daß die Schöpfung überall abläuft, an allen Orten und zu allen Zeiten?

Der Beobachtungsbefund, dieser harte und letztliche Schiedsrichter für alle rivalisierenden Theorien, brachte das Ende der Steady-State-Kosmologie. Die Befürworter der Steady-State-Theorie änderten sie in den fünfziger Jahren allmählich ab, als verfeinerte astronomische Beobachtungen gemacht wurden, die besser zwischen den Theorien unterscheiden konnten. Als sie immer mehr zu einer ad hoc-Theorie wurde, hielten ihr nur noch die hartnäckigsten Anhänger die Treue. Im Jahr 1965 wurde die Steady-State-Kosmologie schließlich durch die Entdeckung der *kosmischen Mikrowellen-Hintergrundstrahlung* zu Fall gebracht. Sie lieferte den unwiderlegbaren Beweis für eine frühe, heiße Phase des Universums. Die Steady-State-Theorie ist heute wenig mehr als eine Fußnote von gewichtigem historischem Interesse in der Entwicklung der modernen Kosmologie.

Obwohl die Befürworter der Steady-State-Theorie schließlich zugeben mußten, daß die kosmische Expansion in einem bestimmten Augenblick vor vielen Jahrmilliarden einsetzte, bleibt eine unendlich große Zahl von möglichen kosmologischen Modellen übrig, die das Verhalten des frühen Universums darstellen. Die Gültigkeit des kopernikanischen kosmologischen Prinzips ist nur im Rahmen des beobachtbaren Universums gerechtfertigt, für das die Urknalltheorie eine ausgezeichnete Beschreibung liefert. Für frühe Zeiten jedoch, als das Universum jung war, können wir uns eine Kosmologie vorstellen, die deutlich von der homogenen und isotropen Expansion des *Standard-Urknall-Modells* abweicht. Die Expansion könnte *anisotrop* gewesen sein, in einer Vorzugsrichtung rasch auftretend, während in einer anderen Richtung gleichzeitig ein Kollaps erfolgte. Das Universum könnte auch sehr inhomogen gewesen sein; in dichteren Gebieten hätte der örtliche Kollaps zur Bildung von *Schwarzen Löchern* führen können. Es gibt keinen wissenschaftlichen Grund, weshalb man einem einfachen, regelmäßigen Urknallmodell den Vorzug vor einem exotischeren Anfang des Universums geben sollte. Beide Möglichkeiten lassen sich mit unseren physikalischen Gesetzen in Einklang bringen, und astronomische Beobachtungen können zwischen ihnen nicht unterscheiden.

Trotz dieser unendlichen Zahl möglicher Anfänge können wir versuchen, das anthropische kosmologische Prinzip anzuwenden, um eine einzige Vergangenheit für unser Universum auszuwählen. Diesem Prinzip zufolge muß es ein Standard-Urknallmodell geben, denn wenn sich das Universum in einer hochgradig irregulären Art und Weise entwickelt hätte, wären wir wahrscheinlich nicht da, um davon Zeugnis abzulegen. In genügend langer Zeit entwickeln sich vermutlich all diese chaotischen Kosmologien in einer Weise, die lebensfeindlich ist. Nur das Standard-Urknallmodell ist aus der Vielzahl der Möglichkeiten dazu bestimmt, eine Umwelt zu schaffen, die für die Evolution des Lebens förderlich ist.

Kosmologen, die nicht an das anthropische Prinzip glauben, finden sich mit einem chaotischen Ursprung des Universums ab. Zugegebenermaßen könnte es eine Ewigkeit dauern, bis solche Universen sich nachteilig entwickeln, und so können wir diese Sorge als bloß akademisch abtun. Kosmologen, die sich auf das anthropische Prinzip berufen, wählen stattdessen ein Universum, das für alle Zeiten einfach bleibt, vom ersten Augenblick bis in die Ewigkeit. Diese Möglichkeit eines homogenen statt eines chaotischen oder anisotropen frühen Universums stellt eine der zentralen Optionen der modernen Kosmologie dar. Sie durchdringt Raum und Zeit und spiegelt sich in der heutigen großräumigen Struktur des Universums wider. Anfangsbedingungen, die Jahrmilliarden zurückliegen, manifestieren sich in den Prozessen, die zur Geburt von Galaxien und zur Haufenbildung der Galaxien führen. Das Ziel, die Natur der Galaxien und ihre Verteilung im Raum zu verstehen, liefert, wie in späteren Kapiteln gezeigt wird, Einschränkungen für unsere Mutmaßungen über den Ursprung des Universums.

Das anthropische Prinzip ist jedoch keine voll zufriedenstellende Antwort. Es erklärt nicht, *warum* das Universum so regelmäßig und so einfach ist. Um eine vollständigere Antwort zu erhalten, benötigen wir eine physikalische Theorie für den Anfang des Universums. In späteren Kapiteln werden wir sehen, welche Möglichkeiten uns die moderne Physik eröffnet hat, um den Ursprung des Urknalls zu erforschen.

Der Urknall

Die Urknalltheorie bietet einen unermeßlichen Ausblick auf die kosmische Entwicklung, seit vor etwa 15 Milliarden Jahren die kosmische Expansion einsetzte. Die Bedingungen in diesem ersten Augenblick und vor diesem Augenblick bieten Stoff für Spekulationen, die die konventionelle Theorie nicht behandelt, obwohl wir uns in den folgenden Kapiteln mit ihnen auseinandersetzen werden. Das frühe Universum war sehr heiß, sehr dicht, und vielleicht auch sehr irregulär. Die Unregelmäßigkeit und die Anisotropie nahmen allmählich ab. Innerhalb weniger Minuten nach dem Urknall liefen einige Kernreaktionen ab; praktisch das gesamte Helium im Universum entstand zu dieser Zeit. Während das Universum expandierte, kühlte es ab, ganz so wie heiße Luft expandiert und sich abkühlt. Die kosmische Mikrowellen-Hintergrundstrahlung ist ein Überrest aus dieser frühen Epoche; sie wird treffend als fossile Strahlung dieser *ursprünglichen Feuerkugel* bezeichnet. Während sich die Materie im Universum abkühlte, kondensierte sie schließlich zu Galaxien – einem möglichen Szenarium für die Entwicklung des Universums entsprechend. Die Galaxien zerfielen in Sterne und sie bildeten Haufen, Ansammlungen, die sich über große Gebiete des Raumes erstrecken. Während die ersten Generationen von Sternen entstanden und vergingen, wurden nach und nach die schweren Elemente wie Kohlenstoff, Sauerstoff, Silizium und Eisen gebildet. Nachdem sich die Sterne in rote Riesen entwickelt hatten, gaben sie Materie ab, die sich zu Staubkörnern kondensierte. Neue Sterne bildeten sich aus Wolken von Gas und Staub. In wenigstens einem dieser Nebel bildete der Staub eine dünne Scheibe um den Stern aus. Staubkörner klebten aneinander fest und sammelten sich zu größeren Körpern an, die durch ihre Gravitationsanziehung an Größe zunahmen und zu der Vielfalt von Körpern wurden, aus der das Sonnensystem besteht, von winzigen Asteroiden bis zu Riesenplaneten.

Unsere Urknalltheorie führt uns durch die Entwicklung des gesamten Universums – von der ersten Mikrosekunde der Zeit bis zur Entstehung der Erde und der Entwicklung des Lebens, und in die möglicherweise unendliche Zukunft. Bevor wir die Einzelheiten dieser Entwicklung untersuchen, werden wir im folgenden Kapitel die geschichtlichen Ursprünge der wissenschaftlichen Kosmologie betrachten.

2

Anfänge der modernen Kosmologie

Das Universum ist in keiner Richtung beschränkt. Wenn es dies wäre, würde es notwendigerweise irgendwo eine Grenze haben. Aber offenbar kann ein Ding keine Grenze haben, wenn es nicht außerhalb etwas gäbe, was es begrenzt ...In allen Richtungen gleichermaßen, nach dieser Seite oder nach jener, nach oben oder unten, hat das Universum kein Ende.

LUCRETIUS

Die Ursprünge der Kosmologie liegen im Dunkel, doch wir können uns vorstellen, daß unsere Vorfahren bei der Betrachtung des gestirnten Himmels die naheliegenden Fragen stellten: Wie sind die Himmelskörper beschaffen? Was hält sie da droben? Bewegt sich die Erde? Wir können zwei Arten von Antworten auf diese frühen kosmologischen Fragen unterscheiden. Die mythologischen Antworten können bis zu den frühesten Schriften der babylonischen, ägyptischen, griechischen, indischen und chinesischen Kulturen zurückverfolgt werden. In seltenen Fällen mögen solche mythologischen Kosmologien der physikalischen Wirklichkeit ein Stück nähergekommen sein, aber wegen ihrer Starrheit und ihres Dogmatismus führten sie unvermeidlich zu Stagnation.

Die wissenschaftliche Einstellung zur Kosmologie unterscheidet sich grundlegend vom mystischen Standpunkt. Die Wissenschaft strebt danach, das Universum durch beobachtbare und meßbare Vorgänge zu erklären. Wir wollen unseren geschichtlichen Überblick mit dem erstaunlichen Übergang von der Mythologie zur Geburt der wissenschaftlichen Fragestellung beginnen, der plötzlich in der Mitte des sechsten vorchristlichen Jahrhunderts an den Küsten Kleinasiens auftrat. Tiefgründige und die Zeiten überdauernde Begriffe entstanden aus den frühen Versuchen der griechischen Philosophen, beobachtete Phänomene durch natürliche Ursachen zu erklären. Viele ihrer Vorstellungen mögen uns absurd erscheinen, doch die zugrundeliegenden Ideen übten in der Folge einen wichtigen Einfluß auf die Entwicklung der Kosmologie aus.

Man betrachte beispielsweise die Philosophie des Epikur, der behauptete, daß sich das Universum anfangs in einem ständig wechselnden Zustand des Ur-Chaos befand, aus dem sich schließlich die Ordnung entwickelte. Einer der Hauptgegner dieses Gesichtspunkts war Aristoteles, der behauptete, daß sich das Universum außerhalb der Erde in einer perfekten Ordnung befindet und unveränderlich ist. Zu allen Zeiten spiegelt sich dieses Motiv des Kampfes zwischen Chaos und Ordnung in den Theorien über die Entstehung des Sonnensystems wider; es spielt auch eine wichtige Rolle in unserem modernen Verständnis des frühen Universums.

In der Antike gab es eine Vielzahl von Meinungen über die Natur und die Bewegungen der Himmelskörper. Einige große Denker zeigten eine unglaubliche Voraussicht, als sie Auffassungen wie Atome, Fernwirkungskräfte, und den Aufbau der Milchstraße aus Sternen diskutierten. Philosophisches Argumentieren führte Lucretius zur Vorstellung, daß Materie aus Atomen aufgebaut sei, doch Jahrtausende vergingen, ehe Experimente den wissenschaftlichen Wert solcher Konzepte bewiesen. Die Kosmologie hat stets ein Aufgebot der bizarrsten Mystiker, Theologen, Philosophen und Wissenschaftler in ihren Bann gezogen. Einige ihrer Spekulationen haben die Jahrhunderte überdauert und spielen in der modernen Kosmologie eine Rolle. Obwohl diese Ideen inmitten vieler irriger Vorstellungen vergraben waren und Tausende von Jahren später wiederentdeckt werden mußten, sollten wir doch nach den Wurzeln der Kosmologie in den auf uns gekommenen Schriftfragmenten dieser frühen Naturwissenschaftler und im Forschergeist, den sie zum Leben erweckten, suchen.

Die Giganten der klassischen Kosmologie

Frühe Ansätze der Kosmologie waren durch das niedrige Niveau der Astronomie natürlich eingeschränkt. Frühe Kosmologien konzentrierten sich auf die Sterne, die Sonne, die Erde, den Mond und die fünf bekannten Planeten. Der erste überlieferte Versuch einer wissenschaftlich-rationalen Kosmologie ist vermutlich der des Pythagoras. Er lehrte, daß die Erde rund sei und um ihre Achse rotiere. Die pythagoräische Theorie war eine radikale Abkehr von der vorherrschenden Ansicht, daß die Erde flach sei. Pythagoras begründete seine Ideen durch eine Analogie zwischen der Harmonie der musikalischen Tonleiter, die durch rationale Zahlen ausgedrückt werden kann, und der himmlischen Harmonie der Planetenbewegungen. Sein wichtigster Beitrag zur Kosmologie war vielleicht der Gedanke, daß die Bewegungen am Himmel bestimmten quantitativen Gesetzen gehorchen.

Pythagoras glaubte, daß ganze Zahlen, insbesondere diejenigen, die Verhältnisse der Saitenlängen einer Leier charakterisierten, die Anordnung der Planeten, des Mondes und der Sonne erklären könnten. Diese Körper drehten sich zusammen mit der Erde auf konzentrischen, luftgefüllten Kugeln um ein hypothetisches Zentralfeuer (nicht die Sonne) (Abb. 2.1). Die Bewegung der Himmelskörper erzeugte die Sphärenharmonie, die, wie seine Jünger behaupteten, nur ihr Meister zu hören imstande war. Pythagoras machte die revolutionären Ideen publik, daß sich die Erde bewege und nicht im Zentrum der Welt befände. Obwohl die pythagoräische Philosophie den Weg für eine ***heliozentrische Kosmologie*** bereitete und einige Jahrhunderte überdauerte, ließ ihre mystische Betonung himmlischer Harmonien, die auf der musikalischen Tonleiter beruhten, sie schließlich als überholt erscheinen. Trotzdem beeinflußt die pythagoräische Philosophie noch einige moderne Kosmologen, die behaupten, daß unwahrscheinliche Übereinstimmungen, die zu scheinbar „magischen" Zahlen führen, eine tiefliegende, noch nicht verstandene Symmetrie der Natur widerspiegeln.

Die Vorstellung eines universellen Prinzips, das imstande ist, das beobachtete Universum zu beschreiben, wurde im vierten vorchristlichen Jahrhun-

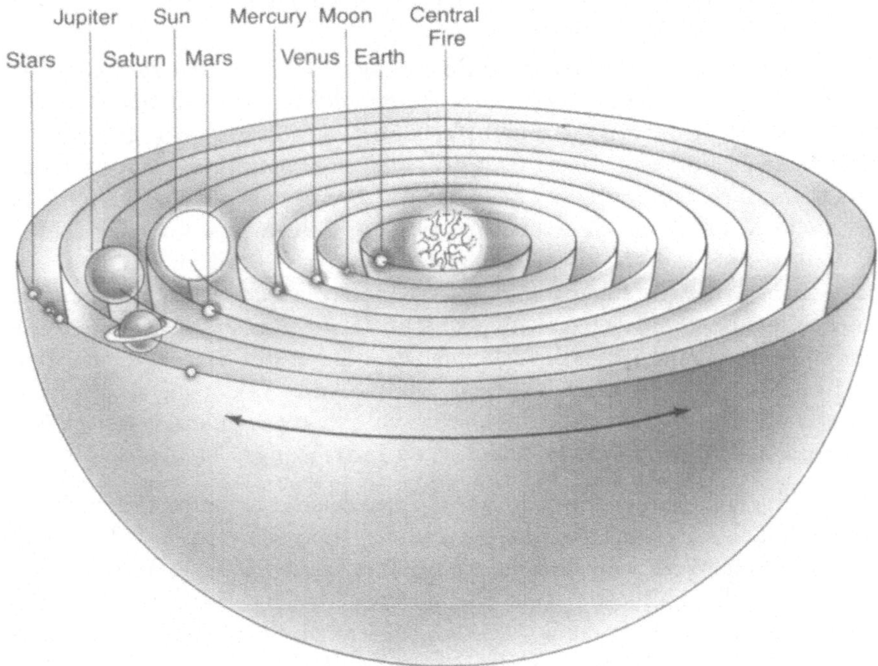

Abb. 2.1. Das pythagoräische Universum
Erde, Mond, Venus, Merkur, Mars, Sonne, Saturn und Jupiter drehen sich auf konzentrischen Kugeln um ein Zentralfeuer. Die „Fixsterne" bilden die äußerste Kugel.

dert durch Plato und Aristoteles gefestigt und beherrschte das wissenschaftliche Denken für mehr als neunzehn Jahrhunderte. Plato glaubte, daß der Kreis, der weder Anfang noch Ende hat, eine perfekte Form sei, und somit die Bewegungen der Himmelskörper auf Kreisbahnen ablaufen müßten, da das Universum von einem perfekten Wesen – Gott – geschaffen worden sei. Die Erde mußte auch kugelförmig sein, wie das Universum selbst – „glatt und eben, und über all gleich weit vom Zentrum entfernt, ein vollkommener Körper." Plato vertrat die Vorstellung einer täglichen Rotation des Himmels um die unbewegte Erde. Die Planeten bewegten sich mit unterschiedlichen Geschwindigkeiten in Kreisbahnen, Merkur und Venus von West nach Ost, die anderen Himmelskörper bewegten sich in der gleichen Richtung wie die Sonne. Plato hatte wenig Interesse an den Einzelheiten der Bewegungen der Himmelskörper; er bemerkte beispielsweise nicht, daß die scheinbaren Bewegungen von Merkur und Venus nach Westen hin nur während eines Teils ihrer Umläufe auftreten (wenn die Planeten am hellsten sind). Sein Hauptbeitrag zur klassischen Kosmologie war die Verbreitung der pythagoräischen Doktrin einer kugelförmigen Erde und der kreisförmigen Bewegungen der Planeten.

Tatsächlich waren die scheinbaren Bewegungen der Planeten komplexer als die Erklärungen, die Platos einfaches Schema lieferte. Die äußeren Planeten bewegen sich meist von Ost nach West, aber sie scheinen sich gelegentlich rückwärts zu bewegen. Diese *retrograden Bewegungen* sind leicht zu erklären, wenn sich die Sonne im Zentrum der Bewegung befindet (Abb. 2.2), doch die Vorstellung eines heliozentrischen Universums war den frühen Kosmologen fremd. Zum einen hatten sie wenig Grund zu glauben, daß die Sterne ebenso hell leuchten wie die Sonne. Zum andern müßten sich in solch einem heliozentrischen Universum im Laufe eines Jahres, während die Erde um die Sonne läuft, die relativen Positionen der Sterne verschieben, und dies trat offensichtlich nicht ein. Die moderne Erklärung dieses Paradoxons ist, daß die Sterne deshalb schwach und gegeneinander feststehend erscheinen, weil sie sich in unermeßlichen Entfernungen befinden.

Platos jüngerer Zeitgenosse Eudoxos machte einen ernsthaften Versuch, die Unregelmäßigkeiten in den Bewegungen der Planeten und des Mondes zu erklären. Sein Werk war die erste wahrhaft wissenschaftliche Astronomie – nie wieder sollten philosophische Spekulationen bar jeglicher Beobachtungsgrundlage in der Astronomie eine wesentliche Rolle spielen. Im genialen Schema des Eudoxos war die Kreisbahn jedes Planeten an einer rotierenden Sphäre befestigt. Jede planetentragende Sphäre war an ihren Polen an einer konzentrischen, zweiten äußeren Sphäre befestigt, die um eine unterschiedliche Achse rotierte. Wenn nötig, konnte diese Kugel an einer dritten Kugel befestigt werden. Folglich gab es zu jeder Planetensphäre einige Sphären,

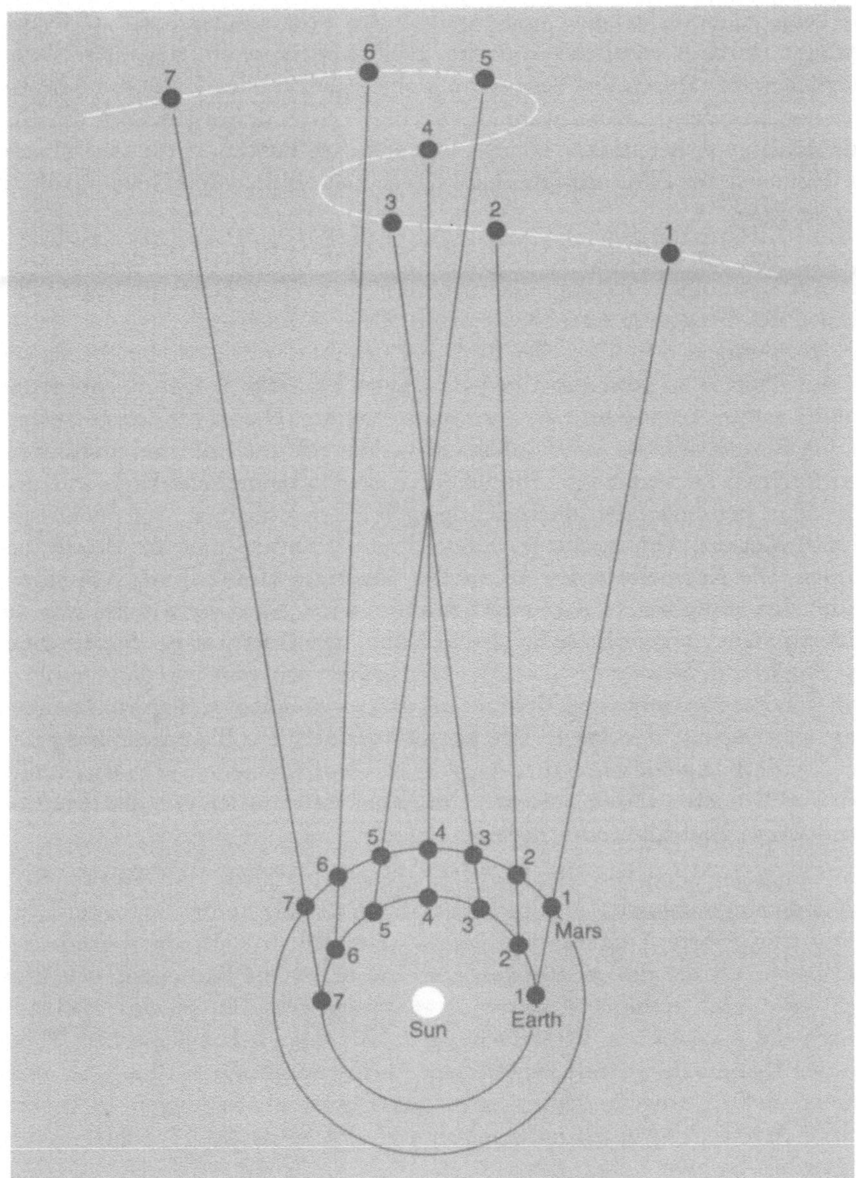

Abb. 2.2 Retrograde Bewegungen der Planeten
Planeten scheinen eine retrograde Bewegung zu zeigen, weil die Erde die Sonne in einer kürzeren Zeit umkreist als von der Sonne weiter entfernte Planeten. Die Erde (innerer Kreis) benötigt für einen halben Umlauf ein halbes Jahr, während Mars (äußerer Kreis) kaum mehr als eine Viertelumdrehung (in einem viertel Marsjahr) zurücklegt. Folglich scheint sich der Mars, von der Erde aus in den Positionen 1 bis 7 beobachtet, zeitweise rückwärts zu bewegen.

die keine Planeten trugen, und eine von der Erde aus beobachtete Planetenbahn wurde wesentlich komplexer, als dies bei einer einfachen Kreisbahn möglich wäre. Durch die Verwendung einer genügenden Zahl von konzentrischen Kugeln – insgesamt dreiunddreißig – , von denen jede sich um eine unabhängige Achse drehen konnte, war Eudoxos imstande, die scheinbaren Bewegungen der Planeten innerhalb der damals erzielbaren Genauigkeit zu beschreiben.

Aristoteles, der vielleicht letzte große spekulative Philosoph, der zur klassischen Kosmologie beitragen konnte, versuchte, ein wirklich physikalisches Modell des Universums zu konstruieren. Er entwickelte ein Schema, das es den konzentischen Sphären des Eudoxus erlaubte, sowohl in der Praxis wie in der Theorie zu rotieren. Um jede keinen Planeten tragende rotierende Sphäre setzte Aristoteles eine zusätzliche Sphäre. Dieses Modell gestattete es, die Rotationsachse jeder Sphäre zu verlängern und mit zwei angrenzenden Sphären zu verbinden. Die im Mittelpunkt befindliche Erde war nun von neun konzentischen durchsichtigen Sphären umgeben, auf denen sich Mond, Merkur, Venus, Sonne, Mars, Jupiter, Saturn und die Sterne befanden. Die Kosmologie des Aristoteles benötigte fünfundfünfzig Sphären, damit das komplizierte Räderwerk funktionierte. Nach Aristoteles war die äußerste, Gott zugeordnete Sphäre in Ruhe, und Gott war es, der die inneren Sphären in Bewegung hielt. Die Menschheit war weit von Gott entfernt und gehörte der innersten Sphäre an, die vergänglich und unvollkommen war; alles jenseits der Sphäre des Mondes wurde für vollkommen, ewig und unveränderlich gehalten. Kurzzeitige Himmelsphänomene wie Sternschnuppen und Kometen waren irdischen Ursprungs und wurden von der Rotation der oberen Atmosphäre mitbewegt.

Ein Genie des alten Griechenland schlug tatsächlich vor, daß die Planeten, die Erde eingeschlossen, sich in Kreisbahnen um die Sonne bewegen: Etwa 280 v. Chr. führte Aristarch von Samos diese Theorie ein, die weitaus einfacher war als die des Aristoteles, aber die anderen Philosophen scheuten sich, eine solch radikale Alternative zu akzeptieren. Es scheint, daß Aristarch die potentiellen Vereinfachungen, die einer heliozentrischen Theorie der Planetenbewegung innewohnen, nicht ausgearbeitet hat. Als man immer mehr Unregelmäßigkeiten in den Planetenbewegungen entdeckte, wurde Aristarchs Modell aufgegeben und erst mehr als 18 Jahrhunderte später wieder zum Leben erweckt.

Die Theorie des Aristoteles konnte jedoch die Änderungen der scheinbaren Helligkeiten der Planeten, etwa des Mars, nicht darstellen. Die augenscheinliche Erklärung war, daß Planeten sich scheinbar der Erde nähern und wieder entfernen, statt auf einer Sphäre mit festem Radius befestigt zu bleiben. Diese Interpretation schien auch für den Mond zu gelten, der

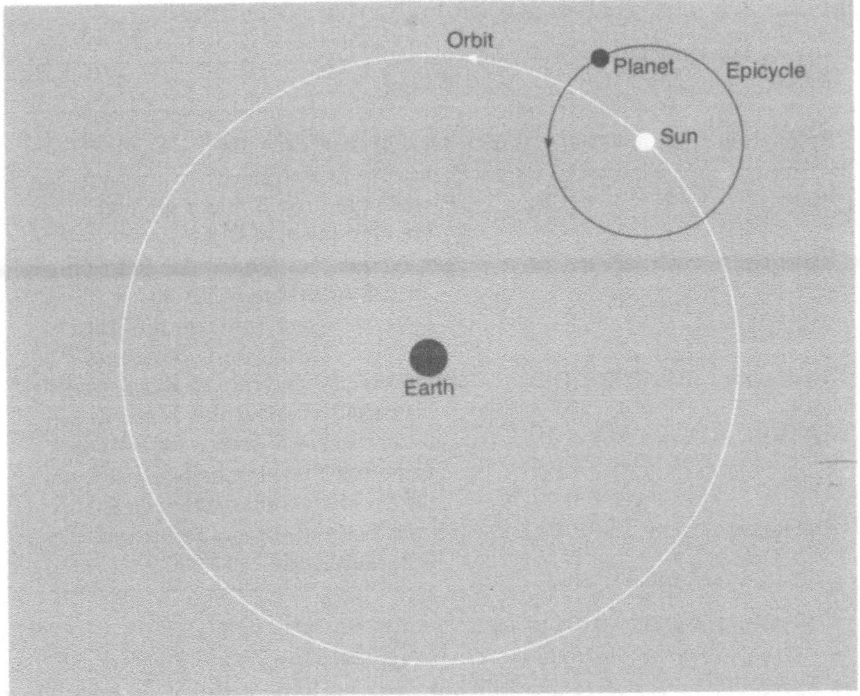

Abb. 2.3 Schematisches Modell einer Planetenbahn in der Epizykeltheorie des Ptolemäus
Jeder Planet bewegt sich im Epizykel, einem kleinen Kreis (schwarz dargestellt), dessen Zentrum (hier inkorrekt als Sun bezeichnet) in einer Kreisbahn (Orbit, heller Kreis) um die Erde läuft.

eine Sonnenfinsternis verursacht, wenn er zwischen die Sonne und die Erde tritt – manche Sonnenfinsternise sind total, manche ringförmig, weil die Entfernung Erde–Mond veränderlich ist.

Etwa 5 Jahrhunderte später arbeitete Ptolemäus, der im 2. Jahrhundert n. Chr. in Alexandria lebte, eine *geozentrische Kosmologie* aus, die über 14 Jahrhunderte nicht ernsthaft in Frage gestellt wurde. Sein Ziel war es, „zu zeigen, daß die Vorgänge am Himmel durch gleichförmige Kreisbewegungen dargestellt werden können." Ptolemäus erzielte dies durch die Vorstellung, daß die Sonne sich auf einem großen Rad um die Erde bewegte (Abb. 2.3). Jeder Planet war auf einem kleineren Rad befestigt, dessen Achse senkrecht auf dem Rand eines größeren Rades befestigt war. Das große Rad rotiert langsam, die kleineren Räder rotieren schnell, und jeder Planet führt im Raum eine epizyklische Bewegung aus.

Tabelle 2.1. Die großen Kosmologen des Altertums

Name	*Zeit*	*Beitrag*
Pythagoras	ca. 580–500 v. Chr.	kugelförmige Erde dreht sich um ein Zentralfeuer
Plato	427–367 v. Chr.	Planeten in kreisförmigen Bahnen um eine ruhende Erde
Eudoxos	408–355 v. Chr.	mathematisches Modell der Bewegungen der Himmelskörper mit 33 konzentrischen Sphären, die sich um eine ruhende Erde bewegen
Aristoteles	384–322 v. Chr.	komplexes Modell mit 55 Kugelschalen; Unveränderlichkeit des Himmels
Aristarch	etwa 280 v. Chr.	heliozentrisches System – rotierende Erde und Planeten bewegen sich um die im Mittelpunkt stehende Sonne
Ptolemäus	etwa 140 n. Chr.	geozentrisches System; perfektionierte Epizykeltheorie

Die *Epizykeltheorie* war einige Jahrhunderte vorher entwickelt worden, doch Ptolemäus hat sie wesentlich verbessert. Er konnte sowohl die scheinbaren Bewegungen der Planeten am Himmel wie auch die veränderlichen Entfernungen der Planeten von der Erde darstellen. Um verschiedene Unregelmäßigkeiten in den beobachteten Bewegungen zu erklären, wurden zusätzliche Räder hinzugefügt; Ptolemäus selbst benötigte neununddreißig Kreise für seine Theorie (siehe Tabelle 2.1 für eine Zusammenfassung der wichtigen frühen Kosmologien). Das epizyklische System war ein geometrisches Modell für die Bewegungen am Himmel, das eine physische Beschreibung des Universums lieferte. Als solches war es äußerst erfolgreich. Den eigentlichen Aufbau der Welt stellte man sich ähnlich wie das aristotelische Modell der Kristallsphären vor, aber der aristotelische Mechanismus wurde nicht länger verwendet.

Die Theologen füllten die offenkundige Lücke in der Erkenntnis. Die frühen Kirchenführer bestanden auf einer wörtlichen Auslegung der diesbezüglichen biblischen Aussagen, und die Erde wurde wieder zur Scheibe. Die im sechsten Jahrhundert durch Barbarenhorden hervorgerufene Zerstörung verwüstete das Römische Reich, und die Früchte der griechischen Gelehrsamkeit wurden beiseite gewischt. Die lange dunkle Nacht des Mittelalters begann, und der Fortschritt der Wissenschaft wurde mehr als tausend Jahre aufgehalten.

Die Renaissance der Kosmologie

Erst im dreizehnten Jahrhundert wurden die Werke des Aristoteles, die in arabischen Übersetzungen überlebt hatten, endlich wieder in der westlichen Welt gelesen. Das ptolemäische System wurde im Laufe der folgenden zwei Jahrhunderte weithin bekannt und durch das Hinzufügen weiterer Epizykel sogar systematisch verbessert. Als die Schriften der griechischen Astronomen und Kosmologen einmal bekannt geworden waren, war die Entwicklung einer neuen und besseren Theorie unvermeidlich. Gelehrte hatten einst darüber spekuliert, daß sich die Erde bewegen könnte, und diese Idee führte Nikolaus Kopernikus (Abb. 2.4) zur Überlegung, ob die Berücksichtigung einer Erdbewegung die Kompliziertheit des ptolemäischen Systems vermindern könnte.

Kopernikus war imstande, zu zeigen, daß die Bewegung der Planeten um die Sonne und die Bewegung des Mondes um eine rotierende Erde, die nun nicht

Abb. 2.4 Nikolaus Kopernikus (1473 – 1543)
Ein Gemälde, das Kopernikus als Student zeigt.

mehr der Mittelpunkt der Welt war, eine weitaus einfachere und elegantere Erklärung für die Planetenbewegung lieferte. Kopernikus löste sich nicht von allen Vorurteilen seiner Zeit, denn er hielt die Vorstellung der Kreisbahnen in seiner Kosmologie, in der die Sonne im Mittelpunkt der Erdbahn steht, aufrecht (Abb. 2.5). Das Festhalten an den Kreisbewegungen zwang Kopernikus dazu, einige der ptolemäischen Epizykel zu übernehmen. Aber das heliozentrische System erklärte die augenscheinlichsten Eigenschaften der Planetenbewegung, und das System des Kopernikus fand nach seiner Veröffentlichung im Jahre 1543 weitreichende Anerkennung.

Der nächste große Schritt nach vorn ergab sich aus zahlreichen neuen Planetenbeobachtungen des dänischen Astronomen Tycho Brahe. Tycho akzeptierte das kopernikanische Systems nicht und trat stattdessen für ein geozentrisches Sonnensystem ein, in dem die Planeten um die Sonne laufen, die ihrerseits eine ruhende Erde umkreist. Seine Daten aber wurden die Grundlage für den endgültigen Schritt zur Verbindung des kopernikanischen Modells mit den Planetenbeobachtungen. Diese Arbeit fiel seinem Assistenten Johannes Kepler zu. Tychos wichtigster Beitrag zur Kosmologie war, zu zeigen, daß Kometen viel weiter entfernt sind als der Mond und sich in langgestreckten Bahnen bewegen. Diese Entdeckung machte die aristotelische Auffassung der ewigen, festen und starren Himmelssphären sehr unglaubwürdig.

Tychos Hinterlassenschaft genauer astronomischer Beobachtungen führte zu Keplers Entdeckung, daß sich die Planeten in Wirklichkeit in elliptischen Bahnen bewegen, in deren einem Brennpunkt die Sonne steht. Außerdem bewegen sich die Planeten schneller, wenn sie in Sonnennähe sind, und verlangsamen ihre Bewegung in Sonnenferne. Kepler konnte zeigen, daß diese Geschwindigkeitsänderung einem Vorgang entspricht, bei der eine imaginäre Linie zwischen Planet und Sonne gleiche Flächen innerhalb der Ellipse in gleichen Zeiten durchläuft. Sein schließliches großes Verdienst besteht in seinem dritten Gesetz der Planetenbewegung. Er zeigte darin, daß das Quadrat der Bahnperiode eines Planeten proportional der dritten Potenz seiner mittleren Sonnenentfernung ist.

Keplers Bindungen zu den Astronomen der Antike waren noch sehr stark, und er erlag hin und wieder wilden und mystischen Spekulationen. Er glaubte fest daran, daß die fünf regelmäßigen geometrischen Körper den Schlüssel zum Verständnis der Planetenbahnen liefern. Diese Körper, die einzigen vollkommen symmetrischen, die man mit Hilfe gerader Linien gleicher Länge konstruieren kann, sind Würfel, Tetraeder, Dodekaeder, Ikosaeder und Oktaeder. Kepler brachte diese fünf regulären Körper mit den fünf Zwischenräumen zwischen den sechs bekannten Planeten in Beziehung. Er setzte die Sonne ins Zentrum, und die Planeten bewegten sich auf sechs

Abb. 2.5 Die kopernikanische Theorie
Diese Zeichnung aus dem Originalmanuskript des Kopernikus stellt die Sonne in den Mittelpunkt des Universums.

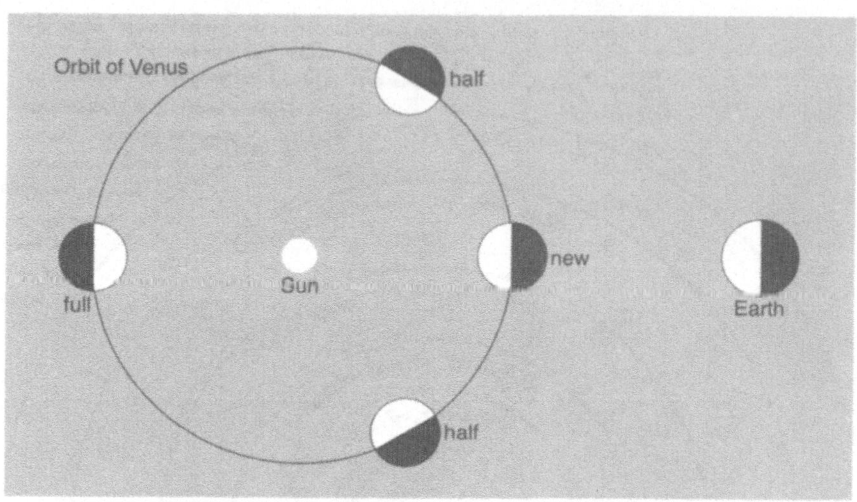

Abb. 2.6 Die Phasen der Venus
Galileo zeigte, daß die verschiedenen Phasen der Venus erklärt werden können, wenn man annimmt, daß Venus die Sonne umkreist. Die Venusbahn um die Sonne ist als schwarzer Kreis dargestellt, von der Erde (Earth) aus gesehen erscheint der Planet in den vier gezeigten Positionen als Vollvenus (full), Halbvenus (half) und Neuvenus (new).

konzentrischen Sphären, die symmetrisch jeweils innen und außen an die verschiedenen regulären Körper angepaßt waren. Um die Elliptizität der Bahnen zu berücksichtigen, die er aus Tychos Beobachtungen abgeleitet hatte, gab Kepler jeder Sphäre eine endliche Dicke. Wir müssen Keplers Hartnäckigkeit bewundern, mit der er seine mystischen Auffassungen verfolgte, die ihn trotz allem zu den Gesetzen der Planetenbewegung führten. Er hatte das Sonnensystem endlich aus den Fängen der Epizykeltheorie befreit.

Zu dieser Zeit wurde die heliozentrische Theorie nur als ein Arbeitsmodell angesehen. Die Erde hatte als Zentrum des physischen Universums noch nicht abgedankt. Doch im Laufe des siebzehnten Jahrhunderts gewann die heliozentrische Kosmologie völlige Anerkennung. Galileo wurde durch die Einführung neuer systematischer Methoden der Beobachtung und des Experiments ein Pionier dieses wissenschaftlichen Fortschritts. Er benutzte das neu erfundene Teleskop und entdeckte die vier großen Jupitermonde, die eine Analogie zwischen dem Erde-Mond-System und anderen Himmelskörpern lieferten. Die Entdeckung der Venusphasen unterstützte den Nachweis, daß sich Venus um die Sonne bewegt (Abb. 2.6), und die Entdeckung der Sonnenflecken half schließlich, die aristotelische Doktrin

Abb. 2.7 Isaac Newton (1642 – 1727)

von der Unveränderlichkeit des Himmels zu Fall zu bringen. Die Tatsache, daß die Sterne im Fernrohr unaufgelöste Lichtpunkte blieben, bestärkte die Auffassung, daß sie außerordentlich weit entfernt waren. Galileo selbst trug wenig zur kosmologischen Theorie bei, doch seine Entdeckungen ebneten den Weg für andere, die ihm folgten.

Isaac Newton (Abb. 2.7), der in Galileos Todesjahr 1642 geboren wurde, lieferte die Erklärung für die Gesetze der Planetenbewegungen. Durch diese Einsicht konnte die Kosmologie zu einer modernen Wissenschaft werden. Nicht länger mußten mystische Beweger beschworen werden, um die Bewegungen der Himmelskörper zu erklären. Newton fand bei der Betrachtung der Kraft, die notwendig ist, den Mond in seiner Bahn um die Erde zu halten, daß die gravitative Anziehungskraft zwischen zwei Körpern umgekehrt proportional zum Quadrat der Entfernung zwischen ihnen und proportional zu ihren Massen ist. Die Kraft, die auf einen vom Baum fallenden Apfel wirkt, ist um soviel geringer als diejenige, die den Mond in seiner Bahn hält, wie das Quadrat des Verhältnisses von Mondentfernung und Erdradius, multipliziert mit dem Verhältnis der Masse des Apfels und des Mondes. Anders ausgedrückt, die Kraft auf jedes Gramm eines irdischen Apfels ist um soviel größer, wie das inverse Quadrat des Verhältnisses von Mondentfernung und Erdradius. Um zu zeigen, daß die Gravitationskraft zwischen zwei Körpern so berechnet werden kann, als wenn sich die Gesamtmasse jedes der Körper in seinem Mittelpunkt befände, mußte Newton einen völlig neuen Zweig der Mathematik entwickeln, die Differential- und Integralrechnung. Newton verallgemeinerte die Hypothese der Gravitationskraft in einer Weise, daß er nicht nur Keplers Gesetze der Planetenbewegung erklären konnte, sondern auch die Wechselwirkung zwischen jedem beliebigen Teilchenpaar im Universum.

Die Universalität des Gravitationsgesetzes wurde schließlich im achtzehnten Jahrhundert durch den Astronomen Wilhelm Herschel bewiesen, der fand, daß die umeinander laufenden Komponenten von Doppelsternen dem gleichen Gravitationsgesetz gehorchen wie die Planeten im Sonnensystem. Die Entdeckung des Planeten Uranus machte Herschel berühmt, es war jedoch die Kosmologie, die einen starken Impuls erhielt, als er mit seinem Teleskop diffuse Lichtflecke – Nebelflecke – beobachtete. Für andere Astronomen, wie Charles Messier, waren diese Flecke von geringem Interesse, sie machten nur die Jagd auf Kometen schwieriger. Herschel jedoch sah diese Nebel als „Welteninseln“ an. Schon vorher hatten Thomas Wright, Immanuel Kant und andere Mutmaßungen über solche Nebel angestellt, aber Herschels Beobachtungen begründeten die extragalaktische Astronomie als unabhängigen Zweig der Astronomie. Herschel zeigte, daß die Milchstraße als einzelne, scheibenförmige Welteninsel angesehen werden kann, in der die Sonne nahe dem Zentrum steht. Er hielt alle „milchigen Nebel“ für Sternsysteme, die mit genügend starken Teleskopen in Einzelsterne aufgelöst werden können, und schloß ohne Unterschied auch Gasnebel, wie planetarische Nebel und Supernovaüberreste, als aus Sternen bestehende Welteninseln ein. Trotz dieser Fehler tat Herschel durch seine Erkenntnis, daß die Milchstraße in Struktur und Größe den Nebelflecken ähnlich sein könnte, einen großen Schritt vorwärts bei der Einordung der Erde in die richtige Perspektive im Bezug auf den Rest des Universums. (Tabelle 2.2 zeigt eine Zusammenfassung der Beiträge der Pioniere der modernen Kosmologie.)

Herschel konnte die Kugelsternhaufen in unserer eigenen Milchstraße in Sterne auflösen, doch das 72-Zoll-Spiegelteleskop des Earl of Rosse war nötig, um im Jahre 1850 die Spiralstruktur der nahen Galaxien zu entdekken. Die Natur des Spiralnebel blieb eine Quelle der Spekulation, bis 1924 der herausragendste unserer extragalaktischen Nachbarn, die Andromedagalaxie, zum ersten Mal in Sterne aufgelöst wurde.

Tabelle 2.2. Pioniere der modernen Kosmologie

Name	*Zeit*	*Beitrag*
Nikolaus Kopernikus	1473–1543	heliozentrische Kosmologie
Tycho Brahe	1546–1601	exakte astronomische Beobachtungen
Johannes Kepler	1571–1630	Gesetze der Planetenbewegung
Galileo Galilei	1564–1642	Entdeckung der Jupitermonde, Sonnenflecken, Venusphasen
Isaac Newton	1643–1726	allgemeines Gravitationsgesetz
Wilhelm Herschel	1738–1822	Nebelbeobachtungen, Entdeckung des Uranus

Probleme der modernen Kosmologie

Nach Herschels Entdeckung der Nebel war eines der brennendsten Probleme der Kosmologie die Entfernungsskala. Waren diese Objekte wirklich Welteninseln, in ihrer Größe vergleichbar mit der Milchstraße? Oder waren sie bloß Satelliten unserer Galaxis*? In den zwanziger Jahren unseres Jahrhunderts gaben die bahnbrechenden Arbeiten des amerikanischen Astronomen Edwin Hubble eine Antwort auf diese Fragen. Hubble fand in den aufgelösten Nebeln bestimmte Typen veränderlicher Sterne, die mit relativ nahen Sternen unserer Galaxis identisch zu sein schienen. Wenn die Entfernungen der nahen Sternen bestimmt werden konnten, waren auch die Entfernungen der Nebel berechenbar. Mit diesem Schlüssel fand Hubble den Zugang zum „Reich der Nebel", wie er es nannte. Wir wissen heute, daß Hubbles Entfernungsskala falsch war. Er hielt die Entfernungen der Galaxien für zehnmal kleiner als sie mit modernen Methoden gemessen werden. Dieser Fehler, der erst in der Mitte unseres Jahrhunderts korrigiert wurde, führte zu einer Debatte über das Alter des Universum, die heute nur noch von historischem Interesse ist.

Schon vor Hubble hatten Astronomen entdeckt, daß sich die Nebel systematisch von der Milchstraße entfernen, aber sie nahmen an, daß dies nur ein lokaler Effekt sei. Die neue Kalibrierung der Entfernungsskala ließ darauf schließen, daß das ganze Universum expandiert und daß die Expansion vor etwa 2 Milliarden Jahren begonnen hatte. Man wußte, daß die Erde älter als 4 Milliarden Jahre ist, und dieser Widerspruch lieferte beträchtlichen Diskussionsstoff. Ein Nebenprodukt der Debatte war die „Steady-State-Theorie", bei der die Expansion keinen Anfang hat und das Alter des

*Man beachte den Unterschied zwischen den Begriffen *Galaxis* = unsere Milchstraße und *Galaxie* = ein anderes spiralförmiges, elliptisches oder irreguläres Sternsystem, unserer Milchstraße an Größe vergleichbar.

Universums unendlich groß ist. Andere Versuche, den spektroskopischen Befund des Zurückweichens der Galaxien zu erklären, führten zu der Vorstellung, daß das Licht dieser Galaxien in den riesigen Räumen systematisch beeinflußt wird und uns dieses Zurückweichen nur vorgaukelt. Ein Ergebnis der modernen Revision der Entfernungsskala ist, daß es keinen Unterschied in den kosmologischen Zeitskalen mehr gibt, und der Bedarf an solchen alternativen kosmologischen Ansätzen ist weitgehend verschwunden.

Die Urknalltheorie liefert die einfachste Erklärung für die astronomischen Beobachtungen. Trotzdem gibt es weiterhin kontroverse Ansichten: Der erste Augenblick der Zeit, die Singularität, liegt jenseits der Grenzen der klassischen Physik der Gravitation. Eine völlig zufriedenstellende Theorie der Galaxienbildung muß erst noch formuliert werden. War der Anfangszustand irregulär und chaotisch, oder war er regulär und geordnet? War die frühe Expansion anisotrop oder isotrop, und war die Materieverteilung anfangs inhomogen oder homogen? Eine der ältesten Fragen ist immer noch die am meisten kontroverse: Ist das Universum endlich oder unendlich? Nachdem wir die Entwicklung des Universums verfolgt haben, werden wir in Kapitel 15 einige mögliche Antworten auf diese Fragen zu geben versuchen.

Ein letzter Punkt verdient Erwähnung, und sei es nur, weil er unter den Kosmologen solche Leidenschaften entfacht: die kosmologische Konstante. Albert Einstein führte diese Größe in seine Feldgleichungen der Gravitation ein: Sie entspricht einer abstoßenden Kraft, die nur über sehr große Entfernungen merkliche Effekte hervorruft. Eine solche Kraft kommt in Newtons Gravitationstheorie nicht vor. Einstein führte die kosmologische Abstoßungskraft ein, um ein kosmologisches Modell zu entwickeln, in dem die Abstoßungskraft der gravitativen Anziehungskraft die Waage hält: das *statische Einstein-Universum*. Als die Beobachtungen schließlich zeigten, daß das Universum nicht statisch ist, bedauerte Einstein öffentlich die Einführung dieser Größe. Nichsdestoweniger ist es korrekt, daß Einsteins Gleichungen in ihrer allgemeinsten Form diese Größe enthalten. Der Vorteil der kosmologischen Konstanten ist, daß sie eine größere Auswahl von kosmologischen Modellen zuläßt, solche eingeschlossen, bei denen eine Anfangssingularität vermieden wird. Die kosmologische Konstante ist trotzdem ein etwas willkürlicher Zusatz, weil es bei Newton keine vergleichbare Abstoßungskraft gibt, und die Kosmologen sind unterschiedlicher Meinung, ob sie nun berücksichtigt werden sollte oder nicht. Die gängige Meinung ist, daß die kosmologische Konstante ein zusätzlicher Parameter ist, den wir nur dann einführen sollten, wenn es die astronomischen Beobachtungen erfordern. Bis jetzt scheinen wir sie nicht zu benötigen.

Die Giganten der modernen Kosmologie

Edwin Hubble war der erste und größte beobachtende Kosmologe unseres Jahrhunderts, doch er arbeitete keineswegs in einem theoretischen Vakuum. Nachdem im Jahre 1916 Einstein seine allgemeine Relativitätstheorie eingeführt hatte, um Newtons Gravitationstheorie zu ersetzen, blühte die theoretische Kosmologie auf. Das folgende Jahrzehnt wurde eine Blütezeit für die Entwicklung neuer Weltmodelle. Doch nur wenige dieser Modelle haben den strengen Maßstäben der astronomischen Beobachtung standgehalten.

Das erste aus der neuen Theorie entwickelte kosmologische Modell war das statische Einstein-Universum. Obwohl die Tage eines statischen Universums gezählt waren, erschien dieses Konzept zu seiner Zeit fast unwiderlegbar. Die Erde, die Sonne, und selbst unsere Milchstraße sind Systeme im Gleichgewicht, die weder expandieren noch kollabieren. Es war nur natürlich, diese Überlegung auf das Universum selbst auszudehnen. Doch diese Logik erwies sich als fehlerhaft. Die größte Errungenschaft der modernen Kosmologie ist die Urknalltheorie, die ihrerzeit einen Riesenschritt vorwärts darstellte. Die Ausarbeitung der Urknall-Kosmologie ging in der Tat der Entdeckung eines sicheren Beobachtungshinweises für eine universelle Expansion voraus. Die Vorhersage der Expansion des Universums stellt einen der größten Erfolge der Physik und der Relativitätstheorie dar. Der Erfolg gründet sich hauptsächlich auf zwei recht unähnliche Wisenschaftler, den russischen Meteorologen und Mathematiker Alexander Friedmann (Abb. 2.8) und den belgischen Geistlichen Abbé Georges Lemaître (Abb. 2.9).

Unabhängig voneinander entdeckten Friedmann 1922 und Lemaître 1927 die einfachste Familie von Lösungen der Einsteinschen Gravitationsgleichungen, die ein expandierendes Universum beschreiben. Sie können daher beide als Väter der Urknall-Kosmologie angesehen werden. Ihr Geniestreich war, das Konzept eines statischen Universums aufzugeben, das Einstein (Abb. 2.10) befürwortet hatte. Wie Einstein wandten sie das kosmologische Prinzip an, dem zufolge das Universum homogen und isotrop sein muß, doch sie gingen kühn einen Schritt weiter als Einstein, indem sie die Möglichkeit einer Expansion (und Kontraktion) zuließen. Dies führte zu einer beträchtlichen Vereinfachung der Einsteinschen Feldgleichungen der Gravitation und gab ihnen die Möglichkeit, ein kosmologisches Modell zu entwickeln. Die statische Struktur unserer lokalen Umgebung hat keine Parallele im weiten, grenzenlosen Reich der Kosmologie, wo neue Konzepte und in der Tat eine neue Physik wichtige Rollen spielen. Einsteins allgemeine Relativitätstheorie verbessert Newtons Gravitationstheorie auf der Erde um einen verschwindend kleinen Betrag – etwa um ein Milliardstel – aber sie ermöglichte die Geburt der Urknalltheorie des Universums.

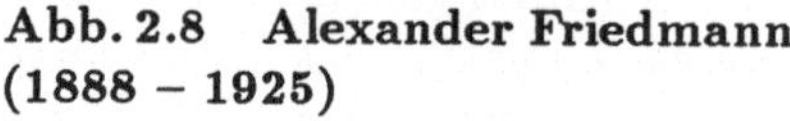

Abb. 2.8 Alexander Friedmann (1888 – 1925)

Abb. 2.9 Georges Lemaître (1894 – 1966)

Einsteins Theorie ist bekannt für ihre Verallgemeinerung unseres gewöhnlichen Verständnisses von Raum und Zeit. Die Anwesenheit von Materie bewirkt eine Raumkrümmung, die der Gravitation entspricht. In einem gekrümmten Raum ist die euklidische Geometrie nicht länger gültig. Linien, die in einem euklidischen Raum parallel sind, sind es hier nicht mehr, und der Umfang eines Kreises ist nicht mehr 2π mal seinem Radius. Die Abweichungen von der euklidischen Geometrie sind jedoch außerordentlich klein, es sei denn, das Gravitationsfeld ist sehr stark. Im allgemeinen müssen wir uns in zwei Bereichen mit der Raumkrümmung befassen. In der Nähe eines Schwarzen Lochs oder kollabierten Sterns können die riesigen Gravitationsfelder eine starke Raumkrümmung verursachen. Und über die riesigen Entfernungen, die das Licht im intergalaktischen Raum zurücklegt, wird die Raumkrümmung merklich.

Man fand, daß Einsteins Feldgleichungen der Gravitation, auf die Kosmologie angewandt, zu wenigstens drei unterschiedlichen Lösungen führen, die jeweils durch eine besondere Raumkrümmung charakterisiert sind. Die Friedmann-Lemaître-Universen umfassen Modelle, in denen Linien, die in einem kleinen Bereich parallel erscheinen, divergieren, Modelle, in denen sie konvergieren, und ein Modell, in dem die Linien parallel bleiben. Diese Räume sind physikalisch unterschiedlich, das bedeutet, daß ein Objekt in einem Raumtyp stark verzerrt werden muß – durch Auseinanderziehen oder

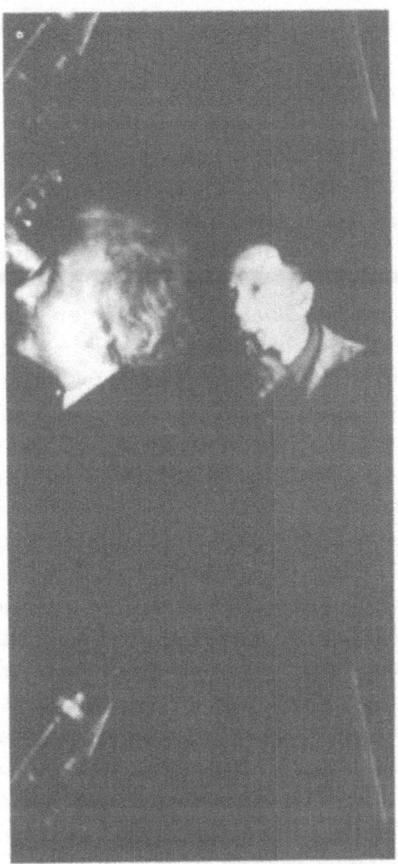

Abb. 2.10
Albert Einstein (1879 – 1955)
1930 besuchte Einstein Hubble am 100-Zoll-Teleskop auf dem Mount Wilson, um aus erster Hand zu erfahren, daß die Galaxien sich von uns wegbewegen.

Abb. 2.11
Willem de Sitter (1872 – 1934)

Zusammendrücken – bevor es in einen anderen Raumtyp eingebaut werden kann. 1932 entwickelten Einstein und der niederländische Astronom Willem de Sitter (Abb. 2.11) gemeinsam ein expandierendes Universum, in dem die Raumgeometrie der des gewöhnlichen oder flachen euklidischen Raums ähnelt.

Als Hubble 1929 seine Entdeckung des einfachen Gesetzes bekanntgab, das die Nebelflucht beschreibt, kannte er offenbar die Kosmologien eines expandierenden Universums von Friedmann und Lemaître nicht. Ein kosmologisches Modell, das Hubble zweifellos beeinflußte, war schon 1917 von de Sitter entdeckt worden. Dieses De-Sitter-Universum besaß die seltsame Eigenschaft, daß das Licht aus den entferntesten Gebieten umso mehr gerötet war, je größer die Entfernung wurde. Diese Rötung ist verschieden von der selektiven Extinktion durch kleine Teilchen in der Atmosphäre, die blaues Licht stärker als rotes Licht streut und auf diese Weise rote Sonnenuntergänge verursacht, oder durch den interstellaren Staub, der auf ähnliche Weise entfernte Sterne rötet. Die kosmologische Rotverschiebung ist eine Eigenschaft, die das gesamte Licht entfernter Galaxien zu längeren (oder röteren) Wellenlängen verschiebt. Während des darauffolgenden Jahrzehnts wurden Astronomen allmählich auf dieses De-Sitter-Modell aufmerksam, das grundsätzlich das statische Einstein-Universum in Frage stellt, es wurde jedoch kaum ein quantitativer Versuch gemacht, die vorausgesagte Rotverschiebung mit irgendeiner systematischen Bewegung in Beziehung zu bringen. Im Jahre 1928 zeigte dann der amerikanische Kosmologe Howard Percy Robertson, daß das De-Sitter-Universum durch einen einfachen mathematischen Kunstgriff in ein expandierendes Universum transformiert werden konnte. Leider ergab Robertsons Transformation ein leeres, materiefreies Universum, und diese Eigenschaft der Lösung verminderte die Bedeutung des Modells für das wirkliche Universum. Robertson, der ein Kollege von Hubble am California Institute of Technology in Pasadena war, bemerkte, daß es wirklich eine systematische Beziehung zwischen Expansionsgeschwindigkeit und Entfernung gab, von der gleichen Art, wie sie Hubble im folgenden Jahr veröffentlichte, doch dieses Ergebnis wurde durch die früheren Arbeiten von Friedmann und Lemaître in den Schatten gestellt. Es ist aber wahrscheinlich, daß Robertsons Arbeiten einen starken Einfluß auf Hubbles Resultat hatten.

Die gekrümmten Friedmann-Lemaître-Universen und das flache Einstein-de Sitter-Universum bilden den Kern der Urknalltheorie. Wenn wir die kosmische Abstoßungskraft verzichten, expandiert in jedem dieser Modelle das Universum von einem Zustand beliebig hoher Dichte zu seinem heutigen verdünnten Zustand. Im geschlossenen Modell tritt ein erneutes Zusammenfallen ein, während die anderen eine immerwährende Expansion voraussagen. Herauszufinden, welches Modell die beste Beschreibung des Universums liefert, bleibt eine der Hauptaufgaben der modernen Kosmologie.

3

Beobachtende Kosmologie

> Wir finden kleinere und schwächere Nebel in ständig wachsender Zahl, und wir wissen, daß wir weiter und immer weiter in den Raum vordringen, bis wir mit den schwächsten Nebeln, die mit dem größten Teleskop entdeckt werden können, an die Grenzen des bekannten Universums gelangen.
>
> EDWIN HUBBLE

Herschels Mutmaßung, daß die extragalaktischen Nebel aus Sternen bestehende Welteninseln sein könnten, markiert den Beginn der Kosmologie als beobachtende Wissenschaft. Ein Jahrhundert nach Herschels Tod waren die Entfernungen der Spiralnebel schließlich festgestellt und die Nebel selbst als Galaxien, die in ihrer Größe der Milchstraße vergleichbar waren, erkannt.

Die Bestimmung der Entfernungen entfernter Galaxien war keine leichte Aufgabe. Wir können versuchen, uns auf die riesigen auftretenden Entfernungsskalen vorzubereiten, indem wir die Methoden betrachten, die zur Entfernungsbestimmung von Planeten und Sternen verwendet werden. Der Schlüssel zum Verständnis dieser Methoden liegt in der Art und Weise, wie das menschliche Auge Entfernungen abschätzt. Wenn man den Daumen am ausgestreckten Arm betrachtet, indem man ihn abwechselnd mit dem linken und rechten Auge ansieht, scheint sich sein Ort in Bezug auf irgendein Objekt im Hintergrund zu verändern. Die Winkeländerung in der Entfernung des ausgestreckten Arms beträgt etwa drei Daumendurchmesser. Eine Daumenbreite in Armentfernung ist etwa gleich einem Winkelgrad. Das entspricht etwa dem doppelten Winkeldurchmesser von Sonne und Mond am Himmel. Die scheinbare Winkelverschiebung des Daumens beträgt also drei Grad. Mittels einfacher Geometrie kann man berechnen, daß seine Entfernung D das etwa Zwanzigfache der Basislinie L zwischen den beiden Augen ist. Mit anderen Worten, wir folgern, daß D gleich L,

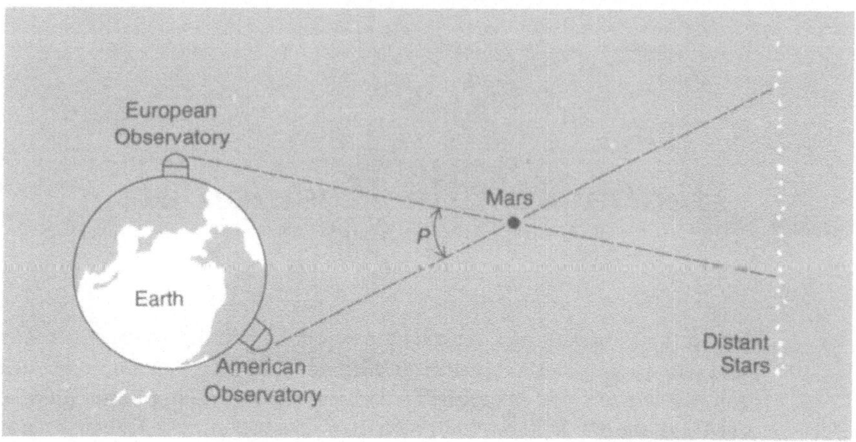

Abb. 3.1 Die Parallaxe eines Planeten
Zwei Observatorien auf der Erde (beispielsweise ein europäisches und ein amerikanisches) können die Entfernung zum Mars durch eine Triangulation oder Parallaxenmessung bestimmen. Die Entfernung des Mars ergibt sich aus der Entfernung der beiden Observatorien voneinander, geteilt durch den parallaktischen Winkel P (gemessen in Radian relativ zum Hintergrund der entfernten Sterne (Distant Stars), deren Parallaxe vernachlässigt werden kann).

geteilt durch die Winkelverschiebung ist, wobei vorausgesetzt ist, daß wir die Winkelverschiebung als Bruchteil desjenigen Winkels angeben, der einer Strecke auf dem Kreisumfang gegenüberliegt, die genau so lang ist wie der Radius des Kreises. Dieser Einheitswinkel wird als ein ***Radian*** bezeichnet; 2π Radian entsprechen genau 360 Grad, und 1 Radian ist etwa 57.3 Grad.

Die scheinbare Winkelverschiebung, die uns eine Entfernungsbestimmung ermöglicht, wird als Parallaxe bezeichnet. Ein ähnliches Verfahren wurde in früheren Zeiten von Landvermessern zur Bestimmung von Berghöhen benutzt. Auf größerer Skala wurde die Parallaxenmethode schon vor langer Zeit verwendet, um die Entfernungen der Planeten zu bestimmen (Abb. 3.1). Beobachtungen werden an zwei Sternwarten, die, sagen wir, 10 000 Kilometer voneinander entfernt sind, durchgeführt. Scheinbare Verschiebungen, die wesentlich kleiner als ein Grad sind, können festgestellt werden, da der scheinbare Durchmesser eines Planeten recht klein ist. Die Bilder der nächsten Planeten haben Durchmesser von einigen Bogensekunden, und es ist möglich, die Parallaxe eines Planeten auf weniger als eine Bogensekunde festzulegen. Eine Bogensekunde ist der sechzigste Teil einer Bogenminute, und eine Bogenminute ist der sechzigste Teil eines Grades. Eine Bogensekunde ist also ein Zweihunderttausendstel eines Radians, und Entfernungen bis zum 200 000-fachen der Basislinie von 10 000 Kilometern, oder bis zu

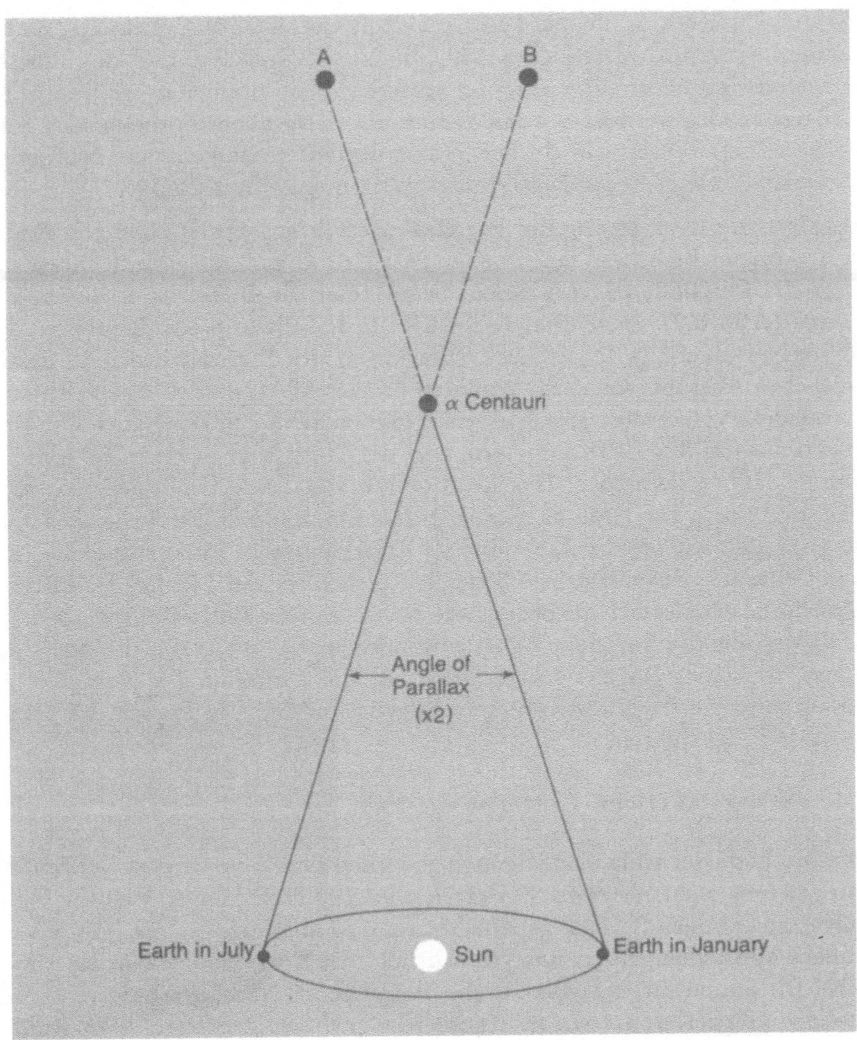

Abb. 3.2 Die Parallaxe eines nahen Sterns
Die Bahn der Erde um die Sonne ist als schwarze Ellipse dargestellt. Ein naher Stern (hier α Centauri) wird im Abstand von sechs Monaten beobachtet. Die zwischen Januar und Juli auftretende Verschiebung seines scheinbaren Orts von A nach B beträgt den zweifachen Wert der Parallaxe (parallaktischer Winkel $\times 2$). Die Entfernung zum Stern ist gleich dem mittleren Radius der Erdbahn, geteilt durch den parallaktischen Winkel. Der Stern Alpha Centauri hat eine Parallaxe von 0.75 Bogensekunden, und seine Entfernung beträgt somit 1.3 Parsek (oder 4 Lichtjahre).

2×10^9 Kilometern, können leicht ermittelt werden. Die Entfernung Erde–Sonne beträgt im Mittel etwa 150 Millionen Kilometer, und die äußeren Planeten sind bis zu 40 mal weiter entfernt. Das Parallaxenverfahren kann also verwendet werden, um die Entfernungen zu allem Planeten des Sonnensystems zu ermitteln. In der Praxis werden heute genauere Methoden verwendet, wie etwa die Entfernungsbestimmung durch Radar.

Eine geniale Erweiterung des Parallaxenverfahrens wurde 1838 von Friedrich Wilhelm Bessel auf einen nahen Stern, 61 Cygni, angewandt. Statt die Erde als Basislinie zu verwenden, benutzte er die Bahn der Erde um die Sonne (Abb. 3.2). In diesem Fall wird die Parallaxe p als die Hälfte der Winkelverschiebung P definiert. Messungen des Sterns wurden in einem zeitlichen Abstand von sechs Monaten durchgeführt, und es ergab sich eine Parallaxe p von etwas weniger als einer halben Sekunde. Wir haben nun eine Basislinie von 3×10^8 Kilometern, und der Stern liegt in einer Entfernung von 4×10^{13} Kilometern. Das Licht würde vier Jahre benötigen, um vom nächsten Stern zur Erde zu gelangen. Die betrachteten Entfernungen sind so groß, daß wir oft das Lichtjahr als Entfernungseinheit verwenden – Alpha Centauri, der uns nächste Stern, ist tatsächlich vier Lichtjahre entfernt. Manchmal erweist sich als bequemere astronomische Entfernungseinheit ein Maß, das aus der Parallaxe selbst gewonnen wird – ein Stern, der eine Parallaxe von einer Bogensekunde zeigt, hat die Entfernung 1 *Parsek* (eine Abkürzung für *Par*allaxe von einer Bogen*sek*unde). Ein Parsek entspricht etwa drei Lichtjahren.

Die extragalaktische Entfernungsskala

Die Methode der einfachen trigonometrischen Parallaxe versagt bei Entfernungen von mehr als etwa 30 Parsek oder 100 Lichtjahren, weil die Winkelverschiebungen für eine genaue Messung zu klein werden. Es gibt jedoch andere Methoden, die es uns ermöglichen, die Entfernungsskala zu erweitern. Die Sonne eilt, bezogen auf die Sterne in der Nachbarschaft, mit einer Geschwindigkeit von etwa 20 Kilometern pro Sekunde durch den Raum. Der Vergleich von Photographien, die im Zeitraum von vielen Jahren gemacht wurden, liefert für diese benachbarten Sterne kleine Ortsverschiebungen, weil sich unsere Perspektive im Lauf der Jahre geändert hat. Weil viele Sterne im gleichen Raumgebiet die gleiche Parallaxe besitzen können, ist es möglich, relativ kleine Parallaxen zu messen. Diese Technik, die als *statistische Parallaxe* bezeichnet wird, erweitert die Entfernungsskala auf Bereiche von mehr als 100 Parsek.

Eine Schwierigkeit ist, daß ein Sternhaufen, dessen Mitglieder eine gemeinsame Bewegung zeigen, ebenfalls eine fortschreitende Winkelverschiebung bezüglich der Hintergrundsterne zeigen wird. Diese Verschiebung wird als

Eigenbewegung bezeichnet. Messungen von Eigenbewegungen können benutzt werden, um Entfernungen auf eine sehr ähnliche Art und Weise wie im Falle der trigonometrischen Parallaxen zu bestimmen, doch die Beobachtungen müssen über viele Jahre ausgedehnt werden, statt über den zeitlichen Abstand von einem halben Jahr. Wenn sich der Sternhaufen von der Sonne entfernt, zeigen die Bewegungen der einzelnen Sterne ein scheinbares Zusammenlaufen ihrer Eigenbewegungen zu einem Punkt (dem Konvergenzpunkt), der auf einer Seite des Haufens liegt. Ein analoger Effekt ist der eines Zuges, der in der Ferne verschwindet – durch einen perspektivischen Trick nähert sich der Zug mehr und mehr den Gleisen (Abb. 3.3). Dieser Konvergenzeffekt ist den Eigenbewegungen überlagert. Wenn der Sternhaufen sich uns nähert, tritt ein Divergenzeffekt auf, analog demjenigen, der bei Annäherung des Zuges auftritt.

Um die Sachlage zu klären, müssen wir zwei Effekte trennen, den unserer eigenen Bewegung zum Sternhaufen hin oder von ihm weg und den der Bewegung der Sonne senkrecht zur Sichtlinie zum Sternhaufen, die uns die Basislinie zur Bestimmung seiner Eigenbewegung gegeben hat. Dazu ist es notwendig, direkt die relative Bewegung der Sterne von uns weg zu bestimmen, indem wir die Dopplerverschiebungen ihrer Spektrallinien messen (die Technik wird später in diesem Kapitel beschrieben werden). Durch die Untersuchung der Sternspektren und die Ableitung der Geschwindigkeit in unserer Sichtlinie ist es möglich, die Entfernung des Haufens aus den Eigenbewegungen seiner Mitglieder zu ermitteln.

Die Methode der „Bewegungshaufen“ ist systematisch auf den Hyaden-Sternhaufen angewandt worden, der sich in einer Entfernung von 40 Parsek befindet. Wenn wir die Entfernung der Hyaden kennen, können wir die Leuchtkraft jedes ihrer Sterne aus seiner beobachteten Helligkeit ableiten, indem wir das *Gesetz des inversen Abstandsquadrats* anwenden:

$$\text{Helligkeit} = \text{Leuchtkraft}/[4\pi(\text{Entfernung})^2].$$

Die Helligkeit eines Sterns nimmt nämlich mit dem Quadrat seiner Entfernung von uns ab. Der Hyadenhaufen kann deshalb als Entfernungsstandard verwendet werden, und wir können die Entfernung von Sternen mit gleichen Spektren (und vermutlich ähnlicher Helligkeit), die diesem Haufen nicht angehören, ermitteln, indem wir ebenfalls das inverse-Abstandsquadrat-Gesetz auf sie anwenden.

Zu Beginn des zwanzigsten Jahrhunderts erkannten die Astronomen, daß unsere Galaxis eine Ausdehnung von mindestens einigen tausend Lichtjahren haben muß. Heute wissen wir, daß ihr Durchmesser etwa 30 000 Parsek (oder 100 000 Lichtjahre) beträgt. Die Bestätigung der Entfernungen zu den Spiralnebeln erforderte jedoch die Entwicklung einer neuen Art von Ent-

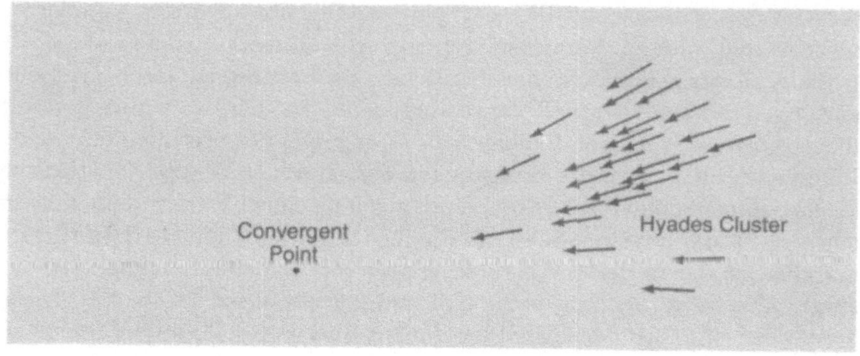

(a)

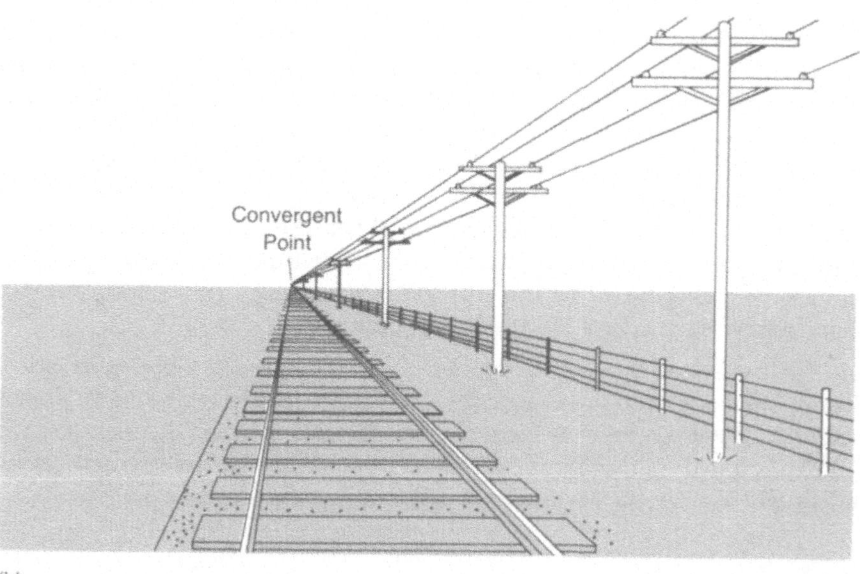

(b)

Abb. 3.3 Die Entfernung von Sternhaufen
Eine Verbindung von Eigenbewegungen und Dopplerverschiebungen einzelner Sterne erlaubt es uns, Entfernungen zu einem oder zwei nahen Sternhaufen zu bestimmen, die zu weit entfernt sind, als daß ihre Parallaxen direkt gemessen werden könnten. Die Eigenbewegungen der Sterne im Hyadenhaufen (Hyades Cluster), die mit Hilfe von Photoplatten ermittelt werden können, die im Abstand von einigen Jahren aufgenommen sind, scheinen zu einem Punkt auf einer Seite des Haufens hin zu konvergieren, dem Konvergenzpunkt (a). Der Effekt ist demjenigen eines sich entfernenden Zuges vergleichbar (b). Beobachtungen des Konvergenzpunkts und der Eigenbewegungen der Haufensterne ermöglichen uns, in Verbindung mit Messungen der Dopplerverschiebungen die Entfernung des Haufens und seine wahre Bewegung im Raum zu bestimmen.

fernungsindikatoren. Die Parallaxe solch entfernter Objekte ist natürlich vernachlässigbar klein, und normale Sterne in ihnen können im allgemeinen nicht als Einzelobjekte aufgelöst werden. Wenn wir in unserer eigenen Galaxis eine bestimmte Art von Sternen identifizieren könnten, die hell genug strahlen, um in anderen Spiralnebeln gesehen zu werden, könnten solche Sterne zur Abschätzung extragalaktischer Entfernungen verwendet werden. Die *veränderlichen Sterne von Typ δ Cephei*, kurz *Cepheiden* genannt, besitzen diese Eigenschaft. Edwin Hubble gelang es im Jahre 1923 zum erstenmal, diese Sterne in der Andromeda-Galaxie aufzulösen, und er benutzte sie, um die Entfernungen einiger naher Galaxien zu bestimmen.

Cepheiden zeigen regelmäßige Pulsationen (Abb. 3.4). Erst expandiert der Stern und wird hell, dann schrumpft er wieder zusammen und wird schwächer. Das periodische Heller- und Schwächerwerden tritt über einen Zeitraum ein, der für unterschiedliche Sterne zwischen einigen Tagen und einem Jahr liegen kann. Im Jahrzehnt vor Hubbles Entdeckung hatten Henrietta Leavitt und Harlow Shapley herausgefunden, daß im Vergleich mit anderen veränderlichen Sternen die Helligkeitsänderungen der Cepheiden einen eindeutigen, periodischen Charakter besitzen. Leavitt bestimmte die Perioden von Dutzenden von Cepheiden in den Magellanschen Wolken, und sie fand, daß die hellsten Cepheiden stets die längsten Perioden aufwiesen. Es schien eine eindeutige Beziehung zwischen Periode und beobachteter Helligkeit zu geben – aus der Messung der einen Größe konnte die andere berechnet werden (Abb. 3.5). Leavitts Arbeit beruhte auf den relativen Helligkeiten von Sternen in einer unbekannten, aber praktisch identischen Entfernung, während Harlow Shapley 1917 zum ersten Mal die *Perioden-Leuchtkraft-Beziehung* benutzte, um *absolute Helligkeiten* für die Cepheiden in der Milchstraße zu ermitteln. Die Bestimmung der Entfernungen von Cepheiden in nahen Sternhaufen war keine leichte Aufgabe: Solche Sternhaufen sind einige hundert Parsek entfernt, Entfernungen, bei denen das Parallaxenverfahren sehr ungenau ist. Die Astronomen haben eine Technik der Entfernungsbestimmung entwickelt, die auf der Messung von Farben und Helligkeiten vieler Sterne eines Haufens und auf der Konstruktion eines Farben-Helligkeits-Diagramms mit den Meßgrößen beruht. In diesem Diagramm fallen die meisten Sterne in die Nähe eines charakteristischen Bandes, das als Hauptreihe bezeichnet wird. Insbesondere haben die Sterne einer bestimmten Farbe oder eines bestimmten Spektraltyps eine charakteristische Helligkeit. Das Farben-Helligkeits-Diagramm kann nun mit Hilfe des Hyadenhaufens kalibriert und dann benutzt werden, um die Entfernungen von entfernteren Sternhaufen, die Cepheiden enthalten, zu ermitteln. Auf diese Weise konnten die Entfernungen von Cepheiden in nahen Sternhaufen der Milchstraße abgeleitet werden, und mit dieser Information

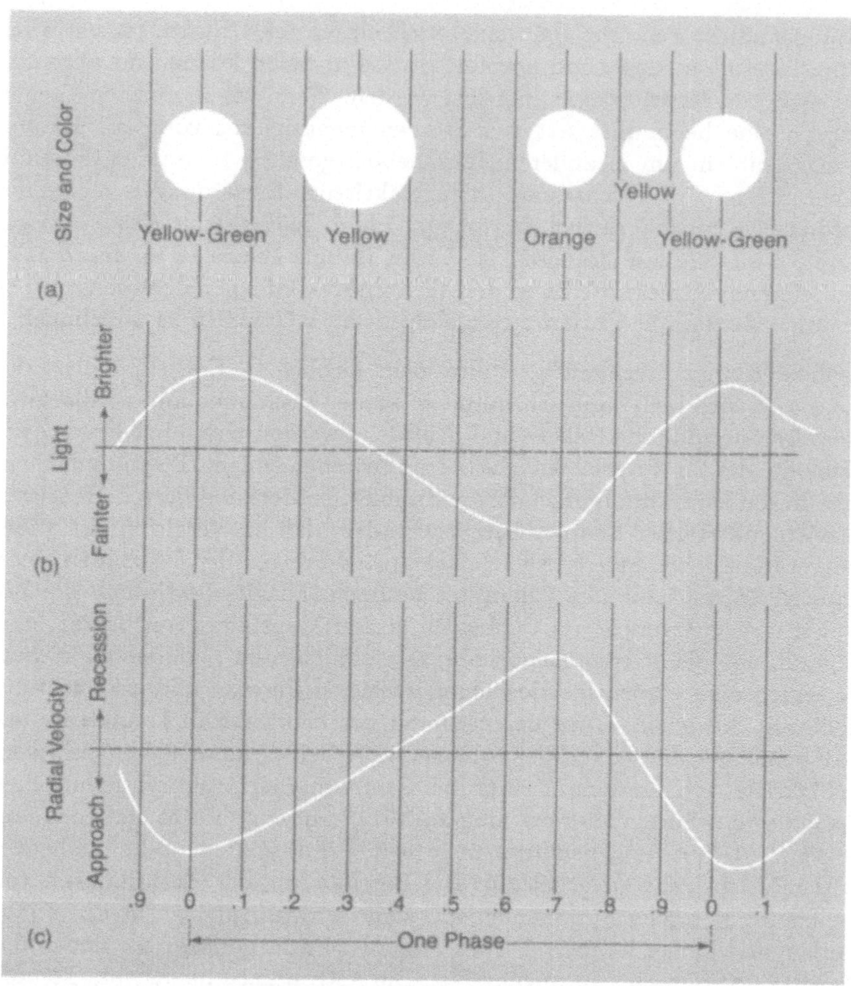

Abb. 3.4 Die Licht- und Radialgeschwindigkeitskurve eines Veränderlichen vom Typ Delta Cephei
Cepheiden zeigen im Verlauf ihrer Pulsationsperiode (One Phase) Änderungen der Größe und Farbe – von gelbgrün über gelb, orange und gelb nach gelbgrün (a), der Helligkeit – nach oben heller, nach unten schwächer – (b) sowie der Radialgeschwindigkeit der Sternatmosphäre – nach unten Annäherung an den Beobachter, nach oben Entfernung vom Beobachter (c). Die Sternatmosphäre expandiert zu maximaler Größe halbwegs zwischen maximalem und minimalem Licht; die Sternatmosphäre schrumpft auf ihre kleinste Ausdehnung bei der entgegengesetzten Phase. Die relativen Größen sind zur besseren Deutlichkeit übertrieben dargestellt; die wirklichen Änderungen betragen weniger als 20 Prozent.

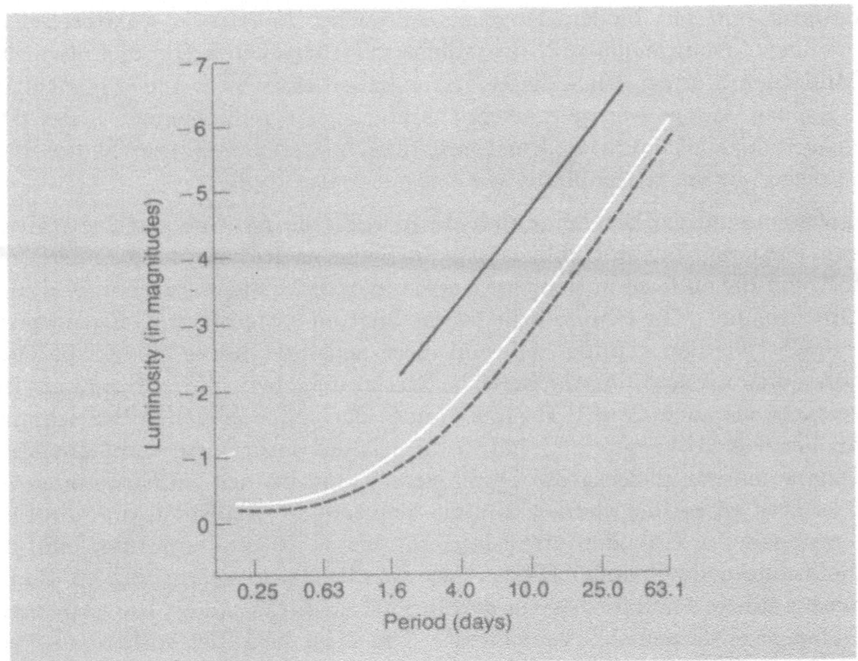

Abb. 3.5 Die Perioden-Leuchtkraft-Beziehung der Cepheiden
Auf der x-Achse ist die Pulsationsperiode (in Tagen), auf der y-Achse die Leuchtkraft (in absoluten Größenklassen) aufgetragen. Harlow Shapleys Untersuchungen führten zu einem eindeutigen Zusammenhang (durchgezogene weiße Linie), wobei Veränderliche mit längeren Perioden höhere Leuchtkräfte haben. Walter Baade teilte Cepheiden in zwei Klassen ein, die der Population I (durchgezogene schwarze Linie) und die der Population II (gestrichelte schwarze Linie), wobei letztere schwächer als Sterne der Population I mit gleicher Periode sind. Die Größenklassenskala bedeutet, daß die Helligkeit bei einer Abnahme um 1 um einen Faktor 2.5 zunimmt (je kleiner oder negativer die Größenklasse, umso heller ist der Stern).

konnte die Perioden-Leuchtkraft-Beziehung für die Bestimmung der wahren Helligkeiten naher Cepheiden geeicht werden. Nachdem die wahren Helligkeiten bekannt waren, konnten die Entfernungen von Galaxien, in denen Cepheiden gefunden worden waren, ermittelt werden.

Mit Hilfe dieser Kalibrationen wurde festgestellt, daß die Magellanschen Wolken sehr weit entfernt sind; in der Tat wissen wir heute, daß sie getrennte Begleiter der Milchstraße in einer Entfernung von etwa 150 000 Lichtjahren sind. Im Vergleich mit der Milchstraße sind sie jedoch wahre Zwerge. Der nächste Nachbar mit einer unserer Milchstraße vergleichbaren Größe ist die *Andromeda-Galaxie.* Sie ist etwa 2 Millionen Lichtjahre entfernt und mit bloßem Auge als schwacher Nebelfleck am Himmel zu erkennen. Andromeda und die Milchstraße bestehen beide aus etwa 300 Milliarden Sternen. Viele dieser Sterne haben eine der Sonne vergleichbare Helligkeit. Einige wenige massereiche Sterne sind millionenfach heller. Die meisten Sterne sind masseärmer, und manche sind vielleicht nicht viel massereicher als ein Riesenplanet wie beispielsweise Jupiter.

Galaxien sind die Bausteine, mit deren Hilfe die Astronomen das Universum kartieren. Edwin Hubble setzte die Suche nach Entfernungsindikatoren fort, um die entfernten Bereiche des Raumes zu kartieren, und er fand, daß Objekte, die er für extrem helle Sterne hielt, in entfernteren Galaxien noch aufgelöst werden konnten. Obwohl diese hellsten „Sterne" heute als Gasnebel erkannt sind, die massereiche Sterne umgeben (die Astronomen bezeichnen sie auch als H II-Regionen, nach der konventionellen Bezeichnung für ionisierten Wasserstoff), haben die größten unter ihnen von Galaxie zu Galaxie nahezu gleich große Durchmesser, und können als Entfernungsindikatoren verwendet werden. Hubble benutzte ihre Helligkeit, um die Entfernungen von Galaxien abzuleiten, die bis zu 10 mal entfernter sind als die Andromeda-Galaxie. Dieser erste Schritt aus unserem lokalen Raum heraus führte Hubble zu einer revolutionären Entdeckung: Die entfernten Galaxien entfernen sich voneinander. Um diese neue Erkenntnis ganz begreifen zu können, müssen wir erst die Information betrachten, die wir aus dem schwachen Licht, das wir von einer entfernten Galaxie empfangen, gewinnen können.

Die entferntesten Objekte

In der Vergangenheit war die Vermessung der entferntesten Objekte beschränkt auf das, was auf den photographischen Platten, die mit den größten Teleskopen der Welt aufgenommen wurden, gesehen werden konnte. Für viele Jahre war das größte Teleskop der Welt der Fünf-Meter-Spiegel auf dem Gipfel des Mount Palomar im südlichen Kalifornien. Jetzt ist das größte Teleskop der Welt der Sechs-Meter-Spiegel im Kaukasus-Gebirge in der Sowjetunion. In Entwicklung sind jedoch einige Acht-Meter-Spiegel und ein Zehn-Meter-Teleskop, mit denen in den neunziger Jahren das erste Licht eingefangen werden kann.

Die Astronomen können auf einer langbelichteten photographischen Aufnahme im Fokus eines dieser großen Teleskope viele schwache, verwaschene Bilder als entfernte Galaxien identifizieren. Tatsächlich haben neue Techniken die altmodische Photographie in den Hintergrund gedrängt, man verwendet heute CCD-Detektoren, ähnlich denen, die in Video-Kameras Verwendung finden, um elektronische Bilder aufzuzeichnen. Obwohl diese Bilder zu klein sind, um irgendeine detaillierte Struktur zu zeigen, wissen wir, daß Galaxien mit gleichartigen Formen gleiche allgemeine Eigenschaften besitzen, und wir klassifizieren Galaxien nach ihrem Erscheinungsbild. Galaxien mit einer auffälligen Spiralstruktur werden als *Spiralgalaxien* klassifiziert; solche mit einer glatten, rundlichen Form als *elliptische Galaxien.* Diese Typen werden aufgrund der relativen Stärke der Spiralstruktur oder dem Grad der Abplattung in Untertypen eingeteilt. Viele andere Galaxien passen nicht in dieses Klassifikationsschema, und man bezeichnet sie als *irreguläre Systeme.* In Kapitel 10 wird die Galaxienklassifikation weiter diskutiert und illustriert.

Eine Haupteigenschaft einer Galaxie ist die von ihr ausgesandte Strahlungsmenge oder Gesamtleuchtkraft. So wie es helle und schwache Sterne gibt, so gibt es auch helle und schwache Galaxien, Mitglieder einer bestimmten Klasse eines Galaxientyps werden sich jedoch in ihrer Gesamtleuchtkraft im allgemeinen wenig unterscheiden (Abb. 3.6). Astronomen können beispielsweise die scheinbare Helligkeit eines bestimmten Typs von Spiralgalaxien messen. Die wahre Helligkeit solcher Galaxien kann aus der Untersuchung der Cepheiden oder der hellsten Gasnebel in einem nahen System des gleichen Typs abgeleitet werden. Der Vergleich der scheinbaren Helligkeit des photographischen Bildes einer entfernteren Galaxie mit der einer nahen Galaxie des gleichen Typs, deren Entfernung bekannt ist, liefert dann die Entfernung der weiter entfernten Galaxie. Diese Methode der Entfernungsbestimmung ist bis zu Entfernungen von Hunderten von Millionen Lichtjahren recht zuverlässig.

Wenn wir über diese riesigen Entfernungen hinaus vorstoßen, wird es immer schwieriger, verschiedene Typen der Spiralstruktur in den weit entfernten Galaxien zu erkennen, und die Astronomen verwenden eine andere charakteristische Eigenschaft der Galaxien, um sie zu klassifizieren. Galaxien kommen oft in reichen Galaxienhaufen vor (Abb. 3.7), und reiche Haufen sind in großen Entfernungen viel auffälliger als einzelne Galaxien. Es trifft sich, daß das hellste, oder zweit- oder dritthellste Mitglied eines Haufens fast immer eine elliptische Riesengalaxie ist, und diese hellsten Haufenmitglieder unterscheiden sich in ihrer Helligkeit nur wenig. Außerdem unterscheiden sich die Helligkeiten der hellsten Haufenmitglieder höchstens um den Faktor 2. Dies ist wirklich ein sehr glücklicher Umstand, da Einzelgalaxien sehr große Unterschiede in ihrer absoluten Helligkeit zeigen können. Die hellsten bekannten Galaxien sind etwa 100 mal heller als die Milchstraße, die ihrerseits so hell ist wie 10 Milliarden Sonnen. Die schwächsten Zwerggalaxien sind nicht heller als einige Millionen Sonnen. Die Verwendung auffälliger Galaxien in reichen Haufen als Entfernungsindikatoren hat die entfernten Bereiche des Universums unserer Beobachtung zugänglich gemacht. Wir können in der Tat Licht messen, das von Galaxien in einer Entfernung von 10 Milliarden Lichtjahren ausgesandt wurde. Sterne in diesen Gala-

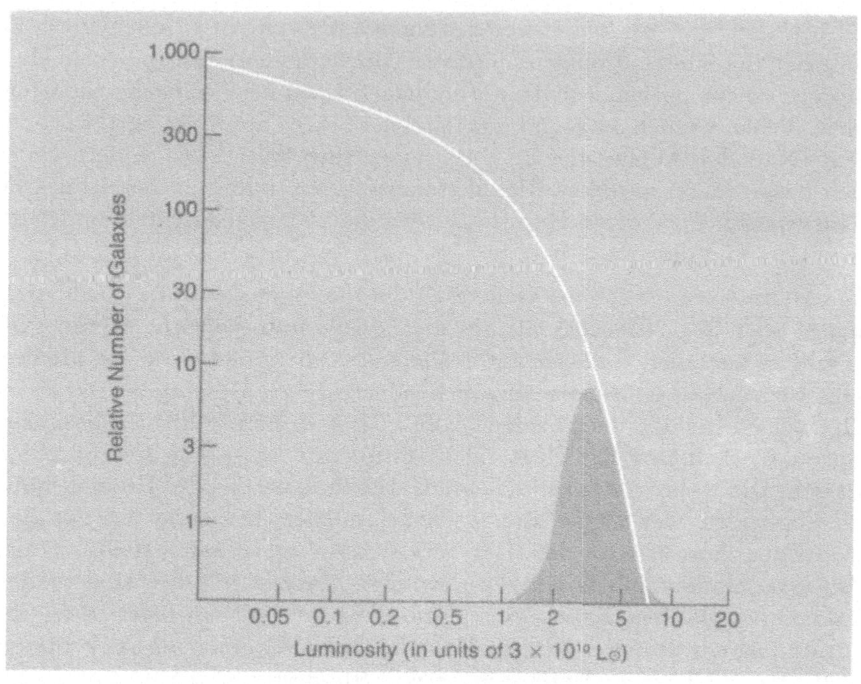

Abb. 3.6 Galaxien als Entfernungsindikatoren
Auf der x-Achse ist die Galaxienleuchtkraft (in Einheiten von 3×10^{10} Sonnenleuchtkräften), auf der y-Achse die relative Anzahl der Galaxien aufgetragen. Man findet in jedem großen Raumvolumen Galaxien verschiedener wahrer Helligkeit oder Leuchtkraft. Wenn wir alle Galaxien betrachten, finden wir einen sehr ausgedehnten Bereich von Helligkeiten (durchgezogene Linie). Astronomen bezeichnen diese Verteilung als die *Galaxien-Leuchtkraftfunktion.* Wenn wir nur die hellste oder, sagen wir, dritthellste Galaxie in verschiedenen Galaxienhaufen betrachten, finden wir, daß solche Galaxien bemerkenswert ähnlich sind und daß sie innerhalb eines Faktors 2 alle die gleiche Leuchtkraft besitzen (schattiertes Gebiet). Diese Galaxienklasse kann daher als Entfernungsindikator verwendet werden: Wenn wir einmal die wahre Helligkeit dieser Klasse mit Hilfe von Beobachtungen in einigen nahen Galaxienhaufen abgeleitet haben, können wir die Entfernungen entfernterer Haufen mit Hilfe dieser Galaxien bestimmen.

xien haben das Licht, das wir beobachten, Milliarden von Jahren vor der Entstehung der Erde ausgesandt (siehe Tabelle 3.1).

Die entferntesten Galaxien scheinen sich nur wenig von den nahen Galaxien zu unterscheiden. Auch ihre Sterne bestehen aus Wasserstoff und schwereren Elementen wie Helium, Sauerstoff und Eisen. Neuere Ergebnisse lassen vermuten, daß in entfernteren Haufen mehr blaue Galaxien

Abb. 3.7 Ein ferner Galaxienhaufen
Der Coma-Galaxienhaufen liegt in einer Entfernung von etwa 300 Millionen Lichtjahren. Die Photographie, die den mehrere Millionen Lichtjahre großen Zentralbereich des Haufens überdeckt, zeigt die diffusen Bilder einer Vielzahl von elliptischen Galaxien und Spiralgalaxien.

Tabelle 3.1. Die extragalaktische Entfernungsskala

Methode	*astronomische Objekte*	*überdeckter Entfernungsbereich*
Parallaxe (irdische Basislinie)	Planeten	10^{14} cm oder 1 Lichtstunde
Parallaxe (Erdbahn als Basislinie)	nahe Sterne	50 Lichtjahre
Bewegungshaufen	Sternhaufen der Hyaden	120 Lichtjahre
Statistische Parallaxe	Sterngruppen	10^3 Lichtjahre
Farben-Helligkeits-Diagramm	galaktische Sternhaufen	3×10^5 Lichtjahre
Perioden-Leuchtkraft-Beziehung	Cepheiden	10^7 Lichtjahre
Durchmesser von H II-Regionen	Spiralgalaxien	10^8 Lichtjahre
Beziehung zwischen Rotationsgeschwindigkeit und infraroter Leuchtkraft	Spiralgalaxien	10^8 Lichtjahre
Hellste Haufengalaxie	entfernte Galaxienhaufen	10^{10} Lichtjahre

auftreten können als in nahen Haufen. In unserer Galaxis sind die blauen Sterne oft sehr heiße, leuchtkräftige und junge Sterne. Jeder überschüssige Blauanteil der entfernten Galaxienhaufen muß auf aktive Sternentstehung zurückzuführen sein. Wenn in den Galaxien in entfernteren Haufen Anzeichen für stärkere Sternentstehungsraten beobachtet werden als in nahen Haufen ähnlichen Typs, folgern wir unter Berücksichtigung der Tatsache, daß das Licht der weiter entfernten Haufen längere Zeit braucht, um uns zu erreichen, daß die entfernteren Galaxien jünger und aktiver sind als die nahen Galaxien. Die Beobachtung entfernter Galaxien liefert so eine weitere Unterstützung der Urknalltheorie, in der eine kosmische Entwicklung auf großen Skalen abläuft.

Die Struktur entfernter Galaxien gab den Astronomen bis zum Beginn unseres Jahrhunderts, als die Wissenschaft der astronomischen Spektroskopie entwickelt wurde, Rätsel auf. In der Spektroskopie wird das Licht einer Strahlungsquelle in seine Spektralfarben zerlegt. Der Regenbogen ist ein gutes Beispiel für ein natürliches Spektroskop – die winzigen Wassertropfen in der Erdatmosphäre zerlegen das Sonnenlicht in die Spektralfarben. Dieser Effekt tritt auf, weil die Wassertropfen die verschiedenen Wellenlängen, aus denen sich das weiße Licht zusammensetzt, in verschiedenen Richtungen streut; Strahlen des roten Lichts werden weniger gebrochen als blaues Licht. Auf diese Weise wird das weiße Licht zerlegt und zeigt die Farben, aus denen es zusammengesetzt ist.

Das *Spektrum* des Lichts eines entfernten Sterns oder einer Galaxie wird erzeugt, indem das Licht durch ein Prisma geschickt wird, das sich im Fokus eines großen Teleskops befindet. Häufiger wird an Stelle eines Prismas ein Beugungsgitter verwendet. Dieses besteht aus einer Glasplatte, in die viele eng benachbarte parallele Furchen eingeritzt sind, deren Abstand mit der Wellenlänge des Lichts vergleichbar ist. Das Gitter wirkt aufgrund des Beugungsprinzips – ein Lichtstrahl fällt sozusagen durch einen Spalt, dessen Breite der Lichtwellenlänge vergleichbar ist. Dies liefert eine Ablenkung des Lichts unter einem Winkel, der von der Wellenlänge abhängt, so daß das Licht in seine Einzelfarben zerlegt wird. Ein astronomisches Instrument, das Licht in seine Einzelfarben zerlegt, wird als Spektrograph bezeichnet (siehe Abb. 3.8).

Wird ein Gitter oder ein Prisma geringer Dispersion (das die einzelnen Wellenlängen nicht stark zerlegt) benutzt, erhält man nur wenige Farben. Wenn die Dispersion des Gitters (oder die Zerlegungskraft, die von der Zahl der Furchen des Gitters pro Millimeter abhängt) vergrößert wird, erhält man immer feinere Farbabstufungen. Die Astronomen bringen einen schmalen Spalt vor dem Gitter an, um schmale Bilder der einzelnen Farben zu erzeugen, die sich nicht überlappen. Falls im einfallenden Licht verstärkte oder reduzierte Emissionen bei bestimmten Farben oder Wellenlängen auftreten, können die resultierenden Emissionen oder die Absorptionen im Spektrum leicht gemessen werden.

Tatsächlich zeigt bei genügend hoher Dispersion – wenn das Gitter eng mit Furchen bedeckt ist – das Sternlicht keine kontinuierliche Folge von Farben wie ein Regenbogen, sondern es wird in viele schmale *Spektrallinien* aufgelöst, von denen jede für die Emission oder Absorption von Licht durch eine spezifische Atomsorte charakteristisch ist. Diese Spektrallinien sind einer schwächeren kontinuierlichen Lichtverteilung überlagert. Bestimmte Spektrallinien entsprechen einer bestimmten Atomsorte. Diese Linien treten immer bei der genau gleichen Wellenlänge oder Farbe auf, wenn das Atom in Ruhe ist. Gewöhnliches Salz beispielsweise färbt eine Flamme gelbrot; wenn dieses Licht mit einem Dispersionsgitter untersucht wird, wird kräftige Emission bei den Wellenlängen von 588.9 und 589.6 Nanometer beobachtet (1 Nanometer = 10^{-9} m). Die Nanometer geben ein genaues Maß für die Farbe: Das menschliche Auge empfindet beispielsweise Licht zwischen 650 und 700 Nanometer als rot und zwischen 400 und 450 Nanometer als blau. Die Natriumemission von Kochsalz erscheint gelbrot, da das Licht zwischen 500 und 600 Nanometer vom Auge als gelbrot empfunden wird. Dieses charakteristische Licht des Natriums tritt bei exakten Wellenlängen auf, die mit einer Genauigkeit von einem 100-Millionstel Millimeter gemessen werden können.

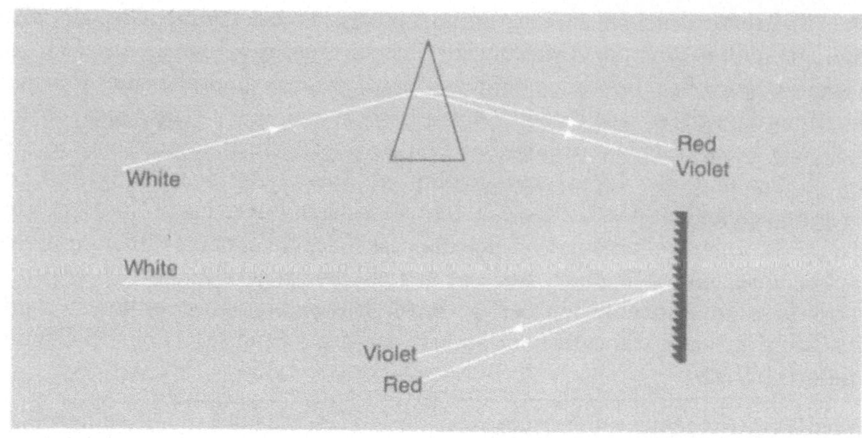

(a)

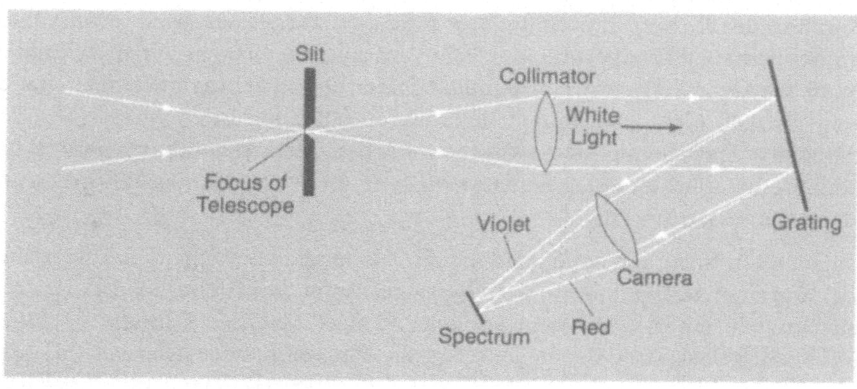

(b)

Abb. 3.8 Wie ein Spektrograph arbeitet
(a) Ein Beugungsgitter weist viele eng benachbarte Furchen auf, deren Abstände der Wellenlänge des Lichts vergleichbar sind. Das von links einfallende weiße Licht wird in einem von der Wellenlänge abhängigen Winkel reflektiert und so in seine einzelnen Farben (red = rot, violet = violett) aufgespalten. Ein Prisma zeigt den gleichen Effekt durch die farbabhängige Brechung des Lichts. (b) Ein Spektrograph besteht aus einem Spalt (Slit) in der Fokalebene des Teleskops (Focus of Telescope), der den untersuchten Stern vom Rest des Himmelslichts isoliert, einer Kollimationslinse (Collimator), die das Licht parallel macht, einem Gitter (Grating) und einer Kamera (Camera), die die Lichtstrahlen in ein Spektrum fokussiert.

Das Licht eines Sterns enthält Tausende dieser Spektrallinien (Abb. 3.9), deren jede mit einem bestimmten Element identifiziert werden kann. Auch das Sonnenlicht enthält Spektrallinien. Das Spektrum der Sonne wird seit den frühen Jahren des neunzehnten Jahrhundert untersucht, als Joseph Fraunhofer die von ihm entdeckten Spektrallinien beschrieb. 1859 wurde die physikalische Erklärung dieser in Emission und Absorption auftreten-

Abb. 3.9 Sternspektren
Eine Folge der hauptsächlichen Spektraltypen der Sterne, die von den heißen Sternen des Typs O über B, A, F, G, K, zu den kühlen Sternen M, N und S reicht. Die dunklen Linien sind Absorptionsstrukturen, und die hellen Linien im letzten Spektrum Emissionslinien. Die Spektren der heißen Sterne werden von Linien des Wasserstoffs und Heliums beherrscht; die Spektren kühlerer Sterne zeigen starke Linien von Kalzium, Eisen, und außerdem Molekülbanden. Die den Spektraltypen hinzugefügten Zahlen geben die Unterklassen an, somit liegen die spektralen Eigenschaften eines K5-Sterns halbwegs zwischen denen eines K0- und eines M0-Sterns. Die Namen der spektroskopierten Sterne sind auf der rechten Seite unterhalb der Spektren angegeben.

den Linien entwickelt, und das erste Spektrum eines Sterns wurde wenig später aufgenommen. Im Sonnenlicht gibt es viele schmale dunkle Linien und auch einige helle Linien. Die hellen Linien werden auf die genau gleiche Weise erzeugt wie das gelbrote Licht, das von der Flamme ausgesandt wird, wenn Natrium in ihr erhitzt wird. Der Prozeß ist die *Emission* von Strahlung durch ein heißes Gas. Die dunklen Linien sind *Absorptionslinien*, die erzeugt werden, wenn helle Strahlung ein kühleres Gas durchläuft. Das kühle Gas absorbiert das einfallende Licht bei denselben charakteristischen Wellenlängen, die das Gas aussenden würde, wenn es genügend heiß wäre. Die kühle Gasschicht der Sonne nennt man *Photosphäre*; sie umgibt die heißeren inneren Gebiete, in denen das Licht entsteht. Ein Studium der relativen Stärken der Spektrallinien zeigt, daß die Sonne und die nahen Sterne vorzugsweise aus Wasserstoff (70% der Masse) und Helium (28%) zusammengestzt sind. Es gibt eine kleine (doch bedeutsame) Beimischung schwerer Elemente wie Stickstoff, Kohlenstoff, Sauerstoff, Eisen und andere.

Das Spektrum einer Spiralgalaxie enthält viele breite Absorptionslinien und ist vom Spektrum eines Einzelsterns, das relativ scharfe Linien aufweist, recht verschieden. Die Verbreiterung wird teilweise durch die Mischung von vielen verschiedenen Typen von Sternen hervorgerufen, von denen jeder ein etwas unterschiedliches Spektrum zeigt, doch die vorherrschende Ursache der Linienverbreiterung im Spektrum einer Galaxie ist die Bewegung der vielen Einzelsterne. Wir werden im nächsten Abschnitt beschreiben, wie die Bewegungen der Sterne das beobachtete Spektrum beeinflussen können. Hier wollen wir betonen, daß die breiten Absorptionslinien von Galaxien zweifellos von Sternen herrühren, die Massen besitzen, deren Massen ähnlich oder ein wenig größer sind als die der Sonne. Man kann also folgern, daß die Galaxien Ansammlungen von vielen Milliarden Sternen sind, die wegen ihrer großen Entfernung nicht in Einzelobjekte aufgelöst werden können.

Die Flucht der Galaxien

Die Entwicklung der Spektroskopie führte zu der überraschenden Entdekkung, daß das Universum sich in einem Zustand dynamischer Expansion befindet. Es ist schwer, den revolutionären Charakter dieser Vorstellung voll zu würdigen. Selbst Einstein verwarf in seinen frühen Arbeiten zur Gravitationstheorie die Möglichkeit eines expandierenden Universums. Um zu verstehen, wie dieses dramatische Ergebnis gefunden wurde, wollen wir die Art und Weise betrachten, wie die Geschwindigkeit einer Lichtquelle gemessen werden kann. Die Lichtgeschwindigkeit ist endlich und beträgt etwa 300 000 Kilometer in der Sekunde; sie ist im Vakuum konstant. Licht, das von einem sich bewegenden Stern ausgesandt wird, bewegt sich mit der gleichen Geschwindigkeit wie Licht, das von einem in Ruhe befindlichen Stern ausgesandt wird. Diese Eigenschaften des Lichts gehören zu den Hauptthemen der speziellen Relativitätstheorie, die beinhaltet, daß kein materielles Objekt sich schneller als Licht bewegen kann. Die Konstanz der Lichtgeschwindigkeit wurde von Astronomen, die *Doppelsterne* untersuchen, direkt gemessen. Doppelsterne sind Sternpaare, die in geringer Entfernung umeinander kreisen. In einigen dieser Doppelsterne verschwindet in regelmäßigen Zeitabständen der eine Stern hinter dem andern, und er wird von diesem *bedeckt*. Man kann die Zeit messen, zu der die Bedeckung beginnt und sich der bedeckte Stern von der Erde entfernt, und die Zeit, wenn die Bedeckung zu Ende ist, der Stern hinter seinem Begleiter hervortritt und sich auf die Erde zubewegt. Wenn zusätzlich die Dauer der Bedeckung gemessen wird (das Zeitintervall zwischen Bedeckungsanfang und -ende), sind wir in der Lage, zu bestimmen, ob das Licht am Anfang der Bedeckung langsamer lief als am Ende der Bedeckung. Kein derartiger Effekt wird beobachtet: Der Beginn und das Ende der Bedeckung sind in ihrer Dauer völlig symmetrisch, und wir folgern daraus, daß die Lichtgeschwindigkeit nicht von der Bewegung des Sterns, der das Licht aussendet, abhängt.

Wir können jedoch die Bewegung des Sterns zur Erde hin oder von ihr weg bestimmen, indem wir das Spektrum des Lichtes, das vom Stern ausgesandt wird, untersuchen. Wenn Licht eines Sterns, der sich von der Erde wegbewegt, im Teleskop des Astronomen ankommt, wird der Stern ein wenig weiter entfernt sein, als bei Aussendung des Lichts. Natürlich wird ständig Licht vom Stern ausgesandt und kommt ständig auf der Erde an. Wir können uns Licht als wandernde Wellen vorstellen – die Wellen stellen tatsächlich die unendlich kleinen elektromagnetischen Impulse dar, die als Licht in Erscheinung treten. Wir wollen annehmen, daß während eines bestimmten Zeitraums der Stern N Wellen produziert. Die Frequenz ist so hoch (etwa 10^{15} Wellen werden pro Sekunde von einer Quelle sichtbaren Lichts ausgestrahlt), daß das Auge diese Emission als kontinuierlich empfindet. Die Entfernung zwischen aufeinanderfolgenden Wellen, die *Wellenlänge*, ist bei einer Welle hoher Frequenz klein und entspricht dem blauen Licht; längere Wellenlängen kleinerer Frequenz entsprechen rotem Licht. Ein Stern sendet N Wellen bei einer bestimmten Wellenlänge L aus, aber diese Wellen sind zur Zeit der Ankunft bei der Erde über eine größere Entfernung verteilt, weil der Stern sich entfernt. Mit anderen Worten, die vom Astronomen gemessene Wellenlänge des Lichts ist größer als die ausgesandte Wellenlänge L! Das Licht ist zu einer längeren Wellenlänge verschoben; wir sagen, es ist röter geworden oder *rotverschoben*. Die Linien im Spektrum eines Sterns, der sich von der Erde wegbewegt, haben eine größere Wellenlänge, verglichen mit denjenigen im Spektrum eines Sterns, der sich in Ruhe befindet (Abb. 3.10).

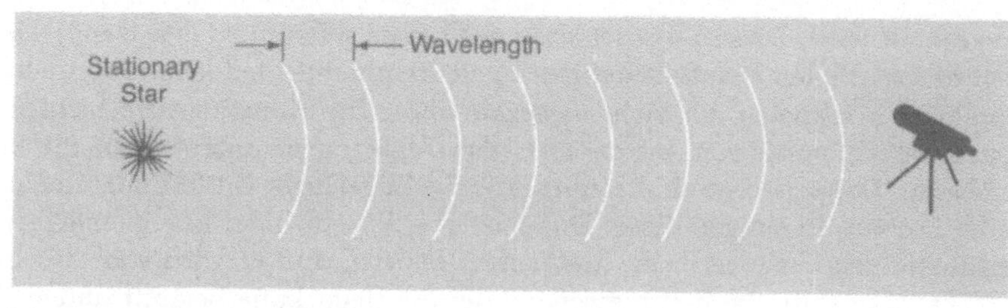

(a)

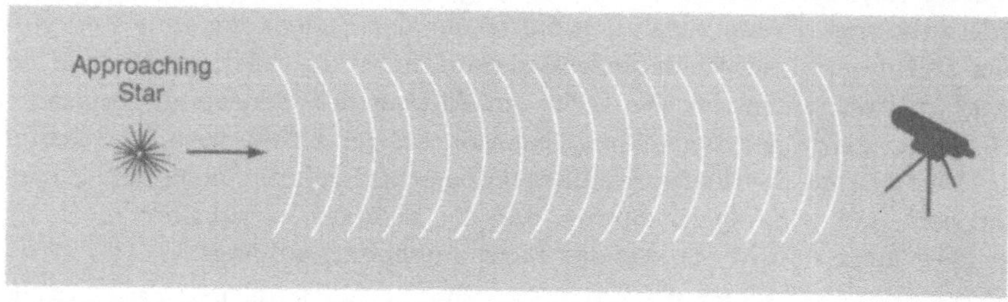

(b)

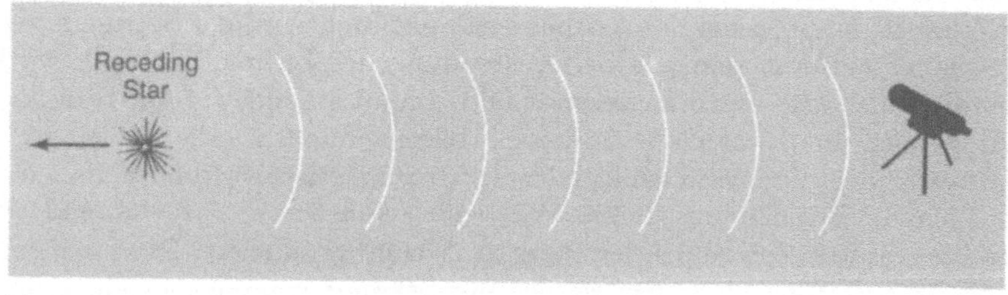

(c)

Abb. 3.10 Der Dopplereffekt
Der Dopplereffekt tritt bei jeder bewegten Strahlungsquelle auf, ob sie nun Schall- oder Lichtwellen aussendet. In Bild (a) ist der Stern in Ruhe (Stationary Star), und die im Teleskop gemessene Entfernung zwischen aufeinanderfolgenden Wellenbergen (die der Lichtwellenlänge = Wavelength entsprechen) ist genau gleich der Wellenlänge, die vom Stern abgestrahlt wird. In Bild (b) nähert sich der Stern der Erde (Approaching Star); folglich scheinen die Lichtwellen zu der Zeit, wenn sie das Teleskop erreichen, einen kleineren Bereich auszufüllen, und die Wellenlänge ist, verglichen mit derjenigen eines ruhenden Sterns, kleiner oder zum blauen Bereich des Spektrums hin verschoben. Eine rasche Bewegung von der Erde weg (Receding Star, c) verursacht eine Wellenlängenvergrößerung, oder eine Verschiebung der Spektrallinien zum Roten.

Weil wir die erwartete Wellenlänge einer Linie im Spektrum eines ruhenden Sterns genau kennen, können wir bestimmen, ob und mit welcher Geschwindigkeit sich entfernte Sterne von uns weg bewegen. Die Rotverschiebung (die relative Vergrößerung der Wellenlänge) ist der Geschwindigkeit des Sterns direkt proportional. Wir können diese Beziehung quantitativ wie folgt ausdrücken: Die relative Vergrößerung der Wellenlänge (relativ zur Wellenlänge des Lichts, bei der es ausgesandt wird) ist gleich der Geschwindigkeit des sich entfernenden Objekts, dividiert durch die Lichtgeschwindigkeit. Wenn die beobachtete Wellenlänge kleiner statt größer ist, beobachten wir eine Blauverschiebung. Die Blauverschiebung ist die symmetrische relative Verkleinerung der Wellenlänge, die beobachtet wird, wenn das Licht von einem Objekt ausgesandt wird, das sich uns nähert. Der Betrag der Blauverschiebung ist gleich der Annäherungsgeschwindigkeit, dividiert durch die Lichtgeschwindigkeit. Weil die Blau- oder Rotverschiebung eines strahlenden Objekts, dessen Geschwindigkeit der Lichtgeschwindigkeit nahekommt, unendlich groß wird, müssen wir diese Beziehungen ändern, wenn wir es mit großen Geschwindigkeiten zu tun haben. Die einfache Proportionalität zwischen Rot- (oder Blau)verschiebung und der Geschwindigkeit auf uns zu (oder von uns weg) ist für das Licht der Sterne und Galaxien im allgemeinen ausreichend.

Die Wellenlängenänderung des Lichts, die durch die Bewegung der Lichtquelle hervorgerufen wird, ist als *Dopplereffekt* bekannt. Ein vergleichbarer Effekt tritt auf, wenn die Tonhöhe einer Zugpfeife höher wird, wenn der Zug sich nähert, und tiefer, wenn er sich entfernt. Kann die Wellenlänge des Lichts genau gemessen werden, so können wir Richtung und Betrag der Bewegung eines Sterns ermitteln. Ein photographisches oder digitales Spektrum liefert Wellenlängen mit einer Genauigkeit, die für nahe Sterne besser als 0.001 Nanometer sein kann. Astronomen können daher Sterngeschwindigkeiten mit einer Genauigkeit messen, die größenordnungsmäßig gleich der Lichtgeschwindigkeit, multipliziert mit dem Verhältnis von 0.001 Nanometer zur Wellenlänge des sichtbaren Lichts (etwa 500 Nanometer) ist, also etwa 0.6 Kilometer pro Sekunde. Mit speziellen Techniken ist es möglich, Radialgeschwindigkeiten von hellen Sternen mit einer Genauigkeit von 100 Metern pro Sekunde zu messen; für schwache Galaxien ist die Genauigkeit natürlich wesentlich geringer.

Wir können nun verstehen, warum Spektrallinien verbreitert sind. Die Bewegungen der Atome in einem Stern verschieben die Wellenlänge jeder Linie zum Blauen oder Roten, und wenn die Bewegungen statistisch verteilt sind, wie wir es in einem heißen Gas erwarten, hat dies eine Verbreiterung jeder Spektrallinie zur Folge. Absorptionslinien werden in einem relativ kühlen Gas erzeugt, sie sind üblicherweise viel schmaler als Emissionslinien.

Das Spektrum eines typischen Sterns enthält zahlreiche Linien, die von verschiedenen Elementen im Stern erzeugt werden, von Wasserstoff, Helium, Natrium, Kalzium, Kohlenstoff, Stickstoff, Sauerstoff, Eisen, und anderen. Die Verschiebungen dieser Linien in den Spektren vieler Sterne führten zu der Entdeckung, daß die Milchstraße sich wie ein riesiges Feuerrad im Raum dreht. Die Sonne und viele Sterne der Milchstraße kreisen mit einer Geschwindigkeit von mehr als 200 Kilometern pro Sekunde um das Zentrum unserer Galaxis. In der lokalen Nachbarschaft der Sonne bemerken wir die Effekte dieser hohen Geschwindigkeit an den meisten der nahen Sterne nicht, weil diese sich gemeinsam mit der Sonne durch den Raum bewegen. Diese Sterne niedriger Geschwindigkeit sind Teil der galaktischen Scheibe, die aus den hellen Gebieten der Michstraße besteht. Eine Anzahl von Sternen hoher Geschwindigkeit in der Nachbarschaft der Sonne sind Teil der galaktischen Halopopulation, die das Milchstraßenzentrum langsamer umkreist. Relativ zu den Sternen unserer Nachbarschaft bewegt sich die Sonne mit der beträchlichen Geschwindigkeit von 20 Kilometern pro Sekunde in Richtung des Sternbildes Hercules, das in der Nähe des hellen Sterns Wega am Nordhimmel steht. (Im Vergleich dazu benötigt ein Raumflugkörper eine Entweichgeschwindigkeit von 11 Kilometern pro Sekunde, um die Erde zu verlassen.) Die Erde umkreist die Sonne mit einer mittleren Geschwindigkeit von 30 Kilometern pro Sekunde.

Das Licht der Galaxien wird mit einem Spektrographen in das zusammengesetzte Spektrum einer Vielzahl von Sternen zerlegt. Selten ist es möglich, einzelne Sterne aufzulösen, sei es auf direktem photographischem oder auf spektroskopischem Wege, ausgenommen sind nur die hellsten Sterne in wenigen nahen Galaxien. In der Andromeda-Galaxie tragen mehr als 300 Milliarden Sterne zum Licht bei. Obwohl diese Sterne eine Menge von Spektraltypen mit unterschiedlichen Spektren umfassen, können wir in Andromeda deutliche Spektrallinien erkennen und sie dazu benutzen, die Geschwindigkeit der Galaxie in ihrer Gesamtheit zu messen. Die Bewegungen der Sterne in einer entfernten Galaxie liefern ein zusammengesetztes Spektrum, in dem die Spektrallinien noch zusätzlich verbreitert sind. Wenn die Sternbewegungen eine systematische Komponente besitzen, die von der Rotation der Galaxien herrührt, zeigt sich dies in einer Asymmetrie der Form der Spektrallinien. Wenn sich die meisten Sterne auf der einen Seite der Galaxie auf uns zu bewegen, werden die Spektrallinien dieser Sterne vorzugsweise blauverschoben sein. Im Licht der Sterne auf der entgegengesetzten Seite der Galaxis werden die Spektrallinien rotverschoben sein, weil sich die meisten dieser Sterne von uns wegbewegen, während die Galaxie um ihre Achse rotiert. Der Nettoeffekt ist, daß blauverschobene Linien von der einen Seite und rotverschobene Linien von der anderen Seite ausgehen, so daß, wenn

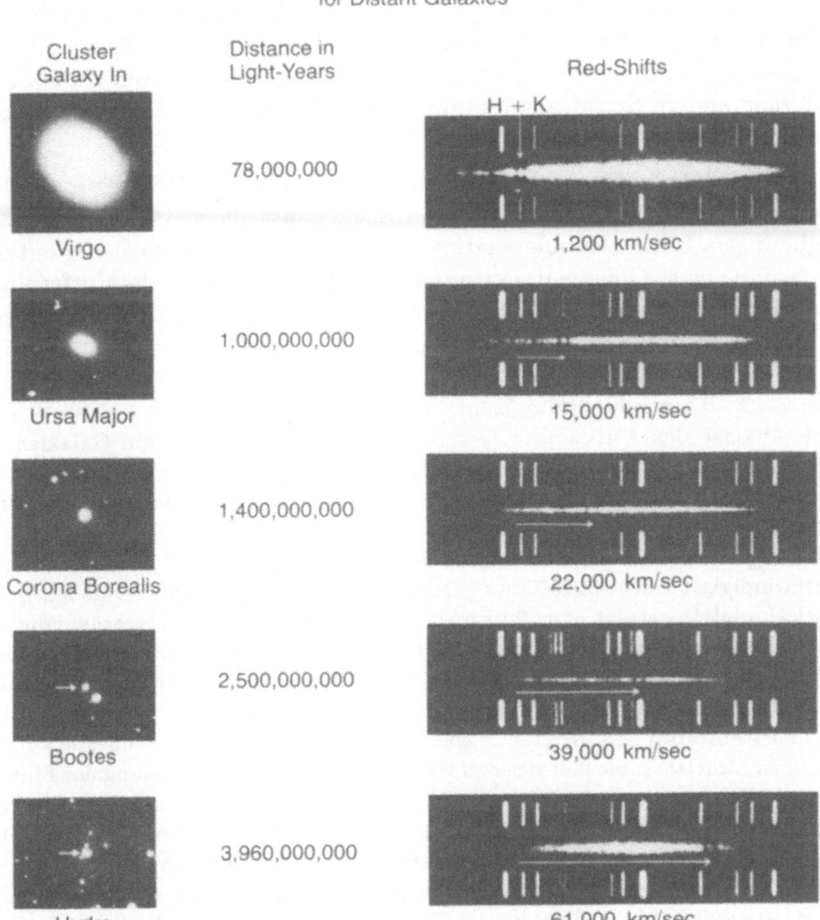

Abb. 3.11 Spektren von Galaxien
In der Abbildung ist die Beziehung zwischen der Rotverschiebung und der Entfernung für entfernte Galaxien illustriert, sie zeigt photographische Aufnahmen und Spektren von Galaxien in verschiedenen reichen Haufen. Die Entfernungen erstrecken sich von nahen (Virgo) zu fernen Haufen (Hydra), sie sind in Lichtjahren angegeben. Auffallende Absorptionsstrukturen sind durch Pfeile gekennzeichnet; diese als *H* und *K-Linien* bezeichneten Linien werden durch Kalziumabsoption verursacht. Im Vergleich zu den Linien im Spektrum eines einzelnen Sterns sind die Linien in Galaxienspektren wegen der Bewegung der Sterne in einer Galaxie, die alle zum Spektrum beitragen, stark verbreitert. Bei wachsender Entfernung der Haufen sind die Absorptionslinien immer stärker rotverschoben. Diese Rotverschiebung rührt von einem dem Dopplereffekt äquivalenten Effekt her (s. Abb. 3.10) und entspricht der relativen Fluchtgeschwindigkeit des Haufens. Die Fluchtgeschwindigkeit wächst linear mit der Haufenentfernung an.

der Spektrographenspalt entlang der Hauptachse der Galaxie gelegt wird, die zusammengesetzten Linien asymmetrisch sind. Wir können dann die Rotationsgeschwindigkeit der Galaxie aus der Asymmetrie der Spektrallinien bestimmen. Auf diese Weise haben wir gelernt, daß die Andromeda-Galaxie und viele andere Spiralgalaxien mit einer sehr ähnlichen Geschwindigkeit wie die Milchstraße rotieren.

Im zweiten Jahrzehnt unseres Jahrhunderts erkannten Vesto Melvin Slipher und andere, daß sich die entfernteren Galaxien fast alle von der Milchstraße wegbewegen. Edwin Hubble zeigte dann, daß die Fluchtgeschwindigkeit der Entfernung einer Galaxie direkt proportional ist – je größer die Entfernung, umso größer ist ihre scheinbare Geschwindigkeit (Abb. 3.11). Die Spektren

Abb. 3.12 Unser kosmologisches Bezugssystem
Nach Aussage des Astronomen Gerard de Vaucouleurs bilden die Galaxien im Virgohaufen und in dessen Nachbarschaft ein System, das als lokaler Superhaufen (Local Supercluster) bezeichnet wird. Dieses System erstreckt sich bis in eine Entfernung von etwa 50 Millionen Lichtjahren und besitzt eine abgeplattete Galaxienverteilung. Unsere lokale Galaxiengruppe (Local Group of Galaxies) fällt mit einer Geschwindigkeit von etwa 250 km s^{-1} relativ zum Hubblestrom auf Virgo zu. Diese Geschwindigkeit beträgt etwa 20 Prozent der Hubbleschen Fluchtgeschwindigkeit bei der Entfernung des Virgohaufens. Selbst jenseits des lokalen Superhaufens kann es noch großräumigere Ungleichförmigkeiten (Large-Scale Inhomogeneity) in der Galaxienverteilung geben. Nach Aussage der amerikanischen Astronomen Vera Rubin und Kent Ford erstreckt sich eine solche Ungleichförmigkeit über etwa 400 Millionen Lichtjahre. Sie läßt sich dadurch nachweisen, daß die Messung der Fluchtgeschwindigkeiten entfernter Galaxien in verschiedenen Richtungen unterschiedlich sind. Die Größe dieser Abweichung von der großräumigen Gleichförmigkeit beträgt jedoch höchstens 10 bis 15 Prozent der Hubbleschen Fluchtgeschwindigkeit. Über größere Skalen lassen die astronomischen Beobachtungen Isotropie vermuten, und die Messung des Mikrowellenhintergrunds (Cosmic Background Radiation) zeigt, daß die Geschwindigkeit der Milchstraße relativ zum kosmologischen Bezugssystem etwa 600 km s^{-1} beträgt. Die tatsächlich gemessene Geschwindigkeit der Erde (Earth) relativ zur Hintergrundstrahlung beträgt nur 390 km s^{-1}; die höhere Geschwindigkeit unserer Galaxis tritt auf, wenn man die Bewegung der Erde um die Sonne (Sun, 30 km s^{-1}), die Sonnenbewegung um das galaktische Zentrum (Galactic Center, 200 km s^{-1}) und die Bewegung der Milchstraße in der lokalen Gruppe in Richtung der Andromedagalaxie hin (100 km s^{-1}) berücksichtigt. Die Geschwindigkeitsrichtung des Massenzentrums der lokalen Gruppe weicht etwa 45° von der Richtung zum Virgohaufen ab; wenn man folglich die Bewegung der lokalen Gruppe zum Virgohaufen berücksichtigt, kann man folgern, daß der gesamte Virgo-Superhaufen sich mit einer Geschwindigkeit von 400 km s^{-1} in Richtung eines Gebiets am Südhimmel bewegt, in dem sich die Galaxienhaufen Hydra und Centaurus befinden.

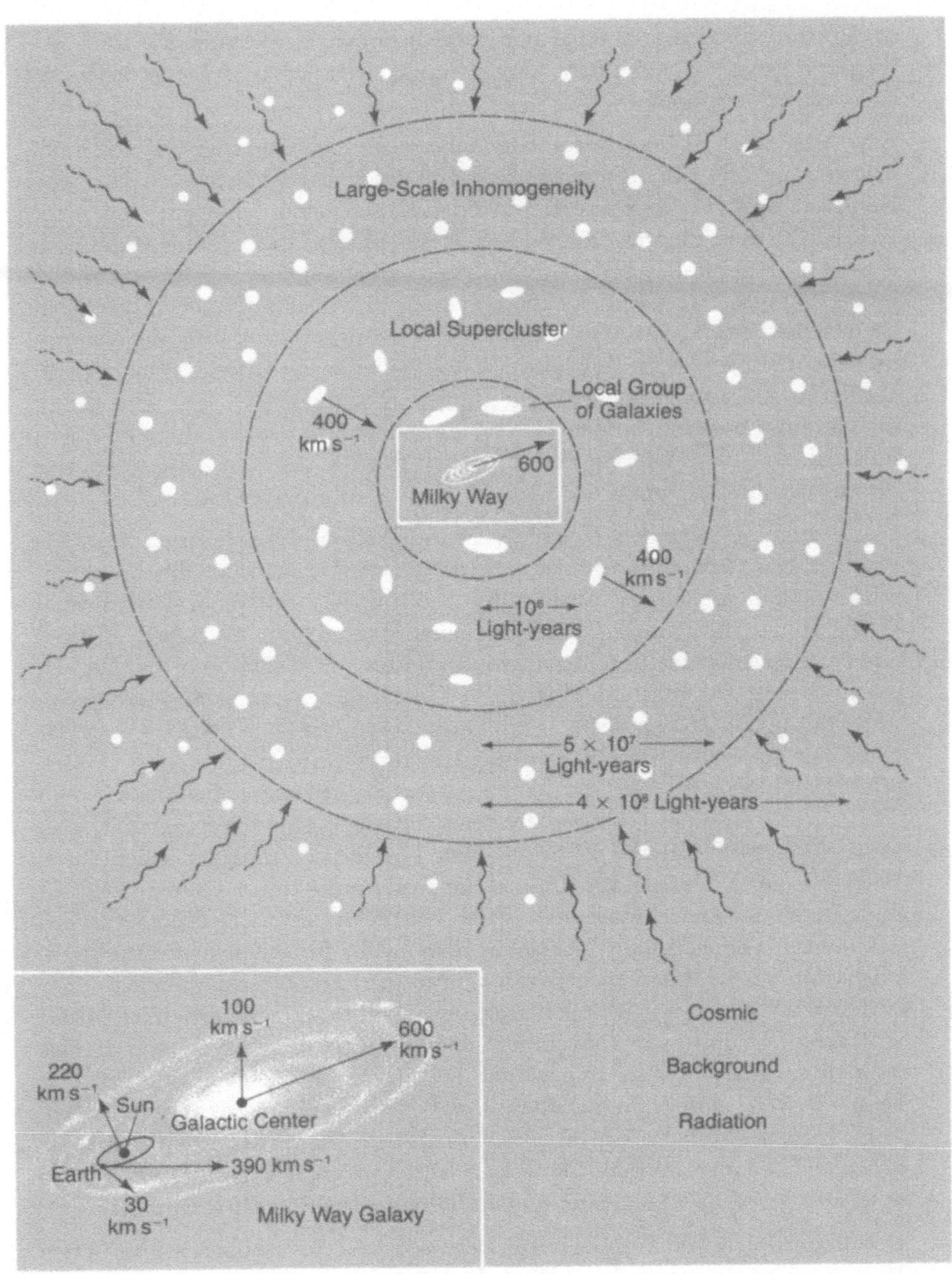
Large-Scale Inhomogeneity
Local Supercluster
Local Group
of Galaxies
400
km s⁻¹
600
Milky Way
400
km s⁻¹
10⁶
Light-years
5 × 10⁷
Light-years
4 × 10⁸ Light-years
100
km s⁻¹
600
km s⁻¹
220
km s⁻¹
Sun
Galactic Center
Earth
390 km s⁻¹
30
km s⁻¹
Milky Way Galaxy
Cosmic
Background
Radiation

entfernter Galaxien sind allgemein rotverschoben; wir können aus dem Betrag der Rotverschiebung die Geschwindigkeiten errechnen, mit denen sie sich von uns entfernen.

Eine Ausnahme ist die Andromeda-Galaxie, die sich mit einer Geschwindigkeit von etwa 50 Kilometern pro Sekunde der Milchstraße nähert. Nur eine Handvoll naher Systeme, Andromeda eingeschlossen, bewegen sich nicht von der Milchstraße weg, und diese Systeme haben relativ kleine Geschwindigkeiten. Hubble beschrieb die beobachtbaren Galaxien als die expandierende *Metagalaxis*, oder das expandierende Universum. Dieser universellen kosmischen Expansion sind jedoch kleine, statistische Bewegungskomponenten überlagert. Die Bewegungen der Galaxien sind der Bewegung von Wellen im Ozean vergleichbar: Die Hauptbewegung des Ozeans wird durch die Gezeiten bestimmt, doch andere, statistische Bewegungen treten ebenfalls auf. Abb. 3.12 faßt die verschiedenen Bewegungsarten zusammen, aus denen sich die Bewegung der Erde im Raum zusammensetzt.

Die Beziehung zwischen Fluchtgeschwindigkeit und Entfernung wird als Hubblesches Gesetz bezeichnet. Dieses Gesetz besagt, daß die Fluchtgeschwindigkeit gleich der Entfernung, multipliziert mit einer bestimmten Größe H ist, die Hubble-Konstante genannt wird. Der Wert von H wird aus der Messung der Fluchtgeschwindigkeiten von Galaxien ermittelt, deren Entfernungen auf unabhängige Weise bestimmt worden sind (beispielsweise durch die Größen der hellsten Gasnebel in den Galaxien). Man erhält einen der zuverlässigsten Entfernungsindikatoren, wenn man eine empirische Beziehung zwischen der beobachteten Rotationsgeschwindigkeit und der Leuchtkraft einer Galaxie (die beide entfernungsunabhängig sind) aufstellt. Man kann aus der so ermittelten Leuchtkraft und der scheinbaren Helligkeit einer Galaxie am Himmel die Entfernung dieser Galaxie bestimmen. Astronomen schätzen den Wert von H zu etwa 20 Kilometer pro Sekunde pro eine Million Lichtjahre. Das heißt, für jeden Entfernungszuwachs von einer Million Lichtjahren nimmt die Fluchtgeschwindigkeit einer entfernten Galaxie um 20 Kilometer pro Sekunde zu. Eine erhebliche (und lautstarke) Gruppe von Astronomen behauptet, daß der Wert von H fast doppelt so groß ist, aber wir werden bei unserer weiteren Diskussion den kleineren Wert von H beibehalten, aus Gründen, die offenkundig werden, wenn wir das Alter des Universums diskutieren. Dieser Streit wird vermutlich nicht beendet werden, bis in den frühen neunziger Jahren ein großes optisches Teleskop in einer Erdumlaufbahn seinen Betrieb aufnimmt.

Der ursprünglich von Hubble abgeleitete Wert der Expansionsrate war etwa 10 mal größer als der moderne Wert. Hubbles Geschwindigkeiten wiesen nur geringe Fehler auf, doch seine abgeleiteten Entfernungen waren bei weitem zu klein; das der Beobachtung zugängliche Universum ist viel größer als

Hubble annahm. Die Galaxien im uns nächstgelegenen reichen Galaxienhaufen im Sternbild Virgo befinden sich in einer Entfernung von 50 Millionen Lichtjahren. Ihre Fluchtgeschwindigkeit beträgt etwa 1000 Kilometer in der Sekunde, oder ein Dreihundertstel der Lichtgeschwindigkeit. Die Expansion ist bis zu sehr großen Entfernungen beobachtet worden, bei denen die Galaxien eine Fluchtgeschwindigkeit von einem Drittel der Lichtgeschwindigkeit und mehr besitzen. Diese Galaxien sind mehr als 5 Milliarden Lichtjahre entfernt.

Die Homogenität des Universums

Edwin Hubble lieferte eine weiteren Beitrag zur Kosmologie, der vielleicht genauso grundlegend ist wie seine Entdeckung der Expansion des Universums. Ein Jahrhundert vor ihm hatte Herschel viele tausend Sterne gezählt und daraus den Schluß gezogen, daß die Milchstraße nur eine endliche Ausdehnung besitzt. Als Hubble Galaxien zählte und bei immer schwächerer Helligkeiten immer tiefer in den Raum vorstieß, fand er, daß die Zahl der Galaxien proportional dazu anwuchs, so wie man es für eine gleichförmige Verteilung der Galaxien im euklidischen Raum erwarten würde.

Astronomen benutzen die Skala der Größenklassen (eine logarithmische Helligkeitskala), um die relativen Helligkeiten der Sterne zu messen. Das bloße Auge kann Objekte bis zur sechsten Größe erkennen, die schwächsten Objekte (wenn wir aus der Milchstraße hinausschauen, sind dies meist entfernte Galaxien), die mit Hilfe großer Teleskope auf langbelichteten Photoplatten erkannt werden können, sind etwa von der vierundzwanzigsten Größe. Moderne CCD-Empfänger haben die Verteilung von Galaxien etwa bis zur siebenundzwanzigsten Größe erforscht: Bei dieser Helligkeitsstufe liegt das Signal einer Galaxie nur ein Prozent über dem Hintergrund des Nachthimmels. Hubbles Ergebnis ist nun fast bis zu dieser Grenzgröße bestätigt worden.

Dieses Ergebnis zeigt, daß das Universum auf den größten Entfernungsskalen nahezu homogen ist. Die Helligkeit der Milchstraße zeigt an, daß unsere Milchstraße eine starke lokale Inhomogenität darstellt, wie auch die Sterne in ihr, und daß die großen Galaxienhaufen geringere Inhomogenitäten sind, in dem Sinne, daß in dem von ihnen eingenommenen Raumbereich die lokale mittlere Materiedichte um einen geringeren Betrag über den mittleren Hintergrundswert ansteigt. Selbst auf größeren Entfernungsskalen, die 10 Millionen Lichtjahre oder mehr betragen, werden Unregelmäßigkeiten in der Galaxienverteilung gefunden. Man hat Galaxien-Superhaufen entdeckt, von denen sich einige vielleicht über 100 Millionen Lichtjahre erstrecken. Unsere eigene Galaxis scheint im Randbereich eines solchen Superhaufens, des Virgo-Superhaufens, zu liegen, dessen Zentrum sich im und nächsten

Galaxienhaufen im Sternbild Virgo befindet. Es scheint sogar einen noch größeren Superhaufen zu geben, der als der „große Attraktor" bezeichnet wird, und der etwas hinter Virgo in einer Entfernung von etwa 300 Millionen Lichtjahren liegt. Zählungen von Galaxien jenseits des lokalen Superhaufen bestätigen jedoch eine homogene Verteilung auf sehr großen Skalen (Abb. 3.13). Die Dichte der leuchtenden Materie in Form von Sternen und Galaxien scheint in der Umgebung des Virgo-Superhaufens die gleiche zu sein wie in weiter entfernten Gebieten des Universums.

Abweichungen von der Homogenität auf großen Skalen sind in keiner Richtung zu finden. Wenn das Universum ein bevorzugtes Zentrum oder eine Grenze hätte, würden wir erwarten, aus Galaxienzählungen einen Hinweis darauf zu finden – es sollten beispielsweise mehr Galaxien zum Zentrum hin gezählt werden als in der entgegengesetzten Richtung. Man hat einen solchen Effekt nicht gefunden.

Neuere Untersuchungen der kosmischen Hintergrundstrahlung haben die vielleicht überzeugendste Bestätigung für die großräumige Homogenität des Universums geliefert. Diese Studien haben die Isotropie der Strahlung, die vollständige Gleichförmigkeit in allen Richtungen, bestätigt. Wenn das Universum einen Mittelpunkt besäße, müßten wir diesem sehr nahe sein, innerhalb weniger als 0.1 Prozent seines Radius; andernfalls würde es eine ganz merkliche Anisotropie der Strahlungsintensität geben, und wir würden aus einer Richtung mehr Strahlung beobachten als aus der entgegengesetzten. Außerdem werden keine Variationen der Strahlungsdichte über kleine Winkelbereiche entdeckt. Offenbar muß das frühe Universum, in dem diese Strahlung erzeugt wurde, hochgradig homogen gewesen sein. Wir werden im 4. Kapitel die Natur der kosmischen Hintergrundstrahlung ausführli-

Abb. 3.13 Die großräumige Struktur des Universums
Eine Karte von Galaxienzählungen in der Nordhalbkugel der Milchstraße. Alle Galaxien bis zur neunzehnten Größe wurden berücksichtigt, und etwa eine Million Galaxien wurden gezählt. Der galaktische Nordpol liegt in der Mitte, der galaktische Äquator am Rand. Der Helligkeitsgrad jedes Flecks entspricht der Anzahl der in quadratischen Zellen mit einem Durchmesser von einem sechstel Grad (entsprechend einem Drittel des scheinbaren Durchmessers der Sonne) gezählten Galaxien; Dunkelheit bedeutet ein Defizit von Galaxien. Der Coma-Galaxienhaufen verursacht die auffallende Struktur in der Nähe des Zentrums. Obwohl viele Haufen und Ansammlungen von Galaxien ins Auge fallen, zeigt sich auf den größten Skalen doch eine Gleichförmigkeit der Galaxienverteilung, von den Randzonen des Bildes abgesehen, wo unsere Sicht durch die Milchstraße verdeckt wird. Die große leere Fläche im unteren linken Bereich entspricht dem Teil des Himmels, der nur von der Südhalbkugel der Erde aus beobachtet werden kann.

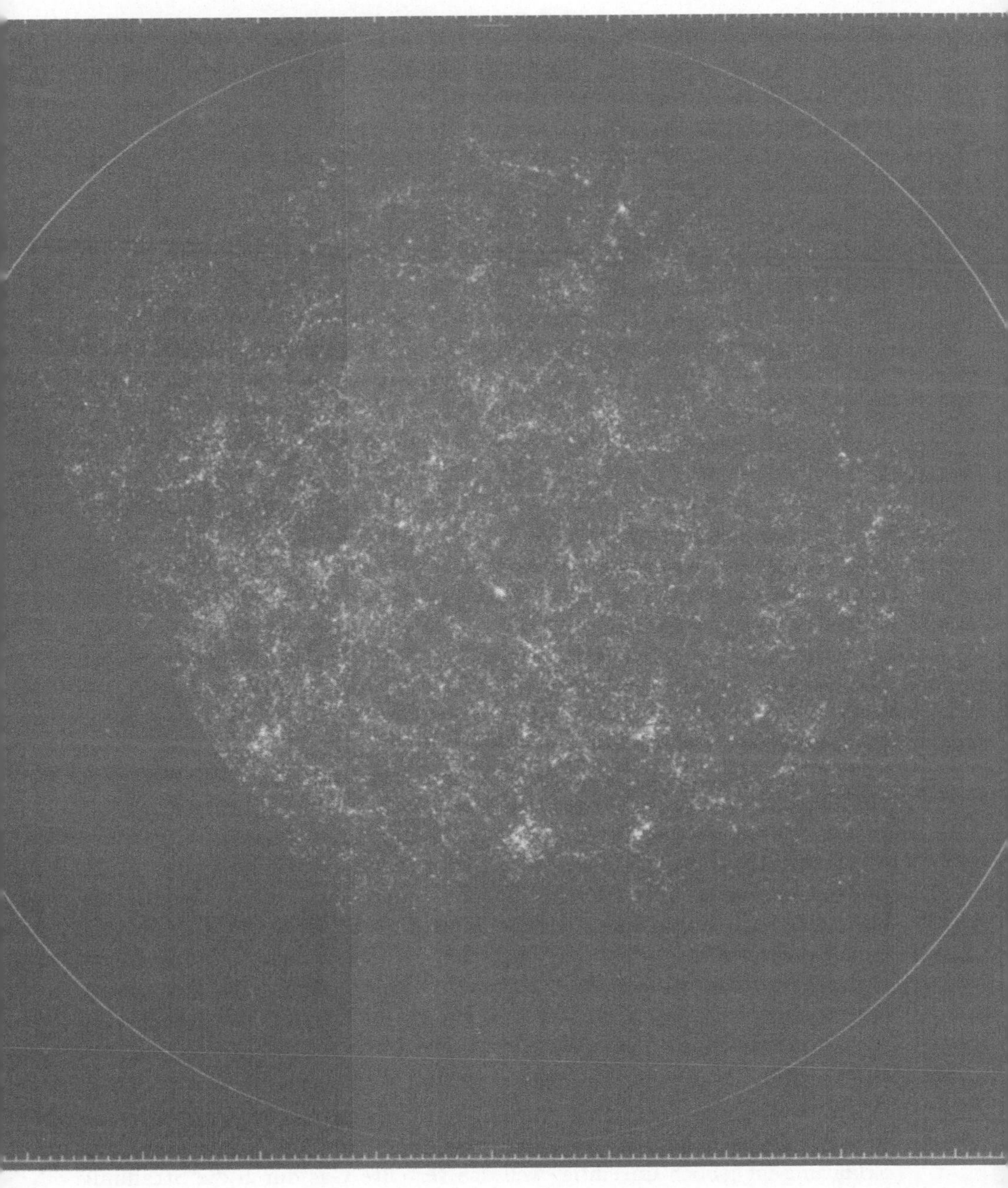

cher behandeln; der hier wichtige Punkt ist, daß sie einen weiteren Beobachtungshinweis auf das kopernikanische kosmologische Prinzip liefert, das eine Grundlage der Urknalltheorie darstellt.

Das Olberssche Paradox

Der Nachthimmel ist außerhalb der Milchstraßenzone überraschend dunkel. Diese scheinbar oberflächliche Beobachtungstatsache hat für die Kosmologie eine tiefe Bedeutung. Johannes Kepler und Edmund Halley spekulierten über den scheinbaren Widerspruch dieser Beobachtung zu einem mit ewig leuchtenden Sternen ausgefüllten unendlichen Universum. Das Paradox wurde von dem im neunzehnten Jahrhundert lebenden Astronomen Wilhelm Heinrich Olbers klar erkannt (und im vorhergehenden Jahrhundert von Jean Philippe de Chéseaux); er machte eine Reihe einfacher Annahmen über das Universum – daß es statisch ist, sich aus Sternen ähnlicher Leuchtkraft zusammensetzt, und daß, wenn genügend große Raumvolumina betrachtet werden, diese Sterne gleichförmig verteilt sind.

Aus diesen Annahmen ergibt sich ein bemerkenswertes Paradox. Wir betrachten dazu irgendeine große Kugelschale mit der Erde das Mittelpunkt. Die von den Sternen innerhalb dieser Kugelschale abgestrahlte Lichtmenge kann berechnet werden. Dann betrachten wir eine Kugelschale mit doppelt so großem Radius. In dieser Schale sind die Sterne im Mittel nur ein Viertel so hell, doch es gibt viermal so viele, und infolge dessen liefern sie den gleichen Beitrag zum Nachthimmelslicht. Für jede Verdopplung des Radius wird die Lichtmenge, die auf der Erde ankommt, verdoppelt, und daher muß sich die Helligkeit des Nachthimmels verdoppeln. Wenn man dieses Argument zu immer größeren Kugelschalen fortsetzt, wächst die Helligkeit des Nachthimmels über alle Grenzen. Doch von der Milchstraße abgesehen ist der Nachthimmel sehr dunkel, was zu einem scheinbaren Widerspuch führt. (Dieses Argument führt etwas in die Irre, da wir nicht die Tatsache berücksichtigt haben, daß das Licht ferner Sterne durch dazwischenliegende Sterne abgeschirmt werden kann. Dieser Effekt reduziert die berechnete Himmelshelligkeit auf die mittlere Helligkeit einer Sternoberfläche. Der Nachthimmel sollte deshalb pro Flächeneinheit etwa so hell sein wie die Sonnenoberfläche, wenn wir dieser Argumentation folgen! Das ergibt eine Gesamthelligkeit des Nachthimmels, wie sie von nahezu 100 000 Sonnen am Himmel geliefert würde.)

Olbers versuchte, dieses Paradox zu lösen, indem er vorschlug, daß der Weltraum von einem dünnen absorbierenden Medium erfüllt sei. Diese Erklärung ist jedoch unrichtig, weil das verteilte Gas durch die Strahlung aufgeheizt würde, bis es eine Temperatur hätte, bei der es so viel Energie abstrahlt, wie es empfängt, so daß keine Verminderung des mittleren Strahlungsfeldes erzielt werden würde.

Das *Olberssche Paradox* kann durch moderne Theorien über den Ursprung der Strahlung gelöst werden. Die grundlegende Begrenzung der Gesamtstrahlung ergibt sich aus dem endlichen Alter des Universums. Sterne leben nicht ewig; die endlichen Lebenszeiten, während der sie Strahlung erzeugen können, begrenzen die resultierende, von Sternen erzeugte diffuse Strahlungsdichte. Es ist natürlich unwahrscheinlich, daß der Großteil der Materie im Universum bereits von Sternen verarbeitet worden ist: Die Sonne beispielsweise, die noch zum größten Teil aus Wasserstoff besteht, scheint ein typisches Beispiel für die Mehrzahl der Sterne in der Milchstraße zu sein. Infolgedessen können Sterne nicht mehr als einen Bruchteil der Milchstraßenhelligkeit zum Nachthimmel beitragen.

Wir können auch die Rotverschiebung des Lichtes von fernen Galaxien als ein alternatives Mittel verwenden, das Olberssche Paradox aufzulösen. Die Rotverschiebung bedeutet einen Energieverlust, und das Licht ferner Galaxien ist stark rotverschoben. Sein effektiver Beitrag zur Nachthimmelshelligkeit wird infolgedessen herabgesetzt. Dies gilt jedoch nur für sichtbares Licht. Neue Beobachtungen bei langen Wellenlängen zeigen uns, daß der Nachthimmel auch im Radiobereich des Spektrums dunkel ist. Deshalb ist der Effekt der Rotverschiebung keine Erklärung für das Olberssche Paradox. Trotzdem spielt die Expansion des Universums eine wichtige Rolle, weil sie den Raumbereich des Universums, innerhalb dessen wir Sterne sehen können, begrenzt. Genau diese Tatsache, die das beobachtbare Universum auf eine Entfernung von etwa 10 Milliarden Lichtjahre begrenzt, verursacht einen dunklen Nachthimmel: Sterne sind über diesen Zeitraums keine adäquaten Strahlungsquellen. Auf diese Weise können wir die beobachtete Dunkelheit des Nachthimmels mit theoretischen Voraussagen in Einklang bringen.

Wir können eine interessante Fußnote zum Olbersschen Paradox betrachten: Die Meßgröße der Nachthimmelshelligkeit liefert einen bedeutsamen Grenzwert für die Helligkeit, die von sehr entfernten Galaxien hervorgerufen werden kann. Diese entfernten Galaxien sind auch sehr junge und aktive Sternsysteme, die theoretischen Modellen der galaktischen Evolution zufolge extrem leuchtkräftig sein sollten. Es ist wahrscheinlich, daß selbst im infraroten Gebiet des Spektrums die Flächenhelligkeit des Nachthimmels merklich niedriger ist als die Flächenhelligkeit der Milchstraße, wie es auch bei optischen Wellenlängen der Fall ist. Wenn man in Richtung der galaktischen Pole aus der Milchstraße herausschaut, erscheint der Himmel sehr viel dunkler als in Richtung der Milchstraße. Wir wissen nicht genau, wie groß der extragalaktische Beitrag zur Helligkeit des Nachthimmels ist, insbesondere wegen der Beiträge des Zodiakallichts und des irdischen Nachtleuchtens, aber er ist zweifellos klein, vielleicht nur ein Prozent der Milchstraßenhelligkeit. Um zu vermeiden, eine übermäßige Helligkeit des Nachthimmels vorherzusagen, sehen sich Astronomen gezwungen, anzunehmen, daß der größte Teil der Leuchtkraft von jungen Galaxien stark rotverschoben ist. Obwohl die moderne Lösung des Olbersschen Paradoxons in der Erkenntnis liegt, daß leuchtende Sterne keine ewigen Energiequellen sind, sondern eine endliche Lebensdauer von einigen Milliarden Jahren haben, spielt die Rotverschiebung des Sternlichts entfernter Galaxien eine wichtige Rolle bei der quantitativen Erklärung der Dunkelheit des Nachthimmels. Eine erfolgreiche kosmologische Theorie muß imstande sein, das Olberssche Paradox zu erklären, und die Urknalltheorie erfüllt diese grundlegende Forderung aus den Beobachtungen.

Das Machsche Prinzip und der Begriff der Trägheit

Üben die entfernten Sterne irgendeinen Einfluß auf die lokalen Eigenschaften der Materie aus? Obwohl diese Frage astrologischen Spekulationen Tür und Tor zu öffnen scheint, spielte sie eine wichtige Rolle in Einsteins kosmologischer Vorstellung. Um die Antwort zu finden, müssen wir Newtons Auffassung des absoluten Raums mit den Ideen des im neunzehnten Jahrhunderts lebenden Physiker Ernst Mach vergleichen. Wir wollen betrachten, wie Newton die Rotationsgeschwindigkeit gemessen haben könnte. Er hätte ein rein irdisches Experiment gemacht, wie zum Beispiel die Präzession der Bewegungsebene eines Pendels, und er würde dadurch die Rotation der Erde relativ zu einem lokalen Bezugssystem ermittelt haben (wie es später Foucault in der Tat machte). Dieses Bezugssystem wird ein Inertialsystem genannt, weil die scheinbare Bewegung eines Körpers durch seine eigene Trägheit bestimmt wird (das heißt, wenn keine Kraft an ihm angreift, bewegt er sich mit konstanter Geschwindigkeit auf einer geraden Linie). In einer modernen Form dieses Experiments könnten wir beispielsweise einen Fernmeldesatelliten in eine geostationäre Bahn um die Erde schicken, das bedeutet, daß der Satellit bezüglich der Erdoberfläche immer am gleichen Punkt verharrt. Um dies zu erreichen, muß seine Bahnumlaufsperiode gleich der Rotationsperiode der Erde sein; würde die Erde nicht rotieren, könnte der Satellit relativ zur Erde nicht stationär sein.

Mach erkannte, daß Newtons Messung völlig lokal war und daß kein Bezug auf den Rest des Universums nötig war. Um auf eine andere Weise die Erdrotation zu messen, hätte Mach einfach den Nachthimmel anschauen und die scheinbare Bewegung der Sterne beobachten können. Er hätte dann die Rotationsrate der Erde durch eine *globale* (oder astronomische) Messung bestimmt.

Mach war tief betroffen über die Gleichheit der beiden Resultate, die durch solch verschiedene Meßverfahren erhalten werden können. Er zog den

Schluß, daß Newtons Gesetz keine Aussage über den Zusammenhang zwischen lokalen und globalen Inertialsystemen machte, und sich nur auf ein lokales System bezog. Um die Gleichheit zu verstehen, folgerte Mach, daß es einen kausalen Zusammenhang zwischen der Bewegung der fernen Sterne und dem lokalen Bezugssystem geben müsse. Nun ist es offenkundig, daß das lokale Inertialsystem nicht die Bewegung der fernen Sterne beeinflußt. Mach zufolge muß jedoch das Umgekehrte der Fall sein, und daraus folgt das *Machsche Prinzip*: Die Trägheit irgendeines Körpers wird durch die Verteilung der entfernten Materie im Universum bestimmt.

Einstein wurde durch Machs Argumentation stark beeinflußt. Einsteins allgemeine Relativitätstheorie genügt jedoch nicht dem Machschen Prinzip, und viele Kosmologen, Einstein eingeschlossen, haben vergeblich versucht, dieses Prinzip in die Theorie einzuarbeiten. Die gültigen kosmologischen Modelle der allgemeinen Relativitätstheorie gehorchen allerdings einer abgeschwächten Form des Machschen Prinzips im folgenden Sinne: Es gibt ein lokales Bezugssystem, in dem sich die weit entfernten Galaxien des Universums isotrop entfernen.

Die Astronomen sind in der Lage, ein Experiment durchzuführen, das uns erlaubt, dieses bevorzugte Bezugssystem zu bestimmen. Die kosmische Hintergrundstrahlung ist, wie wir wissen, von weit entfernten Gebieten des Universums ausgesandt worden. Diese Regionen fallen mit dem Bezugssystem der isotropen universellen Expansion zusammen. Hinter dem Experiment steht der Gedanke, daß in der Richtung, in die wir uns bewegen, die mittlere Wellenlänge der Strahlung leicht blauverschoben erscheint. In der entgegengesetzten Richtung wird sie leicht rotverschoben sein (Abb. 3.14). Da es sich um Schwarzkörperstrahlung handelt, ist diese kleine Wellenlängenverschiebung einer geringfügigen Temperaturänderung äquivalent. Solch ein Effekt ist tatsächlich entdeckt worden. Die Temperatur der Hintergrundstrahlung ist mit einer Genauigkeit von einem Tausendstel K gemessen worden. Man findet eine leichte Abweichung von der Gleichverteilung der Strahlung von etwa 0.1 Prozent, was zu erwarten wäre, wenn sich die Erde relativ zum kosmischen Bezugssystem der Hintergrundstrahlung bewegen würde.

Mit theoretischen Gründen läßt sich die Bewegung der Erde im Bezug auf die entfernten Gebiete des Universums nicht sonderlich gut erklären. Wie Abb. 3.12 zeigt, bewegt sich die Erde um die Sonne, die Sonne um das Zentrum der Galaxis, und die Galaxis bewegt sich durch die lokale Gruppe der Galaxien. Nach Berücksichtigung dieser Bewegungen finden wir, daß unsere gemessene Nettogeschwindigkeit relativ zum kosmischen Bezugssystem etwa 600 Kilometer pro Sekunde in der allgemeinen Richtung zum Virgohaufen beträgt. Die gesamte lokale Gruppe scheint sich zum Virgohaufen hin zu bewegen, oder zumindest zur *supergalaktischen Ebene* hin,

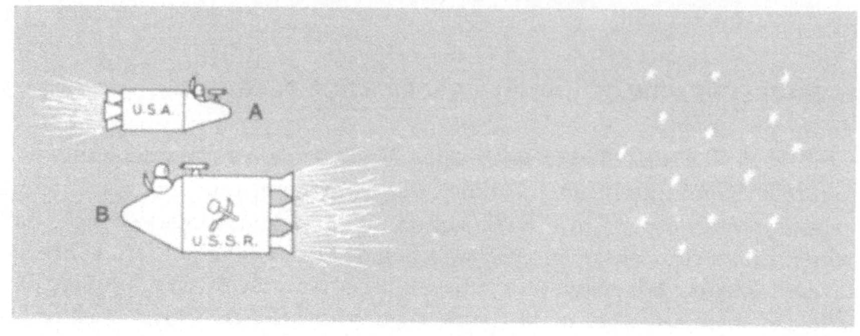

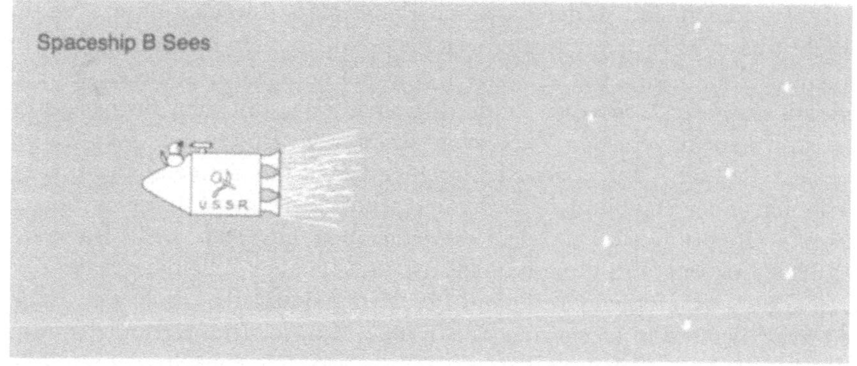

Abb. 3.14 Die Anisotropie der Hintergrundstrahlung
Man stelle sich zwei Raumschiffe vor, von denen sich das eine (A) mit hoher Geschwindigkeit einem Sternhaufen nähert, während sich das andere (B) rasch vom Haufen wegbewegt. Das Raumschiff A (Spaceship A) sieht die Sterne näher zusammengerückt, und ihr Licht erscheint blauverschoben; das Raumschiff B (Spaceship B) sieht die Sterne weiter voneinander getrennt und ihr Licht erscheint rotverschoben. Diese Effekte sind natürlich nur dann auffällig, wenn sich die Raumschiffe nahezu mit Lichtgeschwindigkeit bewegen. Ein ähnlicher Effekt tritt jedoch auch im Fall der Hintergrundstrahlung auf. Für einen bewegten Körper scheint die Hintergrundstrahlung in der Bewegungsrichtung stärker zu sein. Die Schwarzkörperstrahlung behält ihren Charakter, erscheint aber heißer. Umgekehrt tritt in der entgegengesetzten Richtung eine scheinbare Abkühlung auf. Wie im Fall der Dopplerverschiebung ist die Größe der relativen Temperaturänderung gleich der Geschwindigkeit des Beobachters, geteilt durch die Lichtgeschwindigkeit.

die durch die größte Konzentration von Galaxien in der galaktischen Nachbarschaft definiert wird.

Im Prinzip kann eine solche Folgerung durch optische Beobachtungen der lokalen Verteilung der Galaxien-Rotverschiebungen geprüft werden. Es ist noch unklar, ob diese Messungen übereinstimmende Ergebnisse liefern. Solche Messungen werden jedoch immer in Bezug auf ein lokaleres System gemacht, verglichen mit dem durch die kosmische Hintergrundstrahlung definierten. Inhomogenitäten in der Galaxienverteilung können merkliche Verzerrungen im lokalen Geschwindigkeitsfeld hervorrufen. Doch die Hintergrundstrahlung ist einzigartig, indem sie uns in einem kosmischen oder globalen Bezugssystem verankert, das durch die großräumige Verteilung der Materie im Universum bestimmt ist. Der Erfolg des *Experiments zur Bestimmung der Dipol-Anisotropie des Mikrowellenhintergrundes* liefert uns die quantitative Messung eines bevorzugten lokalen Inertialsystems und eine moderne Interpretation des Machschen Prinzips.

Wir haben in diesem Kapitel die Entwicklung der kosmologischen Entfernungsskala von den vergleichsweise nahen Planeten bis zu den tiefsten Gebieten des Weltraums, wie sie mit erdgebundenen Teleskopen erforscht werden können, aufgezeigt. Dabei haben wir gesehen, wie die Stellung der Erde im Raum durch diese Beobachtungen bestimmt wird. Wir haben unser kosmologisches Bezugssystem festgelegt. Aus der Verteilung der Geschwindigkeiten der weit entfernten Galaxien ergibt sich deutlich ein expandierendes Universum; die Beobachtungstatsachen unterstützen somit die Urknalltheorie. Im nächsten Kapitel werden wir die Entwicklung der kosmologischen Zeitskala verfolgen und weitere Beweise anführen, die für die Urknalltheorie sprechen.

4

Beweise für den Urknall

Messungen der effektiven Zenit-Rauschtemperatur der 20-Fuß-Hornreflektor-Antenne des Crawford Hill Laboratoriums in Holmdel, New Jersey, bei 4080 MHz ergaben einen Wert, der etwa 3.5 K über dem Erwartungswert lag. Innerhalb der Genauigkeit unserer Beobachtungen ist diese Zusatztemperatur isotrop, unpolarisiert, und keinen jahreszeitlichen Änderungen unterworfen.

ARNO PENZIAS UND ROBERT WILSON

Der Kernsatz der Urknall-Kosmologie ist, daß vor etwa 20 Milliarden Jahren alle Punkte des Raums beliebig nahe beisammen waren. Die Materiedichte war in diesem Augenblick unendlich groß. Wir haben diesen ersten Augenblick des Urknalls früher als Singularität bezeichnet. Wie wissen wir, wann dieser Augenblick eintrat? Existierte das Universum vor diesem Augenblick? Wenn es vorher existierte, könnte es sehr wohl eine unendlich lange Zeit existiert haben.

Das Alter des Universums

Seltsamerweise kann die Urknall-Kosmologie die erste Frage recht gut beantworten, die zweite aber überhaupt nicht. Wir wollen unter dem *Alter des Universums* deshalb die Zeit verstehen, die seit dem Urknall verstrichen ist. Wir schließen die Möglichkeit nicht aus, das das Universum vorher existiert haben könnte, aber wir können über diese Phase praktisch nichts aussagen.

Entfernte Galaxien entfernen sich mit großer Geschwindigkeit voneinander. Je weiter eine Galaxie entfernt ist, umso größer ist ihre Fluchtgeschwindigkeit. Das System der Galaxien befindet sich in einem Zustand der Expansion. Ob es wie eine Bombe explodiert und nie wieder implodiert, oder ob die Galaxien schließlich wieder zusammenstürzen werden, ist eine noch ungelöste Frage, die wir in den Kapiteln 5 und 17 weiter erörtern werden.

Dieses Problem ist jedoch für die Frühzeit des Kosmos, als die Elementarteilchen und die Strahlung aus einem Zustand unendlicher Dichte explodierten, weitgehend belanglos.

Wir können versuchen, uns die anfängliche Expansion vor Augen zu führen, indem wir uns einen riesigen Bienenschwarm vorstellen, der in einem winzigen Bienenstock eingepfercht ist. Plötzlich öffnet der Imker den Bienenstock, und die Bienen schwirren in alle Richtungen davon. Jede Biene erkennt, daß sich ihre Nachbarn von ihr wegbewegen. Wir wollen annehmen, daß alle Bienen geradlinig, jedoch in beliebigen Richtungen wegfliegen. Der Bienenschwarm wird sich beständig ausbreiten, ein immer größeres Volumen ausfüllen, und die schnellsten Bienen werden sich am weitesten entfernen. Zwischen der Geschwindigkeit einer jeden Biene und der von ihr zurückgelegten Strecke besteht eine einfache Beziehung – die Geschwindigkeit ist gleich dem zurückgelegten Weg, geteilt durch die verflossene Zeit.

Galaxien, oder zumindestens die Atome, aus denen sie zusammengesetzt sind, müssen ihre Expansion in ähnlicher Weise begonnen haben. Die unvorstellbar dicht konzentrierte Materie flog in alle Richtungen auseinander. Mit fortschreitender Expansion muß die Materie in galaxiengroße Ansammlungen kondensiert sein, die sich schließlich in Sterne aufteilten. Ein Großteil unserer Diskussion in den Kapiteln 6 bis 13 wird sich mit diesen Entwicklungsprozessen im frühen Universum beschäftigen.

Wir können den ersten Augenblick zeitlich datieren, indem wir einfach die Zeit berechnen, die verstrichen ist, seitdem zwei sich jetzt voneinander entfernende Galaxien in Kontakt waren. Während der längsten Zeit ihres Lebens waren die Galaxien offenbar voneinander getrennt. Für den Augenblick wollen wir die Einzelheiten der Galaxienentwicklung während der Zeit ihres engsten Kontaktes vernachlässigen, weil diese Phase nur einen kleinen Teil ihres heutigen Alters ausmacht. Das Alter des Universums ist deshalb ungefähr gegeben durch das Verhältnis von relativer Entfernung und relativer Geschwindigkeit zweier beliebiger Galaxien. Dem Hubbleschen Gesetz der Galaxienflucht zufolge ist die Fluchtgeschwindigkeit gleich der Hubble-Konstanten, H_0 (das ist der Wert von H zum heutigen Zeitpunkt), multipliziert mit der gegenseitigen Entfernung. Wie in der Analogie vom Bienenschwarm ist die seit dem Beginn der Expansion verflossene Zeit einfach gleich der Entfernung dividiert durch die Geschwindigkeit, oder $1/H_0$, wenn sich die Geschwindigkeiten nicht mit der Zeit geändert haben.

Heutige Astronomen haben H_0 genauer gemessen, als Hubble es konnte, indem sie sich bestimmte technische Verbesserungen zunutze machten. Die verschiedenen Entferungsindikatoren (veränderliche Sterne von Typ der Cepheiden, leuchtkräftige Sterne, helle Nebel, Rotationsgeschwindigkeiten von Spiralnebeln, und elliptische Galaxien in Galaxienhaufen) sind mit mit beträchtlicher Genauigkeit in verschiedenen Galaxientypen bzw. Galaxienhaufen neu vermessen worden. Die Entfernungsskala ist zu wesentlich entfernteren Galaxien hin ausgedehnt worden. Selbst in den neuesten Daten ist die einfache Proportionalität zwischen Geschwindigkeit und Zeit näherungsweise erfüllt: Der von uns bevorzugte moderne Wert von $1/H_0$ ist etwa 15 Milliarden Jahre, obwohl die Hubblesche Zeitskala auch so kurz wie 10 Milliarden Jahre oder so lang wie 20 Milliarden Jahre lang sein könnte.

Weil H_0 so klein ist, sind die Fluchtgeschwindigkeiten der uns nächstgelegenen Galaxien klein, und sie werden völlig von den lokalen Bewegungen der Galaxien innerhalb der lokalen Galaxiengruppe überlagert. Die lokale Gruppe besteht aus der Milchstraße, einigen zur Milchstraße gehörenden Satellitengalaxien, und der Andromeda-Galaxie mit ihren Begleitern. Diese Galaxien bewegen sich in Bahnen umeinander; sie nehmen deshalb an der allgemeinen Expansion der entfernteren Galaxien nicht teil.

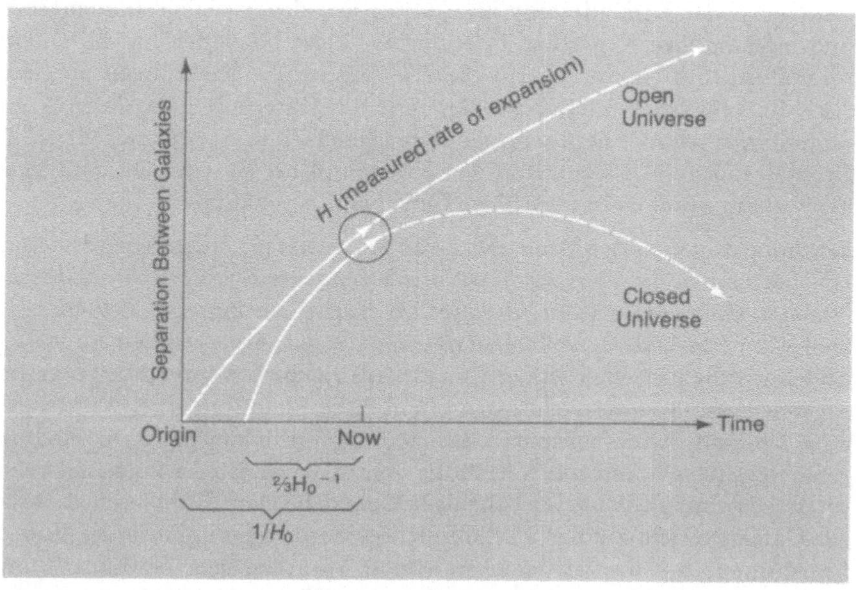

Abb. 4.1 Das Alter des Universums
In dieser Abbildung ist die relative Entfernung von Galaxien als Funktion der Zeit (Time) aufgetragen. „Origin“ und „Now“ beziehen sich auf die Zeit des Urknalls und auf die Jetztzeit. Die Messung der Hubble-Konstanten H_0 liefert uns eine Abschätzung der seit dem Urknall verflossenen Zeit. In einem geschlossenen Universum (Closed Universe) ist das Alter kleiner als $\frac{2}{3}H_0^{-1}$; in einem offenen Universum (Open Universe) liegt das Alter zwischen $\frac{2}{3}H_0^{-1}$ und $1/H_0$. Heutige Beobachtungen deuten an, daß $1/H_0$ etwa gleich 15 Milliarden Jahren ist, die Unsicherheit beträgt etwa $\pm$ 5 Milliarden Jahre.

Die Galaxiengeschwindigkeiten können sich auch mit der Zeit ändern, weil sich die kosmische Expansion verlangsamt. Diese Geschwindigkeitsänderung könnte unsere Berechnung von $1/H_0$ als der Zeit, die seit dem Urknall verflossen ist, beeinflussen. In der Tat ist $1/H_0$ eine gute Näherung für das Alter eines offenen Universums. In einem geschlossenen Universum jedoch, das schließlich wieder kollabieren wird, muß das Alter in Wirklichkeit immer kleiner als $1/H_0$ sein. Wenn das Universum geschlossen ist, ist das Alter des Universums etwas kleiner als $2/3H_0^{-1}$, oder bei Verwendung unseres Standardwertes von H_0 etwa 10 Milliarden Jahre (siehe Abb. 4.1).

Die kosmische Zeitskala

Wir können nun das Alter des Universums mit anderen unabhängigen Zeitskalen vergleichen. Man hat die natürliche Radioaktivität des Urans dazu verwendet, das Alter der ältesten irdischen Gesteine und der Meteorite zu bestimmen. Ein Isotop des Urans, das als U^{238} bezeichnet wird, weil es aus 92 Protonen und 146 Neutronen besteht, zerfällt langsam in ein Bleiisotop. Weil Uran radioaktiv und instabil ist, emittiert ein Urankern Strahlung (genauer gesagt, Alphateilchen oder Heliumkerne, zusammen mit Neutronen, Elektronen und Neutrinos), so lange, bis die Kernkräfte schließlich den Kern stabilisieren können. Dies ist erst dann erreicht, wenn das U^{238} in ein Isotop des Bleis, Pb^{206}, zerfallen ist, das aus 82 Protonen und 124 Neutronen besteht. Die Halbwertszeit (oder die Zeit, die vergeht, bis ein Kilogramm U^{238} durch radioaktive Zerfälle nur noch aus einem halben Kilogramm U^{238} besteht) beträgt 4.51 Milliarden Jahre. Wenn wir wissen, wieviel von dem Bleiisotop ursprünglich vorhanden war, können wir aus den heutigen Häufigkeiten von U^{238} und Pb^{206} berechnen, wieviel U^{238} ursprünglich vorhanden war, und so das Alter der Gesteine bestimmen. In der Praxis können wir durch den Vergleich von Gesteinsproben mit unterschiedlichen Blei/Uran-Verhältnissen die Notwendigkeit umgehen, die anfängliche Häufigkeit von Pb^{206} zu kennen. Mit Hilfe dieser Methode wurde das Alter der ältesten bekannten irdischen Gesteine (die in Grönland gefunden wurden) zu 3.9 Milliarden Jahren bestimmt.

Das Alter des Sonnensystems wird aufgrund der Datierung der ältesten Meteorite (Abb. 4.2) zu etwa 4.6 Milliarden Jahren geschätzt. Die ältesten von den Apollo-Astronauten gefundenen Mondgesteine ergaben ein ähnliches Alter. Aus diesen Untersuchungen schließen wir, daß alle Planeten vor etwa 4.6 Milliarden Jahren innerhalb eines Zeitraums von weniger als 100 Millionen Jahren entstanden sind (Tabelle 4.1).

Wir könnten die radioaktive Datierungsmethode anwenden, um das Alter des Urans selber zu bestimmen, wenn wir das Verhältnis der einzelnen

Uranisotope zur Zeit ihrer Entstehung kennen würden. Diese Untersuchung liefert ein Alter nicht für die Erde, sondern für die Epoche, die der Entstehung der Erde voranging und in der das Element Uran entstand. Es ist deshalb eine Frage nach der Entstehungsrate der schweren Elemente in der Galaxis während früherer Generationen massereicher Sterne, die als Su-

Tabelle 4.1. Die kosmische Zeitskala

kosmische Zeit	*Epoche*	*Rotverschiebung*
0	Singularität	unendlich
10^{-43} Sekunden	Planck-Zeit	10^{32}
10^{-36} Sekunden	Inflation	10^{28}
10^{-4} Sekunden	Hadronenära	10^{12}
1 Sekunde	Leptonenära	10^{10}
1 Minute	Strahlungsära	10^{9}
1 Woche		10^{7}
10 000 Jahre	Materieära	
300 000 Jahre	Entkopplungsära	
1–2 Milliarden Jahre		10–30
2 Milliarden Jahre		5
3 Milliarden Jahre		
3.1 Milliarden Jahre		
4 Milliarden Jahre		
7 Milliarden Jahre		1
10.2 Milliarden Jahre		
10.3 Milliarden Jahre		
10.4 Milliarden Jahre		
10.7 Milliarden Jahre		
11.1 Milliarden Jahre	Archäozoikum	
12 Milliarden Jahre		
13 Milliarden Jahre	Proterozoikum	
14 Milliarden Jahre	Paläozoikum	
14.4 Milliarden Jahre		
14.55 Milliarden Jahre		
14.6 Milliarden Jahre		
14.7 Milliarden Jahre		
14.75 Milliarden Jahre	Mesozoikum	
14.8 Milliarden Jahre		
14.85 Milliarden Jahre	Kaenozoikum	
14.95 Milliarden Jahre		
15 Milliarden Jahre		

pernovae explodierten, und das interstellare Medium mit Uran (und vielen anderen schweren Elementen) verunreinigten. Weil diese Rate von detaillierten Modellen für die galaktische Entwicklung abhängt, können wir nur sagen, daß das Uran vor 12 bis 15 Milliarden Jahren gebildet worden sein muß.

Ereignis	*verflossene Zeit*
Urknall	15 Milliarden Jahre
Teilchenerzeugung	15 Milliarden Jahre
	15 Milliarden Jahre
Paarvernichtung von Protonen und Antiprotonen	15 Milliarden Jahre
Paarvernichtung von Elektronen und Positronen	15 Milliarden Jahre
Nukleosynthese von Helium und Deuterium	15 Milliarden Jahre
Strahlung ist thermalisiert worden	15 Milliarden Jahre
Universum wird von Materie beherrscht	15 Milliarden Jahre
Universum wird durchsichtig	14.9997 Milliarden Jahre
Galaxienbildung setzt ein	13–14 Milliarden Jahre
Haufenbildung der Galaxien setzt ein	13 Milliarden Jahre
unsere Protogalaxis kollabiert	12 Milliarden Jahre
die ersten Sterne bilden sich	11.9 Milliarden Jahre
Quasare und Sterne der Population II bilden sich	11 Milliarden Jahre
Sterne der Population I bilden sich	8 Milliarden Jahre
unsere interstellare Wolke bildet sich	4.8 Milliarden Jahre
Kollaps des protosolaren Nebels	4.7 Milliarden Jahre
Planeten bilden sich; Gestein wird fest	4.6 Milliarden Jahre
intensive Kraterbildung auf den Planeten	4.3 Milliarden Jahre
älteste irdische Gesteine bilden sich	3.9 Milliarden Jahre
mikroskopische Lebensformen entstehen	3 Milliarden Jahre
sauerstoffreiche Atmosphäre entsteht	2 Milliarden Jahre
makroskopische Lebensformen entstehen	1 Milliarde Jahre
älteste Fossilien	600 Millionen Jahre
erste Pflanzen auf dem Festland	450 Millionen Jahre
Fische	400 Millionen Jahre
Farne	300 Millionen Jahre
Koniferen; Gebirge entstehen	250 Millionen Jahre
Reptilien	200 Millionen Jahre
Dinosaurier; Kontinentalverschiebung	150 Millionen Jahre
erste Säugetiere	50 Millionen Jahre
Homo sapiens	2 Millionen Jahre

Abb. 4.2 Meteorite
Es gibt drei Haupttypen von Meteoriten: (a) Eisen, (b) Stein, und (c) eine Mischform, die Stein-Eisen-Meteorite. Die ältesten Meteorite gehören zum Typus der Steinmeteorite; für einige von ihnen wurde das Alter auf etwa 4.6 Milliarden Jahre geschätzt. Sie sind die ältesten bekannten Objekte im Sonnensystem.

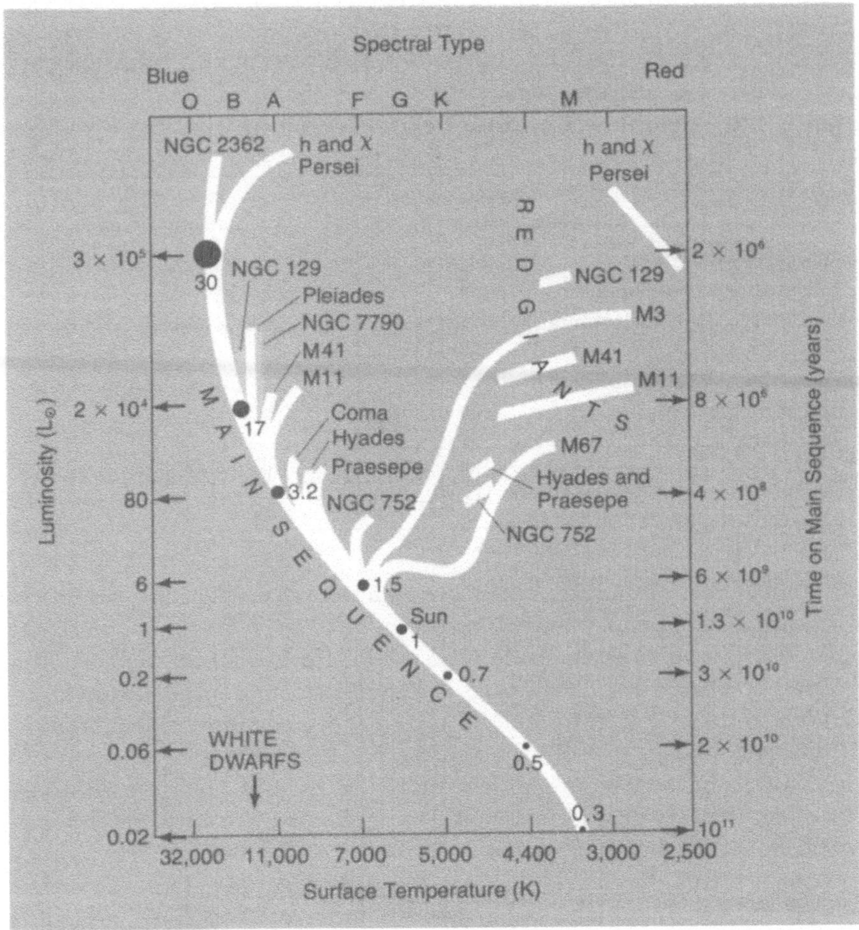

Abb. 4.3 Das Alter der Sterne

Wir können das Alter von Sternen aus dem Hertzsprung-Russell-Diagramm abschätzen, in dem die Sternleuchtkraft (Luminosity) gegen die Oberflächentemperatur (Surface Temperature) bzw. Spektraltyp aufgetragen wird. Die H-brennende Phase eines Sterns (Hauptreihe = Main Sequence) ist für Sterne von 0.3 bis zu mehr als 30 Sonnenmassen dargestellt. Je leuchtkräftiger ein Stern ist, umso schneller verbraucht er seinen H-Vorrat und umso kürzer ist seine Verweilzeit auf der Hauptreihe (= Time on Main Sequence), die auf der rechten Seite des Diagramms in Jahren angegeben ist. Viele Sternhaufen enthalten Sterne, die begonnen haben, Helium zu brennen und sich von der Hauptreihe wegentwickelt haben. In den älteren Haufen haben schon alte Sterne kleiner Masse die Hauptreihe verlassen, und der Abknickpunkt tritt im unteren Bereich auf. In jungen Haufen hatten jedoch nur massereiche Sterne Zeit, sich von der Hauptreihe wegzuentwickeln. Die Lage des Abknickpunkts liefert den Hinweis auf das Alter vieler Sternhaufen. Sterne im rechten oberen Bereich sind sehr leuchtkräftig, aber kühl; sie haben sehr große Radien. Diese Roten Riesen (Red Giants) treten in die Nach-Hauptreihen-Phase ein, wenn der stellare Kern heiß genug geworden ist, um He zu brennen. Schließlich erschöpft sich der Kernbrennstoff, und viele der Roten Riesen werden zu Weißen Zwergen (White Dwarfs), die im linken unteren Bereich des Diagramms liegen.

Tabelle 4.2. Altersbestimmung des Universums

Technik	*Objekte*	*Alter*
Radialgeschwindigkeits-Entfernungs-Beziehung	Galaxien	10–20 Milliarden Jahre
Radioaktive Altersbestimmung	Mondgestein und älteste Meteorite	4.6 Milliarden Jahre
Radioaktive Altersbestimmung und Modelle der galaktischen Entwicklung	Uran und Uranisotope	10–15 Milliarden Jahre
Modelle der Sternentwicklung	älteste Sterne der Milchstraße	12–15 Milliarden Jahre

Eine ähnliche Zeitskala kann unabhängig davon aus der Theorie der Sternentwicklung, angewendet auf einen Stern bekannter Masse, abgeschätzt werden. Der Gesamtvorrat von Wasserstoff im Kern eines Sterns bestimmt bei einer vorgegebenen chemischen Zusammensetzung seine Leuchtkraft. Wir können daher das Alter eines Sterns aus seiner Masse ableiten (Abb. 4.3), und wir finden, daß die ältesten Sterne der Milchstraße anscheinend zwischen 12 und 15 Milliarden Jahre alt sind (Abb. 4.4). Diese Zeitskala führt dazu, daß wir dem kleineren Wert von H_0, den wir in Kapitel 3 ausgewählt haben, den Vorzug geben. Würden wir den größeren Wert von H_0 verwenden, wären die ältesten Sterne anscheinend etwas älter als der Urknall. Trotz der Ungewißheit über den wahren Wert von H_0 zeigen diese unabhängig voneinander bestimmten Zeitskalen eine bemerkenswerte Konvergenz (Zusammenfassung in Tabelle 4.2). Kann diese Konvergenz bloßer Zufall sein?

Die meisten Astronomen betrachten diese Konvergenz als Beleg für ein endliches Alter des Universums. Über viele Jahre hinweg schienen diese Zeitskalen einander zu widersprechen. Hubble errechnete aufgrund verschiedener Fehler und Ungenauigkeiten, die er noch nicht erkannte, einen Wert für H_0, der zehnmal größer war als der heutige Wert. Einer der Fehler war die Verwechslung zwischen zwei unterschiedlichen Klassen veränderlicher Sternen des Cepheidentyps, die ähnliche Perioden, jedoch unterschiedliche Leuchtkräfte besitzen (Abb. 3.5). Die Astronomen bestimmten aus Hub-

Abb. 4.4 Der Kugelsternhaufen M3
Der Kugelsternhaufen M3 im Sternbild Canes Venatici ist einer der hellsten sichtbaren Haufen. Er enthält etwa eine Million Sterne, die zwischen 12 und 15 Milliarden Jahre alt sind.

bles ursprünglichem Wert für H_0 ein Alter des Universums, das beträchtlich kleiner war als das Alter der Erde. Dieser Widerspruch war einer der Hauptgründe für das Entstehen der Steady-State-Theorie. Nachdem Walter Baade und Allan Sandage in den fünfziger Jahren die moderne Entfernungsskala ermittelt hatten, wurde der Widerspruch in den Zeitskalen beseitigt, und die Steady-State-Theorie war für die Erklärung der bekannten astronomischen Tatsachen nicht mehr notwendig. Ein stärkerer Beweis für den Urknall war jedoch nötig, bevor er vorbehaltlos als Theorie für den Ursprung des Universums akzeptiert wurde. In den sechziger Jahren kam dieser Beweis aus einem sehr modernen Zweig der Astronomie – der Radioastronomie.

Radiogalaxien

Die Astronomen der Vergangenheit waren in ihren Beobachtungen eingeschränkt, da ihnen nur der optische Bereich des Strahlungsspektrums zugänglich war. Der sichtbare Bereich von 400 bis 800 Nanometer ist nur ein kleiner Teil des Spektrums aller möglichen Wellenlängen. Die heutigen Astronomen haben eine Vielzahl von Techniken entwickelt, die das unsichtbare Spektrum unseren Untersuchungen zugänglich gemacht haben: die Gamma-Astronomie (bei Wellenlängen kürzer als 0.001 Nanometer), Röntgenastronomie (0.001 bis 10 Nanometer), Ultraviolettastronomie (10 bis 300 Nanometer), Infrarotastronomie (800 bis 1 Million Nanometer bzw. 1 Millimeter), Mikrowellenastronomie (1 Millimeter bis 100 Millimeter), und Radioastronomie (100 Millimeter bis 100 Meter und mehr). Viele dieser Zweige der Astronomie benötigen Observatorien im Weltraum und entwikkelten sich erst seit den siebziger Jahren. Zum Beispiel kann Strahlung mit Wellenlängen im Röntgen- und Ultraviolettbereich die Erdatmosphäre nicht durchdringen (Abb. 4.5). Das ist vorteilhaft, weil andernfalls das Leben auf der Erde durch die Ultraviolettstrahlung der Sonne vernichtet würde. Erst seit etwa 1970 können Astronomen diese Spektralbereiche auf kosmologische Informationen hin untersuchen.

Die Beschränkung der Astronomie auf den sichtbaren Bereich des elektromagnetischen Spektrums hat eine Reihe von Konsequenzen. Beispielsweise können nur die naheliegenden Bereiche der Milchstraße bei optischen Wellenlängen untersucht werden. Die Milchstraße enthält eine große Menge von interstellarem Gas und Staub. Man glaubt, daß die als *interstellare Körner* bekannten kleinen, festen Staubteilchen aus Graphit und gesteinsartigen, quarzähnlichen Materialien bestehen. Ihre typischen Größen liegen nahe der Wellenlänge des Lichts. Solche Teilchen streuen und absorbieren elektromagnetische Strahlung mit Wellenlängen, die ihrer Größe vergleichbar sind, stark. Folglich können optische Astronomen in der Milchstraßenebene

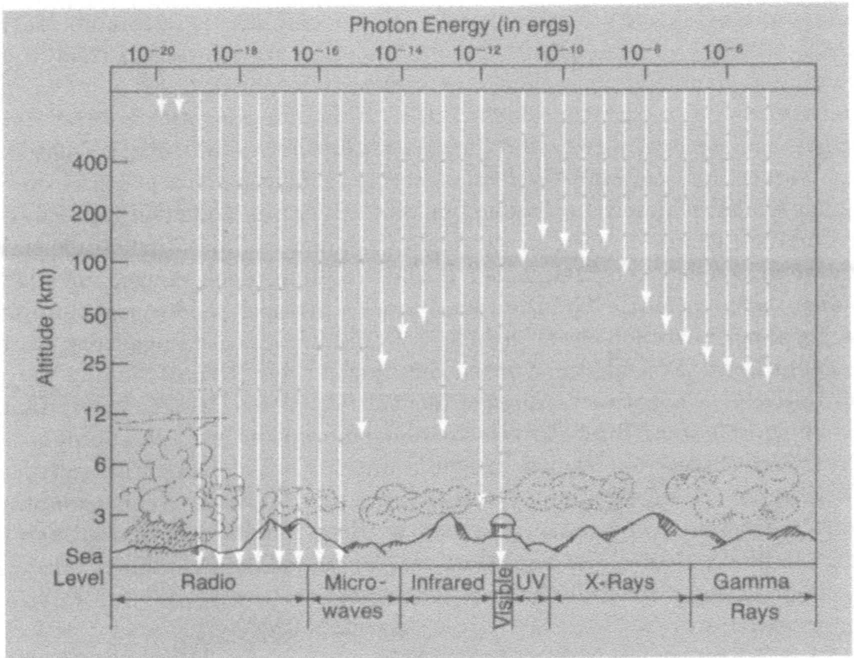

Abb. 4.5 Die Durchlässigkeit der Erdatmosphäre für Strahlung
Strahlung des Radio-, Mikrowellen-, Infrarot-, sichtbaren, Ultraviolett-, und des Röntgenbereichs kann wegen der Absorption durch Moleküle wie Ozon (O_3), Sauerstoff (O_2) und Wasserdampf (H_2O) in der oberen Atmosphäre gewöhnlich nicht zur Erdoberfläche gelangen. Die Höhe (in km), in der die Strahlung in der Erdatmosphäre absorbiert wird, kann an der y-Achse abgelesen werden. Die Photonenenergie der Strahlung ist auf der oberen x-Achse in erg $= 10^{-7}$ J angegeben.

nicht weiter als wenige tausend Lichtjahre sehen, obwohl es gelegentlich Löcher gibt, die einen tieferen Einblick erlauben. Unsere Galaxis ist aber bei Radio-, Infrarot- und Röntgenwellenlängen fast völlig durchsichtig. Radioastronomen studieren routinemäßig das Zentralgebiet unserer Galaxis, ein Gebiet, das auf einer mit einem irdischen Teleskop aufgenommenen Photographie niemals sichtbar wäre.

Optische Astronomen können, wenn sie Richtungen außerhalb der Milchstraße schauen, bis in große Raumtiefen beobachten und weit entfernte Galaxien untersuchen. Die Entwicklung der Radioastronomie in den fünfziger Jahren führte jedoch zu einer tieferen Einsicht in die Natur des Universums, weil viele sehr entfernte extragalaktische Quellen entdeckt wurden, denen unsere eigene Galaxis kaum im Wege war. Extragalaktische Radioquellen senden im allgemeinen keine Spektrallinien aus, wie sie für die

Emission eines heißen, hochionisierten Gases charakteristisch sind; stattdessen strahlen sie eine kontinuierliche Emission aus, ein kosmisches Rauschen, das keine Vorzugswellenlänge besitzt. Obwohl es Spektrallinien im Radiobereich gibt, die von einem kalten atomaren oder molekularen Gas ausgesandt werden, wobei eine der bestuntersuchten Linien die Emission des Wasserstoffs bei einer Wellenlänge von 21 Zentimetern ist, sind diese Linien relativ schwach und können in weit entfernten Galaxien nur schwer in Emission gemessen werden. Normale Galaxien wie die Milchstraße sind schwache Quellen kontinuierlicher Radiostrahlung, doch einige, im allgemeinen sehr entfernte Galaxien sind starke Strahler. Diese sogenannten Radiogalaxien wurden ursprünglich in Radiodurchmusterungen des Himmels entdeckt. Erst später wurden die Quellen der Radiostrahlung dann mit optisch beobachteten Galaxien identifiziert, deren Entfernungen dann durch eine Messung ihrer Rotverschiebungen ermittelt werden konnten. In den frühen Tagen der Radioastronomie waren die Örter der Radioquellen am Himmel jedoch sehr ungenau bekannt, und in vielen Fällen konnten keine optischen Gegenstücke gefunden werden. Ein Radioastronom nahm dann Zuflucht zu der genialen Methode, Radioquellen zu zählen, um aus der Beobachtung des Radiohimmels kosmologisch bedeutsame Informationen zu erhalten.

Wir wissen, daß in unserer Galaxis die Zahl der sichtbaren Sterne größer wird, wenn wir immer schwächere Sterne beobachten. Selbst durch ein kleines Teleskop erscheint die Milchstraße unermeßlich reicher als mit bloßem Auge. Die Zunahme der Sternzahl mit der Entfernung gehorcht einem einfachem Gesetz, das eine Grundeigenschaft des euklidischen Raums ist: Die Sternzahl wächst direkt proportional zum Volumen des untersuchten Gebietes. Je größer die durchmusterte Entfernung, umso schwächer sind die Sterne, die man entdeckt, und umso größer ist die Sternzahl. An der Grenze der Galaxis bricht dieses Gesetz zusammen: Wir sehen relativ wenige Sterne zwischen den Galaxien. Hubble wandte dieses Prinzip auf die großräumige Verteilung der Galaxien an, um die ungefähre Homogenität des Universums nachzuweisen.

In gleicher Weise erwarten die Radioastronomen die Entdeckung von immer mehr Radioquellen, wenn sie den Himmel zu immer schwächeren Schwellen des Radioflusses oder der Signalintensität durchmustern. Nehmen wir an, daß die Verteilung der Radioquellen im Raum homogen sei. Nach dem $1/r^2$-Gesetz variiert der Fluß einer Quelle wie das reziproke Quadrat ihrer Entfernung r. Die Zahl der Quellen, die bis zu einer bestimmten Strahlungsflußschwelle entdeckt werden können, variiert wie das Volumen einer Kugel mit einem Radius, der gleich der Entfernung der schwächsten Quellen ist, oder wie die dritte Potenz dieser Entfernung. Mit anderen Worten, die Zahl

Abb. 4.6 Radioquellen-Karte
Diese Karte eines kleinen Himmelsgebiets wurde mit dem 1-Meilen-Radioteleskop in Cambridge (England) erhalten, das in Wirklichkeit aus einigen kleineren Radioteleskopen besteht, die in Phase beobachten. Jede Ansammlung von Maxima entspricht einer Radiogalaxie oder einem Quasar. Es gibt weit zahlreichere schwache Radioquellen, als wir in solchen Karten des Radiohimmels erwarten würden. Da die schwachen Quellen bei großen Entfernungen liegen und so beobachtet werden, wie sie in der weiten Vergangenheit aussahen, können wir folgern, daß Radiogalaxien in der Vergangenheit weit zahlreicher waren als heute.

der Quellen muß sich wie das Reziproke der Quadratwurzel des zur dritten Potenz erhobenen Flusses ändern. Dieses Argument ist sogar gültig, wenn die Quellen sich in ihrer Leistung unterscheiden, das heißt, eine Verteilung der Quellenleuchtkräfte über einen bestimmten Helligkeitsbereich wird immer noch ein ähnliches Resultat liefern, vorausgesetzt, daß diese Verteilung überall im Raum die gleiche ist.

In den fünfziger Jahren fanden die Radioastronomen weit mehr schwache Radioquellen, als nach der Annahme einer gleichförmigen Verteilung im Raum vorausgesagt wird (Abb. 4.6). Die Erklärung scheint zu sein, daß die entfernten *Radiogalaxien* in der fernen Vergangenheit von etwa 10 Milliarden Jahren mehr Strahlung abgaben oder häufiger waren, oder daß sie sowohl heller als auch häufiger waren. Das heißt, daß viele der stärksten Radioquellen heute folglich die entferntesten sind, und daß wir sie in einem Zustand beobachten, in dem sie vor langer Zeit waren, als ihre Strahlungsabgabe maximal war. Daraus folgern wir, daß Radiogalaxien sich auf einer kosmologischen Zeitskala von starken zu schwachen Quellen hin entwickeln. Diese Folgerung ist tatsächlich ein Beweis für die Urknall-Kosmologie, in der die Entwicklung des Universums ein zentrales Thema darstellt. In konkurrierenden Theorien, vor allem in der Steady-State-Theorie, konnte kein Schema der kosmologischen Entwicklung für die Radiogalaxien eingebaut werden, und Theorien ohne kosmologische Entwicklung haben deshalb sehr an Glaubwürdigkeit verloren.

Die kosmische Mikrowellen-Hintergrundstrahlung

Der wahrscheinlich überzeugendste Beweis zugunsten der Urknall-Kosmologie ist die kosmische Mikrowellen-Hintergrundstrahlung, der abgekühlte Überrest des Ur-Feuerballs, aus dem das frühe Universum bestand. Mit *Mikrowellen* bezeichnet der Radioastronom kurzwellige Radiowellen (mit Wellenlängen unter einigen Zentimetern). Natürlich hat optische Strahlung viel kleinere Wellenlängen als Radiowellen, aber Mikrowellenstrahlung ist für das menschliche Auge unsichtbar, und Mikrowellen erzeugen normalerweise wenig Wärme, wenn ihre Intensität nicht sehr verstärkt wird. Das Universum ist eine reiche Quelle von Mikrowellen. Die Intensität der kosmischen Mikrowellen ist so groß wie die Helligkeit der Milchstraße, wenn wir annehmen, daß sich die Milchstraße über den gesamten Himmel erstrecken würde. Menschliche Lebewesen sind jedoch vor dieser kosmischen Strahlung sicher, weil der Energiefluß der kosmischen Mikrowellen, die von jedem Menschen absorbiert wird, winzig ist und nur etwa 10^{-5} Watt beträgt, etwa ein Millionstel der Leistung einer 100 Watt-Birne.

Tatsächlich war für die Entdeckung dieser Strahlung die Konstruktion einer aufwendigen kleinen Radio-Hornantenne nötig, die dafür ausgelegt war,

Messungen von bisher nicht erreichter Genauigkeit zu machen. Die ursprünglich verwendete Hornantenne war in den Bell-Laboratorien in Holmdel, New Jersey, für die Satellitenkommunikation entwickelt worden. Im Jahre 1965 machten die Radioastronomen Arno Penzias und Robert Wilson eine Meßreihe mit diesem Radioteleskop (Abb. 4.7). Sie fanden einen Überschuß an Radiorauschen, der unabhängig von der Richtung zu sein schien, in die die Antenne zeigte. Nach aufwendigen Verfahren der Eichung ihres Teleskops und dem Bemühen, alle Möglichkeiten eines irdischen Ursprungs des Radiosignals auszuschließen, kamen sie zu dem Ergebnis, daß die Strahlung aus allen Richtungen gleichförmig einfällt. Die Strahlung war beispielsweise in Richtung der Sonne oder der Milchstraße nicht stärker, daher konnte sie nicht solaren oder galaktischen Ursprungs sein.

Abb. 4.7 Die Entdeckung der Hintergrundstrahlung
Diese Hornantenne wurde 1965 von den Nobelpreisträgern Arno Penzias (links) und Robert Wilson von den Bell-Laboratorien in New Jersey benutzt, um die kosmische Mikrowellen-Hintergrundstrahlung zu entdecken. Die Antenne ist für radioastronomische Verhältnisse klein, weil man für die Untersuchung eines diffusen Hintergrunds nur eine relativ kleine Auflösung benötigt. Es mußte jedoch eine überaus präzise Methode entwickelt werden, um die Antenne mit einer Genauigkeit zu kalibrieren, die weit höher war, als es die Radioastronomen bis dahin gewohnt waren.

Die kosmologische Bedeutung der Hintergrundstrahlung wurde von einer Gruppe von Physikern an der Universität Princeton unter Leitung von Robert Dicke sofort erkannt. In einer der großen Detektivgeschichten der modernen Physik war es Dicke, der erkannte, daß die Hintergrundstrahlung einen entscheidenden Schlüssel für den Ursprung des Universums liefert. Dicke entdeckte unabhängig eine Theorie wieder, die von George Gamow und seinen Studenten mehr als ein Jahrzehnt früher vorgeschlagen worden war. Gamow hatte deutlich gemacht, daß einige der chemischen Elemente in den ersten Minuten des Urknalls erzeugt worden sind. Infolgedessen sollte die übriggebliebene Urstrahlung allgegenwärtig sein. Als Folge der kosmischen Expansion sollte sich diese Strahlung auf eine Temperatur von etwa 5 Grad über dem absoluten Nullpunkt abgekühlt haben.

Gamows Theorie war in Vergessenheit geraten, als die Astrophysiker herausfanden, daß keine merkliche Menge von Elementen, die schwerer sind als Helium, im Urknall erzeugt worden sein konnte. Erkannt wurde aber schließlich, daß der Urknall eine geeignete und möglicherweise notwendige Umgebung für die Heliumsynthese geliefert hatte. Dieses verbreitete Element, das an Häufigkeit nur dem Wasserstoff nachsteht, macht etwa ein Drittel der Masse des Universums aus. Es erscheint unwahrscheinlich, daß gewöhnliche Sterne gerade die richtige Menge an Helium in ihrem Innern, wo thermonukleare Kernverschmelzungen heute stattfinden, erzeugt haben sollten, um die aus dem Urknall vorhergesagte Häufigkeit des Heliums zu liefern. Die Allgegenwärtigkeit der Heliumhäufigkeit ist daher ein weiteres starkes Argument für den Ursprung des Heliums im Urknall.

Dicke und seine Mitarbeiter waren gerade dabei, eine Antenne zu bauen, um die Strahlung des Urknalls nachzuweisen, von der sie geschlossen hatten, daß sie bei Radiowellenlängen entdeckt werden könnte, als sie von Penzias' und Wilsons bemerkenswerter Entdeckung in den nahegelegenen Bell-Laboratorien hörten. Die beiden Gruppen von Wissenschaftlern veröffentlichten ihre Entdeckung und den Bericht über deren kosmologische Bedeutung gleichzeitig.

Im nachhinein betrachtet ist der kosmische Mikrowellenhintergrund sogar schon zwei Jahrzehnte vorher gemessen worden, wenngleich die Bedeutung der Entdeckung damals nicht erkannt wurde. Die Geschichte begann, als Theodore Dunham und Walter Adams 1937 das Zyan-Radikal (CN) im interstellaren Raum entdeckten. Diese chemische Verbindung verursachte eine Absorptionslinie im Spektrum des Sterns Zeta Ophiuchi, die darauf hindeutete, daß sich eine merkliche Menge der Moleküle nicht im Grundzustand, sondern in einem angeregten Zustand befindet. Vier Jahre später berechnete Andrew McKellar, daß die Anregungstemperatur 2.3 K beträgt und daß dies möglicherweise durch die Absorption von Mikrowellen mit dieser charakteristischen Temperatur verursacht würde. Zu dieser Zeit hielt man es jedoch für wahrscheinlicher, daß die Anregung von CN auf Stöße mit Elektronen zurückzuführen sei. Als weitere Ironie der Geschichte ist anzumerken, daß das CN-„Thermometer“ seither die genaueste Messung der Temperatur der kosmischen Hintergrundstrahlung vom Erdboden aus ermöglicht hat.

In Untersuchungen, die auf die Entdeckung von Penzias und Wilson folgten, wurde gefunden, daß die kosmische Mikrowellen-Hintergrundstrahlung einen sehr hohen Grad von Gleichförmigkeit von besser als 1:10 000 aufweist. Diese Gleichförmigkeit oder Isotropie ist ein Zeichen dafür, daß ihr Ursprung in den fernsten erreichbaren Bereichen des Universums liegt, wie folgendes einfache Argument zeigt: Jede Strahlung, die in der Nähe der Sonne, in unserer Galaxis, oder selbst in nahen Galaxien erzeugt wird, wäre ohne Zweifel ungleichförmig verteilt. Wir nehmen deshalb an, daß die Quellen dieser Strahlung gleichförmig im Raum verteilt sind. Angenommen, wir teilen das Universum in eine große Zahl konzentrischer Kugelschalen gleicher (aber sehr geringer) Dicke ein, in deren Mittelpunkt die von ihnen eingeschlossene Erde liegt. In diesem Fall ist die Strahlungsmenge, die von Quellen innerhalb irgendeiner Kugelschale kommt, die gleiche, weil die Oberfläche jeder Kugel (die bei geringer Schalendicke allein maßgeblich ist) mit der Entfernung in gleicher Weise zunimmt, wie die Strahlungsintensität abnimmt. Eine gleichförmige Hintergrundstrahlung muß zum größten Teil von den weit entfernten Teilen des Universums kommen, wo die Mehrzahl der Quellen zu finden ist. Aus unserer lokalen Region des Raumes kann nur sehr wenig Strahlung stammen, und jede isotrope Hintergrundstrahlung muß in kosmologischen Entfernungen erzeugt werden.

Die Intensität der Hintergrundstrahlung ist inzwischen bei vielen Wellenlängen gemessen worden. Sie zeigt ein Spektrum, das für Strahlung charakteristisch ist, die in einem Zustand vollkommenen Gleichgewichts entsteht: Wenn Materie und Strahlung miteinander im Gleichgewicht stehen, muß ihre Temperatur gleich sein. Stellen wir uns einen Kasten mit Wänden vor, die so dicht und undurchsichtig sind, daß weder Wärme noch Strahlung sie durchdringen können. In diesem Kasten herrscht ein Strahlungsfeld, das durch die Temperatur der Wände bestimmt ist. Wir bezeichnen dieses Strahlungsfeld als *Schwarzkörperstrahlung* bei dieser charakteristischen Temperatur. Ein schwarzer Körper ist daher ein hypothetischer, idealer Emitter oder Absorber von Strahlung.

Die kosmische Mikrowellen-Hintergrundstrahlung scheint ein fast perfektes Schwarzkörperspektrum zu besitzen (Abb. 4.8). Um dieses Ergebnis zu erhalten, mußten Messungen mittels in Raketen und Satelliten eingebauten Teleskopen gemacht werden, weil das Schwarzkörperspektrum der Hin-

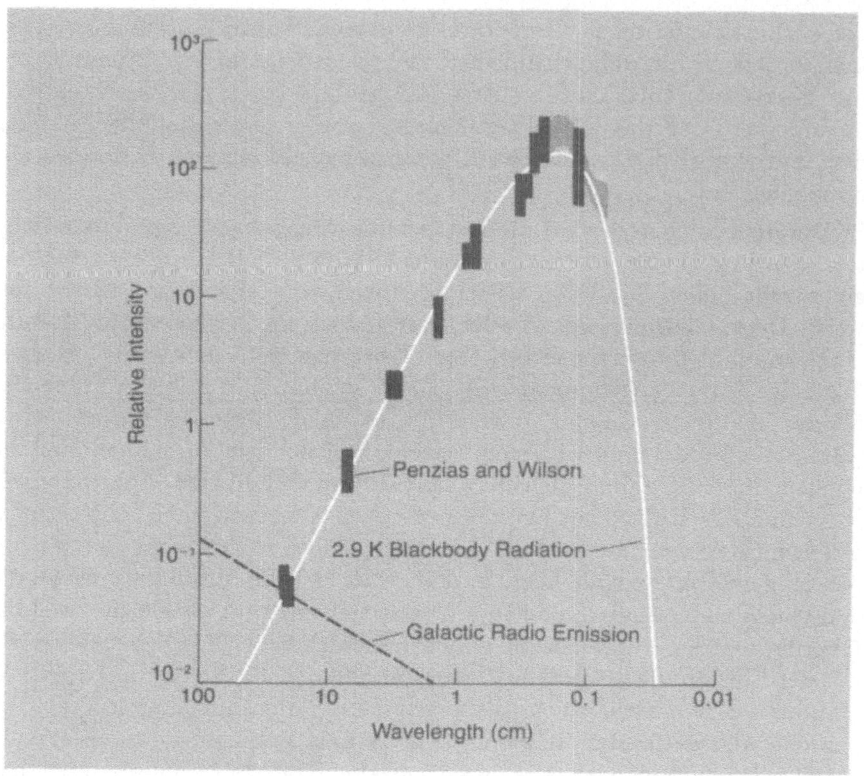

Abb. 4.8 Die Hintergrundstrahlung
Die relative Intensität der Strahlung ist als Funktion der Wellenlänge (in cm) angegeben. Ein idealer (oder schwarzer) Körper strahlt ein charakteristisches Spektrum aus, das nur von der Temperatur abhängt. Das Maximum der Strahlung tritt bei einer Wellenlänge auf, die der Strahlungstemperatur umgekehrt proportional ist. Die senkrechten Linien und das dunkelgraue Gebiet zeigen Ergebnisse, die von vielen Astronomen im Radio-, Mikrowellen- und fernen Infrarotbereich erhalten wurden. Das Spektrum der Hintergrundstrahlung ähnelt sehr dem eines schwarzen Körpers mit einer Temperatur von 2.9 K (weiße Kurve). Die Strahlungskurve ist dem Signal der galaktischen Radiostrahlung (unterbrochene Gerade) überlagert.

tergrundstrahlung sein Maximum bei einer Wellenlänge von etwa 1 Millimeter hat. Bei solchen Wellenlängen tritt in der Erdatmosphäre eine starke Strahlungsabsorption durch Wasserdampf auf. Radioastronomen beobachten meist bei viel größeren Wellenlängen, wo die Absorption durch die Erdatmosphäre vernachlässigbar klein ist. Weiterhin stellen das Teleskop und die darin eingebauten Empfänger zusätzliche Quellen thermischer

Strahlung dar, in denen das sehr kleine thermische Signal des kosmischen Mikrowellenhintergrundes leicht untergehen kann.

Die herkömmliche Methode, um mit vielen dieser instrumentellen Probleme fertig zu werden, ist von Dicke selbst erfunden worden. Die vom Himmel ankommenden Signale werden viele Male pro Sekunde mit denen einer stabilisierten Referenzquelle verglichen, beispielsweise mit einem in flüssiges Helium einer Temperatur von 4 K eingetauchten Widerstand. Ein solches „Hin- und Herschalten nach der Methode von Dicke" ermöglicht es, daß sich sehr kleine extraterrestrische Signale aus dem Hintergrundrauschen des Himmels und der Referenzquellen herausheben können. Es treten auch merkliche Beiträge von nicht aufgelösten galaktischen und extragalaktischen Quellen auf, die im allgemeinen aufgrund der Beobachtung bei anderen Wellenlängen in ihrer Stärke abgeschätzt werden können.

Weil die kosmische Hintergrundstrahlung nur im Millimeterbereich des Spektrums sehr intensiv ist, entspricht ihre maximale Wellenlänge einer charakteristischen Temperatur von nur etwa 3 Grad über dem absoluten Nullpunkt. Das ist in der Tat sehr kalt. Eine so niedrige Temperatur ist im Einklang mit der Vorstellung, daß die beobachtete Strahlung der schwache Abglanz des extrem heißen Ur-Feuerballs ist, der einst das gesamte sehr junge Universum erfüllte.

Wenn wir die Geschichte des Universums zeitlich zurückverfolgen, steigt die Temperatur der kosmischen Hintergrundstrahlung an. Bei immer früheren Zeiten wird die Strahlung immer heißer und das Universum immer dichter, bis ein Augenblick erreicht ist, in dem die Schwarzkörperstrahlung erzeugt werden kann. Zu dieser Zeit sind die Bedingungen derart, daß zwischen Materie und Strahlung ein vollkommenes Gleichgewicht herrscht; auf diese Weise erhält die Strahlung ihre Schwarzkörpernatur. Die Entdeckung der Strahlung und die Bestätigung ihrer Schwarzkörpernatur gehören zu den erfolgreichsten Vorhersagen der Urknalltheorie. Hier und da wurde über beobachtete Abweichungen von 10 bis 20 Prozent vom Schwarzkörperspektrum berichtet. Wenn solche Verzerrungen wirklich vorhanden sind, wären sie von beträchtlichem Interesse, da man nur durch die Entdeckung solcher Inhomogenitäten Einblick in die Prozesse der kosmischen Entwicklung gewinnen kann. Heute sind wir mit unserer Umgebung sehr weit vom völligen thermischen Gleichgewicht entfernt, und wenn wir die kosmische Geschichte der Galaxien- und Sternbildung zurückverfolgen, muß sie im Meer der Hintergrundstrahlung bei irgendeiner Kontraststufe eine Spur hinterlassen haben.

Ein bemerkenswertes Experiment hat gezeigt, daß das Spektrum des Mikrowellenhintergrunds sich um weniger als 1 Prozent von dem eines schwarzen Körpers unterscheidet. Dieses Ergebnis, das den Höhepunkt einer intensiven, fünfzehnjährigen Vorbereitungszeit darstellt, wurde nach einer mur neunminütigen Beobachtungszeit mit einem Satellitenexperiment erhalten. Dieser Satellit, der Cosmic Background Explorer COBE, wurde am 18. November 1989 gestartet. Aus seinen Messungen ergab sich eine Schwarzkörpertemperatur von 2.735 K, und um ein solch genaues Ergebnis zu erhalten, wurde das Meßinstrument, ein flächenabtastendes Interferometer, mit flüssigem Helium auf eine Temperatur von 1.5 K abgekühlt. Es wird (für mindestens ein Jahr) über einen Wellenlängenbereich von 10 mm bis 0.1 mm arbeiten, in dem die Intensität der Hintergrundstrahlung ihr Maximum hat. Eine Hornantenne mit einem Gesichtsfeld von 7 Grad beobachtet den Himmel, während eine interne Hornantenne einen temperaturstabilisierten schwarzen Körper als Referenzquelle beobachtet. Es gibt auch einen beweglichen externen Kalibrationsmechanismus, der periodisch vor die Himmelsantenne bewegt werden kann. Der Vergleich der Himmelsmessungen mit denen der externen Kalibrationsquelle liefert Messungen des Schwarzkörperspektrums mit einer bisher unerreichten Genauigkeit.

Die Wissenschaftler des COBE-Projekts erwarten, daß sie schließlich in der Lage sein werden, spektrale Verzerrungen im kosmischen Mikrowellen-Hintergrund mit einer Genauigkeit von einem Promille messen zu können. Es wäre in der Tat eine Überraschung, wenn bei dieser Kontraststufe die schon lange vermuteten spektralen Verzerrungen nicht gefunden würden. Ein solches Resultat wird uns dann wichtige Informationen über die kleinen Unvollkommenheiten und Abweichungen von der Homogenität des Urknalls liefern, die, wie wir in späteren Kapiteln sehen werden, letztendlich für die Entstehung einer Struktur im Universum verantwortlich waren. Wenn unsere liebgewonnenen Vorstellungen über die Entstehung von Strukturen im frühen Universum richtig sind, müssen Galaxien und Galaxienhaufen bei ihrer Entstehung Spuren im Mikrowellenhimmel hinterlassen haben.

Helium und Deuterium im Universum

Es gibt überzeugende Argumente für die Vermutung, daß bestimmte Elemente und Isotope im Urknall erzeugt worden sind, so wie es die Urknalltheorie vorhersagt. Zum einen sind die hohen Temperaturen und Dichten, die während der ersten Minuten des Urknalls geherrscht haben müssen, für die Synthese der leichteren Elemente besonders förderlich. Zweitens scheint es keine anderen annehmbaren astrophysikalischen Quellen für wenigstens ein leichtes Element, Helium, und ein Wasserstoffisotop, Deuterium, zu geben. Die Verschmelzung von Wasserstoffatomen zu Helium ist die Energiequelle, mittels der die Sterne während der längsten Zeit ihres Lebens strahlen. Wir wissen, daß nur ein kleiner Bruchteil des Wasserstoffs (weit weniger als 10 Prozent) im Verlauf der Entwicklung unserer Galaxis in

Helium umgewandelt worden ist, und das meiste auf diese Weise erzeugte Helium befindet sich noch im tiefen Innern von Sternen wie der Sonne. Darüber hinaus finden wir überall in der Milchstraße, wie auch in vielen anderen Galaxien, auf 10 Wasserstoffatome 1 Heliumatom. Diese gleichförmige Verteilung der leichten Elemente steht im auffälligen Gegensatz zur Verteilung der schwereren Elemente, die oft merkliche Variationen aufweist; die Häufigkeit schwerer Elemente nimmt beispielsweise mit wachsender Entfernung vom Milchstraßenzentrum ab. Schwere Elemente können im Innern von Supernovae erzeugt werden. Die Rate, mit der Supernovae auftreten, steigt mit der Leuchtkraft einer Galaxie, das heißt, mit der in Sternen konzentrierten Masse an. Mehr Supernovae eines bestimmten Typs werden in der Nähe der Spiralarme von Galaxien gefunden. Zu den inneren Bereichen der Galaxien hin nimmt die Menge der Sterne zu, und sowohl die Supernovae als auch die von ihnen erzeugten schweren Elemente nehmen in vergleichbarer Weise zu. Helium dagegen zeigt keine solche Konzentration: Seine Häufigkeit ist praktisch ortsunabhängig: Unterschiedliche Gebiete in Galaxien, ob sie metallreich oder metallarm sind, weisen ähnliche Heliumhäufigkeiten auf. Diese Beobachtung liefert einen indirekten Hinweis dafür, daß das Helium im Urknall gebildet wurde – oder zumindest, daß sein Ursprung vor dem Zeitpunkt der Entstehung der Galaxien liegt.

Deuterium (schwerer Wasserstoff) ist ein leicht zerstörbares Isotop, das die hohen Temperaturen, die im Innern der Sterne herrschen, nicht überleben kann. Sterne erzeugen ihre Energie durch thermonukleare Verschmelzung von Wasserstoff in Helium; Deuterium ist nur ein Zwischenschritt in dieser Reaktionskette. Sterne produzieren kein Deuterium, sie zerstören es nur. In unserer Galaxis beobachtete man Deuterium in interstellarer Materie, die noch nicht in Sternen kondensiert ist. Die meisten Astronomen glauben heute, daß Helium und vermutlich auch Deuterium in den ersten Minuten des Urknalls entstand. Zu dieser Zeit waren die Bedingungen so, daß Kernverschmelzungen unvermeidlich auftreten mußten. Im Fall des Deuteriums ist sein Ursprung im Urknall nicht so gesichert wie im Fall des Heliums, weil Deuterium relativ selten ist: Im interstellaren Medium kommt auf etwa 30 000 Wasserstoffatome 1 Deuteriumatom. Es ist beispielsweise möglich, sich andere nichtstellare Quellen für Deuterium in frühen Stadien der Galaxienentwicklung vorzustellen. Deuterium spielt jedoch eine kritische Rolle im Urknall, weil es wegen seiner Zerbrechlichkeit und geringen Häufigkeit in einer Art von der Kosmologie abhängt, die für das Helium nicht gegeben ist. In naher Zukunft sollte es möglich sein, die universelle ursprüngliche Deuteriumhäufigkeit auch für andere Galaxien zu bestätigen. Eine solche Bestätigung würde unser Vertrauen in die Richtigkeit der Urknalltheorie sehr stärken.

Wir werden die Häufigkeiten von Helium und Deuterium in Kapitel 7 diskutieren und die Theorie der Bildung schwerer Elemente in Kapitel 15 behandeln. Alle in den Kapiteln 3 und 4 diskutierten Beobachtungstatsachen werden wieder auftauchen, wenn wir ab Kapitel 6 die Entwicklung des Universums verfolgen. Zunächst wollen wir nur betonen, daß die Beobachtungen sehr auf eine Urknall-Kosmologie deuten – so sehr, daß Astronomen weitergehende Fragen, die durch zukünftige Forschungsarbeiten entschieden werden sollen, im Rahmen alternativer Urknallmodelle formulieren. Wie wir in diesem Kapitel gesehen haben, wurden die meisten Beobachtungshinweise erst in den letzten Jahrzehnten gewonnen, nachdem neue Technologien die Astronomen in die Lage versetzt hatten, Raum- und Wellenlängenbereiche zu erforschen, die den Astronomen der Vergangenheit verschlossen waren. Wir können uns glücklich schätzen, in einer Zeit zu leben, in der kosmologische Fragen auf eine Weise beantwortet werden, die selbst die großen Astronomen der Vergangenheit nicht vorausahnen konnten.

5

Kosmologische Modelle

Es gibt einen einzigen allgemeinen Raum, eine einzige riesige Unermeßlichkeit, die wir wohl die Leere nennen können: In ihr befinden sich unzählige Globen wie der, auf dem wir leben und wachsen; diesen Raum erklären wir als unendlich, weil weder Verstand, Neigung, Sinneswahrnehmung noch Natur ihm eine Grenze zuweisen.

GIORDANO BRUNO

Es ist ziemlich sicher, daß unser Raum endlich, doch unbegrenzt ist. Der unendliche Raum ist der menschlichen Vorstellungskraft ein Greuel.

BISCHOF BARNES

Die in den Kapiteln 3 und 4 beschriebenen Beobachtungshinweise deuten stark auf ein Urknallmodell hin, und die meisten heutigen Kosmologen sind Urknall-Kosmologen. Die Beweisführung, daß das Universum auf diese Weise entstand, war eine aufregende, revolutionäre Entwicklung, die zu weiteren Forschungen und Entdeckungen führte, als die Astronomen die Folgerungen aus diesem Modell auf die Probe stellten. Doch viele grundlegende Fragen zur Natur des Universums bleiben unbeantwortet, und unterschiedliche Urknallmodelle wurden vorgeschlagen, um die Eigenschaften des Universums zu beschreiben, über die wir noch im unklaren sind. In diesem Kapitel werden wir einige einfache Analogien beschreiben, die bei der Klärung dieser Fragen helfen können, und wir werden dann die Modelle betrachten, die als sinnvolle unterschiedliche Beschreibungen des wirklichen Universums übrig bleiben.

Die Krümmung des Raumes

Eine der grundlegenden Fragen der Kosmologie betrifft die Natur des Raumes. Zwei der Standard-Urknallmodelle nehmen an, daß der Raum gekrümmt ist. Was bedeutet das? Eine Art, sich einen gekrümmten Raum vorzustellen, ist, ein zweidimensionales Analogon zu benutzen. Betrachten wir die Karte irgendeines sagenhaften Landes, das wir Lilliput nennen wollen. Auf der Karte in Abb. 5.1 sind die Entfernungen zwischen verschiedenen Städten angegeben. Wie können wir herausfinden, ob sich Lilliput in einem ebenen oder einem gekrümmten Raum befindet? Man nehme einen Zirkel und wähle zwei Städte, A und B, als Referenzpunkte. Dann ziehe man einen Kreis mit dem Radius von vier Lilliput-Entfernungseinheiten um A, und einen mit fünf Einheiten um B. Ein Schnittpunkt der Kreise liegt bei Stadt C. Eine Wiederholung dieses Vorgangs mit den Radien 12 und 9 Einheiten ergibt Punkt D. Wenn der Raum von Lilliput flach ist, hat die Entfernung zwischen C und D einen eindeutigen Wert, der durch die elementare euklidische Geometrie festgelegt ist. Wenn die gemessene Entfernung vom euklidischen Wert abweicht, müssen wir die Karte verbiegen, um die richtigen Entfernungen zu erhalten. Wenn wir die Karte verbiegen müssen, kann Lilliput nicht flach sein.

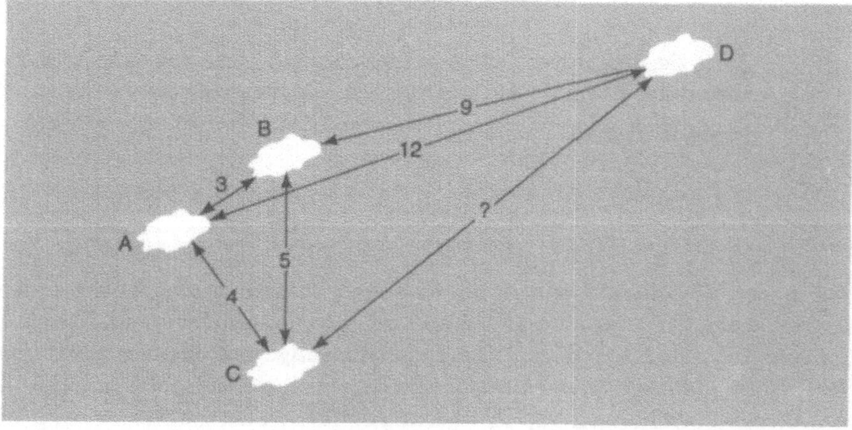

Abb. 5.1 Eine Karte von Lilliput
Stellen wir uns vor, ein Bewohner von Lilliput würde uns sagen, wie wir eine Karte seiner Heimat zeichnen sollen. Die Städte A und B, die 3 Einheiten voneinander entfernt sind, dienen als unsere Basispunkte. Die vier Entfernungen von A und B nach C und D ermöglichen es uns, diese Städte auf unserer Karte einzuzeichnen, und wir können die Entfernung zwischen C und D ermitteln. Stimmt sie mit der wirklichen Entfernung in Lilliput überein? Wenn dies nicht der Fall ist, müssen wir folgern, daß der Bewohner von Lilliput in einem gekrümmten Raum lebt.

Kartenzeichner begegnen solchen Schwierigkeiten, wenn sie versuchen, eine zweidimensionale Darstellung der Erdoberfläche zu konstruieren. Oft benutzen sie eine Mercator-Projektion, die die Formen und Größen geographischer Strukturen verändert, vor allem in der Nähe der Pole: Beispielsweise sind Generationen von Schulkindern mit der falschen Vorstellung aufge-

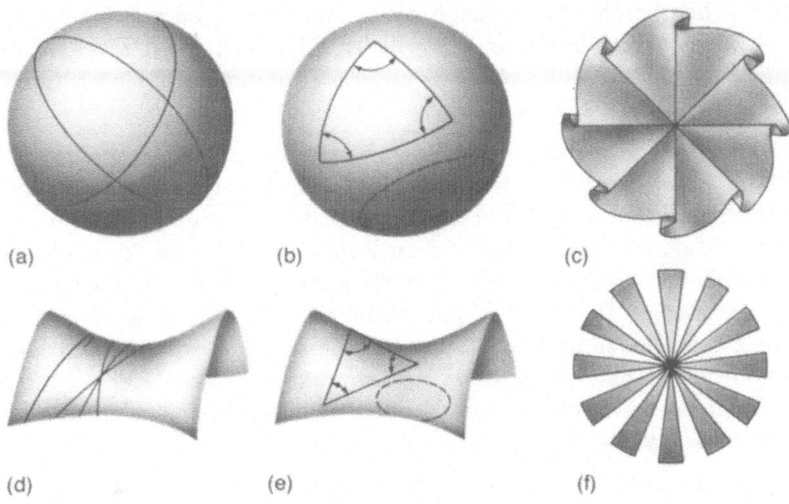

Abb 5.2 Der gekrümmte Raum
Eine zweidimensionale Analogie illustriert den Begriff des gekrümmten Raums. Die Kugeloberfläche (a) ist positiv gekrümmt. Auf einer solchen Oberfläche ist die kürzeste Verbindung zwischen zwei Punkten der Teil eines Großkreises, der schließlich alle anderen Großkreise schneidet. Infolgedessen können auf diese Weise keine parallelen Linien gezogen werden. Der Umfang eines Kreises auf der Kugel ist kleiner als 2π mal dem Radius, und die Summe der Winkel eines Dreiecks ist größer als 180 Grad (b). Wenn wir versuchen, eine flächentreue ebene Karte der Oberfläche zu zeichnen, müssen wir die Karte an den Rändern zusammenkrumpeln (c); Entfernungen wachsen dann zu den Rändern der Karte des gekrümmten Raums hin langsamer an als auf einer Karte des ebenen Raums. Eine sattelförmige Oberfläche (d) ist negativ gekrümmt. Eine Linie, die die kürzeste Verbindung zweier Punkte darstellt, ist gekrümmt. Wenn man einen nicht auf dieser Linie liegenden Punkt betrachtet, können durch diesen Punkt viele Linien gezogen werden, die die ursprüngliche Linie nicht schneiden. (Auf einer Ebene kann durch einen Punkt nur eine parallele Linie gezogen werden, die die ursprüngliche Linie nicht schneidet.) Der Umfang eines Kreises ist größer als 2π mal dem Radius, und die Summe der Winkel eines Dreiecks ist kleiner als 180 Grad (e). Wenn wir versuchen, eine ebene Karte herzustellen, müssen wir die Karte an ihren Rändern dehnen (f); Entfernungen nehmen dann nach den Rändern hin rascher zu als auf einer Karte des ebenen Raums.

wachsen, daß Grönland ein riesiges Land ist. Es gibt nicht nur grundlegende Unterschiede zwischen der Geometrie einer Kugeloberfläche und der einer Ebene, es gibt noch eine weitere Geometrie, die ebenfalls eine zweidimensionale Fläche beschreibt. Diese dritte Art beschreibt eine sattelförmige Fläche (Abb. 5.2). Stellen wir uns vor, wie Bewohner dieser verschiedenen Flächen die Aufgabe lösen, eine zweidimensionale Karte herzustellen, die diese Flächen beschreibt. Nehmen wir an, daß es auf jeder Fläche eine Zahl von zufällig verteilten Inseln gibt. Jeder Bewohner stellt eine Karte her und gibt sie einem Beobachter aus unserem dreidimensionalen Raum. Was bemerkt der Beobachter auf diesen Karten?

Die Karte des ebenen Raumes zeigt eine Zahl von zufällig verteilten Inseln, genau so, wie es der Beobachter erwartet hat. Auf der Karte des kugelförmigen Raums nimmt jedoch die Zahl der Inseln zum äußeren Rand hin ab. Dieselbe Eigenschaft des sphärischen Raums bewirkt das Auseinanderziehen der nördlichsten Länder bei der Projektion der Erdoberfläche auf eine zweidimensionale Karte. Um eine statistische Verteilung wiederherzustellen, müßte die Karte an den Rändern zusammenfaltet werden. Man sagt, die Kugeloberfläche hat eine positive Krümmung. Auf solch einer gekrümmten Oberfläche ist der Umfang eines Kreises ein wenig kleiner als das Produkt von 2π und dem Radius.

Die Karte des Sattelbewohners weist eine ganz entgegengesetzte Eigenschaft auf – die Inseln sind zum Rand der Karte hin immer enger zusammengestaucht. Diese Projektion bewirkt also eine scheinbare Verkürzung aller Entfernungen. Um die zufällige Verteilung der Inseln wieder herzustellen, müßte die Karte an den Rändern auseinandergezogen werden. Man sagt, die Satteloberfläche hat eine negative Krümmung, und der Umfang eines Kreises ist größer als das Produkt von 2π und dem Radius.

Wenden wir nun unsere Modelle des zweidimensionalen Raumes auf die beobachtete Verteilung der Galaxien im wirklichen dreidimensionalen Raum an. Wir müssen unsere zweidimensionalen Vorstellungen auf drei Dimensionen verallgemeinern. Das ist nicht so schwierig, wie es erscheinen mag, wenn man genügend Phantasie hat. Man denke beispielsweise an die prophetischen Worte eines mittelalterlichen Philosophen: „Die Mitte des Universums ist überall, und der Umfang nirgends“. Natürlich hatte er ein unendliches Universum im Sinn, und hier ist die kugelförmige Analogie unzulänglich.

Eine Kugeloberfläche ist eine endliche Oberfläche: Ein Reisender auf einer solchen Oberfläche wird schließlich an seinen Ausgangspunkt zurückkehren. Außerdem hat die Kugeloberfläche keine Grenze. Eine Satteloberfläche liefert keine gute Analogie für dem wirklichen Raum, weil eine Satteloberfläche einen Rand besitzt, und das kosmologische Prinzip jeden Rand in der Materieverteilung des Universums ausschließt. Man könnte sich vorstellen, daß sich die Sattelfläche bis ins Unendliche erstreckt und somit keinen Rand hat. Das legt die Vermutung nahe, daß der Raum unendlich groß sein könnte, falls die Sattelgeometrie auf das Universum angewandt werden kann.

Die Mathematiker sind tatsächlich in der Lage, diese Vorstellungen von zweidimensionalen Flächen auf den dreidimensionalen Raum auszudehnen. Drei unterschiedliche Arten des Raumes sind möglich: der *sphärische Raum*, der in zwei Dimensionen der Oberfläche einer Kugel entspricht; der *flache Raum*, der einer Ebene entspricht; und der *hyperbolische Raum*, der der Satteloberfläche entspricht. Der sphärische Raum ist endlich und wird als *geschlossener Raum* bezeichnet. Die anderen Räume sind jedoch wie ihre zweidimensionalen Gegenstücke unbegrenzt und *offen*.

Horizonte

Stellen wir uns einen Gummiballon mit einer großen Zahl von zufällig verteilten Metallkörnchen vor, die in den Gummi eingelagert sind; und stellen wir uns weiter vor, daß der Ballon langsam aufgeblasen wird. Wenn wir annehmen, daß das Universum auf die Oberfläche des Ballons beschränkt ist, haben wir jetzt das zweidimensionale Modell eines geschlossenen expandierenden Universums (Abb. 5.3). Die Metallkörner stellen die Galaxienhaufen dar. Die Körnchen bewegen sich langsam voneinander weg, behalten jedoch ihre eigene Form bei.

Nun stellen wir uns vor, die Erde sei ein Punkt auf der Oberfläche des Ballons. Ein Beobachter auf der Oberfläche kann nur einen Bruchteil der Ballonfläche überschauen. Ähnlich können wir auf der Erde nie imstande sein, wesentlich mehr vom Universum zu sehen, als wir im Augenblick se-

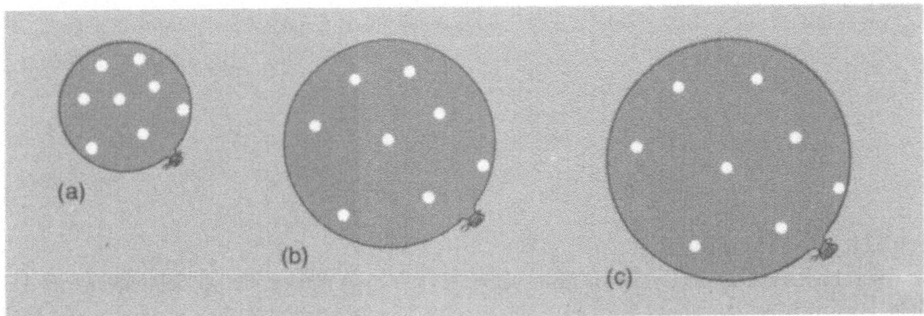

Abb. 5.3 Ein Luftballon-Universum
Wir stellen uns einen Luftballon vor, in den Metallkörnchen eingelagert sind. Wenn der Ballon aufgeblasen wird, ändern sich die Entfernungen zwischen des Körnchen, die Ausmaße der Körnchen ändern sich aber nicht. Dieses Modell liefert eine grobe Analogie für die beobachtete Galaxienflucht.

hen, egal wie sehr wir unsere Teleskope verbessern, weil wir durch den Beobachtungshorizont beschränkt sind (Abb. 5.4). Wir können dieses Konzept verstehen, wenn wir uns vorstellen, daß der Ballon sich radial mit einer konstanten Rate aufbläht. Im Augenblick wollen wir die zusätzliche Schwierigkeit vernachlässigen, daß das Universum in seiner Expansion durch die gegenseitige Anziehung der Galaxien abgebremst wird. Betrachten wir eine Galaxie, die sich in einer Entfernung von D Lichtjahren von uns befindet. Das Licht benötigt D Jahre, um zu uns zu gelangen. Erst nachdem das Universum für mehr als D Jahre expandiert ist, wird die Galaxie für uns sichtbar werden. Zu früheren Zeiten hätte das Licht nicht genügend Zeit gehabt, um uns zu erreichen. Deshalb wäre die Galaxie für alle Beobachtungen absolut unzugänglich gewesen. Wir sagen, daß eine Galaxie zum ersten Mal in unseren Horizont eintritt, nachdem das Universum über einen Zeitraum expandiert ist, der gleich der Zeit ist, die das Licht benötigt, um von dieser Galaxis zu uns zu gelangen.

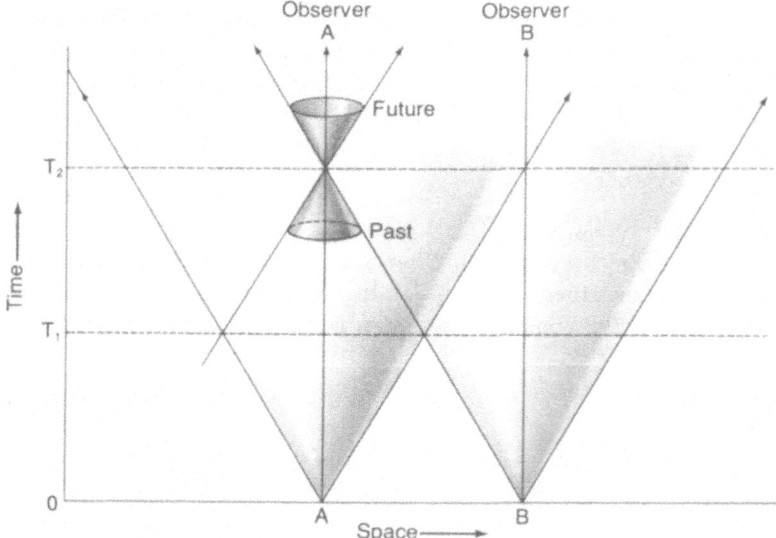

Abb. 5.4 Horizonte
In diesem Raum-Zeit-Diagramm ist die Zeit (Time) senkrecht aufgetragen, und die drei Raumdimensionen (Space) sind in der horizontalen Achse zusammengefaßt. Zu Anfang des Urknalls konnten zwei hypothetische Beobachter (Observer) A und B keine Nachrichten austauschen. Die grauen Bereiche stellen ihre jeweiligen Horizonte dar – die vom Licht zu jeder gegebenen Zeit durchlaufene Entfernung. Erst um die Zeit T_1 können A und B gemeinsame Bereiche des Universums beobachten, und erst nach der Zeit T_2 treten A und B in den Horizont des jeweils anderen Beobachters ein.

Das Licht der Galaxien, die gerade über den Horizont kommen, ist stark rotverschoben. Ihre Fluchtgeschwindigkeiten relativ zu uns liegen nahe an der Lichtgeschwindigkeit (andernfalls wären sie schon seit langem beobachtbar gewesen). Wir können von den weiter außen liegenden Gebieten keine Lichtsignale empfangen; dort befindliche Galaxien sind uns völlig unzugänglich, bis sie den Horizont passiert haben. Die Entfernung zum Beobachtungshorizont kann einfach als die Entfernung ausgedrückt werden, die ein Lichtsignal in der seit dem Urknall verflossenen Zeit durchlaufen kann. Diese Zeit bestimmt die Entfernung der am weitesten entfernten beobachtbaren Objekte im Universum. Die Entfernung des Horizonts vergrößert sich in direktem Maße mit dem Alter des Universums.

In einem realistischeren Modell des Universums werden die Galaxien durch die Wirkung der Gravitation abgebremst. Unser Horizont expandiert schneller als sich die Galaxien voneinander entfernen. Das bedeutet, daß sich im frühen Universum innerhalb des Horizonts eines hypothetischen Beobachters wenig Materie befand. Wenn wir die Entwicklung zum Urknall zurückverfolgen, wird der Horizont schließlich nur noch die Materie innerhalb einer Galaxie, eines Sterns, oder, in einem ungeheuer kleinen Augenblick nach dem Urknall, innerhalb einer kleinen Atomansammlung einschließen.

Unser Entwicklungsschema macht es erforderlich, uns auf Raumgebiete zu beschränken, die durch die Entfernung begrenzt sind, die das Licht durchlaufen kann. Keine Information kann über diese letzte Grenze hinaus dringen. Insbesondere muß die Anwendung physikalischer Gesetze sorgfältig geprüft werden, ehe wir diskutieren können, wie sich ein Universum entwickeln kann, dessen verschiedene Teile nicht kausal verknüpft sind. Solch eine Grenze in der *Raum-Zeit* könnte einer der begrenzenden Faktoren sein, der uns daran hindert, die Entwicklung des Universums bis zum Anfang der Zeit hin zu verfolgen.

Wir können aus der Hubble-Konstanten leicht die Größe des Teils des Universums abschätzen, den wir augenblicklich sehen. Diese Konstante gibt an, daß für jede Million Lichtjahre Entfernung eine Galaxie sich mit einer zusätzlichen Geschwindigkeit von 25 Kilometern pro Sekunde von uns wegbewegt. Die Lichtgeschwindigkeit (300 000 Kilometer pro Sekunde) würde bei einer Entfernung von 15 Milliarden Lichtjahren erreicht sein. Natürlich erreicht keine Galaxie wirklich die Lichtgeschwindigkeit; eine Galaxie nähert sich dieser relativ zu uns gemessenen Geschwindigkeit immer mehr, je größer ihre Entfernung wird. Diese Distanz stellt somit die Ausdehnung des beobachtbaren Universums dar. Ein Großteil des Universums kann jenseits unseres Horizonts liegen. Wenn das Universum sphärisch ist, gibt es ein endliches Raumvolumen, das uns in der fernen Zukunft zugänglich sein wird. Dies ist bei einem hyperbolischen Universum mit unendlichem

Raumvolumen nicht der Fall: Wir sind also auf solchen Skalen in der Tat infinitesimal klein und werden es für alle Zukunft bleiben.

Newtonsche Kosmologie

Um die Urknall-Kosmologie zu verstehen, benötigt man keine aufwendige Mathematik. Die einfache von Isaac Newton entwickelte Physik der Gravitation reicht für die meisten Zwecke aus, weil sie uns in die Lage versetzt, die Newtonschen kosmologischen Modelle zu beschreiben, die den Modellen ähnlich sind, die in der *relativistischen Kosmologie* abgeleitet werden. Die Newtonschen kosmologischen Modelle sind nicht perfekt; wenn sie es wären, würden wir keine komplizierteren Theorien benötigen. Obwohl sie eine vernünftige Beschreibung der Entwicklung des Universums liefern, können sie nicht sagen, wie das Licht entfernter Galaxien den Raum durchquert. Folglich sind sie für die Zwecke der beobachtenden Kosmologie ungeeignet. Sie sind jedoch als Führer zu den esoterischen Aspekten der relativistischen Kosmologie sehr nützlich, und wir werden sie deswegen genauer untersuchen.

Frühe Versuche, eine *Newtonsche Kosmologie* zu entwickeln, scheiterten an einer begrifflichen Schwierigkeit. Um zu verstehen, wie es dazu kam, müssen wir die Begriffe der *gravitativen potentiellen Energie* und der *kinetischen Energie* einführen. Die potentielle Energie ist gleich der kinetischen Bewegungsenergie, die ein Teilchen erlangen kann, wenn es durch ein Gravitationsfeld beschleunigt wird. Die Summe der kinetischen und potentiellen Energie bleibt im Laufe der Bewegung des Teilchens konstant. Ein Teilchen in Ruhe besitzt demnach nur potentielle Energie. In gebundenen Systemen endlicher Ausdehnung wird die potentielle Energie eines Teilchens berechnet, indem die Beiträge einer Reihe konzentrischer Kugelschalen aufsummiert werden. Jede Schale liefert einen bestimmten Betrag zur potentiellen Energie. Wenn man aber eine beliebig große Zahl solcher Schalen in einem unendlichen System betrachtet, findet man, daß die potentielle Energie keine obere Grenze hat. Das Konzept der potentiellen Energie ist daher in einem unendlichen Universum nicht sinnvoll. Eine noch ernsthaftere Schwierigkeit liegt darin, daß das Universum nicht sphärisch, endlich und statisch sein kann, ohne daß nichtgravitative Kräfte eingeführt werden. Die Relativitätstheorie liefert ein ähnliches Ergebnis, was Einstein dazu veranlaßte, in seiner frühesten kosmologischen Arbeit eine kosmische Abstoßungskraft zu postulieren, um die Anziehungskraft der Gravitation auszugleichen. Wie wir gesehen haben, ließ Einstein diese Abstoßungskraft fallen, nachdem er die Theorie des expandierenden Universums akzeptiert hatte.

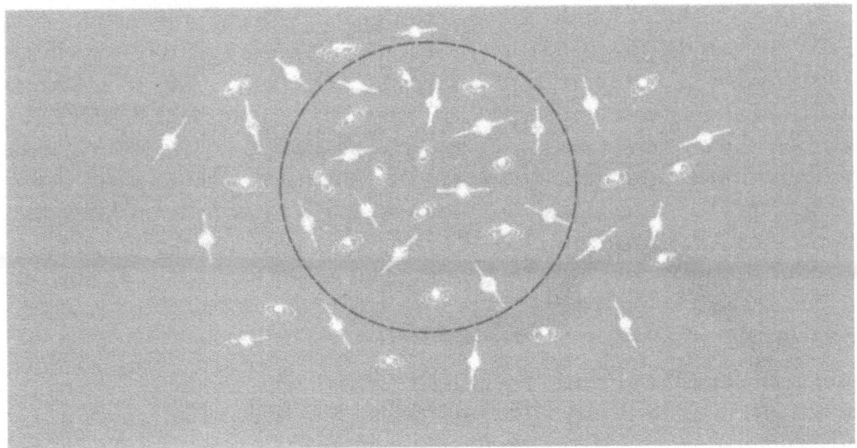

Abb. 5.5 Newtonsche Kosmologie
Man zeichnet im expandierenden Universum eine imaginäre Kugel von großer, doch beliebiger Ausdehnung ein. Ein wichtiges Theorem der allgemeinen Relativitätstheorie besagt, daß nur die Materie innerhalb dieser Kugel einen Beitrag zum lokalen Gravitationsfeld liefert.

Diese Schwierigkeiten der Newtonschen Theorie wurden erst lange nach der Entwicklung der Relativitätstheorie überwunden, als der amerikanische Mathematiker George Birkhoff ein allgemeines Theorem bewies, das für eine beliebige kugelförmige Materieverteilung Gültigkeit besitzt. Betrachten wir ein sphärisches Volumen von willkürlichem, doch endlichem Ausmaß, das irgendeinen Punkt umgibt (Abb. 5.5). Wir können annehmen, daß die potentielle Gravitationsenergie jedes Teichens innerhalb dieses Volumens nur von der Materie innerhalb des sphärischen Volumens abhängt, vorausgesetzt, daß die Größe dieses Gebiets klein gegenüber der des Horizonts ist. Wir können nun die Urknall-Kosmologie im Rahmen der einfachen Newtonschen Gravitation interpretieren. Die Expansion des Universums erlaubt, daß die gravitative Eigenanziehung überwunden wird, und erlaubt dadurch die Konstruktion eines selbstkonsistenten kosmologischen Modells.

Ein Rosinenkuchen-Modell des Universums

Wir werden jetzt ein einfaches Modell für das wirkliche dreidimensionale Universum beschreiben. Um unnötige Komplikationen zu vermeiden, werden wir Newtons Theorie der Gravitation benutzen; die Raumkrümmung soll uns nicht weiter stören. Wir betrachten zunächst die Analogie mit einem gewöhnlichen Rosinenkuchen. Die Rosinen sind zufällig im Kuchenteig verstreut, sie stellen einzelne Galaxienhaufen dar. Nun läßt man den Kuchenteig langsam backen. Der Teig schwillt stetig an, doch die Rosinen expandieren nicht. Wenn der Kuchen ständig eine gleichförmige Konsistenz behält, werden die Rosinen sich voneinander mit einer Relativgeschwindigkeit entfernen, die proportional zu ihrer Entfernung ist. Natürlich können wir Rosinen am Rand des Teigs nicht betrachten – man muß sich den Kuchen unendlich groß vorstellen. Es ist ziemlich einfach, dieses Modell zu einem quantitativen Modell zu machen. Wir können das Hubblesche Gesetz ableiten, und wir können, indem wir den Begriff der gravitativen Anziehung zwischen den Rosinen einführen, die Beziehung zwischen der Expansionsrate und der mittleren Materiedichte ableiten. Die durch die Rosinen im Kuchen ausgeübte gravitative Anziehung neigt dazu, seiner Expansion entgegenzuwirken.

Vom kosmologischen Prinzip ausgehend, können wir nun dieses Modell auf die Entwicklung des Universums anwenden. Wir wollen eine gleichförmige und expandierende Materieverteilung annehmen. Zu jeder beliebigen Zeit sollen Beobachter, die sich mit dieser Expansion mitbewegen, ein ähnliches Erscheinungsbild des Universums sehen, was bedeutet, daß die Dichte zu einer gegebenen Zeit an jedem Ort die gleiche sein muß. Auch gilt, daß die von allen Beobachtern gemessenen relativen Geschwindigkeiten entfernungs- und zeitabhängig sein müssen.

Um diese Vorstellung quantitativer zu gestalten, betrachten wir zuerst drei beliebige Punkte, die ein Dreieck bilden. Um bei einem expandierenden Universum die Isotropie beizubehalten, muß dieses Dreieck immer eine ähnliche Form behalten (Abb. 5.6). Diese Bedingung verlangt, daß die Relativgeschwindigkeit zwischen zwei beliebigen Punkten direkt proportional zu ihrer gegenseitigen Entfernung sein muß. Wenn die Relativgeschwindigkeit, sagen wir, vom Quadrat dieser Entfernung abhängen würde, würde sich ein beliebiges Dreieck bei wachsender Expansion immer mehr verzerren: Die längste Seite würde sich viel schneller vergrößern als die kürzeste. Mit anderen Worten, wir haben das Hubblesche Gesetz abgeleitet, daß die Relativgeschwindigkeit v zwischen zwei beliebigen Punkten gleich ihrem Abstand r, multipliziert mit einer universellen Konstanten H, ist. Tatsächlich ist diese Feststellung viel allgemeiner als das Hubblesche Gesetz, das nur für die nahen Bereiche des Universums gültig ist. Da die Laufzeit des Lichts aus nahen Bereichen verglichen mit dem Alter des Universums kurz ist, fassen wir H immer als den heute gültigen Wert auf. Das Hubblesche Gesetz besitzt jedoch eine wesentlich allgemeinere Gültigkeit, und wir können die Hubblesche Konstante für irgendeine beliebige Zeit ausrechnen. H ist nicht wirklich eine Konstante, *Hubblescher Parameter* wäre eine bessere Bezeichnung für H. Aus diesem Grund haben wir H_0 als Hubblesche Konstante eingeführt, dies ist der Wert des Hubbleschen Parameters für die heutige Zeit.

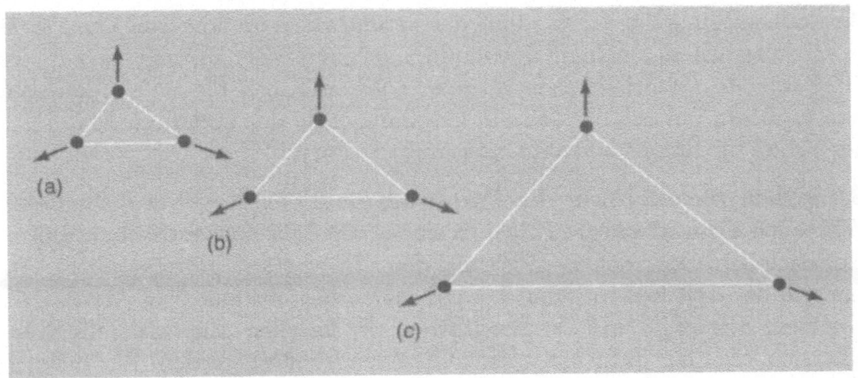

Abb. 5.6 Die Isotropie des expandierenden Universums
Drei beliebige Punkte definieren ein Dreieck. Bei einer Expansion des Universums verlangt das kosmologische Prinzip, daß das Dreieck mit wachsender Größe immer die gleiche Form behält. Daraus folgt unmittelbar, daß die Relativgeschwindigkeit zwischen zwei beliebigen Eckpunkten des Dreiecks proportional zu deren Entfernung sein muß; andernfalls würde sich die Form des Dreiecks ändern.

Aus der Beziehung zwischen Entfernung und Relativgeschwindigkeit folgt, daß der Abstand zwischen zwei beliebigen Galaxien nur von ihrem ursprünglichen Abstand zu einer gegebenen Referenzzeit und von der seither verflossenen Zeit abhängt. Wir können infolgedessen die Entfernung r zwischen zwei Punkten durch ihren anfänglichen Abstand r_{I} beschreiben, multipliziert mit einem Skalenfaktor R, der ausdrückt, um wieviel das Universum expandiert ist. Wenn r gleich r_{I} ist, hat es keine Expansion gegeben, und R muß gleich eins sein. Der Skalenfaktor R ist offenbar nur eine Funktion der Zeit, die verstrichen ist, seit r gleich r_{I} war. Die Bedeutung von H wird nun deutlicher, weil wir H als die relative Änderungsrate von R interpretieren können. H ist in der Tat gerade ein reziprokes Maß für das Alter des Universums – zu einer Zeit $1/H$ in der Vergangenheit würden zwei beliebige Galaxien miteinander in Kontakt gewesen sein. Wir folgern nun, daß H sehr groß war, als das Universum sehr jung war. Während das Universum älter wurde, nahm H ab, bis es seinen heute beobachteten Wert H_0 erreichte.

Nun betrachten wir ein beliebiges Gebiet im Raum, das durch eine mit dem Universum mitexpandierende Kugel begrenzt ist. Wir bezeichnen ein solches Gebiet als *mitbewegte* Kugel, bezüglich der die Materie nicht mehr zu expandieren scheint (weil das Volumen mit der Materie mitexpandiert, besitzt es ständig die gleiche Menge an Materie). Wir wollen alle denkbaren Prozesse der Materieerzeugung und -vernichtung außer Betracht lassen. Wir wollen auch annehmen, daß es keine großen Strahlungsmengen gibt, deren

Berücksichtigung die Verwendung der wesentlich aufwendigeren Theorie der relativistischen Kosmologie notwendig machen würde. Es folgt daraus, daß die Zahl der Materieteilchen in einer solchen Kugel für immer konstant sein muß, und ebenfalls, daß die Gesamtenergie der gesamten Materie in der Kugel für immer konstant sein muß.

Betrachten wir die Natur des Energieinhalts dieser Kugel etwas genauer. Wir teilen die mitbewegte Kugel in eine große Zahl konzentrischer, dünner Kugelschalen, von denen jede mit dem Universum mitexpandiert. Die Energie der Teilchen in jeder dieser Schalen besteht aus zwei Arten – der kinetischen Energie und der gravitativen potentiellen Energie. Jede dieser Energien kann nur auf Kosten der anderen vergrößert werden. Wir betrachten dazu das Beispiel eines in die Luft geworfenen Steins. Wenn er seine höchste Höhe über dem Boden erreicht hat, ist seine kinetische Bewegungsenergie gleich null (er ist ohne Bewegung), aber seine gravitative potentielle Energie ist in diesem Punkt maximal. Wenn er wieder den Boden berührt, hat er all seine potentielle Energie in kinetische Energie umgewandelt. Die Gesamtenergie, die gleich der Summe der kinetischen und potentiellen Energie ist, ist in jedem Augenblick konstant.

Aus dieser Analogie können wir schließen, daß sich die Summe der kinetischen Energie und der gravitativen potentiellen Energie einer Kugelschale im Laufe der Zeit, während das Universum expandiert, nicht ändert. Wir können die kinetische Energie ausdrücken als die Hälfte des Produkts der Masse m der Schale und dem Quadrat ihrer Expansionsgeschwindigkeit v, oder $mv^2/2$. Die gravitative potentielle Energie im Innern der Kugel ist die kinetische Energie, die ein Teilchen erhalten würde, wenn es zum Zentrum fallen würde. Weil die potentielle Energie am größten ist, wenn die kinetische Energie am kleinsten ist, betrachten wir die gravitative potentielle Energie als negative Energie. Die Gesamtmasse M, die in der Schale enthalten ist, trägt zu ihrer potentiellen Energie bei, die näherungsweise geschrieben werden kann als eine Konstante (die Newtonsche Gravitationskonstante G), multipliziert mit dem Produkt der Masse der Kugel und der Masse der Schale, dividiert durch den Radius der Schale r, also $-GMm/r$.

Die Analogie mit der Bewegung des Steins führt uns dazu, die Bewegung irgendeines Teilchens im Universum durch eine einfache Gleichung zu beschreiben, die die *Energieerhaltung* ausdrückt. Wir leiten nun ab, daß die kinetische Energie pro Einheitsmasse der Schale, die gleich einhalb mal dem Quadrat der Teilchengeschwindigkeit (gemessen relativ zu einem anderen Teilchen) ist, plus der (negativen) potentiellen Energie pro Einheitsmasse, die gleich einer Konstanten, dividiert durch die Entfernung zwischen den Teilchen ist, sich mit der Zeit nicht ändert. Diese Konstante ist also gleich der Masse, die sich in einer Kugel zwischen den beiden Teilchen befindet, multipliziert mit der Newtonschen Gravitationskonstanten.

Für eine mitbewegte Kugel, die mit dem Universum expandiert, wird sich die Masse ebenfalls mit der Zeit nicht ändern, da keine Teilchen erzeugt oder zerstört werden. Im Mittel wird jedes Teilchen, das die Kugel verläßt, durch ein hineinkommendes ersetzt. Wenn wir die gleichmäßige Dichte des Universums mit d bezeichnen, können wir, da die Zahl der Teilchen sich in einer mitbewegten Kugel niemals ändert, ableiten, daß das Produkt aus Dichte und Volumen konstant sein muß. Mit anderen Worten, d muß proportional zum Kehrwert des Volumens, oder zu R^{-3} sein. Wenn sich R dem Wert null nähert, muß die Dichte beliebig groß werden, und wir erreichen den Augenblick des Urknalls, den wir als den Ursprung der Zeit annehmen. Während die Zeit voranschreitet, nimmt die Dichte immer weiter ab, falls das Universum immer weiter expandiert.

Die Gleichung der Energieerhaltung kann vereinfacht werden, indem man die Hubble-Beziehung für die Expansionsgeschwindigkeit einsetzt. Die Gleichung wird dann zu einem einfachen Ausdruck für den Skalenfaktor R. Diese Gleichung ist die *Friedmann-Gleichung* (Abb. 5.7). Die relativistische Kosmologie, die die Einsteinsche Gravitationstheorie verwendet, liefert eine identische Beziehung. Nur die Interpretation der Konstanten, die die Gesamtenergie ausdrückt, unterscheidet sich in den beiden Gleichungen. Wir können diese Konstante, die wir k nennen wollen, als Ausdruck für die mittlere Menge der Gesamtenergie ansehen, die ein Gramm Materie im Universum besitzt. Der Wert von k kann null, positiv oder negativ sein. Um die Bedeutung von k zu erkennen, können wir als Beispiel eine Rakete betrachten, die mit einer bestimmten Menge kinetischer Energie gestartet wird; die Rakete kann genügend Energie besitzen, um sich von der Erde zu entfernen, oder sie kann zur Erde zurückfallen. Diese einfache Analogie beschreibt die unterschiedlichen Schicksale für die Materie im Universum: Die Galaxien können sich entweder für immer auseinanderbewegen, oder sie werden wieder zusammenstürzen. Unser einfaches Modell hat uns zu dem Punkt gebracht, wo unterschiedliche Urknallmodelle in unseren Überlegungen auftauchen.

Urknallmodelle

Wir können uns die frühen Stadien des Urknalls als eine gigantische Explosion vorstellen. Die kinetische Energie einer gegebenen Materiemenge war sehr groß, und da die Energie erhalten werden muß, war der Betrag der (negativen) potentiellen Energie ebenfalls groß. Zu einer solch frühen Zeit war die Gesamtenergie, oder k, die Differenz dieser beiden großen Beträge,

M = Masse innerhalb der Schale
r = Radius der Schale
d = Dichte innerhalb der Schale
v = Expansionsgeschwindigkeit
H = Hubble-Konstante
G = Newtonsche Gravitationskonstante
k = Krümmungskonstante (gleich +1, −1, oder 0)
c = Lichtgeschwindigkeit
R = Skalenfaktor = r/r_{Anfang}

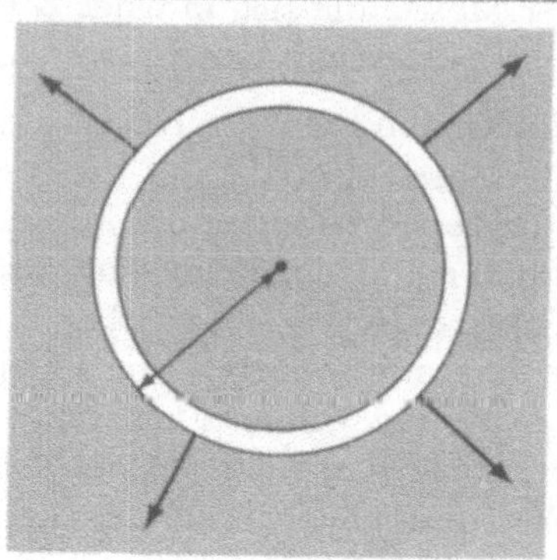

(a) Expansionsenergie der Schale + potentielle Gravitationsenergie der Schale = Konstante

$$\frac{1}{2}v^2 - G\frac{M}{r} = -\frac{1}{2}kc^2 r^2_{\text{Anfang}}$$

(b) Bei Anwendung des Hubbleschen Gesetzes $v = Hr$ läßt sich diese Gleichung umformen in

$$\frac{1}{2}v^2 - g\frac{4\pi}{3}Gd = -\frac{kc^2}{2R^2}$$

Zu früheren Zeiten war

$$\frac{1}{2}H^2 = \frac{4\pi}{3}Gd$$

Abb. 5.7 Die Friedmann-Gleichung
Die Friedmann-Gleichung ist die Grundgleichung der Urknallkosmologie. Sie liefert für eine beliebige kugelförmige Materieverteilung im Universum den Zusammenhang zwischen der kinetischen Energie der Expansion und der gravitativen potentiellen Energie. Die Summe dieser beiden Energiearten muß für alle Zeiten konstant sein.

relativ unbedeutend. Die Friedmann-Gleichung reduziert sich auf ein einfaches Gleichgewicht zwischen der kinetischen Energie der Einheitsmasse der Materie (die proportional zu einhalb mal dem Quadrat der Hubble-Konstanten H ist) und der gravitativen potentiellen Energie (die gleich dem Produkt der Dichte d mal der Newtonschen Konstanten mal $4\pi/3$ ist), oder $H^2/2 = (4\pi/3)Gd$. Der Radius des betrachteten, in einer Kugel eingeschlossenen Volumens geht in gleicher Weise in die Ausdrücke für die kinetische und für die potentielle Energie ein. Dies führt zu einem überraschenden Ergebnis: Die Friedmann-Gleichung hängt nicht von der Größe des betrachteten Gebiets ab. Sie ist skalenunabhängig und hängt nur von der Zeit ab.

In einer besonders einfachen mathematischen Lösung dieser Gleichung nimmt R mit der Potenz 2/3 der seit dem Urknall verstrichenen Zeit zu. Diese Lösung der Friedmann-Gleichung ist als ***Einstein-de Sitter-Universum*** bekannt, und ist die einfachste der Urknall-Kosmologien (Abb. 5.8). Der Raum ist in diesem Universum unendlich und hat die gleichen Eigenschaften wie der gewöhnliche euklidische Raum. Das Universum expandiert für alle Zeiten von einer Anfangszeit an, bei der R beliebig klein war. In diesem Augenblick, der als der Anfang der Zeit angesehen wird, war die Materiedichte unendlich groß.

Zu frühen Zeiten ist das Einstein-de Sitter-Universum eine ausgezeichnete Näherung für die offenen und geschlossenen Friedmann-Lemaître-Universen (vorausgesetzt, daß die ursprünglich von Einstein eingeführte kosmologische Konstante gleich null gesetzt wird). In späteren Zeiten wird jedoch die Wirkung von k merklich. Stellen wir uns eine späte Phase der Expansion vor, wenn die Dichte abgenommen hat und sehr klein geworden ist. Die Friedmann-Gleichung drückt nun ein Gleichgewicht zwischen einem Ausdruck der kinetischen Energie und der Energiekonstanten k aus.

Nehmen wir beispielsweise an, daß k negativ ist. Das entspricht einem Universum, das bei einem beliebig großen Radius immer noch eine positive kinetische Energie besitzt. Bei jedem noch so großen Wert des Skalenfaktors R wird das Universum mit einer bestimmten Rate expandieren, die durch H beschrieben wird. Das Universum expandiert ohne Grenze, wenn k negativ ist. Wir bezeichnen ein solches Universum als *offenes Universum*. Der Raum ist unendlich, er besitzt keine Grenze, wir sagen, er ist unbegrenzt. Die Lösung der Friedmann-Gleichung führt zu dem Ergebnis, daß sich in späten Epochen R proportional mit der Zeit ändern muß, die seit dem Urknall verflossen ist.

Wenn jedoch k positiv ist, und wir versuchen, R über alle Grenzen wachsen zu lassen, stellen wir fest, daß es keine reelle Lösung für R gibt (wir wissen, daß das Quadrat jeder reellen Lösung für H positiv sein muß, doch die Friedmann-Gleichung setzt nun eine positive Größe einer negativen Größe gleich). In diesem Fall muß das Universum aufhören zu expandieren! Wir finden jetzt, daß der Skalenfaktor R von null bis auf einen Maximalwert ansteigt und dann wieder auf null zurückgeht. Solch ein Universum ist räumlich endlich, jedoch unbegrenzt. Das bedeutet wiederum, daß es im Universum keine Grenze gibt. Die Geometrie eines solchen Universums ist der Geometrie auf der Oberfläche einer Kugel vergleichbar, und wir sa-

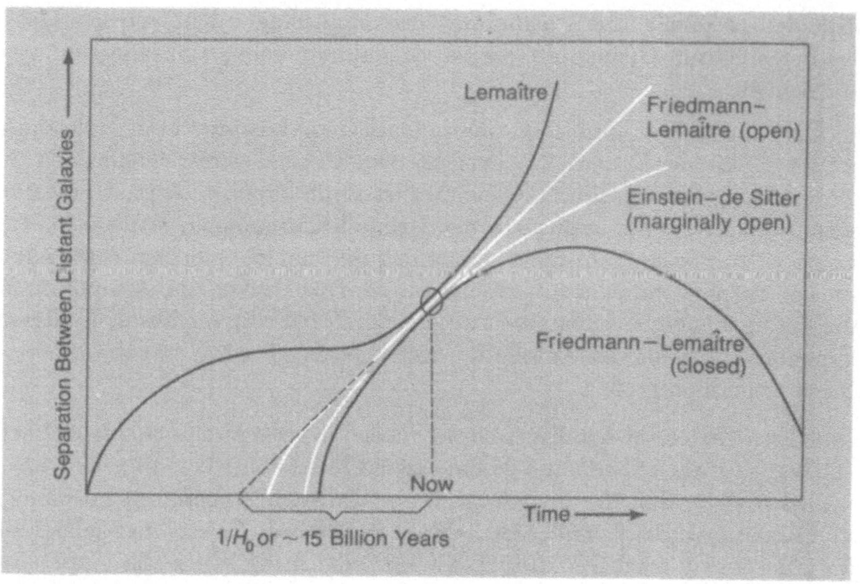

Abb. 5.8 Urknallmodelle
Die verschiedenen sinnvollen Urknallmodelle sind die offenen (open) und geschlossenen (closed) Friedmann-Lemaître-Modelle, das flache, marginal offene (marginal open) Einstein-de Sitter-Modell, und das Lemaître-Universum. Die Entfernung zwischen zwei beliebigen entfernten Galaxien in unterschiedlichen Gegenden des Universums ist in senkrechter Richtung aufgetragen; die Zeit ist in waagerechter Richtung aufgetragen. Der kleine Kreis stellt die heutige Epoche (Now) dar. Wenn das Universum in der Vergangenheit ständig mit der gleichen Rate expandiert ist wie heute, würde es jetzt 15 Milliarden Jahre alt sein, wie die Extrapolation zeigt (*gestrichelte Linie links unten*). Wenn die Expansion abgebremst verläuft, wie es sowohl für die offenen wie auch für die geschlossenen Modelle gezeigt wird, ist das Universum in Wirklichkeit weniger als 15 Milliarden Jahre alt. Das offene Modell ist nahezu 15 Milliarden Jahre alt. Das geschlossene Modell hat das kleinste Alter, weil die Abbremsung in diesem Modell am größten sein muß, damit sich die Expansion später umkehren kann. Das Lemaître-Universum ist viel älter als 15 Milliarden Jahre, weil es eine lange Ruheperiode gibt (*das flache Segment der Kurve*), während der die Expansion nahezu zum Stillstand kommt. Sowohl das offene Friedmann-Lemaître-Modell als auch das Lemaître-Universum expandieren für alle Ewigkeit weiter.

gen, daß solch ein Universum *geschlossen* ist. Eine der großen andauernden Diskussionen der Kosmologie dreht sich um die Frage, ob das wirkliche Universum offen oder geschlossen ist. Wir werden in Kapitel 17 sehen, wo der Streit im Augenblick angelangt ist.

Die Diskussion beschränkte sich bisher auf die Newtonsche Theorie der Gravitation. Einsteins Relativitätstheorie führt zu der identischen Friedmann-Gleichung. Wie die Newtonsche Theorie gelangt die Relativitätstheorie zu diesem Ergebnis, indem sie fordert, daß das Universum homogen und isotrop ist. Geschichtlich gesehen ging die relativistische kosmologische Theorie der Newtonschen voraus – die Newtonsche Theorie wurde entwickelt, um eine einfache Interpretation der relativistischen Resultate zu liefern. Der bedeutendste Unterschied zwischen diesen beiden Wegen zur Kosmologie ist die Bedeutung der Größe k. In der Relativitätstheorie wird gezeigt, daß sich diese Größe aus der Raumkrümmung ergibt. Nach dieser Theorie ist die Schwerkraft gleichbedeutend mit einer Krümmung der vierdimensionalen Raum-Zeit: Was wir als gewöhnlichen dreidimensionalen Raum betrachten, kann in Wirklichkeit gekrümmt oder nicht-euklidisch sein. Im starken Gravitationsfeld nahe einem Schwarzen Loch ist der Raum stark gekrümmt. Selbst bei den relativ schwachen Gravitationsfeldern, denen wir normalerweise in der Kosmologie begegnen, müssen parallele Linien nicht mehr notwendigerweise parallel sein, und die Summe der drei Winkel in einem Dreieck muß nicht mehr exakt 180 Grad betragen. Viele andere Folgerungen aus der euklidischen Geometrie können auf die gleiche Weise verletzt sein. Wenn sich parallele Linien schließlich treffen, wie es auf der Oberfläche einer Kugel der Fall ist, hat der Raum eine positive Krümmung. In der Kosmologie ist ein solcher Raum geschlossen und endlich. Wenn parallele Linien schließlich auseinanderlaufen, hat der Raum eine negative Krümmung. In der Kosmologie sind negativ gekrümmte Räume offen und unendlich.

Die Friedmann-Gleichung hat in der relativistischen Kosmologie eine weit tiefere Bedeutung. Wir brauchen uns nicht mehr länger vorzustellen, daß die Energie der Materie die Eigenschaften der Expansion bestimmt. Wir nennen k die Raumkrümmung und geben k drei mögliche Werte: $+1$, 0, oder -1. Mit $k = +1$ ist der Raum sphärisch und geschlossen, mit $k = -1$ ist der Raum hyperbolisch und offen. Der Fall $k = 0$ entspricht ebenfalls einem offenen oder unendlichen Universum, seine Geometrie ist jedoch euklidisch. Tabelle 5.1 faßt die Eigenschaften dieser unterschiedlichen Weltmodelle zusammen.

Wenn das Universum statisch wäre, würde die Größe H in der Friedmann-Gleichung nicht auftreten. Wir wissen jedoch, daß der Krümmungsterm in frühen Zeiten nicht wichtig gewesen sein kann. Eine Untersuchung der Friedmann-Gleichung läßt daher vermuten, daß das einzige statische Universum, das das kosmologische Prinzip erfüllt, ein leeres Universum ist. Als im Jahre 1916 die allgemeine Relativitätstheorie entwickelt wurde, war ein expandierendes Universum eine revolutionäre, von Einstein selbst nicht akzeptierte Vorstellung. Einstein lieferte eine geniale Lösung dieses schein-

Tabelle 5.1. Unterschiedliche kosmologische Modelle

Urknallmodelle	*k*	*Raum*	*Ausdehnung*	*Schicksal*
Einstein-de Sitter	$k = 0$	eben	offen und unendlich	expandiert für alle Zeiten
Friedmann-Lemaître	$k = -1$	hyperbolisch	offen und unendlich	expandiert für alle Zeiten
Friedmann-Lemaître	$k = +1$	sphärisch	geschlossen und endlich	expandiert und kollabiert wieder
Lemaître	$k = +1$	sphärisch	geschlossen und endlich	expandiert für alle Zeiten; quasistationäre Phase
Modelle ohne Urknall				
Eddington-Lemaître	$k = +1$	sphärisch	geschlossen und endlich	anfangs statisch, expandiert dann für alle Zeiten
Steady-State	$k = 0$	eben	offen und unendlich	stationär (aber nicht statisch)

baren kosmologischen Paradoxons, indem er, wie schon erwähnt, die von Zeit und Ort unabhängige kosmologische Konstante in die Gravitationsgleichungen einführte. Nach Einstein besteht die Gravitationskraft, die auf einen Punkt nahe der Grenze einer großen materieerfüllten Kugel wirkt, aus der gewöhnlichen Newtonschen Anziehungskraft, zu der sich eine zusätzliche Abstoßungskraft gesellt. Wir können die Anziehungskraft als proportional zur Masse, dividiert durch das Quadrat des Radius der Kugel, ansetzen. Wenn die Dichte überall gleich ist, können wir diese Kraft ebenso gut durch das Produkt aus Dichte und Radius der Kugel ausdrücken. Die zusätzliche abstoßende Kraft kann als das Produkt aus der kosmologischen Konstanten und dem Radius der Kugel ausgedrückt werden (wenn wir ganz genau sein würden, würden wir noch einen Faktor ein Drittel hinzufügen, um eine Übereinstimmung mit Einsteins Definition der kosmologischen Konstanten zu erhalten). Das heißt, die kosmische Abstoßung und die Schwerkraft in einem Raumgebiet sind beide entfernungsabhängig. In einem statischen Einstein-Universum gleichen sich diese beiden Kräfte genau aus, und ein sehr empfindlicher Gleichgewichtszustand stellt sich ein.

Dieser Gleichgewichtszustand ist empfindlich, weil die kleinste Störung oder Abweichung das Gleichgewicht zugunsten der einen oder anderen Kraft verschieben könnte, und das Universum dann entweder expandieren oder zusammenstürzen würde. Jede winzige Abweichung von einer anfänglichen Gleichförmigkeit wie diejenige, die sich beispielsweise aus der statistischen Bewegung der Atome ergibt, würde immer größer werden. Die Gravitationskraft hängt von der Dichte ab, nicht aber die Abstoßungskraft; deshalb führen selbst infinitesimale Dichteerhöhungen zu einem Überwiegen der Schwerkraft über die Abstoßung. In der unbegrenzten Zeit, die in einem statischen Universum zur Verfügung steht, ist dieser Überschuß ausreichend, um zu einem schließlichen Kollaps großer materieerfüllter Gebiete zu führen – zur Bildung von Galaxien. Einige Jahre lang dachte man, daß die Galaxienbildung Ursache dafür sein könnte, daß das Universum in seiner Gesamtheit expandiert, weil die gravitative Gesamtanziehung etwas geringer ist, wenn Materie sich in kleinen Bereichen zusammenballt, als wenn sie gleichförmig im Raum verteilt ist. Diese Hoffnung, von der wir heute wissen, daß sie eine falsche Auffassung war, führte zu einem kosmologischen Modell, das der britische Astronom Arthur Eddington besonders aktiv propagierte. Das Eddington-Lemaître-Universum beginnt als statisches Universum, und seine Expansion setzt erst ein, wenn sich Galaxien bilden. Solch ein Modell ist reizvoll, weil es das Problem eines Anfangs der Zeit umgeht und trotzdem die beobachtete Expansion der Galaxien erklären kann.

In neuerer Zeit ist vorgeschlagen worden, daß bei der Kondensation der Galaxien ein Eddington-Lemaître-Universum in Wirklichkeit zusammenstürzen statt expandieren würde, weil eine große Menge Strahlung durch neu entstehende Galaxien erzeugt werden muß. Eine naive Erwartung wäre, daß diese Strahlung durch ihren Druck die Expansion unterstützt. Es stellt sich jedoch heraus, daß das Gegenteil eintreten würde: Der zusätzliche Druck hat wahrhaft schreckliche Folgen für diese Kosmologie, weil er einem Kollaps Vorschub leistet. Diese Folgen können nur im Rahmen der relativistischen Kosmologie genau verstanden werden. Grob gesagt, kann Druck mit einer bestimmten Energiedichte gleichgesetzt werden, die einer bestimmten Materiemenge entspricht, und so die Wirkung der Gravitation verstärkt. Die durch den Druck hervorgerufene zusätzliche Schwerkraft beschleunigt den Kollaps. Ein ähnlicher Effekt findet sich bei der Untersuchung massereicher kollabierender Sterne: Der Druck der zusammenstürzenden Materie hilft, die Gravitationsanziehung zu verstärken und die Bildung eines Schwarzen Loches zu beschleunigen.

Trotz dieser theoretischen Schwierigkeiten mit dem Eddington-Lemaître-Universum gibt es ernstzunehmende kosmologische Modelle, die die kosmologische Konstante enthalten. In einer Kosmologie, die als das *Lemaîtresche Universum* bekannt ist, beginnt die Expansion mit einem gewöhnlichen Urknall. Zu einer späteren Zeit übt die Kraft der kosmischen Abstoßung ihren Einfluß aus. Wie der Krümmungsterm ist die kosmische Abstoßung erst wichtig, wenn die Materiedichte im Universum beträchtlich abgenommen hat. Die Abstoßung bewirkt, daß das Universum eine gemächliche, fast stationäre Phase durchläuft. Schließlich macht sich der Krümmungsterm bemerkbar, und die Expansion beginnt, sich zu beschleunigen. Weil die Expansion zu keiner Zeit völlig aufhört, ist dieses Universum nicht dem gleichen Schicksal unterworfen wie das Eddington-Lemaître-Universum; die Galaxien bewegen sich wie im offenen Friedmann-Lemaître-Modell schließlich auseinander. Lemaîtres Universum hat für die Kosmologen oft eine gewisse Attraktivität besessen, weil die quasistationaritäre Phase eine günstige Zeit für die Kondensation von Galaxien darstellt. Eine andere bemerkenswerte Eigenschaft des Lemaître-Universums ist, daß in ihm genügend Zeit vorhanden ist, damit Licht um das Universum herumlaufen kann (denn dieses Modell ist räumlich geschlossen). Diese Eigenschaft könnte zu seltsamen, unanschaulichen Ergebnissen führen. Im Prinzip wäre es möglich, daß man mit einem genügend großen Fernrohr seinen Hinterkopf anschaut, ohne einen Spiegel zu benutzen! Man sollte auch die Bildung von Geisterbildern erwarten, beispielsweise würde man eine Überhäufigkeit von fernen Galaxien und Quasaren bei der Rotverschiebung, die der quasistationären Phase entspricht, erwarten. Das offenkundige Fehlen solcher Phänomene hat die meisten Kosmologen davon abgehalten, das Lemaître-Universum genauer zu untersuchen.

Obwohl solche exotischen Universen interessant und reizvoll sind, sollten wir der einfachsten anwendbaren Kosmologie den Vorzug geben. Praktisch alle bekannten astronomischen Phänomene können im Rahmen einer Urknall-Kosmologie verstanden werden – wenn nicht ganz, dann doch in höherem Maße als in irgendeinem anderen Rahmen, der bislang vorgeschlagen wurde. Wir werden deshalb die Urknallmodelle als diejenigen ansehen, die eine zufriedenstellende Beschreibung des Universums liefern. Die Standard-Urknall-Kosmologie, die wir in den folgenden Kapiteln weiter untersuchen wollen, soll die folgenden drei Möglichkeiten einschließen: ein geschlossenes Friedmann-Lemaître-Universum mit einem sphärisch gekrümmten Raum, das schließlich wieder kollabieren wird; ein offenes Friedmann-Lemaître-Universum mit hyperbolisch gekrümmtem Raum, das für alle Zeiten expandieren wird; und das Einstein-de Sitter-Universum mit flachem Raum, das auch dazu bestimmt ist, für alle Zeiten zu expandieren. Wie wir gesehen haben, sind die Unterschiede zwischen diesen drei Modellen erst in späten Zeiten, wenn sich die Galaxien schon gebildet haben, bedeutsam; für das frühe Universum sind diese Modelle nicht unterscheidbar. Dies erleichtert unsere Untersuchung der Entwicklung des frühen Universums, der wir uns jetzt zuwenden, sehr.

6

Die erste Millisekunde

Ein Sünder befindet sich in folgender Lage: Die Kirche verheißt ihm die Hölle für die Zukunft, die Kosmologie aber liefert ihm den Beweis, daß die glühende Hölle in der Vergangenheit liegt.

Ya. B. Zel'dovich

Wie sah das Universum im ersten Augenblick aus? Wenn wir die Entwicklung des Universums durch die Zeiten zurückverfolgen, wird das Universum fortschreitend dichter und heißer. Das Raumgebiet, das ein hypothetischer Beobachter einsehen kann (das *beobachtbare Universum*), wird kleiner und kleiner. Das beobachtbare Universum wird begrenzt durch die Entfernung, die das Licht während der seit dem Urknall verflossenen Zeit durchlaufen konnte; das wirkliche Universum ist viel größer.

Wie in Kapitel 3 erwähnt, bewegen sich die am weitesten entfernten Galaxien, die wir beobachten können, mit mehr als einem Drittel der Lichtgeschwindigkeit von uns fort, und sie befinden sich in einer Entfernung von mehr als 5 Milliarden Lichtjahren. Es gibt augenblicklich etwa 10 Milliarden Galaxien im beobachtbaren Universum. Je weiter man in der Zeit zurückgeht, umso größer ist die scheinbare Rotverschiebung des Lichts, und auf uns bezogen nähert sich die Geschwindigkeit der strahlenden Quelle derjenigen des Lichts. Tatsächlich bildeten sich Galaxien erst, nachdem wenigstens eine Million Jahre seit dem Urknall verstrichen waren. Trotzdem können wir unser theoretisches Modell immer näher zum Anfang der Zeit hin zurückrechnen. Wenn wir die Geschichte des Universums bis zu einem Alter von nur 10 Jahren zurückverfolgen, wäre die Expansion erst zu dem Zustand fortgeschritten, in dem die Materie einer einzigen Galaxie das ganze beobachtbare Universum ausfüllte; das zu dieser Zeit beobachtbare Universum umfaßte also nicht mehr Atome als die einer einzigen Galaxie, und alle diese Atome waren auf ein Gebiet der Größe von etwa 10 Lichtjahren konzentriert. Wenn man weiter in die Vergangenheit geht, bis hin zu wenigen

Sekunden nach dem Urknall, enthielte das beobachtbare Universum nur soviel Masse, wie sich in unserer Sonne befindet. Natürlich war alle Materie, die wir jetzt im Universum sehen, schon vorhanden – sie wäre nur von keinem einzelnen Beobachter aus zu sehen gewesen. Wir können uns jedoch ein ausgedehntes Netzwerk von hypothetischen Beobachtern vorstellen, die die Entwicklungsgeschichte verschiedener Gebiete in der Zeit zurückverfolgen (Abb. 6.1). Diese hypothetischen Beobachter können immer näher an den Urknall heranreichen, bis zu dem Punkt, wo innerhalb des beobachtbaren Universums nur noch die Masse, die einem einzigen Atomkerns entspricht, enthalten wäre. Das Alter des Universums beträgt in diesem Stadium nur einen winzigen Bruchteil einer Sekunde (etwa 10^{-23} s); die Ausdehnung des beobachtbaren Universums ist von der Größe eines Atomkerns und beträgt etwa ein tausendmilliardstel Millimeter.

Die Dichte des Universums

Der allererste Augenblick, über den wir mit Hilfe der Physik spekulieren können, liegt noch etwas näher am Urknall. Man stelle sich einen so frühen Augenblick und eine so hohe Dichte vor, daß die gravitative Spannung imstande war, das Vakuum zu zerreißen. Zu einer späteren Epoche wurden

Abb. 6.1 Der Urknall: ein Raum-Zeit-Diagramm
In einem Raum-Zeit-Diagramm wird der Raum (Space) auf der waagerechten Achse zusammengefaßt und die Zeit (Time) ist in senkrechter Richtung aufgetragen. Ein Raum-Zeit-Diagramm (a) zeigt die Weltlinien (oder Trajektorien) der Studenten A, B und C. A und B besuchen von 9 bis 10 Uhr früh die gleiche Vorlesung, und B und C wohnen zusammen, besuchen jedoch unterschiedliche Vorlesungen. Die Weltlinien von A und B laufen nach ihrer Vorlesung auseinander, die von B und C laufen jedoch zusammen. Ein anderes Raum-Zeit-Diagramm (b) zeigt die Weltlinie eines hypothetischen Beobachters (Zeitachse, rechts, in Jahren) im Standardmodell. In diesem Diagramm stellt eine horizontale Linie das gesamte Universum zu einer bestimmten Zeit dar. Die dunkelgrauen Regionen stellen den Teil des Universums dar, der zu einer bestimmten Zeit innerhalb des Horizonts eines hypothetischen Beobachters liegt. Nach der Singularität (Big Bang Singularity) werden mit fortschreitender Zeit immer größere Bereiche des Universums der Beobachtung zugänglich. Heute erreicht uns Licht von Quasaren (Quasars) und Galaxienhaufen (Clusters), die Milliarden Lichtjahre entfernt sind. In der Zukunft werden noch weiter entfernte Objekte sichtbar werden. Verschiedene Epochen der Entwicklung des Universums sind ebenfalls markiert: die Epoche der Nukleosynthese (Nucleosynthesis), der Entkopplung (Decoupling), und der Galaxienbildung (Galaxy Formation). In der gegenwärtigen Zeit sind Atome und Atomkerne (oder Kernteilchen) die vorherrschende Materieform, in früheren Zeiten herrschten *Hadronen*, *Leptonen* und *Photonen* vor.

11 A.M.
10 A.M.
9 A.M.
8 A.M.
Time
A
B
C
Space

(a)

Time
Future
Time
Distance (light-years)
Solar System
Cluster
1.5 × 10^10 yr (Now)
10^10 10^8 10^6 10^4
Galaxy
Supercluster
Planets
Stars
Galaxies
Past
Quasars
10^9 yr
Galaxy Formation
Atoms
Decoupling
10^6 yr
Nucleons
10^5 yr
Photons
10^3 sec
Nucleosynthesis
1 sec
Leptons
10^-6 sec
Hadrons
Space
0
Big Bang Singularity

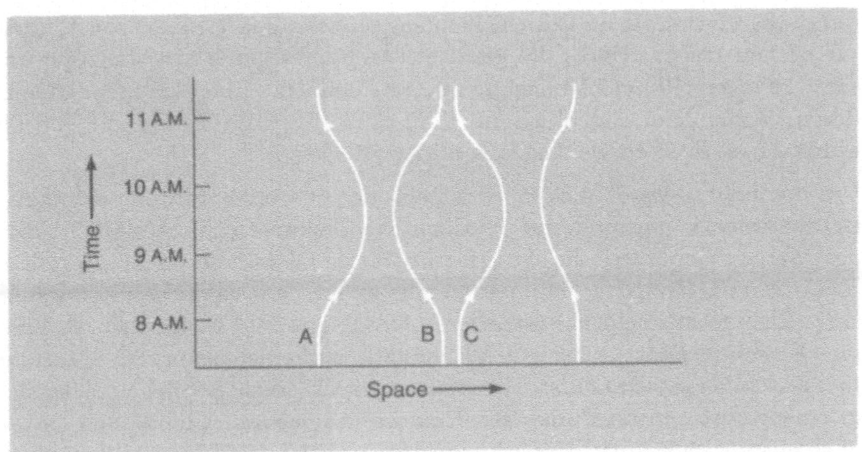

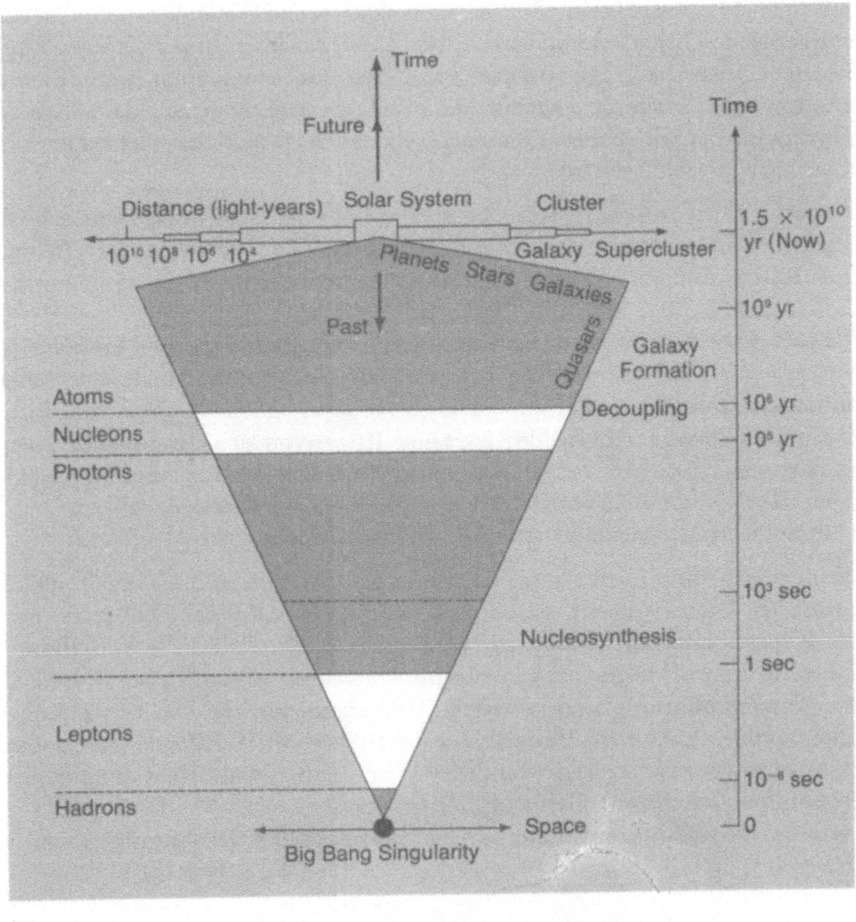

(b)

durch die Kernkraft und die elektromagnetische Kraft Paare von Elementarteilchen erzeugt. Falls die gravitativen Kräfte genügend stark gewesen sind, konnten sie auch Teilchenpaare aus dem Vakuum erzeugen. Mit anderen Worten, im Augenblick der Singularität ist die Raum-Zeit von den gravitativen Kräften gleichsam zerrissen worden.

Um den ersten Augenblick zu ermitteln, der unserer Forschung zugänglich ist, müssen wir die moderne physikalische Theorie der innersten Struktur der Materie benutzen, die *Quantenmechanik.* Gemäß der *Heisenbergschen Unbestimmtheitsrelation* können wir nie exakt den Aufenthaltsort irgendeines Elementarteilchens bestimmen. Atomkerne und Elektronen verlieren ihre Einzelidentität und zeigen Wellennatur auf einer Skala, die als *Compton-Wellenlänge* bekannt ist. Wir können jetzt Elementarteilchen nicht mehr in einem bestimmten Punkt des Raumes lokalisieren; wir können sie nur noch einem bestimmten Bereich zuordnen, und die einzelnen Teilchen werden ununterscheidbar. Die Größe dieses Gebiets ist gleich der Wellenlänge des Teilchens: Je größer die Masse, umso kleiner die Wellenlänge. Selbst makroskopische Objekte haben nach dem Unschärfeprinzip ihre Wellenlänge: Sie, lieber Leser, können spontan durch den Fußboden fallen, wenn Sie nur eine genügend lange Zeit warten, eine Zeit, die viel länger als das Alter des Universums ist. Bei einem Elementarteilchen zeigt sich diese Unschärfe auf einer sehr kurzen Zeitskala.

Betrachten wir nun eine Zeit, die so früh ist, daß sich das gesamte beobachtbare Universum innerhalb seiner eigenen Comptonwellenlänge befand. Dies ist die äußerste Grenze unserer Gravitationstheorie, bei ihr gewinnt die Unschärfe über alles die Oberhand. In diesem Augenblick, der als die *Planckzeit* bezeichnet wird und der 10^{-43} Sekunden nach der Singularität eintrat, war alle Materie, die wir jetzt im Universum sehen, also einige Millionen Galaxien, innerhalb einer Kugel mit einem Radius von einem Zehntel Millimeter eingeschlossen, einer Kugel von der Größe eines Stecknadelkopfes. In diesem Augenblick hatte die Größe des für einen hypothetischen Beobachter sichtbaren Universums einen Durchmesser von nur 10^{-32} Millimetern und war damit weitaus kleiner als selbst ein Atomkern.

Wenn alle Atome in den jetzt existierenden Sternen und Galaxien gleichförmig im Raum verteilt wären, gäbe es pro Kubikmeter Weltraum etwa ein Wasserstoffatom. Außerdem gäbe es etwa ein Zehntel soviel Helium. Alle schwereren Atome machen zusammen weniger als ein Prozent der Zahl der Wasserstoffatome aus. Im frühen Universum war die Dichte viel höher. Eine Sekunde nach dem Urknall war die Dichte auf 10 Kilogramm pro Kubikzentimeter gesunken (gewöhnliche Steine haben eine Dichte von einigen Gramm pro Kubikzentimeter). Zur Planckzeit erreichte die Dichte 10^{90} Kilogramm pro Kubikzentimeter. Diese physikalischen Bedingungen sind so extrem, daß es völlig angemessen erscheint, die Planckzeit als den Augenblick der Erschaffung des Universums anzusehen.

Die Temperatur des Urknalls

Wir können ziemlich sicher sein, daß der Urknall extrem heiß war. Die kosmische Schwarzkörperstrahlung ist das Zeugnis dieses feurigen Anbeginns. Um aber genau zu verstehen, wie heiß die außerordentliche Welt des frühen Universums war, müssen wir die Bedeutung der Temperatur und ihres Gegenstücks, der Energie, erforschen und in der Tat die Beschaffenheit der Materie selbst zu diesen frühen Zeiten verstehen.

Eine entscheidende Rolle spielen die Elementarteilchen, die wir aus der Kernphysik kennen. Diese Teilchen werden in ihrer Gesamtheit als Hadronen bezeichnet (Abb. 6.2). Es gibt viele Arten von Hadronen, einschließlich der Mesonen, Protonen, Neutronen, und schwererer, aber kurzlebiger Teilchen. Wir messen nicht die Masse der Teilchen, die sehr großen Änderungen unterworfen sein kann, sondern wir messen ihre gesamte *Ruhmassenenergie.* Die Ruhmassenenergie kann nur dann vollständig freigesetzt werden, wenn ein Teilchen über die Paarvernichtung völlig zerstrahlt wird.

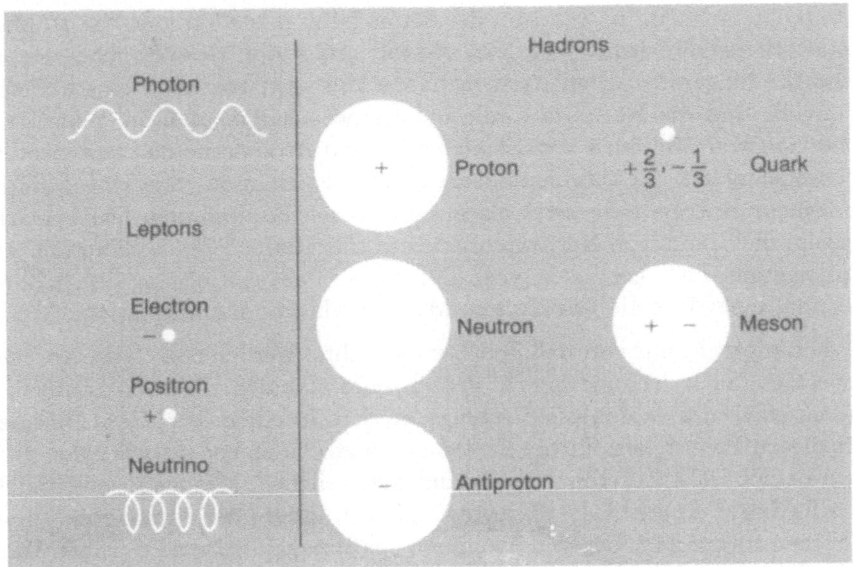

Abb. 6.2 Einige Elementarteilchen
Hadronen sind schwere Elementarteilchen, die der starken Wechselwirkung unterliegen, und Leptonen sind andere Elementarteilchen, die über die schwache Kernkraft wechselwirken.

Paarvernichtung ist ein gewöhnliches Schicksal für ein Teilchen und sein *Antiteilchen* (ein Teilchen mit entgegengesetzter elektrischer Ladung, aber ansonsten identischer Natur). Die Paarvernichtung eines einzigen Protons und Antiprotons liefert eine Energie von einer Milliarde Elektronvolt, das ist kaum genug Leistung, um eine Taschenlampe für eine Milliardstel Sekunde leuchten zu lassen. Bei der Umrechnung ist zu beachten, daß 6.2×10^{18} (6.2 Trillionen) Elektronvolt gleich 1 Joule sind, und 1 Joule Energie, in einer Sekunde freigesetzt, entspricht der Leistung von 1 Watt. (Die Einheit *Elektronvolt* ist zur Bequemlichkeit der Physiker eingeführt worden, ein Elektronvolt ist gleich der Energie, die ein einzelnes Elektron gewinnt, wenn es durch ein Potential von 1 Volt beschleunigt wird.) Die Energie, die durch die Vernichtung eines Proton-Antiprotonpaares freigesetzt wird, mag nicht als große Energiemenge erscheinen, wenn wir nicht eine große Anzahl von Protonen und Antiprotonen betrachten. In der Tat übertrifft die Effizienz der Energieerzeugung durch Paarvernichtung pro Gramm Materie bei weitem alles, was durch andere Arten der Energieerzeugung erreicht werden kann. Paarvernichtung ist die äußerste, vollständig effiziente Energiequelle. Bei dieser Umwandlung bleibt keine Materie übrig.

Metalle beginnen bei Temperaturen über 1000 bis 2000 K zu schmelzen, Temperaturen, die der Energie von etwa einem Zehntel Elektronvolt pro Atom entsprechen. Im Zentrum der Sonne beträgt die Temperatur 10 Millionen K, entsprechend 1000 Elektronvolt pro Atom. Gewöhnliche chemische Bindungen zwischen Atomen haben Energien von etwa einem Elektronvolt, und die Kernkräfte, die die Kerne zusammenhalten, benötigen Energien von Millionen von Elektronvolt, um Atomkerne zu spalten oder zu verschmelzen. In thermonuklearen Explosionen wird etwa eine Million mal mehr Energie freigesetzt als in chemischen Explosionen. Das erklärt, warum die Stärke von Kernexplosionen in Megatonnen des herkömmlichen Sprengstoffs TNT gemessen wird. Die völlige Paarvernichtung liefert hundertmal mehr Energie pro Gramm Material als eine Kernexplosion.

Es kommt nicht nur vor, daß Teilchen vernichtet werden und dabei Energie freisetzen, auch der umgekehrte Prozeß kann ablaufen: Teilchen können in einem starken Strahlungsfeld erzeugt werden. In einem wichtigen Beispiel für diesen Prozeß, der für die Existenz von gewöhnlichen Atomkernen verantwortlich ist, existieren die entstandenen Teilchen, Mesonen, gewöhnlich nur für kurze Augenblicke im unzugänglichen Innern der Atomkerne; diese Teilchen tragen dazu bei, den Atomkern zusammenzuhalten. Im frühen Universum übertraf die Materiedichte jedoch die Dichte in den Atomkernen, und es mag damals neue Zustände der Teilchen gegeben haben.

Modernen Elementarteilchentheorien zufolge gibt es nur eine endliche Zahl von Elementarteilchen. Wenn dies nicht der Fall wäre, wäre die in der

Frühzeit des Universums zur Verfügung stehende Energie und die höheren Dichten dazu verwendet worden, immer mehr Arten von Teilchen zu erzeugen, und die Temperatur wäre nicht mehr weiter gestiegen. Tatsächlich sind in früheren Zeiten bei den höheren Energien die neuen Elementarteilchenarten bald erschöpft, und die Temperatur steigt kontinuierlich bis hin zum Planck-Augenblick, wo sie den unvorstellbaren Wert von 10^{32} K erreicht. Für Physiker, die gewöhnlich mit großen Teilchenbeschleunigern arbeiten, sind solche Bedingungen nicht erreichbar. Die der Temperatur entsprechende Energie beträgt 10^{19} GeV (Milliarden Elektronvolt); die größten geplanten irdischen Beschleuniger können Teilchen mit Energien von Tausenden von Elektronvolt zusammenstoßen lassen. Das frühe Universum ist ein fabelhafter Teilchenbeschleuniger: Wir würden eine Anordnung von supraleitenden Magneten mit einem Durchmesser von einem Lichtjahr bauen müssen, um etwas Vergleichbares zu haben. Wenngleich wir mit dem zufrieden sein müssen, was von dieser feurigen Vergangenheit übriggeblieben ist, können doch fossile Überreste aus der Zeit kurz nach dem Anfang der Zeit im Universum, das wir heute sehen, eine wichtige Rolle spielen.

Die Physik der Schöpfung

Das frühe Universum war gleichförmig von Strahlung und Neutrinos erfüllt, und dazwischen gab es eine relativ kleine Zahl von Elektronen, Protonen und Neutronen. Im Lauf der Expansion kühlte sich die Strahlung ab und wurde schließlich zu der von den Radioastronomen gemessenen kosmischen Hintergrundstrahlung. Heute beträgt die Temperatur der Strahlung 3 K; das entspricht einer Energie von weniger als einem Tausendstel Elektronvolt pro Atom.

Wenn wir zu früheren Zeiten hin extrapolieren, finden wir, daß die Temperatur des Universums proportional der vierten Wurzel der Energiedichte zunimmt. Wenn sie aber über eine Million Elektronvolt angestiegen ist, geschieht etwas recht Drastisches: Eine Million Elektronvolt ist die Ruhemassenenergie eines Elektrons plus der seines Antiteilchens, des *Positrons*. Wenn ein Elektron-Positron-Paar vernichtet wird, wird eine Million Elektronvolt an Energie freigesetzt. Umgekehrt werden Teilchenpaare, Elektronen und Positronen, aus dem Strahlungsfeld erzeugt, wenn die Strahlungstemperatur diesen Grenzwert überschreitet. Paarvernichtung tritt auf, wenn sich ein Elektron und ein Positron vereinen: Zwei hochenergetische *Photonen* (Strahlungsteilchen) entstehen, jedes mit einer Energie von mehr als einer halben Million Elektronvolt.

Die Quantentheorie ermöglicht uns, Strahlung entweder als Wellen oder als Photonen, masselosen Teilchen reiner Energie, aufzufassen. Die energiereichen Photonen, die bei der Vernichtung eines Elektron-Positron-Paares freigesetzt werden, werden *Gammastrahlen* genannt, und sie sind sehr durchdringend. Jedes dieser Photonen der Gammastrahlung besitzt eine Energie von einer halben Million Elektronvolt. Einige Gammastrahlen können noch weit energiereicher sein – wenn beispielsweise ein Proton zusammen mit seinem Antiteilchen (dem Antiproton) vernichtet wird, beträgt die Energie der entstehenden Gammastrahlen etwa eine Milliarde Elektronvolt. Im Vergleich dazu haben die in der medizinischen Diagnose verwendeten Röntgenstrahlen Energien von nur wenigen tausend Elektronvolt. Wir können diese Prozesse der Erschaffung und Zerstrahlung von Teilchen durch folgende Reaktion beschreiben:

$$\text{Teilchen} + \text{Antiteilchen} \rightleftarrows \text{Gammastrahlung}$$

Während der ersten Augenblicke des Universums, bei Temperaturen über einer Million Elektronvolt, gab es ungefähr die jeweils gleiche Menge von Elektronen, Positronen und Photonen. Nach ein paar Sekunden hatte die Temperatur jedoch genügend abgenommen, daß die Photonen nicht mehr genügend energiereich waren, um neue Teilchen-Antiteilchenpaare zu erzeugen. Zu diesem Zeitpunkt wurden die Elektron-Positron-Paare vernichtet und konnten nicht mehr ersetzt werden. Das Ergebnis war ein Universum, das nahezu ausschließlich Photonen enthielt. Wie wir sehen werden, erfolgte keine völlige Vernichtung, weil es einen kleinen Überschuß von Teilchen über Antiteilchen gab. Folglich blieben ein paar überlebende Teilchen übrig. Hätte das Universum genau die gleiche Menge von Materie und Antimaterie enthalten, wäre es nun fast völlig frei von Teilchen. Das wäre ein sehr unglücklicher Umstand, soweit es uns betrifft.

Wir wollen jetzt betrachten, was zu einer Zeit geschah, als das Universum weniger als eine Sekunde alt war. Die Temperatur war so hoch, daß massereichere Teilchen erzeugt werden konnten. Unter diesen Teilchen befanden sich Mesonen und Antimesonen, Protonen und Antiprotonen, und weit exotischere Arten von Elementarteilchen. All diese Teilchen waren imstande, mit ihren Antiteilchen zu zerstrahlen, und sie waren auch imstande, durch das starke Strahlungsfeld erzeugt zu werden. Das Ergebnis war eine Vermehrung von verschiedenen Elementarteilchen, alle mit einer Häufigkeit, die der von Photonen vergleichbar war. Heute werden Teilchenbeschleuniger dazu verwendet, winzige Anzahlen solcher Teilchen zu erzeugen; das frühe Universum wäre sicher ein Paradies für einen Elementarteilchenphysiker gewesen, weil es eine ergiebige Quelle exotischer Teilchen darstellte.

Wenn wir die Bedingungen bis zur Anfangssingularität hin erkunden, können wir eine weitere Spekulation anstellen. Könnte nicht das starke Gravitationsfeld selbst zur Erschaffung von Materie und Strahlung aus einem Vakuum führen? Das sehr frühe Universum könnte leer gewesen sein! Untersuchungen dieser Möglichkeit haben ergeben, daß relativ wenige Teilchen erzeugt werden, wenn das Universum isotrop bleibt. Die Erschaffung von Teilchen und Strahlung könnte jedoch auftreten, wenn die anfängliche Expansion chaotisch oder anisotrop erfolgte – das heißt, wenn das Universum von einem Punkt aus mit sehr unterschiedlichen Geschwindigkeiten in die verschiedenen Richtungen expandierte. Tatsächlich war die anfängliche Form des Urknalls vermutlich stark chaotisch: Unter so vielen gleichermaßen wahrscheinlichen Möglichkeiten des Anfangs ist eine glatte, isotrope Expansion eine sehr unwahrscheinliche Möglichkeit. Man kann sich vorstellen, daß die riesigen Gezeiten-Gravitationskräfte, die folglich bei einem solchen Urknall auftraten, beim Schöpfungsprozeß das Raum-Zeit-Kontinuum zerrissen. Man kann sich das Vakuum als ein Meer von *virtuellen Paaren* von Teilchen und Antiteilchen vorstellen. Ein genügend starkes Gezeiten-Gravitationsfeld kann diese virtuellen Paare auseinanderreißen und die Teilchen in die wirkliche Welt entlassen.

Der Schöpfungsprozeß führte zu einer großen Stabilität. Die anfängliche Anisotropie verflüchtigte sich rasch und es entstand ein von Strahlung erfülltes isotropes Universum. Es ist nicht schwierig zu verstehen, auf welche Weise der Schöpfungsprozeß eine Isotropie erzeugen kann, denn je größer die Anisotropie ist, umso verschwenderischer werden Teilchenpaare erzeugt. Die Teilchenpaare wurden vernichtet, der dabei auftretende Strahlungsfluß zerstreute sich und neigte dazu, die Anisotropie zu glätten. Wir können daher spekulieren, daß solche exotischen Prozesse vor der Zeit abliefen, die durch das konventionelle Urknall-Modell beschrieben wird.

Im Anbeginn

Der erste Augenblick der Erschaffung des Universums war weit kürzer als ein Augenzwinkern. Er dauerte den winzigen Bruchteil, das 10^{-43}-fache einer Sekunde. Einsteins Gravitationstheorie kann die Geschichte des Universums bis zu diesem Augenblick beschreiben, der als Planckzeit bekannt ist – benannt nach Max Planck, einem der Begründer der Quantenmechanik –, als die Materiedichte den unglaublichen Wert von etwa 10^{75} Tonnen pro Kubikkilometer erreichte. Im Vergleich dazu wiegt ein Kubikkilometer Blei etwa 10^{11} Tonnen. Wir haben schon festgestellt, daß zur Planckzeit das gesamte heute beobachtbare Universum einen Bereich von nur etwa einem zehntel Millimeter Durchmesser umschloß. Die in dieser Zeit von einem Lichtstrahl zurückgelegte Strecke war viel kleiner, mehr und mehr Materie wurde sichtbar, während das Universum expandierte. Das heute sichtbare Universum ist unser kosmischer Horizont; er erstreckt sich über einige 30 Milliarden Lichtjahre. Zur *Planckzeit* enthielt der kosmische Horizont jedes hypothetischen Beobachters nur etwa ein Millionstel Gramm. Diese Masse, die als Planckmasse bezeichnet wird, stellt den eigentlichen Baustein der Natur dar: Auf der Planck-Skala brauchen wir ein völlig neuartiges Konzept, um den Zustand der Materie zu beschreiben. Bei dieser Skala berühren sich Quantenphysik und Kosmologie, und ein neuer Zweig der Physik ist entstanden, um diese Herausforderung zu begegnen: die Quantenkosmologie.

Die Quantenkosmologie stellt die endgültige Vereinheitlichung der Physik dar, in der die schwächste Kraft, die Gravitation, gleichberechtigt mit der stärksten Kraft Kerne zusammenhält. Dies ist ein noch wenig verstandenes Gebiet, und spekulative Theorien gibt es im Überfluß, einschließlich des Konzepts der kosmischen Fäden, der sogenannten *Superstrings*, dem man beträchtliche Aufmerksamkeit gewidmet hat.

Ein Superstring existiert in einem Raum von 10 Dimensionen, und die über unseren dreidimensionalen Raum und die vierte Dimension der Zeit hinausgehenden Dimensionen dienen dazu, die Vereinheitlichung der fundamentalen Kräfte zu erreichen. So wie Elektrizität und Magnetismus durch die Entdeckung der Natur der elektromagnetischen Strahlung im 19. Jahrhundert vereinigt wurden, träumen heute die Physiker davon, die anderen Grundkräfte der Natur – die schwache und die starke Kernwechselwirkung und die Gravitation – in einer vereinheitlichten Theorie zusammenzufassen. Ein Superstring liefert ein geometrisches Gerüst (fadenförmig in zehn Dimensionen), das, wie die Physiker hoffen, in der Lage ist, alle Eigenschaften der Elementarteilchen und in der Tat der gesamten Physik zu beschreiben. Im Normalfall divergiert die Wechselwirkungskraft zwischen zwei hypothetischen Punktmassen, wenn die beiden Massen sich beliebig nahe kommen. Solch ein Singularitätsverhalten ist für jede Fundamentaltheorie verhängnisvoll. Superstrings, die im Gegensatz zu Punktmassen keine Singularitäten besitzen, liefern die Grundlage für eine völlig neue Theorie der Quantengravitation. Die Superstring-Theorie wird allgemein als die „Theorie für alles“ bezeichnet. Superstrings existierten nur während der ersten 10^{-43} Sekunden unseres Universums. Bald darauf müssen die zusätzlichen sechs Dimensionen zerfallen und unsichtbar geworden sein, und unsere vertraute vierdimensionale Raum-Zeit bleib übrig – und der Urknall. Falls auf die anfängliche Superstring-Phase der Begriff der Zeit nicht anwendbar ist, dann existierte auch das Universum nicht.

Vielleicht wurde die perfekte Symmetrie des Superstring durch irgendeine zufällige Fluktuation gebrochen, und unser Universum begann seinen ungestümen Lauf in die Zukunft, und alle physikalischen Gesetze und Naturkonstanten waren einmal und für alle Zeiten festgelegt. Das jedenfalls ist der Traum der theoretischen Physiker auf allen fünf Kontinenten, die sich fieberhaft dem Rennen anschließen, das Rätsel der Superstrings zu lösen.

Einstein verbrachte die längste Zeit seines Lebens damit, nach der elementaren Theorie zu suchen, die die Grundkräfte der Natur in nur fünf Dimensionen vereinigen sollte, und er scheiterte. Wir wissen nun, daß wir zu zehn oder, in einer anderen Variante, zu sechsundzwanzig Dimensionen übergehen müssen, um eine zufriedenstellende Theorie zu finden. Augenblicklich hat die Superstring-Theorie nur wenig mit der wirklichen Welt gemeinsam, und die Physiker studieren sie ihrer mathematischen Schönheit wegen. Falls wirklich „Wahrheit schön ist, und Schönheit wahr", dann mögen sie auf dem richtigen Weg sein.

Inflation

Wenn das Ergebnis der Quantenkosmologie das Universum wäre, warum sollte das entstandene Universum demjenigen gleichen, in dem wir leben? Auf diese scheinbar schwer zu beantwortende Frage hat sich seit 1980 nach und nach eine Antwort entwickelt, die unser Verständnis des sehr frühen Universums zu revolutionieren verspricht. Die Geschichte beginnt mit Alan Guth, einem jungen Physiker auf der Suche nach einer festen Stelle, der ein Jahr an der Universität von Stanford verbrachte und widerstrebend von einem früheren Kollegen von der Cornell-Universität in die Kosmologie eingeführt worden war. Guth war entsetzt über die scheinbar willkürlichen Begriffe und Erklärungen der Kosmologie. Eines Tages, in einer plötzlichen Einsicht, erkannte er, daß ein natürlicher Prozeß, der während der Entwicklung des Universums ablief – ein Prozeß, der etwa mit der Bildung von Eis aus unter den Gefrierpunkt gekühltem Wasser verglichen werden kann – mehrere kosmologische Rätsel lösen konnte. Warum ist das Universum so groß? Warum ist es so gleichförmig? So isotrop? Wenn Wasser in einem See gefriert, wird Energie freigesetzt, so daß das Seewasser unter dem Eis am Gefrierpunkt bleibt, wie die dort lebenden Fische wohl wissen. Diese latente Wärme, wie sie von den Physikern genannt wird, stabilisiert die Wassertemperatur und sie fällt nicht wesentlich unter den Gefrierpunkt, bis der ganze See ein einziger Eisklumpen geworden ist. Guth erkannte, daß ein ähnlicher Übergang auch zwischen zwei Phasenzuständen der Materie im sehr frühen Universum auftrat. Die sich daraus ergebende Freisetzung latenter Wärme hatte eine entscheidende Wirkung auf die Expansionsrate des Universums. Die zwei Phasen entsprachen bei sehr hoher Temperatur einem Zustand der Symmetrie, bei dem die Kernkräfte und elektromagnetischen Kräfte vereinigt waren. Energie wird benötigt, um diesen Idealzustand aufrechtzuerhalten, genauso wie es einer Anstrengung bedarf, um ins Paradies zu kommen; umgekehrt setzt der Verlust der Symmetrie, wie der Sündenfall, verborgene Energien frei. Als die Temperatur unter einen kritischen Wert fiel, verschwand diese Symmetrie, und es entstand ein neuer, asymmetrischer Zustand der Materie, bei dem die Kernkraft überwältigend viel stärker war als die elektromagnetische Kraft, wie es auch heute der Fall ist. Die während dieses Übergangs freigesetzte latente Wärme hielt eine Zeitlang die Energiedichte des Universums aufrecht, und für eine kurze Zeit war das Licht imstande, fast das gesamte Universum zu durchqueren. Der Lichtweg wurde exponentiell größer (Abb. 6.3). Vor dieser Inflationsperiode hätte ein im Universum ablaufender homogenisierender Prozeß nur auf einer kleinen Skala wirksam sein können – höchstens über die Strecke, die von einem Lichtstrahl seit dem Urknall zurückgelegt worden war in heutigem Maß entspricht dies etwa zehn Millimetern. Die Inflation dehnte diese Skala jedoch über Hunderte von Milliarden Lichtjahre, weit über den Rand des beobachtbaren Universums hinweg aus. Das war der Zaubertrick, mit dessen Hilfe das Universum in der Lage war, alle ursprünglich vorhandenen Unvollkommenheiten, alle Unregelmäßigkeiten und Anisotropien, jede Erinnerung an grobe Defekte und Unebenheiten verschwinden zu lassen.

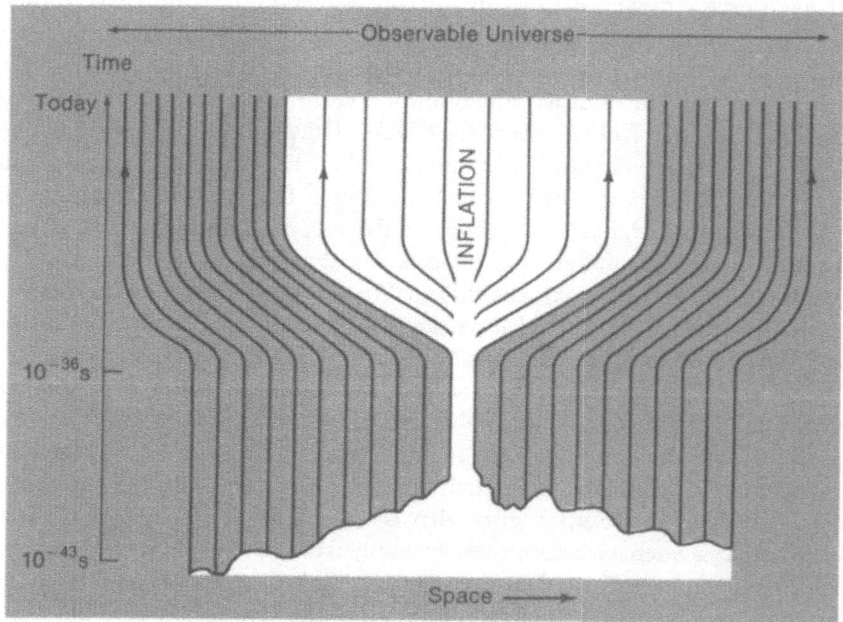

Abb. 6.3 Die Inflation
Ein die Inflation darstellendes Raum-Zeit-Diagramm. Der Raum (Space) ist waagerecht dargestellt, die Zeit (Time) senkrecht. Der Beginn der Inflation, etwa 10^{-36} Sekunden nach dem Urknall, zieht die Weltlinien auseinander; das Universum, das wir heute (Today) beobachten (= Observable Universe), entstand durch Expansion eines Gebiets, das früher ein Volumen ausfüllte, das praktisch null war, oder, genauer gesagt, exponentiell klein war.

Die Epoche der Inflation war kurzlebig. Sie begann, als etwa 10^{-35} Sekunden seit dem Beginn der Expansion verstrichen waren. Zu diesem Zeitpunkt war die Temperatur so weit zurückgegangen, daß nicht mehr genügend Energie zur Verfügung stand, um die perfekte Symmetrie der frühen Phase aufrechtzuerhalten. Nach etwa 10^{-33} Sekunden, als der Übergang zur neuen Phase der gebrochenen Symmetrie abgeschlossen war, war die Inflation beendet. Die verstrichene Zeit war schon lang genug, um große homogenisierte Blasen zu bilden, die gewöhnliche Materie und Energie enthielten. Die genauen Einzelheiten dieses Übergangs sind nicht völlig verstanden. Tatsächlich war Guths ursprüngliche Beschreibung der Inflation fehlerhaft: Er lieferte Blasen, die bei weitem zu klein waren, und deshalb ein sehr inhomogenes Universum lieferten. Der Kern seiner Idee war jedoch richtig, und bis 1984 hatten Andrej Linde in der Sowjetunion und Paul Steinhardt in den Vereinigten Staaten unabhängig voneinander erfolgreiche Modelle für die Inflation entwickelt, die die Bildung von Blasen ermöglichten, die viel größer sind als die augenblickliche Größe des beobachteten Universums. Nicht alle Probleme sind gelöst, doch herrscht unter Physikern allgemein die Ansicht, daß die Inflation mehr Probleme löst als schafft. Man betrachte die große Vielfalt von möglichen Anfangsbedingungen, die sich aus dem Reich der Quantenkosmologie um 10^{-43} Sekunden entwickeln konnten – und sich sicherlich auch irgendwo im Raum entwickelt hatten: das Universum hätte anisotrop sein können, hätte viel mehr in eine Richtung als in eine andere expandieren können, hätte stark inhomogen sein können und große Dichteschwankungen aufweisen können. Solange diese Irregularitäten nicht groß genug waren, um einen vorzeitigen Kollaps auf der Skala des Horizonts zu verursachen, konnte die Inflation eine ausgedehnte Blase produzieren, die unser hochgradig isotropes und homogenes Universum enthält.

Wie wahrscheinlich ist diese Folge von Ereignissen? Es gibt zwei Denkweisen. Steinhardt zufolge sollten die Bedingungen, die zur Inflation geführt haben, als eine Eigenschaft der Teilchenphysik angesehen werden. Man hofft, daß die endgültige Elementarteilchentheorie erklären wird, warum das Proton eine Masse von genau 1.7×10^{-24} Gramm hat. Die gleiche Theorie sollte auch die Kraftfelder, die das Verhalten der Materie bei extremen Energien bestimmen, und den erforderlichen Grad der Inflation erklären können. Der alternative Ansatz, der von Linde, wird als „chaotische Inflation" bezeichnet. Er besagt, daß die anfängliche Physik eine große Vielzahl von Teilchenfeldern erlaubte, von denen praktisch keines eine Inflation hätte verursachen können. Ein infinitesimales Gebiet irgendwo im Universum besaß jedoch die richtige Eigenschaft für eine erfolgreiche Inflation. Nachdem dieser Fleck sich um einen Faktor 10^{30} oder mehr ausgedehnt hatte, hatte er alle anderen Gebiete des Universums überwältigt und wurde unser beobachtbares Universum (und reicht weit darüber hinaus). Lindes Argument erinnert an das anthropische kosmologische Prinzip (daß nämlich unsere Existenz das kosmologische Modell auswählt), für das es die physikalische Motivation liefert. Unter einer chaotischen Mischung von Urfeldern gab es nur ein wenn auch noch so seltenes Kraftfeld, das triumphierend auftauchte und ein Universum schuf, in dem Galaxien und Sterne Zeit genug haben würden, um sich zu bilden.

Das Erbe der Inflation

Die Inflation bringt nicht nur das Friedmann-Universum hervor, sondern liefert auch andere bemerkenswerte Ergebnisse. Wenn das Universum zu homogen werden würde, könnten sich Galaxien niemals bilden. Die Phase der raschen Expansion bringt die stets vorhandenen Quantenfluktuationen auf makroskopische Skalen. Quantenfluktuationen sind unvermeidlich, aus dem einfachen Grund, daß ein bestimmtes Energiequantum nie genau räumlich festgelegt werden kann: Wenn eine Wahrscheinlichkeit besteht, etwas zu gegebener Zeit zu lokalisieren, bewirkt die unvermeidliche Unschärfe Energieschwankungen auf der mikroskopischen Größenskala des Quantums selbst. Aus solchen Fluktuationen entstehen nach dem Ende der inflationären Phase Dichteschwankungen, die so groß wie Galaxien sind. Wir werden sehen, daß aus solchen gelegentlichen Abweichungen von der Gleichförmigkeit – von der Größenordnung ein Zehntausendstel – zur Entstehung der Galaxien und der gesamten großräumigen Struktur des heutigen Universums führten. Ohne diese kleinen Schwankungen würden wir keine Sterne und keine Planeten haben, und bei wesentlich größeren Schwankungen würde sich das Universum sehr unterschiedlich entwickelt haben. Somit genügte die Inflation, um genau die Anfangsbedingungen hervorzubringen, die für unser beobachtbares Universum nötig sind.

Die aufgeblähte Blase des Urknalls, die wir beobachten, muß nahezu ein flacher Raum sein. Das bedeutet, daß die potentielle Gravitationsenergie innerhalb eines ausreichend großen kugelförmigen Gebiets durch die kinetische Energie der Expansion gerade ausgeglichen wird. Die Expansion schreitet für alle Zeiten fort, sie reicht aber gerade nur dafür aus. Ein kleiner Überschuß an potentieller Energie, der nach Einsteins Formulierung einer positiven Krümmung des Raumes entspricht, würde bedeuten, daß das Universum schließlich wieder zusammenstürzen muß. Die Inflation hat die Raumkrümmung reguliert: Jede vorher existierende Krümmung wurde auseinandergezogen.

Um zu erkennen, warum diese Folge der Inflation philosophisch so ansprechend ist, müssen wir uns vorstellen, das heutige Universum sei gekrümmt: Wenn wir dann in der Zeit zurückgehen, wird die Abweichung in der Dichte zwischen diesem gekrümmten Raum und einem ebenen Raum kleiner und kleiner. Die durch die Krümmung, oder anders ausgedrückt, durch die Gravitationsenergie verursachte Abbremsung wird erst in einer späten Epoche merklich. Tatsächlich müßte ein heute merklich gekrümmtes Universum zur Zeit der Inflation mit sehr hoher Genauigkeit flach gewesen sein, mit einer Genauigkeit von etwa 1 zu 10^{60}. Wenn die Krümmung nur wenig größer gewesen wäre, könnte das Universum zu früh wieder zusammengestürzt sein. Das wäre eine Katastrophe gewesen, denn das Sonnensystem hat einige Milliarden Jahre zu seiner (und folglich zu unserer) Entwicklung benötigt. Die Inflation erklärt die Flachheit, oder, anders ausgedrückt, das Alter des Universums.

Die Inflation hat eine weitere nützliche Folge. Die frühen Phasenübergänge, die mit der Symmetriebrechung verbunden sind, hätten einige unerwünschte Dinge, unter ihnen vor allem den *magnetischen Monopol*, hervorbringen können. Ein solcher ist eine einzelne Einheit der magnetischen Ladung, dessen Existenz durch die Quantenfeldtheorie, die allgemein anerkannte Theorie der elektromagnetischen und schwachen Wechselwirkungen, vorhergesagt wird. Weil man jedoch annimmt, daß diese hypothetischen Monopole sehr massereich sind, können sie nur bei extrem hohen Energien erzeugt worden sein, und die beste Gelegenheit dafür war in der Phase der großen Vereinheitlichung, kurz nach der Planckzeit. Als dann die Symmetrie bei der Energieabnahme zerbrach, hätten einige wenige Monopole übrig bleiben müssen. Monopole und Antimonopole wären zerstrahlt und hätten die wenigen Monopole zurückgelassen, die keinen Partner gefunden hatten. Monopole sind jedoch so schwer, daß ihr Verbleib eine weitere kosmologische Katastrophe wäre, denn solche superschweren Teilchen hätten die gewöhnliche Materie überwältigt. Beobachtungen zeigen das Gegenteil: Die Suche hat ergeben, daß Monopole in unserer Galaxis überaus selten sein müssen. Die Inflation kommt uns auch hier wieder zu Hilfe: Sie ließ praktisch alle Monopole verschwinden und ließ keine störenden Überreste zurück: Höchstens ein Monopol ist möglicherweise im gesamten sichtbaren Universum übriggeblieben.

Strings

Nicht alle exotischen Fossilien aus der Frühphase des Universums sind unerwünscht. Monopole kann man sich als topologische Knoten vorstellen, die geometrisch punktförmig sind, und die riesige Energiedichte der Epoche der Vereinheitlichung gefangen halten. Als das Universum abkühlte, trat der Phasenübergang ein, und Tröpfchen der heißen Phase blieben übrig. Ähnliche Knoten oder Defekte können bei ganz unterschiedlichen Topologien auftreten. Die Defekte können eindimensionale, fadenförmige Objekte sein, die man als *kosmische Strings* bezeichnet. Zweidimensionale Wände sind auch möglich, aber diese können wie Monopole zu späteren Epochen katastrophale Folgen für die Kosmologie haben. Strings sind jedoch gutartige Objekte und mögen sogar nützliche Bestandteile des Universums sein (Abb. 6.4).

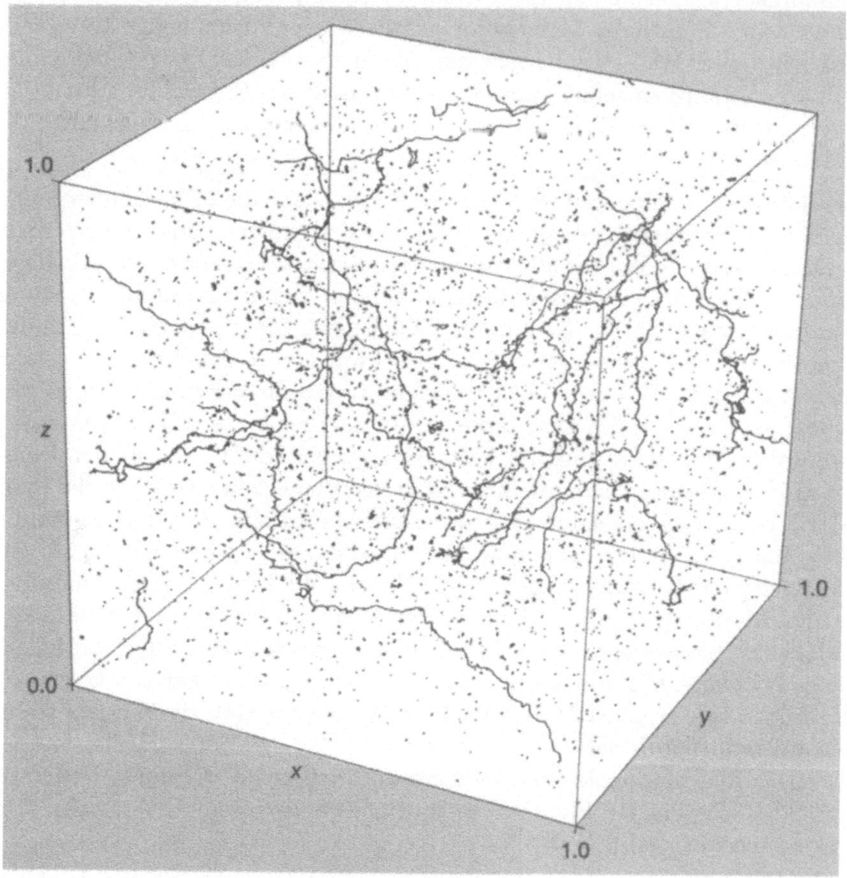

Abb. 6.4 Kosmische Strings
Die Computersimulation eines Netzwerks kosmischer Strings. Diese Fäden sind topologische Defekte im Raum; sie besitzen eine sehr große Masse, die für den Urknall im Augenblick der Inflation charakteristisch ist, sie sind jedoch sehr dünn. Die Masse pro Einheitslänge eines kosmischen Fadens beträgt etwa 10^{14} Tonnen pro Millimeter. Die Strings überkreuzen sich und bilden kosmische Schleifen, die Durchmesser von Hunderten oder Tausenden von Lichtjahren haben und genug Masse besitzen, um Materie aus der Umgebung aufzusammeln. Auf diese Weise werden sie zu Orten für die Entstehung von Galaxien und Galaxienhaufen (mit Genehmigung von D. Bennett und F. Bouchet).

Ein kosmischer Faden besitzt anziehende Wirkung, weil er als eine Quelle schwerer Masse wirkt, die ihre Umgebung beeinflußt. Es ist der Ort für Kondensationen, der sehr wohl die Bildung von Galaxien und Galaxienhaufen fördern kann. Obwohl die Inflation solche Strings zusammen mit den Monopolen zum Verschwinden gebracht hat, können darauf folgende Phasenübergänge nur fadenförmige, keine punktförmigen Defekte hervorgerufen haben. Wir können also sowohl Inflation als auch Strings haben – allerdings sehr verknäulte, die unter enormer Spannung stehen. In einem solchen Fall würde nichts geschehen, bis ein String genügend Zeit gehabt hätte, sich auf irgendeiner Größenskala zu entwirren. Ein solches Entwirren tritt nur auf, wenn die Größenskala, die zum Beispiel der Größe einer Galaxie entspricht, zum ersten Mal in den Horizont eintritt. Man erinnere sich, daß der Horizont, oder die Entfernung, die das Licht durchlaufen hat, rascher anwächst als das Universum sich ausdehnt: Man hat einen immer größer werdenden Ausblick auf das Universum. Innerhalb des Horizonts reagiert unser String wie eine zusammengedrückte Feder, es schafft Dichteschwankungen, während es sich entwirrt. Strings verflechten sich und überkreuzen sich, schneiden sich selbst in kleinere Stücke oder Schleifen, die schließlich durch die Aussendung von Gravitationsstrahlung zerfallen. Doch der Schaden ist schon eingetreten: Wir haben nun Schwankungen in der mittleren Materiedichte des Universums. Diese Fluktuationen können sich über wahrhaft riesige Entfernungen erstrecken, über Dutzende oder Hunderte von Millionen Lichtjahren. Aus diesem Grund liefern sie eine starke Quelle für großräumige Struktur; Strings besitzen wirklich ein paar einzigartige Eigenschaften.

Lange Strings bewegen sich nahezu mit Lichtgeschwindigkeit, und die Dichtefluktuationen, die sie hervorrufen, weisen eine Ähnlichkeit mit Überschallwellen auf, Spuren, die von hochfliegenden Düsenflugzeugen zurückgelassen werden, mit der Einschränkung, daß diese Wellen die Form von Wänden haben; das Ergebnis ist ein Universum mit wandartigen Kondensationen, die einander durchdringen. Die Gravitationsstrahlung, die von sich auflösenden Schleifen hervorgerufen wird, ist der einzige Überrest, dem Lächeln der Cheshire-Katze aus „Alice im Wunderland“ vergleichbar, von früheren Generationen von Strings, die Galaxien und Strukturen von Galaxien ausgesät haben mögen. Diese Strahlung liefert einen kosmischen Hintergrund von langwelligen Gravitationswellen, vorübergehende Störungen im Gravitationsfeld, die mit Lichtgeschwindigkeit umherlaufen. Die Kämme dieser durch Strings verursachten Gravitationswellen können bis zu einigen zehn Lichtjahren voneinander entfernt sein. Das hat zu einer recht dramatischen Vorhersage geführt: dem Pulsar-„Zittern“. Eine der besten Uhren, die wir haben, ist ein entfernter Pulsar, ein rotierender Neutronenstern, der über einen Zeitraum überwacht worden ist, der dem Durchgang von mehreren dieser Wellen entspricht. Der erste Millisekunden-Pulsar, der 1982 entdeckt wurde und 600 mal in der Sekunde rotiert, verlangsamt seine Rotation merklich. Die Abbremsrate, die durch elektromagnetische Strahlungsverluste des rotierenden, hochmagnetisierten Neutronensterns herrührt, ist jedoch sehr gleichförmig, und der Pulsar hält seine Zeit mit einer Genauigkeit von einer Mikrosekunde über eine Zeitspanne von mehreren Jahren. Diese Genauigkeit nimmt es mit der einer Batterie von Atomuhren in Bureau de l'Heure in Paris auf, die den Zeitstandard auf der Erde bestimmt. Heutzutage befinden wir uns auf der Schwelle der Entdeckung möglicher von Gravitationswellen verursachter Abweichungen, wie sie beispielsweise von sterbenden kosmischen Strings erzeugt worden sind.

Andere Faktoren, wie Störungen der Erdbewegung, könnten die Ursache für ein Pulsar-Zittern sein. Die simultane Beobachtung der Modulation in zwei oder mehr Millisekunden-Pulsaren wäre das eindeutige Anzeichen einer sehr langwelligen Gravitationswelle. Ein Netz von Millisekunden-Pulsaren würde einen hervorragenden Detektor für jeden kosmologischen Hintergrund von Gravitationswellen abgeben. Natürlich müssen solche Wellen nicht unbedingt mit Strings im frühen Universum in Verbindung stehen. Eine andere Eigenschaft von Strings ist jedoch absolut unverkennbar. Ein gerades Stück eines kosmischen Fadens krümmt den Raum in seiner Nachbarschaft nicht im Einsteinschen Sinne, indem es sich wie eine lokalisierte Masse verhält. Während der Raum in der Nähe eines Fadens eben ist, hat er die Topologie einer Kegeloberfläche, nicht die einer Ebene (wenn man einen Kegel abrollt, hat man eine Ebene mit einem fehlenden Segment). Lichtstrahlen, die auf verschiedenen Seiten eines kosmischen Fadens vorbeilaufen, kommen auf verzerrten Wegen an, und das Bild eines Sternes oder einer Galaxie hinter einem String kann doppelt erscheinen. Die kosmische Mikrowellen-Hintergrundstrahlung sollte über ein String hinweg unzusammenhängend sein. Die Effekte sind sehr klein: Die Verdopplung beträgt nur ein paar Bogensekunden, und der Sprung in der Temperatur der Hintergrundstrahlung beträgt ein Tausendstel eines Prozents, aber die Vorhersagen sind eindeutig. Nur Strings würden fadenförmige Verzerrungen liefern; Galaxienpaare und Doppelbilder sollten entlang einer Linie auftreten, und es sollten auch linienförmige Temperaturanisotropien in der kosmischen Hintergrundstrahlung vorkommen. Obwohl solche Anzeichen noch der Entdeckung harren, sollten sie innerhalb der nächsten Jahre experimentell nachweisbar sein. Die Strings haben den Sprung von einer kosmologischen Phantasterei zu einer astrophysikalischen Realität noch vor sich.

Der Teilchenzoo

Das Universum muß nicht das sein, was es zu sein scheint. Genauer gesagt, die entfernten Galaxien, die wir als Leuchttürme im Raum sehen, können Inseln in einem Ozean aus exotischer Materie sein, exotischer als die gewöhnlichen Baryonen, aus denen die Sterne bestehen. Die Physik des sehr frühen Universums ließ eine Fülle von schwach wechselwirkenden Teilchenarten entstehen, von denen viele Kandidaten für die Rolle der stabilen Überreste sind, die die Massendichte des heutigen Universums beherrschen könnten. Die einzige notwendige Eigenschaft ist die des Überlebens, denn viele der fremdartigen neuen Teilchen sind sehr kurzlebig. Jede Theorie, die eine neue Art der Wechselwirkung postuliert und eine Familie neuer Teilchen hervorruft, liefert in der Tat immer einen Überlebenden – ein Teilchen am unteren Ende der Leiter, in das die massereicheren Geschwister zerfallen sind.

Ein hypothetisches stabiles, schwach wechselwirkendes Teilchen ist das Photino. Einer Theorie, der *Supersymmetrie* (von ihren Anhängern liebevoll SUSY genannt) zufolge, sollen alle Elementarteilchen in Paaren auftreten, wobei jeder Partner in eine der zwei von der Quantenmechanik erkannten Kategorien eingeordnet werden kann, in *Fermionen* oder *Bosonen.* Der grundlegende Unterschied zwischen Fermionen und Bosonen ist der Spin: Das Lichtquantum, das Photon, ist ein Boson mit Spin 1, wogegen das Elektron, das Proton und das Neutron Fermionen mit dem Spin 1/2 sind; dabei wird der Spin in Einheiten der Planckschen Konstanten gemessen. SUSY verlangt, daß für jedes Boson ein entsprechendes Fermion existiert, und umgekehrt. Das *Photino*, unser Kandidat für das massereiche Teilchen, ist der hypothetische Superpartner des Photons mit Spin 1/2. Man erwartet, daß das Photino im Gegensatz zum Photon sehr massereich ist, seine Masse sollte irgendwo zwischen einer und hundert Protonenmassen liegen. Anders als das Proton, das aufgrund der Kernwechselwirkung stark mit anderen Teilchen wechselwirkt, zeigt das Photino nur sehr schwache Wechselwirkung mit gewöhnlicher Materie. Wir müßten uns schon sehr anstrengen, Photinos zu entdecken, selbst wenn das Universum voll davon wäre. Gewöhnliche Materie kann, verglichen mit dem zerstreuten Zustand des intergalaktischen Mediums, sehr stark verdichtet sein. Die durch die Verdichtung erzeugte Wärme wird in Strahlung umgewandelt, und die Verdichtung schreitet fort, bis sich leuchtende Sterne bilden. Bei schwach wechselwirkenden Teilchen ist die Möglichkeit, Wärme in Strahlung umzuwandeln, jedoch stark eingeschränkt, so daß Photinos, wenn sie existieren sollten, in den Tiefen des intergalaktischen Raums zerstreut bleiben und sehr selten im Innern eines Sterns eingefangen werden. Der Schlupfwinkel der Photinos – oder irgendwelcher anderen massereichen Teilchen – ist der Halo unserer

Galaxis und der Raum zwischen den Galaxien. Es gibt vielfältige astronomische Beweise für die Existenz dunkler Materie jenseits der leuchtenden Bereiche der Galaxien, und Photinos stellen einen der Teilchenkandidaten dar, aus denen die dunkle Materie besteht.

Wie können wir jemals solche Implikationen der neuesten Theorien der Teilchenphysik für die Struktur des Universums überprüfen? Möglichkeiten gibt es schon. Zunächst muß die Realität eines hypothetischen Teilchens wie des Photinos durch Experimente in Teilchenbeschleunigern bei CERN, SLAC, Serpukhov oder anderswo bewiesen werden. Die Ausgaben für solche Experimente wachsen ins Riesige, und Milliarden von Dollar werden für den nächsten Schritt in der Leistung der Teichenbeschleuniger nötig sein. Wenn Experimente mit der Generation von Beschleunigern, die jetzt in Planung sind, ausgeführt werden, werden sie wahrscheinlich die Existenz von Teilchen wie dem Photino bestätigen oder widerlegen können. Dann müssen direkte astronomische Messungen die Verteilung spezifischer Teilchen wie des Photinos feststellen. Der Grund, warum solche unsichtbaren Teilchen gelegentlich sichtbar werden können, ist, daß sehr selten ein Photino mit einem anderen Photino zusammenstößt und vernichtet wird. Wie das Zusammentreffen von Materie und Antimaterie liefert die Kollision eines Photinopaares einen Energieblitz, der mit der Explosion vergleichbar ist, die auftritt, wenn ein ganzes Atom in reine Energie umgewandelt wird. Wir wissen genau, wie häufig dieser Vernichtungsprozeß auftritt, denn vor langer Zeit, im sehr frühen Universum, war er sehr häufig. Erst als die Temperatur und die Dichte abnahmen und die Paarvernichtung schließlich aufhörte, sind die Photinos übriggeblieben, die heute noch existieren. Wir können die Wahrscheinlichkeit angeben, mit der ein Photino zerstrahlt, wenn wir erst einmal wissen, wieviele dieser schwach wechselwirkenden Teilchen übriggeblieben sind, weil sie zu verstreut waren, um Partner zu finden und zu zerstrahlen. Obwohl diese Vernichtung seinerzeit hauptsächlich bei sehr hoher Dichte ablief, tritt sie heute, bei sehr niedriger Dichte, immer noch auf, wenngleich überaus selten. Wenn Photinos sich im dunklen Halo einer Galaxie konzentrieren, nimmt die Wahrscheinlichkeit der Vernichtung wieder zu. Sie ist immer noch sehr niedrig, und die Photinos sind in Sicherheit. Doch die gelegentliche, seltene Vernichtung führt möglicherweise zu beobachtbaren Nebenprodukten. Wenn Photinos existieren, und dies ist ein sehr großes Wenn, sollten sie von den Astronomen entdeckt werden können.

Diese Nebenprodukte umfassen möglicherweise energiereiche Antiprotonen. Wir beobachten Teilchen hoher Energie, die sich nahezu mit Lichtgeschwindigkeit bewegen und als kosmische Strahlung auf die Erde treffen. Sehr wenige dieser Teilchen sind Antiprotonen, weniger als eines von zehntausend. Eine Paarvernichtung von Photinos kann ein Proton-Antiproton-Paar bilden, das aus reiner Energie geschaffen wird, falls die zur Verfügung stehende Energie groß genug ist. Die entstehenden Antiprotonen werden, zusammen mit allen anderen Teilchen der kosmischen Strahlung, im interstellaren Material eingefangen. Nun ist es extrem schwierig, Antiprotonen der kosmischen Strahlung zu erzeugen. Der einzige allgemein anerkannte Mechanismus liefert in der Tat Antiprotonen sehr hoher Energie durch Wechselwirkung hochenergetischer kosmischer Strahlen mit schweren Atomen des interstellaren Gases. Es besteht die Hoffnung, bei niedrigen Energien einen zusätzlichen Beitrag aus der Photino-Vernichtung zu finden. Ein anderes Nebenprodukt der Vernichtung ist die Erzeugung von Gammastrahlen. Dies sind sehr energiereiche Photonen, die das interstellare Medium durchdringen können und über die gesamte Galaxis hinweg sichtbar sind. Die Entdeckung von diffusen kosmischen Gammastrahlen ist ein weiteres Verfahren bei der Suche nach exotischen Überresten des Urknalls.

Eine besonders verlockende Möglichkeit, dunkle Materie nachzuweisen, ist, im Inneren unserer Sonne danach zu suchen. Beim Umlauf um das galaktische Zentrum durchquert die Sonne die dunkle Materie des Halos. Teilchen der dunklen Materie werden dann gelegentlich im Inneren der Sonne eingefangen und können allmählich zu einer merklichen Konzentration führen. Im 8. Kapitel werden wir beschreiben, wie dies zu beobachtbaren Folgen beim Neutrino-Nachweis führen kann.

Gravitonen

Das gravitative Gegenstück zum Photon ist das *Graviton*, das Quantum der Gravitationsstrahlung. Man würde erwarten, daß ein genügend chaotisches frühes Universum eine Fülle von Gravitonen enthält, die durch sich rasch verändernde Gravitationsfelder erzeugt werden. Es sollte jedoch auch heute einen merklichen Hintergrund von kosmologischen Gravitonen kurzer Wellenlänge geben, falls unsere Hypothese, daß die Temperatur bei Annäherung an die Singularität über alle Grenzen ansteigt, tatsächlich die Physik der ersten Millisekunde beschreibt. In diesem Szenarium bewirken die hohe Temperatur und Strahlungsdichte, daß die Gravitonen eng an die Strahlung gekoppelt werden und einen Gleichgewichtszustand erreichen. Genau wie die Photonen (jedoch wegen der ausgesprochen schwachen Wechselwirkung der Gravitonen zu einer viel früheren Zeit) erhalten die Gravitonen eine charakteristische Energieverteilung. Wir wissen wenig über die Natur der Quantengravitation und die Wechselwirkungen der Gravitonen, und eine Schwarzkörper-Verteilung muß nicht unbedingt vorliegen. Bei abnehmender Dichte geraten die Gravitonen aus dem Gleichgewicht und koppeln von der Materie ab. Sie expandieren in der Folge ungehindert, ihre Energie nimmt bis zur heutigen Epoche ab, und die typische Energie eines ursprünglichen Gravitons sollte jetzt einer Temperatur von etwas weniger als 1 K oder einer Wellenlänge von etwa 1 Millimeter entsprechen.

Einem etwas radikaleren Standpunkt zufolge sollte es möglich sein, daß bei sehr hoher Energie immer mehr Teilchenzustände erreichbar werden. In diesem Fall würde die Temperatur und die Strahlungsdichte der Gravitonen endlich bleiben, und die Gravitonen würden niemals thermisches Gleichgewicht mit der Materie erreichen: Es gäbe praktisch keinen kurzwelligen kosmologischen Gravitonen-Hintergrund. Prinzipiell haben wir somit eine bemerkenswerte Möglichkeit, die physikalischen Bedingungen des sehr frühen Universums zu erforschen.

Unglücklicherweise besitzen die kosmologischen Gravitonen vermutlich eine zu niedrige Energie, um nachweisbar zu sein. Es gibt zwei Arten von Detektoren für Gravitationsstrahlung. Interferometer sind dafür ausgelegt, schwache Störungen in orthogonalen Lichtstrahlen aufzuspüren, die viele Male hin und her reflektiert wurden und somit den sehr langen Armen einer Gravitationswellenantenne entsprechen. Mechanische Detektoren bestehen aus sorgfältig aufgehängten gekühlten Aluminiumblöcken, die auf winzige Oszillationen hin untersucht werden, die im Schwerefeld auftreten, wenn ein Stoß von Gravitonen durch einen solchen Block läuft. Das Ziel der existierenden Detektoren, das wegen ungenügender Empfindlichkeit noch nicht erreicht wurde, ist, Gravitationsstrahlungsstöße zu entdecken, die beim Kollaps von Sternen zu Schwarzen Löchern entstehen. Die für solche Ereignisse vorhergesagten Stöße sind bei weitem stärker als irgendein schwacher, vom sehr frühen Universum zurückgebliebener Gravitonenhintergrund. Die einzige Hoffnung, eine kosmologische Messung mit einem Gravitonendetektor zu erhalten, wäre, wenn starke Gravitonenflüsse bei chaotischen Ereignissen im Zusammenhang mit Gravitationskollaps in späteren Stadien der Entwicklung des Universums erzeugt worden wären. Wegen der extremen Symmetrie dieser späteren Zustände, die wir aus Studien der Isotropie der kosmischen Schwarzkörperstrahlung ableiten, erscheint diese Möglichkeit unwahrscheinlich, aber wir können sie nicht völlig ausschließen. Man kann aus dieser Isotropie schließen, daß die heutige Energiedichte von Gravitationswellen mit der Größe des Horizonts bestenfalls einen winzigen Bruchteil, etwa 10^{-4}, der Dichte darstellt, die für ein geschlossenes Universum nötig wäre. Solche Wellen würden einer Verteilung der Gravitonen zur Planckzeit entsprechen, die durch einen sehr milden Grad von Chaos hervorgerufen würde, etwa dem Grad, der mit den Dichtefluktuationen in Einklang steht, die in der Folge zur Galaxienentstehung führten.

Ursprüngliche Quarks

Die Ereignisse der ersten Millisekunde müssen nicht völlig im Bereich der Spekulation bleiben. Physiker haben bereits intensiv nach Beobachtungshinweisen für mindestens zwei Folgen gesucht, die sich aus der Urknalltheorie ergeben. Am erfolgversprechendsten erscheint die Suche nach *ursprünglichen Quarks*. Ein Quark ist ein Elementarteilchen, dessen Existenz von Kernphysikern postuliert worden ist, um die immer größer werdende Zahl verschiedener Arten von Elementarteilchen zu erklären, die in den letzten Jahren mit den großen Teilchenbeschleunigern entdeckt worden sind. Die herausragende Eigenschaft der Quarks ist, daß sie einen Bruchteil, entweder ein Drittel oder zwei Drittel der Ladung eines Elektrons oder Protons, besitzen, und Quarks sind vielleicht die einfachsten Bausteine, aus denen alle Hadronen aufgebaut werden. Obwohl Quarks noch nicht als isolierte Teilchen beobachtet worden sind, haben sich aus Beschleunigerexperimenten bei hohen Energien starke Hinweise für ihre Existenz ergeben. Die Existenz der Quarks ist und bleibt eine bedeutende Hypothese in der Theorie der Elementarteilchen.

Das frühe Universum bot eine einzigartige Umgebung, in der Quarks und Antiquarks sehr häufig waren. Als die Temperatur etwa eine Milliarde Elektronvolt (oder 10^{13} K) überstieg, wurden Quark-Antiquark-Paare in großen Mengen erzeugt und vernichtet. Während das Universum expandierte und sich abkühlte, wurden keine neuen Quark-Antiquark-Paare mehr erzeugt, und die existierenden Quarks und Antiquarks verschwanden durch Paarvernichtung fast vollständig. Ob noch eine Spur von ihnen übriggeblieben ist, hängt vom detaillierten (aber nicht sicher bekannten) Charakter der Wechselwirkung zwischen Quarks und anderen Teilchen ab. Wenn die starke Anziehungskraft zwischen Quarks bei genügend großen Abständen verschwindet, sollte eine winzige Zahl von Quarks übrigbleiben; ihre Dichte wird dann auf einen so niedrigen Wert abgefallen sein, daß sie in der Folge nicht mehr in der Lage waren, durch Paarvernichtung zu verschwinden.

Die Resthäufigkeit der Quarks (und Antiquarks) beträgt maximal ein Quark auf eine Milliarde Wasserstoffatome. Doch dieses Verhältnis bleibt während der Entwicklung des Universums nahezu konstant. Ein einzelnes Quark kann nur durch die Kollision mit einem Antiquark zerstört werden, und man schätzt, daß die für solche Kollisionen nötige Zeit größer ist als das heutige Alter des Universums. Die vorausgesagte Quarkhäufigkeit im Universum könnte so hoch sein wie die Häufigkeit von Gold.

Experimente haben gezeigt, daß die tatsächliche Quarkhäufigkeit in irdischen Felsen und im Meerwasser weit kleiner ist als der vorhergesagte obere Grenzwert. Die Teilladung der Quarks ist sehr hilfreich bei den Versuchen, sie von gewöhnlicher Materie zu unterscheiden, und man hat sehr genaue Ergebnisse erzielt. Austern setzen große Mengen von Meerwasser um und sind sehr gute Ablagerungsstätten für alle möglichen kosmologischen Überreste mit ungewöhnlicher Ladung oder Masse. Im Meerwasser scheint es höchstens ein Quark auf 10^{20} Wasserstoffatome zu geben. Es wurde über ein Experiment berichtet, bei dem Quarks in einem seltenen Metall entdeckt worden sind; es scheint denkbar, daß sehr schwere Metalle freie Quarks eher festhalten können als leichtere Materialien. Wenngleich dieses Experiment noch nicht bestatigt wurde, bleibt das mögliche Überleben freier Quarks ein Problem, das durch Experimente gelöst werden kann.

Wohin uns diese Ergebnisse führen, ist heute noch nicht klar. Wenn Quarks existieren und wenn ihre Trennung von den Antiquarks es ihnen ermöglicht, der Paarvernichtung zu entgehen, könnte aus der Tatsache, daß keine signifikanten Anzahlen von Quarks entdeckt worden sind, gefolgert werden, daß im frühen Universum keine Temperaturen von 1 Milliarde Elektronvolt oder 10^{13} K herrschten. Dies würde bedeutende Folgen für die Kosmologie haben, und wir müßten vielleicht nach einer Theorie suchen, die einen sehr heißen Urknall umgeht. Oder wir sähen uns gezwungen, unsere Vorstellungen über die Natur der Quarks zu revidieren, denn die Hypothese vom heißen Urknall scheint ebenso vernünftig zu sein wie die Annahmen über Quarks. In der Tat haben unsere heutigen Elementarteilchentheorien so viel erklären können, daß die Physiker nur sehr zögernd die Quarks von ihrem Platz im Innern der Kerne entfernen würden. Es scheint richtig, den Schluß zu ziehen, daß die Wirkung der starken Kernkräfte die Möglichkeit des Überlebens der ursprünglichen Quarks als freie Teilchen stark, aber nicht gänzlich, eingeschränkt haben muß.

Schwarze Mini-Löcher

Eine zweite Folge der frühesten Phase des Urknalls könnte die Erzeugung von *Schwarzen Mini-Löchern* sein. Um ihr Entstehen zu begreifen, müssen wir ein wirksames Argument betrachten, das häufig auf das frühe Universum angewandt wird.

Weil es praktisch keine direkten und unzweideutigen Folgeexperimente für unsere Annahmen über die ersten Sekunden des Urknalls gibt, können wir das Modell eines einfachen, gleichförmigen und isotropen Urknalls in Frage stellen. Was bleibt, ist die metaphysische Idee, daß ein stark irregulärer und chaotischer Anfang der wahrscheinlichste aus der unendlichen Anzahl von möglichen Modellen des frühen Universums zu sein scheint. Die einzige Einschränkung ist natürlich, daß solche Modelle schließlich in einem gleichförmigen Expansionszustand enden müssen, um eine angemessene

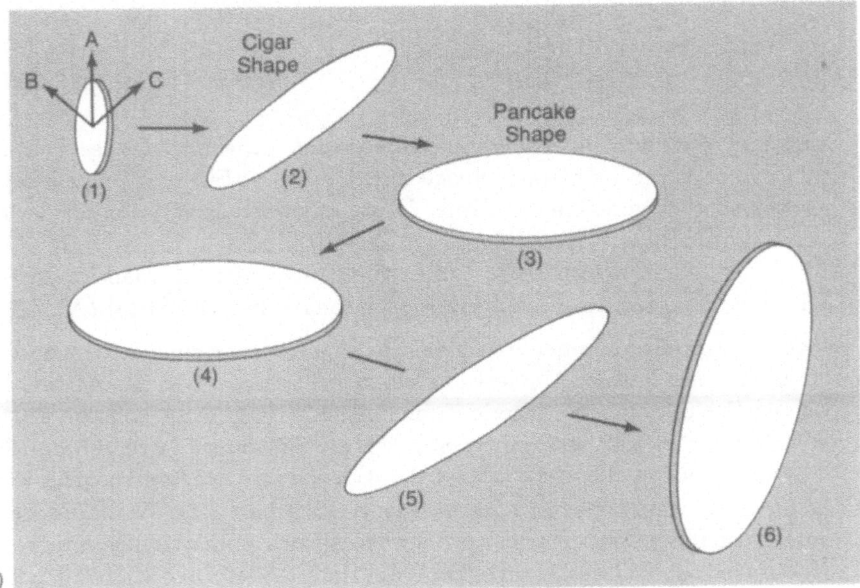

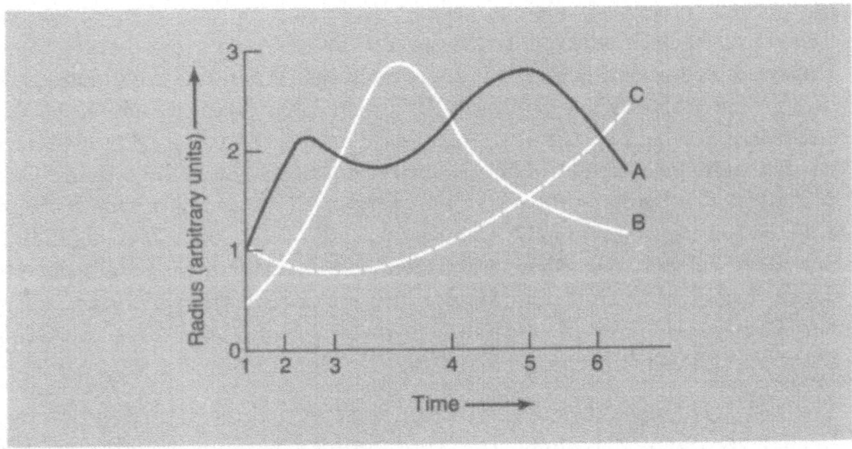

Abb. 6.5 Das Mixmaster-Modell

Das chaotische Mixmaster-Modell beschreibt das komplexeste Verhalten irgendeines kosmologischen Modells. Man stellt sich das Universum als eine flüssige Kugel vor, die im Laufe der Zeit expandiert und sich durch eine Folge von zufällig orientierten zigarrenförmigen (Cigar Shape) und pfannkuchenförmigen (Pancake Shape) Konfigurationen entwickelt (a). Während das Universum in einer Richtung expandiert, kontrahiert es in einer dazu senkrechten Richtung. In jeder Richtung wechseln Zyklen der Expansion und der Kontraktion miteinander ab. Die Änderung der Radien von drei aufeinander senkrecht stehenden, mit A, B und C bezeichneten Achsen zeigt den bei zeitlich wachsendem Volumen auftretenden Übergang von Pfannkuchenformen zu Zigarrenformen (b); hier ist der Radius (in willkürlichen Einheiten) als Funktion der Zeit aufgetragen. Sechs aufeinander folgende Zeiten sind dargestellt.

Erklärung des heute beobachteten Universums zu liefern. Dieses Postulat des *Urchaos* kann quantitativ ausgedrückt werden. Ein mögliches Modell, das ursprünglich von Charles Misner formuliert worden ist, ist unter der Bezeichnung *Mixmaster-Modell* bekannt. Diesem Modell zufolge durchlief das frühe Universum abwechselnde Zyklen von gleichzeitiger Expansion in zwei Richtungen und Kontraktion in einer dazu senkrechten Richtung (Abb. 6.5).

Wenn die Amplitude einer Irregularität in einem sehr chaotischen und inhomogenen Modell des Universums einen kritischen Wert übersteigt, hat dies zur Folge, daß alle Materie in der lokalen Umgebung kollabiert. Dieser Kollaps wird erst gestoppt, wenn sich ein Schwarzes Loch gebildet hat – das heißt, wenn das Schwerefeld der kollabierten Region so groß wird, daß Licht in ihrem Innern eingeschlossen bleibt (Abb. 6.6). Wenn die Sonne jemals zusammenstürzen und ein Schwarzes Loch bilden würde, müßte sie sich auf fast ein Millionstel ihres heutigen Radius von einer Million Kilometern zusammenziehen. Die Massen der kosmologischen Schwarzen Löcher, die sich weniger als 10^{-3} Sekunden nach dem Urknall gebildet haben, sollten jedoch wesentlich kleiner als die Sonnenmasse sein. Die Masse eines ursprünglichen Schwarzen Lochs ist durch die Größe des beobachtbaren Universums zur Zeit seiner Bildung bestimmt. Wenn das kollabierende Gebiet größer wäre als das sichtbare Universum, würde etwas sehr Drastisches eintreten: Weder Teilchen noch Lichtstrahlen hätten von ihm ausgehen oder zu ihm gelangen können. Das bedeutet, daß sich das kollabierende Gebiet vom Rest des Universums praktisch entkoppelt hätte. Es würde schließlich ein „getrenntes Universum" gebildet haben. Wir betrachten folglich nur Schwarze Löcher, die Massen besitzen, die der Masse innerhalb des Horizonts vergleichbar sind. Die Massen der ersten Schwarzen Löcher, die sich zur Planckzeit bildeten, enthalten etwa ein Millionstel Gramm. Größere Schwarze Löcher bildeten sich später.

Stephen Hawking hat den Vorschlag gemacht, daß die kleinsten Schwarzen Löcher verdampfen können. Die Verdampfung läuft in der gleichen Weise ab wie die Teilchen-Paarvernichtung in den frühesten Augenblicken des Universums. Die riesigen Kräfte nahe der Oberfläche eines Schwarzen Loches können die virtuellen Teilchenpaare der Raum-Zeit zerreißen und einen Schauer von komplexen Kernteilchen erzeugen. Diese Schwarzen Löcher würden in einem intensiven, katastrophalen Ausbruch hochenergetischer Gammastrahlung zugrundegehen.

Je kleiner das Schwarze Loch ist, umso schneller wird es dazu neigen, sich selbst zu zerstören. Nur die größten der ursprünglichen Schwarzen Löcher bleiben übrig – diejenigen mit Massen von mehr als 10 Milliarden Tonnen, vergleichbar der Masse eines kleinen Berges. Die Größe eines solchen Schwarzen Loches beträgt nur ein Hundertmilliardstel eines Millimeters,

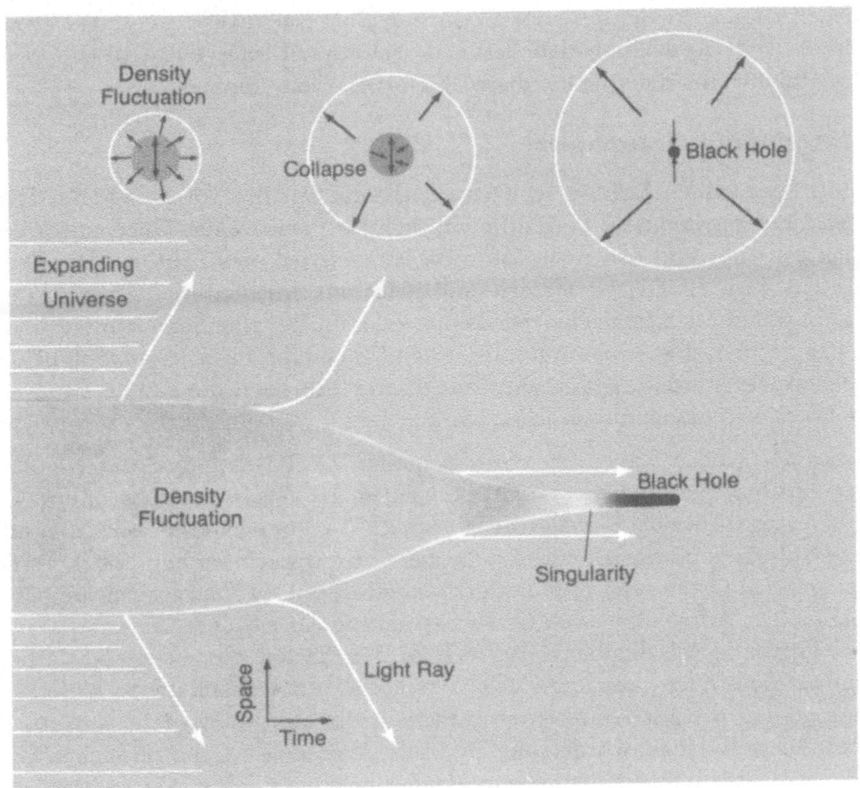

Abb. 6.6 Die Entstehung eines Schwarzen Lochs
Eine starke Dichtefluktuation (Density Fluctuation) im frühen Universum könnte in ein Schwarzes Loch (Black Hole) kollabiert sein (oben). Wir können dies auch in einem Raum-Zeit-Diagramm darstellen (unten), in dem zwei der drei Raumkoordinaten unterdrückt wurden. Die Horizontale stellt die Zeit (Time) dar. Wenn die kollabierende Materie einen kritischen Radius erreicht, kann das Licht nicht mehr entkommen, sondern bleibt eingefangen (Pfeile bezeichnen Lichtstrahlen = Light Ray), das Licht bleibt an dem Radius „stecken", der die Begrenzung des Schwarzen Loches darstellt.

und es ist deshalb nur schwer auf direktem Wege zu entdecken. Solche Schwarzen Löcher können jedoch sehr häufig sein, und es wurden sogar schon Satellitenexperimente vorgeschlagen, um solche Objekte einzufangen und sie als exotische Energiequellen zu benutzen. Ein etwas realistischeres Experiment wäre vielleicht der Versuch, die Verdampfung von etwas kleineren ursprünglichen Schwarzen Löchern zu entdecken, von denjenigen, die sich gerade auf der Schwelle ihrer endgültigen Zerstörung befinden. Satelliten haben viele kosmische Gammastrahlenausbrüche beobachtet, für die es bisher keine zufriedenstellende Erklärung gibt. Nach Aussage einiger Theoretiker ist es vorstellbar, daß sterbende Schwarze Löcher aus dem Ursprung des Universums die Quellen dieser Ausbrüche sein können.

Materie und Antimaterie

Einer der frühen Erfolge der Quantentheorie war die Vorhersage der Existenz von *Antiteilchen.* So fand man, daß das Positron das Gegenstück des Elektrons ist, und das Antiproton das Gegenstück des Protons. Die Erde besteht vorwiegend aus Materie und nicht aus Antimaterie. Antiteilchen, die in Schauern kosmischer Strahlung oder in Teilchenbeschleunigern erzeugt werden, überleben in der irdischen Umgebung nicht lange. Sobald sie abgebremst werden, ist ihr unvermeidbares Schicksal die rasche Paarvernichtung mit einem entsprechenden Teilchen.

Eines der großen Rätsel der Kosmologie ist, ob Teilchen der Materie oder der Antimaterie im Universum überwiegen. Ist unser irdisches Laboratorium typisch für den Rest des Universums? Wir können sicher sein, daß unsere Galaxis keine Sterne enthält, die aus Antimaterie bestehen, sonst würde die an allen Orten verbreitete interstellare Materie zu Paarvernichtung und folglich zur Aussendung von Gammastrahlung einer Stärke führen, die sehr viel größer ist als beobachtet. Doch in den Tiefen des intergalaktischen Raums kann alles ganz anders sein. Es könnte tatsächlich ganze Antigalaxien geben, die aus Antisternen bestehen, die aus Antimaterie aufgebaut sind. Diese Systeme würden sich in ihrem Aussehen von gewöhnlichen Galaxien nicht unterscheiden. Wenn es aber solche Objekte gibt, müssen sie sehr selten sein, wie wir jetzt zeigen werden.

Eine Schwierigkeit bei der Vorstellung der Existenz von Antigalaxien ist, sie von Galaxien fernzuhalten. Heute sind sie durch riesige Leeren getrennt, doch im frühen Universum müssen diese Gebiete relativ nahe beieinander gewesen sein. Es scheint schwierig, dann eine Paarvernichtung zu vermeiden, insbesondere weil, wie wir wissen, viele Gebiete des intergalaktischen Raums von einem dünnen Gas ausgefüllt sind. Eine Wechselwirkung mit diesem Gas würde in Antimateriegebieten unvermeidlich zur Paarvernichtung und zum Aussenden von beobachtbarer Gammastrahlung führen (Abb. 6.7). Wir folgern daher, daß das Universum wahrscheinlich grundsätzlich asymmetrisch ist und einen großen Überschuß von Materie über Antimaterie besitzt.

Heute ist der erforderliche Überschuß sehr groß, in Übereinstimmung mit den Grenzen, die durch Beobachtungen im Gammabereich festgelegt werden, aber im sehr frühen Universum müssen die Mengen von Materie und Antimaterie nahezu gleich gewesen sein. Der Grund ist, daß zu sehr frühen Zeiten das Strahlungsfeld überreichlich Paare von Teilchen und Antiteil-

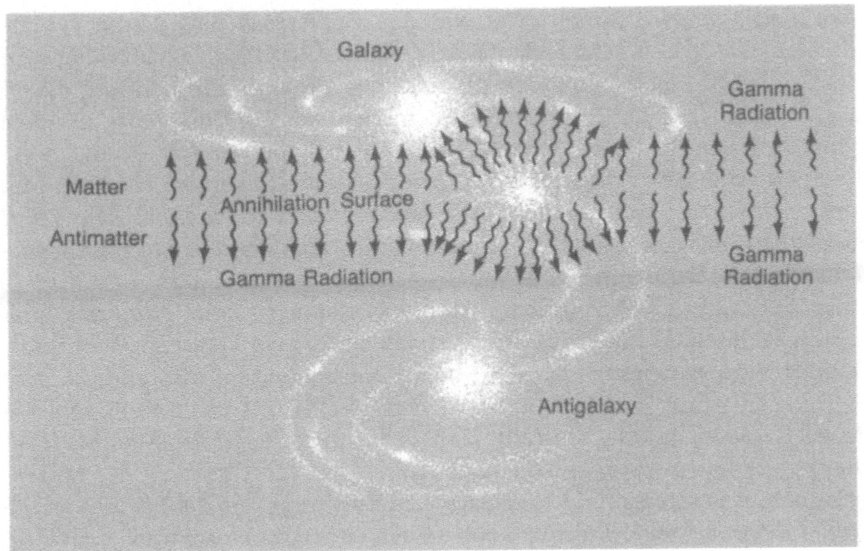

Abb. 6.7 Galaxien und Antigalaxien
Wenn Materie (Matter) und Antimaterie (Antimatter) aufeinandertreffen, muß an der Zerstrahlungsfläche (Annihilation Surface) Zerstrahlung stattfinden. Diese Zerstrahlung hat die intensive Aussendung von Gammastrahlung (Gamma Radiation) zur Folge, die mit Hilfe von Weltraumteleskopen entdeckt werden kann. Das Fehlen einer größeren Menge beobachteter Gammastrahlung deutet darauf hin, daß nur ein kleiner Bruchteil des beobachtbaren Universums aus Antimaterie bestehen kann. Es ist vorstellbar, jedoch nicht wahrscheinlich, daß durch irgendeinen unbekannten Prozeß die Zerstrahlung verhindert wird, indem Galaxien und hypothetische Antigalaxien voneinander getrennt gehalten werden.

chen erzeugte. In diese heiße Umgebung waren gelegentlich Protonen und Elektronen eingebettet. Es gab jedoch nur ein überschüssiges Proton pro 100 Millionen Photonen und Teilchen-Paare. Der symmetrische Inhalt des Universums (die Teilchenpaare und die Photonen) überwog den asymmetrischen Teil (die überschüssigen Protonen und Elektronen) um einen Faktor 100 Millionen. Die Photonen waren genügend energiereich, um die mit ihnen verknüpfte Massendichte zur vorherrschenden Form der Materie zu machen (man erinnere sich an $E = mc^2$). Als sich die Strahlung jedoch abkühlte und die Teilchenpaare durch Paarvernichtung verschwanden, wurde die überschüssige Materie schließlich der vorherrschende Bestandteil, da sich die Energie jedes Photons verringerte. Die Energie eines typischen Photons der kosmischen Schwarzkörper-Hintergrundstrahlung beträgt heute nur ein Tausendstel eines Elektronvolts. Folglich stellen die Atome jetzt den Hauptbestandteil der Massendichte.

Sekunden nach der Singularität war das Universum hochgradig symmetrisch. Es ist jedoch sehr bedeutsam, daß das Universum nicht völlig symmetrisch war – unsere Existenz hängt davon ab! Doch die Lektion, die wir aus der Elementarteilchenphysik lernen, ist, daß das Universum in einem symmetrischen Zustand entstand. Elementarteilchen werden erzeugt, wenn die Symmetrie gebrochen wird, während sich das Universum abkühlt. Man stelle sich Dampf vor, der sich in Wassertröpfchen kondensiert: Die Tröpfchen sind die Elementarteilchen, die plötzlich entstehen, wenn die thermodynamischen Bedingungen es erlauben. Aber warum bildet sich Materie statt Antimaterie? Wir wollen dies am besseren Beispiel eines Eisenmagneten erklären. Wenn ein solcher Magnet unter eine kritische Temperatur gekühlt wird, entwickelt sich der Magnetismus spontan, während die Feldrichtung (die hier analog dem Vorzeichen der Materie ist) sich in verschiedenen Gebieten zufällig einstellt. Neuere Entwicklungen der Elementarteilchenphysik haben einen möglichen Schlüssel für den Ursprung der Materie gefunden. Einer neuen und spekulativen Theorie zufolge, die bemüht ist, die starke Kernwechselwirkung mit den beiden anderen, der schwachen und der elektromagnetischen Wechselwirkung zu verknüpfen, zerfallen überschwere Teilchen, die sich kurz nach der Planckzeit gebildet hatten, asymmetrisch, und liefern etwas mehr Teilchen als Antiteilchen.

Wie vernünftig ist eine solche ursprüngliche Asymmetrie? Die Theorie ist völlig plausibel, weil jede vereinheitlichende Theorie Hadronen und Leptonen nur bei hoher Energie gleichberechtigt behandeln kann. Diese Symmetrie zwischen schweren und leichten Teilchen ist nur bei ausreichend hohen Energien natürlich; es erfordert Energie, eine Sorte in eine andere umzuwandeln. Die Temperatur sinkt, die Symmetrie zerbricht, und es bleiben gelegentliche, seltene Hadronen übrig, die nur eine Reise ohne Wiederkehr machen können: Zerfall ohne darauffolgende Erzeugung. Die Zerfälle setzen einige symmetrische Bestandteile frei, die zu gleichen Teilen aus Materie und Antimaterie bestehen, doch es gibt ein Ungleichgewicht: ein leichtes Überwiegen von Materie über Antimaterie. In wahren Gleichgewicht hätte dies keine Folgen, weil für jeden Zerfall ein entsprechendes Teilchen neu gebildet würde. Doch der Sündenfall ist unvermeidlich, da die Temperatur abnimmt und die Zerfälle gegenüber den Erzeugungen überwiegen. Die Zerfallsprodukte zerstrahlen, doch die zurückbleibende Überschußmaterie (und möglicherweise einige Gebiete mit Antimaterie) stellt nun die gesamte Materie im beobachtbaren Universum dar.

Daraus ergibt sich ein beobachtbarer Effekt. Der anfängliche Zustand der Symmetrie bedeutet, daß sich bei hohen Energien Hadronen in Leptonen verwandeln konnten und umgekehrt. Im heutigen niederenergetischen Universum tritt dieser Vorgang immer noch auf, aber extrem langsam. Das hat zur folgenden Überlegung geführt: Protonen sollten über einen Zeitraum, der sich für bestimmte Wechselwirkungsmodelle in der „Theorie der großen Vereinheitlichung“ zu mehr als 10^{30} Jahren errechnet, in Leptonen zerfallen können. Trotz dieser riesigen Zeitskala sind Experimente im Gange, die nach dem Protonenzerfall suchen. Man nehme eine genügend große Zahl von Protonen – sagen wir 10^{32}, die Zahl in einhundert Tonnen Wasser – und Zerfälle sollten ein wöchentliches oder gar tägliches Ereignis sein. Die Experimente sind in tiefen, unterirdischen Bergwerken aufgebaut worden, um einen durch die kosmische Strahlung erzeugten Hintergrund zu vermeiden, und man sucht nach den seltenen Lichtblitzen, die durch die energiereichen Nebenprodukte eines solchen Protonenzerfalls ausgelöst werden. Wasserdetektoren in einer Goldmine in Indien und in einer Salzmine in Cleveland haben keine Protonenzerfälle nachweisen können. Das deutet auf eine Lebensdauer der Protonen von mehr als 10^{32} Jahren. Dies ist eine angenehm lange Zeitskala für die Kosmologen, um sich keine unnötigen Gedanken machen zu müssen, und ist durchaus vereinbar mit großen Vereinheitlichungstheorien, die eine Erklärung der Materie-Antimaterie-Asymmetrie als Folge von asymmetrischen Zerfällen während der etwa ersten 10^{-36} Sekunden des Universums erlauben.

Ob diese Zerfälle zu einem Überwiegen der Materie oder der Antimaterie führten, ist ein etwas willkürliches Ergebnis. Wir nennen unsere Umgebung Materie, doch es ist vorstellbar, daß es riesige Gebiete aus Antimaterie und andere Gebiete aus Materie geben kann. Alles, was wir sagen können, ist, das es aufgrund von Beobachtungen kaum Beweise für mehr als die winzigste Spur von Antimaterie um uns herum gibt. Der endgültige Beweis dafür, daß es einst Materie und Antimaterie in vergleichbaren Mengen gab, ist, daß sich das durch Paarvernichtung zerstrahlte Material in die Hintergrundstrahlung verwandelte und schließlich zu seiner heutigen Temperatur von 3 K abkühlte. Unsere Existenz legt Zeugnis von einem kleinen Überschuß von Materie (1 Teil in 100 Millionen) ab. In den folgenden Kapiteln werden wir die Entwicklung dieser Überschußmaterie aus dem Urknall betrachten, die die Paarvernichtung überlebt hat und aus der jetzt das unserer Beobachtung zugängliche Universum besteht.

7

Die thermonukleare Explosion des Universums

Wenn ich bei der Schöpfung zugegen gewesen wäre, hätte ich einige Vorschläge für eine bessere Ordnung des Universums gemacht.

ALFONS DER WEISE

Nach der ersten Millisekunde waren fast alle Hadronenpaare, also alle schweren Elementarteilchen, die nur den starken Kernwechselwirkungen unterworfen sind, zerstrahlt. Die von *starken Wechselwirkungen* (den Kräften, die für den Zusammenhalt der Atomkerne sorgen) beherrschte *Hadronenära* war vorbei; in der Folge kamen die *schwachen Kernwechselwirkungen* ins Spiel. Die schwachen Wechselwirkungen bestimmten den Zerfall der freien, aus der Hadronenära übriggebliebenen Neutronen zu Elektronen und Protonen (sie bestimmten auch bestimmte andere Prozesse des radioaktiven Zerfalls). Eine entscheidende Spur von Neutronen war aus der vorhergegangenen Epoche übriggeblieben, weil keine entsprechenden Antiteilchen vorhanden waren, mit denen zusammen die Neutronen hätten zerstrahlen können. Bei schwachen Wechselwirkungen treten auch kaum faßbare Teilchen auf, die man als *Neutrinos* und *Antineutrinos* bezeichnet. Man nimmt allgemein an, daß sie keine Masse besitzen und nur durch ihren Spin und ihre Energie charakterisiert sind. Diese Teilchen werden zusammen mit Elektronen und Positronen als *Leptonen* (leichte Teilchen) bezeichnet, und wir können sagen, daß die Hadronenära von der *Leptonenära* abgelöst wurde. Während der Leptonenära bestand das Universum aus einer Mischung von Photonen, Kernteilchen, Neutrinos und Antineutrinos, und während einer kurzen Anfangsphase, aus Elektron-Positron-Paaren.

Neutronen

Eine der wichtigsten schwachen Wechselwirkungen ist die Vereinigung eines Protons und eines Elektrons, wobei ein Neutron und ein Antineutrino gebildet wird. Durch diese Reaktion werden in großen Mengen Neutronen erzeugt, die eine mit den Protonen vergleichbare Häufigkeit erreichten. Damit diese Neutronenbildung abläuft, benötigt man jedoch eine große Zahl von Elektronen, und die dafür günstige Umgebung änderte sich abrupt, als das Universum etwa eine Sekunde alt war. Zu dieser Zeit sank die Temperatur unter 1 Million Elektronvolt, entsprechend 10 Milliarden K. Man benötigt eine Energie von etwa einer Million Elektronvolt, um ein neues Elektron-Positron-Paar zu erzeugen. Die Paarerzeugung hörte auf, und die vorhandenen Elektron-Positron-Paare zerstrahlten. Die neutronenbildenden Reaktionen hörten auf, aber eine beträchtliche Zahl von Neutronen blieb übrig. Es gab in der Tat gerade ein Neutron auf sechs Protonen. Dieses Verhältnis von einem Neutron auf sechs Protonen hängt wesentlich von der Massendifferenz zwischen Neutron und Proton ab und beruht auf der konkurrierenden Geschwindigkeit zweier Prozesse: der schwachen Kernwechselwirkungen und der Expansion. Wenn wir Einsteins bekannte Gleichung $E = mc^2$ anwenden, können wir diese Massendifferenz als Energie auffassen. Das Neutron ist um etwa 1.3 Millionen Elektronvolt massereicher als das Proton. Wenn die Temperatur des Universums und damit die Energie der Teilchen unter diese typische Energie fällt, werden Reaktionen, die die schwereren Neutronen einschließen, unterdrückt und das Neutronen-Protonen-Verhältnis wird eingefroren: Neutronen werden durch schwache Wechselwirkungen weder erzeugt noch zerstört, außer durch den Zerfall von freien Neutronen.

Neutronen sind die entscheidende Komponente in der nächsten Folge von Ereignissen. Freie Neutronen sind instabile Teilchen. Ein freies Neutron zerfällt im Verlauf von etwa elf Minuten spontan. Neutronen spielen auch bei der thermonuklearen Kernspaltung und -verschmelzung eine wichtige Rolle. Aus dem Verschmelzen von Neutronen mit Atomkernen entstehen massereichere und stabile Kerne. Wegen der starken Kernbindungskräfte zwischen Neutronen und Protonen weist der neugebildete Kern, verglichen mit der Gesamtmasse der Einzelteilchen, aus denen er sich zusammmensetzt, ein winziges Massendefizit auf. Die in der Kernbindung steckende Energie macht sich als ein Massendefizit bemerkbar und wird bei der Bildung des Kerns freigesetzt. (In gleicher Weise wird in einer Wasserstoffbombe Wasserstoff zu Helium umgewandelt, und der winzige Massenunterschied zwischen einem Heliumkern und vier Protonen liefert die Energiequelle.) Wir bezeichnen diesen Prozeß, durch den schwerere Elemente, oftmals unter Energiefreisetzung, aus leichteren aufgebaut werden, als Kernverschmelzung oder *Nukleosynthese.*

Nukleosynthese

Das frühe Universum verhielt sich ähnlich wie eine Kernfusionsbombe, obwohl in seinem Fall kein Auslöser in Form einer Atombombe nötig war, um eine genügend hohe Temperatur zu erzeugen und so die Fusion in Gang zu setzen. Zunächst blieben die Neutronen freie Teilchen; das Strahlungsfeld war so stark, daß es die ersten möglicherweise entstehenden Kernverschmelzungsprodukte augenblicklich wieder zerstörte. Erst nach etwa einer Minute, nachdem die Temperatur unter eine Milliarde K gesunken war, setzten die Reaktionen ein. Zuerst fing ein Neutron ein Proton ein und bildete einen Deuteriumkern (schwerer Wasserstoff). Deuterium ist ein guter Neutronenabsorber: Schweres Wasser (HDO), bei dem eines der Wasserstoffatome des H_2O durch ein Deuteriumatom ersetzt ist, wird wegen seiner hohen Absorptionswirkung für Neutronen häufig in Kernreaktoren verwendet. Das Deuterium fing anschließend ein weiteres Neuton ein und wurde zu *Tritium*; schließlich reagierte das Tritium mit einem Proton und verwandelte sich in Helium. Fast alle Neutronen wurden zur Bildung von Heliumkernen verwendet. Da jeder Heliumkern aus zwei Neutronen und zwei

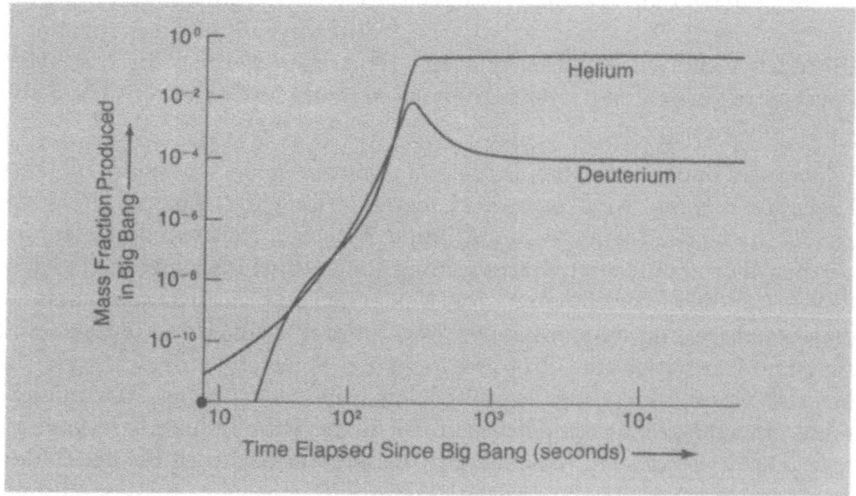

Abb. 7.1 Nukleosynthese in einem geschlossenen Universum
Dieses Diagramm, in dem der im Urknall erzeugte Massenbruchteil gegen die seit dem Urknall verflossene Zeit (in Sekunden) aufgetragen ist, zeigt den zeitlichen Verlauf der Bildung von Deuterium und Helium im frühen Universum. Kernreaktionen konnten nach etwa einer Minute effektiv einsetzen. Deuterium erreichte eine maximale Häufigkeit von etwa 1 Massenprozent relativ zu Wasserstoff und wurde dann bei der Heliumsynthese auf einen sehr kleinen Wert reduziert. Die Heliumhäufigkeit erreichte schließlich etwa 25 Massenprozent.

Protonen besteht, war das Ergebnis schließlich ein Heliumkern auf je zehn Wasserstoffkerne (Abb. 7.1). Der Urknall hatte zur Entstehung von Helium geführt. Das vorausgesagte Verhältnis von Helium zu Wasserstoff kann nur durch eine tiefgreifende Änderung der Urknalltheorie geändert werden. Wir werden den hier vorgestellten gleichförmigen und isotropen Urknall als das Standardmodell bezeichnen.

Es gibt radikale Alternativen zum Standardmodell. Eine dieser Alternativen postuliert das Vorhandensein sehr starker Turbulenz während der *Ära der Nukleosynthese.* Eine andere Alternative postuliert, daß die Gravitationskraft in der Vergangenheit sehr viel stärker war als heute. Jede dieser Alternativen hätte zu einer Beschleunigung der Expansionsrate des frühen Universums geführt und den Neutronen nicht genügend Zeit gelassen, vor ihrem Zerfall merkliche Reaktionen hervorzurufen. Daher wäre praktisch kein Helium gebildet worden. Andererseits hätte eine geringere Beschleunigung der Expansion die Effizienz der anfänglichen Neutronenbildung vergrößert, und damit die vorhergesagte Heliumhäufigkeit erhöht.

Die Heliumhäufigkeit

Astronomische Messungen der heutigen Heliumhäufigkeit erlauben eine überraschend starke Einschränkung der Bedingungen, die im Universum geherrscht haben müssen, als es etwa eine Minute alt war. Überall in unserer Galaxis und in vielen nahen Galaxien hat man Helium nachgewiesen. Man findet Helium sowohl in den Atmosphären alter Sterne als auch in den ionisierten Gasnebeln, die junge Sterne umgeben. Helium ist auch Bestandteil der energiereichen Teilchen der kosmischen Strahlung, die den interstellaren Raum erfüllen. Man hat Helium sogar in den leuchtkräftigen und sehr entfernten Objekten gefunden, die als *Quasare* bekannt sind. Die Häufigkeiten anderer chemischer Elemente weisen in verschiedenen Quellen sehr starke Unterschiede auf, wie wir es aufgrund der großen Unterschiede in der Entwicklungsgeschichte dieser Gebiete auch erwarten würden. Dagegen zeigt sich, daß es überall etwa einen Heliumkern auf zehn Wasserstoffkerne gibt, weder beträchtlich mehr noch weniger. (Tatsächlich findet man leichte Unterschiede. Die chemisch stärker entwickelten, metallreicheren Gaswolken haben eine etwas höhere Heliumhäufigkeit aufgrund von Beiträgen aus der stellaren Nukleosynthese. Am liebsten würde man die ursprüngliche, prägalaktische Heliumhäufigkeit messen, die nur in den einfachsten, metallärmsten Galaxien gefunden wird.) Wenn man mit so deutlichen Hinweisen auf eine universelle Heliumhäufigkeit konfrontiert wird, erscheint die Hypothese, daß das Helium aus dem Urknall stammt, unwiderstehlich.

Die im Urknall erreichte Heliumhäufigkeit reagiert relativ unempfindlich auf leichte Änderungen im Standardmodell. Es gibt nur geringfügige Unterschiede zwischen der Heliummenge, die in einem offenen Modell (das für alle Zeiten expandieren wird) erzeugt wird, und derjenigen, die in einem geschlossenen Modell (das schließlich wieder kollabieren wird) produziert wird. Beim ersten Hinsehen ist dies ein recht überraschendes Ergebnis. Die Epoche der Nukleosynthese wird hauptsächlich durch den Temperaturwert bestimmt, der während der Nukleosynthese in beiden kosmologischen Modellen eine Milliarde K betrug. Folglich ist der wesentliche Unterschied zwischen diesen zwei Modellen, daß in einem offenen Universum die Dichte während der Ära der Nukleosynthese wesentlich niedriger war als in einem geschlossenen. Weil sich jedoch Neutronen sehr effektiv mit Protonen verbinden und zur Bildung von Heliumkernen führen, verringert eine Änderung der Dichte um ein bis zwei Größenordnungen nur die Reaktionsrate, ändert jedoch nicht wesentlich die resultierende Heliumhäufigkeit. Die vorhergesagte Heliumhäufigkeit wäre im Fall eines offenen Universums nur um ein bis zwei Prozent niedriger.

Deuterium

Obwohl die Erzeugung von Helium für offene und geschlossene Urknallmodelle ähnlich ist, stellt sich heraus, daß ein wichtiges Nebenprodukt der Reaktionen, Deuterium, extrem empfindlich auf Dichteänderungen reagiert (Abb. 7.2). In offenen wie in geschlossenen Modellen wurden große Mengen von Deuterium erzeugt, die aber dann durch Kollisionen mit Protonen wieder zerstört wurden. Weil die Dichte zur Epoche der Nukleosynthese in einem offenen Modell geringer war als die in einem geschlossenen, ist die Menge des durch Kollisionen zerstörten Deuteriums im offenen Modell kleiner. Folglich kann die resultierende Deuteriummenge in einem offenen Modell wesentlich größer sein als die für das geschlossene Modell vorhergesagte.

Deuterium ist kein sehr häufiges Isotop. Unter etwa 30 000 Wasserstoffatomen findet sich ein Deuteriumatom (Abb. 7.3). Diese geringe Häufigkeit macht Deuterium für eine geringfügige Änderung in der viel größeren Heliumhäufigkeit empfindlich. Im Gegensatz zu anderen schweren Atomen kann es jedoch nicht in gewöhnlichen Sternen gebildet werden. Bei den hohen Temperaturen im Sonneninnern würde das relativ zerbrechliche Deuterium vollständig zerstört werden. Daher wurde vermutlich das gesamte in der Galaxis beobachtete Deuterium in den ersten Minuten des Urknalls erzeugt. Weil im geschlossenen Standardmodell praktisch kein Deuterium erzeugt wird, können wir vielleicht den Schluß ziehen, daß das Universum offen ist.

Wir finden jedoch eine mögliche Hintertür aus dieser Schlußfolgerung, wenn wir eine vom Standardmodell abweichende Modifizierung des Urknalls be-

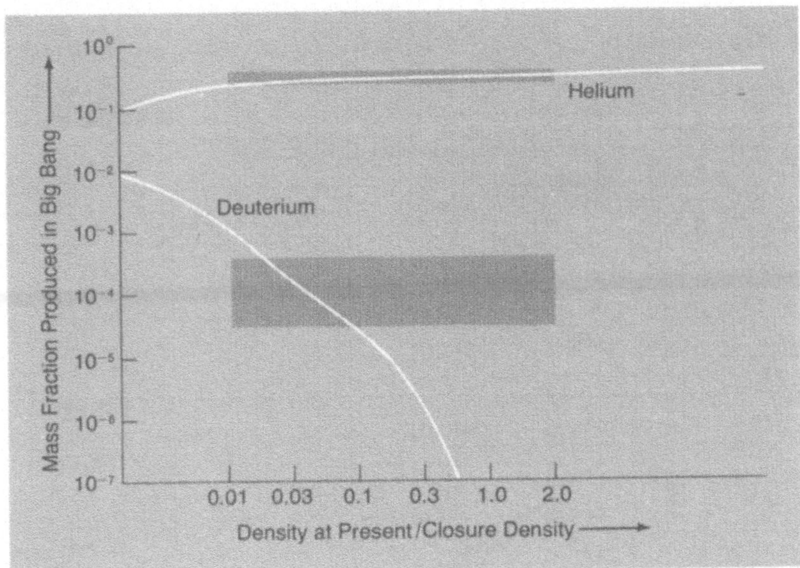

Abb. 7.2 Abhängigkeit der Nukleosynthese von der mittleren Dichte der Materie im Universum
Die im Urknall erzeugte Heliummenge hängt nur wenig davon ab, wie dicht das heutige Universum ist, oder ob das Universum offen oder geschlossen ist. Die Deuteriumhäufigkeit reagiert jedoch extrem empfindlich auf diesen Parameter. In der Abbildung ist der im Urknall erzeugete Massenbruchteil als Funktion des Verhältnisses der heutigen Dichte zur Dichte, bei der das Universum geschlossen ist, aufgetragen. Die Kästen zeigen den Bereich der Häufigkeiten an, die mit Beobachtungen in Einklang gebracht werden können. Ein offenes Modell (geringe Dichte) erzeugt genug Deuterium, um die beobachtete Häufigkeit zu erklären, ein geschlossenes Standardmodell (mit einer Dichte, die größer als etwa 5×10^{30} Gramm pro Kubikzentimeter ist) erzeugt jedoch praktisch kein Deuterium.

trachten. Während des Übergangs von einem quarkbeherrschten zu einem hadronenbeherrschten Universum, der bei einer Temperatur von etwa 200 Millionen Elektronvolt auftrat, könnten sich große Blasen der neuen Hadronenphase gebildet haben, bevor der Übergang abgeschlossen war. Die Neutronen in diesen Gebieten gewöhnlicher Hadronenmaterie neigen dazu, sich rascher zu zerstreuen als geladene Teilchen. Deshalb gab es Bereiche von neutronenarmem und von neutronenreichem Material. Änderungen der Neutronenhäufigkeit von Ort zu Ort können die nachfolgende Deuterium- und Heliumsynthese verändern. Ein Universum hoher Dichte kann so ein Universum niediger Dichte imitieren. Eine andere Möglichkeit besteht darin, daß während der Epoche der Nukleosynthese eine lokale Beschleunigung der Expansionsrate über einen Bereich von der Größenord-

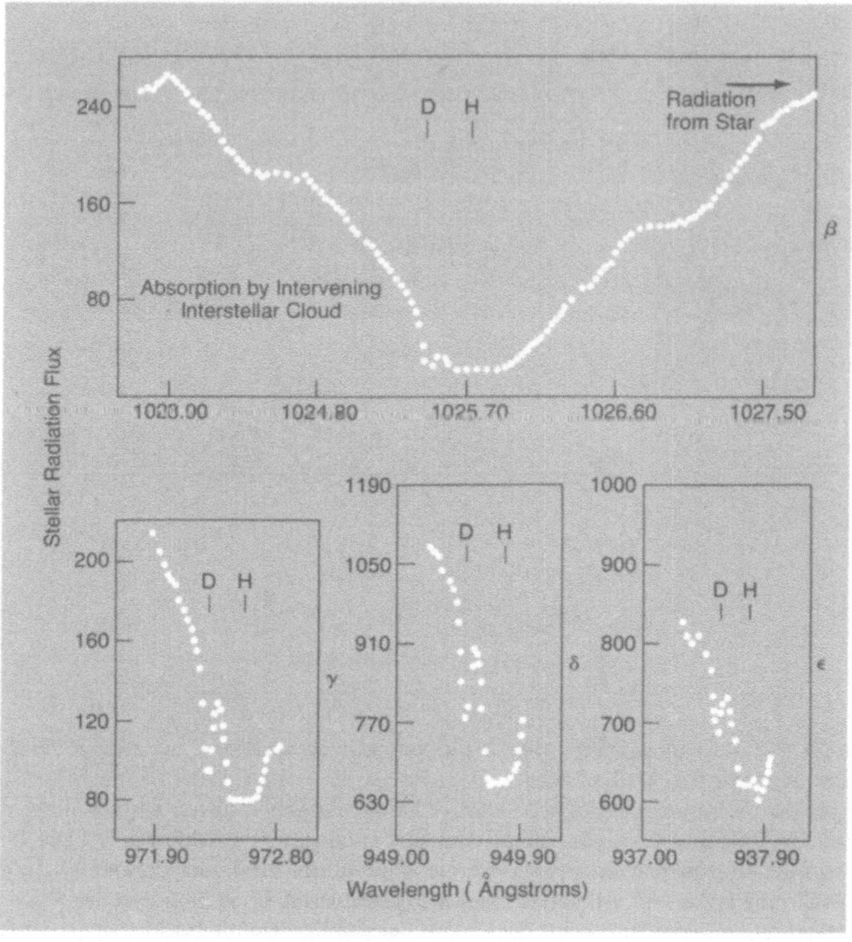

Abb. 7.3 Deuteriumbeobachtungen
Mit dem Weltraumsatelliten *Copernicus* (OAO-3) erhaltene interstellare Absorptionslinienprofile im Ultraviolettspektrum eines hellen Sterns. Der Strahlungsstrom des Sterns ist als Funktion der Wellenlänge (in Å = 0.1 Nanometer) dargestellt. Die Profile zeigen das Vorhandensein schmaler Absorptionsstrukturen des Deuteriums (D). Eine in der Sichtlinie liegende kalte interstellare Gaswolke absorbiert das Sternlicht, und die breiten Linien rühren von den wesentlich häufigeren Wasserstoffatomen (H) her. Die gezeigten Linien entsprechen einer Absorption vom Grundzustand der Wasserstoffatome (und Deuteriumatome) zum zweiten (Lyman beta), dritten (Lyman gamma), vierten (Lyman delta), und fünften (Lyman epsilon) angeregten Zustand. Der Lyman-alpha-Übergang zum ersten angeregten Zustand ruft ein solch breites Profil hervor, daß die Deuteriumlinie verdeckt wird. Jeder dieser Übergänge verschluckt Strahlung aus dem einfallenden Sternlicht bei einer bestimmten Wellenlänge, die der Energie des angeregten Elektrons entspricht. Das Ergebnis ist eine Folge von dunklen Linien, die einem ansonsten hellen Spektrum überlagert ist. Die Illustrationen zeigen Registrierungen des Spektrums, die die Menge des bei einer bestimmten Wellenlänge gemessenen Lichts darstellen. Es muß eine merkliche Menge Deuterium im interstellaren Gas geben, die etwa einem Deuteriumatom pro 3×10^4 Wasserstoffatomen entspricht.

nung des damals beobachtbaren Universums die Zerstörung des Deuteriums durch die Kollision mit Protonen hemmen konnte, weil bei einer solchen Expansion nicht genügend Zeit für Kollisionen zur Verfügung gestanden hätte. Folglich konnten große Mengen Deuterium überleben. Selbst wenn dies nur in einem kleinen Teil des Universums eingetreten wäre, würde das erzeugte Deuterium nach der Mischung mit Material aus den ungestörten Regionen ausreichen, unsere Beobachtungsergebnisse zu erklären. Überschüssiges Helium würde in der großen Menge des Universums untergehen, so daß die Standardhäufigkeit nicht merklich beeinflußt würde.

Diese Alternativen sind nicht sehr verlockend. Sie führen im allgemeinen zur Entstehung größerer Mengen von Lithium. Dies ist ein anderes Spurenelement, das in sehr kleinen Mengen erzeugt wird (nur eines in einer Milliarde Teilchen), und das in gewöhnlichen Sternen im allgemeinen ebenfalls eher zerstört als erzeugt wird. Das Standardmodell des Urknalls ist bemerkenswert erfolgreich im gleichzeitigen Erklären der Häufigkeiten von Helium, Deuterium, des Heliumisotops der Masse 3 und des Lithiumisotops der Masse 7. In der Tat ist argumentiert worden, daß man diesen Erfolg zur Eingrenzung unbekannter Parameter im Standardmodell benutzen kann, wie zur Bestimmung der Zahl der Neutrinoarten. Die Anwesenheit zusätzlicher Neutrinoarten würde zur Beschleunigung der Expansion führen und damit zur Erzeugung von mehr Helium: Für jede zusätzliche Art wird ein Prozent mehr Helium erzeugt. Astronomische Schätzungen der ursprünglichen Heliumhäufigkeit schwanken zwischen 22 und 24 Prozent, bezogen auf die Wasserstoffhäufigkeit, dies läßt wenig Raum für zusätzliche Neutrinoarten, die über die drei nachgewiesenen hinausgehen.

In einem unterirdischen Tunnel mit 20 Kilometern Durchmesser, der bei Genf die Grenze zwischen Frankreich und der Schweiz unterquert, befindet sich ein großer Elektron-Positron-Beschleuniger, LEP genannt. Dort wurden kürzlich (1990) Experimente durchgeführt, aus denen direkt die Gesamtzahl der Neutrinoarten ermittelt werden kann. Die Neutrinoarten tragen zu den Zerfallskanälen des Z-Bosons bei, das ein neuentdecktes instabiles massereiches Teilchen von etwa 90 Protonenmassen ist und die schwache Wechselwirkungen verursacht. Der gemessene Wert ist gerade 3, innerhalb einer Genauigkeit von wenigen Prozent. Somit ist eine Voraussage, die sich zum einen auf Ereignisse stützt, die in den ersten drei Minuten des Urknalls abgelaufen sind, und zum anderen auf Beobachtungen entfernter Sterne beruht, von den Teilchenphysikern in einem Laborexperiment in bemerkenswerter Weise bestätigt worden.

Es ist wichtig zu verstehen, daß die Nukleosynthese des Urknalls nur obere Grenzen für die Baryonenmenge des Universums (für unsere Zwecke ist das die Protonenmenge) liefert. Das Universum muß nicht offen sein, wenn schwach wechselwirkende nichtbaryonische Teilchen den nötigen Beitrag zur Dichte liefern. Die baryonische Dichte ergibt sich zu einem Zehntel des kritischen Wertes, wenn man das einfache Modell für den Ursprung der leichten Elemente zugrunde legt.

Elemente, die schwerer sind als Helium, wurden während des Urknalls in keiner signifikanten Häufigkeit erzeugt; ausgenommen sind bestimmte Isotope von Lithium und Bor. Die Natur hat es so eingerichtet, daß es keine stabilen Elemente der Atomgewichte 5 und 8 gibt. Damit muß der Neutroneneinfangprozeß, der ein schrittweiser Prozeß ist, an dieser Hürde abbrechen. Ein Heliumkern kann weder ein Proton noch einen anderen Heliumkern einfangen und so einen stabilen Kern bilden. Der einzige andere Weg, diese Hürde zu überwinden, ist der, einen anderen Kernprozeß zu benutzen. Die wichtigste Alternative ist die Kollision dreier Heliumkerne innerhalb eines sehr kurzen Zeitraums. Dieser Prozeß erfordert physikalische Bedingungen (eine über genügend lange Zeit herrschende hohe Dichte), die in der Urknalltheorie nicht auftreten. Zu der Zeit, als das Helium erzeugt war, war die Dichte zu niedrig und das Universum wurde zu schnell inmmer ausgedehnter und kühler, als daß genügend Zeit für weitere Nukleosynthese zur Verfügung gestanden hätte. Die Astronomen glauben, daß Elemente, die schwerer als Helium sind, in späteren Epochen in den Kernen entwickelter Sterne oder in Supernovaexplosionen gebildet wurden. Wir werden dieses Thema in Kapitel 15 weiter behandeln.

8

Die ursprüngliche Feuerkugel kommt zum Vorschein

Dies ist nicht das Ende.
Es ist noch nicht einmal der Anfang vom Ende.
Es ist aber vielleicht das Ende vom Anfang.

WINSTON CHURCHILL

Ein paar Minuten nach dem Urknall hörte das nukleare Feuerwerk auf. Die Expansion des Universums ging während der folgenden 300 000 Jahre ohne größere Ereignisse weiter. Wir bezeichnen diesen Zeitraum als *Strahlungsära*, und er wird durch das Erscheinen der ursprünglichen Feuerkugel gekennzeichnet.

Wieso wissen wir, daß sich diese heiße, dichte Suppe aus Urmaterie und Strahlung auf ruhige und gleichmäßige Weise entwickelte? Wie wir in Kapitel 7 gesehen haben, wird die Gleichförmigkeit und Isotropie der kosmischen Expansion durch unsere direkten Beobachtungen der allgegenwärtigen und mehr oder weniger unveränderlichen Heliumhäufigkeit im ganzen heute untersuchten Universum und durch eine viel kleinere, aber bedeutsame Deuteriummenge theoretisch gefordert. Somit kann sich die Expansion nicht stark vom Standardmodell unterschieden haben.

Wir möchten jedoch einen direkten Beweis für diese sehr frühe Epoche des Universums haben. Wir können die ursprüngliche Feuerkugel natürlich nicht direkt beobachten, und in der Tat wäre eine direkte Beobachtung selbst für einen hypothetischen menschlichen Beobachter unmöglich gewesen, da das Universum erst nach 300 000 Jahren durchsichtig wurde. Eine direkte Beobachtung des frühen Universums war erst möglich, als die Dichte und die Temperatur auf einen Wert gesunken waren, bei dem sich neutrale Materie bilden und Strahlung sich frei ausbreiten konnte. Bei einem Alter von weniger als 300 000 Jahren wäre eine Beobachtung des frühen

Universum einem Versuch gleichgekommen, durch einen dichten Nebel zu spähen. Wir haben jedoch die Möglichkeit, diesen Nebel zumindest teilweise zu durchdringen, doch bevor wir darauf eingehen, wenden wir uns einem wichtigen und allgegenwärtigen Bestandteil des frühen Universums zu, der nie direkt beobachtet worden ist.

Der Fall der unfaßbaren Neutrinos

Nachdem die Elektron-Positronpaare zerstrahlt waren und als das Universum etwa eine Sekunde alt war, wurde die Strahlung zum Hauptbestandteil des Universums. Zuerst gab es sehr viele Gammastrahlen. Diese Photonen, die eine starke Durchdringungskraft besitzen, werden gewöhnlich nur in Kernexplosionen und durch radioaktive Zerfälle instabiler Atomkerne freigesetzt. Ebenfalls vorhanden waren Neutrinos und Antineutrinos. Diese Elementarteilchen haben keine Ruhemasse und sind nur durch Energie und Spin gekennzeichnet. Neutrinos zeigen eine extrem schwache Wechselwirkung mit Materie und sind daher nur sehr schwer nachweisbar. Aufgrund der Theorie, daß die Sonnenenergie durch Kernreaktionen erzeugt wird, nimmt man an, daß der Kern der Sonne eine reichhaltige Quelle energiereicher Neutrinos ist.

Neutrinos sind unsere einzige Verbindung zum feurigen Kern der Sonne. Weil sie so schwach mit Materie wechselwirken, können wir mit ihrer Hilfe in der Tat ins Sonneninnere hineinschauen. Die Entdeckung der Sonnenneutrinos würde deshalb die definitive Bestätigung dafür liefern, daß die Sonne ein riesiger thermonuklearer Fusionsreaktor ist. Bemühungen, eine genügende Zahl von Sonnenneutrinos zu messen, sind bislang ohne Erfolg geblieben.

Um die Neutrinos nachzuweisen, die durch Kernreaktionen im Sonneninnern erzeugt wurden, benutzen Wissenschaftler ein riesiges „Neutrinoteleskop", das aus einem mit Tetrachlorethylen (einer in der chemischen Reinigung verwendeten Flüssigkeit) gefüllten Tank besteht, der von einem aus Wasser bestehenden Schutzmantel umgeben ist und sich tief unter der Erde in einer Goldmine befindet. Wenn ein Neutrino diese Flüssigkeit durchläuft, tritt in äußerst seltenen Fällen eine Kernreaktion ein; aus dieser Reaktion können die Experimentatoren den Durchgang eines Neutrinos durch die Flüssigkeit ableiten. Die Entdeckungsmethode beruht auf einer Reaktion zwischen einem Neutrino und einem Chlorisotop, die zur Bildung des Kerns eines seltenen radioaktiven Argonisotops und eines Elektrons führt. Trotz des großen Neutrinoflusses, der unserer Vorstellung nach von der Sonne ausgeht, werden nur sehr wenige Neutrinos beim Durchlauf durch den Detektor absorbiert. Obwohl die Reaktion sehr selten eintritt, können die wenigen Ereignisse, die im Laufe eines Monats auftreten sollten, durch eine sehr empfindliche Technik für den Nachweis geringer Spuren von Argon gemessen werden. Als Aufstellungsort wurde die Mine gewählt, weil hier die solaren Neutrinos die einzig mögliche Quelle für die Argonerzeugung darstellen. Kosmische Strahlung ist beispielsweise ein Verschmutzer, der ausgeschlossen werden muß. Die Experimente zum Nachweis von Neutrinos scheinen in der letzten Zeit einigen Erfolg zu haben; verglichen mit dem theoretischen Wert sind jedoch zu wenige Neutrinos nachgewiesen worden, man hat etwa ein Drittel des vom Standardmodell des Sonnenkerns vorhergesagten Neutrinoflusses beobachtet.

Einige bizarre Theorien sind entwickelt worden, um diesen Widerspruch zu erklären. Die Zeit für den Ausgleich einer Temperaturänderung im Sonnenkern beträgt etwa 10 Millionen Jahre, während Neutrinos in etwa 8 Minuten zu uns gelangen. Man könnte sich vorstellen, daß der Sonnenkern jetzt ein paar Prozent kühler ist als unser Modell vorhersagt und weniger Neutrinos erzeugt; in diesem Fall würde für lange Zeit keine Änderung der Atmosphärentemperatur und der Sonnenleuchtkraft auftreten. Der Nachteil solcher Theorien ist, daß die Sonne nach allgemeiner Ansicht gegenüber dem Auftreten solcher Änderungen hochgradig stabil ist.

Eine andere Theorie des Neutrinodefizits erfordert die Existenz dunkler Materie. Nehmen wir an, daß die in Kapitel 6 beschriebene dunkle Materie des galaktischen Halos aus exotischen Teilchen besteht, die aus dem sehr frühen Universum übriggeblieben sind, und daß diese Teilchen, die gelegentlich im Sonneninnern eingefangen werden können, beispielsweise nicht zerstrahlen. Geeignete Kandidaten wären sehr massereiche Neutrinos. Neutrinos zerstrahlen nur mit Antineutrinos. In diesem Fall würde sich die Neutrinokonzentration, die sich im Verlauf des Sonnenlebens aufgebaut hätte, etwa ein Hundertmilliardstel der Sonnenmasse betragen. Dies ist ein winziger Bruchteil, aber er führt zu einem interessanten Ergebnis: Diese dunklen Teilchen, die schwerer sind als Protonen, sammeln sich im innersten Teil des Sonnenkerns. Eine Folge dieser Ansammlung ist, daß die Wärme ein wenig rascher abgeführt wird, da diese schwach wechselwirkenden Teilchen sehr viel weiter laufen können als Protonen, bevor sie Kollisionen erleiden. Das Zentrum der Sonne ist folglich etwas kühler, als es bei Abwesenheit dieser Neutrinos sein würde, und das beeinflußt die Rate der Kernreaktionen, die die Sonne mit Energie versorgen. Es gibt zwei Wege, durch die Wasserstoff zu Helium verbrannt wird und dabei Kernenergie freisetzt. Ein Weg, der Kohlenstoff, Stickstoff und Sauerstoff als Katalysatoren benötigt, benötigt eine etwas höhere Temperatur und wird bei Anwesenheit dieser schweren Neutrinos unterdrückt; dadurch wird die Menge der Neutrinos, die von der Sonne ausgehen, reduziert.

Auf der Suche nach den flüchtigen Sonnenneutrinos ist der Gedanke, daß das Einfangen dunkler Materie im Sonnenkern Ursache für das Defizit des in Chlordetektoren nachweisbaren Neutrinoflusses ist, recht neu. Der nächste Schritt wird die Verwendung eines neuen Detektormaterials, Gallium, sein. Da Gallium für Neutrinos niedrigerer Energie empfindlicher ist als Chlor, kann man durch ein Galliumexperiment herausfinden, ob die Sonne in ihrem Innern etwas kühler ist, als sich aus den heutigen Modellen ergibt. Neutrinos niedriger Energie müssen erzeugt werden, damit die Sonne ihre beobachtete Leuchtkraft beibehält. Um ein Galliumexperiment aufzubauen, benötigt man eine beträchtliche Galliummenge, etwa 50 Tonnen, was der gesamten Weltproduktion eines Jahres entspricht. Das Gallium kann jedoch nach Abschluß des Experiments zurückgegeben werden, und wenigstens zwei solche Galliumexperimente sind im Aufbaustadium. Wenn das Galliumexperiment nicht genug Sonnenneutrinos nachweisen kann, müßten wir zu einer wahrhaft extremen Lösung des Problems Zuflucht nehmen – beispielsweise könnten wir zulassen, daß die in der Sonne erzeugten Elektronen-Neutrinos sich in andere Neutrinoarten, Mu- oder Tau-Neutrinos umwandeln oder zwischen den Arten oszillieren (es gibt insgesamt mindestens drei Arten). Durch solche Annahmen könnten wir der Entdeckungtechnik, die nur für Elektronenneutrinos empfindlich ist, ein Schnippchen schlagen.

Wir erwarten, daß die wahrscheinlichsten Kandidaten für die Teilchen der dunklen Materie schließlich zerstrahlen und eine vernachlässigbar kleine Wärmemenge im Sonnenkern freisetzen. Obwohl nur etwa 1 Hundertbillionstel der Sonne heute aus dunkler Materie besteht, reicht dies aus, um einen beobachtbaren Effekt hervorzurufen: Die während der Zerstrahlungen emittierten hochenergetischen Neutrinos entkommen ungehindert aus dem Innern der Sonne und müßten auf der Erde mit einem geeigneten Empfänger nachweisbar sein. Die gleichen unterirdischen Detektoren, die zum Nachweis möglicher Protonenzerfälle benutzt werden (siehe oben), sind für diese hochenergetischen Neutrinos empfindlich; bislang ist kein solares Neutrino dieser Energie gefunden worden, doch die Suche geht weiter.

Obwohl im Universum 100 Millionen Neutrinos auf ein Atom kommen, hat die Energie der Neutrinos, die vom Urknall übriggeblieben sind, infolge der Expansion des Universums abgenommen. Ihre Energie beträgt gegenwärtig nur ein Tausendstel eines Elektronvolts, und ist ist damit mehr als eine Milliarde mal kleiner als die Energie der vorausgesagten Sonnenneutrinos. Die einzige Möglichkeit, Neutrinos nachzuweisen, besteht leider darin, daß sie genügend hohe Energie besitzen, um bestimmte Kernreaktionen ablaufen zu lassen. Folglich bleibt die Existenz eines Ozeans von Neutrinos des kosmologischen Hintergrunds eine unbestätigte Vorhersage der Urknalltheorie. Für die vorhersehbare Zukunft werden keine direkten Beobachtungen dieses

Neutrinoozeans, der das Universum erfüllt, erwogen. (Eine Einwirkung auf die Entwicklung des Universums wäre allerdings in einem Nicht-Standard-Urknallmodell aufgetreten, in dem die Neutrinos die Antineutrinos in den ersten Augenblicken an Zahl weit übertrafen. In diesem Fall wäre die Erzeugung von Neutronen unterdrückt worden, und die darauffolgende Nukleosynthese wäre entsprechend beeinflußt worden – es hätte wenig oder kein Helium gebildet werden können. Der entgegengesetzte Fall, ein Überschuß von Antineutrinos über Neutrinos hätte die Protonenerzeugung gehemmt und zunächst ebenfalls zu einer geringen Heliumhäufigkeit geführt.) Der direkteste Weg, Neutrinos aus dem frühen Universum nachzuweisen, führt über ihren gravitativen Einfluß. Wenn sie genügend massereich wären, was sie in einigen Modellen für dunkle Materie sind, würden sie einen merklichen Einfluß auf die kosmologische Entwicklung haben. Wenn sie instabil wären, würden sie in beobachtbare Photonen zerfallen. In jedem dieser Fälle scheint es möglich zu sein, ihre Existenz nachzuweisen.

Eigenschaften der Hintergrundstrahlung

Im Verlauf der Expansion des Universums durchlief die Hintergrundstrahlung das gesamte Spektrum, von den Gammastrahlen zu den Röntgenstrahlen, zum Ultraviolett, zum sichtbaren Licht und zum Infraroten und schließlich zu Photonen mit Wellenlängen im Radiobereich. In jedem Augenblick hatte die Temperatur der Strahlung einen bestimmten Wert, und wir können das instantane Strahlungsspektrum im gesamten Universum durch diese Temperatur charakterisieren.

Strahlung und Materie waren eng verknüpft, und die einzig übrigbleibende Eigenschaft der Strahlung ist ihre Temperatur. Stellen wir uns ein seltenes, teures Automobil vor, das wir völlig pulverisieren. Der übrigbleibende Haufen von kleinen Brocken könnte nicht vom Schrott eines gewöhnlichen Automobils unterschieden werden. In gleicher Weise können wir das Strahlungsfeld des frühen Universums nur beschreiben, indem wir seine Temperatur angeben; jede weitere Information ist in der Ursuppe verlorengegangen.

Wir haben weiter oben die Hintergrundstrahlung als Schwarzkörperstrahlung bezeichnet. Die Verteilung oder das Spektrum dieser Strahlung erreicht einen maximalen Wert bei einer bestimmten Wellenlänge, die wir die Farbe der Strahlung nennen wollen. Die Farbe hängt nur von der Temperatur (im Falle eines schwarzen Körpers im Labor von der Temperatur der Wände) ab; das bedeutet, die Farbe hängt von der mittleren Energie der Atome ab, die sich in engem Kontakt mit der Strahlung befinden. Schwarzkörperstrahlung stellt sich immer im *thermischen Gleichgewicht* ein, bei dem es einen vollständigen Energieaustausch zwischen der Strahlung und ihrer Umgebung gibt. Viele unserer Bemühungen auf der Erde, wie die Isolierung unserer Wohnungen oder unser Bestreben, am Leben zu bleiben, zielen darauf ab, zu verhindern, daß sich thermisches Gleichgewicht einstellt. Das frühe Universum war eine einzigartige Umgebung, in der eine hohe Dichte und eine hohe Temperatur thermisches Gleichgewicht garantierten.

Die Schwarzkörperstrahlung hat verschiedene grundlegende Eigenschaften. Ihre charakteristische Wellenlänge hängt nur von der Temperatur ab. Wenn die Temperatur abnimmt, behält ihr Spektrum die gleiche Form, sein Maximum tritt jedoch bei einer längeren Wellenlänge auf. Diese Verteilung der Strahlungsintensität als Funktion der Wellenlänge wird als *Planckverteilung* bezeichnet. Die mittlere Energie eines Photons der Schwarzkörperstrahlung ist proportional zur Temperatur der Strahlung, und umgekehrt proportional zur Wellenlänge des Photons. Die typische Entfernung zwischen den Photonen der Schwarzkörperstrahlung ist etwa gleich ihrer mittleren Wellenlänge.

Eine Folge dieser Eigenschaften der Hintergrundstrahlung ist, daß die Zahl der Schwarzkörperphotonen in einem vorgegebenen Volumen sich mit der reziproken dritten Potenz ihrer mittleren Wellenlänge, oder mit der dritten Potenz ihrer charakteristischen Schwarzkörpertemperatur ändern muß. Während sich das Volumen des Universums vergrößerte, wurde die Wellenlänge der Strahlung proportional zum Durchmesser des Universums auseinandergezogen. Dieses Phänomen kann (nicht ganz korrekt) durch den in Kapitel 3 diskutierten Dopplereffekt erklärt werden. Photonen verlieren folglich Energie, ihre mittlere Wellenlänge vergrößert sich in dem Maße, wie das Universum expandiert, und die Strahlungstemperatur nimmt ab.

Eine andere Folgerung aus den Eigenschaften der Hintergrundstrahlung ist, daß die Gesamtenergie der Strahlung in einem vorgegebenen Volumen proportional zur mittleren Energie eines einzelnen Photons, multipliziert mit der Anzahl der Photonen im Volumen, ist. Weil die Energie eines Photons proportional zur Temperatur ist, und weil die Zahl der Photonen proportional zur dritten Potenz der Temperatur ist, ist die *Energiedichte* der Strahlung proportional zur vierten Potenz der Temperatur. Wir haben bereits in Kapitel 5 gesehen, daß die Materiedichte (in Form von Atomen) proportional zum Kehrwert des betrachteten mitbewegten Volumens ist. Daraus folgt, daß die Materiedichte proportional zur Zahl der Schwarzkörperphotonen im Volumen ist, oder proportional zur dritten Potenz der Temperatur.

Materie- und Strahlungsdichte

Der Vergleich der Materiedichte mit der massenäquivalenten Strahlungsdichte kann uns viel über die Bedingungen im frühen Universum verraten. Strahlung ist eine Form von Energie und von Masse, und wir können

Energie in einen Massenwert umrechnen, indem wir die Energie durch das Quadrat der Lichtgeschwindigkeit dividieren, gemäß Einsteins Beziehung $E = mc^2$. Gegenwärtig liegt die Strahlungstemperatur nur 3 Grad über dem absoluten Nullpunkt, und die Strahlungsdichte ist im Vergleich zur Dichte der Atome klein. Die massenäquivalente Strahlungsdichte beträgt etwa ein Zehntausendstel der gesamten Massendichte, die wir in Form von Sternen und Galaxien beobachten können. Zu immer früheren Epochen spielte jedoch die Strahlungsdichte eine immer größere Rolle. Das Verhältnis der Strahlungsdichte zur Materiedichte ist proportional zur Strahlungstemperatur. Daraus ergibt sich, daß die massenäquivalente Strahlungsdichte gleich der Massendichte war, als die Temperatur etwa 10 000 mal höher war als heute (und das Universum ein Zehntausendstel der heutigen Größe aufwies). Zu noch früheren Zeiten überwog die Strahlungsdichte die Materiedichte völlig. Das bedeutet, daß die effektive Gravitation des frühen Universums eine Folge seiner Strahlungsdichte war. Je weiter wir die Zustände in die Vergangenheit verfolgen, umso geringer ist die Rolle der Materie, bis hin zur ersten Sekunde, als die Temperatur so hoch war, daß beträchtliche Mengen von Teilchen-Antiteilchen-Paaren gebildet wurden. Während dieser Phase waren die Massen der Leptonen grob vergleichbar mit der Äquivalentenergie der Photonen. Während der ersten Sekunde der Expansion existierten etwa gleiche Anzahlen von Elektronen, Positronen und Photonen.

Obwohl die Energiedichte der Strahlung rascher zunimmt als die Massendichte, wenn wir zu noch früheren Zeiten vorstoßen, hängt die Zahl der Photonen wie die Zahl der Teilchen nur von der Größe des mitbewegten Volumens ab, das im Alter von einer Sekunde untersucht wird, als die Paarvernichtung zu Ende war. Wir bezeichnen mit der Zahl der Teilchen die Netto-Zahl von Teilchen minus Antiteilchen. Obwohl Teilchenpaare (Teilchen und Antiteilchen) erzeugt (und zerstört) werden, ändert sich die Netto-Teilchenzahl nur mit der Änderung des Volumens. Dies führt uns zu dem Schluß, daß sich das Verhältnis der Zahl der Photonen zur Zahl der Kerne oder Elektronen nicht ändert, wenn wir das Universum in der Zeit zurückverfolgen, bis wir die Ära der Paarerzeugung erreichen. Der Prozeß der Paarerzeugung erzeugt (und zerstört) Photonen durch die Vernichtung (und Erzeugung) von Paaren aus Teilchen und Antiteilchen.

Für jedes im Universum beobachtete Atom gibt es jetzt zwischen 100 Millionen und einer Milliarde Schwarzkörperphotonen. Wir wissen dies, weil wir die augenblickliche Temperatur der Strahlung und die mittlere Dichte der Atome im Universum gemessen haben. In den ersten Augenblicken der Expansion gab es jedoch Teilchenpaare und Photonen in vergleichbarer Zahl, und das Universum enthielt fast gleiche Mengen von Materie und

Antimaterie. Der Überschuß von Materie über Antimaterie betrug damals nur einen Teil in einer Milliarde. Dieser winzige Überschuß ist für das sich einstellende Photonen-Teilchen-Verhältnis verantwortlich. Nach etwa einer Millisekunde zerstrahlten die Protonen und Antiprotonen, und die Elektron-Positron-Paare zerstrahlten nach etwa einer Sekunde. Die übriggebliebenen Teilchen müssen der winzigen Asymmetrie des Urknalls ihre Existenz verdanken. Der Überrest des Zerstrahlungsprozesses lag in Form von einer Milliarde Schwarzkörperphotonen pro überlebendem Atomkern vor. Wie wir in Kapitel 6 gesehen haben, ist der Ursprung dieses Verhältnisses von einer Milliarde Schwarzkörperphotonen pro Teilchen eines der ungelösten Rätsel der Urknall-Kosmologie.

Außer dieser Hintergrundstrahlung kann noch eine andere Form von Energie aus der ersten Sekunde überlebt haben. Diese Energieform ist jedoch sehr schwer zu messen. Wieder begegnen wir diesem vorhergesagten Ozean von Neutrinos, von dem man annimmt, daß er von den ersten Sekunden bis heute überlebt hat. Die Neutrinos sind ein Überrest aus der Ära der schwachen Wechselwirkungen. Diese herrschten vor, als die Temperatur etwa 10 Milliarden K überstieg. Wenig später zerstrahlten die Elektron-Positron-Paare und gaben ihre Energie an die Schwarzkörperstrahlung ab. Folglich sollte die Energiedichte dieses Neutrinohintergrundes ähnlich, jedoch etwas geringer als die der Schwarzkörperstrahlung sein, und wir können diesen Hintergrund durch eine Neutrinotemperatur beschreiben, die gegenwärtig etwa 2 Grad über dem absoluten Nullpunkt liegen sollte. Wie im Fall der Photonen müssen diese noch nicht nachgewiesenen Neutrinos der schwache Abglanz von hochenergetischen Teilchen sein, die bei der Entwicklung des frühen Universums eine beherrschende Rolle spielten. Sollten wir diese schwachen Neutrinos messen könnten, würden wir erwarten, daß ihre Häufigkeit das Bild der Strahlungsära bestätigt, das sich uns durch die Schwarzkörperstrahlung zu erkennen gegeben hat.

Die Strahlungstemperatur

Um den Begriff der *Strahlungstemperatur* im Zusammenhang mit dem expandierenden Universum vollständig zu verstehen, müssen wir wieder zur ersten Millisekunde zurückkehren. Damals gab es viele Arten von Teilchen und Antiteilchen; sie verschwanden durch Paarvernichtung und erzeugten Strahlung, und ebenso wurden sie durch Strahlung erzeugt. Weil diese Reaktionen gleichzeitig Teilchen und Photonen erzeugten und zerstörten, blieb das Gleichgewicht zwischen Materie und Strahlung erhalten: Es herrschte thermisches Gleichgewicht. Als Protonen und Antiprotonen im thermischen Gleichgewicht waren, muß die Temperatur über 10 Billionen K (entsprechend einer Milliarde Elektronvolt pro Teilchen) betragen haben; als nur noch Positronen und Elektronen im thermischen Gleichgewicht waren, war die Temperatur auf 10 Milliarden K gefallen. Während sich das Universum ausdehnte, kühlte sich die Strahlung ab, die Photonen erfüllten ein immer größer werdendes Volumen, und dabei vergrößerte sich ihre Wellenlänge. Als die Temperatur unter etwa 5 Milliarden K fiel, verschwanden die Elektron-Positron-Paare fast vollständig. Die Strahlung blieb, anfangs mit einer Temperatur, die mit der Elektron-Ruhemasse vergleichbar war (etwa 5 Milliarden K). Diese Strahlung war eine reine Schwarzkörperstrahlung, weil alle Photonen erzeugt wurden, als Materie und Strahlung im Gleichgewicht waren.

Streuprozesse

Obwohl es immer schwieriger wurde, dieses Gleichgewicht aufrechtzuerhalten, nachdem die Elektron-Positron-Paare zerstrahlt waren, konnte das Spektrum der Strahlung nur wenig beeinflußt werden, wenn man von der Abkühlung, die durch die Expansion verursacht wurde, absieht. Das Schwarzkörperspektrum ließ sich nur schwer verändern, weil die übriggebliebene Dichte von Materie und Strahlung hoch genug war, um weiterhin für eine gute Kopplung der Kerne und Photonen zu sorgen. Diese Kopplung wurde aufrecht erhalten, weil die Photonen häufig durch die Elektronen gestreut wurden (Abb. 8.1). Die Photonen konnten sich nicht frei bewegen und blieben an die Elektronen gekoppelt, die ihrerseits durch die elektromagne-

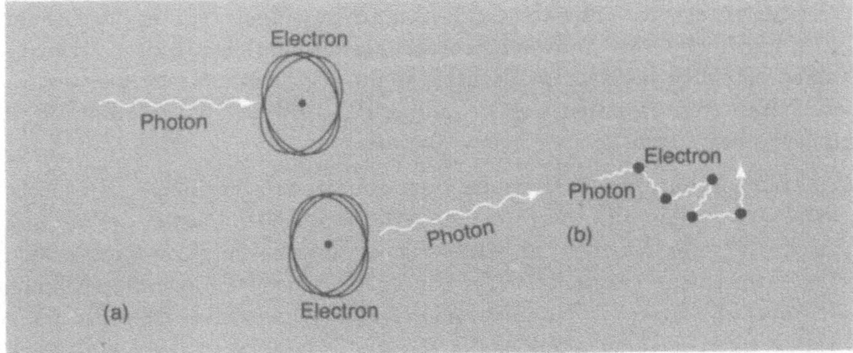

Abb. 8.1 Elektronenstreuung
Ein einfallendes Photon wechselwirkt mit einem freien Elektron als momentaner elektrischer Puls (a). Das Elektron wird leicht beschleunigt und gewinnt etwas an Impuls. Folglich verliert das Photon in diesem Prozeß an Impuls und ändert seine Richtung. Da das Elektron sehr viel schwerer ist als das Photon, tritt in diesem Prozeß praktisch keine Energieübertragung auf. Jedes Photon erleidet viele Streuprozesse (b).

tische Anziehungskraft an die Protonen gekoppelt waren. Energie wurde frei ausgetauscht, und dieser *Streuprozeß* war so effektiv, daß die Materieteilchen auf der Schwarzkörper-Strahlungstemperatur gehalten wurden.

Um zu verstehen, wie die Streuung abläuft, müssen wir ein auftreffendes Photon als einen Puls elektromagnetischer Energie betrachten. Ein freies Elektron wird durch den plötzlichen Stoß eines elektrischen Feldes beschleunigt und erhält zusätzlichen Impuls. Dieser wiederum reduziert den Impuls des Photons. Obwohl sich die *Energie* des Photons nicht wesentlich ändert, verliert es Impuls. Dies hat eine Änderung der Ausbreitungsrichtung der Welle zur Folge, oder, mit anderen Worten, eine Streuung der Strahlung. Für ein typisches einfallendes Photon sind gebundene Elektronen (Elektronen, die sich in Bahnen um Atomkerne befinden) ziemlich schlechte Streuquellen, da sie hauptsächlich auf die atomaren Bindungskräfte ansprechen, die sie in ihren Bahnen halten.

Während das Universum expandierte, nahm die Schwarzkörperstrahlung allmählich ab, doch die Strahlung blieb immer eine reine Schwarzkörperstrahlung. Der Charakter der Schwarzkörperstrahlung hätte sich nur schwer ändern können, außer durch Absorption von Photonen oder durch Abstrahlung neuer Photonen. Nachdem die Temperatur unter 10 Millionen K gefallen war (das Universum war zu dieser Zeit sechs Monate alt), hatte die Dichte so stark abgenommen, daß keine merklichen Absorptions- oder Emissionsprozesse mehr auftreten konnten. Die Tatsache, daß die Zahl der Schwarzkörperphotonen die der Protonen und Elektronen bei weitem übertraf, macht es unwahrscheinlich, daß irgendeine später vorhandene Strahlungsquelle das Schwarzkörperspektrum merklich hätte verformen können. Folglich messen Beobachter, wenn sie die kosmische Schwarzkörperstrahlung untersuchen, die Strahlung, die im wesentlichen entstand, als das Universum etwa sechs Monate alt war.

Wir könnten natürlich versuchen, uns eine andere ergiebige Strahlungsquelle vorzustellen, die während einer späteren Epoche auftrat. Eine Möglichkeit wäre die Wärme und Strahlung, die durch den Zerfall von anfänglich vorhandenen turbulenten Wirbeln erzeugt wurde. Eine andere Möglichkeit wären die Überreste von explodierten Schwarzen Mini-Löchern. Solche Überlegungen erscheinen jedoch den meisten Kosmologen als spekulativ, da es extrem unwahrscheinlich ist, daß solche Phänomene die Schwarzkörpercharakteristik der kosmischen Hintergrundstrahlung simulieren könnten. Die Protonen und Elektronen wären nur imstande gewesen, Photonen zu streuen, sie hätten keine neuen Photonen erzeugen oder alte Photonen vernichten können. Die Schwarzkörpercharakteristik der Strahlung zeigt sich in der Energie- oder Wellenlängenverteilung der Photonen; ein Schwarzkörperspektrum hat eine eindeutige Form, wenn die Strahlungstemperatur einmal festgelegt ist. Die nahezu perfekte Form des kosmischen Schwarzkörperspektrums verrät uns, daß der Urknall nach den ersten sechs Monaten des Universums relativ inaktiv abgelaufen sein muß. Das Universum war und blieb ein schwarzer Körper, dessen Strahlungsspektrum sich im Laufe des Expansion zu einer immer niedrigeren charakteristischen Temperatur hin verschob.

Ursprüngliches Chaos?

Wir wollen nun eines der spekulativeren Szenarien untersuchen, das zu Änderungen des Standardmodells führen könnte. Dazu betrachten wir ein sehr chaotisches und turbulentes frühes Universum. Wir nehmen an, daß diese Turbulenz durch lokalen Gravitationskollaps in bestimmten Gegenden angetrieben wird. Die anfänglichen Bewegungen dissipieren schließlich und erzeugen Wärme, in der gleichen Weise wie der Luftstrom um einen sich mit Überschallgeschwindigkeit bewegenden Flugkörper Wärme erzeugt. Damit wird zusätzliche Strahlung produziert. Die erzeugten Photonen würden zumeist eine höhere Energie oder Frequenz als das durchschnittliche Schwarzkörperphoton besitzen. Folglich würde eine Blauverschiebung oder Wellenlängenverkürzung des Schwarzkörper-Strahlungsspektrums auftreten. Wenn das Strahlungsspektrum sich einmal gegenüber seiner ursprünglichen Verteilung verformt hätte, würde es in der Folge blauer bleiben als das Spektrum der Strahlungstemperatur (Abb. 8.2). In diesen frühen Epochen wäre das Universum wegen der vielen Streuprozesse, denen die Photonen unterworfen sind, noch sehr undurchsichtig gewesen. Die verformte Strahlungsverteilung würde also weiterhin gestreut. Weitere Verformungen des Spektrums würden nicht auftreten. Nachdem die Streuprozesse aufhörten, würde ein „blauer Schein“ beobachtbar sein, und wir würden erwarten, eine Verformung der Schwarzkörperstrahlung bei kurzen (blauen) Wellenlängen zu erkennen.

Um zu verstehen, warum dies ein beobachtbares Phänomen sein sollte, betrachten wir den Vergleich mit einem Nebel etwas genauer. Wir stellen uns zwei Lichtquellen im Nebel vor, eine rote und eine blaue. Ein Beobachter wäre nicht in der Lage, die Lichtquellen selbst zu sehen, aber er würde die Farbe des gestreuten Lichtes sehen. Das rote Licht würde von einer größeren Entfernung aus gesehen werden können, weil rotes Licht eine größere Wellenlänge besitzt und weniger gestreut wird als blaues Licht. (Dieses Phänomen erklärt, warum der Himmel blau ist und die Sonne rot erscheint, wenn sie nahe am Horizont steht; die Atmosphäre streut das blaue Licht stärker, das rote weniger stark.) Durch eine Untersuchung des gestreuten blauen Lichts könnten wir Schlüsse bezüglich des Staubanteils der Atmosphäre und der Natur der Lichtquelle, die wir nicht direkt sehen können, ziehen.

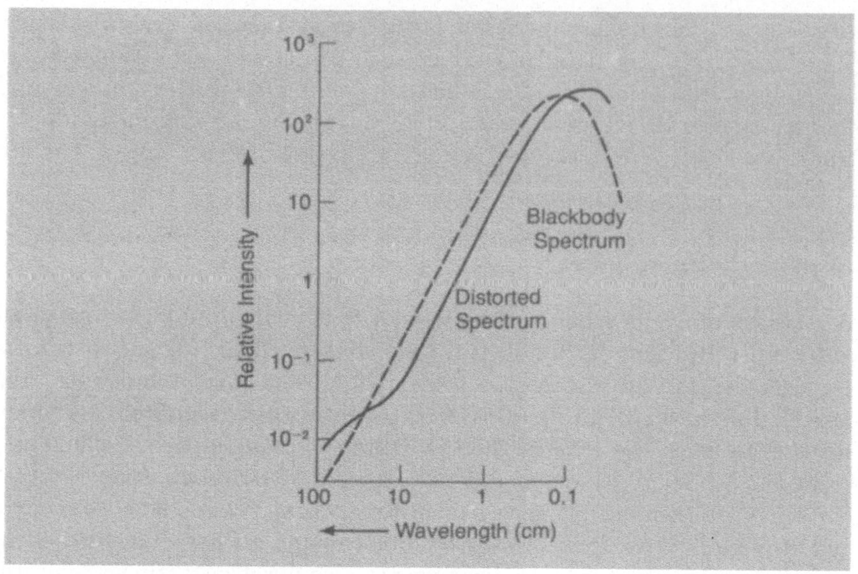

Abb. 8.2 Die spektrale Verformung der Hintergrundstrahlung
Die relative Intensität ist als Funktion der Wellenlänge (in cm) aufgetragen. Dem Nicht-Standardmodell zufolge würde sehr starke Turbulenz im frühen Universum Energie erzeugen, die zu einem Teil der allgemeinen Hintergrundstrahlung wird. Wenn solche Turbulenz aufgetreten wäre, nachdem das Universum ein Jahr alt war, wäre die Strahlung nur gestreut worden; die Dichte war auf einen zu geringen Wert gefallen, als daß die Strahlung hätte absorbiert werden können und sich thermisches Gleichgewicht mit der Materie eingestellt hätte. Folglich wäre das Schwarzkörperspektrum verformt worden (Distorted Spectrum). Heutige Messungen haben keine merklichen Abweichungen vom Schwarzkörperspektrum (Blackbody Spectrum) entdeckt, woraus man folgern kann, daß die Rolle anfänglicher, zu Energiedissipation führender Turbulenz minimal gewesen sein muß.

In ähnlicher Weise können wir die kosmische Hintergrundstrahlung analysieren, um die Bedingungen im Universum zur Zeit der Strahlungsära zu bestimmen. Wir würden erwarten, einen Überschuß an gestreuten „blauen" Photonen zu sehen. Beobachtungen der Hintergrundstrahlung liefern jedoch keinen schlüssigen Hinweis für eine solche Verformung; genauer gesagt, liefern sie keinen Hinweis für ein Phänomen im Radiowellenbereich, das mit dem Erkennen einer „blauen Farbe" vergleichbar ist, nämlich eine vorzugsweise Verstärkung der Intensität von Photonen kurzer Wellenlänge, verglichen mit der von Photonen längerer Wellenlänge. Die beste Abschätzung ist, daß höchstens 10 Prozent der Energie im Schwarzkörperspektrum auf diese Weise verformt sein könnten. Aus dieser Beobachtungstatsache folgern wir, daß Turbulenz oder Dissipation in der Strahlungsära (bei einem Alter des Universums von 6 Monaten bis etwa 1 Million Jahre) relativ schwach gewesen sein muß.

Das Ende der Strahlungsära

Die Strahlung verlor im weiteren Verlauf der Expansion allmählich an Bedeutung. Es gab noch immer etwa 1 Milliarde Photonen pro Proton, und dieses Verhältnis blieb bis heute konstant. Die Photonen verloren jedoch, als die Temperatur abnahm, allmählich Energie, während die Ruhemasse der Protonen unverändert blieb. Die Protonen lieferten also einen immer größeren Beitrag zur Gesamtdichte des Universums. Die Massendichte war nach 10 000 Jahren größer als die Energiedichte.

Während das Universum in der Strahlungsära expandierte, nahm die Dichte der Protonen und Elektronen ab, und die Strahlung wurde immer weniger häufig gestreut. Als die Temperatur auf etwa 4000 K gesunken war, verbanden sich die Elektronen und Protonen zu Wasserstoffatomen. Die Kosmologen bezeichnen diese Epoche gewöhnlich als die *Entkopplungsära*; sie markiert eine wichtige Epoche in der Entwicklung des Universums. Seit dieser Zeit bewegt sich die Strahlung unabhängig von der Materie, da keine Streuung mehr auftritt. Damit Streuprozesse unterdrückt werden, muß die Materie größtenteils in atomarer Form vorliegen. Die Temperatur war einfach zu hoch, als daß sich Atome vor dieser Zeit hätten bilden können; wenn sich Atome gebildet hätten, wären sie augenblicklich durch die energiereichsten Schwarzkörperphotonen in Protonen und Elektronen zerlegt oder ionisiert worden: Es gibt nämlich im Schwarzkörperspektrum eine Verteilung der Photonen auf die verschiedenen Energien, und die Photonen am energiereichen Ende der Verteilung verursachen die Ionisierung von Atomen. Als die Temperatur jedoch fiel, nahm die Zahl dieser energiereichen Photonen rasch ab, und es trat keine Ionisation der Wasserstoffatome mehr auf. Die Bildung von Wasserstoffatomen oder *Rekombination* setzte recht plötzlich ein, als das Universum etwa 300 000 Jahre alt war, und dieser Prozeß war bei einem Alter von 1 Million Jahren praktisch abgeschlossen (Abb. 8.3). Der Prozeß war so effizient, daß nur ein Elektron und ein Proton auf 100 000 Atome sich nicht zu einem Wasserstoffatom verbanden.

Die dramatischste Wirkung der Entkopplung ist, daß das Universum völlig durchsichtig wurde, nachdem die Elektronen in einen gebundenen Zustand übergegangen waren – der Nebel hatte sich gelichtet. Von diesem Zeitpunkt an kühlten die Schwarzkörperphotonen weiter ab, aber sie änderten nie wieder ihre Richtung. Es gab nicht mehr genügend freie Elektronen im Raum, um die Schwarzkörperphotonen merklich zu streuen. (Wenn jedoch in einer viel späteren Epoche die intergalaktischen Gasatome durch eine plötzliche Einstrahlung von Wärme oder ionisierender Strahlung wieder in Elektro-

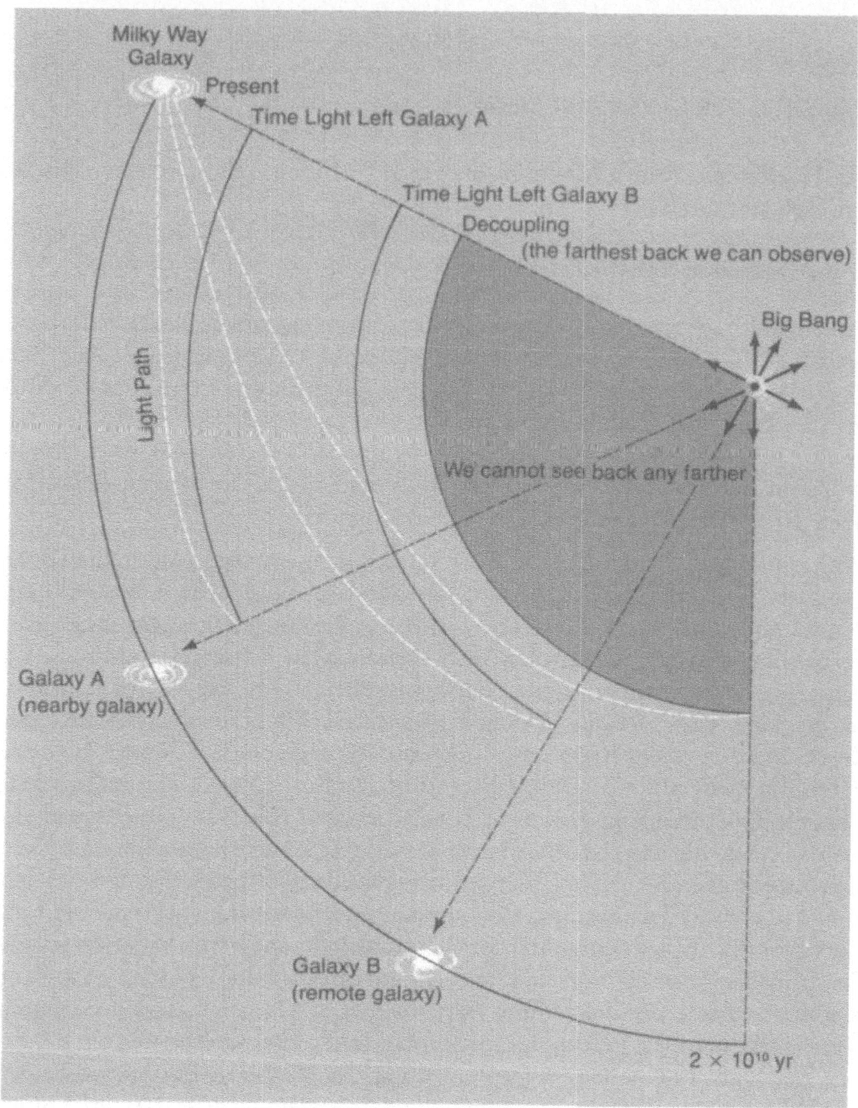

Abb. 8.3 Entkopplung von Materie und Strahlung
Die Zeit ist vom Augenblick des Urknalls aus in radialer Richtung dargestellt, Objekte in unterschiedlicher Entfernung liegen bei verschiedenen Punkten der Kreissegmente. Zwischen dem Urknall (Big Bang) und der Epoche der Entkopplung war das Universum undurchsichtig (dunkelgraue Zone). Zur Epoche der Entkopplung (Decoupling) – 300 000 Jahre –hatte die Temperatur so weit abgenommen, daß Protonen und Elektronen H-Atome bilden konnten und die Streuprozesse aufhörten. Strahlung konnte sich in der Folge ungehindert ausbreiten und von der Materie entkoppeln (hellgraue Zone; weiße Lichtpfade sind dargestellt). Wenn wir eine nahe Galaxie A beobachten, sehen wir sie, wie sie vor vielleicht einigen Millionen Jahren aussah; eine weiter entfernte Galaxie B erscheint uns so, wie sie vor zehn Milliarden Jahren aussah. Das Universum war bereits Milliarden Jahre alt, als sich die heute sichtbaren Galaxien bildeten. Die Schwarzkörperstrahlung jedoch gelangt direkt aus der Entkopplungsära zu uns. Ihre Rotverschiebung liegt bei etwa $z = 1000$.

nen und Protonen ionisiert wurden, ehe die Dichte zu sehr abgenommen hatte, könnte möglicherweise eine weitere Streuung in einer relativ kürzlichen Epoche stattgefunden haben.) Die Strahlungstemperatur nimmt mit der Expansion des Universums weiter ab; heute ist sie auf 3 Grad über dem absoluten Nullpunkt gefallen. Wir können dessen ziemlich sicher sein, da die Radioastronomen sowohl das Spektrum als auch die Temperatur der Strahlung mit hoher Genauigkeit gemessen haben. Aus der Abnahme der Strahlungstemperatur von 3000 auf nur 3 K folgern wir, daß seit der Entkopplungsära die Wellenlänge des typischen Photons, und damit das Universum selbst, um etwa einen Faktor 1000 an Größe zugenommen hat.

Die Abkühlung der Materie

Nach der Entkopplungsära kühlte die Materie im Vergleich zur Strahlung rasch ab. Das Abkühlen der Wasserstoffatome tritt ein, weil die zufälligen Bewegungen der Atome nicht mit der Rate der allgemeinen Expansion des Universums, welche die Atome auseinanderbewegt, Schritt halten können. Man stelle sich dazu ein Autorennen vor. Die Wagen starten zusammen und bewegen sich mit fast gleicher Geschwindigkeit, aber allmählich bewegen sie sich mehr und mehr auseinander. Ein Wagen braucht im Laufe der Zeit immer länger, um einen anderen zu überholen: Wir können genausogut sagen, daß die Relativgeschwindigkeit zwischen einem Paar aufeinanderfolgender Wagen mit der Zeit abnimmt. Ein ähnliches Argument läßt sich auf die zufälligen Bewegungen der Atome im expandierenden Universum anwenden: Sie nehmen ebenfalls mit der Zeit ab, während der Abstand der Atome zunimmt.

Die zufälligen Bewegungen der Atome rufen das hervor, was wir gewöhnlich als Temperatur bezeichnen. Im Fall einer gewöhnlichen expandierenden Gaswolke ist die Abnahme der Temperatur gleich der doppelten Expansionsrate. Im Fall der Schwarzkörperstrahlung nimmt die Temperatur der Strahlung nur linear mit der Expansionsrate ab. Der Unterschied ergibt sich aus einem Ergebnis der speziellen Relativitätstheorie: Wenn sich die Geschwindigkeit von Teilchen der Lichtgeschwindigkeit nähert, wird es immer schwieriger, die Teilchen zu komprimieren, und weniger Energie wird gewonnen. Umgekehrt führt die Expansion zu einer im Vergleich mit nichtrelativistischen Teilchen geringeren Energieabnahme für *relativistische Teilchen* (die sich mit Lichtgeschwindigkeit bewegen), oder für Photonen. Photonen verlieren daher während der Expansion weniger an Energie als langsamer bewegte Teilchen. (Man erinnere sich jedoch daran, daß in Übereinstimmung mit unserem früheren Ergebnis die äquivalente Massendichte der Photonen rascher abnimmt als die Massendichte nichtrelativistischer Teilchen, weil Photonen keine Masse besitzen.) Man sollte erwarten, daß die Materie im Universum bis heute nur sehr wenig Wärmeenergie (Teilchenbewegungen) behalten hat und daher extrem kalt sein sollte, nur den Bruchteil eines Grades über dem absoluten Nullpunkt. In Wirklichkeit werden wegen des Vorhandenseins anderer Wärme- und Energiequellen, die mit der Galaxienbildung und damit verbundener Aktivitäten in der Vergangenheit auftraten, solche niedrigen Temperaturen wahrscheinlich nicht erreicht.

Die Untersuchung der Winkelverteilung der Schwarzkörperstrahlung am Himmel liefert direkte Information über die Verteilung der Materie zu der Zeit, als die Strahlung zum letzten Mal gestreut wurde. Wenn wir diese Strahlung messen, sehen wir in die ferne Vergangenheit, als das Universum weniger als eine Million Jahre alt war. Zu dieser Zeit war der Abstand zweier entfernter Galaxien (oder besser, der Atome, aus denen sich jetzt diese beiden Galaxien zusammensetzen) nur ein Tausendstel des heutigen Wertes. Die Wellenlänge der Strahlung, die zur Zeit der Entkopplung herrschte, hat seitdem um einen Faktor 1000 zugenommen. Wie wir an einer früheren Stelle dieses Kapitels gesehen haben, ist eine Vergrößerung der Wellenlänge im optischen Teil des Spektrums einer Rotverschiebung des Lichts äquivalent. Diese Vorstellung kann verallgemeinert werden: Die Rotverschiebung ist die relative Vergrößerung der Wellenlänge im Strahlungsspektrum. Man sagt, die Entkopplung hat bei einer Rotverschiebung von etwa 1000 stattgefunden (numerischen Rechnungen zufolge ist 1200 ein genauerer Wert: Der exakte Wert hängt schwach von den angenommenen Größen des kosmologischen Modells ab), weil die Wellenlänge der Strahlung, die bei der Entkopplung einem letzten Streuprozeß unterworfen war, bis zur heutigen Zeit um diesen Faktor auseinandergezogen worden ist (tatsächlich ist die Rotverschiebung, multipliziert mit der anfänglichen Wellenlänge, gerade gleich der Vergrößerung oder Verschiebung der Wellenlänge).

Die *Rotverschiebung* wird allgemein für die Kennzeichnung einer früheren Epoche benutzt, und sie ist gleichzeitig ein Maß für die Entfernung – je größer die Rotverschiebung eines Objekts, umso weiter ist es entfernt, und umso schwieriger ist seine Entdeckung. Die entferntesten Objekte, die wir gefunden haben, die Quasare, haben Rotverschiebungen bis zu 4.5. (Wir gehen auf Quasare in Kapitel 12 näher ein.) Quasare sind jedoch außerordentlich leuchtkräftige Objekte; die entferntesten Galaxien, die bisher entdeckt wurden, haben Rotverschiebungen von etwa 2. In solchen Galaxien ist die Wellenlänge einer Spektrallinie dreimal so groß wie die der gleichen Linie in einer nahen Galaxie kleiner Rotverschiebung. Die Hintergrundstrahlung ermöglicht uns, eine Komponente des Universums bei einer Rotverschiebung zu beobachten, die durch Beobachtungen anderer Art nicht erreicht wird.

Untersuchungen haben bislang ergeben, daß die kosmische Hintergrundstrahlung völlig gleichmäßig und glatt ist. Ungleichmäßigkeiten oder eine „Körnigkeit“ sind bislang nicht entdeckt worden und müssen kleiner als 1/10000 sein. Es scheint aber kein Zweifel zu bestehen, daß die Suche nach Ungleichmäßigkeiten schließlich zum Erfolg führen wird. Die Schwarzkörperstrahlung öffnet uns ein wichtiges Fenster zum frühen Universum; sie führt uns weiter in der Zeit zurück und zum Urknall hin als irgendein bekanntes Objekt. Die ursprünglichen Fluktuationen, aus denen sich die Galaxien bildeten, müssen der Schwarzkörperstrahlung ihren Stempel aufgedrückt haben. Die Entdeckung dieser Fluktuationen würde eine eindrucksvolle Bestätigung der gesamten Theorie der Galaxienbildung liefern, der wir uns jetzt zuwenden wollen.

9

Der Ursprung der Galaxien

Wenn die Materie unserer Sonne und der Planeten, und all die Materie des Universums gleichförmig durch alle Himmel verstreut wäre, und jedes Teilchen eine angeborene Schwere zum Rest hin hätte, und wenn der ganze Raum, in dem die Materie zerstreut ist, endlich wäre, scheint mir, daß die Materie am äußeren Rand dieses Raumes durch ihre Schwere zur Materie im Innern hin streben würde, und folglich zum Zentrum des ganzen Raumes hin fallen und dort eine große kugelförmige Masse bilden würde. Wenn jedoch die Masse über einen unendlichen Raum gleichverteilt wäre, könnte sie niemals zu einer Masse zusammenkommen; sondern ein Teil würde sich in einer Masse ansammeln, ein anderer in einer anderen, und so würde sich eine unendliche Zahl großer Massen ergeben, die, durch große Entfernungen voneinander getrennt, im gesamten unendlichen Raum verteilt sind. Und so könnten sich die Sonne und die Fixsterne gebildet haben.

ISAAC NEWTON

Die eindrucksvollste Eigenschaft des Universums ist sicher seine Struktur. Wir haben bislang diesen Aspekt fast völlig vernachlässigt und das Universum stattdessen als gleichförmige, homogene Ansammlung von Teilchen beschrieben. Auf genügend großen Skalen können wir diese Annahme der Homogenität rechtfertigen. Beobachtungen der entferntesten Galaxien in verschiedenen Richtungen ergeben ähnliche Galaxienhäufigkeiten in vergleichbaren Raumvolumina. Die Messung der Expansionsrate der Galaxien in verschiedenen Richtungen des Raumes liefert ebenfalls ähnliche Werte für die Hubble-Konstante. Von unserem irdischen Blickpunkt aus gesehen weisen diese Daten auf eine großräumige Isotropie des Universums hin. Diese Folgerung ist natürlich nur im Rahmen der Genauigkeit unserer astronomischen Daten gültig. Bestimmungen der Hubble-Konstanten durch verschiedene Astronomen unterscheiden sich bis zu einem Faktor 2; daher bestätigen Galaxienbeobachtungen die Isotropie kaum besser als zu dieser groben Genauigkeit.

Die Beobachtung der kosmischen Hintergrundstrahlung hat ein weit überzeugenderes Ergebnis geliefert: Die Hintergrundstrahlung ist über den ganzen Raum innerhalb von weniger als 0.1 Prozent gleichförmig. Diese Beobachtungen wurden über einen weiten Bereich von Winkelabständen gemacht, von Bogenminuten zu ganzen Quadranten, und führten stets zu ähnlichen Ergebnissen: Für Winkeldistanzbereiche zwischen einer Bogenminute und 90 Grad liegen die besten Werte möglicher Fluktuationen bei einer oberen Grenze von 0.01 Prozent. Wir haben in Kapitel 8 gesehen, daß die Verteilung und der Grad der Gleichförmigkeit der beobachteten Strahlung durch die räumliche Verteilung der Materie zu einer frühen Epoche hervorgerufen wurde. Daher folgern wir, daß in der Entkopplungsära die Materie eine vergleichbare Gleichförmigkeit besaß. In Verbindung mit dem kopernikanischen Argument, daß sich unser Beobachtungsstandort in keiner Weise an einer bevorzugten Stelle befindet, führt diese Annahme zu wichtigen Konsequenzen für unsere Theorie der Struktur des Universums. Diese Annahmen liefern die grundlegende Berechtigung dafür, daß die Urknall-Kosmologie auf das beobachtete Universum angewendet werden kann.

Der konservative Ansatz

Wie können wir die idealisierten Bedingungen der Urknalltheorie mit den komplexen Einzelheiten des beobachteten Universums in Einklang bringen? Ein möglicher Ansatz ist, die Stabilität des Universums bezüglich der Expansion und deren Wirkung auf das Anwachsen kleiner Unregelmäßigkeiten zu untersuchen. Wir wollen uns vorstellen, daß es im frühen Universum infinitesimale Fluktuationen der Dichte gab. Wie würden sich diese *Dichtefluktuationen* im Verlauf der Expansion entwickeln? Die Antwort ist, daß die Expansion des Universums einen stabilisierenden Einfluß auf solche Unregelmäßigkeiten ausgeübt haben muß. Das expandierende Universum hat einen stark verhindernden Einfluß auf das, was andernfalls katastrophale Kräfte hätten werden können. Ein statisches Universum, das Gebiete mit Überschußdichte enthält, würde hochgradig instabil sein und lokal kollabieren. Dagegen wird ein expandierendes Universum durch die Bildung lokaler Gebiete höherer Dichte nur sehr wenig beeinflußt. Dies ist günstig für uns, weil ein Wiederzusammenstürzen der dichteren Gebiete im frühen Universum die Bildung von Galaxien behindert hätte.

In frühen Zeiten müßten die neugeformten dichten Gebiete viel dichter gewesen sein als die heutigen Galaxien. Die Expansion verzögerte jede Verstärkung dieser kleinen Fluktuationen merklich. Trotzdem dauerte dieser Prozeß des Wachsens der Fluktuationen über eine sehr lange Zeit, und der anfängliche Grad der Inhomogenität braucht nicht groß gewesen zu sein, um riesige Fluktuationen auszubilden, die schließlich zusammenstürzen konnten. In einem Gebiet, das im Vergleich zu seiner Umgebung nur einen kleinen Masseüberschuß aufweist, ist das lokale Gravitationsfeld um einen kleinen Betrag angehoben. Dieses Gebiet übt eine Kraft auf angrenzende Gebiete aus. Wenn vor der Entkopplungsära Dichtefluktuationen mit Amplituden zwischen einem und einem hundertstel Prozent vorhanden waren, hätte die natürliche Akkretion von Materie, die infolge dieses Prozesses der Gravitationsinstabilität auftrat, zum schließlichen Kollaps geführt – und möglicherweise zur Galaxienbildung (Abb. 9.1).

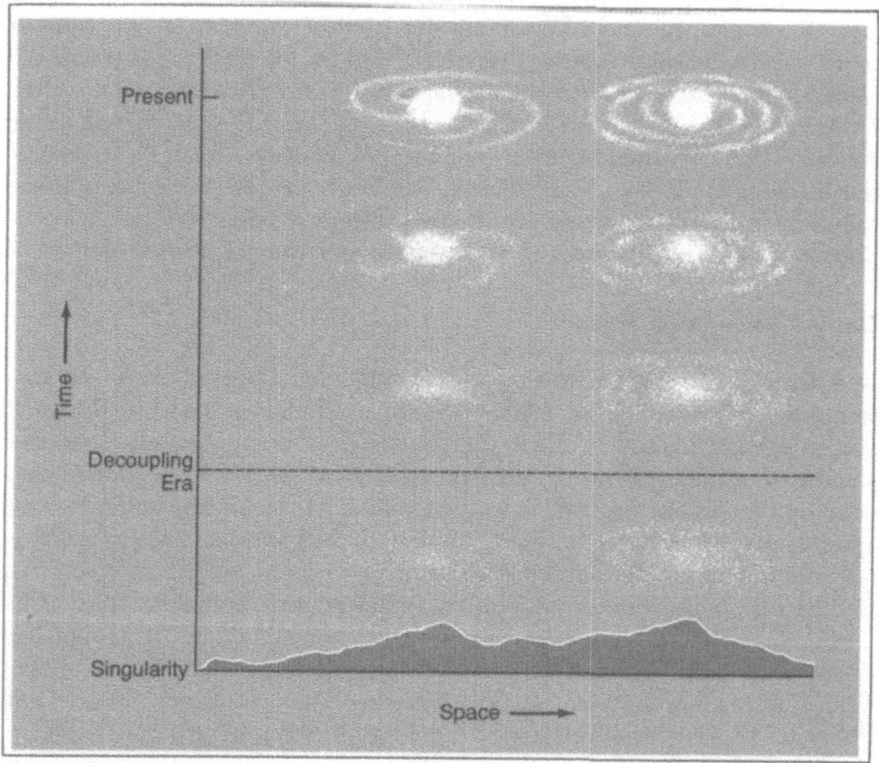

Abb. 9.1 Das Anwachsen von Dichtefluktuationen
In diesem Raum-Zeit-Diagramm ist die Zeit (Time) durch die senkrechte Achse dargestellt, und die drei Raumkoordinaten (Space) sind in die waagerechte Achse zusammengezogen. Die Galaxien entwickelten sich aus kleinen Dichtefluktuationen im frühen Universum, die wiederum auf infinitesimale Dichtefluktuationen in der Anfangssingularität (Singularity) zurückverfolgt werden können. Im Verlauf der Expansion des Universums wurden die Fluktuationen größer, da ihre Eigengravitation Materie aus der Nachbarschaft anzog. Nach der Entkopplungsära (Decoupling Era) kollabierten die Dichtefluktuationen, um schließlich Galaxien zu bilden, wie wir sie heute (Present) beobachten.

Diese Fluktuationen haben ihre Wurzeln in der quantisierten Vergangenheit des Universums, in den ersten 10^{-35} Sekunden des Urknalls. Wir haben bereits gesehen, wie sich das Universum durch die Inflation vom mikroskopisch Kleinen zum makroskopisch Großen aufblähte, was seine bemerkenswerte Isotropie und Homogenität erklärt. Gleichzeitig gab es winzige Dichteschwankungen, die der Quantentheorie zufolge unvermeidlich sind. Die Quantentheorie besagt, daß wir nie sicher sein können, wieviel Teilchen oder Energiequanten in einem bestimmten Raumgebiet anzutreffen sind. Wenn ein solches Gebiet makroskopisch groß ist, ist diese Quantenunschärfe völlig belanglos; die Statistik gibt uns eine so genaue Antwort, wie wir nur wünschen können. Wenn das Gebiet jedoch hinreichend klein ist, werden die Quantenfluktuationen groß sein. Unsere Theorie des Urknalls beginnt mit der Planckzeit von 10^{-43} Sekunden, der Schwelle der klassischen Kosmologie, zu einer Zeit, als die Quantenfluktuationen riesig waren. Vor diesem Zeitpunkt wird das Universum durch die noch wenig verstandene Theorie der Quantenkosmologie beschrieben. Die Inflation setzte ein, als das Universum abkühlte und kurz nach der Planckzeit einen Phasenübergang in der in ihm enthaltenen Materieart erlitt. Die Dichtevariationen wurden von der Quantenskala auf die Ausdehnung der riesigen, durch das inflationäre Universum gebildeten Blase verstärkt. Die Inflation hörte bald auf, und die gemächlichere Urknall-Expansion setzte wieder ein, doch das Universum war für immer gekennzeichnet, „verschrammt“: Es war homogen und isotrop geworden, aber auch von Dichtevariationen durchsetzt, die als Samenkörner für die zukünftigen Galaxien dienen sollten.

Der revolutionäre Ansatz

Der konservative Ansatz zur Erklärung der großräumigen Struktur betont das Wachsen aus infinitesimalen Fluktuationen, gleichsam aus Samenkörnern, die Materie unter dem unerbittlichen Einfluß der Schwerkraft aufsammeln. Eine andere Möglichkeit, die ich als den revolutionären Ansatz bezeichnen möchte, nimmt einen ganz unterschiedlichen Kurs. Die Struktur, die wir heute sehen, könnte als Folge gigantischer Explosionen entstanden sein, die Materie aufsammelten und komprimierten, um Galaxien und Sterne zu bilden. In der Tat haben wir einen verläßlichen Beweis dafür, daß in kleinerem Maßstab das interstellare Medium, das Gas zwischen den Sternen, eine sehr unruhige Existenz führt, die gelegentlichen von heftigen Explosionen unterbrochen wird, durch die es aufgesammelt und zu dichten Gashüllen geformt wird. Diese Schalen zerbrechen zu Wolken, aus denen sich schließlich Sterne bilden. Solche Explosionen treten im Endstadium von Sternen mit zehn oder mehr Sonnenmassen auf. Wir werden später sehen, daß solche massenreichen Sterne ein feuriges Schicksal erleiden und eine ganz beträchtliche Menge Energie freisetzen, nachdem sie schließlich ihren nuklearen Brennstoff erschöpft haben und zu kompakten Überresten zusammenstürzen.

Obwohl solche Sterne innerhalb von Millionen Jahren ausbrennen, folgen Generationen dieser Sterne aufeinander, und der Lebenszyklus des interstellaren Gases erstreckt sich über Jahrmilliarden, in deren Verlauf sich Sterne bilden und wieder vergehen. Vielleicht hat das intergalaktische Medium im Lauf von etwa zehn Milliarden Jahren ein ähnliches Schicksal erfahren. Möglicherweise wiederholten sich ähnliche Prozesse auf einer weit größeren Skala, als sich die ersten Galaxien bildeten. Das Leitmotiv eines derzeitigen Konzepts ist *explosive Verstärkung*, die Vorstellung, daß sich ein paar sehr seltene und massereiche Objekte etwa eine Million Jahre nach dem Urknall gebildet haben. Warum kollabierten die ersten Objekte vermutlich in dieser Epoche, und nicht zu einer früheren oder späteren Zeit? Vor der Entkopplung war der Strahlungsdruck eines Gebietes mit lokal höherer Dichte nach außen hin sehr groß. Nach der Entkopplung aber bewegte sich die Strahlung frei durch die Materie, die fast vollständig in Form von Atomen vorlag; die Materie besaß folglich einen sehr geringen Druck. Ein plötzlicher Druckverlust hätte zur Implosion oder zum Kollaps großer Gebiete führen können. Das hätte zur Folge gehabt, daß sich Schockwellen bildeten, die das Gas komprimierten.

Ein solcher Klumpen aus komprimiertem Gas würde eine Masse von mehr als eine Million Sonnenmassen enthalten, und sein Schicksal kann dramatisch sein. Eine Möglichkeit ist, daß sich ein Schwarzes Loch bildet. Der Kollaps zum Schwarzen Loch ist für große Inhomogenitäten von der Skala des Horizonts in einer viel früheren Zeit unvermeidlich, weil das Licht selbst durch das Schwerefeld der Inhomogenität gefangen gehalten wird. Ein Schwarzes Loch kann in der Tat als ein Objekt definiert werden, dessen Schwerefeld so groß ist, daß Licht nicht daraus entkommen kann. Wir wissen, daß das Universum nicht voll großer Schwarzer Löcher mit Massen von der Größenordnung von Galaxien und mehr ist. Die Bildung solcher ursprünglichen Schwarzen Löcher muß auf sehr frühe Epochen (innerhalb des ersten Jahres nach dem Urknall) beschränkt sein, als die Masse innerhalb des Horizonts sehr viel kleiner war als die einer Galaxie.

Die in der Folge auftretende Massenakkretion auf so ein supermassives Schwarzes Loch würde eine beträchtliche Energiemenge freisetzen. Ein solches Objekt könnte möglicherweise als Kern einer entstehenden Galaxie dienen. Während sich eine Galaxie bildet, wird das akkretierte Gas in sternmassengroße Stücke zerrissen. Über kurz oder lang würden sich viele massenreiche Sterne aus der zusammenstürzenden Wolke gebildet haben. Diese würden nach einigen Millionen Jahren explodieren, und die entstehenden

Explosionswellen dichte Gasschalen zusammenfegen. In einer sich bildenden Galaxie gibt es wahrscheinlich so viele dieser Explosionen, daß sie einander verstärken und sich die zusammengefegten Gasschalen überlappen. Ein Wind aus sehr heißem Gas würde aufgrund der gemeinsamen Wirkung der vielen explodierenden Sterne aus der sich bildenden Galaxie herausgepreßt werden. Dieser Wind würde eine dichte Schale intergalaktischen Gases zusammenfegen, eine Schale, die vielleicht mehr als 10 000 mal mehr Masse enthält als die ursprüngliche Galaxie.

Die Schale zerbricht in galaxienmassengroße Wolken, die alle wieder kollabieren und zu neuen Galaxien werden, die ihrerseits Winde hervorrufen und neue Schalen bilden. Die Galaxienbildung pflanzt sich von selber immer weiter fort. Nur wenige anfängliche Keime werden benötigt, und die endliche Verteilung der Galaxien und ihre Eigenschaften hängen von den Einzelheiten des Mechanismus der explosiven Verstärkung ab. Dieses Schema erfordert natürlich eine Antwort auf die Frage nach dem Ursprung der Keime, doch diese können in bizarren Unregelmäßigkeiten des frühen Universums ihren Ursprung haben, wie etwa kosmischen Strings.

Völlig im Bereich des Möglichen liegt, daß das sehr frühe Universum äußerst chaotisch war. Obwohl die Vorstellung sehr verführerisch ist, daß die Inflation alle extremen ursprünglichen Inhomogenitäten beseitigte und ein glattes und reguläres Universum zurückließ, müssen wir uns daran erinnern, daß die Inflation nur eine Hypothese ist. Wir haben praktisch keine direkte Information über die erste Sekunde des Urknalls und erst recht nicht über die ersten 10^{-35} Sekunden, als sich die vermutete Inflation ereignete. Einige Kosmologen sagen, daß die Inflation ein unwahrscheinliches Ereignis war: Sie argumentieren, daß aus der Menge aller möglichen anfänglichen Universen nur eine infinitesimale Teilmenge durch Inflation isotrop und homogen gemacht werden kann. Eine andere Annahme, die sie passenderweise „Anfangsbedingungen“ nennen, ist nötig, um das sehr frühe Universum zu spezifizieren. In diesem Fall können wir ebensogut mit der Vorstellung des anfänglichen Chaos beginnen und nach physikalischen Prozessen suchen, die möglicherweise behilflich waren, das Chaos zu beseitigen oder zu regulieren. Beispielsweise könnte das Universum in bestimmten Richtungen schneller als in anderen expandiert sein. Es könnte sogar in einer Richtung expandiert und gleichzeitig in einer anderen kontrahiert sein. Eine Ansammlung von Teilchen, die sich anfangs auf der Oberfläche einer Kugel befanden, könnte in eine pfannkuchenförmige oder zigarrenförmige Fläche deformiert worden sein, und sich dann in eine andere Konfiguration verwandelt haben. In der revolutionärsten Spekulation könnte ein der Reibung vergleichbarer Effekt die Anisotropie im frühen Universum geglättet haben und so zu einer Standard-Urknall-Expansion geführt haben.

Diese Überlegung führt die Reibung auf riesige Zahlen von Neutrinos zurück. Um zu verstehen, warum diese sich mit Lichtgeschwindigkeit bewegenden, masselosen Teilchen eine solch wichtige Rolle im frühen Universum spielen konnten, ist es hilfreich, daran zu erinnern, daß Neutrinos gewöhnlich eine sehr schwache Wechselwirkung mit Materie haben. In der ersten Sekunde des Universums war jedoch die Dichte so hoch, daß die Neutrinos vollkommen von Atomkernen absorbiert wurden. Während dieser frühen Phase konnten die Neutrinos einen beträchtlichen Druck auf den Rest des Universums ausüben. Nur wenn Neutrinos durch Materie absorbiert werden, können sie eine merkliche Kraft auf diese ausüben (so wie Licht auf Staubpartikel Druck ausüben kann). Wenn die Expansion des Universums anfangs stark anisotrop gewesen wäre, würden die Neutrinos bestrebt gewesen sein, viel von dieser anfänglichen Anisotropie zu glätten und die Expansion gleichförmiger und isotroper zu machen. Im Verlauf der Expansion des Universums hätte dann die Neutrinoabsorption an Effizienz verloren. Nach der Zerstrahlung der Elektronen und Positronen hätten die Neutrinos nicht mehr länger merklich mit der umgebenden Materie wechselwirken können.

Chaos kann eine unendlichen Vielfalt von Amplituden und Skalen umfassen. Frühe großräumige Strukturen mögen wie Steine gewirkt haben, die, in einen Teich geworfen, eine Reihe von Wellen hervorrufen, die sich im Wasser fortpflanzen. In ähnlicher Weise können wir uns Wellen vorstellen (den Schallwellen vergleichbar), die sich im Strahlungsfeld des frühen Universum fortpflanzten. Diese Wellen werden durch Druckschwankungen erzeugt, die von der Bildung Schwarzer Löcher herrühren könnten, bei der plötzlich Energiemengen freigesetzt, das heißt, Explosionen verursacht werden; die Wellen könnten auch einfach die Anfangsbedingungen des frühen Universums darstellen, die sich nicht effektiv fortpflanzen konnten, bis soviel Zeit seit dem Urknall verstrichen war, daß eine Störung eine Wellenlänge durchlaufen hatte. Nur wenn die Störung auf einer genügend großen Skala auftritt, kann die Eigengravitationskraft eines lokalen Gebietes größer sein als der Strahlungsdruck nach außen. In diesem Fall würde es sehr wahrscheinlich zur Bildung Schwarzer Löcher kommen.

Eine noch extremere Variante der chaotischen Kosmologie nimmt an, daß die kosmische Hintergrundstrahlung durch die Dissipation des ursprünglichen Chaos erzeugt werden konnte. Mit diesem Modell hofft man, die beobachtete Zahl der Photonen pro atomares Teilchen erklären zu können, obwohl man bei Übernahme dieser Variante andere Erfolge des Standardmodells, besonders die Heliumerzeugung, aufgeben müßte.

Im Rest dieses Buches werden wir den konservativen Ansatz übernehmen, der uns, solange er sich nicht als falsch erwiesen hat, die am wenigsten drastische Revision des kosmologischen Prinzips erlaubt. Er stattet uns auch mit dem Zeitpfeil aus. Ein grundlegender Satz der Physik besagt, daß die Entropie, der Grad der Unordnung in einem physikalischen System, niemals abnehmen kann. Zeit und Entropie schreiten unwiderruflich fort, während das Universum durch die Herausbildung und Entwicklung von Struktur immer komplexer wird. Es scheint deshalb wünschenswert, im frühen Universum relative Homogenität und Ordnung anstelle von Chaos zu postulieren.

Ein kosmisches Filter

Unser Bild des frühen Universums vor der Entkopplung ist offenbar komplizierter, als es die naive Anwendung der Urknalltheorie erwarten läßt. Wir übernehmen den konservativen Ansatz, in dem das frühe Universum nahezu homogen war. Ein bestimmter Grad von schwacher Inhomogenität war jedoch notwendig, damit sich schließlich Struktur entwickeln konnte. Die Fluktuationen stellten nur kleine Dichtevariationen im expandierenden Hintergrund dar, aber sie umfaßten riesige Materiemengen, aus denen sich die großräumige Struktur, die wir heute beobachten, entwickeln konnte. In jedem Punkt des Raumes waren gleichzeitig groß- und kleinräumige Irregularitäten vorhanden. Es gab eine regelrechte Hierarchie von Fluktuationen innerhalb größerer Fluktuationen innerhalb noch größerer Fluktuationen. Ein geeignetes Maß für Fluktuationen ist die Masse, die sie einschließen. Wir können daher von stern-, galaxien-, oder sogar galaxienhaufengroßen Inhomogenitäten sprechen.

Die Fluktuationen waren nicht statisch. Jede kleine Dichteerhöhung übte eine kleine gravitative Anziehung auf die umgebende Materie aus, die sie in Richtung der lokalen Inhomogenität strömen ließ. Die Amplitude der Dichtefluktuationen wuchs an, sofern die Druckkräfte aus der thermischen Bewegung der Protonen die Akkretion nicht verhinderten. Es gab einen ständigen Kampf zwischen dem nach außen wirkenden Druck und dem nach innen wirkenden Zug der Schwere (Abb. 9.2). Wie wir später sehen werden, bestimmt der Ausgang dieses Kampfes die Lebensdauer der Sonne und anderer Sterne. Der gleiche Kampf war auch in den ersten Phasen des Universums für das Wachstum winziger Dichtefluktuationen entscheidend. Für genügend großräumige Fluktuationen war stets die Schwerkraft die beherrschende Kraft, und die Dichtefluktuationen wuchsen weiter. Während aber die Expansion fortschritt, gewannen jedoch die Druckkräfte immer größeren Einfluß. Auf jeder uns interessierenden Skala, sei es die einer Galaxie oder eines Galaxienhaufens, wurden die Druckkräfte vor der Entkopplungsära größer als die Gravitationskräfte. Dies beendete das Wachsen der Fluktuationen. Nachdem die Druckkräfte einmal über die Gravitationskräfte dominieren, kann man sich die Fluktuationen als eine Art von Druckwel-

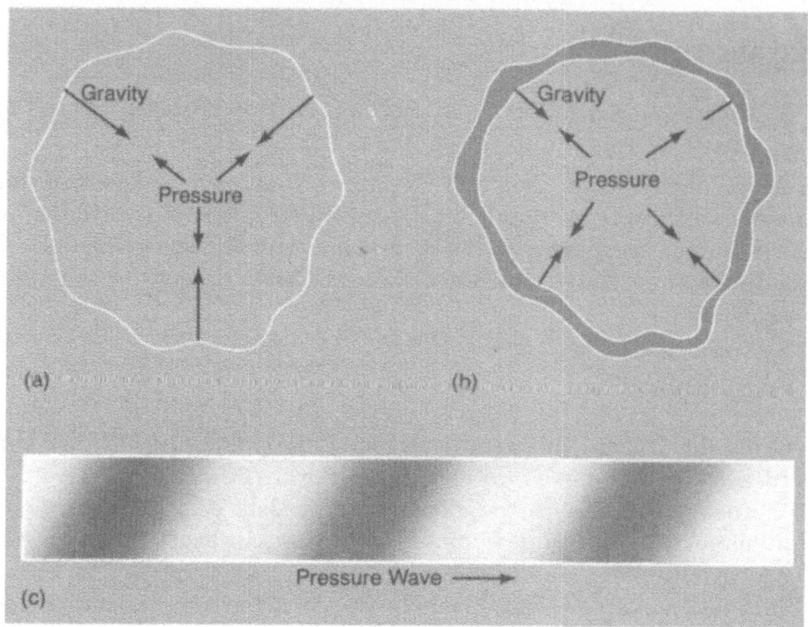

Abb. 9.2 Das Gegeneinanderwirken von Gravitation und Druck in einer Dichtefluktuation
In einer großen Fluktuation ist die Gravitation (Gravity) die vorherrschende Kraft (a). Die Fluktuation wächst an und kollabiert schließlich. Dagegen wird eine kleine Fluktuation von Druckkräften (Pressure) beherrscht, die bestrebt sind, sie auseinanderzutreiben (b). Die Folge des Gegeneinanderwirkens von Schwerkraft und Druck ist eine Oszillation der Fluktuation, die sich ähnlich einer Schall- oder Druckwelle (Pressure Wave) fortpflanzt (c), solange der Druck die vorherrschende Kraft bleibt.

len (oder Schallwellen) vorstellen. Sie werden vorübergehende Störungen, die an jedem Punkt vorbeiziehen, Wellen an der Oberfläche eines Teiches vergleichbar.

Während der Strahlungsära wurden die Druckkräfte tatsächlich durch die Strahlung hervorgerufen. Störungen konnten sich im Strahlungsfeld mit nahezu Lichtgeschwindigkeit ausbreiten. Wir erinnern uns, daß die Größe des beobachtbaren Universums zu jeder Zeit durch die Entfernung begrenzt war, die das Licht im Verlauf des Alters des Universums durchlaufen konnte. Folglich bestimmt diese Grenze das Gebiet, in dem Druckkräfte gerade mit den gravitativen Kräften im Gleichgewicht stehen.

Wir stellen uns eine durch eine Inhomogenität verursachte Störung in der Strahlungsära vor. Sie wird eine Druckwelle hervorrufen. Dagegen wird eine gewöhnliche Schallwelle eine endliche Entfernung durchlaufen, ehe sie dissipiert (sich völlig in Wärmeenergie umwandelt). Wir wissen, daß selbst

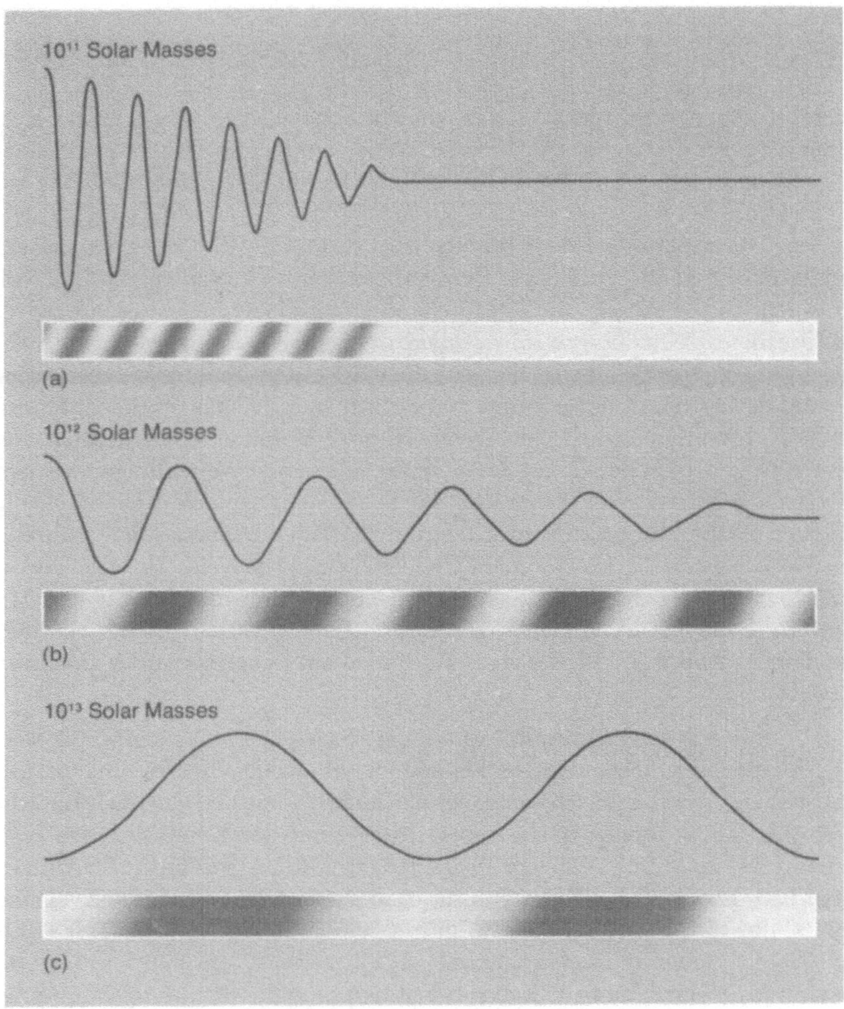

Abb. 9.3 Strahlungsdämpfung adiabatischer Dichtefluktuationen Störungen im frühen Universum verhalten sich ähnlich wie Schallwellen in der Luft, sie verursachen aufeinanderfolgende Verdichtungen und Verdünnungen der Materie. Wenn ein Gebiet des Universums komprimiert wird, werden sowohl Materie als auch Strahlung zusammengepreßt. Dieses komprimierte Gebiet versucht dann, sich wieder auszudehnen. Im Verlauf der Folge von Expansionen und Kompressionen können Photonen aus adiabatischen Fluktuationen geringer Größe entweichen (die Größe bzw. der Materieinhalt sind in der Abbildung in Sonnenmassen angegeben). Da die Strahlung starken Druck auf die Materie ausübt, werden Fluktuationen kurzer Wellenlänge gedämpft (a). Fluktuationen längerer Wellenlänge (b) können häufigere Zyklen von Verdichtung und Verdünnung durchlaufen, ehe sie gedämpft werden. Fluktuationen sehr großer Wellenlänge (c) haben kaum Zeit zu oszillieren, sie überleben die Strahlungsära unversehrt. Nach der Entkopplung kann sich die Strahlung ungehindert ausbreiten und übt keinerlei Kraft mehr auf die Materie aus.

lautes Rufen es uns nicht möglich macht, uns über eine zu große Entfernung zu verständigen. In ähnlicher Weise sind diese Druckwellen einer Dissipation unterworfen. Die Photonen oder Strahlungsquanten müssen zusammen mit den Protonen und Elektronen in einer Druckwelle komprimiert werden. Der größte Teil des Druckes wird durch die Photonen verursacht und nicht durch die zufälligen Bewegungen der viel geringeren Zahl von Protonen. Daher müssen die Photonen an den Elektronen gestreut werden, um sie effizient einzufangen und das nachfolgende Zusammenpressen in der Druckwelle zu ermöglichen. Die Zeit, die ein Photon benötigt, um gestreut zu werden und damit eingefangen zu bleiben, kann jedoch vergleichbar sein mit der Kompressionszeit der Welle. Diese Zeit hängt offensichtlich von der Größe (oder Wellenlänge) der Störung ab. Lange Wellenlängen können Photonen wirksam gefangen halten, kurze Wellenlängen sind jedoch wenig geeignet, die Strahlung zu komprimieren. Photonen können daher während der Wellenbewegung entkommen. Folglich wird die Welle Energie verlieren, schwächer werden und sich in Wärmeenergie umwandeln. Mit anderen Worten, je kürzer die Wellenlänge, umso schneller werden Störungen verschwinden (Abb. 9.3). Wir sagen, die Wellen sind geglättet oder *gedämpft* worden.

Es gibt eine kritische Skala, unterhalb der die Wellen stark gedämpft werden. In längeren Wellenlängen können die Photonen besser eingeschlossen bleiben. Wenn kein Photonenverlust auftritt, werden die Wellen nicht gedämpft. Die kritische Skala nimmt im Verlauf der Expansion des Universums zu, und immer längere Wellenlängen werden gedämpft. Schließlich entspricht zur Zeit der Entkopplung die kritische Dämpfungsskala einem Gebiet, das die Masse von einer Billiarde Sonnenmassen umfaßt. Der sichtbare Bereich einer typischen Galaxie enthält etwa 100 Milliarden Sonnenmassen. Es scheint, daß zur Zeit der Entkopplung die Strahlungsdämpfung selbst Fluktuationen mit Massen, die größer als die einer typischen Galaxie waren, beseitigt hatte. Nach der Entkopplung wurde dieser Prozeß schlagartig beendet. Nachdem die Photonenstreuung aufhörte, war die Strahlung nicht länger eingefangen, und die Druckwellen wurden nicht mehr gedämpft.

Die vorangehende Argumentation bezieht sich auf anfängliche Druckwellen im von Strahlung beherrschten Gas. Wir können uns auch eine physikalisch andere Art von Inhomogenität vorstellen. In diesem Fall dürfen nur Protonen und Elektronen ihre Dichte ändern; die Strahlung bleibt ungestört. Wir bezeichnen solche Inhomogenitäten als *isotherme Fluktuationen* (bei konstanter Temperatur auftretende Fluktuationen), im Gegensatz zu den *adiabatischen Fluktuationen* (unter Energieerhaltung auftretende Fluktuationen), die sich aufheizen, wenn die Materie komprimiert wird (Abb. 9.4).

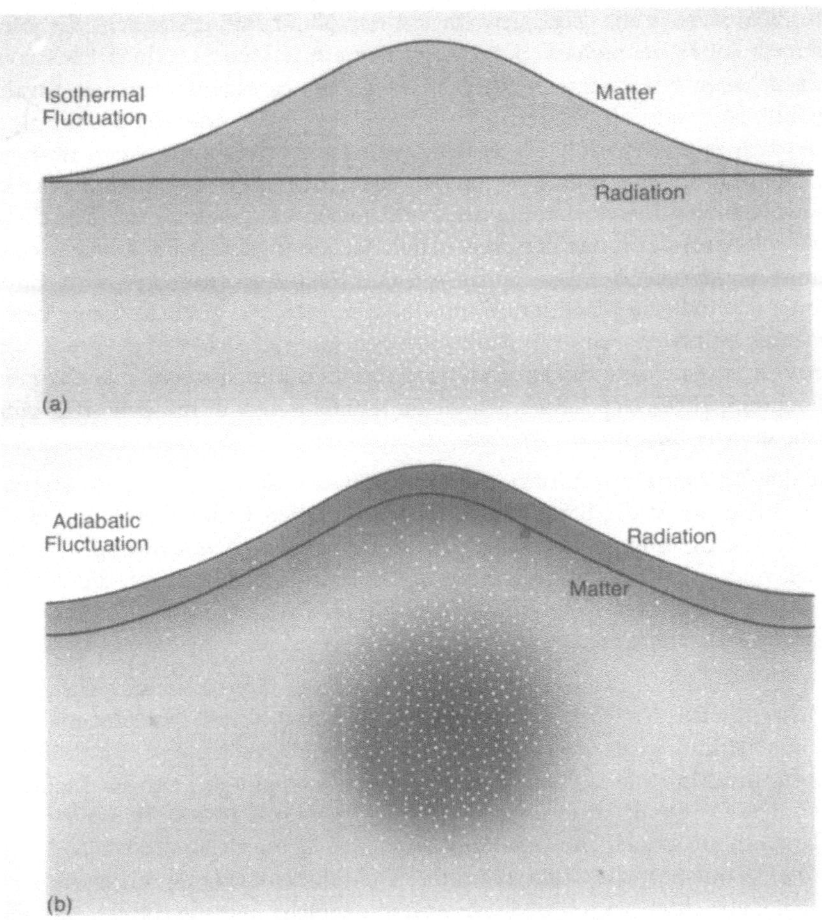

Abb. 9.4 Zwei Arten von Dichtefluktuationen
Isotherme Dichtefluktuationen (a) behalten eine gleichförmige Temperatur oder Strahlungsdichte. Das Strahlungsfeld (Radiation) des Hintergrundes bleibt völlig ungestört, nur die Materie (Matter) wird in der Fluktuation verdichtet. Adiabatische Fluktuationen (b) komprimieren beides, Materie und Strahlung, und die Strahlungsdichte innerhalb der Fluktuation ist geringfügig höher als die Strahlungsdichte des Hintergrundes.

Nur die adiabatischen Fluktuationen sind der Strahlungsdiffusion und der Dämpfung unterworfen.

Während der gesamten Strahlungsära waren die isothermen Fluktuationen keinen merklichen Änderungen unterworfen. Wie in der vorhergehenden

Diskussion strebte die Eigengravitation der Fluktuation danach, die Materie nach innen zu ziehen. Betrachten wir ein jedoch einzelnes Elektron. Wenn es einer Kraft unterworfen ist, begegnet es einem enormen Strahlungsfluß. Nur wenn das Elektron in Ruhe ist, verschwindet der Strahlungsdruck, dem es unterworfen ist. Folglich verursacht Strahlung einen riesigen Sog, eine Reibung aus, wenn sie von den Elektronen gestreut wird, die ihrerseits der Gravitationsanziehung der Fluktuation ausgesetzt sind. Die Elektronen wiederum können sich wegen der Anziehungskraft zwischen positiven und negativen Ladungen nicht von den Protonen entfernen. Das Endergebnis ist, daß die Materiefluktuationen eingefroren sind. Es kann keine Bewegung auftreten, und die Fluktuationen können sich weder verstärken noch dissipieren. Vom Blickpunkt eines mit der Fluktuation mitbewegten Beobachters würde es scheinen, als ob er versucht, sich durch eine sehr zähe Flüssigkeit wie Sirup oder Melasse zu bewegen.

Nach der Entkopplung hörten die Streuprozesse auf. Die Materie konnte sich nun frei durch die Strahlung bewegen. Folglich verlor das Strahlungsfeld schlagartig seine Viskosität. Der Strahlungssog verschwand. Lokale Verdichtungen in der Materieverteilung konnten sich nun durch die Eigengravitation verstärken. Wir bezeichnen diesen Prozeß als den Beginn von *Gravitationsinstabilität.*

Dieser Prozeß des Anwachsens von Fluktuationen fängt also erst an, wenn die Massendichte des Universums vorwiegend aus gewöhnlicher Materie und nicht aus Strahlung resultiert. Es ist bekanntermaßen schwierig, Strahlungsquanten und Materieteilchen, deren zufällige Bewegungen nahezu Lichtgeschwindigkeit haben, zusammenzuhalten. Nach etwa 10 000 Jahren wurde das Universum jedoch materiedominiert, und Gravitationskräfte konnten nun den Kontrast der überlebenden Dichtefluktuationen wirksam vergrößern. Betrachten wir eine Materieinhomogenität, die so groß ist, daß die Gravitationskraft stärker ist als der Strahlungsdruck. Das Anwachsen geschieht durch Akkretion von umgebender Materie. Die kritische Masse einer Inhomogenität zur Zeit der Entkopplung, als sich diese beiden gegeneinanderwirkenden Kräfte gerade die Waage hielten, ist etwa 100 000 Sonnenmassen. Es scheint ziemlich wahrscheinlich, daß die meisten zu dieser Zeit kollabierenden Inhomogenitäten Massen dieser Größenordnung besaßen; größere Fluktuationen hätten dazu geneigt, in kleinere Klumpen zu zerfallen.

Unserem Modell zufolge haben die physikalischen Prozesse der Strahlungsära offenbar bestimmte bevorzugte Massenskalen herausgefiltert (Abb. 9.5). Insbesondere zwei bevorzugte Massenskalen sind aus den trüben Tiefen der Strahlungsära aufgetaucht. Sie entsprechen den ursprünglichen isothermen Fluktuationen von etwa 100 000 und den ursprünglichen adiabatischen Fluktuationen von etwa 1 Billion Sonnenmassen. Es mag ein Zufall sein,

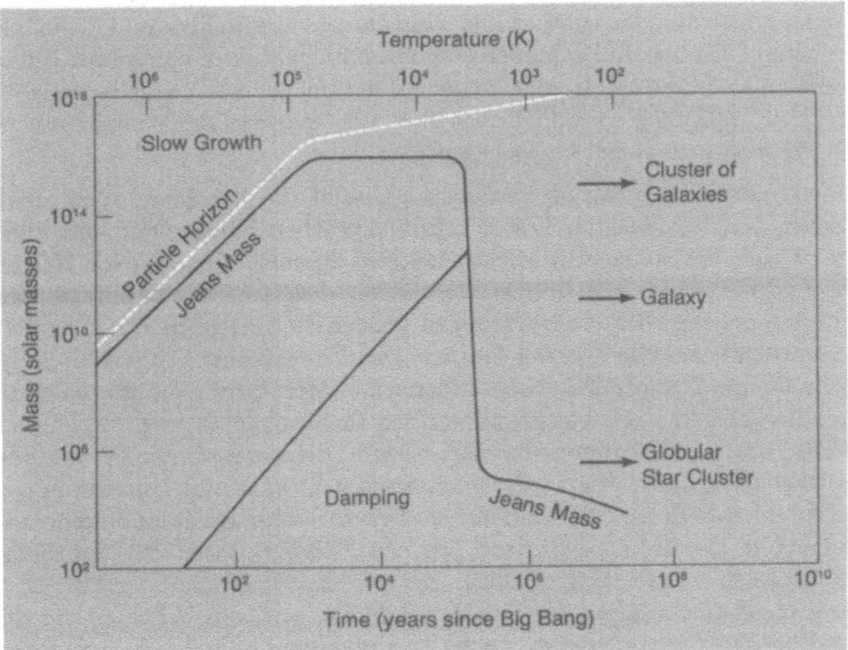

Abb. 9.5 Bevorzugte Massenskalen
Die bevorzugten Massenskalen sind als Funktion des Alters des Universums (seit dem Urknall verstrichene Zahl von Jahren) dargestellt. Jede Dichteerhöhung, die bei einem Alter des Universums von etwa 3×10^4 Jahren (als Materie- und Strahlungsdichte gleich waren) einen minimalen Wert von 10^{15} Sonnenmassen erreichte, besaß genügend Eigengravitation, um den Expansionsdruck der Strahlung zu überwinden. Eine solche Dichteerhöhung begann zu dieser Zeit ein Leben ununterbrochenen Wachstums, das in der Bildung eines großen Galaxienhaufens = Cluster of Galaxies gipfelte. In einem mittleren Massenbereich (von 10^{12} bis 10^{15} Sonnenmassen) blieben Dichtefluktuationen bis zur Entkopplung erhalten, einem Zeitpunkt, bei dem die Strahlung aufhörte, effektiv mit Materie wechselzuwirken. Diese überlebenden Dichteerhöhungen könnten nach einer Periode der Fragmentierung zu einzelnen Galaxien = Galaxy geworden sein. Unterhalb dieses Massenbereichs dämpfte der Strahlungsdruck die adiabatischen Dichtefluktuationen (Damping). Isotherme Dichtefluktuationen könnten jedoch die Strahlungsära überlebt haben und wären in der Folge gravitationsinstabil geworden, wenn ihre Masse 10^6 Sonnenmassen überstieg (etwa die Masse eines Kugelsternhaufens = Globular Star Cluster). Der Teilchenhorizont (Particle Horizon) beschreibt die Grenze des beobachtbaren Universums, an der die Fluchtgeschwindigkeit die Lichtgeschwindigkeit erreicht, und in dessen Nähe nur ein langsames Anwachsen (Slow Growth) von Dichtefluktuationen auftreten kann. Die Masse, bei der die Schwerkraft dem Druck die Waage hält, wird als Jeans-Masse (Jeans Mass) bezeichnet.

daß Kugelsternhaufen etwa 100 000 Sonnenmassen enthalten und die massereichsten Galaxien und kleineren Galaxienhaufen Massen von etwa 1 Billion Sonnenmassen. Für Kosmologen, die auf der Suche nach dem Ursprung der Struktur im Universum sind, liefern diese Ergebnisse jedoch Anhaltspunkte, die wir nicht vorschnell übersehen wollen.

Eine neuere Art dieses Szenariums beschreibt die Dominanz nichtbaryonischer dunkler Materie. Wie wir früher gesehen haben, wird das allgegenwärtige Vorhandensein solcher Materie durch die inflationäre Kosmologie vorhergesagt. Die dunkle Materie ist der Gravitation unterworfen, und anfängliche Dichteschwankungen werden kontrastreicher, wie es auch bei gewöhnlicher Materie der Fall ist. Das Endergebnis hängt ganz allgemein von der Natur der dunklen Materie ab. Man kann zwei unterschiedliche Möglichkeiten ins Auge fassen. Wenn die dunkle Materie aus schwach wechselwirkenden schweren Teilchen besteht, die soviel wie ein Proton oder mehr wiegen, dann war zu der Zeit, als die Struktur im Universum sich auszubilden begann, die Temperatur etwa 10 Elektronvolt und damit viel kleiner als die Ruhmasse dieser Teilchen. Folglich waren deren zufällige Bewegungen vernachlässigbar klein. Sie werden kalt genannt, und wir sprechen von *kalter dunkler Materie* als einer Gattung von Teilchen, die sich aus Photinos und anderen exotischen Kandidaten des Teilchenzoos zusammensetzt. Dichteschwankungen der kalten dunklen Materie werden wie isotherme Fluktuationen während der Strahlungsära weder ausgelöscht noch verstärkt. Die Strahlungsdämpfung gleicht Inhomogenitäten der Baryonenverteilung aus, läßt jedoch die schwach wechselwirkende kalte dunkle Materie unbeeinflußt. Nachdem die Materie dominiert, nimmt der Kontrast der Fluktuationen zu, sie kollabieren schließlich und formen Wolken dunkler Materie, in welchen die Baryonen eingebettet sind. Überlebende Größenskalen der Strukturen erstrecken sich von etwa einer Million Sonnenmassen, der kleinsten Skala, auf der die Druckkräfte es auch den Baryonen gestatten, sich zu klumpen, bis zu Haufen oder Superhaufen von Galaxien mit Massen von 10^{15} bis 10^{16} Sonnenmassen. Kalte dunkle Materie sagt eine ganz spezielle Verteilung der Fluktuationen voraus. Unterhalb einer Größenskala von etwa 50 Millionen Lichtjahren (nach heutigem Maß) sollten die Fluktuationen ähnliche Amplituden gehabt haben. Auf all diesen Skalen setzte zur gleichen Zeit, bei Beginn der Materiedominanz, das Wachstum ein, wohingegen auf größeren Skalen das Anwachsen der Amplituden zu einer späteren Zeit eintrat. Je größer die Skala, umso später beginnt das Wachsen, so daß die materiedominierte Epoche der Fluktuationsverteilung eine natürliche Verteilung aufprägt. Die Entwicklungsgeschichte der Fluktuationen mit kleineren Skalen ist kompliziert, weil es beim gleichzeitigen Einsetzen eines Kollaps über einen bestimmten Skalenbereich nicht länger offenkundig ist, wieviel Unterstruktur überlebt. Auf großen Skalen ist das Bild klarer: Die

Entstehung von Galaxienhaufen entwickelt sich hierarchisch von kleinen Gruppen zu großen Haufen. Auf galaktischen Skalen ist es jedoch nicht klar, wie viele der Wolken mit Massen von einer Million Sonnen überleben, um Kugelsternhaufen zu bilden. Solche Objekte sind recht selten, und die Astronomen glauben, daß die meisten kleineren Wolken miteinander verschmelzen und leuchtkräftige Galaxien bilden. Dieses Verschmelzen spielt sicherlich eine Schlüsselrolle in der von kalter dunkler Materie beherrschten Entwicklung.

Die wichtigste Alternative zu kalter dunkler Materie ist *heiße dunkle Materie*, ein Begriff, der geschaffen wurde, um Teilchen dunkler Materie zu beschreiben, deren zufällige Bewegungen zu Beginn der Materiedominanz sehr groß waren: Diese Teilchen können in beliebige Richtungen strömen und die Ausbildung von Dichtefluktuationen unterdrücken. Ein Beispiel für heiße dunkle Materie ist das Neutrino, mit einer Masse von etwa einem Zehntausendstel einer Elektronenmasse, entsprechend etwa 50 Elektronvolt. Solch eine Masse ist, zumindest für die selteneren Neutrinoarten (Muon- oder Tau-Neutrinos), mit experimentellen Grenzwerten vereinbar, und da Neutrinos im Urknall in so großen Mengen erzeugt werden, liefern sie genügend dunkle Masse, um die Massendichte des Universums zu dominieren. Adiabatische Fluktuationen im Baryonengehalt (Gehalt gewöhnlicher Materie) des Universums sind ein anderes Beispiel für heiße dunkle Materie. Erst nachdem eine beträchtliche Zeit seit dem Beginn der Materiedominanz vergangen ist, haben sich die zufälligen Bewegungen der Neutrinos soweit abgebremst, daß sich Struktur auf galaktischen Skalen entwickeln konnte. Das ungebundene Strömen merzte alle ursprünglichen Dichteschwankungen auf Skalen unterhalb der eines reichen Galaxienhaufens von 10^{15} Sonnenmassen aus. Ehe sich Galaxien bilden können, müssen diese Skalen erst kollabieren und in kleinere Objekte zerfallen. Heiße dunkle Materie liefert ein Top-down-(„von oben nach unten")-Szenarium für die Entwicklung großräumiger Struktur und für adiabatische Baryonenfluktuationen, wohingegen kalte dunkle Materie und isotherme Fluktuationen zu einem ein Bottom-up-(„von unten nach oben")-Szenarium führen.

Wie wir im nächsten Kapitel sehen werden, begünstigen die Beobachtungen ein „von unten nach oben"-Szenarium der Galaxienbildung. Das bedeutet nicht, daß wir notwendigerweise heiße dunkle Materie aufgeben müssen, sondern daß wir zumindest eine neue Zutat hinzufügen müssen, um sie zu einer frühen Epoche mit der Fähigkeit auszustatten, Galaxien zu bilden. Kosmische Strings sind eine mögliche Zutat, und wir werden auf ihre mögliche Rolle bei der Entwicklung der großräumigen Struktur zurückkommen.

10

Die Entwicklung der Galaxien

Die Entwicklung der Welt kann mit einem gerade zu Ende gegangenen Feuerwerk verglichen werden: einige wenige rote Garben, Asche und Rauch. Wir stehen auf einer ausgeglühten Schlacke, wir sehen das langsame Schwächerwerden der Sonnen, und wir versuchen, uns den verflossenen Glanz des Ursprungs der Welten ins Gedächtnis zurückzurufen.

GEORGES LEMAÎTRE

Nach dem Entkoppeln begannen die überlebenden Dichteinhomogenitäten zu wachsen. Eine Dichtefluktuation übt eine schwache Gravitationsanziehung auf ihre Umgebung aus. Die lokale Materie hat die Tendenz, sehr langsam in Richtung der Fluktuation zu fallen. Wegen dieser Anziehungskraft bleibt die ganze Umgebung der Fluktuation ein wenig hinter der Expansion des übrigen Universums zurück. Immer mehr Materie fällt auf die Fluktuation zu, und die Stärke der Verzögerung nimmt allmählich zu. Auch die Fluktuation selbst wird stärker und übt eine immer größere Gravitationsanziehung aus. Schließlich wird die gravitative Selbstanziehung so groß, daß die Inhomogenität aufhört, zu expandieren; sie erreicht eine maximale Ausdehnung und fällt in der Folge wieder in sich zusammen. Von diesen Punkt an werden wir das übrige Universum, das natürlich weiter expandiert, praktisch nicht mehr berücksichtigen, und wir werden die nun folgende Entwicklung dieser kollabierenden Gaswolke untersuchen (Abb. 10.1).

In Kapitel 9 haben wir gesehen, daß solche Gaswolken entweder sehr massereich sind, in ihrer Größe einer großen Galaxie oder einem kleinen Galaxienhaufen gleichkommen, oder aber in einem Massenbereich liegen, der von kleinen Massen (vergleichbar mit der eines Kugelhaufens) bis zur Masse einer leuchtkräftigen Galaxie reichen. Wir werden zunächst den Kollaps relativ massereicher Wolken betrachten. Was geschieht, wenn solch eine *protogalaktische Gaswolke* kollabiert?

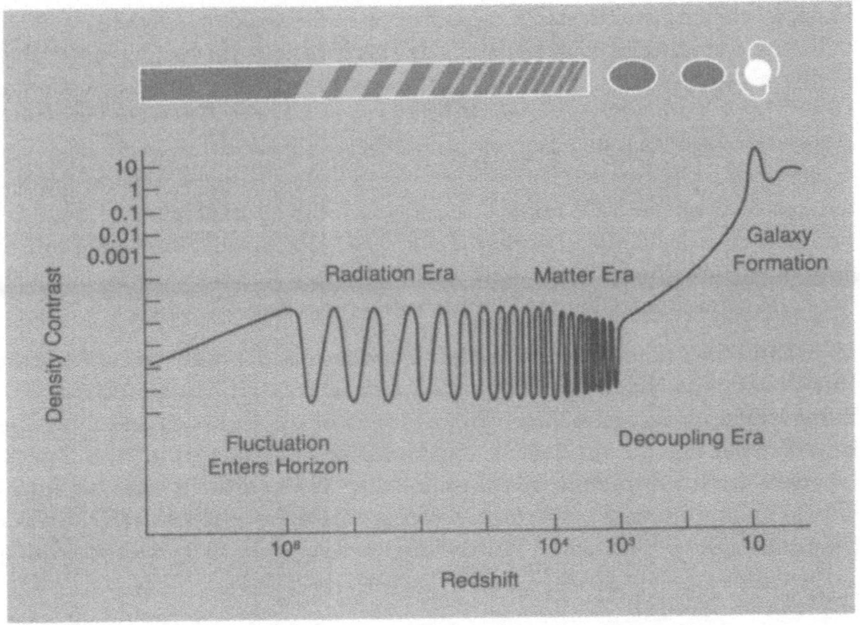

Abb. 10.1 Die Entwicklung einer adiabatischen Fluktuation
Der Dichtekontrast (Density Contrast) beschreibt die Verstärkung einer Fluktuation gegenüber dem Hintergrund. Bei großen Rotverschiebungen (Red Shift) wächst die Amplitude der Fluktuation an, bei noch größeren ist sie größer als der Horizont. Die Jeans-Masse, die Masse, bei der Schwerkraft und Druckkräfte einander die Waage halten, wächst jedoch mit der Zeit an (Abb. 9.5). Bei einer Rotverschiebung von ungefähr 10^8 fällt eine Fluktuation von der Größe einer Galaxie zum erstenmal unter die Jeans-Masse. Das bedeutet, daß die Druckkräfte die Oberhand gewinnen. In der Folge oszilliert die Fluktuation wie eine Druck- oder Schallwelle. Wir nehmen an, daß die Wellenlänge so groß ist, daß keine Dämpfung auftreten kann. Während der Strahlungsära (Radiation Era) bleibt die Amplitude der Schallwelle konstant; während der Materieära (Matter Era) nimmt sie langsam ab. Beim Einsetzen der Entkopplungsära (Decoupling Era) nehmen die Druckkräfte dramatisch ab, und während vorher die Jeans-Masse viel größer war als die einer Fluktuation von Galaxiengröße, wird sie nun viel kleiner. In der Folge wächst die Fluktuation; wenn der Dichtekontrast genügend hoch wird, kollabiert sie zu einer Galaxie: Galaxienbildung (Galaxy Formation) setzt ein.

Der Kollaps einer protogalaktischen Wolke

Eine protogalaktische Wolke konnte unmöglich gleichförmig und symmetrisch in sich zusammenfallen. Einerseits muß die Schwerkraft größer als die Druckkräfte gewesen sein. Somit war die Geschwindigkeit, mit der die

Materie zusammenstürzte, viel größer als die Geschwindigkeit, mit der sich eine Schallwelle fortpflanzt. (Die ungeordnete Bewegung der Schallwellen ist im Grunde genommen das, woraus sich der Druck zusammensetzt.) Man kann ableiten, daß der Kollaps mit hoher Überschallgeschwindigkeit erfolgte. Gasströmungen mit Überschallgeschwindigkeit neigen jedoch zur Ausbildung von Turbulenzen, und kleine Unregelmäßigkeiten sollten rasch anwachsen. Während die kleinen Unregelmäßigkeiten verstärkt werden, wird der Kollaps immer chaotischer. (Überschallflugzeuge müssen mit sehr großer Sorgfalt geplant werden, damit sich im Strömungsmuster der Luft keine übermäßigen Turbulenzen entwickeln können.)

Man kann sich eine turbulente Gasströmung als den äußersten Ausdruck von Chaos vorstellen. Zur Illustration betrachten wir das Umrühren einer Tasse Kaffee. Die regelmäßigen Bewegungen des Löffels treiben immer kleinere Wirbel an, die schließlich die Moleküle der Milch und des Zuckers mit dem Kaffee durchmischen. In ähnlicher Weise besteht eine turbulente Gasströmung aus einer Hierarchie von kurzlebigen Wirbeln aller Größenordnungen, die schließlich in Wärme dissipieren (Abb. 10.2). Der gravitative

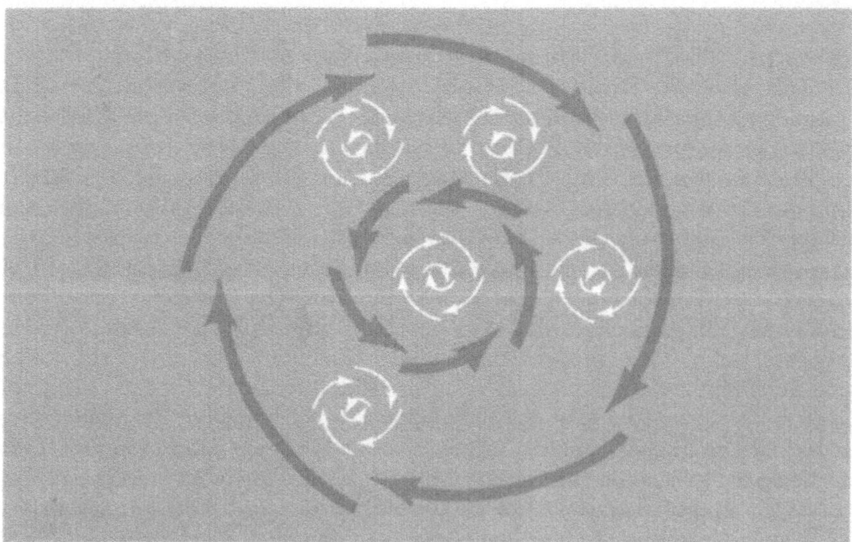

Abb. 10.2 Anfängliche Turbulenz
Die Turbulenz im frühen Universum kann als eine Hierarchie vorübergehend auftretender Wirbel auf vielen verschiedenen Skalen dargestellt werden. Wirbel verschwinden (und neue bilden sich), nachdem sie sich über eine ihrer Größe vergleichbare Strecke weiterbewegt haben. In Wirklichkeit bewegen sich die Wirbel in zufälligen Richtungen.

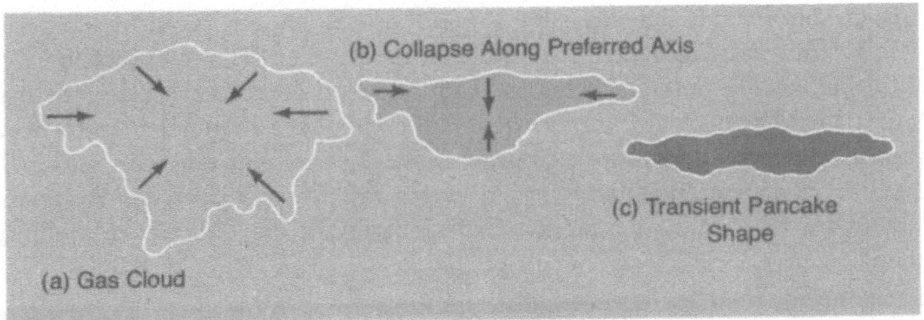

Abb. 10.3 Der Kollaps zu einem Pfannkuchen
Der Kollaps einer Gaswolke (Gas Cloud, a) wird nicht sphärisch symmetrisch sein; da jede anfängliche Asymmetrie im Verlauf des Kollapses verstärkt wird, tritt der Kollaps vorzugsweise in einer Richtung auf (b). Die Folge ist eine abgeflachte, pfannkuchenförmige Gasverteilung (c). Dieser kurzzeitigen Phase des Kollapses folgt eine Fragmentierung und entweder ein weiterer Kollaps oder eine neuerliche Expansion, je nachdem, wie groß die Rolle der Druckkräfte ist.

Kollaps der großen Wolke ist die Antriebskraft, und diese Energie verteilt sich auf die Bewegungen der Wirbel. Eine bildhafte Beschreibung geben die folgenden Verse von L.F. Richardson*:

> Der großen Wirbel rascher Lauf
> ist kleinen Wirbeln Spende;
> die kleinen nähren kleinere,
> zähflüssig wird's am Ende.

Zähflüssigkeit oder *Viskosität* ist ein der Reibung bei festen Körpern vergleichbarer Prozeß, der auftritt, wenn Wirbel sich an anderen Wirbeln vorbeibewegen und schließlich ihre Bewegungsenergie in Wärme umwandeln.

Betrachten wir genauer, was in einem bestimmten Punkt der kollabierenden Gaswolke geschehen sein mag. Wir können uns eine reine Bewegung immer in drei aufeinander senkrecht stehende Geschwindigkeitskomponenten zerlegt denken. Es ist wahrscheinlich, daß in einem vorgegebenen Punkt der Kollaps in einer Richtung schneller als in den beiden darauf senkrechten Richtungen fortgeschritten ist. Warum sollte die Natur auch planen, daß alle drei Bewegungskomponenten identisch sind? Ein solches Ergebnis würde einem perfekten sphärischen Zusammenstürzen entsprechen, das unwahrscheinlich ist. Es erscheint wahrscheinlicher, daß sich ein pfannkuchenförmiger Gasklumpen bildete, als das Gas in der Vorzugsrichtung zusammenstürzte (Abb. 10.3), denn selbst im Fall einer winzigen anfänglichen

---
*Wir möchten an dieser Stelle Prof. Dr. Waltraut Seitter für die Übertragung der Zeilen wie auch für die kritische Durchsicht des gesamten Buches danken.

Anisotropie würde sich diese im Verlauf des Kollapses rasch vergrößern. Viele solcher vergänglichen Pfannkuchen mögen sich an verschiedenen Orten der Gaswolke entwickelt haben. Pfannkuchen dieser Art sind nicht von Dauer: Ihre Dichte wäre angestiegen, sie hätten sich aufgeheizt und wären dann in kleinere Gasklumpen fragmentiert. Dies scheint ein sehr willkürlicher Prozeß zu sein, doch wir werden sehen, daß dieser Prozeß der *Fragmentierung des Gases* ganz bestimmte Bedingungen für die Galaxienentstehung schafft.

Fragmentierung zu Protogalaxien

Wir müssen hier verweilen und die allgemeinen Eigenschaften der beobachteten Galaxien betrachten. Wenn wir unsere Aufmerksamkeit auf die auffälligeren Galaxien beschränken, diejenigen, die einen beträchtlichen Beitrag zur mittleren Leuchtkraftdichte des Universums liefern, dann wird deutlich, daß Galaxien einen sehr geringen Massebereich überdecken. Die Masse der sichtbaren Sterne unserer Milchstraße beträgt etwa 100 Milliarden Sonnenmassen. Andere leicht zu beobachtende Galaxien besitzen Massen, die innerhalb eines Faktors 100 um diesen Wert liegen. Es scheint, daß unsere Galaxis weder besonders groß noch besonders klein ist. Die kleinsten Galaxien besitzen oft eine niedrige Oberflächenhelligkeit und sind schwer zu entdecken. Im Universum kann es sehr wohl eine ganz beträchtliche Zahl von Zwerggalaxien geben, obwohl sie insgesamt sehr wenig zur Leuchtkraft und wahrscheinlich sehr wenig Masse zur mittleren Dichte des Universums beitragen.

Viele Galaxien scheinen auch vergleichbare Größen aufzuweisen. Die Milchstraße hat einen Durchmesser von etwa 100 000 Lichtjahren. Die meisten anderen Spiralgalaxien haben ähnliche Ausmaße. Elliptische Galaxien zeigen einen weiteren Bereich von Radien, und irreguläre Galaxien sind oft etwas kleiner. Eine zufriedenstellende Theorie der Galaxienentwicklung muß eine Erklärung für diese Galaxieneigenschaften liefern.

Der Prozeß der Fragmentierung des Gases einer massereichen Wolke führt zur Bildung von galaxiengroßen Fragmenten. Das Zerbrechen der ursprünglichen Gaswolke in kleinere Fragmente ist jedoch für sich genommen keine hinreichende Bedingung für das Überleben der Fragmente. Die Fragmente könnten sich weiter aufteilen, oder sie könnten miteinander kollidieren und beim Kollaps der Wolke zerstört werden. Eine solche Turbulenz würde nur vorübergehende Strukturen hervorrufen, wir suchen jedoch nach Strukturen, die den Kollaps überleben können.

Der Schlüssel zum Überleben eines Fragments ist seine Fähigkeit, die Energie, die in den ungeordneten Bewegungen der Atome enthalten ist, abzustrahlen. Diese Fähigkeit ermöglicht es ihm, zu kontrahieren und eine zusammenhängende, fest gebundene Struktur zu werden. Die Energiemenge, die in den atomaren Bewegungen steckt, bestimmt die Temperatur des Gases. Eine Gaswolke kühlt sich durch den Verlust kinetischer Energie ihrer Atome ab. Einzelne Atome stoßen zusammen, und die in den Atomen gebundenen Elektronen nehmen Energie auf, sie werden angeregt. Diese Energie wird fast augenblicklich durch Strahlung verloren, da das Elektron in einem angeregten Atom rasch auf die niedrigste Bahn, die es besetzen kann, übergeht. Dabei wird ein Strahlungsquantum emittiert. Das Ergebnis atomarer Kollisionen ist, daß die kinetische Energie der Atome in Strahlung umgewandelt wird.

Unter gewöhnlichen Bedingungen gelingt es der Strahlung, aus der Gaswolke zu entkommen. Wir sehen also, daß eine Gaswolke durch atomare Stöße abkühlt. Je größer die Dichte der Atome, umso mehr Kollisionen treten auf, und umso mehr Strahlung wird abgegeben. Eine Wolke hoher Dichte kann folglich schneller auf eine niedrigere Temperatur abkühlen.

Wenn sich eine Gaswolke abkühlen kann, kann sie auch kontrahieren. Wenn sie kontrahieren kann, wird sie bei Kollisionen mit anderen Fragmenten weniger leicht auseinandergerissen. Noch bedeutsamer ist, daß ein rasch abkühlendes Fragment imstande ist, in weitere Fragmente zu zerfallen, weil die Rolle der Schwerkraft im Vergleich zum Druck immer wichtiger wird. Es wird in viele immer kleinere Unterfragmente zerfallen, aus denen sich schließlich Sterne bilden.

Wir wissen aus Beobachtungen, daß Kollisionen zwischen Sternsystemen die Mehrzahl der Sterne oft nicht beeinflußt. Sternsysteme können sich ohne größeren Schaden mit hoher Geschwindigkeit durchdringen. Zwischen den Sternen einer Galaxie ist so viel Raum, daß ein solcher Zusammenstoß der Kollision zweier Geister gleicht. Kollisionen spielen deshalb in den späteren Stadien der Fragmentation, wenn sich schon Sterne gebildet haben, eine zunehmend untergeordnete Rolle.

Zunächst ist die kollabierende Gaswolke sehr dünn und diffus. Eine effiziente Abkühlung erfordert eine ziemlich hohe Dichte und kann deshalb nicht auftreten. Hohe Dichten werden jedoch schließlich erreicht, wenn Gebiete der Gaswolke zu dünnen Schichten oder pfannkuchenähnlichen Unterstrukturen zusammengestürzt sind, und in den dichteren Gebieten wird effiziente Kühlung auftreten. Eine genauere Untersuchung dieses Prozesses zeigt, daß es tatsächlich zwei Bedingungen sind, die für das Auftreten einer effizienten Kühlung erfüllt sein müssen. Die Fragmente müssen Massen von weniger als etwa einer Billion Sonnenmassen besitzen; außerdem müssen sie charakteristische Halbmesser von weniger als etwa 150 000 Licht-

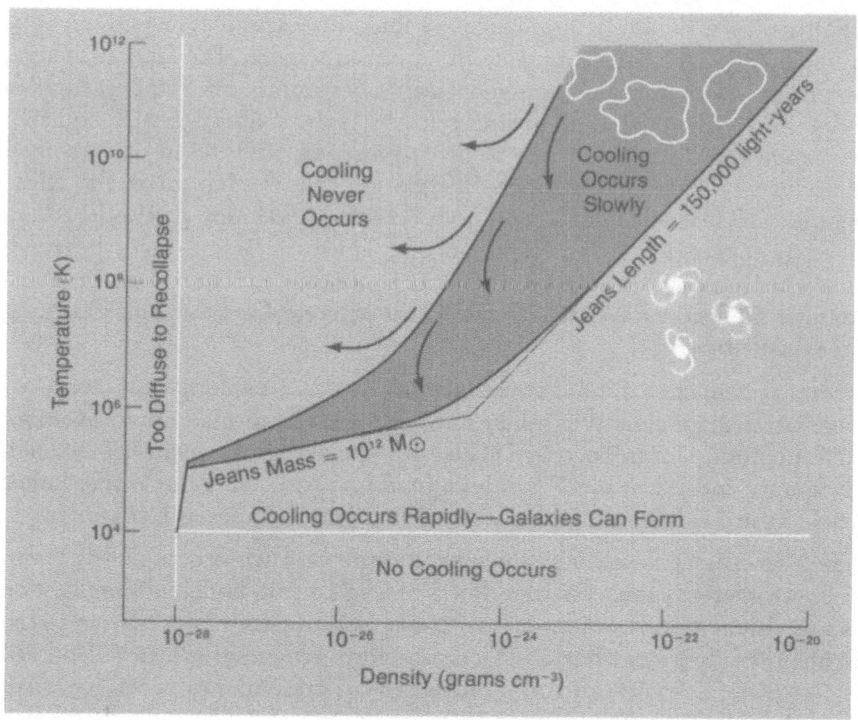

Abb. 10.4 Warum stellen Galaxien die bevorzugte Skala dar?
Das Schicksal einer Gaswolke wird durch ihre mittlere Dichte und Temperatur bestimmt. In der Abbildung ist die Temperatur der Wolke (in K) als Funktion der Dichte (in g cm^{-3}) aufgetragen. Wenn die Wolke anfangs sehr diffus ist, wird sie nie kollabieren (= Too Diffuse to Recollapse; die Grenzdichte beträgt gegenwärtig etwa 10^{-28} g cm^{-3}). Wenn die Wolke anfangs zu heiß ist, kann sie zwar anfänglich kollabieren, aber nicht genügend abkühlen. Der Druck bleibt infolgedessen groß und der Kollaps wird aufgehalten (Cooling Never Occurs; obere linke Seite). Wenn sie ausreichend dicht sind, können selbst heiße Wolken langsam abkühlen (= Cooling Occurs Slowly). Die Wolken, die recht kühl und nicht zu diffus sind (dunkles Gebiet), können sehr effizient durch Strahlung abkühlen, so daß sie rasch kollabieren und Galaxien bilden können (= Cooling Occurs Rapidly - Galaxies Can Form). Wenn das Gas jedoch zu kalt ist, wird es neutral und merkliche Abkühlung kann nicht auftreten, wenn nicht schwere Elemente vorhanden sind (= No Cooling Occurs). Zwei bevorzugte Skalen treten aufgrund dieser Prozesse auf. Kollabierende Gaswolken (*nach unten zeigende Pfeile*) können entweder bei einer bestimmten Masse (Jeans-Masse, etwa 10^{12} Sonnenmassen) oder bei einem bestimmten Radius (Jeans-Länge, etwa 150 000 Lichtjahre) schnell zusammenfallen. Aus einer großen Wolke bilden sich vorzugsweise Fragmente mit diesen charakteristischen Dimensionen. Aus diesen Fragmenten entstehen wahrscheinlich die ersten Galaxien.

jahren besitzen (Abb. 10.4). Fragmente, die diese Grenzbedingungen nicht erfüllen, sind entweder zu diffus oder zu heiß, um effizient abzukühlen. Das wahrscheinliche Schicksal solcher Fragmente ist, mit anderen Fragmenten zusammenzustoßen und zerstört zu werden, ehe sie in Sterne auseinanderbrechen können. Mit anderen Worten, das Überleben von Strukturen mit galaktischen Ausmaßen wird gegenüber dem Überleben von massereicheren oder großräumigeren Strukturen begünstigt.

Die Entstehung von Galaxien und Galaxienhaufen

Die Theorie der Gasfragmentierung legt nahe, daß beim Kollabieren einer Gaswolke bevorzugt Strukturen von Galaxiengröße entstehen. Die Fragmentierung ist jedoch eine Entwicklungstheorie „von oben nach unten", und wir haben berechtigte Gründe, einem Szenarium „von unten nach oben" den Vorzug zu geben. Viele Aspekte der Galaxienentwicklung sind noch unklar. Ein ungelöstes Schlüsselproblem ist die Frage, ob Galaxien früher entstanden als Galaxienhaufen oder umgekehrt. Eine kurze Durchsicht der Beobachtungshinweise scheint die Hypothese zu stärken, daß sich Galaxien zuerst gebildet haben, da Galaxien viel dichtere Systeme sind als Haufen. Wir wollen annehmen, daß sich sowohl Galaxien als auch Galaxienhaufen allein durch die gravitative Zusammenballung von Materie im expandierenden Universum geformt haben. Ebenso wollen wir annehmen, daß während ihrer Entstehung relativ wenig Energie in Wärme und Strahlung umgewandelt wurde. Wenn diese Annahmen richtig sind, müssen sich isolierte Galaxien während einer früheren Epoche (als das Universum dichter war) gebildet haben als die Haufen. Wir können ziemlich sicher sein, daß die meisten Galaxienhaufen bei einer Rotverschiebung von weniger als etwa 3 entstanden sind, weil sie von einem dynamischen Standpunkt aus gesehen sehr junge Systeme zu sein scheinen. Viele Galaxienhaufen sind irregulär; offenkundig hatten sie noch nicht genügend Zeit, um dynamisch relaxierte Systeme zu werden.

Isolierte Galaxien scheinen sich jedoch zwischen Rotverschiebungen von 3 und 30 gebildet zu haben. Diese Abschätzung beruht auf der Tatsache, daß nur in einer früheren Epoche, die diesem Rotverschiebungsbereich entspricht, das Universum etwa so dicht war wie die protogalaktischen Wolken, aus denen sich die Galaxien gebildet haben. (Einige Galaxien hätten sich allerdings als Ergebnis von Vereinigungen kleiner, dichterer Systeme entwickeln können, die sich jeweils in sehr viel früheren Epochen, bei Rotverschiebungen von 100 oder 1000, gebildet hatten. Einige könnten sich auch in neuerer Zeit gebildet haben, und können sich auch noch heute als Folge solcher Vereinigungen bilden. Wir diskutieren diese Möglichkeiten später.) Wenn während des Kollapses wenig Energie abgestrahlt wurde, können wir die Dichte der Protogalaxien aus der beobachteten Dichte direkt ableiten. Die Energieerhaltung spielt bei dieser Argumentation eine entscheidende Rolle, und die Beweisführung ist ähnlich wie die, die wir benutzen, um vorherzusagen, wie hoch ein Ball springen wird – wir wissen, daß wir eine Oberfläche mit geringer Reibung benötigen, damit die kinetische Energie nicht in Wärme dissipiert wird. Der Skeptiker würde argumentieren, daß Galaxien, die heute isoliert erscheinen, sich ursprünglich in Haufen oder Gruppen gebildet haben konnten. Bei der Entwicklung eines Galaxionhaufens konzentrieren sich einige Galaxien (oft die massereicheren) zum Haufenzentrum hin, und weiter außen liegende Mitglieder werden herausgeschleudert. Dieser Prozeß wird als *Relaxation* bezeichnet. Isolierte Galaxien können aus Haufen verstoßene Objekte sein. Bezüglich unserer galaktischen Nachbarschaft ist zu sagen, daß die lokale Gruppe der Galaxien ein weit herausgeschleudertes Mitglied des Virgo-Haufens sein könnte (oder des Virgo-Superhaufens; siehe Kapitel 11). Neuere Ergebnisse scheinen zu zeigen, daß es zwischen den großen Galaxienhaufen ausgedehnte Leeren gibt, in denen keine leuchtkräftigen Galaxien vorkommen. Eine Möglichkeit, diese scheinbaren Löcher in der Galaxienverteilung zu erklären, wäre die Feststellung, daß sich Galaxien vorzugsweise innerhalb großer Haufen bildeten.

Wir könnten argumentieren, daß Wolken von Haufengröße sich ursprünglich aus den Dichteinhomogenitäten des frühen Universums kondensiert haben und zu Galaxien zerfallen sind. Dieser Ansatz würde die Massen und Größen von Galaxien und verschiedene andere Haufeneigenschaften erklären. Es bleibt jedoch eine verblüffende Eigenschaft der Galaxienverteilung, die sich nicht einfach aus einer Fragmentierungshypothese erklären läßt: die Häufigkeit der Galaxienhaufen selbst.

Es gibt sehr wenige extrem große Galaxienhaufen und sehr viele kleine Galaxienhaufen und -gruppen. In einer Untersuchung des *Shane-Wirtanen-Katalogs*, der die Verteilung von fast einer Million Galaxien heller als 17. Größe am Himmel enthält, sind die Abstände zwischen Galaxienpaaren quantitativ berechnet worden. Man nimmt an, daß der Katalog über ein großes Raumvolumen vollständig ist. Es wurde gefunden, daß die Wahrscheinlichkeit einer Galaxie, einen Nachbar innerhalb einer bestimmten Entfernung r zu haben, mit wachsender Entfernung r systematisch abnimmt. Die sich ergebende Wahrscheinlichkeit kann man als Funktion des Abstandes r angeben. Diese *Galaxien-Korrelationsfunktion* scheint ungefähr wie das inverse Quadrat von r abzunehmen (Abb. 10.5). Dieses Ergebnis ist über einen Bereich von 1000 in r gültig, von Entfernungen von Tausenden bis zu einigen zehn Millionen von Lichtjahren – das heißt, von der Größe von Galaxien bis zu den Dimensionen großer Galaxienhaufen.

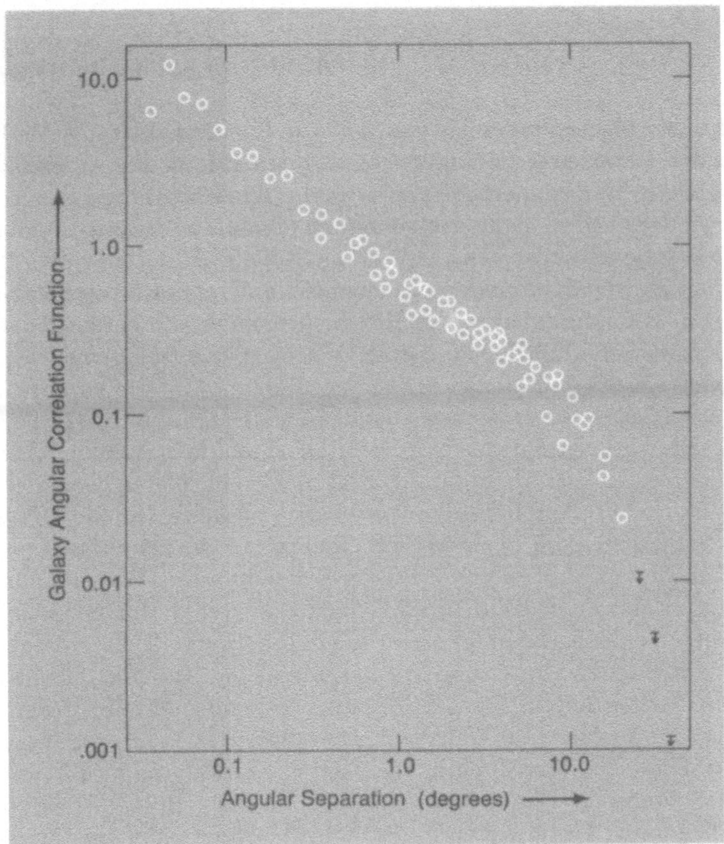

Abb. 10.5 Die Galaxien-Korrelationsfunktion
Wir betrachten eine beliebige Galaxie. Wie groß ist die Wahrscheinlichkeit, daß sich in einer bestimmten Winkelentfernung (in Grad; x-Achse) eine andere Galaxie befindet? Diese Wahrscheinlichkeit, die Galaxien-Winkelkorrelationsfunktion, liefert ein Maß dafür, wie häufig, verglichen mit einer zufälligen Verteilung, Galaxien in Paaren oder kleinen Gruppen auftreten. Sie ist auf der y-Achse aufgetragen. Sie kann für einen ganzen Katalog von fast 10^6 Galaxien mit Entfernungen bis zu einer Tiefe von etwa 10^9 Lichtjahren berechnet werden. Hier ist die Korrelationsfunktion dargestellt: Man wähle irgendeine Galaxie, entferne sich um einen bestimmten Winkelbetrag, und bestimme die Anzahl der Galaxien in dieser Entfernung. Dies wird für alle Winkel und für jede Galaxie des Katalogs durchgeführt. Man findet, daß die (durch Datenpunkte dargestellte) Winkelkorrelationsfunktion ungefähr mit dem Kehrwert der Winkeldistanz abnimmt. Wenn diese Winkelabhängigkeit, die eine Projektion der dreidimensionalen Verteilung ist, auf den Raum umgerechnet wird, ergibt sich, daß die Korrelationsfunktion der Galaxien mit dem Quadrat der Galaxienentfernung abnimmt. Über sehr große Skalen nimmt sie jedoch stärker ab: die Galaxienverteilung wird immer zufälliger. Eine Winkelskala von 10 Grad entspricht einer linearen Distanz von 10^8 Lichtjahren. Auf kleineren Skalen sind Galaxienpositionen stark korreliert: es gibt eine hohe Wahrscheinlichkeit dafür, daß jede Galaxie einen nahen Nachbarn besitzt. Aus der relativen Glattheit der Korrelationsfunktionen folgt, daß es keine bevorzugte Größenskala gibt.

Die wichtigste bisher vorgeschlagene Theorie für die Erklärung der Korrelationen der Galaxienverteilung verwendet den Begriff der *hierarchischen Haufenbildung.* Wir können die hierarchische Haufenbildung fast als inversen Prozeß der Gasfragmentierung ansehen. Damit wollen wir nicht sagen, daß die Gasfragmentierung eine unwichtige Rolle spielte: Mit großer Sicherheit war sie für die Sternbildung in einer kollabierenden Protogalaxie verantwortlich. Wenn man jedoch von den ursprünglichen Dichtefluktuationen ausgeht, ist es am einfachsten, die Entwicklung von isothermen Fluktuationen oder von Fluktuationen der kalten dunklen Materie zu betrachten. In einem solchen Bild entstehen zuerst Galaxien, die dann als Folge ihrer wechselseitigen gravitativen Anziehung allmählich Haufen bilden. Es ist möglich, daß die ursprünglichen Fluktuationen, die zu Galaxien werden sollten, eine große Bandbreite von Massen besaßen, von der Dimension eines Kugelhaufens von einer Million Sonnenmassen bis zu Dimensionen elliptischer Riesengalaxien von 1 Billion Sonnenmassen. Zuerst bildet sich eine Gruppe, dann ein Haufen, schließlich ein reicher Haufen oder sogar Superhaufen (eine Ansammlung von mehreren Haufen). Es entsteht eine Haufenhierarchie: Es gibt Gruppen innerhalb kleiner Haufen, die wiederum in reichen Haufen liegen. Die sich daraus ergebende Verteilung der Galaxien kann die beobachtete Galaxienkorrelationen erklären, vorausgesetzt, daß die anfängliche Verteilung neugebildeter Galaxien mehr oder weniger zufällig ist. Wenn die Bildung von Galaxien bei einer Rotverschiebung von etwa 10 begonnen hätte, wären in der Folge Korrelationen entstanden, die den heute beobachteten entsprechen. Dies setzt voraus, daß das Universum keine wesentlich geringere Dichte aufweist als die kritische Dichte für ein geschlossenes Universum, wenn die Dichte sehr niedrig ist, ist die Schwerkraft heute von geringerer Bedeutung, und die Galaxien müssen sich bei einer etwas größeren Rotverschiebung gebildet haben.

Die konkurrierenden Theorien der Haufenbildung und Fragmentierung sind anhand von Computersimulationen untersucht worden. Man hat die gravitativen Wechselwirkungen von vielen Tausenden von Massenpunkten im expandierenden Universum verfolgt. Die Ergebnisse sind in Abb. 10.6 zu sehen. Die Theorie der Pfannkuchenfragmentierung oder die Theorie der heißen dunklen Materie liefert eine zu große Zahl großer Galaxienhaufen, während die Theorie der hierarchischen Haufenbildung oder die Theorie der kalten dunklen Materie ein Universum ergibt, das dem beobachteten viel ähnlicher ist. Ein Vergleich der Theorie der kalten dunklen Materie mit Beobachtungen (Abb. 10.7) zeigt in der Tat, daß es schwierig ist, das durch Simulationen erzeugte Universum vom wirklichen zu unterscheiden.

Aus ähnlichen numerischen Computersimulationen der Haufenbildung von Galaxien hat man abgeleitet, daß die notwendige Anfangsverteilung der

Fluktuationen zu immer größeren Skalen hin systematisch abnimmt. Genauer gesagt, muß der anfängliche Dichtekontrast auf galaktischen Skalen wie etwa $M^{-1/3}$ und auf weit größeren Skalen wie $M^{-2/3}$ variieren, wobei M die Gesamtmasse darstellt, die innerhalb einer vorgegebenen Größenskala eingeschlossen ist. Bemerkenswerterweise ruft die kalte dunkle Materie genau die gewünschte Form von Korrelationen hervor, die in der Galaxienverteilung gefunden werden. Das Universum war ursprünglich auf der Skala der Galaxienhaufen sehr glatt, wies aber auf zunehmend kleineren Skalen immer stärkere Inhomogenitäten auf. Zur Zeit der Entkopplung,

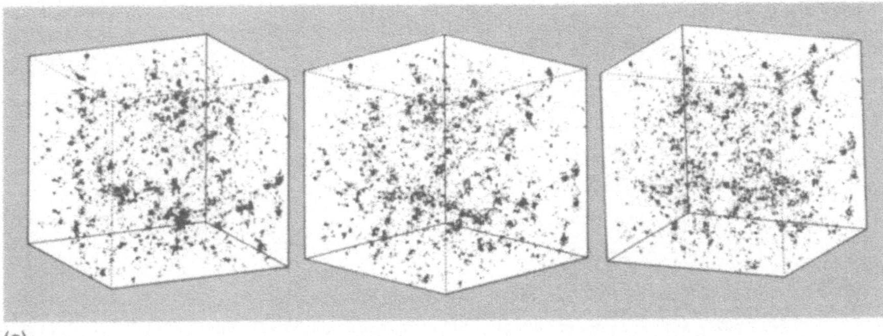

(a)

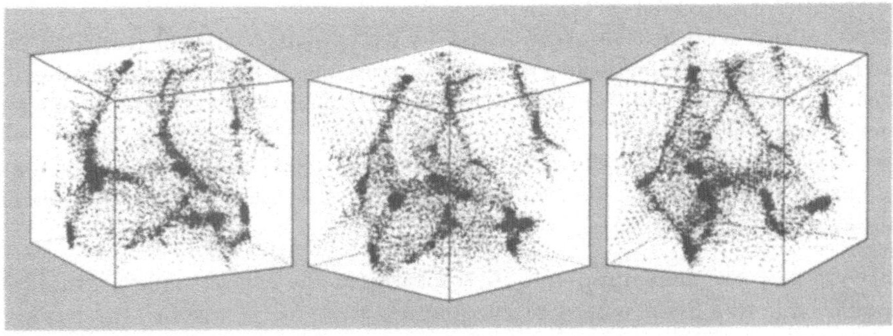

(b)

Abb. 10.6 Haufenbildung von Galaxien
Computersimulationen der Haufenbildung von Galaxien sind in drei verschiedenen Projektionen dargestellt: (a) hierarchische Haufenbildung, wobei die jeweils eine Galaxie darstellenden Massenpunkte anfangs zufällig verteilt worden sind, und (b) ein „von oben nach unten" gehendes Szenarium, ähnlich dem, das wir in der Theorie der Pfannkuchenfragmentierung erwarten würden, in der die Massenpunkte anfänglich nur auf großen Skalen Haufen bilden und alle Strukturen auf kleinen Skalen unterdrückt worden sind. Mit diesen beiden Ansätzen für die Anfangsbedingungen läßt man das Universum expandieren: Die Ergebnisse, die dem heute beobachtbaren Universum entsprechen, sind in (a) und (b) dargestellt.

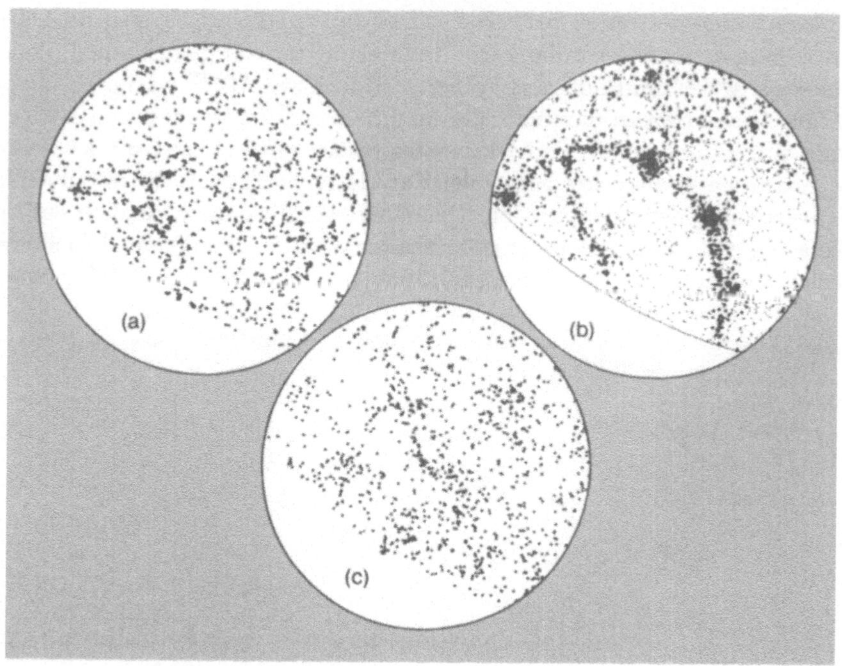

Abb. 10.7 Galaxienverteilungen
Ein Vergleich der beobachten (c) und simulierten (a) und (b) Galaxienverteilungen. Der galaktische Nordpol liegt jeweils im Zentrum dieser flächentreuen Projektionen. Die erste Computersimulation zeigt das Ergebnis von Anfangsbedingungen des Pfannkuchen-Modells (heiße dunkle Materie) im „von oben nach unten" verlaufenden Szenarium (b); die zweite Simulation (a) zeigt die Ergebnisse für hierarchische Haufenbildung, die „von unten nach oben" verläuft, wie in der Theorie für kalte dunkle Materie.

bei einer Rotverschiebung von 1000, betrugen die erforderlichen Fluktuationen auf der Skala von Galaxienhaufen etwa 0.1 Prozent. Im Prinzip sollten solche Fluktuationen als Temperaturschwankungen in der kosmischen Mikrowellen-Hintergrundstrahlung meßbar sein. Mit solchen Messungen kann man praktisch die Zeit der Entkopplung untersuchen, denn seit dieser Zeit sind die Photonen der Mikrowellenstrahlung ohne Wechselwirkung zu uns gelangt. Wenn wir einfach das abgeleitete Fluktuationsspektrum auf Haufenskalen zu Skalen kleiner Masse extrapolieren, finden wir, daß sich Materieklumpen der Größenordnung 100 Millionen Sonnenmassen einige Zeit nach der Entkopplung kondensiert haben sollten. Einige Kosmologen haben den Schluß gezogen, daß diese Klumpen die Vorläufer der Galaxien darstellen. Sie könnten sich aus isothermen Anfangsfluktuationen gebildet haben, die kollabierten und Sternhaufen oder kompakte Galaxien bei einer Rotverschiebung von 100 oder gar 1000 bildeten. Wie wir früher gesehen haben, sollten solche Fluktuationen Größenordnungen von 100 000 Sonnenmassen oder mehr gehabt haben. In der Folge vereinigten sich diese ersten kollabierten Objekte zu Galaxien.

Die Theorie der kalten dunklen Materie macht eine spezifischere Vorhersage. Die Form der ursprünglichen Fluktuationsverteilung ist vollständig bestimmt, und aus ihr ergibt sich, daß die ersten nichtlinearen Objekte bei einer Rotverschiebung von etwa 30 kollabierten. Immer größere Ansammlungen von Materie lösten sich aus der kosmischen Expansion heraus und kollabierten; so trat eine hierarchische Haufenbildung auf. Klumpen näherten sich einander und vereinigten sich. Gaswolken oder kalte dunkle Materie verschmelzen sehr leicht, weil ein Großteil der relativen kinetischen Energie in einem Zusammenstoß durch innere Bewegungen absorbiert wird und die kollidierenden Wolken aufeinander zu spiralen. Computersimulationen haben gezeigt, daß fast alle Spuren von Unterstruktur durch solche gravitativen Verschmelzungen verloren gehen. Wir finden, daß sich eine ganze Hierarchie von Systemen entwickelte, von denen sich viele zu immer größeren Galaxien vereinigten, bis sich ein weiter Bereich von Galaxienmassen ausgebildet hatte.

Wie können wir die Natur der ursprünglichen Dichtefluktuationen aufhellen, die im sehr frühen Universum vorhanden gewesen sein mußten, um dieser Theorie Genüge zu tun? In frühen Epochen, vor der Entstehung von Galaxien, glichen die zufällig verteilten, das Universum bevölkernden Dichtefluktuationen einer Art Rauschen. Gewöhnlich benutzen wir den Begriff des Rauschens, um einen Ton oder Klang zu charakterisieren, das Rauschen ist jedoch eine nützliche Art, irgendeine Verteilung von Fluktuationen zu beschreiben. Es gibt viele verschiedene Arten von Rauschen – die Sprache ist beispielsweise ein stark korreliertes, nicht-zufälliges Rauschen. Ob das Rauschspektrum, das die Fluktuationen im frühen Universum beschreibt, ein völlig zufälliges und unkorreliertes *weißes Rauschen* ist, konnte bislang noch nicht endgültig geklärt werden. Aufgrund von Computerstudien der Galaxienhäufung scheint es eine schwache Tendenz für ein Modell zu geben, in dem das Rauschen auf größeren Skalen systematisch korreliert war. In einem solchen Fall variierte das anfängliche Dichtefluktuationsspektrum mehr oder weniger so, wie es durch die Hypothese der kalten dunklen Materie vorhergesagt wird. Das weiße Rauschen, das dem Radiorauschen ähnelt und bei allen Frequenzen die gleiche Intensität hat, liefert keine so gute Übereinstimmung mit den beobachteten Galaxienverteilungen. Wenn das Rauschen zu größeren Skalen hin immer mehr korreliert wäre, würde es zu niedrigen Frequenzen oder langen Wellenlängen hin an Stärke zunehmen. Im Universum scheint es ursprünglich eher korreliertes Rauschen als zufälliges Rauschen gegeben zu haben.

Wie wir in Kapitel 9 gesehen haben, ist die Ursache des kosmischen Rauschens in Form gravitativer Effekte im frühen Universum immer noch ein Feld für Spekulationen. Die inflationäre Kosmologie sagt allerdings voraus, daß sich Quantenfluktuationen zu einem Spektrum kleiner Fluktuationen verstärkt haben, das einer Art von korreliertem Rauschen ähnelt. Etwas Derartiges muß postuliert werden, um den Ursprung und die räumliche Verteilung der Galaxien zu erklären. Ob dieses Spektrum bis hinunter zu Massenskalen von 1 Million Sonnenmassen reicht (die ursprünglichen Fluktuationen in kalter dunkler Materie oder isothermen Anfangsfluktuationen entsprechen), oder nur von 1 Billion Sonnenmassen bis zu den größeren Skalen reicht (die adiabatischen Anfangsfluktuationen in Baryonen oder in heißer dunkler Materie entsprechen), ist eine Frage, die noch heftig diskutiert wird, obwohl der ersten Hypothese der Vorzug gegeben wird.

Numerische Simulationen unterstützen die Theorie der kalten dunklen Materie, obwohl es noch ungelöste Probleme gibt, vor allem solche, die die großräumige Struktur betreffen, auf die wir später zurückkommen werden. Heiße dunkle Materie hat aus folgendem Grund an Attraktivität verloren: Die Entwicklung „von oben nach unten" bedeutet, daß Galaxienbildung ein jüngeres Phänomen sein muß, weil sich Galaxien nur bilden können, nachdem Haufen kollabiert waren. Nun schreitet großräumige Haufenbildung recht schnell voran, und nur wenn Galaxienbildung bei einer Rotverschiebung von weniger als 1 stattgefunden hätte, würde die Galaxienverteilung mit der beobachteten Haufenbildung in Einklang stehen. Galaxien werden jedoch bei Rotverschiebungen bis zu 2 gefunden, und Quasare, Objekte, die in enger Beziehung zu Galaxien stehen, werden bei Rotverschiebungen von 4 und mehr gesehen. Daraus folgt, daß ein Szenarium für die Bildung großräumiger Struktur und von Galaxien, das auf heißer dunkler Materie oder Gasfragmentierung beruht, nicht akzeptabel ist. Weiterhin weisen die Korrelationen in der Galaxienverteilung eindeutig auf ein Modell der hierarchischen Haufenbildung hin, in dem sich zuerst kleine Galaxien bildeten.

Alternativen sind jedoch aufgrund eines geänderten Szenariums der Gasfragmentierung möglich. Einem der revolutionären Ansätze zufolge, die in Kapitel 9 beschrieben wurden, könnten mächtige Explosionen auf der Größenskala einer ganzen Galaxie riesige Hüllen intergalaktischen Gases zusammengefegt haben. Diese Hüllen zerbrachen und bildeten eine neue Generation von Galaxien, die ihrerseits in ihrer Jugend auf explosive Weise Energie freigesetzt haben können. Dieser Mechanismus der explosiven Verstärkung führte zu Galaxienbildung durch Fragmentierung von Gashüllen, wobei nur wenige „Samenkörner" erforderlich sind, um den Prozeß in Gang zu setzen. Gleichzeitig würde dieser Prozeß auch zur Bildung von großen Leeren ohne leuchtende Materie geführt haben. Später werden wir Beobachtungshinweise für diese Leeren kennenlernen.

Das Modell der Gasfragmentierung ist noch nicht so weit entwickelt worden, daß es Vorhersagen für die Erzeugung von Galaxienkorrelationen liefern kann. Die Fragen, ob Galaxien früher als Haufen oder mit ihnen zusammen entstanden, und ob hierarchische Haufenbildung oder Gasfragmentierung der vorherrschende Prozeß war, sind weiterhin kontrovers und unbeantwortet. Man kann jedoch eine Synthese dieser Anschauungen versuchen, und wir werden in Kapitel 11 auf dieses Problem zurückkommen, nachdem wir einige weitere Eigenschaften von Galaxien betrachtet haben, die unsere Theorie erklären muß.

Die Leuchtkraftfunktion

Korrelationen zwischen den Abständen der Galaxien sind nicht die einzige Regelmäßigkeit, die wir bei der Analyse ihrer Verteilungen finden. Eine weitere interessante Symmetrie kann in Form einer *Leuchtkraftfunktion* ausgedrückt werden, einer Verteilung der Galaxien gemäß ihrer Leuchtkraft. Es gibt mehr schwache als helle Galaxien, und es gibt außerordentlich wenige sehr helle Galaxien. Diese Verteilung der Leuchtkräfte wurde für verschiedene Galaxienhaufen ermittelt. Haufen sind die einfachsten Systeme, die man untersuchen kann, weil alle Galaxien eines betrachteten Haufens die gleiche Entfernung haben. Die Leuchtkraftfunktion scheint universell zu sein; verschiedene Galaxienhaufen weisen keine signifikanten Unterschiede auf. Überdies gibt es Hinweise darauf, daß auch Galaxien außerhalb von reichen Haufen eine ähnliche Leuchtkraftfunktion zeigen (Abb. 3.6).

Der Ursprung der Leuchtkraftfunktion von Galaxien stellt ein weiteres Rätsel der Galaxienentwicklung dar. Eine interessante Möglichkeit ist, daß entweder die Gasfragmentierung oder mehrfache Vereinigung von *Protogalaxien*, die sich hierarchisch gebildet hatten, zur Entwicklung der Massenverteilung (und damit der Leuchtkraftverteilung) der neu gebildeten Galaxien geführt haben könnte. Neugebildete protogalaktische Fragmente waren großenteils gasförmig; sie hätten zunächst keine größeren Zufallsbewegungen erreicht, und ihre relativen Bewegungen wären unterhalb der Schallgeschwindigkeit und somit sanft gewesen. Entstehende Fragmente neigen somit zu Kollisionen und zum Zusammenfall. Nachdem eine Anzahl von Protogalaxien (besonders die kleineren Systeme) zu größeren Systemen verschmolzen war, hätte die Kollisionsrate abgenommen. Die Protogalaxien hätten im Gravitationsfeld des Haufens sehr große zufällige Bewegungen erlangt. Diese Bewegungen erreichten Überschallgeschwindigkeit, und die Kollisionen waren entsprechend heftig. Die nachfolgenden Kollisionen hätten jedoch mit Sicherheit nicht zum Kollaps geführt. Das noch übriggebliebene diffuse Gas in den Galaxien wäre zwar aufgeheizt und herausgeschleudert worden, doch die Sternansammlungen hätten sich frei durchdrungen und hätten mehr oder weniger unbeschädigt überlebt. Es ist ziemlich einsichtig, daß die ursprüngliche Verschmelzung von Protogalaxien zur Entwicklung der Leuchtkraftfunktion der Galaxien führte. Eine genauere Theorie dieses Prozesses muß jedoch noch entwickelt werden.

Sternentstehung

Nachdem sich ein protogalaktisches Fragment gebildet hatte, das während des Zusammenstürzens abkühlen konnte, muß es rasch in kleinere, dichtere Unterstrukturen zerfallen sein (Abb. 10.8). Wir können uns gut vorstellen, daß die Gasfragmentierung ein chaotischer, turbulenter Prozeß war. Durch die Turbulenz wurde sichergestellt, daß die Gasverteilung stark irregulär blieb. Turbulente Wirbel stießen ständig zusammen und verwandelten

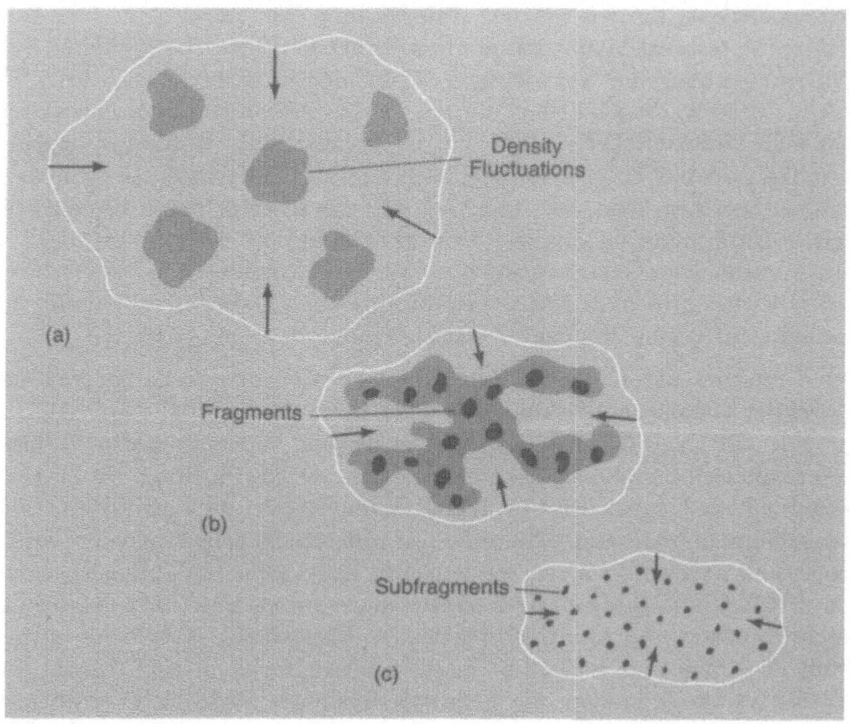

Abb. 10.8 Fragmentierung
Eine protogalaktische Wolke mit Dichtefluktuationen (Density Fluctuations) kühlt sich ab (a), kollabiert und bildet Fragmente (b) und zerbricht in immer kleinere Unterfragmente (Subfragments, c).

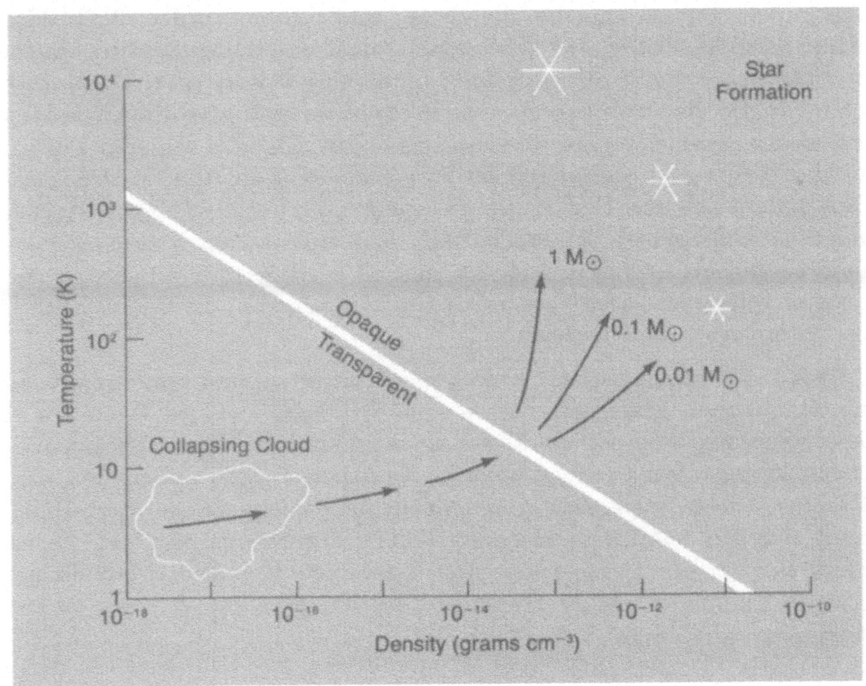

Abb. 10.9 Sternentstehung
In dieser Abbildung ist die Temperatur (in K) einer kollabierenden Gaswolke (Collapsing Cloud) als Funktion ihrer Dichte (in $\mathrm{g\,cm^{-3}}$) aufgetragen. Der Fragmentierungsprozeß hört erst auf, wenn ausreichend heiße, dichte Fragmente entstehen. Während die Dichte im Verlauf des Kollaps zunimmt (*Pfeile*), bilden sich immer kleinere Fragmente. Bei einer genügend großen Dichte werden die zunächst transparenten Fragmente schließlich undurchsichtig (Opaque) (*diagonale weiße Linie*). Die Strahlung ist somit eingefangen. Während der Verlust an Strahlung und Druck ermöglichte, den Fragmentierungsprozeß immer weiter fortzusetzen und die kollabierende Wolke sich immer weiter aufteilte, hört die Unterfragmentierung jetzt auf. Die Pfeile, die in das Gebiet der Sternentstehung (Star Formation) zeigen, sind mit den kleinsten Fragmentgrößen, die entstehen und Protosterne bilden können, bezeichnet. Wenn schwere Elemente in Form von Staubkörnern vorhanden sind, die dann die Opazität bestimmen würden, haben die kleinsten Protosterne, die sich bilden, Massen von etwa einem Prozent der Sonnenmasse. Es können sich auch viel größere Protosterne bilden.

ihre Bewegungsenergie in Wärme und Strahlung. Solange das Gas effizient strahlte, konnte es sich nicht merklich aufheizen. Bei nicht ansteigender Temperatur blieben Druckunterschiede klein, und der Kollaps wäre ungehindert weitergegangen. Mit fortschreitender Fragmentierung bildeten sich immer mehr Unterfragmente, die kleiner und dichter wurden. Schließlich bildeten sich Unterfragmente, die extrem dicht und undurchsichtig waren. In ihnen wurde die Strahlung gefangen und eine weitere Abkühlung stark behindert. Da die Strahlung nur allmählich herausfloß, ging die Abkühlung jetzt weit langsamer vonstatten. Das Gas heizte sich beim weiteren Kollaps auf, die Temperatur im Inneren der Fragmente stieg an, und ein Druckgradient bildete sich aus. Der Druckunterschied zwischen dem heißen Inneren und dem Außengebiet der Wolke half, dem gravitativen Kollaps Widerstand entgegenzusetzen, und die Druckkraft verlangsamte allmählich den Kollaps. Während dieser Verlangsamung kontrahierten die undurchsichtigen Unterfragmente allmählich.

Weitere Unterfragmentierung konnte nicht auftreten, und man nimmt an, daß diese letzten Fragmente Sterne sind. Wir haben einiges Vertrauen in diese Folgerung, weil wir die Masse eines undurchsichtigen selbstgravitierenden Fragments berechnen können. Natürlich müssen andere Prozesse auftreten, wie beispielsweise Magnetfelder und energiereiche Sternwinde, damit sich die detaillierte Massenverteilung der Sterne ausbildet. Es ist jedoch eine bemerkenswerte und ganz unerwartete Koinzidenz, daß die berechnete Endmasse solcher Fragmente der Masse eines typischen Sterns ähnlich ist (Abb. 10.9).

Elliptische Galaxien und Spiralgalaxien

Einige Galaxien, vor allem elliptische Galaxien, sind ziemlich rund und oft in reichen Galaxienhaufen konzentriert. Andere, wie Spiralgalaxien, sind stark abgeplattet und neigen dazu, gleichförmiger im Raum verteilt zu sein. Welches sind die Folgerungen aus dieser morphologischen Unterscheidung (siehe Abb. 10.10) für eine Theorie der Galaxienentwicklung?

Wir stellen uns eine massereiche kollabierende Wolke vor, die zu einem großen Galaxienhaufen werden soll. Oder, vom Standpunkt der hierarchischen Haufenbildung aus betrachtet, stellen wir uns einfach eine Region vor, in der die Häufigkeit des Auftretens von Protogalaxien viel höher als die mittlere Häufigkeit dieser Systeme ist. Ein Gebiet, das ein großer Galaxienhaufen werden soll, muß im Gegensatz zu einer kleineren Wolke eine größere Zahl und eine höhere Dichte von galaktischen Fragmenten enthalten. Wir haben schon gesehen, daß diese Fragmente gegenseitige Kollisionen überlebt haben können, wenn sie schon stellare Unterfragmente gebildet haben. Kollisionen dieser Art würden mehr oder weniger gleichzeitig mit der Loslösung der Fragmente von der großen Wolke aufgetreten sein.

Einfache Überlegungen zur Sternentstehung lassen vermuten, daß typische Fragmente wahrscheinlich ziemlich abgeplattete Systeme waren. Die Dich-

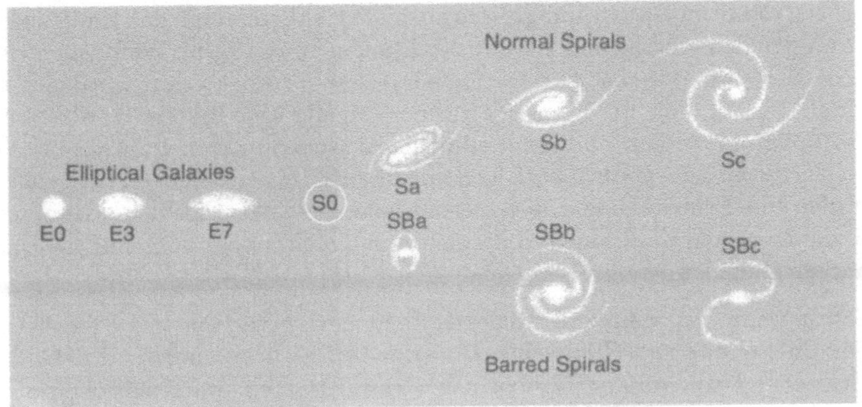

Abb. 10.10 Morphologie der Galaxien
Das Klassifikationsschema, das von Edwin Hubble in den frühen dreißiger Jahren unseres Jahrhunderts entwickelt wurde, ordnet die Galaxien nach ihrer Form. Sie reichen von amorphen, relativ gleichförmigen elliptischen Systemen, die viele rote Sterne und wenig Gas enthalten (Elliptische Galaxien, links) bis zu stark abgeplatteten Spiralscheiben mit ausgeprägten Kernen, vielen blauen Sternen, und Gas- und Staubstreifen (rechts). Die elliptischen Galaxien reichen von den kugelförmigen Systemen (E0) bis zu abgeplatteten Ellipsoiden (E7). Die Spiralgalaxien bilden zwei Äste, je nachdem, ob die Zentralgebiete rund (Normale Spiralen, oben rechts) oder balkenförmig (Balkenspiralen, unten rechts) sind. Am einen Ende der Spiralsequenz finden sich die Galaxien, die von großen, hellen Zentralgebieten beherrscht sind (Sa, SBa), am andern Ende sind Galaxien mit kleineren Kernen und ausgeprägten Spiralarmen (Sc, SBc). Die Kategorie S0 beschreibt eine scheibenförmige Galaxie ohne Spiralarme oder junge Sterne; solche Galaxien haben viele Eigenschaften sowohl der mittleren elliptischen Galaxien als auch der gasarmen Spiralgalaxien.

ten in Gebieten höchster Verdichtung würden weiter ansteigen, bis eine Unterfragmentierung in Sterne eintritt. Solch hohe Dichten wurden zuerst erreicht, als Teile der Wolke in pfannkuchenförmige Strukturen zusammenstürzten. Die kollabierende Wolke blieb somit gasförmig, bis sich galaktische Pfannkuchen entwickelt hatten. Nach der Bildung solcher Pfannkuchen folgte wahrscheinlich eine rasche Fragmentierung zu Sternen. Weil der Drehimpuls erhalten bleibt, wurden die Bewegungen, die sich während des Kollapses in der Richtung senkrecht zur Rotationsebene ausgebildet hatten, vorzugsweise dissipiert. Dieser Prozeß führte zur Bildung von abgeplatteten, scheibenförmigen Sternsystemen.

Wie früher erwähnt, können anfängliche Kollisionen zwischen solchen Fragmenten zum Zusammenstürzen geführt haben. Protogalaxien konnten keine großen relativen Geschwindigkeiten ausbilden, ehe sie durch das Haufenzentrum gefallen waren, und frühere Kollisionen wären recht sanfte und viskose Prozesse gewesen. Die wechselwirkenden Protogalaxien würden sich vereinigen, und das resultierende zusammengeflossene System würde rasch ein Sphäroid werden und einer elliptischen Galaxie gleichen (Abb. 10.11). Nach einigen nahen Vorübergängen und dadurch ausgelösten Vereinigungen würde eine Protogalaxie eine genügend hohe Geschwindigkeit besitzen, um in der Folge alle Kollisionen zu überleben und mehr oder weniger unversehrt andere Galaxien zu durchdringen.

Selbst wenn das Ineinanderaufgehen nicht der vorherrschende Prozeß bei der Entstehung von elliptischen Galaxien ist, wird ein anderer Effekt die Entstehung von runden Galaxien in dichten Haufen, wo Kollisionen auftreten, begünstigen. Bei einem solchen Vorübergang treten *Gezeitenkräfte* auf, die die Sterne in der Protogalaxie leicht beschleunigen. Dies hat zur Folge, daß Sterne in den nur locker gebundenen äußeren Gebieten, den *Halos* der Galaxien, losgelöst werden. Außerdem tritt eine geringe Energieübertragung von der relativen Bewegung der beiden Systeme auf die inneren Bewegungen der Sterne auf. Wenn Sterne in einer anfangs abgeplatteten Galaxie dazu gebracht werden, sich schneller zu bewegen, muß sich das System senkrecht zur Scheibe ausdehnen. Wir können uns diesen Prozeß als Aufheizung flacher Systeme vorstellen. Die Scheiben sind anfangs kalt, weil die zufälligen Bewegungen der Sterne, die die Dicke einer Scheibe bestimmen, relativ klein sind, verglichen mit der Rotationsgeschwindigkeit der Scheibe, die die radiale Ausdehnung der Scheibe bestimmt.

Wir sollten erwarten, daß Kollisionen von Protogalaxien in großen Entfernungen von reichen Galaxienhaufen weit seltener auftreten. Diese Galaxien sollten, wenn sie anfänglich abgeplattet waren, zumeist abgeplattet bleiben. Tatsächlich beobachten wir, daß elliptische Galaxien vorzugsweise in Haufen auftreten; außerhalb von Haufen finden sich relativ wenige elliptische Galaxien. Wir würden aber erwarten, daß die alten Komponenten von Galaxien sphärische Form besitzen. Der Theorie der hierarchischen Haufenentwicklung zufolge ist es wahrscheinlich, daß bei Galaxienbildung durch Vereinigung vieler kleiner Unterstrukturen vorzugsweise runde anstelle von stark abgeplatteten Systemen entstanden. Sternentstehung setzte ein, ehe ein merklicher Grad von Abplattung auftreten konnte, und die sich bildenden Galaxien neigten dazu, sphäroidisch statt scheibenförmig zu sein. Erst später bildete sich die Scheibe aus.

Ein abgeplattetes Untersystem, eine Scheibe, entsteht auf ganz natürliche Weise. Die Sterne verloren im Lauf ihrer Entwicklung eine ganze Menge Gas. In Galaxienhaufen bewirkte die gegenseitige Wechselwirkung der Ga-

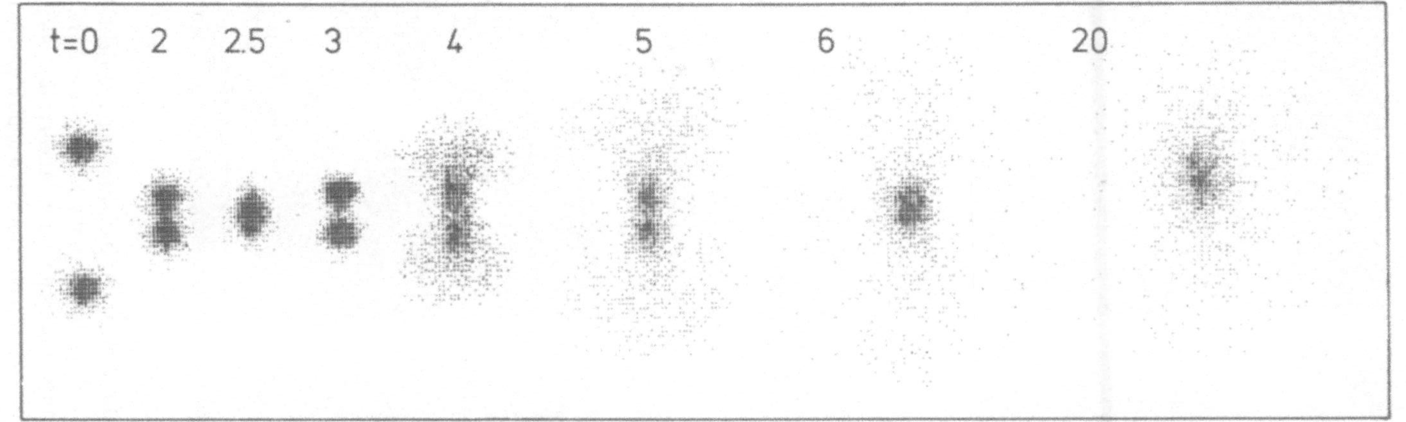

Abb. 10.11 Die Kollision von Galaxien
Die Vereinigung zweier Galaxien kann anfangs zur Bildung einer sehr irregulären Galaxie führen. Die Irregularität wird rasch verschwinden, und die Galaxie wird als eine massereichere elliptische Galaxie zur Ruhe kommen. Dieser Prozeß nimmt Hunderte von Jahrmillionen in Anspruch – eine verglichen mit dem Alter der ältesten Sterne und vieler Galaxien kurze Zeit. Man erwartet infolgedessen, nur relativ wenige Galaxien während eines solchen Verdauungszustands zu entdecken. Die Abbildung zeigt die Computersimulation einer solchen Verschmelzung zweier Galaxien, von denen jede 1000 Sterne enthält. Die projizierte Sterndichte ist in sieben aufeinanderfolgenden Stadien dargestellt. Abb. 10.15b könnte ein solches System darstellen. (Mit Genehmigung von T. von Albada.)

Abb. 10.12 Spiralgalaxien
(a) Eine helle Riesenspirale des Hubbletyps Sc in Draufsicht, Objekt M 101 in *Messiers Katalog der Nebelflecke* (1784). (b) Die nahe SBc-Spirale NGC 891, von der Seite gesehen. (c) Eine Kompositphotographie der Milchstraße, ebenfalls von der Seite gesehen. (d) Die Sombrero-Galaxie, eine Sa-Riesenspirale, von der Seite gesehen (NGC 4594). (e) NGC 4565, Typ Sb.

laxien, daß dieses Gas in den intergalaktischen Raum gefegt wurde. Außerhalb der Haufen fiel der gasförmige Abfall jedoch in spiralförmigen Bahnen auf die Galaxienzentren zu und sammelte sich vorzugsweise in einer Scheibe an, wo es in der Folge zu einer zweiten Generation von Sternen fragmentierte. Man stellt sich vor, daß auf diese Weise Scheibengalaxien außerhalb der großen Haufen entstanden, und daß sich elliptische Galaxien innerhalb der Haufen bildeten. Da sowohl das Scheibenmaterial als auch das intergalaktische Gas aus sekundären Auswürfen stellaren Ursprungs stammt, erwarten wir außerdem, daß in beiden Fällen das Material relativ reich an schweren Elementen ist, die in aufeinanderfolgende Generationen von Sternen synthetisiert und wiederverwendet worden sind. Tatsächlich haben die Scheibenpopulationen von Spiralgalaxien eine Häufigkeit von schweren Elementen, die im Mittel der Sonnenhäufigkeit nahekommt. Neuere Ergebnisse deuten darauf hin, daß das in reichen Galaxienhaufen beobachtete heiße intergalaktische Gas ebenfalls eine nahezu sonnenähnliche Häufigkeit schwerer Elemente aufweist. Wir werden auf dieses Thema im nächsten Kapitel zurückkommen.

Kehren wir zum morphologischen Unterschied zwischen Spiralen und elliptischen Galaxien zurück. Elliptische Galaxien haben ihren Namen erhalten, weil ihre Lichtverteilung (oder genauer, der Verlauf der Konturen konstanter Helligkeit) eine glatte elliptische Form aufweist. Es gibt keine stark abgeplatteten elliptischen Systeme. Die extremsten Fälle (die als E7-Galaxien bekannt sind), haben ein Abplattungsverhältnis von 3 zu 1. Im Gegensatz dazu dominiert in Spiralgalaxien eine stark abgeplattete Scheibe mit einer von elliptischen Galaxien deutlich abweichenden Lichtverteilung (Abb. 10.12). Spiralen werden im visuellen Spektralbereich von ihren aus Gas und jungen Sternen bestehenden Spiralarmen beherrscht, die jedoch einen unbedeutenden Teil der Massenverteilung in der Scheibe darstellen. Die Scheibe hat zum Zentrum hin eine gleichförmige Flächenhelligkeit und fällt an einem recht gut definierten Rand rasch an Helligkeit ab. Im Gegensatz dazu nimmt eine elliptische Galaxie allmählich von Zentrum aus an Intensität ab und wird nach außen hin immer schwächer, bis sie sich nicht mehr aus dem Himmelshintergrund heraushebt (Abb. 10.13).

Warum gibt es keine stark abgeplatteten elliptischen Galaxien? Die Antwort hängt fast sicher mit dem Problem der Stabilität zusammen. Eine zu stark abgeplattete Galaxie wird ihre symmetrische Form nicht über viele Rotationsperioden beibehalten. Stattdessen wird sich eine zentrale balkenartige Kondensation ausbilden. Viele Spiralgalaxien haben zentrale Balken, die Ausdruck dieses Phänomens sein könnten. Die meisten anderen Spiralgalaxien, zu denen die Milchstraße und die Andromeda-Galaxie gehören, werden vermutlich durch das Vorhandensein eines massereichen, aus alten

Abb. 10.13 M 87, eine elliptische Galaxie

M 87 ist die hellste elliptische Galaxie im Virgohaufen; sie ist eine der leuchtkräftigsten bekannten Galaxien. Die Masse von M 87 ist mehr als 10 mal größer als die unserer eigenen Galaxis. Die über die Außenbereiche der Galaxie verstreuten verwaschenen Punkte sind Kugelsternhaufen, von denen jeder eine Million Sterne oder mehr enthält. Im Zentralgebiet gibt es einen eigentümlichen Jet, den man auf einer kurzbelichteten Photographie erkennen kann (unten). M 87 ist auch eine starke Röntgenquelle und eine Quelle intensiver Radiostrahlung, die sowohl vom Jet als auch von einem ausgedehnteren Halo ausgeht.

Abb. 10.14 Eine Galaxie des Typs S0
Die Galaxie NGC 2685 (die „Spindelgalaxie") ähnelt in ihren inneren Bereichen einer typischen S0-Galaxie mit einer abgeplatteten, gleichförmigen, amorphen Lichtverteilung. Leuchtende schraubenförmige Filamente, die auch dunkle Staubstreifen enthalten, umgeben jedoch die innere Spindel. Die filamentartige äußere Struktur ist typischer für eine Spiralgalaxie, und man hat vorgeschlagen, daß sich die Spindelgalaxie im Vereinigungsprozeß mit einem kleineren Spiralsystem befindet.

Sternen bestehenden Sphäroids stabilisiert, das die Gravitation des Systems in seinen inneren Bereichen bestimmt. Die Sombrero-Galaxie (Abb. 10.12d) ist ein schönes Beispiel für eine Spiralgalaxie mit einem dominierenden Sphäroid.

Die Natur duldet offenbar keine stark abgeplatteten elliptischen Galaxien. Wenn solche Systeme entstehen, werden sie wahrscheinlich instabil. Es bildet sich eine zentrale Verdichtung von Sternen, aus der sich schließlich ein scheibenförmiges System entwickelt. Wenn diese Systeme in der Lage sind, ihr Gas zu behalten und fortfahren, junge Sterne zu bilden, können sie eine Spiralstruktur entwickeln und als Spiralgalaxien zu erkennen sein. Folglich können sich Spiralgalaxien nach dem Anfangskollaps einer protogalaktischen Wolke (wie auch während desselben) entwickeln. Diese Entwicklung kann am leichtesten außerhalb von reichen Haufen auftreten, wo Kollisionen mit anderen Galaxien oder mit heißem Material innerhalb des Haufens die Spiralgalaxien nicht ihres Gasinhalts beraubt. Innerhalb von Haufen mögen wir scheibenförmige Galaxien finden, die kein Gas mehr enthalten und in denen junge Sterne oder eine ausgeprägte Spiralstruktur fehlen. Solche Galaxien werden tatsächlich beobachtet, und in vielen ihrer Eigenschaften liegen sie zwischen elliptischen und Spiralgalaxien. Diese Galaxien werden mit S0 bezeichnet. Obwohl S0-Galaxien stark abgeplattete Gebilde sind (Abb. 10.14), teilen sie einige Eigenschaften, wie Farbe und räumliche Verteilung, mit elliptischen Galaxien. Ob jedoch die meisten S0-Galaxien sich aus entblößten Spiralen gebildet haben oder ihre morphologischen Eigenschaften stattdessen bestimmten Bedingungen in der protogalaktischen Gaswolke verdanken, aus der sie entstanden, ist eine immer wieder diskutierte Frage. Das Problem der Entstehung oder Entwicklung ist ungelöst.

Der Drehimpuls der Galaxien

Alle Galaxien rotieren, aber elliptische Galaxien rotieren weniger rasch als Spiralen. Der Ursprung eines galaktischen Drehimpulses kann auf die Wirkung von Gezeitenkräften zwischen benachbarten Protogalaxien zurückgeführt werden. Solange die Protogalaxien nicht sphärisch symmetrisch sind, werden von den Nachbarn differentielle Beschleunigungen hervorgerufen, und diese haben die Aufnahme von Drehimpuls zur Folge. Dabei wird kein zusätzlicher Drehimpuls erzeugt: Ein Objekt dreht sich im Uhrzeigersinn, sein Nachbar im entgegengesetzten Sinn. Die auf diese Weise hervorgerufenen Drehungen sind sehr klein und rufen eine Rotationsgeschwindigkeit hervor, die vielleicht nur ein Zehntel des kritischen Werts beträgt, der nötig ist, damit die Fliehkraft der Schwerkraft die Waage hält.

Eine kollabierende Protogalaxie rotiert aber immer schneller. Wie schnell sie genau rotiert, hängt davon ab, ob ein Halo unbeteiligter dunkler Materie vorhanden ist. Dieser dunkle Halo wirkt wie ein Gerüst, auf das das Gas Drehimpuls übertragen kann, während es Energie verliert und in die Zentralgebiete hineinfällt. Nachdem das Gas um einen Faktor 10 im Radius kollabiert ist, wird es in der Rotationsebene durch die Zentrifugalkraft gestützt. Senkrecht zu dieser Ebene plattet sich die Gasverteilung ab, weil es dort keine Unterstützung gibt. Auf diese Weise bildet sich eine rotierende Gasscheibe, die nun in Sterne zerfällt und zu einer Spiralgalaxie wird.

Wenn kein dunkler Halo vorhanden ist, gewinnen die Zentrifugalkräfte nicht die Oberhand; stattdessen entstehen, wenn sich die Protogalaxie zusammengezogen hat, Sterne, die ein abgeplattetes Sphäroid bilden. Die Abplattung einer elliptischen Galaxie beruht nicht auf der Rotation des Systems als Ganzem, sondern auf den anisotropen Zufallsbewegungen der Sterne: Die Bewegungen sind in der Richtung senkrecht zur Symmetrieebene etwas kleiner. Das Resultat einer Vereinigung von zwei Scheibengalaxien liefert auch ein sphäroidales Sternsystem, das einer elliptischen Galaxie ähnelt. Man weiß nicht, ob der übliche Entstehungsmechanismus einer elliptischen Galaxie auf dem Verlust eines dunklen Halos und nachfolgender Kontraktion der Gaswolke oder auf Galaxienvereinigungen beruht, beide Prozesse sind jedoch bei der Bildung von Galaxiengruppen und -haufen gleich wahrscheinlich.

Kannibalismus von Galaxien

Einige Galaxien sind Riesensysteme, die einen ganzen Haufen dominieren. Die größten Galaxien dieser Art haben Radien von bis zu 1 Million Lichtjahren. Sie sind ungefähr hundertmal leuchtkräftiger (und massereicher) als unsere Milchstraße. Üblicherweise enthalten Galaxienhaufen höchstens ein solches System, wenngleich nicht alle Galaxienhaufen eine Riesengalaxie besitzen. Es scheint, daß die Riesengalaxien auf Kosten anderer Galaxien des Haufens so groß geworden sind.

Anfangs mag die Zentralgalaxie nur wenig größer gewesen sein als ihre Nachbarn. Kollisionen zwischen Galaxien eines Haufens führten dann zu einem Verlust ihrer weit außen gelegenen Sterne, die sich anschließend frei im intergalaktischen Medium herumbewegten. Galaxien erfahren dynamische Reibung, wenn sie sich durch das diffuse Material (ausgestoßene Sterne und Gas) im intergalaktischen Raum bewegen. Wenn beispielsweise ein Stern gravitativ zu einer vorüberziehenden Galaxie hin abgelenkt wird, gewinnt der Stern Energie auf Kosten der Galaxie, die allmählich ihre kinetische Bewegungsenergie verliert. Nach vielen solchen Vorübergängen wird die Galaxie in immer kleineren Umlaufbahnen zum Zentrum des Haufens hin spiralen. Dieser Prozeß kann Milliarden von Jahren dauern, und er scheint in größerem Maße nur in den ältesten und am stärksten zum Zentrum konzentrierten Galaxienhaufen abgelaufen zu sein. Diese Haufen weisen die größte Tendenz zur Relaxation auf (die massereicheren Galaxien hatten Zeit, ihre Geschwindigkeit zu verringern), und diese Haufen enthalten oft eine Riesengalaxie nahe ihrem Zentrum. Die Riesengalaxie bildet sich möglicherweise, nachdem die ursprüngliche zentrale Galaxie des Haufens eine Schar kleinerer Systeme verschluckt hat. Die Endsta-

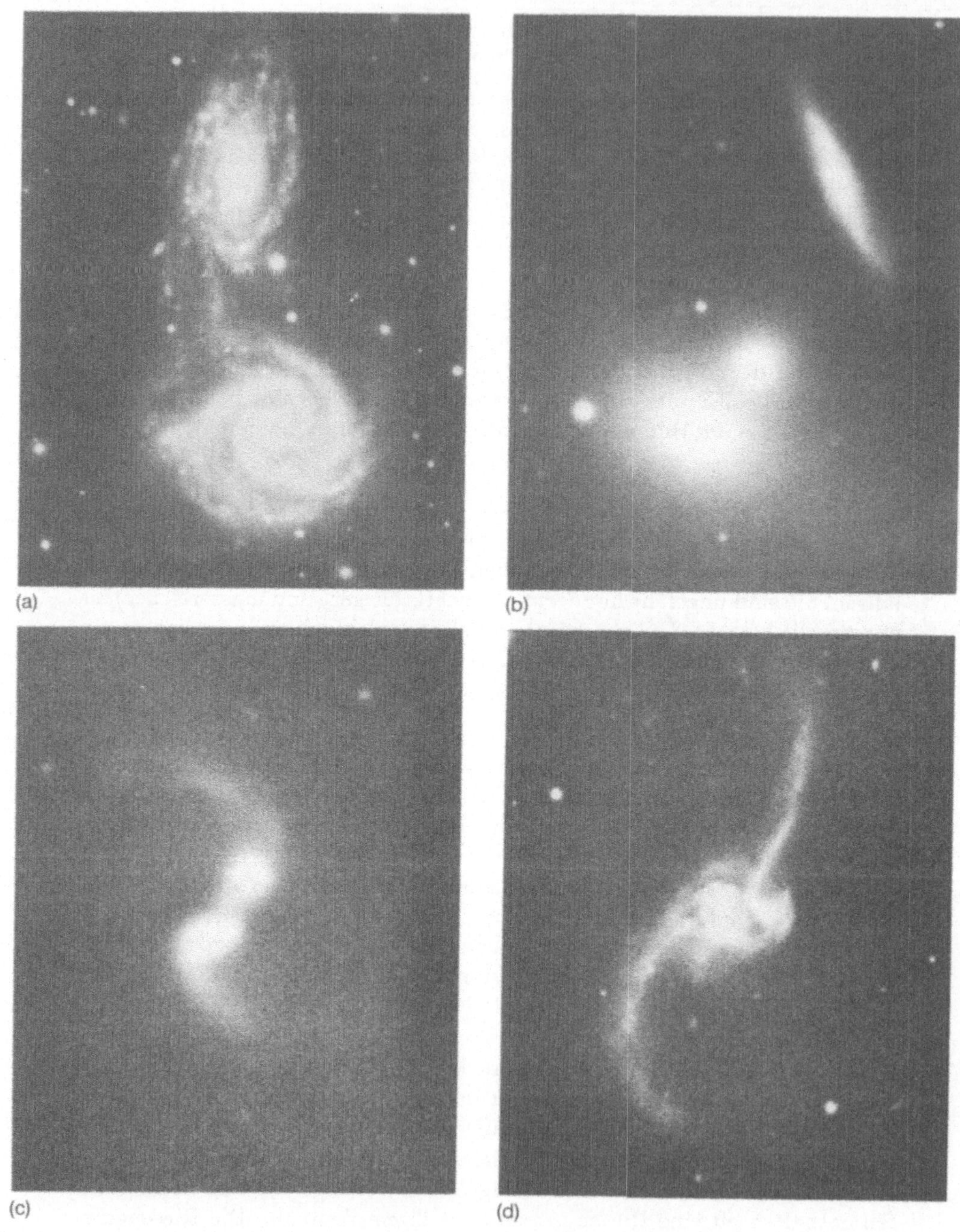
(a)
(b)
(c)
(d)

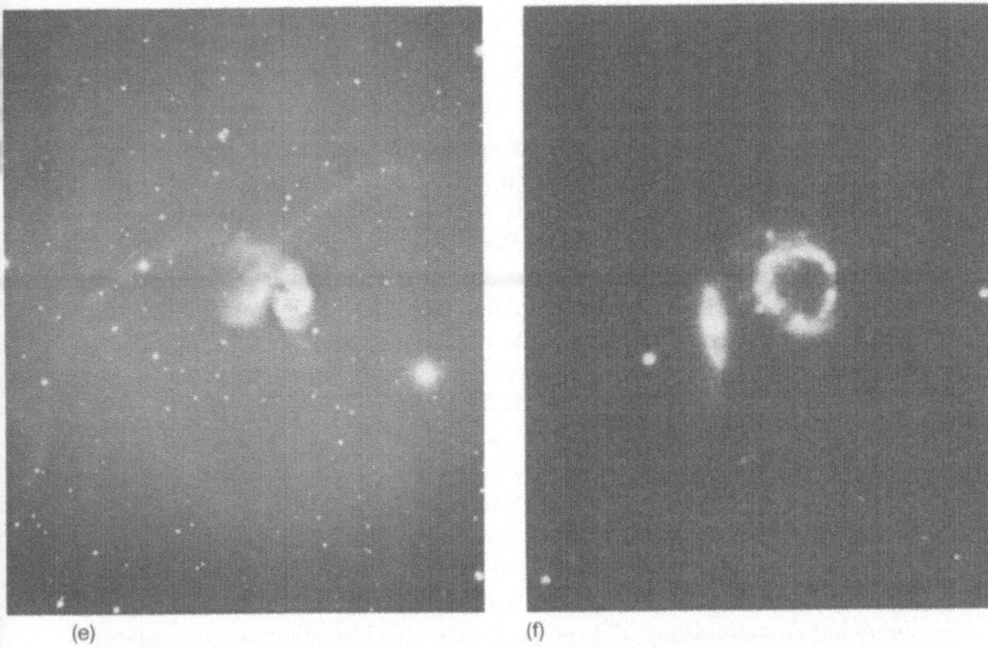

Abb. 10.15 Verschiedene wechselwirkende Galaxien
Die Abbilding zeigt einige Paare wechselwirkender Galaxien aus Arps *Atlas pekuliarer Galaxien.* (a) Arp 271 besteht aus zwei Spiralgalaxien (NGC 5426 und NGC 5427), die durch Gezeitenkräfte miteinander wechselwirken und sich gegenseitig Material entreißen. (b) Arp 315 (NGC 2832) ist ein elliptisches Paar in engem Kontakt, vielleicht auf der Schwelle zur Endstufe von Galaxien-Kannibalismus. Einige Paare haben sehr nahe Vorübergänge erlitten; Beispiele sind (c) Arp 241, Arp 243 (NGC 2623), und (e) Arp 244 (NGC 4038 und NGC 4039), auch unter der Bezeichnung „die Antennen" bekannt und durch den Auswurf riesiger Materiestreifen charakterisiert. Ringgalaxien wie Arp 147 (f) sind ein verwandtes Phänomen. Ein frontaler Zusammenstoß zwischen zwei Galaxien kann zur Bildung eines großen Sternrings in den äußeren Gebieten einer Galaxie geführt haben.

dien des Verdauens einer Galaxie erfolgen recht schnell, in einer oder zwei Bahnumläufen. Galaxien, die auf diese kannibalische Weise groß geworden sind, haben im allgemeinen sehr regelmäßige und glatte ausgedehnte stellare Halos. Sie zeigen keine Spur einer Verdauungsstörung.

Ein paar ungewöhnliche Galaxien scheinen erst kürzlich Kollisionen oder Vereinigungen durchgemacht zu haben (Abb. 10.15). Die Seltenheit solcher Systeme ist in Übereinstimmung mit der Geschwindigkeit der Relaxation der Sterne in der Folge einer solchen Verschmelzung. Ein interessantes Beispiel für eine Galaxienkollision ist der Frontalzusammenstoß zweier Galaxien. Dabei können die Zentralgebiete der einen Galaxie herausgeschleudert werden und eine expandierende Hülle oder einen Sternring bilden. Ringe sind extrem instabile Systeme, die kein sehr langes Leben besitzen. Trotzdem sind einige ***Ringgalaxien*** bekannt, und die Kollisionshypothese scheint ihre Struktur erklären zu können. Ein häufiger gefundener Überrest von wesentlich früher aufgetretenen Vereinigungen ist das Vorhandensein von Hüllen in den extremen Außengebieten vieler isolierter elliptischer Galaxien; davon soll im nächsten Kapitel die Rede sein.

Es liegt im Bereich unserer Möglichkeiten, die frühe Entwicklung von Galaxien zu verstehen. Die Hypothese der hierarchischen Haufenbildung ursprünglicher Ansammlungen durch gravitative Kräfte allein kann die Komplexität der beobachteten Strukturen nicht erklären. Die Wechselwirkungen von Galaxien und dadurch verursachte Dissipation und Kollaps müssen ebenfalls eine entscheidende Rolle spielen. Beim Sternentstehungsprozeß in Protogalaxien kann Gasfragmentierung aufgetreten sein; die komplexe Physik der damit verknüpften Dissipation erklärt die Struktur der leuchtkräftigen Galaxienkerne. Beim Studium der Galaxienentwicklung finden wir oft mindestens zwei alternative Theorien für jede Beobachtungstatsache. Ist der Unterschied zwischen elliptischen und Spiralgalaxien das Ergebnis von Kollisionen und Verschmelzungen anfänglich abgeplatteter Galaxien in Haufen oder das Ergebnis von Gasakkretion in ursprünglich runde Galaxien, die sich außerhalb von Galaxienhaufen befinden? Im nächsten Kapitel werden wir Beobachtungen von großen Galaxienhaufen vorstellen. Mit ihrer Hilfe können wir einen möglichen Standpunkt in dieser Frage beziehen. Auf jeden Fall sollten wir erwarten, daß Galaxienbildung stark von der Umgebung einer Galaxie abhängt, wenn Wechselwirkungen eine Rolle spielen. Ebenso sollten Unterschiede in der Morphologie von Galaxien, die in Haufen oder im Feld beobachtet werden, auftreten, und weitere derartige Beobachtungen helfen, zwischen alternativen Modellen unterscheiden zu können.

Die großen Haufen enthalten nur einen kleinen Prozentsatz aller Galaxien. Wegen ihrer hohen zentralen Dichte liefern sie jedoch ein interessantes Laboratorium für das Studium der Galaxienentwicklung, wie wir im folgenden sehen werden.

11

Riesige Galaxienhaufen

Sternsysteme ... sind Konzentrationen von Sternen, Staub und Gasen innerhalb einer dünnen, aber gleichförmigen Materieverteilung, die das gesamte Universum ausfüllt.

FRITZ ZWICKY

Fast jede Galaxie hat einen Nachbarn, mit dem sie die große Einsamkeit des Raumes teilt. Unsere Milchstraße hat zwei nahe Begleiter, die Große und die Kleine Magellansche Wolke. Sie sind zwei recht kleine Galaxien mit Massen von 10^{10} und $2 \cdot 10^9$ Sonnenmassen, verglichen mit den $2 \cdot 10^{11}$ Sonnenmassen der Milchstraße. Die Andromeda-Galaxie ist die nächste Galaxie mit einer unserer Milchstraße vergleichbaren Größe. Andromeda und Milchstraße bilden zusammen mit einer Anzahl kleinerer Begleiter eine Galaxiengruppe, die als die *Lokale Gruppe* bezeichnet wird. Viele andere Gruppen entfernter Galaxien sind auf langbelichteten Himmelsphotographien zu erkennen.

Galaxiengruppen werden allgemein als gravitativ gebundene Systeme betrachtet. So wie die Planeten die Sonne umkreisen, bewegen sich die Galaxien in einer Gruppe umeinander. Wegen ihrer gegenseitigen Gravitationsanziehung bleiben sie im gleichen Raumbereich. Galaxiengruppen finden sich häufig im Universum, und eine typische Gruppe besteht aus 10 bis 100 Galaxien (Abb. 11.1). Gelegentlich findet man große Galaxienkonzentrationen. Dies sind die großen Haufen, die mehr als 1000 Galaxien enthalten. Der uns nächstgelegene reiche Galaxienhaufen ist der Virgo-Galaxienhaufen in einer Entfernung von etwa 60 Millionen Lichtjahren. Der noch reichere Coma-Galaxienhaufen ist etwa 400 Millionen Lichtjahre von uns entfernt. In einem Riesenhaufen wie Coma bewegen sich die Galaxien relativ zueinander mit Geschwindigkeiten von Tausenden von Kilometern pro Sekunde. Diese Geschwindigkeiten sind viel größer als die Geschwindigkeiten von Sternen innerhalb einzelner Galaxien; die Sonne bewegt sich beispielsweise mit einer Geschwindigkeit von 250 Kilometer pro Sekunde um das Zentrum der Milchstraße.

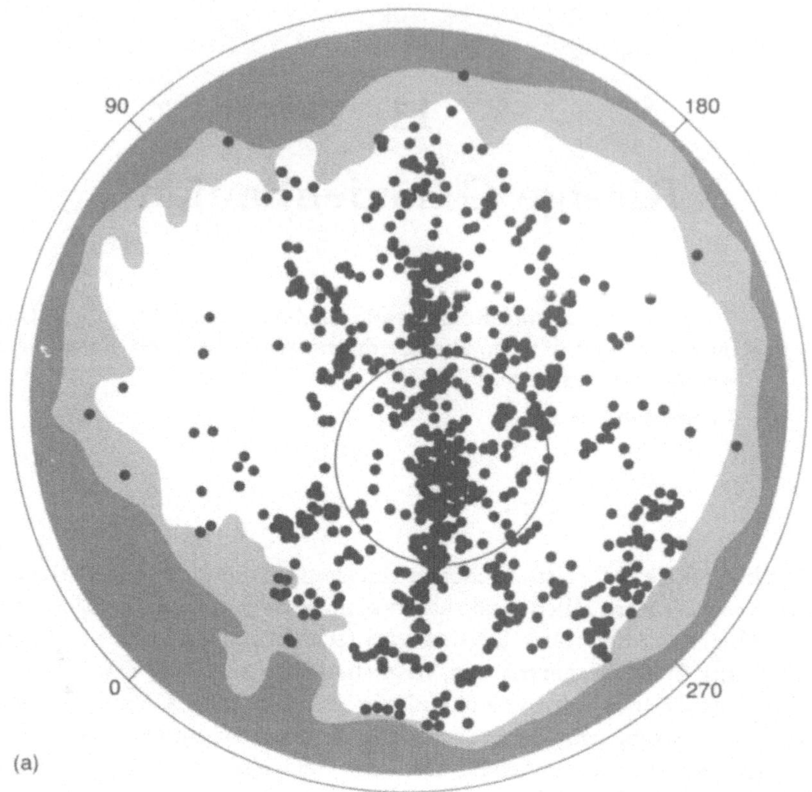

Abb. 11.1 Großräumige Haufenbildung von Galaxien
(a) Eine Karte der Verteilung aller Galaxien heller als 13. Größenklasse auf der galaktischen Nordhalbkugel mit dem galaktischen Nordpol im Zentrum. Die dunkle Zone markiert Grenze der Beobachtung, hervorgerufen durch Gas und Staub der Milchstraße, die sich über den Umfang des Kreises erstrecken. Der innere Kreis ist auf den Virgohaufen zentriert. Die abgeplattete Verteilung um Virgo stellt den lokalen Superhaufen dar, der sich über etwa 50 Millionen Lichtjahre erstreckt. Der Raum ist bis zu einer Entfernung von etwa 250 Millionen Lichtjahren untersucht. (b) Eine Karte der nördlichen galaktischen Polkappe zeigt die Verteilung heller Galaxien bis zur 14. Größenklasse und verwendet eine stereographische Projektion um den Himmelsnordpol (NCP). Der Raum ist bis zu einer Tiefe von etwa 400 Millionen Lichtjahren untersucht. Die Karte zeigt etwa 1000 Punkte, von denen jeder eine Galaxie darstellt.

In diesem Kapitel werden wir einige Eigenschaften von Galaxienhaufen und Galaxien untersuchen, um zu sehen, wie sie sich in unsere herauskristallisierende Theorie der Galaxienbildung einfügen. Wir werden sehen, daß noch viele Fragen der Galaxienentstehung unbeantwortet sind, und daß weitere

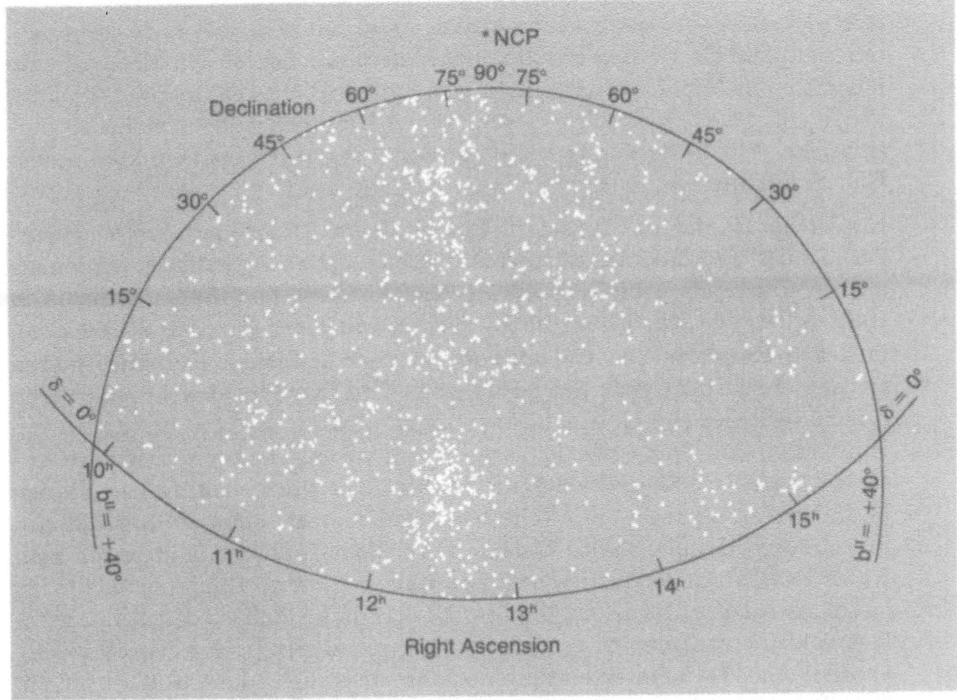

(b)

Abb. 11.1 (Fortsetzung).

Beobachtungen nötig sind, ehe wir endgültig zwischen alternativen Modellen entscheiden können. In der Zwischenzeit können uns unsere vorläufigen Hypothesen zeigen, wo wir noch nach entscheidenden Beweisstücken suchen müssen.

Haufenbildung von Galaxien

Galaxienhaufen, diese großen Ansammlungen von Galaxien, enthalten Tausende von hellen Galaxien und ungezählte Scharen kleinerer Zwerggalaxien. Die Gravitation allein scheint für ihr Entstehen verantwortlich zu sein. Wissenschaftler haben diese Hypothese durch Computersimulationen geprüft. Man nehme einige tausend Massenpunkte, von denen jeder eine Galaxie darstellt und die sich alle zunächst mit dem Hubblestrom voneinander wegbewegen. Die unvermeidliche Wirkung der Schwerkraft führt jedoch dazu, daß die universelle Expansion des Raums langsam überwunden wird. Zuerst sammeln sich in einer zufälligen Fluktuation höherer Dichte einige zusätzliche Punkte an, und der Dichteüberschuß verstärkt sich. Die Punkte expandieren zwar noch voneinander weg, erfahren aber in Bezug auf den Hubblestrom eine systematische Abbremsung. Bald hat sich so viel Masse angesammelt, daß die meisten Punkte in das Maximum der lokalen Massendichte fallen. In der Nachbarschaft haben sich andere Dichtemaxima auf ähnliche Weise entwickelt, und diese verschiedenen Klumpen fallen schließlich aufeinander. Am Ende ähnelt diese Ansammlung von Massepunkten einem Galaxienhaufen.

Ein solcher Haufen ist eine stabile Einheit. Seine Galaxien umkreisen einander in zufälligen Richtungen, aber sie haben nicht genug Energie, um jemals aus der Haufenumgebung zu entweichen. Im Aussehen unterscheiden sich Haufen beträchtlich. Einige haben dichte, sphärisch symmetrische Kerne, in denen Hunderte von Galaxien in ein paar Millionen Kubiklichtjahren zusammengedrängt sind. Solche Galaxien sind fast ausnahmslos elliptische und S0-Galaxien (S0-Galaxien haben Eigenschaften, die zwischen denen von elliptischen und Spiralgalaxien liegen). Andere sind lockere, irreguläre Ansammlungen, die überwiegend aus Spiralgalaxien bestehen. Einige Haufen besitzen eine zentrale elliptische Riesengalaxie mit einer großen diffusen Sternhülle, die man als cD-Galaxie bezeichnet, während andere ein zentrales Paar normalerer Riesenellipsen haben können. Einige cD-Galaxien haben mehrfache Kerne, ein direkter Beweis dafür, daß sie durch Kannibalismus kleinerer Galaxien gewachsen sind, von denen noch nicht alle völlig verdaut sind. Es kann eine Milliarde Jahre oder mehr dauern, bis solch ein kannibalischer Akt beendet ist.

Einige Haufen sind so inhomogen, daß sie junge Systeme sein müssen, die noch keine größere dynamische Relaxation durchgemacht haben. Dynamische Wechselwirkungen spielen im anfänglichen Kollaps des Haufens eine wichtige Rolle; sie führen schließlich zu einem relativ homogenen und zentral verdichteten Haufen. Der fortgesetzte Einfall von Galaxienklumpen aus der Nachbarschaft zerstört jedoch dieses einfache Bild, da vermutlich nur wenige Haufen in einem wirklich isolierten Gebiet entstanden sind. Die Umgebung scheint das schließlich Entscheidende für die Haufen- und Galaxienmorphologie zu sein. Viele Haufen erstrecken sich offenbar bis hin zum nächsten Haufen, wobei sich breite und schmale Brücken und Streifen aus Galaxien zwischen ihnen bilden. Zwischen den Sternbildern Perseus und Pisces erstreckt sich eine besonders eindrucksvolle Galaxienkette über eine Länge von etwa 300 Millionen Lichtjahren. Im oberen rechten Teil der Abb. 11.3, die eine Scheibe des Universums mit einer Dicke von etwa 100 Millionen Lichtjahren darstellt, ist neben dem Coma-Galaxienhaufen ein anderes langes Galaxiengebilde sichtbar. Dieses Gebilde ist in aufeinanderfolgenden Schnitten durch die großräumige Galaxienverteilung erkennbar und wurde deshalb „die Große Mauer“ getauft. Es ist noch nicht bekannt, ob solche Gebilde wirkliche Strukturen oder nur zufällige Aneinanderrei-

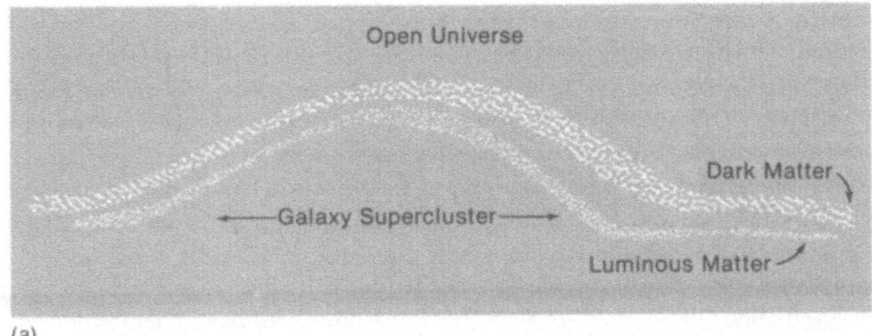

(a)

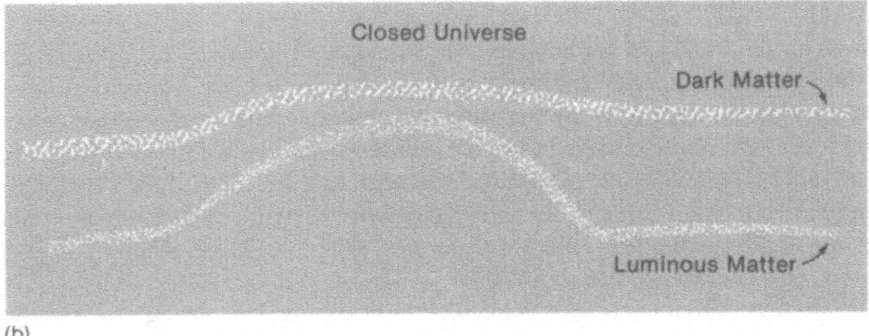

(b)

Abb. 11.2 Die Verteilung der dunklen Materie
Die Verteilung der leuchtenden Materie (Luminous Matter) ist durch Beobachtungen bekannt und ist in diesen Bildern der Dichte in einem offenen (a) und einem geschlossenen (b) Universum schematisch dieselbe. Die dunkle Materie (Dark Matter) muß jedoch sehr viel gleichförmiger verteilt sein, wenn das Universum geschlossen ist; andernfalls hätte man beobachtet, daß die dunkle Materie die Dynamik von Galaxienhaufen beeinflußt. In (a) ist die Größe eines Galaxien-Superhaufens dargestellt.

hungen sind. Größere Gebiete, die mehrere Haufen enthalten, werden als Superhaufen bezeichnet.

Superhaufen sind die größten bekannten Massenstrukturen im Universum, die sich über Dutzende von Millionen Lichtjahren erstrecken. Im Zentrum des am besten untersuchten Superhaufens liegt der Virgo-Galaxienhaufen, und unsere Milchstraße liegt an seinem äußeren Rand. Obwohl wir nicht sicher sind, wie die dunkle Materie verteilt ist, sind die Abweichungen vom Hubblestrom im lokalen Superhaufen bekannt: Ihre Messung erfordert die Bestimmung von Galaxienentfernungen und Rotverschiebungen. Unser lokaler Superhaufen enthält genügend Masse, um die Bewegung der lokalen Galaxiengruppe um etwa 10 Prozent der normalen Hubble-Expansion abzubremsen. Wäre sie einer merklichen gravitativen Kontraktion unterworfen gewesen, würde sie jetzt praktisch vom Hubblestrom entkoppelt sein und die zufällige Komponente der Galaxienbewegungen wäre viel größer als die beobachtete. Offenbar ist der lokale Superhaufen nur eine Dichteerhöhung in der Galaxienverteilung, der weiterhin vorwiegend expandiert. Ob unsere Galaxis schließlich in den Virgohaufen fallen wird, hängt davon ab, wieviel Materie es im Gebiet des lokalen Superhaufens gibt. Unser zukünftiges Schicksal wird durch die Anwesenheit von dunkler Materie bestimmt, deren Existenz wir durch direkte Beobachtung nicht feststellen können. Wir können bisher nur sagen, daß sich die Galaxien für immer voneinander entfernen werden, falls die Verteilung der dunklen Materie der Verteilung der leuchtenden Galaxien folgt.

Wie Abb. 11.2 zeigt, erfordert ein geschlossenes Universum, in dem sich die Galaxienflucht schließlich umkehren wird, daß die dunkle Materie in unserem lokalen Superhaufen glatter verteilt ist als die leuchtende Materie. Das würde eine höhere Hintergrunddichte zulassen, die vielleicht zur Schließung des Universums ausreicht. Ob dies möglich ist, kann nicht durch Beobachtungen des lokalen Superhaufens entschieden werden; wir müssen stattdessen die Struktur des Universums auf noch größeren Skalen erforschen.

Hubbleblasen

Jenseits des lokalen Superhaufens gibt es andere, noch größere Galaxien-Superhaufen. Die überraschendste Entdeckung ist jedoch, daß das Universum viele riesige Löcher aufweist, die fast kugelförmigen Blasen ähneln, oder genauer gesagt, Leeren in der Galaxienverteilung. Diese Leeren finden sich in Rotverschiebungs-Durchmusterungen, die das Hubblesche Gesetz benutzen, um die Rotverschiebung in ein Entfernungsmaß umzuwandeln und so eine dreidimensionale Karte der Galaxienverteilung liefern. Diese Karten sind in radialer Richtung verzerrt, aus dem einfachen Grunde, daß alle individuellen Bewegungen der Galaxien als Teil der üblichen Hubble-Expansion oder des Hubblestroms interpretiert werden; Entfernungen werden über- oder unterschätzt, je nachdem, ob die Zufallskomponente einer Galaxienbewegung vom Beobachter weg oder auf ihn zu gerichtet ist. Dieses Auseinanderziehen in der radialen Richtung verursacht ein Auftreten von scheinbaren Galaxienfilamenten, die auf uns zu zeigen, das als „Finger Gottes"-Effekt bezeichnet wird (Abb. 11.3). Wenn die Astronomen zuverlässige Entfernungsbestimmungen durchführen könnten, bestünde die Hoffnung, die individuellen Galaxiengeschwindigkeiten von der Hubble-Komponente der Geschwindigkeit, die durch die Expansion des Universums verursacht wird, zu trennen. Trotz der verbogenen Perspektive, die wir von den Galaxien haben, scheinen die meisten Galaxien über Filamente und dünne Scheiben verteilt zu sein, die große Leeren oder Blasen umgeben, die Durchmesser

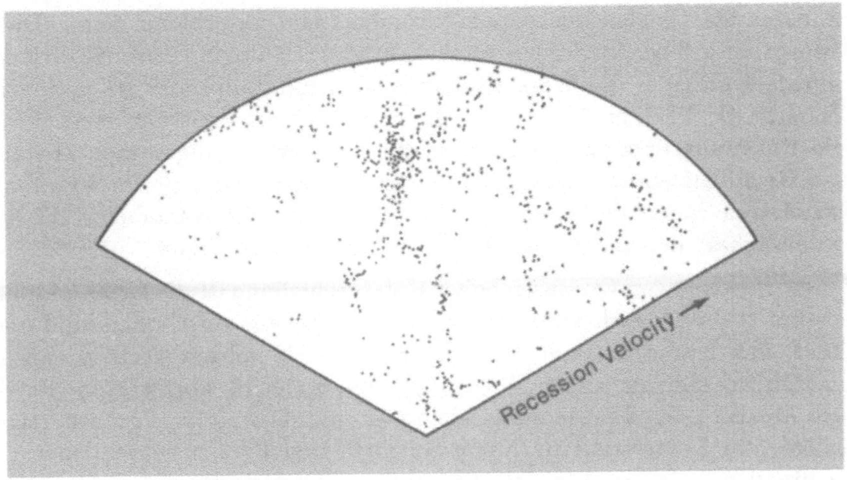

Abb. 11.3 Eine Scheibe des Universums
In diesem keilförmigen Bild ist als radiale Koordinate die Fluchtgeschwindigkeit (Recession Velocity) aufgetragen, die vom Wert 0 (im Ursprung) bis 15 000 km s^{-1} reicht. Diese 6-Grad-Scheibe einer Rotverschiebungs-Durchmusterung enthält etwa 1000 Galaxien heller als 15.5te Größenklasse. Auf den Nullpunkt zeigende Strukturen werden durch die individuellen Galaxiengeschwindigkeiten in reichen Haufen verursacht. Sie sind den Hubble-Geschwindigkeiten überlagert und vergrößern oder verkleinern so die Entfernungsschätzungen relativ zur wahren Entfernung.

von bis zu 300 Millionen Lichtjahren haben. Das Raumvolumen scheint zu etwa 90 Prozent leer zu sein.

Doch ist der Raum wirklich leer? Die präzise Feststellung ist, daß keine leuchtenden Galaxien vorhanden sind. Schon sind in solchen Leeren einige Zwerggalaxien mit starken Emissionslinien gefunden worden. Es ist möglich, daß auch nichtleuchtende Formen von Materie vorhanden sind. Es ist sogar vorgeschlagen worden, daß die Leeren viele Zwerggalaxien enthalten, deren Flächenhelligkeit so gering ist, daß sie in den üblichen Durchmusterungen nicht auftauchen. Eine andere Form könnte Materie sein, die sich noch nicht zu Galaxien oder Sternen verdichtet hat, sondern sich noch in ihrem primitiven gasförmigen Zustand befindet. Intergalaktisches Gas sollte in den nahen Leeren beobachtbar sein. Wenn das Gas in Wolken verteilt ist, sind für ihren Nachweis aufwendige Weltraumbeobachtungen nötig, und solche Beobachtungen werden Anfang der 90er Jahre mit dem Hubble-Raumteleskop möglich sein. Weil solche ursprünglichen Gaswolken nicht heiß genug sind und auch keine Metalle enthalten sollten, gibt es keine Absorptionslinien im sichtbaren Gebiet des Spektrums. Die Wolken sind jedoch nachweisbar, weil der atomare Wasserstoff Licht von dahinter liegenden Quellen aus seinem Grundzustand absorbieren kann. Diese Absorption erfolgt im fernen ultravioletten Teil des Spektrums, bei der *Lyman-alpha-Linie* des Wasserstoffs. Dies ist die Hauptlinie des atomaren Wasserstoffs. Nach erfolgter Absorption tritt sie als Emissionsline auf, die vom Strahlungsübergang eines Elektrons vom ersten angeregten Zustand zum Grundzustand hervorgerufen wird. Lyman-alpha liegt im fernen ultravioletten Spektrum bei einer Wellenlänge von 121.6 Nanometer, die nur von außerhalb der Erdatmosphäre beobachtet werden kann.

In den Spektren von Quasaren hoher Rotverschiebung ist die Lyman-alpha-Absorption in den sichtbaren Bereich des Spektrums verschoben, und man findet, daß entfernte Teile des Universums viele solcher Wolken enthalten. Ob die Leeren solche Wolken enthalten, bleibt abzuwarten. Es ist auch möglich, daß die Leeren wirklich leer sind. Der Kollaps großräumiger Gebiete des Universums in dünne Scheiben und Filamente, in denen die leuchtenden Galaxien konzentriert sind, sollte große Bereiche von Materie frei gemacht haben. Die theoretische Grundlage für diese verschiedenen Modelle der großräumigen Struktur werden in einem späteren Abschnitt beschrieben.

Intergalaktisches Gas

Gas ist nicht nur zwischen den Sternen einer Spiralgalaxie vorhanden, sondern auch in Galaxienhaufen. Es gibt eine Anzahl von Mechanismen, um dieses *intergalaktische Gas* aufzuheizen. Möglicherweise verursacht der nahe Vorübergang anderer schnell laufender Galaxien Überschall-Schockwellen; wahrscheinlicher ist, daß das Aufheizen in der Frühgeschichte des Haufens erfolgte. Einmal aufgeheizt, wird das intergalaktische Gas so diffus, daß es nicht mehr leicht abkühlen kann. Bei einer Temperatur von Hunderten von Millionen K ist es so heiß, daß es Röntgenstrahlung emittiert. Da die Erdatmosphäre diese kurzwellige Strahlung ausfiltert und absorbiert, müssen wir in den Weltraum gehen, um die Röntgen- und Ultraviolettstrahlung zu erforschen. An Bord von Erdsatelliten wurden Experimente durchgeführt, um die Röntgenstrahlung reicher Galaxienhaufen zu untersuchen (Abb. 11.4).

Man findet in reichen Haufen eine beträchtliche Menge heißen Gases. Im allgemeinen sind es die von einer cD-Galaxie beherrschten Haufen, die beträchtliche Mengen diffusen Gases enthalten und starke Röntgenstrahler sind. Es scheint in diesen Haufen etwa gleich viel diffus verteilte Materie zu geben, wie in sichtbaren Sternen enthalten ist. Das Röntgenspektrum des intergalaktischen Gases besitzt charakteristische Emissionslinien, die von hochionisierten Eisenkernen erzeugt werden (Abb. 11.5). Die Atomkerne haben bis auf ein oder zwei alle Elektronen verloren. (Man vergleiche diese

(a)

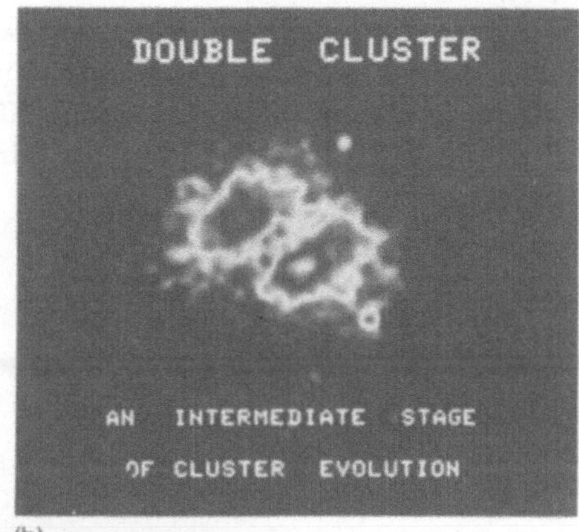

(b)

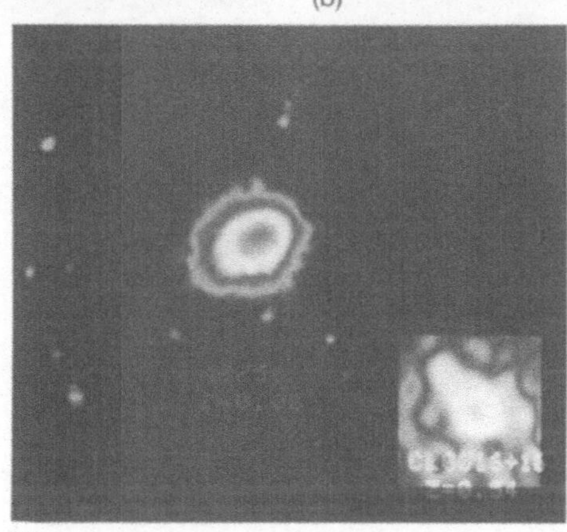

(c)

Abb. 11.4 Entfernte Galaxienhaufen
Diese mit einem kleinen Röntgenteleskop im Weltraum erhaltenen Röntgenaufnahmen entfernter Galaxienhaufen zeigen beträchtliche diffuse Röntgenemission überall in den Haufen. Zu den Bildern dieser Haufen haben Röntgenphotonen des Energiebereichs 0.25 keV bis 2 keV beigetragen. (a) Ein irregulärer, dynamisch junger Haufen, von dem man annimmt, daß er kürzlich kollabiert ist. (b) Ein Doppelhaufen, der ein intermediäres Stadium der Haufenentwicklung darstellt. (c) Ein symmetrischer, zentral verdichteter Haufen, der vermutlich relativ weit entwickelt ist.

Struktur mit einem irdischen Eisenkern, der von sechsundzwanzig Elektronen umgeben ist). Die Temperatur dieses Gases ist etwa 10 mal höher als im Zentrum der Sonne und ist für den ungewöhnlich hochionisierten Zustand der Atome verantwortlich. In einem kühleren Gas erleiden die im

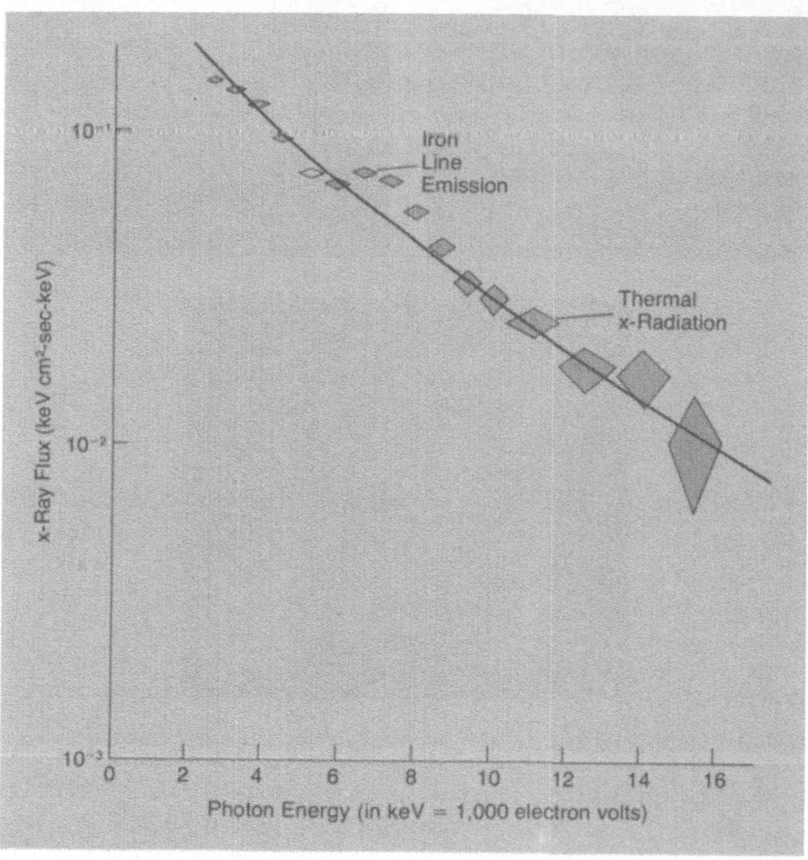

Abb. 11.5 Das Röntgenspektrum eines Galaxienhaufens
Ein Röntgenspektrum des Perseus-Galaxienhaufens, das mit Hilfe eines Satellitenexperiments im Jahre 1975 aufgenommen wurde. Der Röntgenfluß ist als Funktion der Photonenenergie aufgetragen. Die Energieverteilung der Röntgenstrahlen ähnelt derjenigen, die von einem dünnen, heißen Gas einer Temperatur von über 100 Millionen K abgestrahlt wird (Thermische Röntgenstrahlung = Thermal x-Radiation). Dieses Experiment war das erste, bei dem die Emission einer Eisenlinie nachgewisen wurde. Der Buckel bei 7000 eV stellt die Emission von fast ganz von Elektronen entblößten Eisenkernen dar (Iron Line Emission). Man weiß heute, daß die Emission von Eisenlinien eine allgemeine Eigenschaft der Röntgenemission von Galaxienhaufen darstellt.

Atom befindlichen Elektronen nicht so häufig Kollisionen mit benachbarten Teilchen. Folglich werden sie weniger leicht losgelöst, und die Atome sind nicht so hoch ionisiert.

Die Häufigkeit von Eisen im intergalaktischen Gas von Galaxienhaufen ist nicht wesentlich geringer als die Eisenhäufigkeit (relativ zu Wasserstoff) in der Sonne, und Eisen ist nicht das einzige schwere Element, das durch seine Röntgenemission nachgewiesen wurde. Eisen ruft zufällig die stärksten Linien in dem Spektralbereich hervor, der Experimenten mit Röntgensatelliten zugänglich ist. In ein oder zwei nahen Galaxienhaufen sind auch andere Elemente – insbesondere Sauerstoff und Silizium – aufgrund ihrer Röntgenstrahlung entdeckt worden. Dieses Ergebnis hat viele Astronomen überrascht, weil sie vermutet hatten, daß das intergalaktische Gas nur ein Überrest der ursprünglichen Materie ist, aus der sich die Galaxien gebildet haben. Warum sollte schließlich der Prozeß der Galaxienbildung so effizient sein, daß er die ursprünglich vorhandenen Gaswolken völlig aufgezehrt hätte? Wir wissen beispielsweise, daß die Sternbildung in unserer eigenen Galaxis kein sehr effizienter Prozeß ist. Nur etwa 10 Prozent der Masse einer dichten Molekülwolke werden in Sterne umgewandelt, der Rest wird an das interstellare Medium zurückgegeben.

Die Entdeckung von Eisen im intergalaktischen Gas hat gezeigt, daß sich dieses Gas nicht völlig im Urzustand befinden kann. Es muß irgendwie durch den Auswurf von Eisen, einem der Endprodukte der Sternentwicklung, aus Galaxien angereichert worden sein. Der Ursprung dieses angereicherten intergalaktischen Gases muß in den Sternen der Haufengalaxien selbst liegen. Die Galaxien in reichen Haufen haben heute keine ausreichend hohe Rate von Massenauswurf, um dies zu bewirken, daher muß der Massenverlust vor langer Zeit stattgefunden haben. Wenn Galaxien altern, nimmt ihre Leuchtkraft ab. In ihren früheren Phasen muß es viele hellere und massereichere Sterne gegeben haben. Diese Sterne haben sich rasch entwickelt. Als die masseärmeren Sterne zu *planetarischen Nebeln* und *Novae* wurden, haben sie Hüllen angereicherter Materie ausgestoßen. Die massereicheren Sterne entwickelten in ihrem Überriesenstadium Winde und explodierten schließlich als *Supernovae*. Dieses angereicherte Gas, insbesondere das von den Supernovae ausgeschleuderte Gas, muß die Quelle eines großen Teils des intergalaktischen Gases sein.

Galaxienkollisionen

Wie wurde das Gas aus den Galaxien entfernt? Hier müssen wir wieder zu Spekulationen Zuflucht nehmen. Ein Vorschlag ist, daß der Druck des heißen Gases innerhalb des Haufens (des Intrahaufengases) das Gas aus den Galaxien entfernt, sowohl durch die Bewegung der Galaxien (wobei wir den Druck als Staudruck bezeichnen, siehe Kapitel 14), als auch durch

Kompression und Destabilisierung von interstellaren Wolken in den Galaxien. Dieser Prozeß scheint in den Zentralgebieten reicher Haufen effizient zu funktionieren. Eine Schwierigkeit schien jedoch den Vorgang zu limitieren, man dachte, daß der Prozeß nur in neugebildeten Haufen stattfinden könnte; darüber hinaus nahm man an, daß die resultierenden gasfreien Galaxien (vom Typ S0) eine ähnliche Struktur wie die Spiralgalaxien zeigen müßten. Beobachtungen stellen diese beiden Eigenschaften infrage: Man findet, daß blaue Galaxien, die offenbar kürzlich eine Sternentstehungsphase durchlaufen haben, in vielen reichen Haufen bei der vergleichsweise kleinen Rotverschiebung von etwa 0.5 häufig zu finden sind, und genaue Untersuchungen der Struktur von S0-Galaxien zeigen, daß ein im Vergleich zu Spiralgalaxien höherer Prozentsatz stark ausgeprägte Kerngebiete (sogenannte Bulges) besitzt. Sowohl das Auftreten von so vielen blauen Galaxien in Haufen als auch ihre betont auffälligen Kerngebiete könnten mit der Reaktion von Galaxien auf einen kürzlichen Gasverlust verknüpft sein: Das Gas im Zentralgebiet würde eine endgültige Sternentstehungsorgie durchmachen. Solche blauen Galaxien sind zu weit entfernt, als daß ihre Morphologie durch erdgebundene Teleskope räumlich aufgelöst werden könnte, aber sie sind wahrscheinlich Spiralgalaxien, die nicht mehr jung sind, jedoch noch heiße junge Sterne bilden und deshalb blau erscheinen. Da wir sehr wenige Spiralgalaxien in nahen reichen Haufen sehen, muß irgendein Prozeß ihr Gas beseitigt haben. Wenn das Gas einmal entfernt ist, bleiben Galaxien vermutlich gasarm. Doch wie ist das Gas ursprünglich entfernt worden? Viele gasarme Galaxien, S0-Galaxien eingeschlossen, finden sich außerhalb reicher Haufen, und wir müssen deshalb nach einem allgemeineren Mechanismus suchen, mit dem man ihr Defizit an Gas und jungen Sternen erklären kann.

Eine sinnvolle Möglichkeit ist, daß junge Galaxien bei der Kollision mit anderen Galaxien viel Gas verloren haben. Die jungen Galaxien waren große Systeme, die erhebliche Mengen von Gas enthielten. Wir beobachten um viele Galaxien ausgedehnte Halos von Sternen; junge Galaxien, die noch aus ihren protogalaktischen Wolken kontrahierten, müssen in der Tat eine sehr große Ausdehnung gehabt haben. Die Wahrscheinlichkeit für Zusammenstöße solcher großen, diffusen Systeme war hoch. Kollisionen zwischen jungen Galaxien würden vorzugsweise in Haufen auftreten, wo die Galaxiendichte am höchsten ist, aber auch in Gruppen, wo man eine große Häufigkeit kleinerer Galaxien findet.

Kollisionen zwischen jungen Galaxien müssen deren Gas- und Sterngehalt beeinflußt haben. Bei einem Zusammenstoß erlitt das diffuse interstellare Gas in beiden Galaxien einen riesigen Schock und heizte sich auf. Die auf die Gasatome übertragene Energie lieferte soviel Wärme, daß das Gas in

Form eines heftigen Windes weggeblasen wurde. Viele der Sterne in den Halos der kollidierenden Galaxien wurden durch die während der Kollision auftretenden Gezeitenkräfte von den Galaxien abgetrennt und weggeschleudert. Die Halosterne, die nur durch schwache gravitative Kräfte an ihre Muttergalaxien gebunden waren, wurden durch während des Vorübergangs auftretende Gezeitenkräfte beschleunigt, und viele konnten in das intergalaktische Medium entkommen. Der Durchgang der Schockwelle durch das diffuse interstellare Gas hätte schließlich die dichteren Wolken in beiden Galaxien komprimiert, damit ihren Gravitationskollaps ausgelöst und zur Fragmentierung in immer kleinere Wolken geführt. In der Folge setzte in solchen Fragmenten Sternentstehung ein.

Diese dramatischen Ereignisse begannen ein paar Milliarden Jahre nach dem Urknall, bei einer Rotverschiebung von etwa 2 oder 3, als die Galaxienhaufen jung waren. Kollisionen, von Gasauswürfen und Sternbildung begleitet, können sich über einige Milliarden Jahre fortgesetzt haben, bis in reichen Haufen und Gruppen selbst einige der weiter außen liegenden Galaxien an dieser Aktivität teilgenommen hatten. Nachdem die Galaxien einmal ihr Gas verloren hatten, blieben viele in der Folge gasfrei und erscheinen heute als elliptische oder S0-Galaxien. Auf diese Weise hatte sich bei einer Rotverschiebung von etwa 0.5, entsprechend einer Entfernung von etwa 7 Milliarden Lichtjahren oder der Zeit vor 7 Milliarden Jahren, der größte Teil des Intrahaufengases angesammelt. Erst dann konnte dieses heiße Gas effizient die übriggebliebenen Spiralen in den Kernregionen reicher Haufen ihres Gases berauben. Dieses Modell sagt voraus, daß intensive Röntgenstrahlung, die durch das neu geschockte Gas entsteht, beobachtbar sein sollte. Nachdem das intergalaktische Gas aus den Galaxien ausgestoßen worden war, expandierte es und füllte das gesamte Volumen des Haufens. Es bleibt heiß, es ist zu diffus, um effizient abkühlen zu können, und strahlt in der Folge bis heute Röntgenstrahlung aus. Diese Röntgenstrahlung könnte wohl diejenige sein, die von Röntgenastronomen bei der Untersuchung großer Galaxienhaufen beobachtet wird. Die zahlreichen jetzt oder vor kurzer Zeit Sternentstehung zeigenden Galaxien, die in reichen Haufen bei einer Rotverschiebung von 0.5 (oder mehr) gefunden werden, wären demnach Spiralen und gasreiche elliptische Galaxien, denen noch nicht ihr gesamtes Gas entrissen wurde; der Prozeß des totalen Gasverlusts tritt nur dann effektiv auf, wenn sich ein beträchtlicher Teil des Intrahaufengases bereits angesammelt hat.

Dunkle Materie

Die Sterne, die sich ursprünglich in den Halos von Haufengalaxien befunden haben, müssen heute im intergalaktischen Raum umherirren. Gezeitenkräfte, die zwischen kollidierenden Galaxien in den ersten Milliarden

Jahren der Haufenexistenz auftraten, entfernten die Sterne aus den äußeren Halos. Dieser Sternverlust trat in einer typischen Galaxie jenseits eines Radius von etwa 100 000 Lichtjahren auf.

Aus Beobachtungen der Dopplerverschiebungen in den Spektren von Haufengalaxien schließen wir, daß sie ziemlich große zufällige Geschwindigkeiten haben. Da wir die Ausdehnung eines Haufens messen können, können wir ausrechnen, wieviel Masse im Haufen vorhanden sein muß, um die Expansion der sich rasch bewegenden Galaxien in Grenzen zu halten (wenn diese Masse nicht vorhanden wäre, würden die Galaxien einfach voneinander wegfliegen, und es gäbe keinen Haufen.) Das Ergebnis überrascht: Die erforderliche, auf eine Galaxie umgerechnete Materiemenge ist mehrere Male größer als die durch andere Meßverfahren ermittelte. Solche Messungen lassen sich vorwiegend an nahen Galaxien durchführen, deren Dynamik wir in genügend Detail untersuchen können, um ihre Massen zu ermitteln. Beispielsweise können wir die Masse einer nahen Galaxie aus der der Messung ihrer Rotationsgeschwindigkeit ableiten. Wir können auch die Geschwindigkeiten naher Galaxien in einer Anzahl von isolierten engen Paaren messen, um die mittlere Masse derartiger Paare zu bestimmen.

Wir können diese Aussagen präzisieren, indem wir das *Masse-Leuchtkraft-Verhältnis* einführen. Wir können die Leuchtkraft direkt messen, und jeder Leuchtkrafteinheit (üblicherweise in Einheiten der Sonnenleuchtkraft ausgedrückt) können wir eine bestimmte Anzahl von Masseneinheiten zuordnen (in Sonnenmassen ausgedrückt). Die Sonne hat folglich ein Masse-Leuchtkraft-Verhältnis von 1; die sichtbaren Gebiete der Milchstraße, die größtenteils aus Sternen bestehen, die masseärmer und beträchtlich lichtschwächer sind als die Sonne, zeigen ein Masse-Leuchtkraft-Verhältnis von 5. Reiche Haufen scheinen dagegen ein Masse-Leuchtkraft-Verhältnis zwischen 200 und 400 zu haben. Messungen einzelner elliptischer Galaxien liefern ein Masse-Leuchtkraft-Verhältnis von etwa 8, obwohl dieses Ergebnis nur für die zentralen, leuchtkräftigen Gebiete gilt.

Die Untersuchung der Radiostrahlung des neutralen Wasserstoffs hat es den Wissenschaftlern ermöglicht, die Rotationsgeschwindigkeit von Spiralgalaxien zu messen. Wir können diese Rotation bis zu den alleräußersten Teilen der Scheiben von Spiralgalaxien hin verfolgen, wo nur noch wenige Sterne sichtbar sind. Dabei tritt ein überraschendes Ergebnis zutage: Die Rotationsgeschwindigkeit bleibt fast konstant. Wenn sich die meiste Masse der Galaxie in den inneren Gebieten befände, sollten die äußersten Teile der Galaxis schwächer gebunden sein. Sie sollten deshalb eine schwächere Zentrifugalkraft erfahren und weniger rasch rotieren. Dies steht jedoch im Widerspruch zur Beobachtung. Aus den Messungen ergibt sich, daß das Masse-Leuchtkraft-Verhältnis in Spiralen größer ist, als es sich aus unserer

Untersuchung der leuchtkräftigen inneren Gebiete ableiten läßt (Abb. 11.8). Es muß also mehr Masse vorhanden sein, als wir bisher annahmen. Ihr Masse-Leuchtkraft-Verhältnis muß bei 30 oder darüber liegen. In welcher Form diese nichtleuchtende Materie in den äußeren Gebieten oder Halos vorliegt, ist unbekannt.

Mit Hilfe der Rotationskurven lassen sich die äußeren Gebiete von Spiralgalaxien erforschen, wo es wenig leuchtende Materie gibt. Elliptische Galaxien sind gasarm, so daß man keine Rotationskurvenstudien bei großen galaktozentrischen Entfernungen durchführen kann. Man hat zwei verschiedene Techniken angewandt, um sie zu untersuchen. Einmal hat man um elliptische Galaxien Röntgenemission entdeckt. Die Röntgenstrahlung entsteht

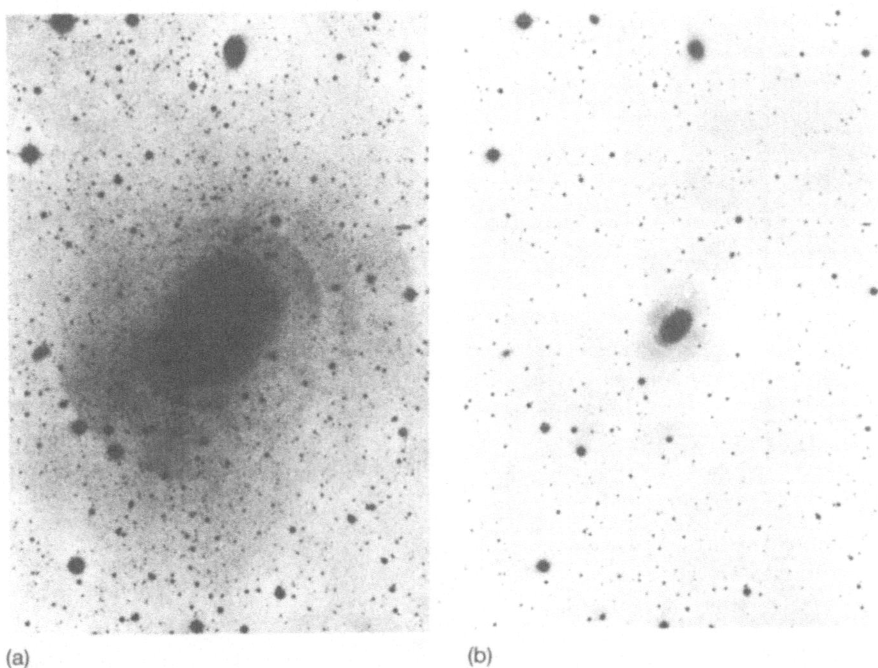

Abb. 11.6 Schalen um eine elliptische Galaxie
Eine normale photographische Belichtung (a) zeigt auf diesem photographischen Negativ der elliptischen Galaxie NGC 3923 interessante, jedoch kaum erkennbare Strukturen. Eine weitreichende Belichtung (b) von David Malin und David Carter mit dem Anglo-Australischen Teleskop offenbart das Vorhandensein eines ausgedehnten Netzwerks kreisförmiger Bögen, die sich bis zu einem Abstand von 10 Bogenminuten vom Zentrum aus erstrecken (entsprechend einer linearen Entfernung von etwa 150 000 Lichtjahren). Wie man aus einem Vergleich der Sternörter feststellen kann, haben beide Bilder den gleichen Maßstab.

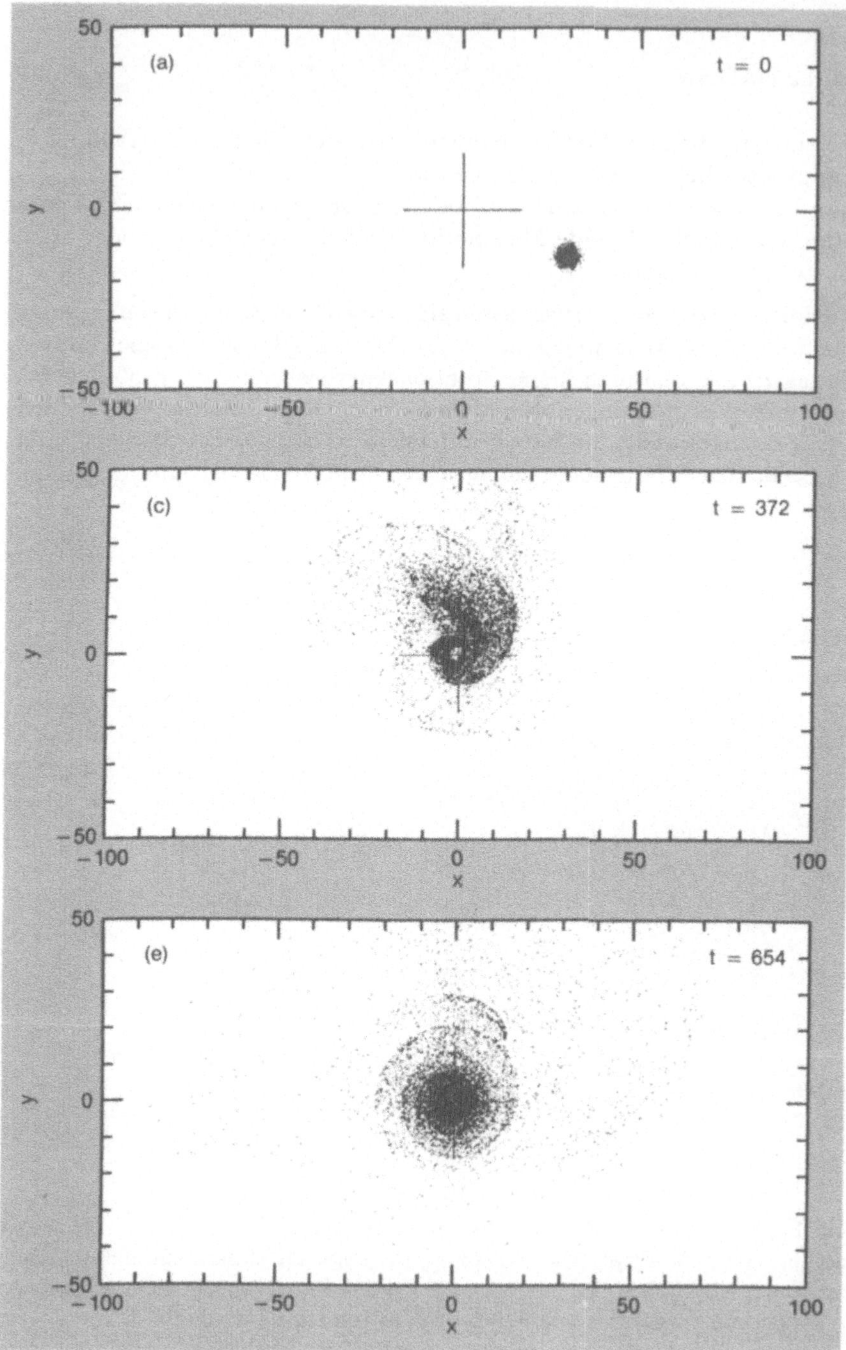

Abb. 11.7 Eine Galaxienvereinigung
Eine hochauflösende Computersimulation einer Galaxienvereinigung zeigt, wie die kleinere Galaxie den massereicheren Begleiter umkreist, bevor sie ins Zentrum sinkt und eine Folge konzentrischer, aus Sternen bestehender Schalen zurückläßt. (Mit Genehmigung von L. Hernquist und P. Quinn.)

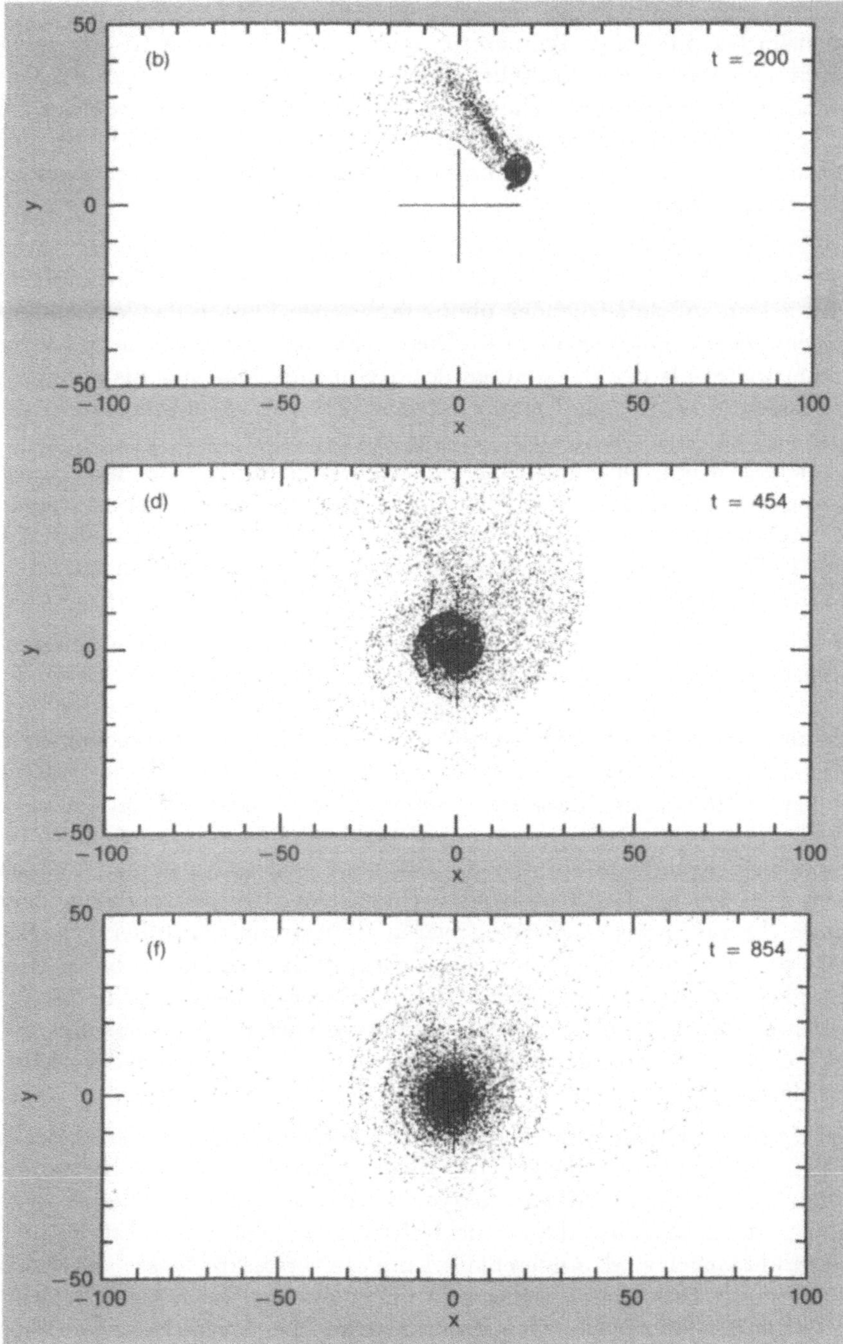

(b)
t = 200
y
x
(d)
t = 454
y
x
(f)
t = 854
y
x
50
0
−50
−100
−50
0
50
100

in heißem Gas mit einer Temperatur von etwa 10 Millionen K, das gravitativ in den Halos der elliptischen Galaxien gebunden ist. Um dieses Gas zu binden, ist eine beträchtliche Materiemenge nötig: Man leitet daraus ab, daß das Verhältnis der Gesamtmasse, den dunklen Halo eingeschlossen, zur optischen Leuchtkraft, die ausnahmslos aus den innerern Gebieten stammt, 100 betragen kann.

Eine andere Entdeckung deutet ebenfalls auf einen beträchtlichen Anteil von dunkler Materie in den Halos elliptischer Galaxien hin. Elliptische Galaxien zeigen auf tiefreichenden photographischen Platten das Vorhandensein schwacher Schalen (Abb. 11.6). Diese Schalen erstrecken sich zwei- oder dreimal weiter als der Hauptanteil des Sternlichts. Man hat bis zu zwanzig Schalen um eine helle Galaxie entdeckt. Diese Schalen scheinen fossile „Spritzer" zu sein, die aus der Vereinigung einer kleineren Satellitengalaxie mit dem Kern der elliptischen Galaxie stammen. Die Abstände dieser Schalen sind ein Maß für das Gravitationsfeld, und Computersimulationen des Vereinigungsvorgangs liefern eine ähnliche Folge konzentrischer Schalen (Abb. 11.7). Damit das Modellieren der Schalen gelingt, muß ein massereicher dunkler Halo vorhanden sein.

Klassische Methoden der Massenbestimmung, die auf optischen Untersuchungen der leuchtkräftigen äußeren Gebiete (Abb. 11.8) beruhen, lassen die Möglichkeit offen, daß Galaxien beträchtliche Materiemengen in ihren ausgedehnten Halos haben. Galaxien könnten tatsächlich sehr ausgedehnt sein und mit ihren außerordentlich dünnen Halos den größten Teil des Raums erfüllen. In Haufen sind diese Halos während der Kollisionen von Galaxien abgestreift worden. Die Überschußmasse sollte sich jedoch immer noch im intergalaktischen Medium befinden. Doch die genaue Natur der dunklen Materie ist ein großes astrophysikalisches Rätsel. Die Masse kann nicht sehr leuchtkräftig sein, andernfalls wären die Astronomen in der Lage, sie direkt zu beobachten. Sie kann nicht gasförmig sein, denn Gas, ob kalt oder heiß, ionisiert oder neutral, läßt sich nur schwer verbergen. Man hat oft nach intergalaktischem Gas gesucht und etwas Gas in reichen Haufen entdeckt, doch die Gasmenge ist nicht ausreichend, um die Massendiskrepanz zu erklären.

Zwei Hypothesen sind entwickelt worden, um die Masse zu erklären, deren Existenz in Haufen und galaktischen Halos vermutet wird. Eine Hypothese besagt, daß die dunkle Materie baryonisch ist. Sie kann aus Sternen sehr geringer Masse bestehen, die so leuchtschwach sind, daß sie der Entdeckung bislang entgangen sind. Anderenfalls kann die versteckte Masse aus vielen kollabierten Überresten – vielleicht Weißen Zwergen oder sogar Schwarzen Löchern – einer frühen Generation massereicher Sterne bestehen. Eine zweite Hypothese besagt, daß die dunkle Materie nichtbaryonisch ist. Sie

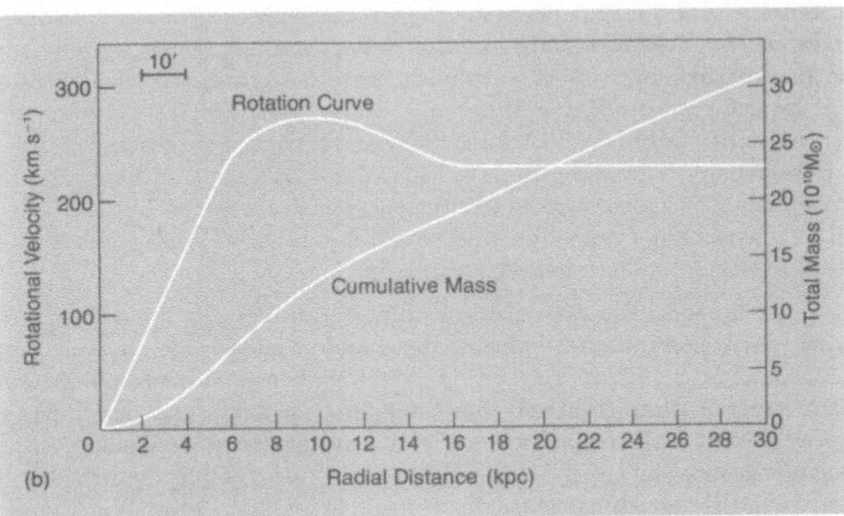

Abb. 11.8 Rotation und Masse der Andromeda-Galaxie
Atomarer Wasserstoff erstreckt sich mehr als zweimal so weit wie die sichtbare Sternkomponente der Andromeda-Galaxie (a). Das atomare Gas (nachgewiesen durch die 21-cm-Emission) liefert eine Nachweismöglichkeit für die Massenverteilung der Galaxie. Aus der Dopplerverschiebung der 21-cm-Linie kann eine Rotationskurve (b) konstruiert werden, in der die Rotationsgeschwindigkeit (linke y–Achse) gegen die Entfernung vom Zentrum (in kpc) aufgetragen wird. Weit draußen nimmt die Rotationsgeschwindigkeit einen konstanten Wert von etwa $250\,\mathrm{km\,s^{-1}}$ an: die kumulative Masse der Galaxie (in $10^{10}\,M_{\odot}$, rechte y–Achse) muß weiter ansteigen. In ihren äußersten Gebieten ist das Masse-Leuchtkraft-Verhältnis extrem hoch (mehr als 100 Sonnenmassen/Sonnenleuchtkraft); weiter innen beträgt es etwa 10. Untersuchungen von Doppelgalaxien liefern Hinweise darauf, daß die massereichen dunklen Halos innerhalb von 50 kpc liegen und ihre Masse unter 10^{12} Sonnenmassen liegt.

besteht aus einer der Sorten exotischer Teilchen, von denen wir früher gemutmaßt haben, daß sie in genügend großen Mengen existieren könnten, um eine kritische Dichte für ein geschlossenes Universum zu liefern. Die gemessene dunkle Materie in Halos und Haufen beträgt (über einen ausreichend großen Raumbereich gemittelt) nur etwa 10 Prozent der kritischen Dichte, die erforderlich ist, die Expansion des Universums umzukehren, wenn wir sie in Einheiten des Verhältnisses der hypothetischen Masse zur beobachteten Leuchtkraft messen.

Schwarze Löcher können sich als Folge katastrophaler Sternexplosionen gebildet haben, und die dabei auftretende Strahlung sollte im Prinzip nachweisbar sein. Augenblicklich ist man der übereinstimmenden Ansicht, daß, wenn Schwarze Löcher für die dunkle Materie in Galaxienhaufen verantwortlich sind, sie sich in einer so frühen Phase des Universums gebildet haben müssen, daß die kosmologische Rotverschiebung die bei ihrer Bildung freigesetzte optische Strahlung vor unserer Beobachtung verbirgt. Wenn wir eine Rotverschiebung von 10 annehmen, wäre die protogalaktische Strahlung, die während der Entwicklung und während des Kollapses der massereichen sternförmigen Vorläufer der Schwarzen Löcher ausgesandt wurde, im Infrarotbereich des Spektrums sichtbar. Im Infraroten sind Beobachtungen wegen der atmosphärischen Emission (wie das irdische Luftleuchten) und Abschwächung (wegen der Absorption durch Ozon, Wasserdampf und andere Moleküle) außerordentlich schwierig.

Weiße Zwerge oder Neutronensterne sind, verglichen mit Schwarzen Löchern, eine konservativere Wahl für die dunkle Materie. Sie sind die einzigen Kandidaten, deren Existenz ohne Zweifel feststeht, obwohl es auf einem anderen Blatt steht, ob ihre Zahl für eine Erklärung der dunklen Materie ausreicht. Um zahlreich genug zu sein, müssen sich Weiße Zwerge aus einer großen Zahl von Sternen mittlerer Masse gebildet haben, die in einer frühen Entwicklungsphase der Galaxie entstanden sind. Wir können solch eine Hypothese nicht ausschließen, aber wir können sie auf die Probe stellen. Die Weißen Zwerge müssen beispielsweise abgekühlt sein, sie sollten jedoch als rötliche Zwerge noch schwach sichtbar sein. Die bei der Bildung von kompakten Überresten wie Schwarzen Löchern, Neutronensternen oder Weißen Zwergen auftretenden Masseauswürfe sollten chemisch angereichert sein und müßten in der Zusammensetzung alter Sterne, die sich aus den wiederverwendeten Überresten dieser ersten Sterngeneration bildeten, erkennbar sein. Untersuchungen deuten darauf hin, daß Überreste sehr massereicher Sterne, also Schwarze Löcher oder Neutronensterne, unwahrscheinliche Kandidaten für die dunkle Materie sind, wenn die Schwarzen Löcher nicht viel massereicher sind als gewöhnliche Sterne; Weiße Zwerge bleiben aber eine Möglichkeit.

Sterne geringer Masse sind ebenfalls mögliche Kandidaten für die dunkle Materie. Sterne sehr geringer Masse, die den Halo unserer Galaxis bevölkern, sollten gelegentlich nahe genug an der Sonne vorüberlaufen, um nachgewiesen zu werden. Sie müßten als sehr schwache nahe Sterne erscheinen, mit beträchtlichen Eigenbewegungen und großen Geschwindigkeiten, die für ihre Zugehörigkeit zum Halo charakteristisch sind. Da nur wenige dieser Objekte gefunden werden, müssen solche Sterne Bahnen besitzen, die sie überwiegend im äußeren Halo halten. Wahrscheinlich sind ihre Bahnen meist kreisförmig. Aufgrund ihrer dynamischen Eigenschaften sollte es möglich sein, diese Objekte von den gewöhnlichen Halosternen unserer Galaxis zu unterscheiden. Halosterne haben beträchtliche Geschwindigkeitskomponenten in Richtung zum galaktischen Zentrum hin, bewegen sich in stark elliptischen Bahnen, und gelangen gelegentlich in die Nachbarschaft der Sonne. Man glaubt, daß diese gewöhnlichen Halosterne ebenfalls in den frühen Phasen der galaktischen Entwicklung entstanden sind, als die Galaxis kollabierte, was ihre elliptischen Bahnen erklärt. Andererseits könnten die äußeren Halosterne „Jupiters“ sein – praktisch unsichtbare Riesenplaneten, die nicht genügen massereich sind (weniger als 0.08 Sonnenmassen), um sich zu normalen Sternen zu entwickeln.

Wenn uns eine allgemein gültige Theorie der Sternentstehung zur Verfügung stünde, wären wir in der Lage, zwischen den beiden Hypothesen einer Entstehung von massereichen oder massearmen Sternen zu entscheiden. Selbst wenn jetzt massearme Sterne vorherrschen, muß es im Halo einer neugebildeten Protogalaxie auch eine beträchtliche Anzahl massereicher Sterne gegeben haben. Die während der Supernovaexplosionen der massereichen Sterne ausgeschleuderten, in Kernreaktionen prozessierten Gase sollten der Ursprung der angereicherten intergalaktischen Materie sein, die in reichen Galaxienhaufen beobachtet wird. Unsere Kenntnis der Sternentstehung wird jedoch wahrscheinlich so ungenau bleiben, daß direkte Beobachtungen nötig sein werden, um herauszufinden, woraus die dunkle Materie besteht, vorausgesetzt, sie ist baryonisch.

Die nichtbaryonische Alternative für die dunkle Materie befindet sich in einem ebenso unbefriedigenden Zustand. Wir haben in Kapitel 6 verschiedene terrestrische und astrophysikalische Experimente beschrieben, die ausgelegt sind, die Existenz von nichtbaryonischer dunkler Materie nachzuweisen. Bisher ist keine entdeckt worden. Teilchenphysiker sind jedoch so zuversichtlich, die Existenz eines solchen Teilchens nachweisen zu können, daß sie Zeit und Geld für die experimentelle Suche aufwenden. Der Grund dafür ist, wie wir in Kapitel 7 gesehen haben, daß einer der großen Erfolge der Urknalltheorie darin liegt, die Häufigkeiten der leichten Elemente zu erklären, und daß man die ursprüngliche Deuteriumhäufigkeit nur erklären kann, wenn die Baryonendichte 1/10 des kritischen Dichtewerts nicht überschreitet, bei dem das Universum geschlossen wird, der also zum schließlichen Kollaps des Universums führt. Nehmen wir die Inflation dazu, die verlangt, daß die Dichte des Universums gleich dem kritischen Wert sein muß, so können wir ableiten, daß ein nichtbaryonischer Kandidat für die dunkle Materie gebraucht wird. Vielleicht wird ein solcher Kandidat in den großen Teilchenbeschleunigern gefunden, die gebaut werden, um den innersten Aufbau der Materie zu erforschen. Vorläufig liefern irdische Experimente keinen Hinweis auf solche Teilchen. Die Kosmologie lehrt uns aber, daß solche Teilchen sehr wahrscheinlich existieren, wenn wir die einfachsten Annahmen voraussetzen. Wenn als Ergebnis einer Kollision von Protonen und Antiprotonen oder Elektronen und Positronen bei genügend hoher Energie ein stabiles, schwach wechselwirkendes Teilchen entdeckt werden sollte, dann garantiert unsere Hypothese eines frühen heißen und dichten Zustands im Urknall, daß einige dieser Teilchen noch als lebensfähige Kandidaten für dunkle Materie vorhanden sein müßten.

Der Ursprung der Riesengalaxienhaufen

Nach der Bildung der Galaxien war die Entwicklung der großen Galaxienhaufen unvermeidlich. Man versteht den Prozeß der hierarchischen Haufenbildung gut. Wenn man die Massenskalen im frühen Universum betrachtet, findet man, daß mit größeren Skalen die erwarteten Fluktuationen abnehmen, bis auf der größten Skala völlige Homogenität herrscht. Diese Annahme sagt voraus, daß die kleineren, masseärmeren Systeme sich zuerst entwickeln. Anfangs bildeten sich in Gebieten, in denen die mittlere Materiedichte nur wenig über dem Mittelwert lag, kleine Galaxien. Diese großräumige Dichteerhöhung übte eine kleine Gravitationsanziehung auf die umgebende Materie aus, die langsam zu ihr hingezogen wurde. Kleinere Systeme bildeten Haufen und vereinigten sich, und es entstanden immer größere Systeme. Schließlich entwickelten sich durch diesen Prozeß der Gravitationsanziehung die großen Galaxienhaufen (Abb. 11.9). Dieser Theorie der hierarchischen Haufenbildung zufolge wird die Verteilung der Galaxienmassen durch die Eigenarten in der anfänglichen Verteilung der ursprünglichen Dichtefluktuationen erklärt.

Eine Synthese

Viele der vorausgehenden Gedanken können in einer einheitlichen kosmogonischen Theorie der Galaxienbildung zusammengefaßt werden. Ein erster Schritt dazu ist die Feststellung, daß die Lichtverteilung in elliptischen Galaxien mit wachsendem Abstand vom Zentrum abnimmt, wie man es auch bei der mittleren Materiedichte im Galaxienhaufen beobachtet. Wenn das Verhältnis von Masse zu Licht in den leuchtenden Gebieten von elliptischen Galaxien konstant ist, dann besitzt der Materieinhalt von elliptischen Galaxien auch eine ähnliche radiale Verteilung. Darüber hinaus sind elliptische Galaxien glatt, rund, und ohne Struktur. Eine solche amorphe Materieverteilung, die ohne scharfe Grenzlinien gleichförmig abnimmt, ergibt sich ganz natürlich aus der hierarchischen Haufenbildung. Man kann diese Morphologie verstehen, wenn der bei der Entstehung vorherrschende Prozeß die dynamische Relaxation der Sterne war, im Gegensatz zur Gasdissipation. Beispielsweise ist eine Möglichkeit, daß Störungen von 100 000 Sonnenmassen und mehr Haufen bildeten und sich zu größeren Kondensationen vereinigten, während sich über die gesamte Dauer dieses Prozesses Sterne

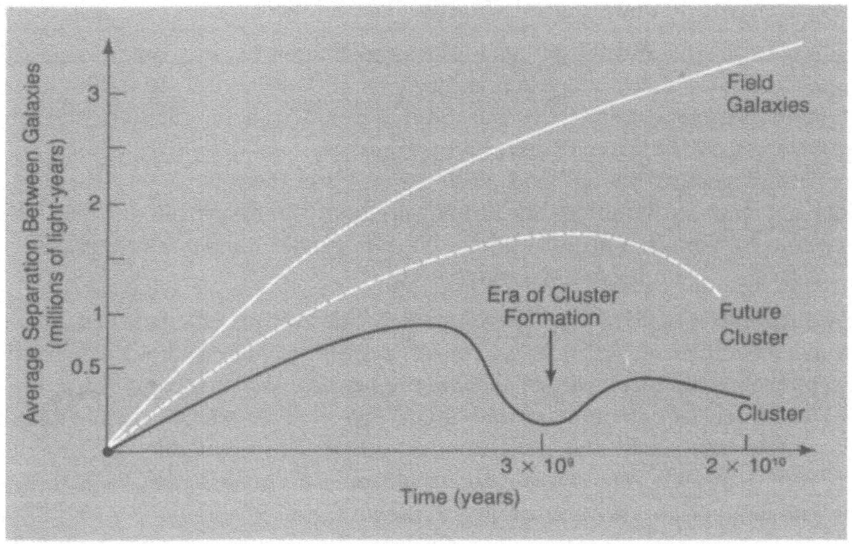

Abb. 11.9 Die Bildung von Galaxienhaufen
Man kann sich die Bildung eines einzelnen Galaxienhaufens vorstellen, indem man den typischen Abstand irgendeines Galaxienpaares (y-Achse, in Millionen Lichtjahren) als Funktion der Zeit (x-Achse, in Jahren) betrachtet. Für Feldgalaxien (Field Galaxies) nimmt diese Entfernung mit der Zeit immer mehr zu. In einem Gebiet, in dem die mittlere Dichte der Galaxien höher ist als die des Feldes, werden die Galaxien der Expansion des Universums nachhinken und schließlich aufeinander zufallen (zukünftiger Haufen = Future Cluster). Die dichtesten Gebiete werden einen Rückprall erleiden; nach dem Kollaps werden die Galaxien einander verfehlen und wieder auseinanderfliegen. Während dieses Prozesses werden ihre Bewegungen aber eine zufällige Verteilung bekommen, und sie werden im Mittel nur noch halb so weit vom Haufenzentrum entfernt sein wie am Anfang (Epoche der Haufenbildung = Era of Cluster Formation). Andere Relaxationsprozesse, die beim gegenseitigen nahen Vorübergang von Galaxien auftreten können, können die Entwicklung eines Galaxienhaufens noch zusätzlich beeinflussen.

bildeten. Diese Kondensationen vereinigten sich zu noch größeren Kondensationen, bis die elliptischen Galaxien entstanden waren. Bei jeder betrachteten Stufe würde sich eine Struktur aus der Vereinigung von zwei oder drei Unterstrukturen gebildet haben, auf eine Weise, wie sie in Abb. 10.11 dargestellt ist. Wenn kollidierende Unterstrukturen sich vereinigen, um die nächste Stufe der Haufenhierarchie zu bilden, werden beträchtliche Mengen von Sternen herausgeschleudert. Diese Folge von Ereignissen führt zur Bildung von sphäroidischen Galaxien, die von großen diffusen Halos umgeben sind. Diese elliptischen Galaxien wären nicht durch Rotation gestützt und könnten folglich nicht sehr abgeplattet sein; andernfalls wären sie instabil und würden rotierende zentrale Sternbalken bilden.

Die ersten Sterne enthielten keine schweren Elemente, und wir müssen die Hypothese aufstellen, daß aufeinanderfolgende Vereinigungen aufeinanderfolgende Sterngenerationen vermischten, deren Mitglieder sich aus den angereicherten Auswürfen früherer Sterngenerationen gebildet hatten. Wie wir früher gesehen haben, sind diese frühen Sterne heutzutage nicht nachweisbar, aber sie könnten als dunkle stellare Überreste die Materie des Universums dominieren und damit die sehr große dunkle Masse erklären, die sich aus dynamischen Messungen ergibt.

Die abgeplattete Form der Spiralgalaxien läßt vermuten, daß sich Spiralen aus einzelnen massereichen Gaswolken gebildet haben, die ihre Energie dissipierten, abkühlten und sich zusammenzogen. Die Rotation stützte die Wolke in der Äquatorebene, und die Wolke kollabierte zu einer dünnen Scheibe. Gezeitenkräfte zwischen benachbarten Protogalaxien sind für das Auftreten einer kleinen Menge von Drehimpuls verantwortlich. Während es kontrahiert, rotiert das Gas immer schneller. Dies würde nicht ausreichen, um die beobachtete Rotation der Spiralgalaxien zu erklären, wenn es nicht eine weitere Zutat gäbe. Die leuchtende Masse einer typischen Spiralgalaxie beträgt nur 10^{11} Sonnenmassen. Untersuchungen von Rotationskurven und von alleinstehenden Paaren einander umkreisender Galaxien weisen auf die Anwesenheit ausgedehnter dunkler Halos hin, die Massen von etwa 10^{12} Sonnenmassen besitzen und in radialer Richtung eine Ausdehnung von mehr als 100 000 Lichtjahre besitzen (Abb. 11.8).

Die dunkle Materie besteht nicht aus Gas, sondern aus irgendeiner relativ trägen und schwach wechselwirkenden Form von Materie, die in einem diffusen Halo bleibt, während das Gas Energie verliert und weiter kontrahiert. Unklar ist, woraus dunkle Materie besteht: entweder handelt es sich um eine exotischen Teilchenart, oder um dunkle stellare Überreste wie Weiße Zwerge oder Schwarze Löcher. Nachdem sich aber der dunkle Halo, gleich welcher Art, erst einmal gebildet hat, liefert er ein dynamisch träges Gerüst für das Schauspiel der Galaxienbildung. Während das Gas weiter kontrahiert, rotiert es immer schneller, wobei es vom dunklen Halo gestützt wird. Das Gas stößt sich von der dunklen Materie ab wie ein Turmspringer, der einen Salto vom Sprungbrett macht. Bei Abwesenheit eines dunklen Halos würde keine merklich schnellere Rotation erreicht werden. Das Gas zieht sich zusammen und bildet eine dünne, schnell rotierende Scheibe, die schließlich in Sterne fragmentiert. Die Scheibe ist dünn, weil die Zentrifugalkraft in einer Richtung senkrecht zur Rotationsachse wirkt: In einer Richtung parallel zur Rotationsachse liefern nur die thermischen Bewegungen der Atome einen Druck, der dem weiteren Kollaps entgegenwirkt. Eine dünne, selbstgravitierende Scheibe ist instabil. Die Gravitation bewirkt, daß sie in kleine Stücke mit einer typischen Masse von Sternhaufen zerfällt. Diese gasförmigen Fragmente sind ihrerseits gravitationsinstabil, kollabieren weiter und fragmentieren schließlich zu Sternen. Wir können tatsächlich die Eigenschaften dieser ersten Sterngeneration untersuchen. Einige Mitglieder geringer Masse aus dieser Population haben als extrem metallarme Sterne überlebt und leuchten auch heute noch. Die meisten Sterne sind seit langem ausgebrannt, doch während ihrer mit Kernbrennen ausgefüllten Lebenszeit erzeugten sie schwere Elemente, die in späteren Generationen langlebiger Sterne wiederverwertet wurden. Die frühe Sternentstehung war für die Erzeugung der schweren Elemente verantwortlich, die in den ältesten Sternen der galaktischen Scheibe gefunden werden.

Die Häufigkeit schwerer Elemente in solchen Sternen beträgt weniger als ein Zehntel der Sonnenhäufigkeit. Hier können wir die Theorie mit der Beobachtung verbinden, denn in reichen Galaxienhaufen sollte das angereicherte Material als Folge von Galaxienkollisionen in das intergalaktische Medium herausgefegt worden sein. Außerhalb von Haufen, in Gebieten des Universums, die geringe Dichte haben, nimmt das Gas in einer entstehenden Galaxie die Form einer Scheibe an. Die bei der Bildung jeder Haufengalaxie zur Verfügung stehende Masse von potentiellem Scheibenmaterial (etwa 10^{11} Sonnenmassen) liefert genau die richtige Menge von angereichertem heißen Gas, die gebraucht wird, um die Röntgenbeobachtungen der Haufen zu erklären. Das stellt eine erfreuliche Übereinstimmung dar.

Wie schon angemerkt, sollten wir nicht erwarten, daß sich die intergalaktische Gasdichte in Galaxienhaufen durch diesen von Kollisionen verursachten Prozeß des Beseitigens von Gas aus Galaxien bis zu einer Rotverschiebung von 0.5 merklich aufgebaut hätte. Viele Galaxien können sich während dieser früheren Phase wachsende Scheiben zulegen. Wenn aber eine merkliche Gasdichte im umgebenden Medium auftritt, entfernt der Gasdruck (sowohl wegen der Bewegung der Galaxie als auch wegen der hohen Temperatur des intergalaktischen Gases) rasch das von der Sternbildung noch übriggebliebene Gas (innerhalb einer Milliarde Jahre). Die Scheiben hören auf zu wachsen, und es entstehen gasfreie Galaxien, in denen keine weitere Sternentstehung abläuft. Dies sind die S0-Galaxien, und dieses Szenarium für ihre Bildung hat die natürliche Folge, daß viele S0-Galaxien weniger auffällige Scheiben haben als Spiralgalaxien. Das wird durch Beobachtungen bestätigt.

Was können wir über die Entstehung der zahlreichen Zwerggalaxien, der Kugelsternhaufen und der leuchtenden Halos der Spiralgalaxien sagen? Eine natürliche Folgerung aus den vorangegangenen Argumenten ist, daß diese Objekte sich wie die ihnen sehr ähnlichen elliptischen Galaxien aus der hierarchischen Haufenbildung von Dichtestörungen gebildet haben. Im intergalaktischen Raum muß es viele Kugelsternhaufen und elliptische Zwerggalaxien geben. Sie werden durch die großen protogalaktischen Gaswolken akkretiert und zum Aufbau der leuchtenden Halos von Spiralgalaxien verwendet.

Irreguläre Zwerggalaxien könnten sich als gasreiche Fragmente der großen Wolken gebildet haben, aus denen die Spiralgalaxien kondensierten. Eine Unterstützung dieser Theorie findet sich in der großen Häufigkeit von Zwerggalaxien (es gibt wahrscheinlich viele in der lokalen Gruppe und in nahegelegenen Gruppen, während Spiralgalaxien wie die Milchstraße weit weniger häufig vorkommen), in der Tatsache, daß es möglicherweise einige intergalaktische Kugelsternhaufen in einer Entfernung von 300 000 Lichtjahren oder mehr von der Milchstraße gibt, und im Auftreten von Hypergalaxien (große Spiralgalaxien, die von einem Schwarm kleiner elliptischer Zwerggalaxien umgeben sind). Der estnische Astronom Jaan Einasto hat solche Hypergalaxien untersucht (die Milchstraße und die Andromeda-Galaxie sind Beispiele dafür). Die kleinen Begleiter scheinen sich um die Spiralen geschart zu haben. Kugelsternhaufen könnten sich ähnlich verhalten. Weil sie die masseärmsten Systeme sind, sollten sie entsprechend zahlreich sein, wie sich aus dem allgemeinen Trend der Galaxienleuchtkraftfunktion ergibt, die zu schwächeren Leuchtkräften und masseärmeren Systemen anwächst. Schließlich könnten sich die leuchtenden Sphäroide der Spiralgalaxien durch die Vereinigung von vielen kugelsternhaufenartigen Systemen in der Frühzeit der Galaxien gebildet haben. Die beobachteten Kugelhaufen sind vermutlich die letzten Überlebenden aus einer Riesenwolke solcher Systeme, die einst unsere Galaxis umgeben hat. Interessanterweise besitzen elliptische Riesengalaxien wie Messier 87 eine ungewöhnlich große Population von Kugelsternhaufen, vielleicht zwei- bis dreimal mehr als erwartet, obgleich die Zahl der Kugelhaufen gewöhnlich proportional der Leuchtkraft der Muttergalaxie ist. Wir können mutmaßen, daß die Vereinigungen, durch die sich vor langer Zeit solche elliptische Riesengalaxien bildeten, die Rate der Kugelsternhaufenbildung verstärkt haben.

Ursprüngliche Dichteschwankungen im frühen Universum sind wahrscheinlich für die Kugelsternhaufen, die Zwerggalaxien, die sphäroidischen Zentralgebiete der Galaxien, und ganz allgemein für die elliptischen Galaxien und die dunklen Halos verantwortlich. Die auffälligen Scheiben der großen Spiralgalaxien werden durch nachfolgenden Einfall gebildet, ein Prozeß, der in dichten Gebieten wie Galaxienhaufen unterdrückt wird. Das einfallende Gas könnte auch in umgebende irreguläre Zwerggalaxien fragmentieren, ein Prozeß, der sich bis vor relativ kurzer Zeit hätte fortsetzen können. In den Gebieten höherer Dichte, wo sich die großen Galaxienhaufen entwickeln, herrschen Haufenbildung und Vereinigungen vor, und es bilden sich zumeist elliptische und S0-Galaxien. Spiralen neigen dazu, sich in isolierteren Gebieten geringer Dichte zu bilden, wo die Gaswolken, ungestört von Wechselwirkungen mit benachbarten Systemen vergleichbarer Masse, allmählich dissipieren und sich in eine Scheibe entwickeln können.

Der Theorie der hierarchischen Haufenbildung zufolge sollten junge Galaxien bei sehr kleinen Rotverschiebungen oder in nahegelegenen Regionen selten sein. Zur Zeit ist der Augenschein nicht eindeutig. Einige nahe Galaxien scheinen jung zu sein, doch ihr Erscheinungsbild könnte durch einen vor kurzem aufgetretenen Ausbruch von Sternentstehung geprägt zu sein. Die wahnsinnige Aktivität, die mit einer solchen Sternentstehung verknüpft ist und die vielleicht durch die Wechselwirkung mit einer benachbarten Galaxie ausgelöst wurde, verbirgt die möglicherweise vorhandenen älteren Sterne.

Der Nachweis junger Galaxien in nahen Bereichen des Universums würde zugunsten der Fragmentierungstheorie („von oben nach unten“) sprechen und dabei die Möglichkeit erlauben, daß die Galaxienbildung verzögert verläuft. Große Scheiben fragmentierenden Gases könnten sich durch anisotropen Kollaps und Pfannkuchenbildung großer Gaswolken oder aus explosionsangetriebenen Schalen komprimierten Gases gebildet haben. Eine andere Möglichkeit stützt sich auf den verzögerten Einfall von Gas auf schon vorher existierende Galaxien: Die Akkretion liefert das Rohmaterial für eine neue, heftige Phase der Sternentstehungsaktivität.

Die Entdeckung einer Anzahl gasreicher Zwerggalaxien in der Nachbarschaft unserer Galaxis und in anderen nahen Galaxiengruppen weist auf das Vorhandensein von ein paar jungen Galaxien hin. Dies könnte ein Anzeichen für fortgesetzte Fragmentierung oder Gasakkretion sein. Die mittlere Materiedichte im Universum scheint augenblicklich so niedrig zu sein, daß Gravitationsinstabilität nur innerhalb von Gebieten hoher Dichte wie Galaxienhaufen auftritt. Dort kommt es wahrscheinlich zu Instabilitäten durch Abkühlung, und das abkühlende Gas könnte auf einige wenige sich langsam bewegende Galaxien herunterregnen; dies sind die möglichen Kandidaten für nahe junge Galaxien. Diese Objekte sollten jedoch selten sein; nur in der Theorie der Gasfragmentierung würde Galaxienbildung ein heute gewöhnlicher Prozeß sein. Das ist sicher nicht der Fall, und wie wir schon gesehen haben, ist aus diesem Grund die Fragmentierungstheorie in ihrer Realisierung durch heiße dunkle Materie in Mißkredit gefallen. Nach der hierarchischen Haufenbildungstheorie („von unten nach oben"), die sich auf ein von kalter dunkler Materie dominiertes Universum anwenden läßt, entwickelten sich die Galaxien aus kleinen Dichtefluktuationen im frühen Universum, und sie müssen zu einem relativ frühen Zeitpunkt der Expansion unterscheidbare Gebilde geworden sein, vielleicht bei einer Rotverschiebung von 10 oder mehr. Folglich sollten bei der Suche nach Objekten hoher Rotverschiebung junge Galaxien in großer Zahl auftreten. Wenn wir mit einem großen Teleskop sehr langbelichtete Aufnahmen eines scheinbar leeren Feldes machen, sollten wir erwarten, daß große Anzahlen schwacher, entfernter junger Galaxien auftreten. Sie sollten aufgrund ihrer Farben, Leuchtkräfte und Spektren als jung und stark rotverschoben erkennbar sein. Ein solches Forschungsprogramm wird augenblicklich mit Eifer durchgeführt.

Eine andere kontroverse Frage ist die, ob die großen Leeren wirklich leer sind (Abb. 11.3). Simulationen mit kalter dunkler Materie liefern keine Leeren, Modelle mit pfannkuchenartigem Kollaps lassen hingegen große leere Gebiete zurück. Diese Leeren könnten jedoch immer noch mit wirklich dunkler Materie angefüllt sein, aus der noch keine leuchtenden Galaxien entstanden sind. Vielleicht haben sich nur in den allerhöchsten Spitzen im ursprünglichen Fluktuationsspektrum Galaxien gebildet. Diese waren notwendigerweise selten, wie die höchsten Berggipfel auf der Erde, und sie treten in Haufen auf, wie im Himalaya. Wenn dies tatsächlich der Fall ist, würden wir bei der Untersuchung der leuchtenden Galaxien nur die „Spitze des Eisbergs" in der Materieverteilung erkennen.

Untersuchungen von Quasaren und Radiogalaxien haben uns auch in die Lage versetzt, Hinweise auf eine merkliche Entwicklung in der fernen Vergangenheit zusammenzutragen, als diese Objekte die Strahlung aussandten, die wir jetzt beobachten. Die vorliegenden Tatsachen lassen erkennen, daß diese leuchtkräftigen Objekte in der Vergangenheit, bei einer Rotverschiebung von 2 oder noch höher, mit viel größerer Häufigkeit als heute auftraten. Wenn Quasare beispielsweise als neugebildete Galaxien aufgefaßt werden könnten, hätten wir in der Tat einen Hinweis auf die Bildung von Galaxien bei überwiegend kosmologischen Distanzen gefunden. Wie wir im nächsten Kapitel sehen werden, stellt uns die Interpretation der Quasare leider vor ein ebenso großes Rätsel wie die Frage, wann die Galaxien jung waren.

12

Radiogalaxien und Quasare

Funkle, funkle, Quasi-Stern
Größtes Rätsel ach so fern
Überstrahlt dein Lichterglanz
Billionen Sonnen ganz!?
Funkle, funkle, Quasi-Stern,
Was du bist, das wüßt ich gern

— NACH GEORGE GAMOW

Bei unserer Suche nach Hinweisen für Entwicklungsprozesse im frühen Universum wenden wir uns jetzt der Untersuchung von Radiogalaxien und Quasaren zu. Radiogalaxien und Quasare scheinen die Zentren von überaus energiereicher Strahlung zu sein, die andere bekannte Energiequellen im Universum weit übertreffen. In dieser Hinsicht können diese beiden Phänomene mit Galaxienkernen verglichen werden, und es ist wahrscheinlich, daß Quasare und Radiogalaxien aktive Stadien im Verlauf der Galaxienentwicklung darstellen. Die größere Häufigkeit von Quasaren und Radiogalaxien bei höheren Rotverschiebungen deutet ebenfalls auf eine frühe Bildung und eine Entwicklung auf kosmologischer Zeitskala hin. Wie wir jedoch sehen werden, sind wir noch weit von einer allgemein anerkannten Theorie für diese Objekte entfernt, und ihre genaue Beziehung zu gewöhnlichen Galaxien ist noch nicht endgültig geklärt.

Radioemission und Radiogalaxien

Die übergroße Mehrheit der Galaxien sendet den Hauptanteil ihrer Strahlung im sichtbaren Bereich des Spektrums aus, obwohl Emission über den gesamten Spektralbereich auftreten kann. Die Sterne, aus denen die Galaxie besteht, sind natürlich die Quelle des Lichts. Demgegenüber senden Radiogalaxien eine riesige Energiemenge in Form von Radiowellen aus. Die Abstrahlung einer Radiogalaxie im Radiobereich ist mindestens von der gleichen Größenordnung wie die optische Leuchtkraft ihrer Sterne und kann diese sogar beträchtlich übertreffen. Verglichen damit ist die Milchstraße eine extrem schwache Radiogalaxie. Ihre Emission von Radiowellen beträgt weniger als 0.1 Prozent ihrer optischen Leuchtkraft.

Die Radiowellen der Radiogalaxien werden zum überwiegenden Teil durch Elektronen der kosmischen Strahlung erzeugt, die sich mit nahezu Lichtgeschwindigkeit bewegen und in engen Schleifen um das interstellare Magnetfeld spiralen. Die Elektronen strahlen, weil sie durch die magnetische Kraft beschleunigt werden (Abb. 12.1). Die Grundgesetze des Elektromagnetismus verlangen, daß beschleunigte Ladungen immer Energie durch Strahlung verlieren müssen. Die charakteristische Wellenlänge der *Synchrotronstrahlung* der Elektronen, die sich mit relativistischen Geschwindigkeiten bewegen, liegt im Bereich von Zentimetern bis Metern, einem Wellenlängenbereich, der gerade unter dem Mittelwellenband (Wellenlänge etwa 300 m) und dem Ultrakurzwellenband (Wellenlänge etwa 3 m) der Radiosender liegt. Glücklicherweise hindert man die irdischen Sender daran, überall in

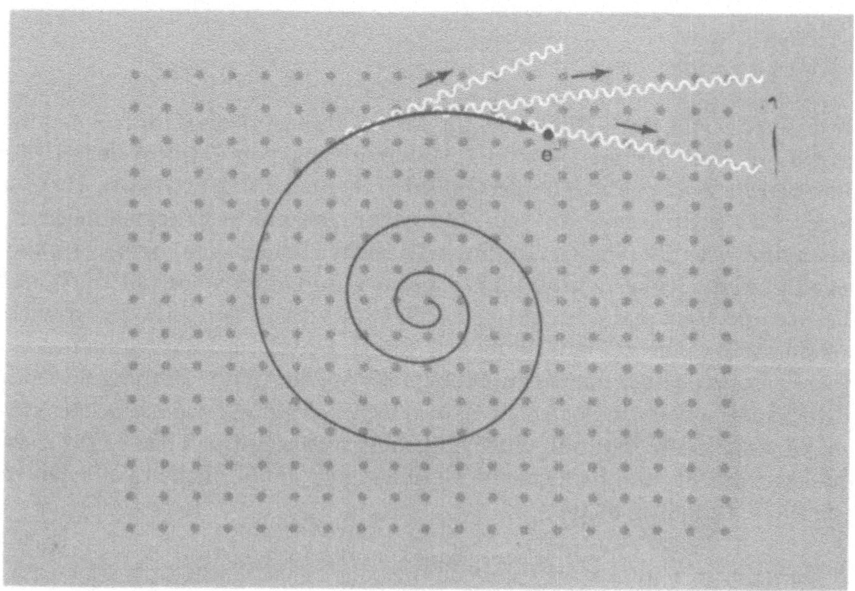

Abb. 12.1 Synchrotronstrahlung
Wenn ein relativistisches Elektron um magnetische Feldlinien herumspiralt, sendet es starke Radiosignale aus. Man kann sich die Linien des magnetischen Felds senkrecht zur Papierebene vorstellen (die Punkte sind dabei ihre Schnittpunkte). Das Elektron sendet einen Strahl von Radiowellen in eine Richtung aus, die tangential zu seiner Spiralbahn um die magnetischen Feldlinien liegt.

diesem Wellenlängenbereich zu senden, und wir können den Radiogalaxien in bestimmten schmalen Bändern lauschen, ohne von unserem eigenen elektronischen Lärm gestört zu werden.

Die Synchrotronstrahlung ist stark gebündelt; die Elektronen strahlen nur in einem engen Strahl um ihre momentane Bewegungsrichtung. Wenn das Magnetfeld überall etwa die gleiche Richtung und Stärke aufweist, ist die Synchrotronstrahlung üblicherweise polarisiert. Das bedeutet, daß die elektromagnetischen Schwingungen, aus denen die Radiowelle (oder eine andere Welle des elektromagnetischen Spektrums) besteht, eine Vorzugsrichtung besitzen. Die Polarisation ist eine einzigartige Eigenschaft der Synchrotronstrahlung, die uns ermöglicht, diese Art von Strahlungsprozessen als die kosmischen Quellen der Radiowellen in den Radiogalaxien zu identifizieren. Andere Arten der Radiostrahlung, wie die Emission eines heißen Gases, sind nicht polarisiert.

Radioastronomen verwenden gigantische Radioteleskope mit Durchmessern von Hunderten von Metern oder mehr, um soviel wie möglich von dem schwachen Signal einer entfernten Radioquelle auf den Empfänger zu fokussieren. Der Empfänger verstärkt das Signal elektronisch und analysiert es über einen bestimmten Wellenlängenbereich. Das von einen Lautsprecher übertragene Signal einer Radiogalaxie klingt wie ein kontinuierliches Rauschen. Es besitzt keine Vorzugswellenlänge, besteht jedoch wie das Rauschen eines Radioempfängers aus einer Überlagerung vieler verschiedener, gleichzeitig übertragener Wellenlängen.

Weil unsere Galaxis wie die meisten Galaxien für Radiowellen durchsichtig ist, können wir das Innerste des Zentrums der Galaxis erforschen, wenn wir die längerwellige Synchrotronstrahlung analysieren. Bei kürzeren Radiowellenlängen haben atomarer Wasserstoff und verschiedene Moleküle charakteristische Wellenlängen, bei denen Radioemission auftreten kann. Wie im optischen Spektralbereich, den wir in Kapitel 3 beschrieben haben, bezeichnen wir die Radioemission bei bestimmten Wellenlängen als Spektrallinien. Diese sind im Radiospektrum das Analogon zu den optischen Spektrallinien eines heißen Gases. Eine Spektrallinie wird von atomarem Wasserstoff bei einer Radiowellenlänge von 21 Zentimetern ausgesandt.

Spektrallinien werden auch von vielen verschiedenen Molekülen, wie Wasserdampf, Kohlenmonoxid und Formaldehyd, bei etwas kürzeren Wellenlängen erzeugt. Diese und viele andere Moleküle sind in dichten interstellaren Wolken über die ganze Milchstraße verteilt entdeckt worden. Die Beobachtung von Molekülllinien stellt damit eine einzigartige Sonde für die Erforschung der Struktur entfernter Gebiete der Milchstraße dar.

(a)

Luminosity (erg/sec)
10^{48}
10^{44}
10^{40}
10^{36}
Gamma Ray
x-Ray
Infrared
Optical
Radio
10^{9} 10^{11} 10^{13} 10^{15} 10^{17} 10^{19} 10^{21} 10^{23} 10^{25} 10^{27}
Frequency (Hz)
(b)

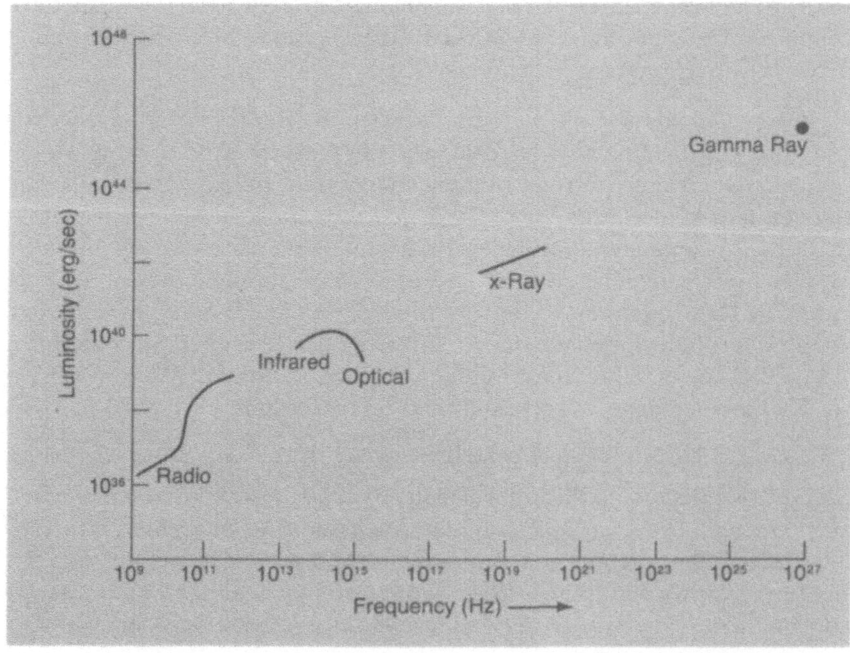

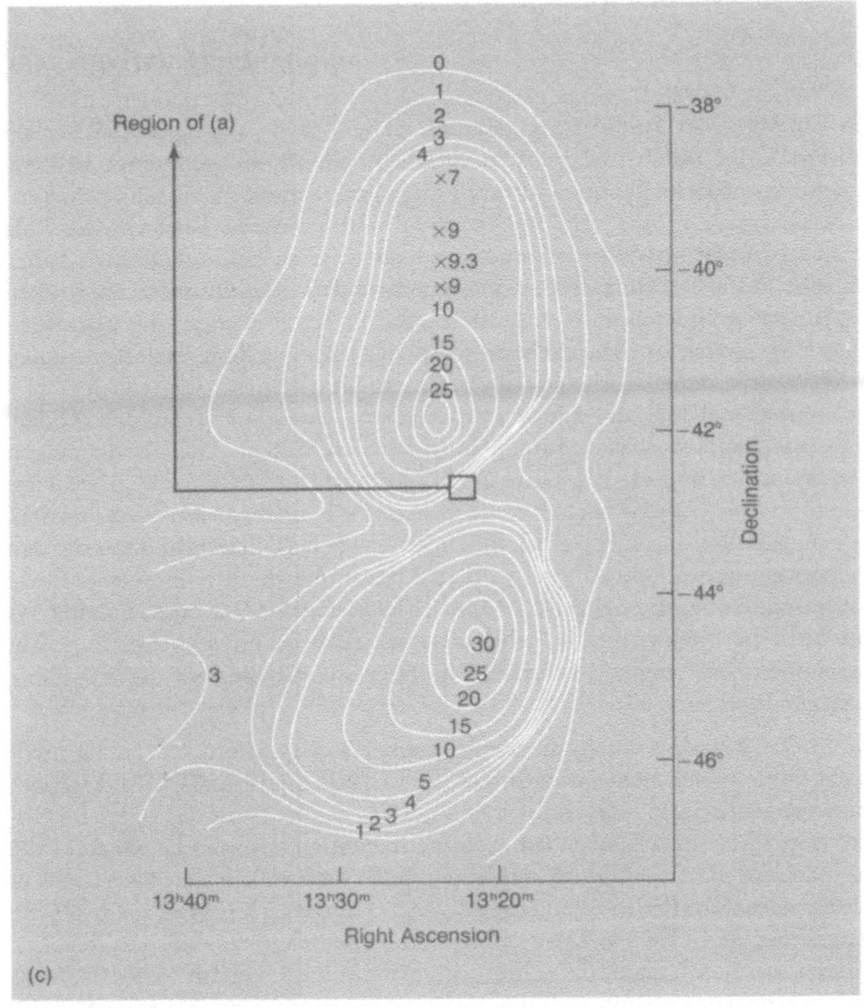

Abb. 12.2 Die Radiogalaxie Centaurus A

Die sehr starke Radioquelle Centaurus A könnte einen Hinweis für eine Kollision oder eine Vereinigung einer elliptischen und einer Spiralgalaxie liefern (a). Ein Teil der Radiostrahlung wird im Kern der Galaxie erzeugt, der einen Durchmesser von weniger als einem Lichtjahr hat. Die Emission ist großen zeitlichen Veränderungen unterworfen. Der größte Teil der Radioemission stammt aus zwei riesigen Bereichen, die sich zu beiden Seiten der Galaxie über Millionen Lichtjahre erstrecken. Röntgen- und Infrarotemission aus dem Zentralgebiet ist ebenfalls nachgewiesen worden; die Strahlung überdeckt fast das gesamte elektromagnetische Spektrum (b). Die Leuchtkraft (in erg/sec = 10^{-7} J/s) ist gleich der absoluten Helligkeit pro Einheitsfrequenzintervall, multipliziert mit der mittleren Frequenz; sie ist hier gegen die Frequenz (in Hertz) aufgetragen und erstreckt sich vom Radio- bis zum Gammabereich. In der Radiokarte (c) stellen die Konturen (ähnlich wie die Höhenlinien einer Landkarte) verschiedene Intensitätsniveaus der Radiosignale an verschiedenen Orten (in Rektaszension und Deklination) dar. Das in (a) gezeigte optische Bild überdeckt nur das kleine, durch ein Quadrat begrenzte Gebiet.

Die Emission der Radio-Spektrallinien ist jedoch so schwach, daß wir sie außerhalb der Milchstraße nur in relativ nahen Galaxien kleiner Rotverschiebung entdecken können. Eine Radiogalaxie sendet viel intensivere Synchrotronstrahlung aus, die wir in noch weit größeren Entfernungen als sichtbares Licht entdecken können und die folglich benutzt werden kann, um sehr entfernte Galaxien zu untersuchen. Bei Radiodurchmusterungen des Himmels findet man eine große Zahl von Radioquellen, die kein optisches Gegenstück zu haben scheinen. Nähere Untersuchungen der speziellen Bereiche, aus denen Radiosignale kommen, sind anhand von tiefen CCD-Aufnahmen möglich, die mit den größten zur Verfügung stehenden modernen optischen Teleskopen durchgeführt werden. Solche Aufnahmen zeigen manchmal das äußerst schwache Bild einer entfernten Galaxie. In anderen Fällen ist die Galaxie zu schwach, um optisch nachgewiesen zu werden. Gelegentlich ist das Licht einer dieser schwachen Galaxien hell genug, um spektroskopisch untersucht zu werden. Man findet dann eine beträchtliche Rotverschiebung, die bei 1, in seltenen Fällen sogar bei 2 liegt. Folglich ist eine Linie im Spektrum des Lichts dieser Galaxie zu einer Wellenlänge hin verschoben, die zwei- oder dreimal so lang ist wie die, bei der die Linie ausgesandt worden ist.

Oft finden wir, daß die Radioemission einer solch entfernten Quelle nicht direkt vom optisch sichtbaren Gebiet der Galaxie ausgesandt wird. Man beobachtet sehr häufig eine Doppelquelle, in deren Zentrum das optische Objekt liegt (Abb. 12.2). Es scheint, als habe eine gigantische Explosion zwei ausgedehnte, Radiostrahlung aussendende Plasmawolken freigesetzt und in entgegengesetzte Richtungen ausgestoßen. Gelegentlich gibt es mehr als ein Paar dieser *Radiokeulen.* Das weist auf eine mögliche Serie von Explosionen in der zentralen Galaxie hin. Diese Radiostrahlung emittierenden Gebiete sind so weit ausgedehnt, daß die optisch sichtbare Galaxie vergleichsweise klein erscheint.

Eine graphische Darstellung des Vorkommens von intergalaktischem Gas sind Radiokarten von Haufengalaxien mit ausgedehnten Radioschwänzen (Abb. 12.3). Wir haben gesehen, daß Radiogalaxien oft von einem Paar ausgedehnter, Radiostrahlung aussendender Plasmakeulen umgeben sind. Innerhalb des Haufens bewirkt die rasche Bewegung der Muttergalaxie eine starke Verbiegung der Keulen durch den auftretenden Druck des intergalaktischen Gases und ein hinter-der-Galaxie-Herlaufen. Die Situation erinnert an atmosphärische Kondensstreifen, die von Düsenflugzeugen hinter sich gelassen werden. Da das Radiostrahlung aussendende Plasma in einem dünnen Schwanz zusammengehalten wird, können wir direkt die Dichte des umgebenden intergalaktischen Gases abschätzen. Es überrascht nicht, daß die so abgeleitete Dichte einen ähnlichen Wert hat wie die Dichte, die sich

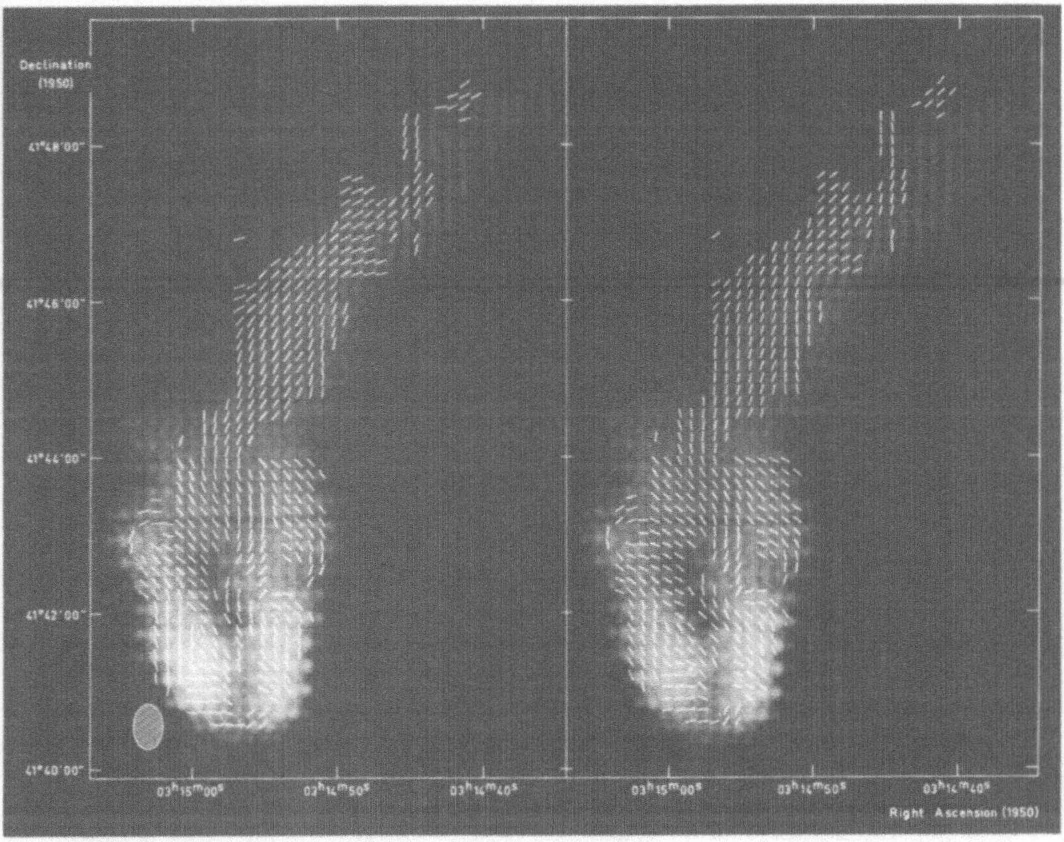

(a)

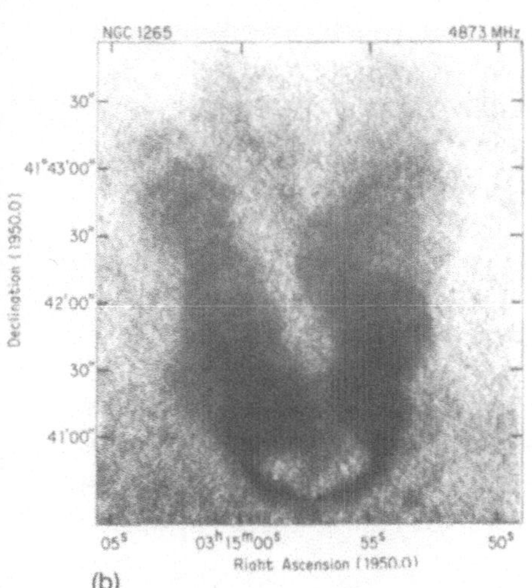

(b)

Abb. 12.3 Eine Galaxie mit Radioschwanz Die Galaxie NGC 1265 im Perseus-Galaxienhaufen zeigt einen kräftigen Radiokopf und -schwanz. (a) Die Radio-Photographien der Radiointensität wurden mit dem Westerbork Synthese-Radioteleskop in den Niederlanden aufgenommen. Die überlagerten Balken zeigen die Richtung des Magnetfelds an. Die Radioemission ist stark polarisiert. Das Magnetfeld und die Radioemission scheinen vom Kopfgebiet auszugehen. (b) Eine Radiophotographie höherer Auflösung, die mit dem Very Large Array in Socorro, New Mexico, aufgenommen wurde.

aus der Gasmenge ergibt, die für die Erzeugung der beobachteten Röntgenemission nötig ist.

Eine der dramatischsten Entdeckungen der neuen Technik der Radiointerferometrie ist die Beobachtung der Geburt eines Radiokerns innerhalb einer optisch sichtbaren Galaxie. Ein Radiointerferometer besteht aus zwei oder mehr Radioteleskopen, die in großer Entfernung voneinander aufgestellt sind, sogar auf verschiedenen Kontinenten, und die gleichzeitig die gleiche Quelle beobachten. Im Gegensatz zu sichtbarem Licht werden Radiowellen nicht von der atmosphärischen Luftunruhe beeinflußt und behalten ihre Kohärenz. Diese Stabilität bewirkt, daß die beiden Teleskope bei gleichzeitiger Messung der gleichen Wellenfront imstande sind, effektiv wie eine einzige riesige Antenne zu arbeiten (Abb. 12.4). Diese Technik vergrößert in bedeutendem Maß unsere Fähigkeit, die Struktur der entfernten Radiogalaxie aufzulösen. Das Auflösungsvermögen eines Teleskops ist seiner linearen Größe direkt proportional, die in diesem Fall gleich der Entfernung zwischen den beiden Radioteleskopen ist. Die Technik der *Interferometrie bei sehr großer Basislänge* bedeutet, daß wir mit Radiointerferometern die Kerne entfernter Radiogalaxien untersuchen können. Strukturen können auf einer Skala entdeckt werden, die mehr als 1000 mal feiner ist als die, die mit den größten optischen Teleskopen erkennbar ist. In einigen Fällen haben wir direkt beobachtet, wie die radioemittierenden Gebiete in den Kernen von Radiogalaxien expandieren, während diese unvorstellbar starke Ausbrüche von Radiowellen zeigen. Die Galaxien sind so weit entfernt, daß die Expansionsgeschwindigkeit sehr groß sein muß, damit die Änderungen überhaupt entdeckt werden können. Tatsächlich sind diese Explosionen so außerordentlich, daß die scheinbare Geschwindigkeit in einigen Fällen die Lichtgeschwindigkeit übersteigt.

Wir kennen jedoch keine wirklichen physikalischen Geschwindigkeiten, die die Lichtgeschwindigkeit übertreffen. Eine Erklärung des Phänomens beruht auf einer optischen Täuschung. Ein ähnliches geometrisches Phänomen tritt auf, wenn ein Scheinwerfer über den Himmel wandert. Für uns hat der Strahl relativ zu den Sternen eine sehr hohe scheinbare Geschwindigkeit. Die Sterne sind so weit entfernt, daß wir bei ihnen, ganz gleich wie hoch ihre Geschwindigkeiten sind, kaum eine Bewegung wahrnehmen. Der Strahl des Scheinwerfers läuft jedoch in wenigen Sekunden über den ganzen Himmel. Wenn der Strahl so kräftig wäre, daß er die nächsten Sterne erreichen würde, wäre seine scheinbare Geschwindigkeit viel größer als die Geschwindigkeit des Lichts. Folglich können scheinbare Geschwindigkeiten viel größer als die Lichtgeschwindigkeit sein, obwohl die Geschwindigkeit irgendeines materiellen Objekts immer kleiner ist als die des Lichts. Eine andere weit verbreitete Art von Erklärungen nimmt relativistische Materie-

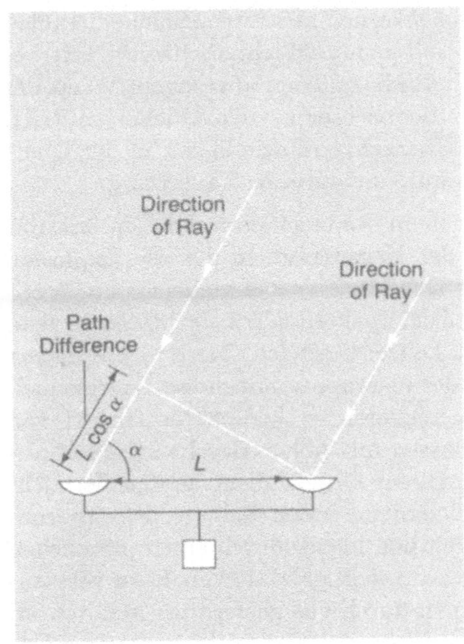

(a)

(b)

Abb. 12.4 Interferometrie bei sehr großer Basislänge
Radioteleskope auf zwei Kontinenten können gleichzeitig eine entfernte Radioquelle beobachten (a). Wenn die Phase der Radiowellen und die genauen Beobachtungszeiten registriert werden, können die aufgezeichneten Signale später so zusammengesetzt werden, als ob sie mit einem riesigen Radioteleskop beobachtet worden wären, dessen Auflösung gleich der eines einzigen Teleskops ist, das von einem Kontinent zum anderen reicht. Ein Interferometer macht sich die Tatsache zunutze, daß die von zwei Antennen empfangenen Radiowellen (deren Einfallsrichtungen durch zwei weiße Pfeile gekennzeichnet sind) im allgemeinen einen kleinen Weglängenunterschied (Path Difference) aufweisen; bei der Addition der beiden Signale verstärken sie sich, wenn die Weglängendifferenz eine gerade Anzahl von Wellenlängen ist, und heben sich auf, wenn die Weglängendifferenz eine ungerade Anzahl von Wellenlängen ist. Da die Erde rotiert, verändert sich die Weglängendifferenz (da sie von der Höhe α der Quelle über dem Horizont abhängt). Das Interferometer hat eine Richtungscharakteristik, die aus vielen Keulen besteht (b); die Winkelauflösung (Angular Resolution) ist die Breite einer einzelnen Keule oder λ/L, wobei λ die Wellenlänge und L der Abstand der beiden Antennen ist. Wegen der verwendeten großen interkontinentalen Basislängen ist die erreichte Auflösung mehr als 1000 mal besser als die mit einem optischen Teleskop erreichte Auflösung.

strahlen (Jets) an, die aus den Galaxienkernen austreten. Solche Strahlen hochenergetischer Teilchen, die sich mit nahezu Lichtgeschwindigkeit bewegen, werden als Energiequellen der Radiogalaxien angesehen. Wenn der Strahl sehr nahe zur Sichtlinie vom Beobachter zu den Quellen auftritt, kann eine scheinbare Bewegung mit Überlichtgeschwindigkeit in der Querrichtung auftreten; dies ist natürlich nur eine optische Täuschung.

Über die Ursache solcher Explosionen in Radiogalaxien können wir nur Vermutungen anstellen. Die Größe der Kernregion, in der die Explosion stattfindet, ist sehr klein, mit einem Durchmesser von vielleicht nur wenigen Lichtjahren. Sie befindet sich im kompakten *Kern der Galaxie*, dem innersten Gebiet, in dem das Licht konzentriert ist. Diese Größe liefert starke Einschränkungen für die Art der in Frage kommenden Energiequellen. Einer Theorie zufolge wird ein massereiches kompaktes Objekt von einer oder mehr Millionen Sonnenmassen mit hoher Geschwindigkeit aus dem galaktischen Kern ausgestoßen. Dieses Objekt dient als Quelle hochenergetischer Elektronen für die radioemittierenden Gebiete. Ein alternativer Standpunkt besagt, daß die Explosion besser durch einen plötzlichen Ausstoß vieler energiereicher Teilchen aus dem galaktischen Kern verstanden werden kann. Die Teilchen strömen durch das gasförmige Medium im Zentralgebiet der Galaxie (Abb. 12.5). Wenn das Gas (aufgrund seiner Rotation) eine abgeplattete Verteilung hat, wären die energiereichen Teilchen bestrebt, den Weg des geringsten Widerstands zu nehmen, das heißt, entlang der kleinen Achse der Gasverteilung. Kontinuierliche Ströme energiereicher Teilchen könnten das sie umgebende Gas durchstoßen und in ein außerhalb der Galaxie vorhandenes intergalaktisches Medium eindringen. Schließlich würden diese Teilchenströme in Radiokeulen enden und sich dort ansammeln.

Dieses *Zwillingsauspuff-Modell* scheint eine vernünftige Erklärung für die Morphologie der beobachteten Radiogalaxien zu liefern, doch die Kraft, die den Doppelstrahl energiereicher Teilchen erzeugt, bleibt nach wie vor ein Geheimnis. Nicht, weil wir keine passende Theorie erfinden könnten, im Gegenteil – wir haben Theorien im Überfluß, um die Kerne von Radiogalaxien zu erklären; es fehlt uns einfach an Möglichkeiten, sie zu prüfen. Es ist wahrscheinlich, daß der Mechanismus für die grundlegende Energieerzeugung in den Kernen von Radiogalaxien eng mit dem Quasarphänomen verknüpft ist, das, wie wir sehen werden, ebenfalls in einem sehr kompakten Gebiet auftritt.

Quasistellare Radioquellen

Man hat entdeckt, daß viele schwache Radioquellen mit optischen Objekten zusammenfallen, deren Bilder von denen gewöhnlicher Sterne nicht unterschieden werden können. Weil das photographische Bild einer Galaxie

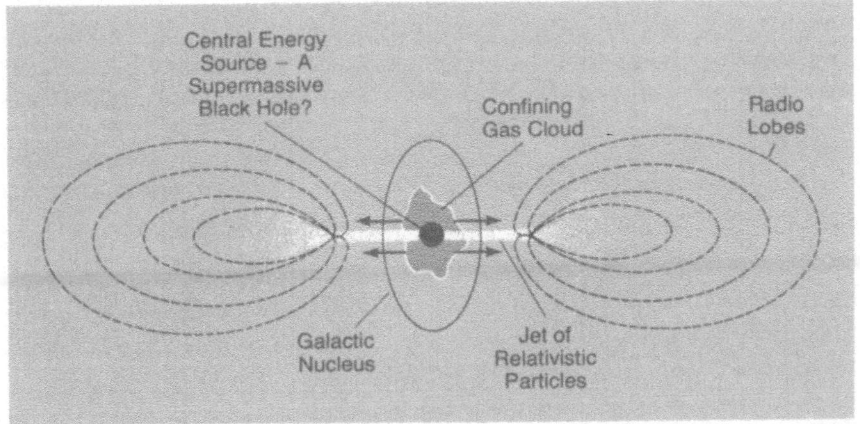

Abb. 12.5 Das Zwillingsauspuff-Modell einer Radiogalaxie
Eine leistungsstarke Energiequelle (zentrale Energiequelle – ein supermassereiches Schwarzes Loch) im Zentralgebiet einer Galaxie (Galactic Nucleus) sendet einen kontinuierlichen Strom hochenergetischer Teilchen aus (Jet of Relativistic Particles). Diese schaffen sich einen Weg entlang der Nebenachse der sie umschließenden Gaswolke (Confining Gas Cloud) und zwei Strahlen stoßen durch das umgebende intergalaktische Medium. Die Teilchenstrahlen kommen schließlich zum Halt und bilden riesige Plasmakeulen, die Radiowellen aussenden (Radio Lobes). Die Radioemission wird durch Synchrotronstrahlung relativistischer Elektronen erzeugt, die vom Kern der Galaxie aus in die magnetisierten Keulen injiziert werden.

ausgedehnt und nicht punktförmig ist, ist es leicht vom Bild eines Sterns zu unterscheiden. Natürlich haben Sternbildchen eine endliche Größe, die vom Ausmaß an Streuung und Brechung des Sternlichts in der Erdatmosphäre abhängt. Die atmosphärische Turbulenz bewirkt ein Hin- und Herwandern des Bildes, eine Szintillation. Die Turbulenz der Atmosphäre wird durch Gebiete mit kleinen Temperaturabweichungen und Größen von einigen Zentimetern oder mehr hervorgerufen. Die Szintillation verursacht das Funkeln der Sterne. Planeten neigen nicht zum Funkeln, da ihre größeren Bilder diesen Effekt weniger deutlich erkennen lassen.

Man erkannte bald, daß die sternähnlichen Gegenstücke der Radioquellen keine gewöhnlichen Sterne sind (Abb. 12.6). Die schwachen optischen Quellen wurden *Quasare* getauft, eine Abkürzung für *Quasistellare Radioquellen*, als Spektren ihrer optischen Gegenstücke einen bedeutenden Unterschied gegenüber den Spektren gewöhnlicher Sterne zeigten: Das Licht der Quasare ist stark rotverschoben. Durchmusterungen haben kürzlich gezeigt, daß das Licht der am weitesten entfernten Quasare in manchen Fällen um mehr als das Fünffache der Wellenlänge, bei der es ausgesandt worden

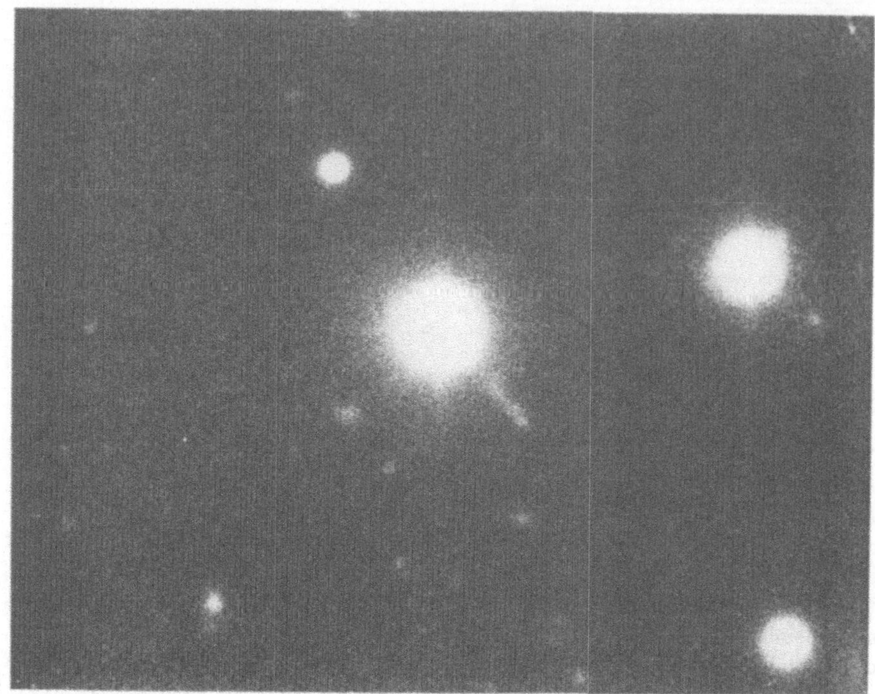
(a)

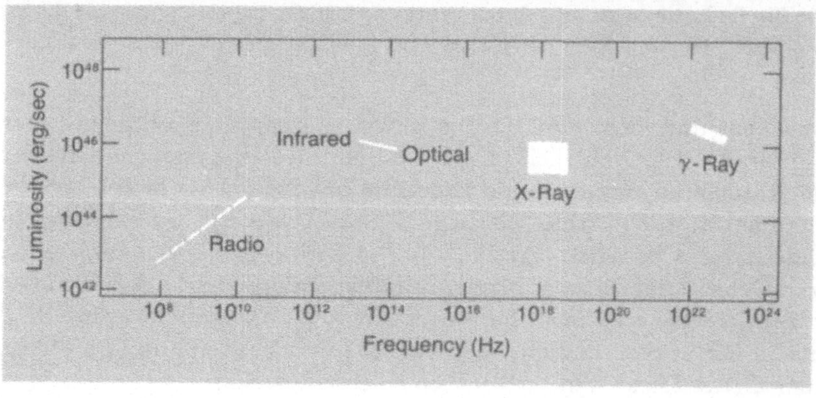

(b)

Abb. 12.6 Der uns nächste Quasar
Diese Photographie des Quasars 3C273, eines sternförmigen Objekts 14. Größe, zeigt einen kleinen Ausläufer, von dem man annimmt, daß er vor einigen Millionen Jahren vom Quasar explosiv ausgeschleudert wurde (a). Sein elektromagnetisches Spektrum (b) erstreckt sich über einen weiten Bereich und ähnelt in vieler Hinsicht dem Kern von Centaurus A (Abb. 12.2). Die absolute oder intrinsische Helligkeit pro Frequenzeinheit, multipliziert mit der Frequenz, ist ein Maß für die Leuchtkraft und ist gegen die Frequenz aufgetragen. Ein wichtiger Unterschied ist, daß der Quasar 1000 mal leuchtkräftiger ist – er ist eines der leuchtkräftigsten Objekte im Universum.

ist, zum Roten hin verschoben ist. Folglich hat der Quasar eine Rotverschiebung (relative Wellenlängenvergrößerung) von 4 oder mehr. Für ein Objekt der Rotverschiebung 4 würde die Lyman-alpha-Linie des Wasserstoffs, die normalerweise ein ultravioletter Übergang bei einer Wellenlänge von 121.6 Nanometer ist, im roten Bereich des Spektrums bei 608 Nanometer beobachtet.

Die in Quasarspektren identifizierten Linien sind von denen eines Sterns sehr verschieden (Abb. 12.7). Sie ähneln eher den Spektren der Kerne bestimmter (relativ ungewöhnlicher) Galaxientypen, die man als *Seyfert-Galaxien* bezeichnet. Kerne von Seyfert-Galaxien enthalten Wolken aus heißem Gas, die sich mit Geschwindigkeiten von Tausenden oder Zehntausenden von Kilometern pro Sekunde bewegen. Die Emission des heißen Gases überstrahlt die Lichtemission der im Kern vorhandenen Sterne. Quasarspektren sind in ähnlicher Weise durch die Strahlung heißen Gases charakterisiert. Dunkle Absorptionslinien werden ebenfalls beobachtet. Absorptionslinien treten auf, wenn man durch kühleres absorbierendes Gas hindurchsieht, das sich vor einer Emissionsquelle (beispielsweise ein viel heißeres Gas) befindet. In Quasaren hat das Absorptionslinienspektrum eine andere (meist kleinere) Rotverschiebung als das emittierende Gas. Das deutet darauf hin, daß die Absorption in einem Gebiet auftritt, das von dem Emissionsliniengebiet physikalisch deutlich abweicht. Oft werden im gleichen Quasar Absorptionslinien mit unterschiedlichen Rotverschiebungen beobachtet.

Die meisten Astronomen stimmen darin überein, daß die Quasarrotverschiebungen und die Rotverschiebungen entfernter Galaxien gleichen Ursprungs sind. Die Rotverschiebung in ihren Spektren ist im wesentlichen die Verschiebung, die durch ihre hohe Fluchtgeschwindigkeit bei großen Entfernungen verursacht wird. Von Zeit zu Zeit hat es Widerspruch gegeben, und nichtkosmologische Erklärungen der Quasarrotverschiebungen wurden vorgeschlagen. Die plausibelste nichtkosmologische Erklärung beruht auf der *gravitativen Rotverschiebung* – das Licht wird beispielsweise stark rotverschoben, wenn es genügend nahe an einem Schwarzen Loch abgestrahlt wird. Um dieses Phänomen zu verstehen, betrachten wir die folgende Analogie: Wir stellen uns einen Lift vor, der Skifahrer auf einen sehr hohen Berg bringt. Wenn 1000 Skifahrer pro Stunde an der Bodenstation des Lifts einsteigen, werden nur 999 Skifahrer pro Stunde auf der Bergstation herausklettern. Was ist falsch? Die Zeit vergeht im tieferen Gravitationspotential der Bodenstation langsamer, und die Uhren ticken langsamer. Daher brauchen 1000 Skifahrer etwas länger, an der Bodenstation vorbeizulaufen als an der Bergstation.

Dieses Beispiel ist natürlich eine grobe Übertreibung des Effekts. Wenn jedoch Licht in einem Gravitationsfeld abgestrahlt wird, verringert sich die

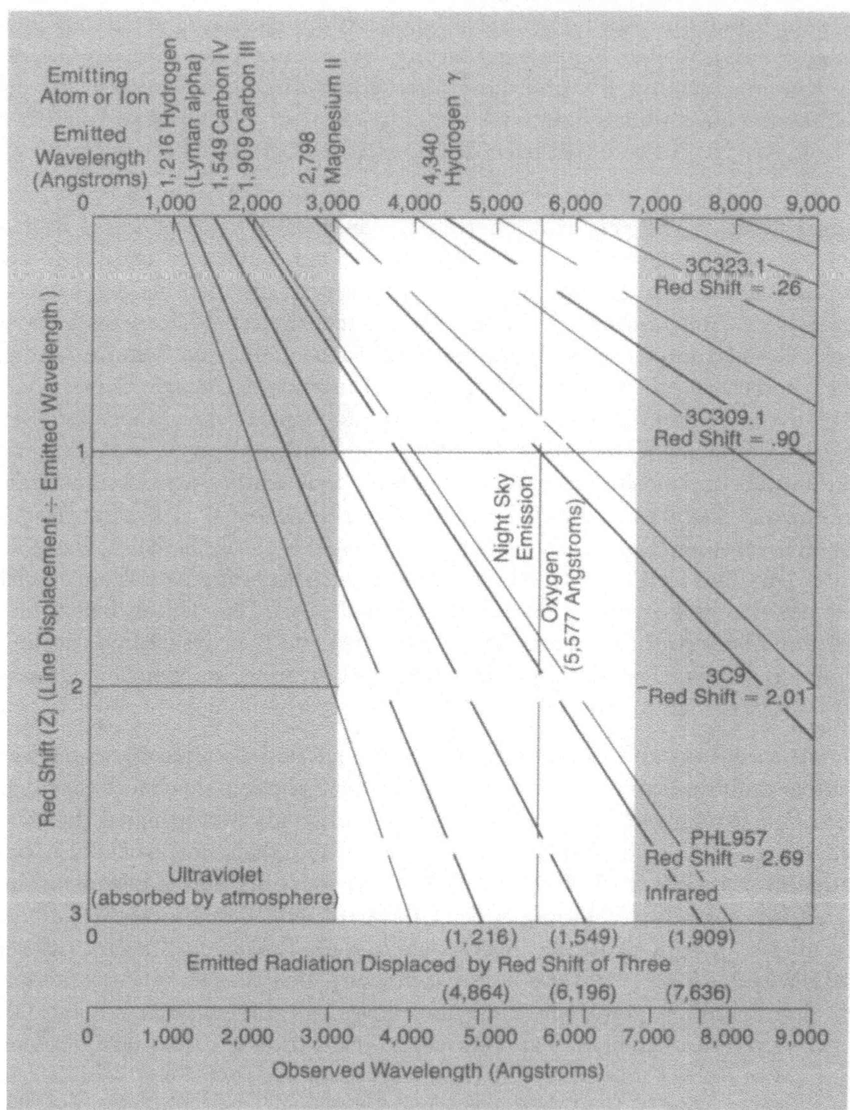

Abb. 12.7 Die Rotverschiebung der Quasare
Vier Quasarspektren unterschiedlicher Rotverschiebung (Red Shift) illustrieren den Wellenlängenbereich, der überdeckt werden muß, um Quasarrotverschiebungen zu ermitteln. Der leicht zugängliche optische Bereich ist weiß dargestellt, in ihm treten aber auch Emissionslinien des Nachthimmels auf, die in der Erdatmosphäre erzeugt werden, vor allem die Linie des neutralen Sauerstoffs bei 5577 Ångstrom (= 557.7 nm). Der links davon liegende Ultraviolettbereich wird durch die Erdatmosphäre absorbiert und kann nur von Satelliten aus beobachtet werden, der rechts davon liegende Infrarotbereich kann nur von hohen Bergen oder Flugzeugen aus beobachtet werden.

Lichtfrequenz in ähnlicher Weise. Dieser Effekt ist auf der Erde direkt gemessen worden, wo die Rotverschiebung nur 1 Milliardstel beträgt. In der Nähe eines Schwarzen Loches kann eine viel größere Rotverschiebung auftreten. Im Fall eines Quasars müßte das Schwarze Loch sehr massereich sein und etwa 10^8 oder mehr Sonnenmassen enthalten, um genügend Energie aus dem einfallenden Gas freizusetzen, dessen kinetische Energie bei der Akkretion in Strahlung umgewandelt wird. Rotverschiebungen von 3 oder 4 (wie sie in den am stärksten rotverschobenen Quasaren gefunden werden) könnten in der Nähe eines Schwarzen Lochs dieser Masse im Prinzip erzielt werden. Man würde dann aber erwarten, daß die außerordentlich starken Gravitationsfelder in der Nähe des Schwarzen Loches das dort erzeugte Emissionslinienspektrum verzerren. Die Linien sollten stark verbreitert sein durch die nahezu relativistischen Geschwindigkeiten der Gasatome in der Nähe eines Schwarzen Loches. Dies wird nicht beobachtet: Das Auftreten von relativ schmalen Spektrallinien in Quasaren hat die Erklärung durch gravitative Rotverschiebung entkräftet.

Nie wurde ein überzeugender Hinweis gefunden, der die kosmologische Natur der Quasarrotverschiebungen in Zweifel gezogen hätte. Da die kosmologische Rotverschiebung im Rahmen der bekannten physikalischen Gesetze die einfachste Erklärung für die Quasare liefert, werden wir allgemein annehmen, daß sich die Quasare in den Entfernungen befinden, die aus ihren Rotverschiebungen abgeleitet werden. Verschiedene Beobachtungen haben dagegen Beweise geliefert, daß Quasare sich in kosmologischen Entfernungen befinden. Quasare treten gelegentlich in Haufen oder Gruppen von Galaxien mit ähnlichen Rotverschiebungen auf. In einigen Quasaren sind Absorptionslinien gefunden worden, deren Rotverschiebungen mit denen anderer Galaxien entlang der gleichen Sichtlinie zusammenfallen. Schließlich sind

---

Die beiden unteren Skalen geben die beobachtete Wellenlänge (in Ångstrom) und die Position der durch einen Faktor 3 rotverschobenen wichtigen Emissionslinien an, die y-Achse gibt die Rotverschiebung an.

Man benötigt mehrere Emissionslinien, um eine gegebene Rotverschiebung zu bestimmen, weil eine einzige Linie um einen beliebigen Betrag verschoben sein könnte. Die schrägen Linien entsprechen Emission von Wasserstoff (1,216 Hydrogen/Lyman alpha und 4,340 Hydrogen γ), Kohlenstoff (1,549 Carbon IV, 1,909 Carbon III) und Magnesium (2,798 Magnesium II). Bei einer Rotverschiebung (z) von 1 wird die stärkste Wasserstofflinie (Lyman-alpha) bei 2432 Ångstrom = 243.2 Nanometer beobachtet, sie ist um einen Faktor 2 gegenüber ihrer ursprünglichen Wellenlänge gestreckt; bei einer Rotverschiebung von 2 wird sie bei 364.8 Nanometer beobachtet. Die Photonen, die das Spektrum des Quasars PHL 957 bilden, wurden emittiert, als das Universum ein Alter von nur einem Fünftel des heutigen hatte.

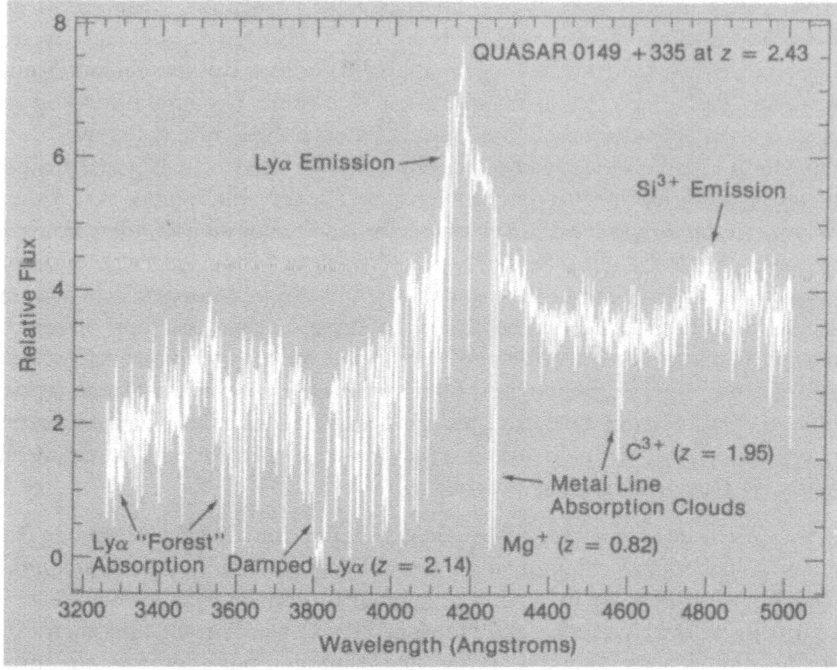

Abb. 12.8 Das Spektrum eines Quasars
Diese Darstellung von Lichtintensität (Relativer Fluß) gegen Wellenlänge (in Ångstrom = 0.1 Nanometer) zeigt das Spektrum eines Quasars mit einer Rotverschiebung von $z = 2.43$. Die Emissionslinien (Maxima) sind systematisch um einen Faktor $1 + z = 3.43$ zu roten Wellenlängen verschoben: Die beiden ersten Hauptlinien des atomaren Wasserstoffs, Lyman-alpha und Lyman-beta, werden bei 417 und 353 Nanometer beobachtet. Ebenfalls sichtbar ist der „Wald" der Lyman-alpha-Absorptionslinien (Lyα„Forest"; Minima; die kleinen Minima und Maxima stellen Rauschen dar, die tieferen Strukturen sind jedoch reell), die in zahlreichen Gaswolken entstehen, die in der Sichtlinie zwischen uns und dem entfernten Quasar liegen. Die Absorptionslinien liegen bei kleinerer Rotverschiebung und werden bei kürzeren Wellenlängen beobachtet; die Ruhewellenlänge (unverschobene Wellenlänge) von Lyman-alpha liegt bei 121.6 Nanometer. Ebenfalls zu erkennen sind durch absorbierende Wolken hervorgerufene Absorptionslinien von Metallen wie Mg^+ und C^{3+}, die bei kleineren Rotverschiebungen auftreten.

für eine Anzahl näherer Quasare umgebende Muttergalaxien nachgewiesen worden, die den Quasar beherbergen. Wenn man die Standarderklärung der Galaxienrotverschiebungen zugrundelegt, zeigen alle diese Beweisstükke, daß die meisten Quasare extrem weit entfernt und darüber hinaus Galaxien mit außergewöhnlich hellen Kernen sein müssen.

Absorptionslinien in Quasaren, deren Rotverschiebungen vom Rest des Spektrums stark unterschieden sind, werden vermutlich durch Absorption im Gas weit außen liegender Teile von Galaxien entlang der Sichtlinie verursacht. Intergalaktische Gaswolken zwischen dem Quasar und der Erde können ebenfalls Absorptionslinien verursachen. Der Quasar ist im allgemeinen so hell und so weit entfernt, daß wir die dazwischenliegenden Galaxien entlang der Sichtlinie zum Quasar nicht direkt sehen können. Wenn jedoch die dazwischenliegenden Galaxien interstellares Gas enthalten, kann dessen Anwesenheit durch die Absorption des vom Quasar stammenden Lichts erkannt werden. Damit eine Galaxie Licht von einem entfernten Quasar absorbieren kann, muß man annehmen, daß das Gas in den äußersten Teilen des galaktischen Halos vorhanden ist, einem Gebiet, das sich beträchtlich über die sichtbare Begrenzung der Galaxie hinaus erstrecken kann. Verschiedene absorbierende Gebiete, die in sehr unterschiedlichen Entfernungen liegen, können entlang der Sichtlinie zu einem entfernten Quasar auftreten. Wir würden also erwarten, eine Anzahl unterschiedlicher Absorptionsrotverschiebungen in einem Quasar vorgegebener (großer) Rotverschiebung der Emissionslinien zu finden. Dies ist tatsächlich mehr oder weniger das, was beobachtet wird. Es gibt einige wohluntersuchte Fälle einer Galaxie in der Sichtlinie, die eine Absorption bei der Rotverschiebung der Galaxie im Spektrum eines stärker rotverschobenen Quasars verursacht. Zusätzlich zu den starken Absorptionsliniensystemen, die den Galaxien in der Sichtlinie entsprechen, gibt es zahlreiche Wasserstoffwolken, die schwache rotverschobene Lyman-alpha-Absorptionslinien im Quasarspektrum erzeugen (Abb. 12.8). Diese Lyman-alpha-Wolken sind metallarm und treten bei einer Rotverschiebung von 2 oder mehr häufig auf. Man nimmt an, daß sie die Vorgänger der Zwerggalaxien sind, die noch nicht kollabiert sind und noch keine Sterne gebildet haben. Abgesehen von diesen diskreten Gaswolken gibt es keine dünn verteilte Komponente des atomaren Wasserstoffs im intergalaktischen Medium; solch ein diffuses Gas würde einen breiten Trog aus dem allgemeinen Quasarspektrum herausabsorbieren, der einer Vielzahl kontinuierlich rotverschobener Lyman-alpha-Linien entsprechen würde, und ein solcher Effekt wird nicht beobachtet.

Die Energieabstrahlung eines Quasars übertrifft die der hellsten Galaxien. Ein mittlerer Quasar ist heller als 300 Milliarden Sonnen. Einige Quasare sind extrem leuchtkräftig und übertreffen diesen Wert noch um das Hundertfache. Quasare sind auch starke Quellen von Röntgenstrahlung, und es wird im Röntgenbereich so viel Energie wie im gesamten optischen Spektralbereichs abgestrahlt. Doch all diese Energie muß innerhalb eines Volumens mit einem Durchmesser erzeugt werden, der kleiner ist als die Entfernung zwischen der Sonne und ihrem nächsten Nachbarn. Wir können uns dessen sicher sein, da sich die Lichtabstrahlung vieler Quasare über einen Zeitraum von Jahren oder sogar Tagen ändert. Einige Quasare brechen periodisch aus, werden über Zeiträume von ein paar Monaten oder weniger um mehrere Größenklassen heller. Selbst wenn die Quelle mit Lichtgeschwindigkeit explodieren würde, könnte sie nicht mehr als einen Lichttag im Durchmesser sein, damit ihre Leuchtkraft sich genügend rasch ändern kann. Das vom Quasar augenblicklich ausgesandte Licht wird von uns über einen Zeitraum empfangen, der durch die Zeitverzögerung bestimmt wird, mit der

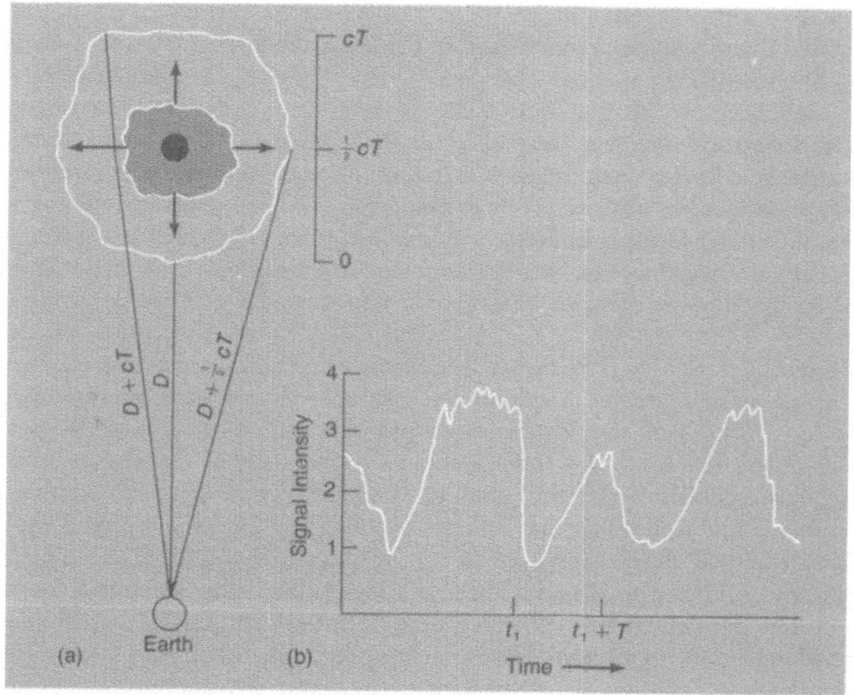

Abb. 12.9 Die Zeitskala der Lichtveränderung von Quasaren
Wir erwarten, daß die kleinste Zeitspanne, bei der wir als irdische Beobachter (Earth) irgendwelche Lichtänderungen eines Quasars beobachten können, von der Ausdehnung des emittierenden Gebiets (a) abhängt. Die scheinbare Helligkeit des Quasars 3C279 (bei einer Rotverschiebung von 0.5) ändert sich um fast 7 Größenklassen über 2 bis 3 Jahre (b). Wie schnell die Strahlungsquelle in Wirklichkeit auch fluktuiert, das von uns empfangene Licht wird sich über diese Zeitspanne verteilen; um uns von der Rückseite der Quelle aus zu erreichen, wird das Licht etwas länger brauchen als von der Vorderseite. Aus der Messung der Zeitskala der Veränderlichkeit T schließen wir, daß die größte Ausdehnung des Licht aussendenden Gebiets im Quasar gleich der entsprechenden Lichtlaufzeit cT ist.

Licht vom Rand des Quasars, der am weitesten von uns entfernt ist, relativ zur uns am nächsten gelegenen Seite zu uns gelangt (Abb. 12.9). Folglich wird der Quasarausbruch über eine Zeit ausgedehnt, die der Lichtlaufzeit entspricht, die nötig ist, den Quasar zu durchqueren.

Gravitationslinsen

Das Universum ist voller Merkwürdigkeiten, aber die *Gravitationslinse* steht sicher weit oben auf der Liste der bizarren Erscheinungen. Astronomen entdeckten diesen Effekt (der theoretisch schon seit den zwanziger Jahren bekannt war), als sie ein Quasarpaar fanden, das einen Abstand von einigen Bogensekunden besitzt. Das Paar hat identische Rotverschiebungen und ähnliche Emissionslinienspektren. Die Wahrscheinlichkeit, daß es sich bei einer solchen Konfiguration um einen Zufall handelt, ist sehr gering: Die typische Entfernung zwischen Quasaren (mit beliebiger Rotverschiebung) beträgt mehrere tausend Bodensekunden. Ein Hinweis zur Erklärung dieses Doppelbildes ist der dem Quasarpaar gemeinsame Satz von Absorptionslinien. Diese Linien werden in einer absorbierenden Wolke erzeugt, deren Rotverschiebung etwa halb so groß ist wie die der Quasare. Das bedeutet, daß auf etwa halbem Wege zu der riesigen Entfernung der Quasare, einige 10 Milliarden Lichtjahre entfernt, eine Wolke in der Sichtlinie liegt. Wenn wir solche Wolken in anderen Quasaren entdecken, interpretieren wir sie als Wolken in den Halos gewöhnlicher Scheibengalaxien. Solche Galaxien treten häufig genug auf und sind groß genug, um gelegentlich in der Richtung der Hintergrundquasare zu liegen.

Wenn eine genügend massereiche Scheibengalaxie in der Sichtlinie liegt, kann sie wie eine gigantische Linse wirken, die das Licht des Quasars durch ihr Gravitationsfeld bündelt. Wie eine gewöhnliche Glaslinse erzeugt sie ein weiteres Bild. Diese Verdopplung des Bilds eines einzelnen Quasars ist für das beobachtete Quasarpaar verantwortlich. Wenn diese Erklärung richtig ist, sollten wir die leuchtende Galaxie entdecken können, deren Linsenwirkung wir beobachten. Man hat etwa sieben Beispiele von Quasaren mit Linsenwirkung gefunden, und in einigen Fällen glauben die Astronomen, die Linse identifiziert zu haben. In anderen Fällen, wo es keinen leuchtkräftigen Galaxienkandidaten für die Linse gibt, müssen wir über andere Objekte in der Sichtlinie spekulierten, die solche Effekte hervorrufen könnten, vielleicht eine ausgebrannte Galaxie oder etwas Exotischeres, beispielsweise ein supermassereiches Schwarzes Loch oder, als etwas Gewöhnlicheres, ein Galaxienhaufen im Vordergrund. Tatsächlich sind Beispiele dafür bekannt, daß ein ganzer Galaxienhaufen zusammenwirkt, um eine kollektive Gravitationslinse zu bilden. Wenn eine Hintergrundgalaxie in Bezug auf den in der Sichtlinie liegenden Haufen geeignet orientiert ist, wird ihr Bild zu

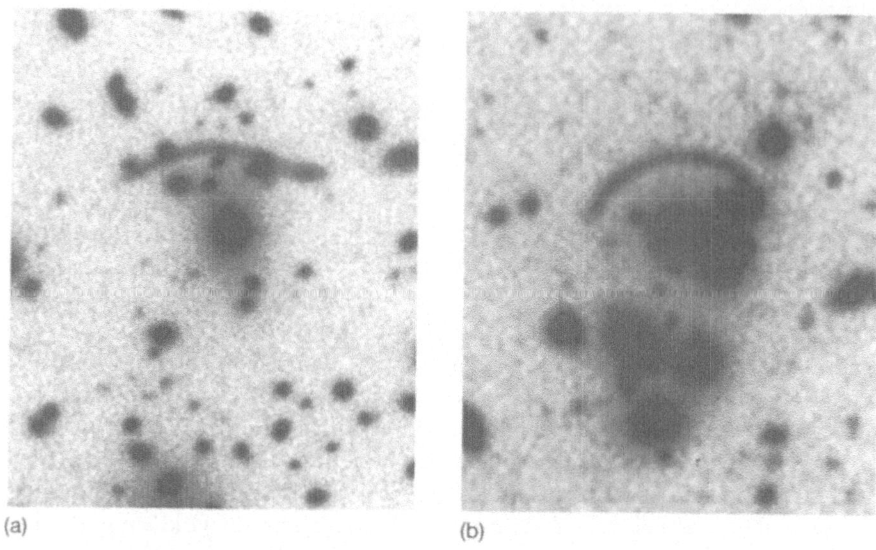

Abb. 12.10 Gravitationslinsen
Die leuchtenden Bögen, die auf diesen CCD-Negativbildern dargestellt sind, liegen in den Zentralbereichen von Galaxienhaufen. Alle unscharfen Objekte sind Haufengalaxien, und die Bögen werden durch die Linsenwirkung des Haufens auf entfernte Hintergrundgalaxien erzeugt. (a) zeigt den Haufen Abell 370 bei einer Rotverschiebung von 0.17, und die Rotverschiebung des Bogens wurde zu 0.725 gemessen; (b) zeigt der Haufen CL 2244-02, der eine Rotverschiebung von 0.328 besitzt.

einem Bogen verzerrt, im Idealfall sogar zu einen Ring; man hat bisher mindestens drei solcher leuchtenden Bögen entdeckt (Abb. 12.10).

Eine weitere Komplikation einer Gravitationslinse ist, daß sie im Gegensatz zu einer Glaslinse eine ungerade Zahl von Bildern liefern sollte. In wenigstens einem Fall ist ein dreifaches Quasarbild gefunden worden, was bestätigt, daß wirklich eine Gravitationslinse verantwortlich ist. In anderen Fällen erwarten wir nur zwei Bilder, weil das dritte Bild im allgemeinen zu schwach ist, um sichtbar zu sein. Eine weitere Komplikation tritt auf, weil sich die Lichtwege der beiden Bilder geringfügig unterscheiden. Das Licht kann auf dem einen Weg einige Monate oder Jahre länger unterwegs sein als auf dem anderen, um die zehn oder mehr Milliarden Lichtjahre vom Quasar zu uns zu durchlaufen. Wenn der Quasar in seiner Lichtabgabe über den Zeitraum von einigen Monaten veränderlich ist, was bei vielen Quasaren der Fall ist, sollte man zwischen dem Bildpaar eine zeitliche Verzögerung der Variation erwarten. Die Bestätigung einer solchen Zeitverzögerung würde einen weiteren Beweis für die Gravitationslinsenhypothese liefern.

Theorien für Quasare und Radiogalaxien

Verschiedene konkurrierende Theorien wurden vorgeschlagen, um die Quasare und die verwandten Phänomene in aktiven Kernen von Radiogalaxien zu erklären. Einer Ansicht zufolge sind Quasare ein Phänomen, das mit der Galaxienbildung in Beziehung steht. Die Materie, die von frühen Generationen massereicher Sterne während des Kollaps der Protogalaxie abgegeben wird, sammelt sich in deren Kern an, wo sie in einer kurzen, explosiven Phase der Sternentstehung beträchtliche Leuchtkraft erlangt.

Einer anderen Ansicht zufolge stellt ein Quasar das Endstadium der Entwicklung eines Galaxienkerns dar. Die Sterndichte im Zentralbereich einer Galaxie ist sehr hoch; Sterne sind nur ein hundertstel Lichtjahr (oder 1000 astronomische Einheiten) voneinander entfernt. Eine Umverteilung der Sterne setzt ein; massereiche Sterne und Doppelsterne stürzen zum Zentrum hin, massearme Sterne siedeln sich in den äußeren Bereichen des Kerns an. Die Sterne im Zentrum beginnen, miteinander zu kollidieren. Sternkollisionen sind katastrophale Ereignisse, die zu Supernovaexplosionen führen können. Eine hohe Supernovarate, die in einem kompakten, dichten Sternsystem auftritt, könnte die Energiequelle der Quasare sein.

Diese unterschiedlichen Standpunkte könnten in der Tat identisch sein. „Von unten nach oben"-Theorien der Galaxienbildung zufolge entwickeln sich die Zentralgebiete einer Galaxie zuerst, und die äußeren Gebiete fallen anschließend zusammen. Der Kern hat daher Zeit, sich rasch zu entwickeln, während er noch von der Protogalaxie umgeben ist. Was ist das Ergebnis dieser Entwicklung, was übernimmt im Quasar die Rolle des Kraftwerks? Eine beliebte Vorstellung besagt, daß ein Quasar ein supermassives Objekt im dichten Kern einer Galaxie ist, vielleicht ein riesiges Schwarzes Loch mit einer Masse von 100 Millionen Sonnenmassen oder mehr (Abb. 12.11). (Einige Theoretiker haben einem Modell den Vorzug gegeben, das aus einer massereichen, kompakten Wolke besteht, die durch irgendeine Kombination von Magnetfeldern, Rotation und Turbulenz am Kollaps gehindert wird. Es scheint aber für ein solches System schwierig zu sein, stabil zu bleiben.) Das massereiche Objekt zerreißt und verschlingt schließlich die Sterne, deren Bahnen dem Schwarzen Loch zu nahe kommen. Durch die Massenakkretion wird das Schwarze Loch sehr heiß. Die als Folge auftretende Röntgenstrahlung liefert die Energie für den Quasar.

Eines der stärksten Argumente zugunsten einer solchen kompakten Quelle ist die Veränderlichkeit der Quasare, die auf einer Zeitskala bis herunter zu einem Tag beobachtet wird. Wie wir früher gesehen haben, muß das von einem Quasar abgestrahlte Licht in einem Gebiet erzeugt worden sein, das von Licht im Zeitraum der beobachteten Veränderlichkeit

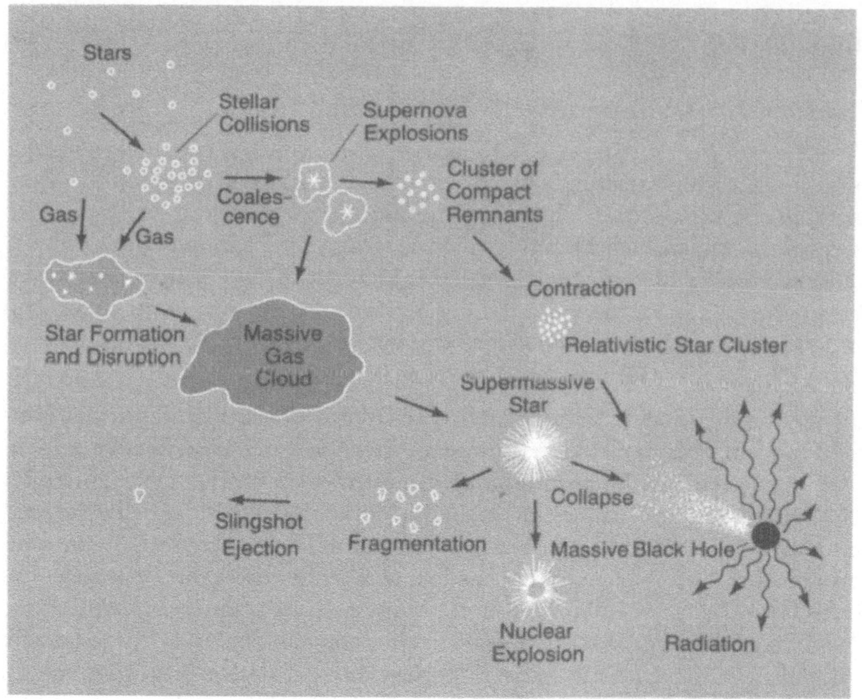

Abb. 12.11 Ein Quasar-Modell
Die Energieerzeugung in Quasaren und aktiven Galaxienkernen beruht wahrscheinlich auf einem extrem dichten Sternsystem, das sich katastrophenartig entwickelt. Die Sterndichte in den Zentren vieler Galaxien übersteigt 1 Million Sonnenmassen/Kubikparsek; theoretisch sollte sie weiter zunehmen, da sich Sterne entwickeln, Masse abwerfen, und neue Sterne entstehen (Star Formation). Wahrscheinlich treten Sternkollisionen (Stellar Collisions) auf, die zum Zusammenfall (Coalescence) und zur Bildung massereicher Sterne führen. Diese explodieren als Supernovae (SN Explosions), andere Sterne kollidieren und werden zerrissen (Star Disruption), und das entstehende Reservoir gasförmiger Überreste fällt näher zum Galaxienkern und erhöht dessen Dichte. Neue Sterne bilden sich, und der Zyklus wiederholt sich. Die Supernovae bilden Schwarze Löcher oder Neutronensterne, die sich in einen immer dichteren Haufen entwickeln (Cluster of Comp. Remn. – Rel. Star Cl.). Schließlich wird so viel Energie erzeugt, daß Sternbildung verhindert wird, und eine amorphe supermassive Gaswolke (Massive Gas Cloud) entsteht. Aus ihr bildet sich zuerst ein supermassiver Stern (Supermassive Star), dann ein massereiches Schwarzes Loch (Massive Black Hole) von vielleicht 100 Millionen Sonnenmassen. Die Sternüberreste werden nach und nach von diesem Loch verschluckt und große Energiemengen freigesetzt (Radiation). Möglich ist auch, daß der supermassive Stern eine heftige Kernexplosion erleidet (Nuclear Explosion) und in massereiche Wolken fragmentiert, die vom Zentrum der Galaxie ausgeschleudert werden (Slingshot Ejection). Wenngleich wir noch keinem dieser Szenarien den Vorzug geben können, scheint doch klar zu sein, daß ein dichtes Sternsystem im Zentrum einer Galaxie während seiner Entwicklung riesige Energiemengen freisetzen kann.

durchlaufen wird. Ein Lichttag entspricht 300 astronomischen Einheiten, und wir schließen daraus, daß in einem Quasar das Licht, das der Helligkeit von hundert Milchstraßen gleichkommt, in einem Gebiet erzeugt wird, das kleiner ist als das Sonnensystem. Der *Schwarzschildradius*, der den Bereich um ein Schwarzes Loch beschreibt, in dem Licht eingefangen bleibt, entspricht für ein Schwarzes Loch von 1 Milliarde Sonnenmassen etwa 10 astronomischen Einheiten oder einer Lichtstunde. Diese Skala entspricht grob der Größe des Schwarzen Lochs. Ein beliebiges Teilchen, das sich in diese Einflußsphäre wagt, kann nicht mehr entkommen, selbst wenn es sich mit Lichtgeschwindigkeit bewegt. Auf dem Weg in das Schwarze Loch kollidieren solche Teilchen jedoch mit Gasteilchen der Umgebung und strahlen beträchtliche Energiemengen ab. Die intensive Röntgenstrahlung der Quasare kann am besten erklärt werden, wenn ein Schwarzes Loch die zugrundeliegende Energiequelle ist, da Gas, das in ein solch massereiches kompaktes Objekt fällt, sich genügend stark aufheizt, um Röntgenstrahlung auszusenden. Die gasförmigen Trümmer, die in das zentrale Schwarze Loch stürzen, fallen in einer Spiralbahn ein und bilden eine Akkretionsscheibe. Die Strahlung, die von dieser heißen Gasscheibe – die wegen ihres Drehimpulses außerhalb des Schwarzen Loches gehalten wird – ist im wesentlichen für die Quasarleuchtkraft verantwortlich. Das Gas in der Scheibe verliert allmählich Drehimpuls, während die Schwerkraft es in das Schwarze Loch zieht, wo es schließlich im Unsichtbaren verschwindet. Für jede vorgegebene Masse eines Schwarzen Loches gibt es eine maximale Leuchtkraft, die durch einfallendes, vom Loch verschlungenes Gas erzeugt werden kann. Wenn diese Leuchtkraft überschritten wird, hält der Strahlungsdruck das Einströmen der Materie zurück oder verkehrt sie ins Gegenteil. Auf diese Weise schätzen wir die minimale Masse der Schwarzen Löcher ab, die für die beobachteten Quasarleuchtkräfte erforderlich sind. Diese Massen liegen zwischen 0.1 und 1 Milliarde Sonnenmassen. Diese massenreichen Schwarzen Löcher können auch in Galaxien vorhanden sein, die ein weniger starkes Stadium von Kernaktivität zeigen, wie beispielsweise Seyfert-Galaxien;

Kürzliche Untersuchungen unterstützen die Theorie eines massereichen Schwarzen Lochs für aktive Galaxienkerne und Quasare. Ein solches Loch ist möglicherweise im Kerngebiet der elliptischen Riesengalaxie M 87 vorhanden. Man findet eine ungewöhnlich hohe Sternkonzentration genau im Zentrum der Galaxie, und die Sterne bewegen sich rascher, so als ob ihre zufälligen Bewegungen auf das starke Schwerefeld eines massereichen zentralen Schwarzen Lochs reagieren. Ein solcher Sachverhalt ist bei Quasaren weit schwieriger nachzuweisen, aber die Beobachtungen der Quasarstrahlung können durch das Modell einer dicken Akkretionsscheibe aus heißem Gas, die ein massereiches Schwarzes Loch umkreist, gut erklärt werden.

in diesem Fall ist jedoch die Auftankrate der zentralen Maschine durch einstürzendes Gas oder Sterne stark reduziert, und die Leuchtkraft ist, verglichen mit einem Quasar, relativ gering (typisch etwa 10 Milliarden Sonnenleuchtkräfte).

Unter den verschiedenen Quasartheorien scheint das Modell des *massereichen Schwarzen Lochs* das plausibleste zu sein. Wenn wir dieses Modell annehmen, können wir uns in jeder großen Galaxie Schwarze Löcher vorstellen, die auf der Lauer liegen. Nur von Zeit zu Zeit würden solche massereichen Schwarzen Löcher durch Akkretion von Gas oder Sternen aktiviert werden. Insbesondere zeigen Seyfert-Galaxien Eigenschaften, für deren Erklärung eine starke zentrale Energiequelle erforderlich ist, die auch in der Lage sein muß, intensive Röntgenstrahlung zu erzeugen. Viele optische Eigenschaften von Seyfert-Galaxien, wie die Emissionslinien des Kernbereichs, weisen Ähnlichkeiten mit Quasareigenschaften auf, obwohl die Gesamtenergie beträchtlich kleiner ist.

Es ist wahrscheinlich, daß das Seyfert-Phänomen eine mildere Art der Quasaraktivität ist. Wenn die Auftankrate des zentralen Schwarzen Loches hoch ist, bekommen wir einen Quasar. Schließlich nimmt der Brennstoffvorrat ab, und der Quasar wird eine Seyfert-Galaxie. Am Ende können wir in den Zentren gewöhnlicher Galaxien ein passives Schwarzes Loch haben, das der letzte Überrest dessen ist, was eine viel wildere und leuchtkräftigere vergangene Phase galaktischer Aktivität gewesen sein mag.

Die Statistik der Verteilung von Quasaren über die Rotverschiebungen zeigt, daß die Häufigkeit der Quasare im Universum zu früheren Epochen des Universums hin zunimmt. Sie scheinen bei einer Rotverschiebung von 3 etwa so häufig zu sein, wie wir es für große Galaxien erwarten würden. Offenkundig sind die Quasare in der gegenwärtigen Epoche ausgebrannt. Die Spur einer Quasarphase mag tief in den Kernen naher Galaxien und selbst im Zentrum unserer Galaxis verborgen sein, aber wir wissen wenig über die Kerne von Galaxien.

Hinweise auf ein zentrales Schwarzes Loch in unserer Milchstraße sind außerordentlich widersprüchlich. Einige Beobachtungen deuten auf die Anwesenheit eines massereichen Objekts von etwa einer Million Sonnenmassen hin; andere lassen eher einen dichten Sternhaufen im Zentrum der Milchstraße vermuten. Eine merkwürdige Eigenschaft verdient, erwähnt zu werden: Sowohl die Andromeda-Galaxie als auch ihr elliptischer Zwergbegleiter M 32 zeigen eine Lichtverteilung, die genau im Zentrum jeder der Galaxien ihr Maximum erreicht. Spektroskopische Beobachtungen des Kerns von Andromeda zeigen, daß sich etwa 10 Millionen Sonnenmassen im zentralen Parsek verbergen, und diese können nicht in Form gewöhnlicher Sterne vorliegen, die andernfalls sichtbar sein müßten. Vielleicht handelt es sich hier um ein Schwarzes Loch. Ein noch extremerer Fall könnte die elliptische Riesengalaxie M 87 im Virgohaufen sein, die ebenfalls eine zentrale Spitze hat. In diesem Fall haben spektroskopische Untersuchungen kürzlich ergeben, daß die Sternverteilung eine höhere Geschwindigkeitsstreuung zu dieser Spitze hin zeigt. Das bedeutet, daß sich die Sterne sehr schnell bewegen, was zu erwarten wäre, wenn sich eine extreme Massenkonzentration im Zentrum der Galaxie befindet. Es ist denkbar, daß wir eine Sternverteilung beobachten, die sich um ein sehr massereiches und kompaktes Zentralobjekt, beispielsweise ein riesiges Schwarzes Loch, angesammelt hat. Die abgeleitete Masse im Zentrum von M 87 übersteigt eine Milliarde Sonnenmassen. Eine weniger radikale Möglichkeit ist, daß sich die Überreste massereicher Sterne, vielleicht Neutronensterne oder Schwarze Löcher, infolge dynamischer Relaxation im galaktischen Kern stärker zum Zentrum hin konzentriert haben als weniger massereiche Sterne. Die sich daraus ergebende Massenkonzentration könnte genügend gewöhnliche Sterne anziehen, um die zentrale Lichtspitze zu erklären.

Ein ähnliches Phänomen könnte in einigen Kugelsternhaufen aufgetreten sein, in denen die Lichtverteilung ebenfalls eine zentrale Spitze aufweist. Man vermutet, daß massereiche Sternüberreste sich in den zentralen Bereichen konzentriert haben. Hier ist das Phänomen noch aufregender geworden, weil man damit verknüpfte Röntgenemission beobachtet hat. Periodische Röntgenausbrüche überlagern sich einer Komponente stetiger Röntgenemission. Die Örter der Röntgenquellen in Kugelsternhaufen zeigen, daß im Mittel die Röntgenquelle nicht exakt im Zentrum liegt, wie wir es im Fall eines massereichen, mehr als 100 Sonnenmassen umfassenden Schwarzen Loches erwarten würden; sie ist stattdessen etwas zum Rand verschoben. Aus diesem Ergebnis können wir als typische Masse für die Röntgenquelle einige Sonnenmassen ableiten. Es ist vorgeschlagen worden, daß wir Zeugen des Einfalls von Überresten auf ein Schwarzes Loch bescheidener Masse, in diesem Fall etwa 3 Sonnenmassen, sind. Die Überreste stammen aus dem Wind eines nahen Begleiters, der sich im Roten-Riesenstadium seiner Entwicklung befindet. Andere Modelle sind ebenfalls möglich, und es wird augenblicklich heftig diskutiert, welches die richtige Erklärung der Röntgenquellen in Kugelsternhaufen ist. Es bleibt jedoch eine Möglichkeit, daß wir hier die Akkretion von Gas auf ein Schwarzes Loch beobachten.

Wie bilden sich solche massereichen Schwarzen Löcher? Schwarze Löcher von wenigen Sonnenmassen, wie im Fall von Kugelhaufen, könnten sich am Ende der normalen Sternentwicklung gebildet haben. Wie wir im nächsten Kapitel sehen werden, sind die frühen Stadien der galaktischen Entwicklung durch die rasche Entwicklung einer frühen Generation vieler massereicher Sterne von bis zu 100 Sonnenmassen gekennzeichnet, die den größten Teil der schweren Elemente erzeugt haben, die nun in Sternen wie unserer Sonne gefunden werden. Diese massereichen Sterne hinterließen Überreste in Form von Schwarzen Löchern, von denen einige masseärmere Sternbegleiter besitzen, die sich schließlich in Rote Riesen entwickeln und die mit ihnen verbundenen Schwarzen Löcher füttern. Wir können vermuten, daß diese Schwarzen Löcher im dichten Kern einer Galaxie schließlich zu einem viel größeren Schwarzen Loch zusammenfielen. Als Ergebnis eines kontinuierlichen Wachsens durch Verschlingen von nahen Sternen und Gas erreicht das zentrale Schwarze Loch schließlich seine augenblicklich dominierende Stellung in Quasaren und, vielleicht in geringerem Maße, in den weniger leuchtkräftigen Kernen aktiver Galaxien.

13

Sternentstehung

Ich behaupte nicht, das Universum zu verstehen – es ist ein ganzes Stück größer als ich.

THOMAS CARLYLE

Vor 10 Milliarden Jahren, vor der Geburt der Sonne, wäre ein Beobachter Zeuge eines spektakulären Schauspiels geworden. Viele Sterne hätten sich gerade gebildet, und die Milchstraße wäre vielleicht hundertmal heller als heute gewesen. Andere Sterne leuchteten gerade als Supernovae auf: ein Hinweis auf ihren gewaltsamen Tod. Im heutigen Universum sind Geburt und Tod der Sterne allgemein beobachtete Ereignisse, und die im Verlauf der Sternentwicklung auftretenden Prozesse sind von den Astronomen wohlverstanden. Wir werden in diesem Kapitel diese Prozesse betrachten, um unser sich herauskristallisierendes Bild der Entwicklung des frühen Universums zu vervollständigen.

Geburt und Tod der Sterne

Wenn ein Stern anfängt, sich zu verdichten, ist er zunächst sehr ausgedehnt. Er leuchtet zuerst als ein sehr leuchtkräftiges rotes Objekt. Allmählich zieht sich der Stern zusammen, wird heiß und sendet etwas weniger verschwenderisch Strahlung bei kürzeren Wellenlängen aus. Wenn der Stern recht massereich ist, etwa 20 Sonnenmassen besitzt, wird er seinen Vorrat an Kernbrennstoff rasch erschöpfen. Für einen Stern ist das Leben ein gefährlicher Balanceakt zwischen dem nach innen wirkenden Sog der Schwerkraft und dem nach außen wirkenden Druck des heißen Gases im Innern, das dazu neigt, zu expandieren und abzukühlen. Wenn der Kernbrennstoff einmal erschöpft ist, kann der Stern nicht mehr länger die Druckdifferenz aufrechterhalten, die ihn gegen die Schwerkraft stützt. Im Kern des Sterns tritt ein katastrophaler Kollaps ein, und das Ergebnis ist eine Supernovaexplosion – die äußeren Schichten des Sterns werden in einem hellen Lichtblitz weggeschleudert.

In den frühen Jahren unserer Milchstraße erlitten viele Sterne einen gewaltsamen Tod durch Supernovaexplosionen, heute jedoch ist eine Supernova ein seltenes Ereignis. Die letzten in der Galaxis beobachteten Supernovae sind nach ihren Entdeckern, den Astronomen Tycho Brahe und Johannes Kepler benannt. Es geht die Sage, daß die nächste helle Supernova die Geburt oder den Tod eines berühmten Astronomen anzeigen wird.

Ein großer Teil unserer Galaxis wird durch interstellaren Staub verdeckt, und es ist leicht möglich, daß Supernovae vor kürzerer Zeit aufgeleuchtet sind. Wir können durch das Studium anderer Galaxien eine bessere Vorstellung von der Rate der Supernovaexplosionen bekommen (Abb. 13.1). Man beobachtet einen plötzlich aufleuchtenden Stern, der im Verlauf von Wochen heller als eine Milliarde Sonnen wird. Die Supernova liefert einen merklichen Beitrag zum Licht der gesamten Galaxie. Innerhalb eines Jahres wird die Supernova rasch schwächer und läßt sich bald nicht mehr von den anderen Sternen der Galaxie unterscheiden.

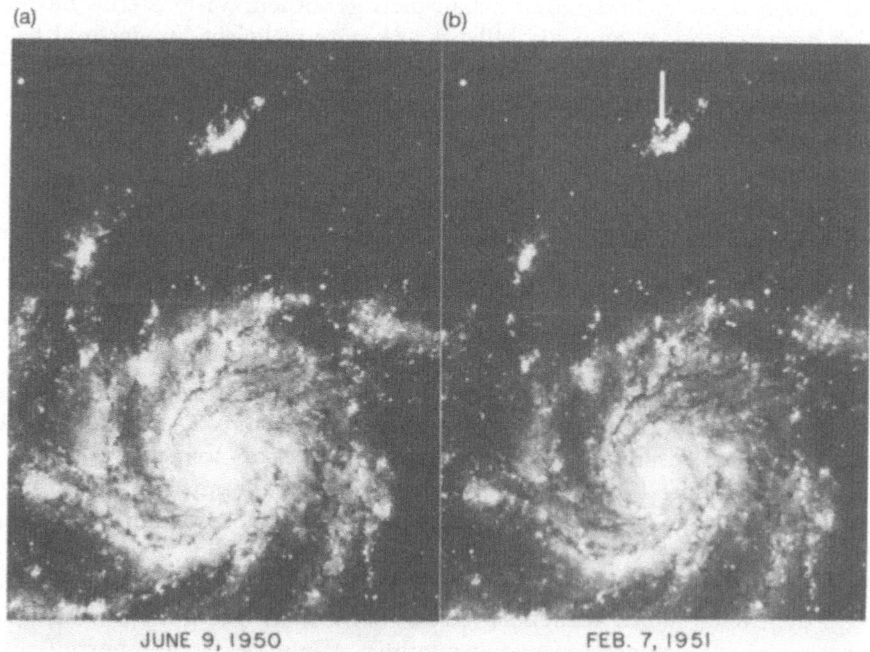

Abb. 13.1 Eine Supernova in einer anderen Galaxie
Photographien der Spiralgalaxie M 101 ohne (a) und mit (b) Supernova.

Am 23. Februar 1987 gab es große Aufregung unter den Astronomen, als die seit 300 Jahren hellste Supernova entdeckt wurde. Sie leuchtete in der großen Magellanschen Wolke auf, dem nächsten Nachbar unserer Galaxis, und ihr Kollaps wurde zuerst in tief unter der Erde liegenden Neutrinodetektoren in Japan und Cleveland, USA aufgezeichnet. Kurz nach dem Neutrinoblitz beobachteten Astronomen in Chile und Australien einen hell leuchtenden Stern etwa dritter Größe. Seine Helligkeit war um das Millionenfache angestiegen. Im Lauf der nächsten zwölf Monate nahm sie langsam wieder ab, sie wird aber noch über viele Jahre mit großen Teleskopen untersucht werden können. Diese Supernova mit der Bezeichnung SN1987a wird in die astronomischen Geschichtsbücher als die erste Supernova eingehen, bei der ein Neutrinoausbruch beobachtet wurde: Das bestätigt die Theorie, daß der innere Kern des Sterns kollabiert und seinen letzten Energievorrat abgibt. Supernovae sind weitaus heller und gewaltiger als die wesentlich häufiger auftretenden Novae. Ein Stern kann wiederholte Novaausbrüche erfahren, ein Supernovaausbruch ist jedoch wahrhaft katastrophal – der Stern geht zugrunde. Man findet solche Supernovaausbrüche in anderen, unserer Milchstraße vergleichbaren Spiralgalaxien etwa alle dreißig oder fünfzig Jahre. Wir glauben, daß in den frühen Jahren unserer Galaxis Supernovae weit häufiger auftraten, daß vielleicht sogar jedes Jahr eine Supernova aufleuchtete. Unsere Galaxis muß in ihrer Jugend unglaublich viel aktiver gewesen sein als heute.

Man muß eine ganze Menge Detektivarbeit leisten, um zu dieser recht bemerkenswerten Aussage über die frühe Entwicklung unserer Galaxis zu gelangen. Als erstes nehmen wir an, daß die schweren Elemente, die selbst in den ältesten Sternen gefunden werden, in Supernovae erzeugt worden sein müssen. Elemente, die etwa so schwer wie Eisen sind, können nur unter den extremen Dichten und Drucken synthetisiert worden sein, die in den letzten Stadien der Sternentwicklung auftreten. Diese schweren Elemente werden durch eine Supernovaexplosion in das interstellare Medium herausgeschleudert. Das angereicherte Gas vermischt sich dann mit älterem Gas und wird in einer späteren Generation der Sternentstehung wiederverwendet. Große Anzahlen von Supernovae müssen explodiert sein, um die heute beobachtete Häufigkeit der schweren Elemente zu erklären. Viele dieser Supernovaexplosionen müssen während der sehr frühen Entwicklung unserer Galaxis aufgetreten sein, als die Milchstraße relativ weit ausgedehnt war.

Die ältesten von Astronomen untersuchten Sterne finden sich im galaktischen Halo. Sie haben sich offenbar während des anfänglichen Kollapses der Galaxis gebildet. Die Bestimmung des Alters eines Sterns ist ein kompliziertes Verfahren. Es ist nötig, die Rate zu berechnen, mit der ein Stern seinen Kernbrennstoff verbraucht. Je masseärmer ein Stern ist, umso kühler wird die Temperatur in seinem Zentrum sein, da weniger Druck benötigt wird, um den Stern gegen den Gravitationskollaps zu halten. Folglich sind masseärmere Sterne kühler und strahlen weniger effizient. Man hat herausgefunden, daß die Leuchtkraft eines Sterns nur von seiner Masse abhängt, zumindest während der wasserstoffbrennenden Phase. Die geringere Freisetzungsrate von Kernenergie, die für die geringe Leuchtkraft gebraucht wird, führt zur längeren Lebensdauer dieser massearmen Sterne. Wasserstoffbrennende Sterne von einer Sonnenmasse leben etwa 10 Milliarden Jahre, aber Sterne von 20 Sonnenmassen können nur einige Millionen Jahre überdauern. Massereiche Sterne brauchen ihren Vorrat an Kernbrennstoff rasch auf, und sie bezahlen dies durch ein kürzeres Leben.

Sterne, die ihren Vorrat an Kernbrennstoff in Form von Wasserstoff aufgebraucht haben, verbrennen in der nächsten Stufe Helium zu Kohlenstoff. Nachdem das Helium im Kern des Sterns erschöpft ist, werden schwerere Kerne verbrannt, bis der Stern schließlich kollabiert. Heliumbrennende Sterne kleiner Masse werden in Kugelhaufen gefunden, die sich aus den ältesten Sternen der Galaxis zusammensetzen. Man schätzt ihr Alter auf etwa 15 Milliarden Jahre. Im Vergleich zur Sonne sind diese alten Sterne oft arm an schweren Elementen. Wie wir in Kapitel 15 sehen werden, ist der Ursprung der schweren Elemente aufs engste mit der frühesten Entwicklung unserer Galaxis verbunden.

Wir sind ziemlich sicher, daß massereiche, kurzlebige Sterne zu Supernovae werden. Im Gegensatz dazu haben Sterne wie die Sonne ein sehr langes Leben. Vielleicht enthielt die frühe Galaxis vorwiegend massereiche Sterne, andernfalls würden wir viele Sterne mit etwa einer Sonnenmasse beobachten, die nur wenige oder keine schweren Elemente besitzen. Stattdessen finden wir einen überraschenden Mangel an Sternen mit einem völligen Defizit an schweren Elementen. Selbst die ältesten Sterne scheinen etwa ein Prozent der Häufigkeit schwerer Elemente zu haben, wie sie in der Sonne gefunden wird. Kurzlebige, massereiche Sterne müssen die schweren Elemente für das Gas geliefert haben, aus dem sich spätere Sterngenerationen kondensierten.

Eine andere Art von Beobachtungen, die uns erlauben, Schlüsse über die Frühphasen der Galaxien zu ziehen, ist die Untersuchung der Spektren entfernter Galaxien. Spektren der inneren und äußeren Gebiete einer Galaxie unterscheiden sich oft in ihrem Charakter. Viele Milliarden Sterne tragen zum Licht einer solchen Galaxie bei, und die Sternpopulation scheint zu den zentralen Bereichen einer Galaxie hin eine systematisch höhere Metallhäufigkeit aufzuweisen. Diese Beobachtung legt folgendes nahe: Als sich die Sterne entwickelten und angereichertes Material abwarfen, fiel vermutlich das mit schweren Elementen angereicherte Gas in die inneren Gebieten

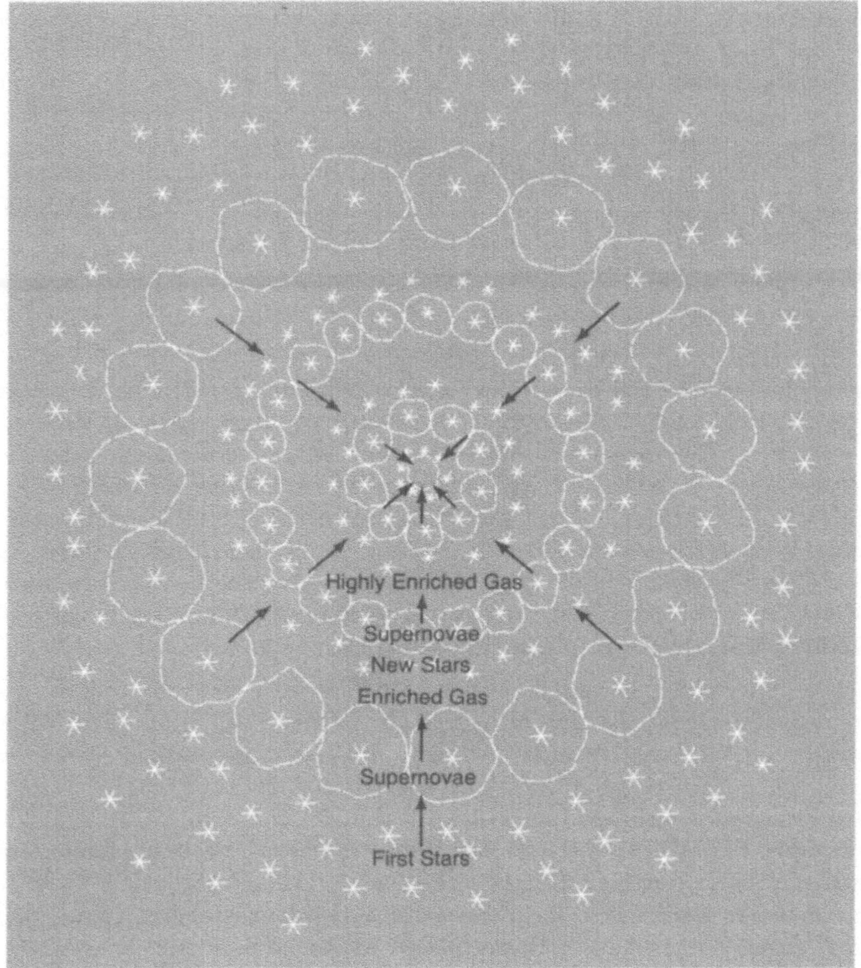

Abb. 13.2 Anreicherung der Galaxis
Supernovae und entwickelte Sterne erzeugen in den äußeren Gebieten der Galaxis, wo die ersten Sterne (First Stars) entstanden sein müssen, angereicherte Materie (Enriched Gas). Diese ausgeschleuderte Materie fällt zum Zentrum hin und sammelt sich schließlich in Wolken an, aus denen Sterne entstehen (New Stars). Die Sterne ihrerseits erzeugen stärker angereichertes Material. Auf diese Weise bildet sich ein Anreicherungsgradient aus, derart, daß die Sterne mit der größten Anreicherung schwerer Elemente (Highly Enriched Gas) nahe dem Zentrum der Galaxis zu finden sind.

einer Galaxie, wo es sich mit noch nicht prozessiertem Material vermischte und zu einer folgenden Sterngeneration kondensierte. Dieser Prozeß mag sich einige Male abgespielt haben (Abb. 13.2). Das Endergebnis ist, daß die am weitesten innen liegenden Sterne zunehmend stärker mit schweren Elementen angereichert sind als Sterne, die sich in größerer Entfernung vom Zentrum befinden. Der Einfall von Gas und die fortschreitende Anreicherung durch die Bildung und Explosion massereicher Sterne war offenbar ein wichtiger Prozeß bei der frühen Entwicklung der Galaxien.

Die ersten Sterne

Wir kommen jetzt zu unserem Versuch zurück, die Entwicklung der Galaxis zu rekonstruieren, indem wir betrachten, wie sich die ersten Sterne gebildet haben könnten. Eine frühe kollabierende protogalaktische Gaswolke bestand wohl vorherrschend aus Wasserstoff, der Rest, etwa 10 Prozent, bestand aus Heliumatomen. Zu Anfang gab es so gut wie keine schwereren Elemente. Das Gas, das anfänglich recht kalt gewesen sein mag, heizte sich im Verlauf des Kollapses der Wolke auf. Hierbei bildeten sich turbulente Wirbel, die verschmolzen und ihre Energie in Wärme dissipierten. Auf diese Weise wurden die großräumigen Bewegungen, die eigentlich dazu neigen, sich im Verlauf des Kollapses zu verstärken, durch Turbulenz und Bildung von Schockwellen allmählich dissipiert.

Das kollabierende Gas wurde jedoch bald genügend dicht, um durch atomare Stöße erzeugte Energie abzustrahlen. Es heizte sich auf etwa 10 000 K auf. Bei dieser Temperatur ist Wasserstoff teilweise ionisiert. Wegen einer grundlegenden Eigenschaft des Wasserstoffatoms blieb das Gas im Verlauf des Kollapses bei dieser Temperatur. Wenn sich die Temperatur erhöhte, begannen sich Atome und freie Elektronen rascher zu bewegen, ionisierten dadurch mehr Wasserstoffatome und setzten mehr Elektronen frei. Diese neuen freien Elektronen kollidierten mit anderen Wasserstoffatomen und übertrugen Energie auf sie. In angeregten Atomen, die gerade einen solchen Stoß erlitten haben, befinden sich die gebundenen Elektronen auf einem höheren Energieniveau als vor dem Stoß; sie können ihre überschüssige Energie aber nicht behalten und strahlen sie fast augenblicklich in Form eines diskreten Strahlungsquantums ab (Abb. 13.3). Infolgedessen ist das Gas bei einem höheren Ionisationsgrad besser imstande, etwas von seiner inneren Energie abzustrahlen. Anders ausgedrückt, seine Abkühlungsrate vergrößert sich.

Dieser Prozeß reguliert sich selbst. Wenn das Gas stark abkühlt, werden alle freien Elektronen verschwinden. Eine Abkühlung bedeutet, daß die freien Elektronen Energie verlieren. Sie werden langsamer und können nun leichter von Protonen eingefangen werden, und es werden Atome gebildet. Wenn eine überhäufige Rekombination zu Atomen auftreten würde, wäre

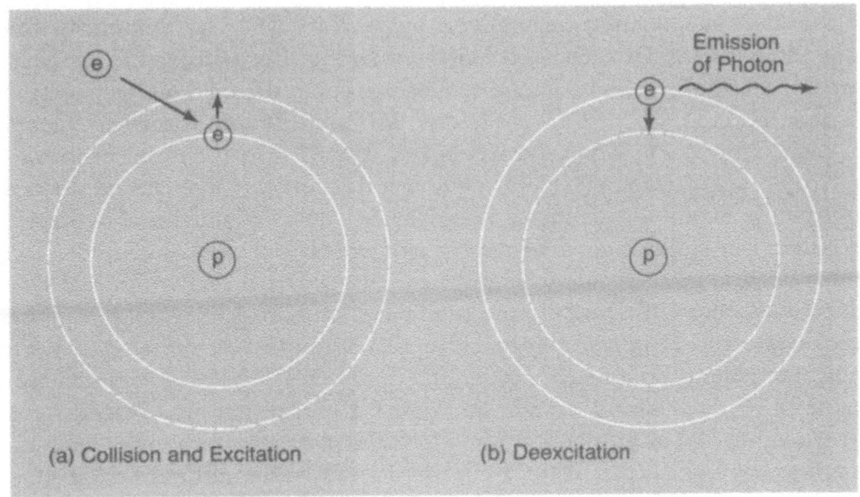

Abb. 13.3 Abkühlung durch Strahlung
Die Energie rasch bewegter freier Elektronen wird in Strahlung verwandelt, wenn Elektronen mit Wasserstoffatomen zusammenstoßen (Collision) und die gebundenen Elektronen im Atom anregen (Excitation; a). Das Ergebnis ist eine Abkühlung (Energieverlust) des Gases durch Strahlung (Emission of Photon; b).

eine Abkühlung nicht länger möglich. Die beim fortschreitenden Kollaps der Wolke freigesetzte gravitative Energie würde nun das Gas aufheizen und wieder ionisieren. Das Gas hält offenbar ein empfindliches Gleichgewicht zwischen Ionisation und Abkühlung aufrecht. Die Temperatur bleibt bei etwa 10 000 Grad, weil Wasserstoff bei dieser Temperatur durch die atomaren Stöße in teilweise ionisierter Form vorliegt.

Wir scheinen einen natürlichen Thermostaten entdeckt zu haben, der verhindert, daß sich die Temperatur im Verlauf des Kollapses merklich erhöht oder verringert. Da die Temperatur nicht ansteigt, steigen bei der Komprimierung der Wolke die Druckkräfte, die ein Zerfallen der Wolke zu verhindern suchen, nicht so schnell an wie die Gravitationskräfte. Infolgedessen zerfällt die Wolke in kleinere und dichtere Fragmente. In jedem dieser Fragmente halten sich die Schwerkraft und die Druckkräfte anfangs die Waage. Im Verlauf des Kollapses der Wolke kollabieren aber auch die Fragmente. Sie werden sich immer weiter in Unterfragmente aufspalten, solange das Gas ungehindert Energie durch Strahlung verlieren kann. Solange Strahlung ungehindert ausgesandt werden kann, können Druckkräfte sich nie genügend erholen, um den Kollaps zu stabilisieren oder ihm entgegenzuwirken.

Wenn die Dichte schließlich genügend angestiegen ist, wird selbst das schwach ionisierte Wasserstoffgas undurchsichtig. Wenn dies auftritt, kann die Strahlung nicht mehr ungehindert entweichen. Die Gastemperatur beginnt anzusteigen, dadurch erhöht sich der Druck. Bei genügender Verdichtung werden Elektronen an Wasserstoffatome gebunden und bilden negative Wasserstoffionen (H^-). Anders als das Wasserstoffatom absorbiert dieses Ion Licht sehr stark. Wenn die Häufigkeit von H^--Ionen auf ein bestimmtes Niveau angestiegen ist, bleibt demnach die von den Wasserstoffatomen ausgesandte Strahlung gefangen, und das Gas kann sich nicht mehr effizient abkühlen. Der Kollaps der Wolke setzt sich jedoch fort, weil die Gravitation immer noch stärker ist als jede gegengerichtete Druckkraft, und das Gas heizt sich wieder auf. Die weitere Fragmentation hört schließlich auf, wenn Druckkräfte die Fragmente gegen ihre Eigengravitation aufhalten. Wenn die protostellaren Fragmente erst einmal durch Druck gestützt werden, treten sie in einen Zustand extrem langsamer Kontraktion ein. Wegen ihrer neu erlangten Opazität, die hilft, die Strahlung gefangen zu halten, strahlen sie mit stark verringerter Rate. Kein Stern kann völlig undurchsichtig sein. Das Zentrum muß immer heißer sein als das Außengebiet, um die Druckdifferenz aufrecht zu erhalten, die den Stern gegen seine Eigengravitation unterstützt. Die Strahlung aus dem Zentrum muß schließlich herausdiffundieren, und wenn sie viele Absorptions- und Reemissionsprozesse erfährt, wird die Energie der einzelnen Photonen stark herabgesetzt.

Während der Frühphasen der Sternentstehung bildet sich ein kompakter, undurchsichtiger *protostellarer Kern*, der durch die Akkretion von Materie aus der verdünnten und durchsichtigen Umgebung an Masse zunimmt. Die ursprüngliche Wolke rotierte, und die akkretierende Materie bildet eine abgeplattete, rotierende, dichte protostellare Gasscheibe. Die einfallende Materie spiralt ins Innere und setzt beim Auftreffen auf den Kern Energie in Form von Wärme frei. Das heiße Gas strahlt seine Energie ab, und die gravitative Kontraktion des Kerns setzt sich fort. Die Temperatur des Kerns steigt im Verlauf der Kontraktion ständig an. Die protostellare Kontraktionsphase ist erst zu Ende, wenn das Zentralgebiet so dicht und heiß geworden ist, daß Kernreaktionen einsetzen.

Mehrere Reaktionen treten in großer Zahl auf. Bei ausreichend hoher Energie stößt ein Protonenpaar mit genügend großer Gewalt zusammen, um zu verschmelzen und dabei ein Neutrino und eine positive Ladung in Gestalt eines Positrons (eines positiv geladenen Elektrons) abzugeben. Das Endprodukt dieser Fusion ist ein Deuteriumkern (schwerer Wasserstoff), der aus einem Proton besteht, das an ein Neutron gebunden ist. Wenn die Temperatur auf einige Millionen Grad angestiegen ist, sind die Protonen genügend schnell, um die zwischen ihren gleichen Ladungen bestehende Abstoßungskraft zu überwinden und sich zu vereinigen. Die Deuteriumsynthese setzt die erste Kernenergie frei: Ein freies Proton und ein Neutron wiegen etwas mehr als ein Deuteriumkern, und dieser Massenunterschied wird in Form von Kernenergie freigesetzt. Zum Ausgleich besitzt der Deuteriumkern eine Bindungsenergie (die Energie, die aufgewendet werden muß, um ihn in ein freies Neutron und Proton aufzuspalten) von 2.25 Millionen Elektronvolt. Das entspricht etwa 0.1 Prozent seiner Ruhemasse. Dies ist im Vergleich zu anderen Kernreaktionen nicht viel, und tatsächlich kann Deuterium durch das heiße Strahlungsfeld im Zentrum des Protosterns leicht zerstört werden. Wenn diese zerbrechlichen Deuteriumkerne einmal zerstört sind, bilden sie sich nicht wieder, und schließlich entstehen aus Wasserstoffkernen Heliumkerne, die jeweils aus zwei Protonen und zwei Neutronen bestehen. Im Gegensatz zu Deuterium ist Helium ein relativ stabiler Atomkern und kann im Sterninnern bei Temperaturen von etwa 10 Millionen Grad recht vergnügt überleben.

Dieser Verschmelzungsprozeß von Wasserstoff zu Helium setzt eine beträchtliche Energie frei. Ein kleiner Teil (0.007) der ursprünglichen Ruhmasse des Wasserstoffs wird in Form von hochenergetischen Photonen und Neutrinos in reine Strahlung verwandelt. Diese Kernreaktionen liefern im Kern des Sterns eine stetige Quelle von Wärme und Strahlung. Die gravitative Kontraktion hört auf, und die Leuchtkraft des Sterns wird konstant: Der Stern hat sich nun auf die wasserstoffbrennende *Hauptreihe* entwikkelt (Abb. 4.3). Die Sonne ist ein ganz gewöhnlicher wasserstoffbrennender Hauptreihenstern. Wenn Sterne ihren Wasserstoffvorrat im Kern erschöpft haben, verlassen sie die Hauptreihe. In der Folge entwickeln sich solche Sterne rascher, kollabieren weiter, heizen sich auf und brennen schwerere Elemente, bis ihr Vorrat an Kernbrennstoff endgültig erschöpft ist.

Das Unterscheidungsmerkmal für die erste Sterngeneration ist das anfängliche Fehlen von Elementen, die schwerer als Helium sind. Infolgedessen war die Fähigkeit der ursprünglichen Materie, sich abzukühlen und schließlich eine Opazität zu entwickeln, beeinträchtigt. Das Vorhandensein schwerer Elemente ist für die Effizienz dieser beiden Prozesse entscheidend. Die Elektronen von Elementen wie Kohlenstoff haben niedrige Energieniveaus, die bei Atomkollisionen in einem relativ kühlen Gas von etwa 100 K angeregt werden können. Moleküle wie Kohlenmonoxid haben noch niedrigere Energiniveaus, die von der Molekülrotation herrühren. Diese Energiezustände treten auch in quantisierten Größen auf, wie es bei Energieniveaus von Elektronen der Fall ist, die in Atomen gebunden sind. Ein molekulares Gas kann durch die Anregung der Rotationsenergieniveaus auf ein paar K abkühlen. Protosterne aus Wasserstoff bildeten sich bei einer relativ hohen Temperatur (etwa 1000 K), weil es keine schweren Elemente gab, die das Gas hätten abkühlen können.

Selbst 1000 K wären für ein metallarmes Gas eine überraschend niedrige Temperatur, wenn es nicht einige Wasserstoffmoleküle gäbe. Wasserstoffatome kühlen durch die Anregung von Energieniveaus der Elektronen ab. Die Anregung erfolgt durch Stöße, und dadurch wird kinetische Energie abgeführt, was eine Abkühlung des Gases zur Folge hat. Das niedigste Energieniveau im atomaren Wasserstoff wird bei einer Temperatur von etwa 10 000 K angeregt, und ein metallarmes Gas könnte sich nicht unter diese Temperatur abkühlen. Wasserstoffmoleküle besitzen jedoch tieferliegende Energieniveaus, die mit der Rotation der Moleküle zusammenhängen. Diese Moleküle bilden sich normalerweise durch eine katalytische Reaktion auf der Oberfläche eines Staubkorns, auf der sich zwei Wasserstoffatome zusammenfinden. Obwohl ein ursprüngliches Gas ohne schwere Elemente keine Staubkörner enthält, bietet die Natur eine andere Möglichkeit zur Bildung von Wasserstoffmolekülen: Der ursprüngliche Wasserstoff ist überwiegend atomar, enthält jedoch geringe Spuren von Elektronen und Protonen. Diese Ionisationsprodukte sind Überbleibsel aus der fernen Vergangenheit: Anfangs gab es ein voll ionisiertes Plasma, der Wasserstoff rekombinierte während der Entkopplungsära, wegen der kosmischen Expansion war die Rekombination jedoch nicht ganz vollständig. Eines unter vielleicht tausend Elektronen fand keinen Protonenpartner. Viel später, als im im Verlauf der Expansion die Strahlungstemperatur auf wenige hundert K abgenommen hatte, konnten sich die übriggebliebenen Elektronen mit Wasserstoffatomen verbinden, um negative Wasserstoffionen zu bilden. Stöße zwischen Wasserstoffgaswolken erzeugen Schockwellen, die ebenfalls zur teilweisen Ionisation des Wasserstoffs führen. Wenn sich die negativen Wasserstoffionen einmal gebildet haben, reagieren sie rasch mit atomarem Wasserstoff und bilden Wasserstoffmoleküle. Am Ende hat sich etwa ein Tausendstel des Wasserstoffs in seine molekulare Form verwandelt. Das reicht aus, um eine starke Abkühlung der kontrahierenden und in der Folge fragmentierenden Gaswolken zu verursachen.

Die Kühlung durch molekularen Wasserstoff wird bei Erreichen hoher Dichten noch wichtiger, weil drei Wasserstoffatome miteinander reagieren können, um ein Wasserstoffmolekül (und ein Atom) zu bilden. Die Dreikörperreaktion verwandelt praktisch den gesamten atomaren Wasserstoff in seine molekulare Form. Schließlich wird die Dichte so hoch, daß die Moleküle durch Stöße dissoziiert werden. Bis dahin ist jedoch schon starke Fragmentation aufgetreten. Die Kühlung durch molekularen Wasserstoff läßt die Fragmentation auf Skalen ablaufen, die bei nur einem Zehntel oder einem Hundertstel einer Sonnenmasse liegen (Abb. 13.4). Es müssen sich auch massereiche Sterne bilden, aber wir können die auftretende Verteilung der Sternmassen nicht verläßlich ableiten. Eine Lösung ist, molekularen Wasserstoff zu zerstören, wie es durch die übermäßige Durchmischung einer Wolke

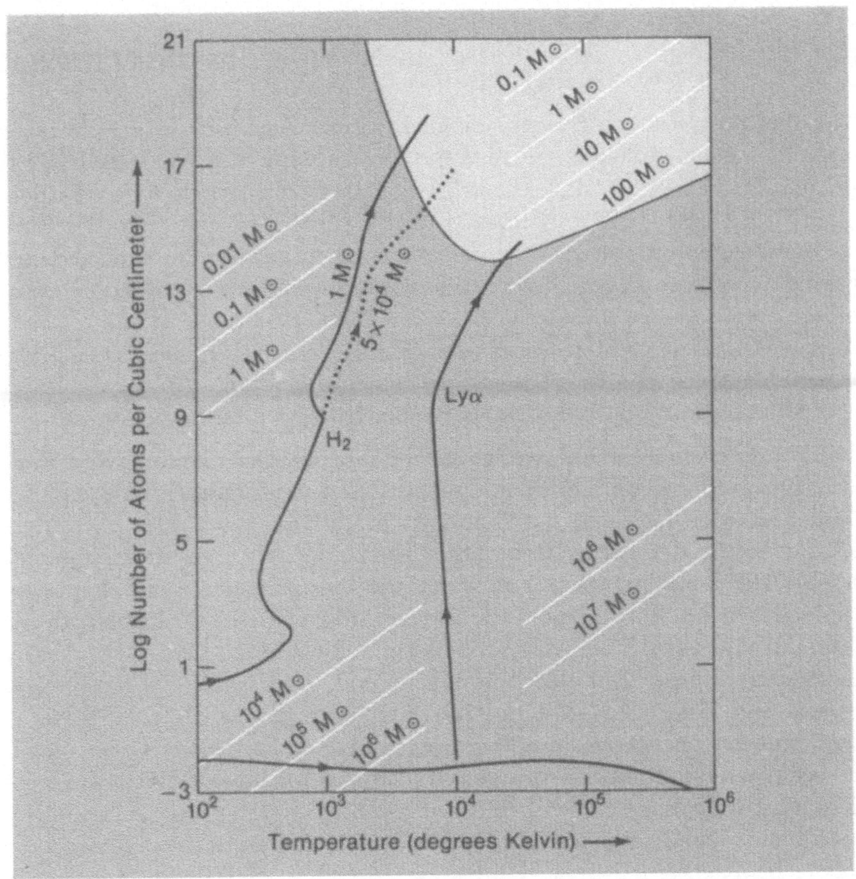

Abb. 13.4 Die Bildung der ersten Sterne
Die Dichte (als Logarithmus der Atomzahl/Kubikzentimeter) einer Gaswolke, aus der sich Sterne bilden können, ist als Funktion ihrer Temperatur (in K) gezeigt. Die Sternentstehung schreitet in Pfeilrichtung voran. Da die ersten Sterne keine schweren Elemente enthielten, konnte sich die nur aus H- und He-Atomen bestehende Gaswolke nicht abkühlen. Waren die Atome teilweise ionisiert, konnten die freien Elektronen mit Atomen kollidieren und Strahlung erzeugen; als Lyα bezeichnet, da es sich um die Linienstrahlung vom ersten angeregten zum Grundzustand des H-Atoms handelt. Die Wolke würde im Verlauf ihres Kollapses und ihrer Fragmentierung bei einer Temperatur von etwa 10 000 K teilweise ionisiert bleiben. Dieser Prozeß hörte auf, als die Fragmente aufgrund von Molekülabsorption undurchsichtig wurden. Die Moleküle bildeten sich bei hohen Dichten, nachdem sich Elektronen an H-Atome angelagert hatten. Wegen der relativ hohen Werte von Temperatur und Druck besaßen die anfänglichen Fragmente viel höhere Massen, vielleicht 10 Sonnenmassen oder mehr, als sie beim Vorhandensein von Staubkörnern hätten, die eine starke Abkühlung hervorrufen. Eine andere Möglichkeit ist, daß sich schon vorher einige H-Moleküle (H_2) bilden. Diese wirken als Thermostat, der die Wolke bei einer Temperatur von etwa 1000 K hält, bis eine sehr hohe Dichte erreicht wird. In diesem Fall können viel kleinere Sternmassen entstehen. Ob Kühlung durch H_2 in den ursprünglichen Wolken eine entscheidende Rolle spielte, ist unklar.

mit dabei auftretenden Schocks möglich wäre. Wenn sich im geschockten Gas keine neuen Moleküle bilden, kann die Kühlung nur bis etwa 10 000 K erfolgen. Das bedeutet, daß eine größere Masse erforderlich wäre, um dem hohen Druck entgegenzuwirken, als es bei kühleren Protósternen, die Wasserstoffmoleküle enthalten, der Fall ist. Folglich sollten die entstandenen Fragmente entsprechend massereich sein, und wir schließen, daß in diesem Fall die ersten Sterne massereicher als die Sonne gewesen sein müßten. Ein typischer Stern der ersten Generation könnte zehnmal massereicher gewesen sein als die Sonne. Er wäre extrem hell gewesen, etwa 10 000 mal heller als die Sonne, und relativ kurzlebig, vielleicht nur 10 Millionen Jahre.

Die Theorie ist nicht exakt genug, um die ursprüngliche Bildung von Sternen kleiner Masse und Sternen großer Masse auseinanderzuhalten. Die Möglichkeit der Kühlung durch molekularen Wasserstoff läßt vermuten, daß die Sterne der ersten Generation genau den gleichen Massenbereich (0.1 bis 100 Sonnenmassen) umfaßten wie die Sterne, die sich heute im interstellaren Medium bilden. Die zweite Möglichkeit, das Kühlen durch atomaren Wasserstoff bei Abwesenheit von molekularem Gas ergibt relativ massereiche Sterne. Ein Beobachtungsbefund unterstützt die zweite Hypothese und löst das „G-Zwerg-Problem". Was ist das für ein Problem? Die Sonne ist ein Zwergstern von Spektraltyp G mit einer Lebensdauer für das Wasserstoffbrennen von etwa 10 Milliarden Jahren. Hätte die erste Sterngeneration eine beträchtliche Zahl von Sternen mit einer Sonnenmasse enthalten, würden wir heute eine große Zahl überlebender metallarmer G-Zwerge beobachten. Untersuchungen der Metallhäufigkeit von Sternen in der Nachbarschaft der Sonne zeigen, daß es immer weniger Sterne mit immer geringerer Metallhäufigkeit gibt. Diese Tatsache kann man am einfachsten verstehen, wenn die überwiegende Mehrzahl der ursprünglichen Sterne viel massereicher war als die Sonne und diese Sterne deshalb schon seit langem erloschen sind. Dies ist nicht die einzige Lösung des G-Stern-Problems: Die frühe Scheibe der Galaxis könnte beispielsweise viel weniger massereich gewesen sein als die heutige Scheibe und deshalb nur wenige metallarme Sterne gebildet haben. Wie immer die ursprüngliche Massenverteilung gewesen sein mag, können wir aus der Tatsache, daß eine Protogalaxie überwiegend aus Gas bestand, schließen, daß die Sternentstehungsrate relativ zu einer heutigen Spiralgalaxie um ein Mehrfaches größer gewesen sein muß. Die frühe Entwicklung einer Galaxie muß in der Tat ein spektakuläres Schauspiel gewesen sein.

Diese Sterne der ersten Generation sind die Quelle der ersten schweren Elemente. Der Wasserstoff in den Zentren der Sterne verbrannte zu Helium, und das Helium verbrannte zu Kohlenstoff. Im innersten Kern zündete schließlich der Kohlenstoff und bildete Sauerstoff und Silizium. Wie wir in

Kapitel 15 sehen werden, ist das Endprodukt – Eisen – das stabilste der Elemente. Der stellare Kern, dessen Energievorrat schließlich erschöpft war, kollabierte in einer heftigen Supernovaexplosion. Die Überreste, die aus angereichertem Material bestehen, das Kernprozesse durchlaufen hat, wurden in das interstellare Medium geschleudert und in Gaswolken gemischt. Diese kollabierten und bildeten die nächste Generation von Sternen. Dieser Zyklus von Geburt und Tod von Sternen kann sich in der jungen Galaxis viele Male wiederholt haben.

Sternentstehung heute

Die allmähliche Zunahme schwerer Elemente im interstellaren Gas, die durch den Tod der ersten massereichen Sterne verursacht wurde, beeinflußte den Sternentstehungsprozeß zunächst kaum, da das angereicherte Material sofort durch das ursprüngliche Gas verdünnt wurde. Die Lebenszeiten massereicher Sterne, die große Mengen Materie abgeben, sind kurz, vielleicht nur wenige Millionen Jahre – nur ein kleiner Bruchteil der dynamischen Zeitskala, die für die Änderung großräumiger Eigenschaften einer Galaxie benötigt wird. Nachdem sich mehrere Generationen massereicher, aus Wasserstoff bestehender Sterne entwickelt hatten und vergangen waren, sollte sich jedoch schließlich der mittlere Grad der Anreicherung durch schwerere Elemente beträchtlich erhöht haben. Der Punkt war erreicht, an dem schwere Elemente bei der Energieabstrahlung aus fragmentierenden Gaswolken eine größere Rolle spielen konnten als Wasserstoff. Schwere Elemente beeinflussen die Entstehung von Protosternen in erster Linie durch die Anwesenheit winziger interstellarer Staubkörner. Diese festen Teilchen sind Sandkörnern vergleichbar, jedoch beträchtlich kleiner. (Typische Körner besitzen einen Radius von nur etwa 0.0001 Millimetern.) Zuerst kondensieren die Staubkörner aus den heißen Gasen, die von entwickelten Sternen abströmen. Die meisten der schweren Elemente in einer typischen interstellaren Wolke scheinen in Form von Staubkörnern vorzuliegen.

Man glaubt, daß Staubkörner aus einer Kombination von steinartigen Materialien mit hohem Schmelzpunkt bestehen, einschließlich Silikaten wie etwa Quarz. Die harten Kerne sind mit einer leicht verdampfbaren Schicht umgeben, die aus Wasser-, Ammoniak- oder Methaneis besteht. Wenn Staubkörner vorhanden sind, wie es in gewöhnlichen interstellaren Wolken der Fall ist, wird der Grad der Durchsichtigkeit der Wolke durch die Menge festen Materials in Form von Körnern entlang der Sichtlinie bestimmt. Wenn die Wolke kollabiert, wird sie sehr undurchsichtig. Ein Lichtstrahl wird viele Male an den Staubteilchen der Wolke gestreut und fast völlig absorbiert.

Wenn eine Wolke kollabiert, führt das Vorhandensein von Staubkörnern zu einer sehr effektiven Kühlung des Gases. Die Körner bleiben kalt und geben

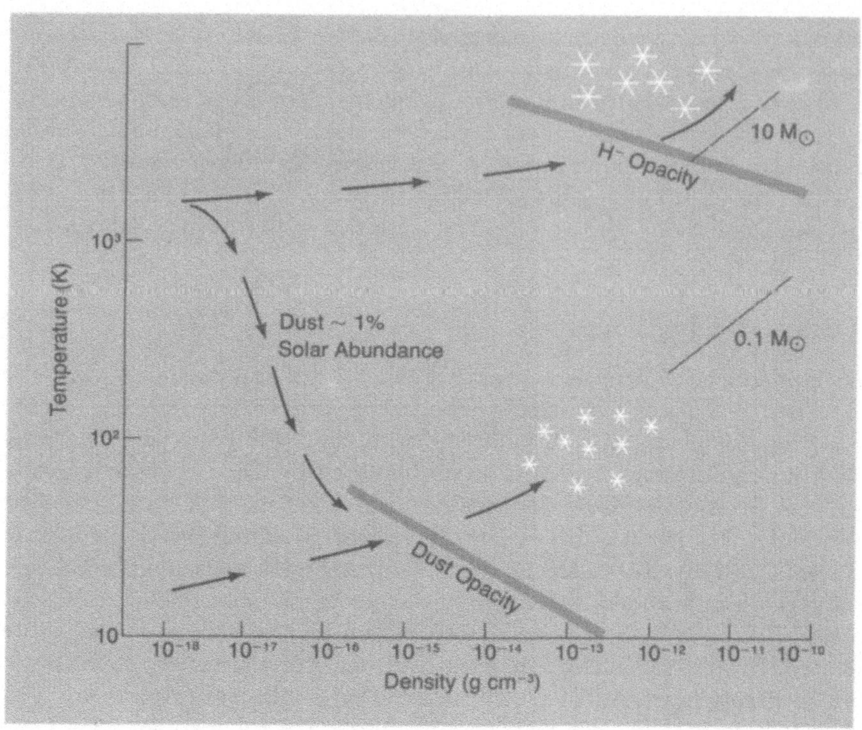

Abb. 13.5 Sternentstehung heute
Für Gaswolken, aus denen sich Sterne bilden, ist die Temperatur (in K) gegen die Dichte (in g cm^{-3}) aufgetragen. Die Opazität des Wasserstoffions (H^- Opacity) liefert in den metallarmen Gaswolken des frühen Universums den einzigen Abkühlprozeß. Wenn die Häufigkeit schwerer Elemente soweit angestiegen ist, daß eine starke Abkühlung möglich wird (hauptsächlich durch Staubkörner; Dust Opacity = Staubopazität), können sich Sterne kleiner Masse bilden. Die Häufigkeit schwerer Elemente muß auf einen Wert von etwa 1 Prozent der Häufigkeit dieser Elemente in der Sonne ansteigen (Staub = Dust ~ 1% Solar Abundance), bevor die Entstehung von Sternen der ersten Generation (vorzugsweise massereichen Sternen) aufhört. Je höher die Häufigkeit schwerer Elemente ist, umso rascher kann eine starke Abkühlung auftreten und sich die Wahrscheinlichkeit der Bildung massereicher Sterne verringern. Pfeile zeigen den Weg der Entstehung der ersten Sterngeneration (oben) und heutiger Sterngenerationen (unten).

Strahlung im fernen Infrarot ab, bei einer Wellenlänge, die viel länger ist als die der von ihnen absorbierten Strahlung. Erinnern wir uns, daß die kleinen Teilchen nur mit Strahlung effektiv wechselwirken können, deren Wellenlänge nicht viel größer ist als sie selbst. Photonen haben im fernen Infrarot Wellenlängen zwischen 0.1 und 0.01 Millimeter und übertreffen damit die größten interstellaren Staubkörner bei weitem. Die Strahlung im fernen Infrarot entkommt daher ungehindert und liefert so einen effizienten Mechanismus für die Kühlung einer dichten Wolke. Irgendwelche im Gas übrigbleibenden schweren Elemente werden wahrscheinlich ausfrieren und Eismäntel um die kalten Körner bilden. Es ist offensichtlich, daß die Zahl und Größe der Körner sowohl die Gastemperatur als auch die Durchsichtigkeit der Wolke bestimmt.

Eine Folge des Vorhandenseins von Staubkörnern ist klar: Wenn mehr als ein bestimmter kritischer Bruchteil an schweren Elementen relativ zum Wasserstoff vorhanden ist, wird die Wolke stärker durch die Körner als durch den Wasserstoff abgekühlt, und die Temperatur fällt dramatisch bis zu vielleicht 10 K. Die Wolke wird weiter kollabieren und abkühlen, sie wird kalt bleiben, solange die Körner ungehindert strahlen können. Es bilden sich immer kleinere Fragmente, bis die kleinsten Fragmente so dicht und undurchsichtig werden, daß ihre Temperatur ansteigen kann und sich protostellare Kerne bilden können. Diese Kerne haben eine relativ kleine charakteristische Masse, wie wir schon im Falle der ursprünglichen Protosterne gesehen haben, bei denen die Kühlung durch molekularen Wasserstoff eine entscheidende Rolle spielte, während Staubkörner und schwere Elemente fehlten. Diese niedrige Masse ist eine direkte Folge der niedrigen Temperaturen (und folglich der niedrigen Drucke), bei denen sich die Kerne bilden können, wenn Moleküle und Staubkörner in einer Wolke vorhanden sind. Man findet die typische Massen der undurchsichtigen protostellaren Kerne bei etwa einer zehntel Sonnenmasse. Die protostellaren Kerne können durch Akkretion an Masse zunehmen, und die Sternentstehung verläuft nahezu so, wie es für Sterne der ersten Generation beschrieben wurde (Abb. 13.5).

Molekülwolken

Das Rohmaterial für Sternentstehung ist das interstellare Gas. Die Milchstraße enthält etwa 2 Milliarden Sonnenmassen diffuses Gas, das entspricht etwa 5 Prozent ihrer in Sternen gebundenen Masse. Die Dichte einer typischen interstellaren Gaswolke ist der eines perfekten irdischen Vakuums vergleichbar, sie liegt bei einigen hundert Atomen pro Kubikzentimeter. Einzelne Wolken erstecken sich jedoch über viele Lichtjahre und in ihrer Gesamtheit geben sie in bestimmten Wellenlängenbereichen ein nachweisbares Signal. Das interstellare Gas wurde zuerst im optischen Teil des Spektrums entdeckt, als man Doppelsterne mit Absorptionslinien fand, die von dazwischen liegenden Natrium- und Kalziumatomen herrührten, deren Position sich nicht mit der Doppelsternperiode änderte. Offenkundig war die Absorption nicht zirkumstellar, sondern interstellar, sie wurde also durch Gaswolken in der Sichtlinie hervorgerufen. Man fand durch die 21-

cm-Strahlung, daß Wasserstoff in großen Mengen den interstellaren Raum erfüllt. Die 21-cm-Strahlung wird aufgrund eines Spinumklapp-Übergangs abgestrahlt; das Elektron und das Proton können im Wasserstoffatom ihre Spinachsen entweder parallel oder antiparallel anordnen. Zwischen diesen beiden Zuständen gibt es einen winzigen Energieunterschied, der einem Photon der Wellenlänge von 21 Zentimetern entspricht. Wasserstoffatome bilden sich in beiden Zuständen, bevorzugen aber den energieärmeren als Endzustand. Beim Übergang in diesen Zustand wird ein Photon der Wellenlänge von 21 cm freigesetzt. Dieser Übergang erfolgt so selten, daß er zum ersten Mal im interstellaren Raum gemessen wurde, wo eine Wolke Tausende von Sonnenmassen Wasserstoff enthält, also genügend Wasserstoffatome, die bei 21 cm strahlen, um ein starkes Signal zu ergeben. Es stellte sich heraus, daß Wasserstoff, der zuerst in den fünfziger Jahren bei 21 cm entdeckt wurde, der Hauptbestandteil dieser Gaswolken ist. Die siebziger Jahre brachten eine neue Entdeckung: Man fand, daß etwa die Hälfte des interstellaren Gases in Form von molekularem Wasserstoff vorliegt. Eine im folgenden Jahrzehnt unternommene hochauflösende Kartierung der interstellaren Wolken bei Mikrowellenfrequenzen führte zur Entdeckung vieler komplexer Molekülarten, die mit dem molekularen Wasserstoff zusammen vorkommen (Abb. 13.6). Moleküle wie Kohlenmonoxid, Formaldehyd, Wasser und Ammoniak treten häufig auf; es gibt in der Tat in einer einzigen Molekülwolke genügend Äthylalkohol, um für eine Party so vieler menschlicher Lebewesen, wie in der Galaxis vorkommen können, auszureichen. Wir wissen, daß das interstellare Medium eine komplexe Mischung von Gas in verschiedenen Zuständen ist: ionisiert, atomar und molekular. Es gibt Komplexe von Riesenmolekülwolken und kleine Globulen, sehr heißes dünnes Gas, Fäden von kühlem atomaren Gas, und schalenförmige Überreste von längst vergangenen Supernovaexplosionen oder Winden von massereichen Sternen.

Molekülwolken sind besonders interessant, weil sie die Orte ständig ablaufender Sternentstehung sind. Molekülwolken sind dichter als Wolken aus atomarem Wasserstoff, da sich die Moleküle aufgrund dieser hohen Dichte erst bilden können. Etwa ein Prozent der Masse einer interstellaren Wolke existiert in Form kleiner fester Staubkörner. Die Konzentration dieser Körner in einer Wolke ist hoch genug, um das Licht dahinterliegender Sterne völlig abzuschirmen und als eine schwarze Wolke auf dem Hintergrund der Milchstraße sichtbar zu sein. Viele Dunkelwolken, die häufig Kugelform besitzen und eine Masse von einigen zehn oder hundert Sonnenmassen haben, sind kartiert worden. Diese Gebiete weisen eine Vielfalt von Molekülarten auf: Nur wenn die ultraviolette Strahlung der Sterne blockiert wird, können sich Moleküle in großer Zahl bilden. Das Gas kann sich mit Hilfe der Moleküle effizient abkühlen, weil Energie sowohl durch die An-

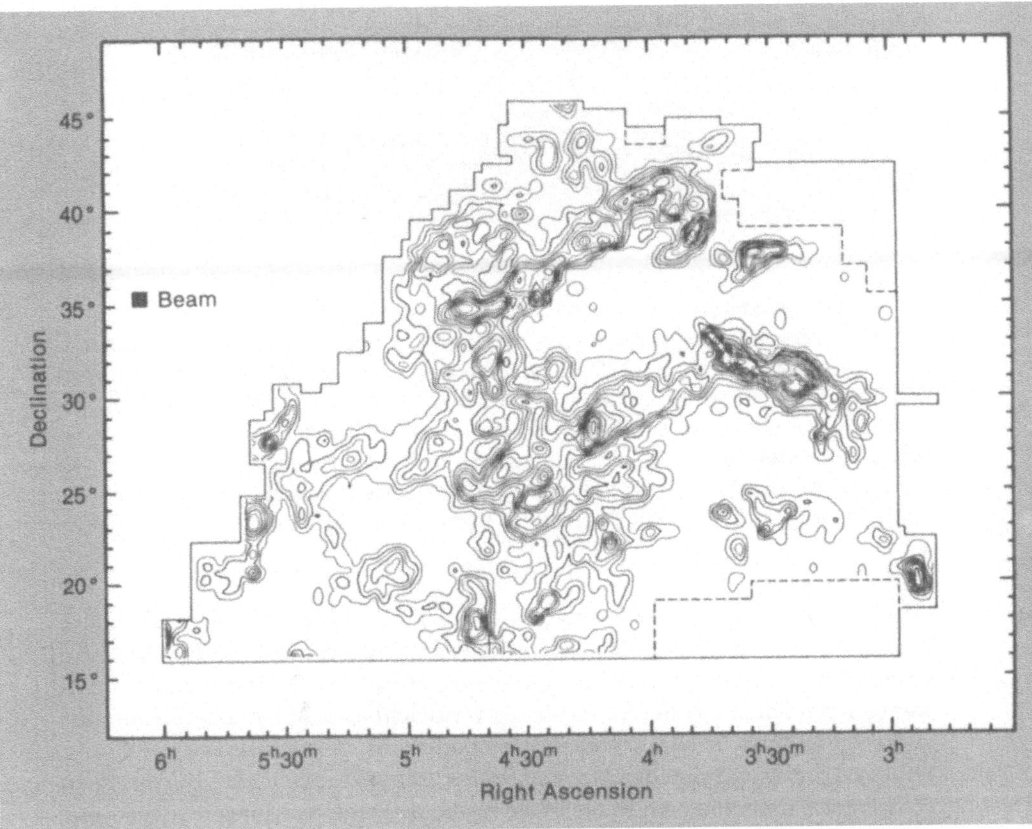

Abb. 13.6 Molekülwolken
Eine Radiokarte von Molekülwolken im Taurusgebiet, erstellt anhand der von Kohlenmonoxid ausgesandten Strahlung. Diese Wolken liegen in einer Entfernung von etwa 500 Lichtjahren; die Kartenskala umfaßt etwa 200 Lichtjahre.

regung von molekularen Energiezuständen als auch durch die Staubkörner in Form von Mikrowellenphotonen abgestrahlt wird. Der Verlust an thermischer Energie bedeutet, daß Druckkräfte beim Stabilisieren der Wolke keine große Rolle spielen können, und das Schicksal dieser Molekülwolken ist, zu kollabieren und Sterne zu bilden.

Die stellare Massenverteilung

Einer der entscheidenden Anhaltspunkte für die Natur der Sternentstehung ist die Massenverteilung neugebildeter Sterne. Heute entstehende Sterne liegen zwischen 0.1 und etwa 100 Sonnenmassen. Es entstehen jedoch re-

Abb. 13.7 Normale und metallarme Sterne
Die Abbildung zeigt Spektrogramme zweier Sterne unserer Galaxis, ein Halostern hoher Geschwindigkeit (HD 140283) und ein normaler Stern ähnlicher Leuchtkraft und Temperatur aus der galaktischen Scheibe (die Sonne = Sun). Die Spektren oberhalb und unterhalb der Sternspektren liefern Referenzlinien für Kalibrationszwecke. Der Stern hoher Geschwindigkeit zeigt für alle Elemente außer Wasserstoff schwache Absorptionslinien. Der Scheibenstern, unsere eigene Sonne, zeigt viele starke Absorptionslinien, die für schwere Elemente wie Kalzium und Eisen typisch sind.

lativ wenige massereiche Sterne, und die große Mehrheit der sich heute in der Milchstraße bildenden Sterne hat relativ bescheidene Massen und Leuchtkräfte. Diese Sterne sind langlebig, Sterne von 1 Sonnenmasse und weniger erreichen ein der Milchstraße vergleichbares Alter. Die Sterne, die zuerst gebildet wurden, scheinen eine andere Massenverteilung gehabt zu haben, denn wir beobachten wenige Sterne mit sehr kleinen Häufigkeiten an schweren Elementen. Außerdem haben die ältesten sichtbaren Sterne, die den Halo bevölkern, Metallhäufigkeiten, die im Mittel bei einem Prozent der Sonnenhäufigkeit liegen (Abb. 13.7). Das Fehlen extrem metallarmer Sterne ist ein Hinweis auf die Natur der Sterne der ersten Generation.

Wie wir bereits gesehen haben, waren die ersten Sterne vorrwiegend massereich, leuchtkräftig und kurzlebig. Die Überreste der Supernovaexplosionen, die den Tod der ersten Sterne kennzeichnen, verursachten einen Anstieg der mittleren Häufigkeit schwerer Elemente auf etwa 1 Prozent der Sonnenhäufigkeit. Nachdem diese Anreicherung stattgefunden hatte, trat eine neue Art der Sternentstehung auf, bei der das Abkühlen durch feste Teilchen dominierte. Dies hatte einen dramatischen Wechsel in der Massenverteilung der neugebildeten Sterne zur Folge: Es konnten sich masseärmere, langlebigere Sterne bilden. Diese Sterne überlebten und bildeten die Sternpopulation, aus der heute der Halo unserer Galaxis besteht. Materie, die im Verlauf der Entwicklung dieser Sterne abgegeben wurde, sammelte sich in der Scheibe der Galaxis, wo sie in darauffolgenden Generationen von Sternen, die sich mit schweren Elementen immer mehr anreicherten, wiederverwendet wurde. Diese allmähliche Anreicherung war während der etwa ersten Milliarde Jahre der Galaxis von Bedeutung, als viel Gas vorhanden und die Sternbildungsrate entsprechend hoch war. Die Sternentstehung ist seit dieser Zeit weitergegangen, doch die Rate der Sternentstehung ist seither relativ klein. In elliptischen Galaxien ist fast das gesamte interstellare Material verlorengegangen, und die Sternentstehung hat praktisch aufgehört. In stark abgeplatteten Galaxien wie den Spiralgalaxien ist genügend Gas übriggeblieben, um weiterhin Sterne zu bilden.

Stellen wir uns eine kollabierende Gaswolke vor, die in eine große Zahl von protostellaren Fragmenten zerfällt. Diese Fragmente besitzen dichte, undurchsichtige Kerne, die von größeren, diffusen Gebieten einfallenden Gases umgeben sind. Zuerst nehmen die protostellaren Fragmente am allgemeinen Zerfall der Wolke teil. Sehr bald jedoch werden Fragmente anfangen zusammenzustoßen. Können wir uns vorstellen, was als Nächstes geschehen wird?

Es scheint klar, daß, ebenso wie die Bewegungen der Planeten durch die Anwesenheit ihrer Nachbarn gestört werden (genau dieser Effekt führte zur Entdeckung des Planeten Neptun), die Fragmente bei Beinahezusammenstößen mit benachbarten Fragmenten nichtradiale Bewegungen aufnehmen. Zunächst sind die Fragmente sehr ausgedehnt, was bedeutet, daß viele direkte Zusammenstöße von Fragmenten auftreten. Die relativen Geschwindigkeiten, bei denen Begegnungen stattfinden, sind im Vergleich zu den Geschwindigkeiten, die nötig sind, ein Fragment zu zerreißen, recht gering. Wir können uns vorstellen, daß die auftretenden Kollisionen sehr „klebrig" sind. Als Analogie können wir uns vorstellen, daß eine Murmel auf einen dicken Teppich statt auf einen harten Fußboden fällt – die Murmel wird beim ersten Abprall viel von ihrer Energie verlieren. Wenn bei einer Kollision viel Energie dissipiert wird, werden die kollidierenden Fragmente gravitativ aneinander gebunden, und es kommt schließlich zu einer Vereinigung. Viele der kleineren Fragmente werden von den größeren verschluckt. Schließlich treten die Kollisionen seltener auf, weil weniger Fragmente übriggeblieben sind und die übriggebliebenen einzelnen Fragmente sich zusammengezogen und verdichtet haben. Auf diese Weise scheint es plausibel, daß eine bestimmte Massenverteilung der Fragmente auftritt, die nicht direkt von den Massen der anfänglichen Fragmente abhängen muß.

Wir können versuchen, eine derartige Theorie zu prüfen, indem wir die beobachtete Massenverteilung der Sterne betrachten (Abb. 13.8). Es gibt viele kleine und wenige große Sterne. Natürlich haben massereiche Sterne kürzere Lebenszeiten, aber wir können diesen Effekt berücksichtigen, weil wir wissen, wie lange Sterne einer bestimmten Masse leben können. Die Kenntnis der Lebenszeit von Sternen verschiedener Masse ermöglicht es den Astro-

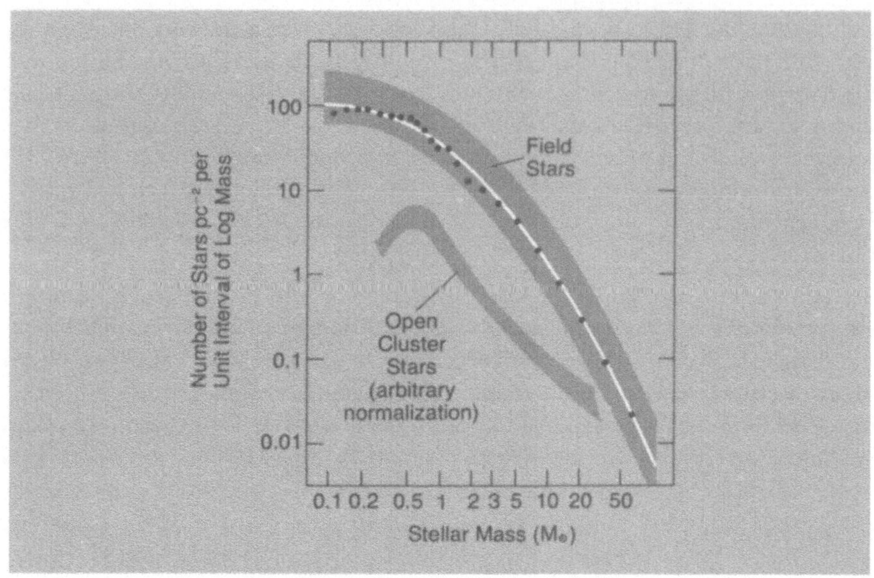

Abb. 13.8 Die ursprüngliche Massenfunktion der Sterne
In diesem Diagramm ist die Zahl der Sterne pro Kubikparsek und pro Einheitsintervall des Logarithmus der Masse gegen die Sternmasse (in Sonnenmassen) aufgetragen, und zwar für Feldsterne (Field Stars) und für Sterne in offenen Sternhaufen (Open Cluster Stars). Im letzten Fall ist die Normierung willkürlich; je nach Sternreichtum des Haufens kann die Kurve nach oben oder unten verschoben werden. Mit wachsender Masse werden immer weniger Sterne beobachtet. Die Zahl der Sterne, die in einem vorgegebenen Gebiet geboren werden, ändert sich etwa mit dem Kehrwert des Quadrats der Sternmasse. Bei kleinen Massen ist diese Beziehung unsicher, da wir solche Sterne nur schwer entdecken können. Einige Dunkelwolken scheinen ein Defizit massereicher Sterne aufzuweisen, und einige junge Sternassoziationen scheinen zuwenig massearme Sterne zu besitzen.

nomen, die Massenverteilung zu berechnen, mit der sich die Sterne gebildet haben. Man findet, daß die Zahl der Sterne einer bestimmten Masse, die in einem bestimmten Gebiet gebildet wurden, in grober Näherung dem Kehrwert des Quadrats der Masse proportional ist. Diese Beziehung wird nach dem amerikanischen Astronomen Edwin Salpeter die *Salpeter-Funktion* genannt. Wir finden, daß verglichen mit der Häufigkeit des Auftretens von Sternen mit 1 Sonnenmasse nur ein Viertel soviel Sterne mit 2 Sonnenmassen auftreten, und nur ein Sechzehntel soviel Sterne mit 4 Sonnenmassen. Wir finden eine ähnliche Massenfunktion in einer Vielzahl von Sternhaufen. Solche Systeme werden gewöhnlich untersucht, weil die Sterne in einem Haufen oft das nahezu gleiche Alter besitzen. Es gibt jedoch Ausnahmen von dieser allgemeinen Regel; einige Gebiete wie beispielsweise Dunkelwolken scheinen ein Defizit an massereichen Sternen aufzuweisen; andere Gebiete, besonders diejenigen, in denen viele junge Sterne gefunden werden, zeigen ein Defizit an massearmen Sternen.

Mit der Entwicklung dieser Theorie können wir hoffen, Unterschiede in den Massenfunktionen, mit denen Sterne entstehen, verstehen zu können. Wahrscheinlich entwickeln sich durch Kollisionen von Fragmenten in allen dichten interstellaren Gaswolken schließlich ähnliche Massenverteilungen. Wo jedoch diese Verteilung auf der Massenskala anfängt und endet, muß zum großen Teil von den örtlichen Bedingungen abhängen. In einer ruhigen kalten Wolke beispielsweise können die ursprünglichen Fragmente sehr kleine Massen haben und Protosterne von nur bescheidener Masse bilden. Wenn die Wolke jedoch – vielleicht aufgrund der Wirkung naher Sterne – anfangs warm oder turbulent war, hätten die ursprünglichen Fragmente einen höheren Druck und können relativ groß sein. In diesem Fall könnten sich massereiche Protosterne bilden, und die Wolke würde keine massearmen Sterne besitzen.

Die Verteilung der Sternmassen liefert einen wichtigen Hinweis auf den Geburtsprozeß der Sterne. Wir beobachten in unserer Galaxis Unterschiede sowohl in den Gebieten aktiver Sternentstehung als auch in Gebieten wie den Kugelhaufen, wo seit mehr als zehn Milliarden Jahren keine Sternentstehung stattgefunden hat. Obwohl unser Verständnis der Theorie der Sternentstehung auf die gröbsten Umrisse beschränkt ist, können wir die beobachtete Sternentstehung mit der überreichen Sternentstehung, die in der Jugendzeit der Galaxis auftrat, in Beziehung setzen.

Wir wollen nun versuchen, unser Wissen über die Sternentstehung auf eine sich bildende Galaxie anwenden. Es scheint, daß Galaxien mit einer unglaublichen Aktivität der Sternbildung ihren Anfang nahmen. Die meisten Sterne waren massereich und kurzlebig, explodierten als Supernovae und lieferten die davon zurückbleibenden schweren Elemente, die wir selbst in den ältesten sichtbaren Sternen unserer Galaxis finden. Während dieser gesamten Phase mag sich die Galaxie noch in einem Zustand dynamischer Kontraktion aus der Gaswolke, aus der sie kondensierte, befunden haben. Die Zeit des freien Falls, die eine solche Wolke benötigt, um in ein Objekt von der Größe der Galaxis zu kondensieren, beträgt etwa 100 Millionen Jahre, Zeit genug für viele Zyklen massereicher Sternbildung. Ein Stern von 30 Sonnenmassen erschöpft seinen Vorrat an Kernbrennstoffen in wenigen Millionen Jahren. Nachdem sich die schweren Elemente auf das kritische Niveau von etwa 1 Prozent der Häufigkeit der schweren Elemente in der Sonne angereichert hatten, war die Bildung der ersten Sterngeneration praktisch abgeschlossen. Seit dieser Zeit spielten Staubkörner eine entschei-

Abb. 13.9 Ein Gebiet aktiver Sternentstehung
Im Kegelnebel gibt es eine Anzahl junger Sterne, sogenannte *T Tauri-Sterne*, die noch in die dichte Wolke interstellaren Gases eingebettet sind, aus der sie sich gebildet haben. Der hellste diffuse Fleck ist ein Gasnebel (eine H II-Region), der von sehr massereichen jungen Sternen ionisiert wird. Ein Teil der Nebelmaterie ist durch das reflektierte Licht dieser Sterne sichtbar. Kalte staubförmige Materie erscheint als Schattenriß gegen das Sternfeld des Hintergrundes; sie ist eine starke Quelle molekularer Linienstrahlung.

dende Rolle, da sie das Abkühlen von Gaswolken und das Fortschreiten der Fragmentation bis zu Massenskalen von wesentlich weniger als einer Sonnenmasse ermöglichten. Langlebige Sterne wie die Sonne bildeten sich, und die Galaxie begann, ihre heutige Sternverteilung zu erlangen. Die Theorie der Sternentstehung durch Fragmentierung ermöglicht es uns, den heute beobachteten Bereich von Sternmassen zu verstehen.

Die Sternentstehung ist ein fortlaufender Prozeß. Es gibt Gebiete in der Milchstraße, wo wir viele junge Sterne sehen können, die nach dem Prototyp im Taurusgebiet als T Tauri-Sterne bezeichnet werden. Es handelt sich um Sterne kleiner Masse, die kühl und im Vergleich zu wasserstoffbrennenden Sternen relativ ausgedehnt sind. Man nimmt an, daß sie sich kürzlich (einige im Lauf der letzten 10^5 Jahre) aus dem interstellaren Medium kondensiert und die Hauptreihe der Sternentwicklung noch nicht erreicht haben (Abb. 13.9). Viele dieser Sterne sind noch in dichten Staub und molekulares Gas eingehüllt, das auch eine starke Quelle von Spektrallinien ist. Ein noch früheres Stadium im Prozeß der Sternentstehung mögen die Bok-Globulen (benannt nach dem niederländisch-amerikanischen Astronomen Bart Bok) darstellen (Abb. 13.10). Diese kompakten Dunkelwolken sind so dicht, daß sie das Licht der dahinterliegenden Sterne vollständig abschatten. Man glaubt, daß Bok-Globulen im Begriff sind, zu Protosternen zu kollabieren, und sich vielleicht im letzten Stadium der Fragmentation befinden. Beobachtungen der molekularen Linienstrahlung ermöglichen es den Radioastronomen, in noch dichtere Gaswolken hineinzuspähen; hier finden sie auch Beobachtungshinweise dafür, daß Sterne durch Fragmentierung in Gasklumpen von protostellarer Größe entstehen. Die Kartierung molekularer Wolken mit Teleskopen für das ferne Infrarot sowohl vom Erdboden, dem Luftraum oder dem Weltraum aus (in Ballonen, in einem Observatorium an Bord eines umgebauten Flugzeugs oder in einem kürzlichen Satellitenexperiment) hat uns die Möglichkeit gegeben, tief in die dichtesten Kerne der Molekülwolken einzudringen und die frühesten Stadien der Sternentstehung zu sehen. In diesen Kernen sind protostellare Ausflüsse entdeckt worden, ein mit der Entstehung massereicher Sterne verbundenes Phänomen, bei dem ein kräftiger Sternwind erzeugt wird. Dieser Wind fegt eine große Menge des akkretierenden Gases hinweg, das sich noch in einer Scheibe um den Protostern befindet, und markiert das Ende der protostellaren Phase. Wir schließen daraus, daß überall in unserer Milchstraße Sternentstehung ein lebhafter und fortdauernder Prozeß ist; massearme Sterne werden in den kältesten und ruhigsten Kernen von Molekülwolken wie den Bok-Globulen geboren, wohingegen massereiche Sterne in relativ warmen, turbulenten Gebieten innerhalb der Riesenmolekülwolken-Komplexe geboren werden.

Abb. 13.10 Bok-Globulen
Dunkle Bok-Globulen haben eine so hohe Dichte, daß sie das Licht der dahinterliegenden Sterne vollständig absorbieren. Die Masse dieser beiden sichtbaren Globulen wird auf etwa 20 Sonnenmassen geschätzt. Sie könnten kalte Wolken sein, die im Begriff stehen, zu Protosternen zu kollabieren.

Theorie und Beobachtung vereinigen sich zur Unterstützung der Vorstellung, daß Sterne durch kontinuierliche Fragmentation interstellarer Wolken entstehen. Die Wolken selbst sind Teile massereicher Wolkenkomplexe, die sich über Hunderte von Lichtjahren erstrecken und einige 10^5 Sonnenmassen an Gas enthalten. In der Milchstraße sammelt sich das von entwickelten Sternen abgestoßene Gas in diesen Molekülwolken-Komplexen, so daß nahezu Gleichgewicht zwischen dem Nachschub von Gas und dem Verbrauch von Gas durch Sternentstehung herrscht.

Das war jedoch nicht immer so. In frühen Epochen war die Sternentstehung viel lebhafter. Einige Spiralgalaxien sind noch heute weitaus aktiver als unsere eigene Galaxis. In elliptischen Galaxien jedoch scheint es keine jungen Sterne zu geben. Die Geschichte der Sternentstehung muß sicher bedeutende Variationen erfahren haben, um Systeme zu bilden, die so verschieden sind wie die Spiralgalaxien und die elliptischen Galaxien. Nun müssen wir die Sternentstehung in den größeren Rahmen der Entwicklung von Galaxien stellen, um etwas über den Ursprung der Galaxienmorphologie zu erfahren.

14

Die Morphologie der Galaxien

Wenn Sternentstehung in einem Gebiet auftritt, verbreitet sie sich ähnlich wie eine ansteckende Krankheit.

WALTER BAADE

Unsere Theorien für den Kollaps von protogalaktischen Wolken, die Fragmentation, Haufenbildung und Sternentstehung haben uns über die Epoche der Galaxienentstehung hinaus in das Zeitalter der galaktischen Entwicklung geführt. In Kapitel 13 haben wir die grundlegenden Eigenschaften der Sterne untersucht, um für unsere Theorie der Sternentstehung Hinweise zu erhalten. In diesem Kapitel untersuchen wir die Eigenschaften der Galaxien, um Anhaltspunkte für die dynamischen Prozesse, die während ihrer frühen Entwicklung abgelaufen sind, zu erhalten. Wir werden Hypothesen formulieren, welche die Sternentwicklung in Spiralgalaxien, die einzigartigen Eigenschaften der elliptischen Galaxien und der Kugelsternhaufen, und den beobachteten Gasgehalt in den Galaxien erklären können. Wir können hoffen, durch die Untersuchung der dynamischen Wechselwirkungen dieser Epoche ein klareres Bild der frühen galaktischen Entwicklung zu erhalten.

Rotation und Dichtewellen

Spiralgalaxien drehen sich um ihre Achse. Die Sonne vollendet alle 250 Millionen Jahre einen Umlauf um das Zentrum der Milchstraße. Die Rotation ist für die stark abgeplattete Form der Spiralgalaxien verantwortlich. Elliptische Galaxien rotieren nicht so schnell und sind viel runder. Die Ursache der Galaxienrotation muß eng mit dem Prozeß der Galaxienbildung verknüpft sein. Einer allgemeinen Ansicht (Kapitel 11) zufolge entstand die Galaxienrotation durch die gravitative Wechselwirkung benachbarter Protogalaxien. Wegen der Galaxienflucht waren Protogalaxien einst viel näher beieinander als die heutigen Galaxien. Sie waren auch beträchtlich größer und müssen sich zur Zeit ihrer Entstehung praktisch berührt haben. So wie die Gravitationsanziehung durch Sonne und Mond die Gezeiten auf der Erde hervorruft, verursacht die Nähe einer Protogalaxie durch ihre Gravitation in ihrem Nachbarn riesige Gezeiten. Diese Gezeiten müssen in den Protogalaxien eine bestimmten Betrag an Rotation erzeugt haben (Abb. 14.1). Die Galaxien wurden in Drehungen mit entgegengesetztem Richtungssinn versetzt, so daß sich bei ihrer Wechselwirkung der Nettobetrag des *Drehimpulses* nicht ändert. Diese Erhaltungsgröße berechnet sich aus dem Produkt der Masse eines Körpers, seiner linearen Ausdehnung und seiner Winkelgeschwindigkeit. Das Prinzip der *Erhaltung des Drehimpulses* erklärt, warum sich ein Turmspringer eng zusammenrollt, um die Zahl der Saltos zu vergrößern (Abb. 14.2). Wegen der Erhaltung des Drehimpulses bewirkt das Einfallen des gasförmigen Scheibenmaterials auf das Zentrum einer Galaxie eine immer schnellere Drehung der Scheibe, bis sie die heute beobachtete Rotationsgeschwindigkeit erreicht. Die einsetzende Sternentstehung bremst den Einfall. Diese allgemein akzeptierte Hypothese scheint die Rotation der Spiralgalaxien zu erklären, unter der Voraussetzung, daß das Gas von einem genügend großen Radius nach innen gestürzt ist. Falls es einen dunklen Halo gibt, scheint ein Kollaps aus einer radialen Entfernung von etwa 300 000 Lichtjahren nötig zu sein.

Abb. 14.1 Gezeitenwechselwirkungen und der Ursprung der Galaxienrotation
Die Gezeitenwechselwirkungen zwischen zwei benachbarten Protogalaxien verursachen ein riesiges Drehmoment, das auf beide Systeme wirkt, und auf jedes System wird eine kleine Menge Rotation übertragen. Die Rotation der beiden Galaxien ist gleich groß und von entgegengesetztem Richtungssinn, da der Gesamtdrehimpuls erhalten bleiben muß. Wenn die Protogalaxien zusammenstürzen und Galaxien bilden, rotieren sie schneller.

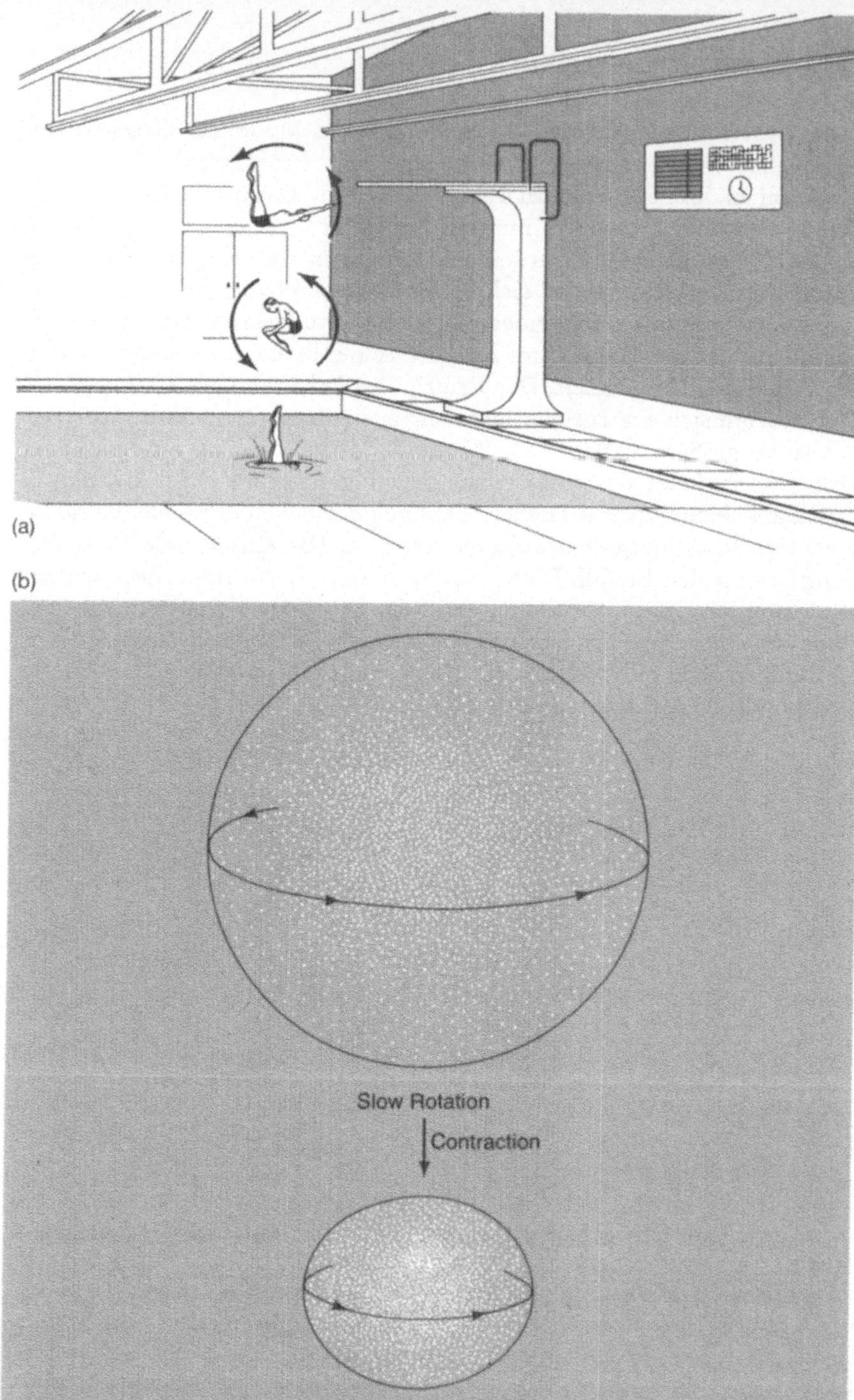
(a)
(b)
Slow Rotation
Contraction
Rapid Rotation

Spiralgalaxien sind wegen ihrer Spiralarme auffallend. Diese enthalten neugebildete Sterne zusammen mit großen Mengen Gas und Staub, aus dem sich die Sterne gebildet haben. In Spiralarmen ist die Häufigkeit junger Sterne wesentlich höher als in anderen Teilen der Galaxien. In diesen Gebieten kontrahierten vor kurzer Zeit viele interstellare Wolken und bildeten Sterne. Wenn eine Wolke plötzlich komprimiert wird, beginnt sie zu kollabieren und wird schließlich in Fragmente zerfallen. Die plötzliche Kompression, die offenbar in Spiralgalaxien aufgetreten ist, tritt als eine *spiralförmige Dichtewelle* in Erscheinung (Abb. 14.3). Dichtewellen können durch zwei mögliche Effekte hervorgerufen werden. Der Vorbeigang einer nahen Nachbargalaxie verursacht Gezeitenkräfte, die eine Dichtewelle antreiben können. Ist das Zentralgebiet der Galaxie nicht sphärisch, sondern balkenförmig, so führt diese Asymmetrie bei der Rotation des Balkens zur Ausbreitung von Dichtewellen nach außen. Beide Phänomene – Spiralen mit nahen Begleitern und Galaxien mit zentralen Balken – kommen häufig vor.

So wie sich eine Schallwelle ausbreitet, indem die Luft in einem bestimmten Punkt abwechselnd komprimiert und expandiert wird, kann eine Dichtewelle durch Sterne und Gas wandern. Wegen der differentiellen galaktischen Rotation breitet sich die Welle spiralförmig aus. Die spiralförmige Dichtewelle wird im wesentlichen durch die Gravitationskräfte der Sterne in der Scheibe getragen, da sie den größten Teil der Masse der Galaxie enthalten. Das in Wolken gebundene Gas und das überall in der Scheibe vorhandene diffuse interstellare Gas spürt die zusätzliche Gravitationskraft in den Maxima der Welle. Als Folge sammeln sich die Wolken an, stürzen zusammen und werden auch wegen des Druckanstiegs im interstellaren Gas zusammengedrückt. Anders als Sterne, deren Bewegungen nur schwach gestört werden, reagieren Gaswolken dramatisch auf eine Dichtewelle: Sie kollidieren, verlieren kinetische Bewegungsenergie und türmen sich in einem kosmischen Verkehrschaos übereinander. Daher werden die Wolken gravitationsinstabil und stürzen zwangsläufig unter ihrer Schwere zusammen. Wenn das Gas die Schwelle des Kollapses einmal überschritten hat, geht die Fragmentation weiter, während die Wolke die Energie abstrahlt, die das Gas während der Kompression übernommen hat. Kollaps und Fragmenta-

Abb. 14.2 Erhaltung des Drehimpulses
Ein Turmspringer (a) rollt sich zusammen, damit er während eines Sprungs einen Salto schlagen kann. Die Erhaltung des Drehimpulses erlaubt es dem Springer, die Rotationsrate und somit die mögliche Zahl der Saltos zu erhöhen. Auf ganz ähnliche Weise dreht sich eine zunächst langsam rotierende Gaswolke (Slow Rotation) nach dem Kollaps schneller (Rapid Rotation, b).

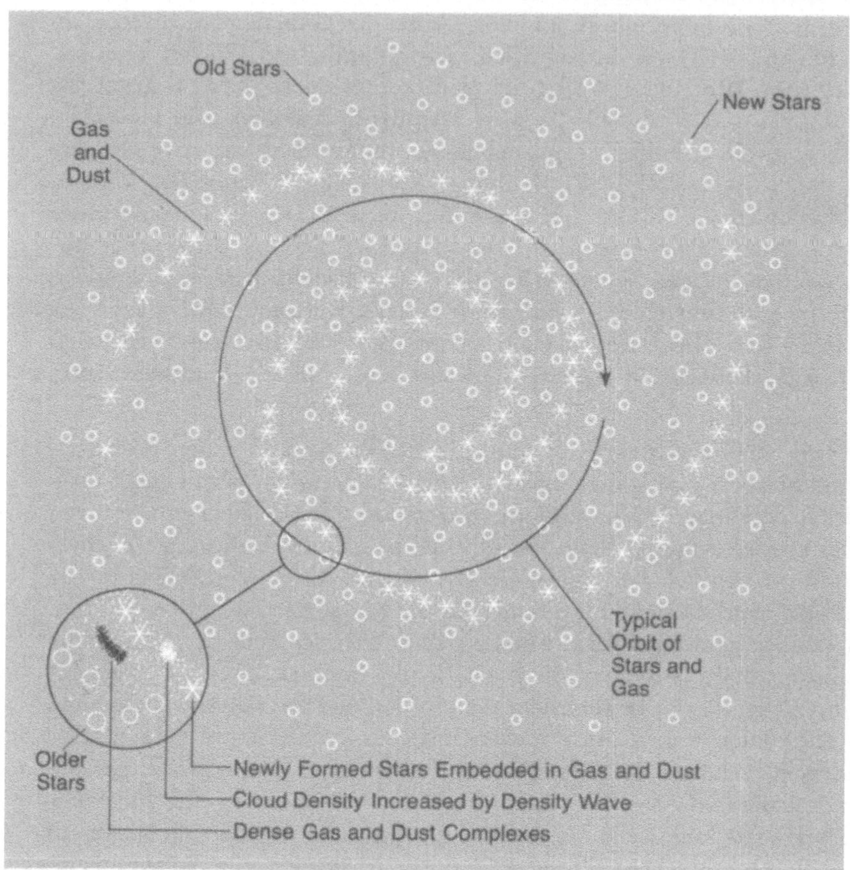

Abb. 14.3 Eine spiralförmige Dichtewelle
Gas- und Staubwolken (Gas and Dust), die in Kreisbahnen umlaufen (schwarzer Kreis = typische Bahn für Sterne und Gaswolken), treten in das Maximum einer Dichtewelle ein und werden durch das lokal verstärkte Gravitationsfeld komprimiert (Cloud Density Increased by Density Wave = Dichte der Wolke wird durch Dichtewelle erhöht). Das setzt den Prozeß der Sternentstehung in Gang. Die neu entstandenen Sterne und die in ihrer Nähe liegenden Gas- und Staubgebiete (Newly Formed Stars Embedded in Gas and Dust = in Gas und Staub eingehüllte neu entstandene Sterne; Dense Gas and Dust Complexes = dichte Komplexe von Gas- und Staubwolken) markieren das Muster der spiralförmigen Dichtewelle. Hinter diesem Bereich der größten Kompression liegt die Sternbildung weiter in der Vergangenheit, dort findet man ältere Sterne (Older Stars).

tion hören nicht auf, bis die Fragmente genügend undurchsichtig werden, um ihre Strahlungsverluste zu verkleinern. In diesem Stadium bilden sich Protosterne.

Die Kompression, die von der spiralförmigen Dichtewelle induziert wird, löst Sternentstehung entlang dem vom Wellenkamm vorgezeichneten Spiralmuster aus. Sterne und Gas durchlaufen den Wellenkamm in einigen Millionen Jahren. In der Folge tritt keine weitere Sternentstehung auf. Der Wellenkamm ist deshalb durch helle junge Sterne gekennzeichnet. Er tritt auf Photographien von Spiralgalaxien deutlich aus dem Hintergrund der übrigen Scheibe heraus. Die jungen Sterne und das damit verbundene Gas sind viel leuchtkräftiger als die ältere Sternpopulation der Scheibe, und deshalb zeigt sich in ihnen die Struktur der Spiralarme.

Nicht alle Spiralen zeigen das Muster einer großräumigen Anordnung. Flokkenförmige Spiralen zeigen kleine Stückchen von Spiralwellen, so als ob der Sternbildungsprozeß viel chaotischer war. Elliptische und S0-Galaxien scheinen den größten Teil des Gases außerhalb ihrer Kerngebiete verloren zu haben. Folglich gibt es heute in diesen Systemen keine Sternentstehung.

Die Rolle der Magnetfelder

Die galaktische Rotation ruft einen weiteren interessanten Effekt hervor. Wir haben gesehen, daß die Gaswolke, aus der sich die Galaxie bildete, rotierte. Das Gas mag anfangs sehr schwach magnetisiert gewesen sein. Woher dieses schwache anfängliche Magnetfeld kommt, ist unklar. Das Feld kann spontan durch einen turbulenten Dynamo gebildet worden sein. Sehr schwache Magnetfelder werden auf natürliche Weise in einem ionisierten, turbulenten Plasma erzeugt, und wenn es dazu einen bestimmten Grad von geordneter Bewegung gibt, wachsen die Felder durch die Dynamowirkung an. Die Rotation des Gases sollte zu einer großen Verstärkung solch eingestreuter Magnetfelder führen (Abb. 14.4). Möglicherweise entstand das Magnetfeld der Erde auf ähnliche Weise, da der geschmolzene metallische Erdkern rotiert. Wir können uns vorstellen, daß sich die magnetischen Kraftlinien wie elastische Federn verhalten; die Spannung entlang dieser Federn baut sich aufgrund der Bewegung der Wolken an den Enden der Federn auf, bis die Spannung mit den dynamischen Kräften der rotierenden Gaswolke vergleichbar ist.

Interstellare Wolken sind von Magnetfeldern durchsetzt. Das Magnetfeld ist stark genug, um interstellare Staubkörner auszurichten, die dann das Sternlicht polarisieren. In dichten Wolken hilft es auch, dem Gravitationskollaps entgegenzuwirken. Wolken unterhalb einer kritischen Masse von etwa 10 000 Sonnenmassen werden magnetisch getragen. Das Magnetfeld

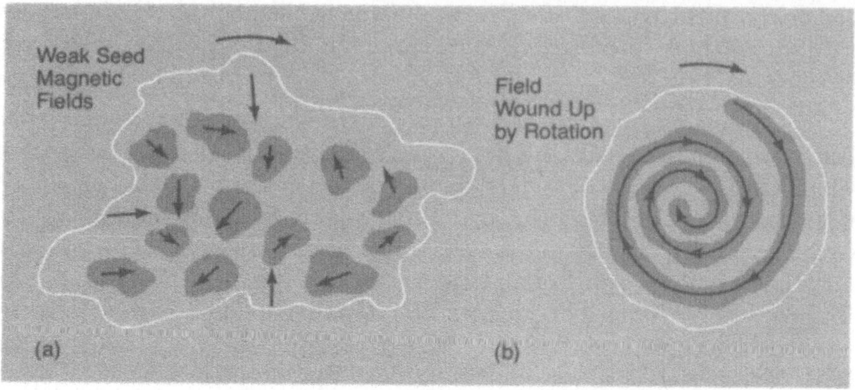

Abb. 14.4 Der Ursprung des galaktischen Magnetfelds
Die Rotation einer kollabierenden Gaswolke verstärkt die ursprünglich vorhandenen kleinen eingestreuten Magnetfelder (= Weak Seed Magnetic Fields; a). Bei der Entstehung einer Galaxie kann auch Turbulenz durch die Kopplung von Rotationsenergie an die magnetische Energie eine Rolle spielen (Das Magnetfeld wird durch die Rotation aufgewickelt, b).

strömt langsam aus, weil nur die wenigen geladenen Teilchen (Ionen und Staubkörner) an das Feld gekoppelt sind und die neutralen Teilchen sich schließlich immer mehr konzentrieren. Dieser Prozeß erfordert Zeit, vielleicht einige zehn Millionen Jahre, und er hilft zu erklären, warum das interstellare Gas nicht überall durch Sternentstehungsprozesse aufleuchtet. Massereiche Molekülwolken kollabieren trotz des Magnetfeldes; eine gängige Ansicht ist, daß diese Wolken bei ihrem Umlauf um das Zentrum der Galaxis durch das Aufsammeln von Gas und die Akkretion von Materie immer massereicher werden und schließlich ihre Gravitationsstabilität verlieren.

Magnetische Kräfte mögen bei der Bildung von Sternen und Planetensystemen eine entscheidende Rolle spielen, weil der magnetische Druck bestrebt ist, kleine Wolken am Kollaps zu hindern. Da nur große Wolken von 10 000 Sonnenmassen oder mehr den mittleren interstellaren magnetischen Druck überwinden und kollabieren können, folgern wir, daß Sterne vorzugsweise in Sternassoziationen und Gruppen entstehen.

Das Magnetfeld spielt beim weiteren Kollaps der Wolken immer noch eine entscheidende Rolle. Interstellare Wolken befinden sich wie die gesamte Galaxie in einem Zustand differentieller Rotation. Wenn eine Wolke beim Kollaps ihren Drehimpuls behalten würde, könnte sie nicht sehr weit kontrahieren, bevor die Zentrifugalkräfte wirksam werden. Wenn die Zentrifugalkraft und die Gravitationskraft im Gleichgewicht sind, erlangt die Wolke einen stationären Zustand, und der Kollaps hört auf. Was die Wolke vor diesem

Endstadium, lange ehe die stellare Dichte erreicht ist, bewahrt, ist das Magnetfeld, das die Wolke durchdringt und an das umgebende Gas ankoppelt. Das Feld wickelt sich durch die Rotation der Wolke auf und überträgt ein Drehmoment, das die Rotation der Wolke abbremst. Schließlich kann die Wolke zu einer genügend hohen Dichte kontrahieren, um einen Protostern zu bilden, der von einer durch die Zentrifugalkraft gestützten Scheibe umgeben ist. Ein Protostern ist ein Objekt, dessen Energiequelle die gravitative Kontraktion ist, nicht die thermonukleare Energie, die einen Stern strahlen läßt. Protosterne sind überaus leuchtkräftig und diffus; der Großteil ihrer Energie wird im infraroten Bereich des Spektrums abgestrahlt. Die irdische Atmosphäre ist im Infraroten recht undurchsichtig; erst der Start des ersten astronomischen Infrarotsatelliten (IRAS) im Jahre 1984 hat es möglich gemacht, tief in nahe Molekülwolken hineinzusehen und Scharen von eingebetteten, neu entstehenden Sternen zu erkennen, die noch in ihre protostellare Nebelmaterie einhüllt sind.

Die Untersuchung der Infrarotstrahlung ist nicht die einzige Möglichkeit, etwas über Protosterne herauszufinden. Eine überraschende Entdeckung, auf die im vorigen Kapitel kurz hingewiesen wurde, ergab sich aus Mikrowellenuntersuchungen der molekularen Emission: Die Bildung eines Protosterns bewirkt oft energiereiche, gebündelte Abströmungen molekularen Gases, das offenbar den Weg des geringsten Widerstandes nimmt: entlang der Rotationsachse der protostellaren Scheibe. Die Astronomen mutmaßen, daß dieses Abströmen durch die Freisetzung beträchtlicher Mengen magnetischer Energie verursacht wird. Das Magnetfeld wird in der kontrahierenden protostellaren Scheibe zusammengedrückt, Scherungskräften unterworfen und schließlich vernichtet, es liefert so die Energie für die molekularen Ströme.

Spiralgalaxien enthalten eine beträchtliche Menge diffuses Gas, das sich noch nicht in Sterne kondensiert hat. Dieses Gas ist nicht von der Bildung der Galaxie übriggeblieben, sondern wird, während sich die Sterne entwikkeln, Masse abgeben und vergehen, ständig neu erzeugt. Manche Sterne stoßen Gashüllen ab, nachdem sie ihre wasserstoff- und heliumbrennende Phase beendet haben. Solche Sterne bezeichnet man als planetarische Nebel (Abb. 14.5). In massereichen Sternen laufen während der letzten Stadien des nuklearen Brennens Kernfusionen in Helium- und Wasserstoffschalen gleichzeitig ab; solche Sterne werden zu hellen Riesen und Überriesen, die einen beträchtlichen Masseverlust in Form eines Sternwindes erleiden. In den letzten Stadien der Entwicklung muß auch die unvermeidliche Supernovaexplosion zum Abstoßen beträchtlicher Materiemengen führen. Sehr leuchtkräftige jüngere Sterne scheinen während ihrer protostellaren Phase in großem Ausmaß Masse durch einen energiereichen Wind zu verlieren.

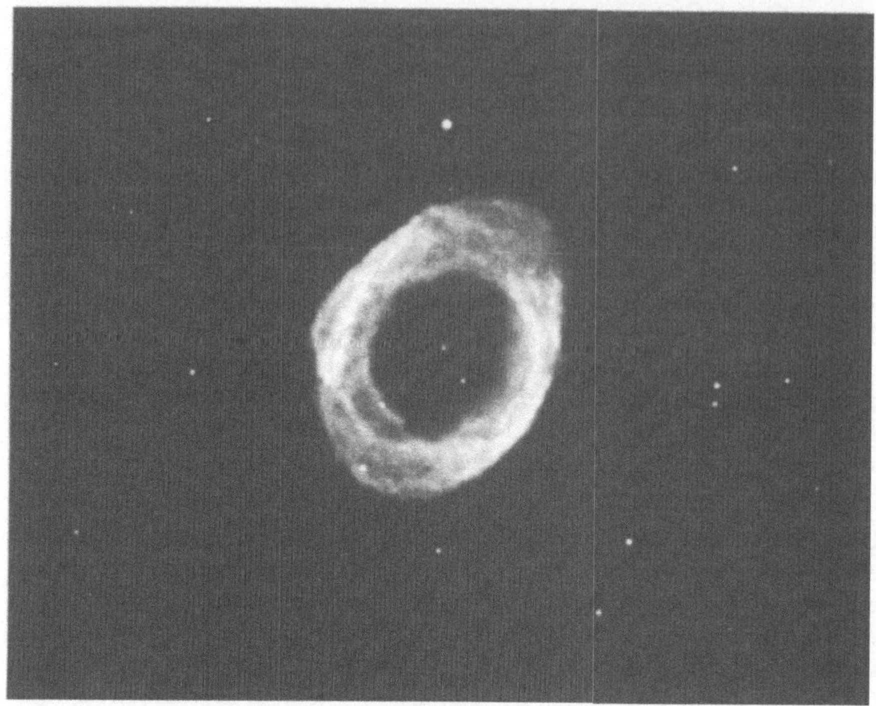

Abb. 14.5 Ein planetarischer Nebel
Der Ringnebel im Sternbild Lyra ist einer der bekanntesten planetarischen Nebel. Er besteht aus einem kleinen, heißen entwickelten Stern, der eine ihn umgebende, früher von ihm abgestoßene Gashülle ionisiert.

Dies alles hat zur Folge, daß die von Sternen abgegebene Masse sich in sternbildenden Wolken und im diffuseren interstellaren Medium ansammelt. Wie wir gesehen haben, kann der Durchgang durch eine spiralförmige Dichtewelle in den Wolken einen Gravitationskollaps induzieren. Die Explosion einer nahen Supernova oder der Massenverlust und die ionisierende Strahlung eines massereichen heißen jungen Sterns kann in ähnlicher Weise eine Sternentstehung in Gang setzen (Supernovae oder ionisierende Strahlung finden sich vorzugsweise in Spiralarmen, weil einer ihrer gemeinsamen Vorläufer, ein massereicher, kurzlebiger Stern, nur dort auftreten kann). In der Nähe liegende Wolken kollabieren und erzeugen massereiche Sterne, die weiteren Kollaps hervorrufen. Auf diese Weise kann die Sternentstehung genauso ansteckend sein wie eine Grippeepidemie und fast spontan (verglichen mit der viel längeren dynamischen Zeitskala der Galaxie) über weite Gebiete ausbrechen. Man glaubt, daß die flockenförmigen Spiralgalaxien, in denen die Sternentstehungsgebiete relativ ungeordnet verteilt sind, von

Prozessen dieser Art beherrscht werden, wobei Sternentstehung an mehr oder weniger zufälligen Orten einsetzt, sich dann aber auf Skalen von Hunderten von Lichtjahren selbsttätig weiter ausbreitet.

Elliptische Galaxien und Kugelsternhaufen

Elliptische Galaxien scheinen im allgemeinen keine jungen Sterne zu enthalten. Wir finden in diesen Systemen üblicherweise Gas nur im innersten Kern, dort ist es ionsiert und diffus verteilt. In Spiralgalaxien scheint Gas überall in der Scheibe, wo sich viele junge Sterne bilden, verteilt zu sein. Wir können folgern, daß die in der Frühzeit aufgetretene Gasdissipation einer kollabierenden protogalaktischen Gaswolke die abgeplattete Form der Galaxie verursacht hat. Obwohl die erste Sterngeneration entstand, als die Galaxie noch rund war, blieb *der überwiegende Teil* der Materie gasförmig und stürzte weiter auf die Scheibe, wobei es in radialer Richtung durch Rotation in seiner ausgedehnten Form gehalten wurde. Die Sterne in der Scheibe bildeten sich, *nachdem* das meiste Gas kollabiert war. Im Gegensatz dazu besaßen elliptische Galaxien nach der frühen Sternentstehung offenbar keine größeren Gasmengen mehr. Wir haben Gründe dafür angeführt, daß sie durch Verschmelzungen von kleineren, überwiegend aus Sternen bestehenden Untersystemen entstanden. Eine wirksame frühe Sternentstehung verbrauchte das meiste Gas und ließ die Sterne in einer relativ runden Anordnung zurück; *etwas Gas* jedoch sollte übriggeblieben sein. Es sollte jetzt sogar eine noch größere Menge an Gas vorhanden sein, das von entwickelten Sternen während der mehr als zehn Milliarden Jahre abgegeben wurde. Elliptische Galaxien sind aber relativ gasfrei, und sie enthalten gewiß keine neugebildeten Sterne. Was war das Schicksal all dieses Gases?

Dieses Gas muß auf irgendeine Weise wegtransportiert worden sein. Um zu verstehen, wie das geschehen konnte, betrachten wir zuerst das einfachere System eines Kugelsternhaufens. Diese Haufen sind nahezu kugelförmige Systeme, die aus etwa einer Million alter Sterne bestehen und kein nachweisbares Gas besitzen. Kugelsternhaufen sind Miniaturversionen elliptischer Galaxien, und sie stellen uns vor ein ähnliches Rätsel. Ihre Sterne entwickeln sich beständig und geben dabei Masse ab. Wenn sich dieses Gas über Jahrmilliarden hätte ansammeln können, sollte es leicht beobachtbar sein. Wir werden wieder vor die Frage gestellt, was mit dem Gas geschehen ist.

Die ältesten Sterne unserer Galaxis finden sich in Kugelsternhaufen, und der erste Ausbruch von Sternentstehung muß in den Haufen abgelaufen sein, oder zu einer Zeit, bevor sich die Haufen gebildet hatten. Unsere Galaxis besitzt nahezu 200 Kugelhaufen, von denen sich einige in stark elliptischen Bahnen befinden, die sie weit aus der Ebene der Galaxis herausführen

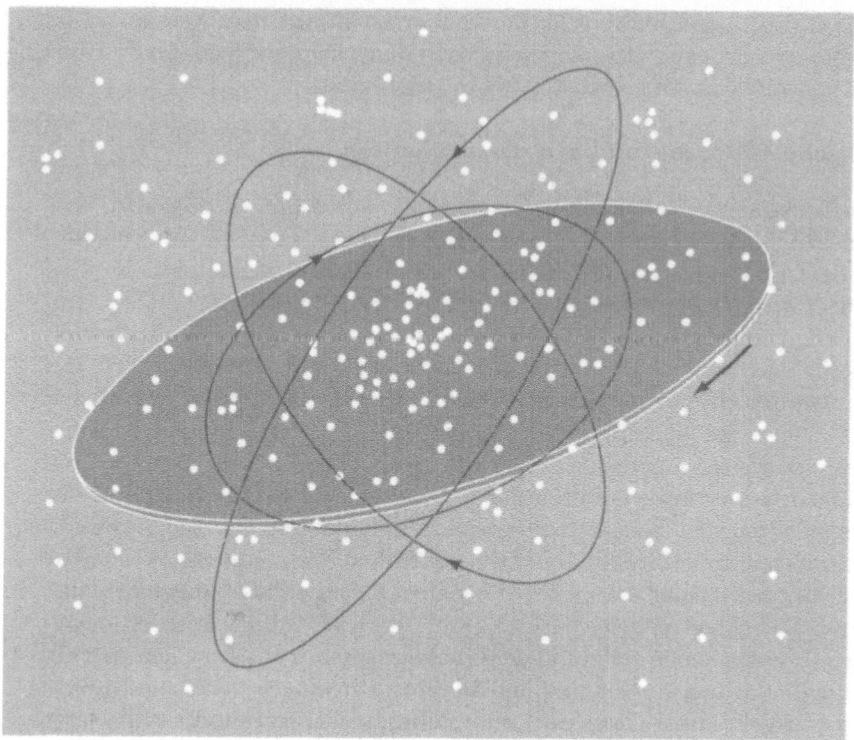

Abb. 14.6 Bahnen von Kugelhaufen
Ein schematisches Bild unserer Galaxis zeigt, wie die Kugelhaufen (*Punkte*) einen Halo um die flache Scheibe der Galaxis bilden. Dieser Halo hat einen Durchmesser von etwa 100 000 Lichtjahren. Die Haufen haben exzentrische, längliche Bahnen. Neben den Kugelhaufen besteht der Halo aus einigen zehn Milliarden Sterne geringer Leuchtkraft. Da die Halosterne im Vergleich zu den Sternen der Scheibe ein Defizit an schweren Elementen aufweisen, sind sie älter als die meisten Scheibensterne.

(Abb. 14.6). Einige Kugelhaufen sind über Entfernungen von mehr als dem zehnfachen Sonnenabstand vom galaktischen Zentrum beobachtet worden. Vielleicht sollte man diese Haufen besser als intergalaktische Kugelhaufen bezeichnen.

Kugelhaufen haben eine weitere bemerkenswerte Eigenschaft: ihre Verteilung bezüglich ihres Gehalts an schweren Elementen. Je größer ihre mittlere Entfernung vom galaktischen Zentrum ist, umso geringer ist im Mittel die aus direkten spektroskopischen Beobachtungen bestimmte Häufigkeit schwerer Elemente in ihren Sternen. Diese Beziehung gilt für Haufen, die eine im Vergleich zur Sonne nur um den Faktor 3 geringere Häufigkeit an schweren Elementen besitzen, wie für Haufen, die eine Häufigkeit von nur 0.1 Prozent der solaren Häufigkeit haben. Dies deutet stark darauf hin, daß sich die entferntesten Haufen als erste gebildet haben. Mit Hilfe dieser Hypothese können wir erklären, warum die Häufigkeit schwerer Elemente in Kugelhaufen auf die Zentralgebiete der Galaxis hin zunimmt.

Während sich die massereichsten Sterne in Kugelhaufen entwickelten und zu Supernovae wurden, reicherten sich die gasförmigen Auswürfe systematisch mit schweren Elementen an. Dieses Gas wurde nicht in den Kugelhaufen gehalten, da diese Systeme selbst eine zu geringe Gravitationsanziehung besitzen, um Gas, das durch die Gewalt einer Supernova ausgeschleudert wurde, zurückzuhalten. Das angereicherte Gas mischte sich stattdessen mit anderem interstellaren Material und spiralte allmählich auf die Zentralgebiete der Galaxis zu. Massereiche Wolken, die durch den Zusatz eines Teils dieses Materials angereichert wurden, kollabierten schließlich und bildeten neue Kugelhaufen mit einer größeren Häufigkeit schwerer Elemente.

Wir finden ein ähnliches Phänomen in elliptischen Galaxien: Die Häufigkeit schwerer Elemente nimmt zu den Zentralgebieten der Galaxie hin zu. Man glaubt, daß selbst die jüngsten in diesen Systemen beobachteten Sterne älter sind als die Sonne. Die fortschreitende Anreicherung muß also in der Entwicklung der elliptischen Galaxien sehr früh aufgetreten sein. Gas, das von der Sternentstehung übriggeblieben war, hätte sich dann im Zentrum der Galaxie angesammelt, wo es einen dichten, massereichen Gaskern gebildet haben könnte. Das Gas hätte sich in Sternen kondensiert, und ein Teil des Gases wurde vielleicht durch Supernovaexplosionen der später entstandenen massereichen Sterne aus der Galaxie herausgeblasen.

Wir sehen uns zu der Folgerung gezwungen, daß Gas aus beiden Sternansammlungen, elliptischen Galaxien und Kugelhaufen, ständig herausgefegt wird. Das Problem ist im Fall der Kugelhaufen nicht so groß, da sie verglichen mit unserer Galaxis schwach gebundene Systeme sind. Deshalb lassen sich leicht Prozesse finden, die das Gas vollständig aus ihnen entfernen. Kugelhaufen kommen am häufigsten im galaktischen Halo vor, aber sie haben exzentrische Bahnen, die sie etwa alle 100 Millionen Jahre durch die galaktische Scheibe führen. Aus wenigstens zwei Gründen kann ein solcher Durchgang heftig verlaufen: Der Haufen kann einer Wolke aus interstellarem Material begegnen, und der Haufen wird sicher mit diffusem interstellaren Material wechselwirken. Der auftretende Staudruck ist bestrebt, Gas aus dem Kugelhaufen herauszufegen. Das Durchlaufen der galaktischen Scheibe übt auch eine kräftige Gezeitenwirkung aus, die eine starke Reaktion im möglicherweise vorhandenen Gas des Kugelhaufens hervorruft. Vorhandenes Gas wird stark komprimiert und aufgeheizt und verdampft in der Folge aus dem Haufen. Auf diese Weise können Haufen periodisch von Gas gereinigt werden.

Falls die Prozesse des Herausfegens und Verdampfens noch nicht völlig ausreichen, die extrem kleinen Mengen von Gas zu erklären, die wir in den Haufen beobachten, sollte ein dritter Prozeß genügen. Kugelhaufen enthalten viele leuchtkräftige blaue Sterne. Diese heißen Sterne haben im allgemeinen den Wasserstoff in ihren Kernen erschöpft und sich in ein fortgeschrittenes Stadium entwickelt, in dem Helium der Hauptbrennstoff ist. Die blauen Sterne ionisieren und heizen vorhandenes Gas auf. Wenn ein Gasatom ionisiert ist, wird es sich so rasch bewegen, daß die schwache Eigengravitation des Haufens es nicht zurückhalten kann, und das Gas wird durch einen kontinuierlichen Wind weggeblasen. Ein ähnlicher Prozeß spielt sich in den äußeren Schichten der Sonne ab, wo die Korona ständig in Form des *Sonnenwindes* wegtransportiert wird.

Für elliptische Galaxien sind unsere Theorien weniger sicher. Es könnte ein Wind vorhanden sein, doch die große Masse solcher Galaxien erfordert einen außerordentlich starken Wind. Gas, das nur durch Sternstrahlung ionisiert wird, wäre nicht heiß genug, um aus einer elliptischen Galaxie zu entweichen. Wir haben schon die Hypothese aufgestellt, daß Supernovaexplosionen eine genügend energiereiche Quelle liefern könnten, um einen galaktischen Wind anzutreiben. Eine andere Möglichkeit ist die Wirkung des intergalaktischen Gases. Man findet elliptische Galaxien meist in Galaxienhaufen, wo es auch intergalaktisches Gas gibt. Elliptische Galaxien bewegen sich auf ihrer Bahn um den Schwerpunkt des Galaxienhaufens mit hoher Geschwindigkeit durch das intergalaktische Gas. Eine Folge dieser raschen Bewegung (typisch von der Größenordnung 1000 Kilometer pro Sekunde) ist, daß das intergalaktische Gas einen enormen Staudruck auf das Gas in der Galaxie ausübt. Das Galaxiengas wird ständig von rasch bewegten intergalaktischen Gasionen bombardiert, die einen steten Druck aufrecht erhalten. Dieser Staudruck beeinflußt die Sterne nicht, aber er kann das Gas aus der Galaxie herausbefördern (Abb. 14.7).

Man kann diese Theorie prüfen, indem man die räumliche Verteilung von Galaxien verschiedenen Typs in reichen Haufen untersucht. Wie wir erwarten würden, scheinen Spiralgalaxien in den Zentralgebieten der großen Haufen zu fehlen, dort, wo die intergalaktische Gasdichte, die durch ihre Röntgenemission (Kapitel 11) nachgewiesen wird, am größten ist. Gleichzeitig würden wir nicht erwarten, völlig gasfreie elliptische Galaxien in isolierten Gebieten zu finden, weit entfernt von Haufen oder irgendeiner anderen Quelle von intergalaktischem Gas. Einige elliptische Galaxien werden relativ isoliert im Raum beobachtet. Wir können aber noch nicht sagen, ob diese Systeme merklich mehr Gas als vergleichbare Galaxien in reichen Haufen enthalten.

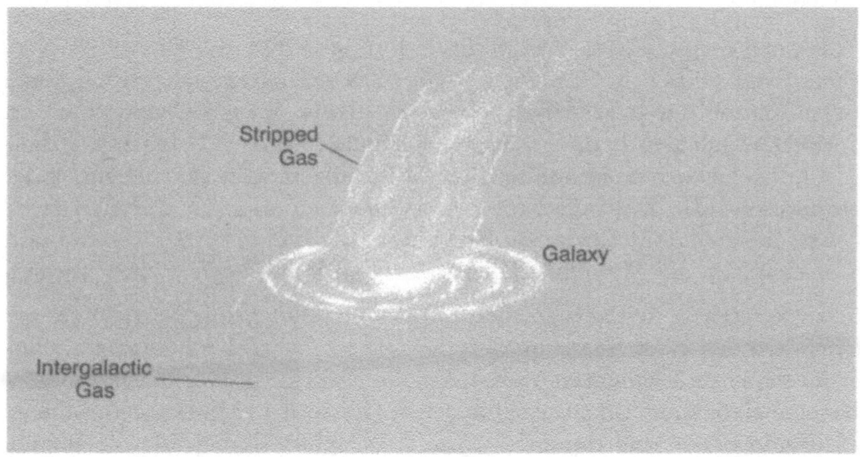

Abb. 14.7 Gasverlust durch Staudruck
Die hohe Geschwindigkeit einer Galaxie (Galaxy) in einem reichen Haufen (Tausende von Kilometern pro Sekunde) führt zu einem enormen Staudruck, der vom intergalaktischen Gas (Intergalactic Gas) auf Gas in der Galaxie ausgeübt wird. Der Staudruck reicht aus, das Gas aus der Galaxie zu entfernen (Stripped Gas), da er den interstellaren Gasdruck bei weitem übertrifft. Dieser Prozeß könnte erklären, warum elliptische Galaxien gasfrei sind und warum man keine Spiralgalaxien in den Zentralbereichen reicher Galaxienhaufen findet: Das interstellare Gas, aus dem die jungen Sterne entstehen, die vor allem die Spiralarme sichtbar machen, ist herausgefegt worden. Eine Spiralgalaxie, die all ihr Gas und ihre jungen Sterne verloren hat, ähnelt einer S0-Galaxie, und viele von ihnen werden in der Tat in Haufen gefunden. Einer anderen Ansicht nach erlangen S0-Galaxien ihre charakteristischen Eigenschaften zur Zeit ihrer Entstehung, und der Staudruck trägt nur dazu bei, sie zu späteren Zeiten gasfrei zu halten.

Die Farben der Galaxien

Galaxien überdecken einem weiten Bereich von Farben und Leuchtkräften. Elliptische Galaxien sind rot, Spiralgalaxien sind blau. Die Farbe ist eine Eigenschaft, die wir durch die unterschiedlichen Sternpopulationen dieser Galaxien erklären können. In den Armen der Spiralgalaxien tritt aktive Sternentstehung auf, und heiße, relativ massereiche und leuchtkräftige Sterne sind für deren blaue Farbe verantwortlich. Massereiche Sterne sind blau, weil sie, um der Schwerkraft zu widerstehen, einen größeren zentralen Druck als masseärmere Sterne entwickeln. Sie sind folglich sehr leuchtkräftig und heiß. Elliptische Galaxien zeigen im allgemeinen keine Spuren laufender Sternentstehung und bestehen zum überwiegenden Teil aus alten, kühlen, roten Sternen.

Wir können diesen Unterschied aufgrund unserer früheren Diskussion verstehen. Weil elliptische Galaxien wenig Gas enthalten, hatten sie keine Möglichkeit, in der letzten Zeit Sterne zu bilden. Es gibt jedoch bei den elliptischen Galaxien bemerkenswerte Farbunterschiede. Je leuchtkräftiger eine elliptische Galaxie ist, umso röter ist ihr allgemeines Erscheinungsbild. Überdies sind die Zentralgebiete von elliptischen wie von Spiralgalaxien röter als die äußersten Regionen. Farbunterschiede dieser Art können durch Unterschiede in der Metallhäufigkeit relativ zu Wasserstoff erklärt werden.

Um zu verstehen, wie ein solcher Effekt auftreten kann, betrachten wir einen Stern von einer Sonnenmasse, der nur ein Zehntel der Sonnenhäufigkeit an schweren Elementen besitzt. Da die Elektronen der ionisierten Metallatome signifikant zur atmosphärischen Opazität beitragen, sollte dieser metallarme Stern eine durchsichtigere Atmosphäre haben als die Sonne. Demnach kann Strahlung von dem metallarmen Stern leichter abgegeben werden, und der Stern würde leuchtkräftiger sein als die Sonne. Da er jedoch die gleiche Masse und den gleichen Radius hat wie die Sonne, müßte er heißer sein und eine etwas blauere Farbe haben; die Temperatur seiner äußersten Schichten sollte höher sein als die der Sonne. Die Sonne hat eine effektive Temperatur von 5770 K (das ist die Temperatur eines idealen schwarzen Körpers, der den gleichen Radius und die gleiche Leuchtkraft hat wie die Sonne). Der metallarme Stern sollte eine um mehrere hundert Grad höhere effektive Temperatur besitzen.

Um die Farbunterschiede der elliptischen Galaxien zu erklären, genügt es, Unterschiede in der Häufigkeit schwerer Elemente von weniger als einem Faktor 10 anzunehmen. Man hat noch keine völlig zufriedenstellende Erklärung gefunden, wie ein solcher Unterschied zustande kommt. Da dieser Effekt hauptsächlich in Galaxienhaufen beobachtet wird, wo elliptische Galaxien am häufigsten gefunden werden, wäre folgende Sequenz von Ereignissen denkbar: Kollisionen zwischen Galaxien während der frühen Entwicklung des Haufens, als alle Galaxien noch größtenteils gasförmig waren, haben Sternentstehung angeregt. Weil die massereichsten Galaxien die größte Zahl von Kollisionen erlitten hätten, würde in ihnen wahrscheinlich auch die intensivste Sternentstehung abgelaufen sein, und folglich hätten sie den höchsten Grad an Anreicherung erfahren. Während der Begegnung zweier Galaxien sollte verbliebenes diffuses interstellares Material aufgeheizt und in das intergalaktische Medium herausgeschleudert worden sein. Dichte interstellare Wolken hätten nur eine kleine Beschleunigung erfahren, aber sie wären durch die Schockwelle komprimiert worden, was dann zu ihrem Kollaps geführt hätte. Sie wären in Fragmente zerfallen und hätten in beiden kollidierenden Galaxien zur Bildung von Sternen geführt. Die massereicheren der neugebildeten Sterne hätten sich rasch entwickelt und angereichertes Material in Form von Sternwinden, planetarischen Nebeln und Supernovaüberresten ausgeworfen. Die masseärmeren Galaxien wären wegen ihrer relativ schwachen Gravitationsfelder weniger imstande gewesen, das angereicherte, von den entwickelten Sternen und den Supernovaexplosionen erzeugte Material zu halten. Folglich sollten die masseärmeren (daher weniger leuchtkräftigen) Galaxien weniger Anreicherung erfahren als massereiche (leuchtkräftige) Galaxien. Diese Folge von Ereignissen ist sehr spekulativ, aber eine Verknüpfung solcher Effekte scheint nötig zu sein, um den scheinbaren Zusammenhang zwischen Leuchtkraft und Metallhäufigkeit zu erklären, den wir aus den Beobachtungen elliptischer Galaxien ableiten.

Morphologie und Galaxienentstehung

Die vorstehenden Argumente ermöglichen auch, zu verstehen, wie die morphologischen Unterschiede zwischen Spiralen und elliptischen Galaxien entstanden sind. Eine Galaxie bildet sich, wenn eine Ansammlung von Gaswolken aus dem expandierenden Universum auskondensiert und sich vereinigt (Abb. 14.8). Der entscheidende Parameter ist das Verhältnis der Zeitskala für die Sternentstehung zur Zeitskala für den Kollaps der Protogalaxie. Wenn die Sternentstehung langsamer abläuft als der allgemeine Kollaps, bleibt die Galaxie gasförmig. Das Gas strahlt, verliert Energie und ist imstande, eine abgeplattete Form zu bilden; die Rotation stabilisiert es in radialer Richtung. Schließlich tritt in einem stark abgeplatteten, scheibenförmigen System Sternentstehung auf, und wir haben es mit einer potentiellen Spiralgalaxie zu tun. Wenn jedoch der größte Teil der Sternentstehung abläuft, bevor der Kollaps zur endgültigen Konfiguration weit fortgeschritten ist, tritt nur eine kleine Abplattung auf, weil eine Ansammlung von Sternen nicht so leicht Energie verlieren kann. In diesem Fall bleibt die Galaxie wahrscheinlich sphäroidisch, falls sie anfangs schon eine kugelähnliche Form besaß. Große sphäroidische Systeme entstehen sehr wahrscheinlich als Folge von Vereinigungen kleiner stellarer Untersysteme.

Spiralgalaxien rotieren relativ rasch, während elliptische Galaxien langsam rotieren. Wir haben gesehen, daß der Einfall von Gas aus einem größeren radialen Abstand die Beschleunigung der Rotation zur Folge hat. Im allgemeinen wird die Rotation durch Gezeiteneffekte hervorgerufen, die meist durch die Wechselwirkung mit der nächstgelegenen Galaxie vergleichbarer Größe hervorgerufen werden. Das Spiralmuster markiert ein Gebiet kürzlicher Sternentstehung, die beim Durchgang einer Dichtewelle durch die gasreiche Scheibe ausgelöst wurde. Elliptische Galaxien sind fast gasfrei und zeigen keine Spiralstruktur; wahrscheinlich wird ständig Gas, das sich aus den Überresten der fortschreitenden Sternentwicklung ansammelt, aus ihnen herausgefegt. Als Reinigungsmechanismus kommt wohl ein Wind in-

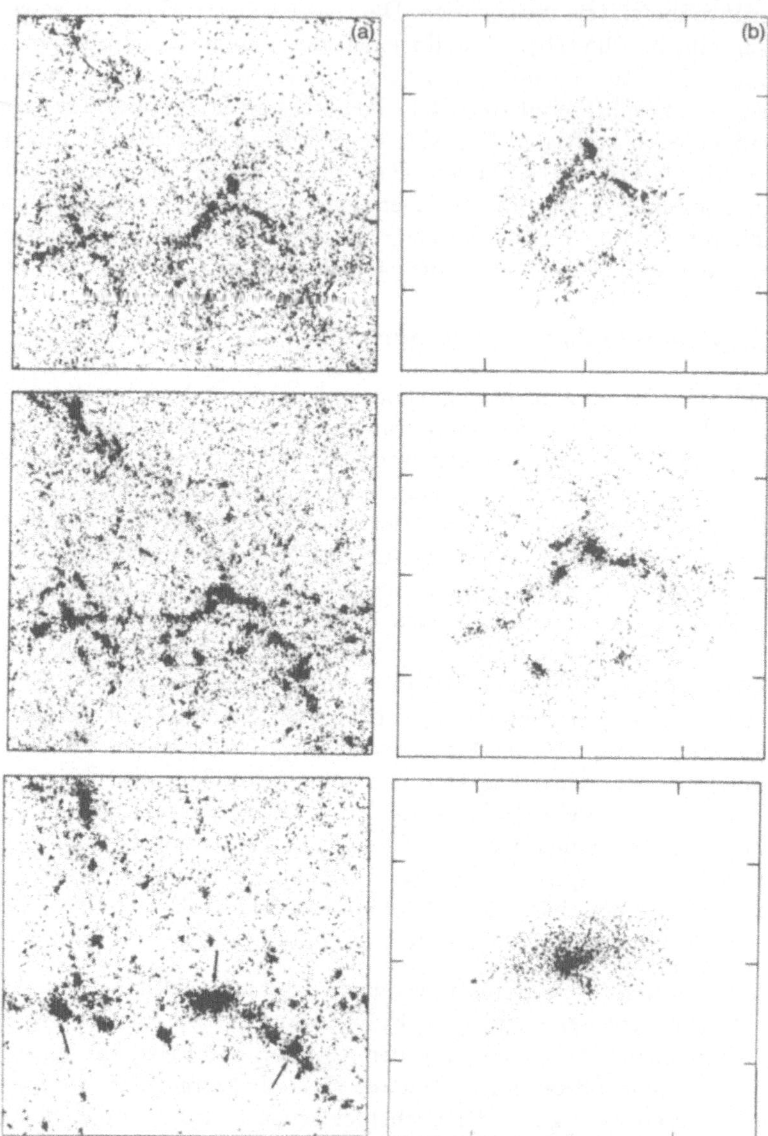

Abb. 14.8 Galaxienentstehung in kalter dunkler Materie
Das Bild zeigt Galaxienentstehung, wie sie sich einer numerischen Simulation des Kollaps kalter dunkler Materie zufolge entwickelt. Die dargestellten Zeitabläufe verlaufen von der Frühzeit des Universums (*oben*) zur Gegenwart (*unten*): (a) ein im expandierenden Universum befindlicher Würfel mit einer Kantenlänge von 3 Millionen Lichtjahren enthält drei sich entwickelnde Galaxien: (b) eine Nahaufnahme (in nicht-expandierenden Koordinaten) einer solchen Protogalaxie zeigt die vielen Klumpen, die sich vereinigen und eine Galaxie bilden (mit Genehmigung von M. Davis, G. Efstathiou, C. Frenk und S. White).

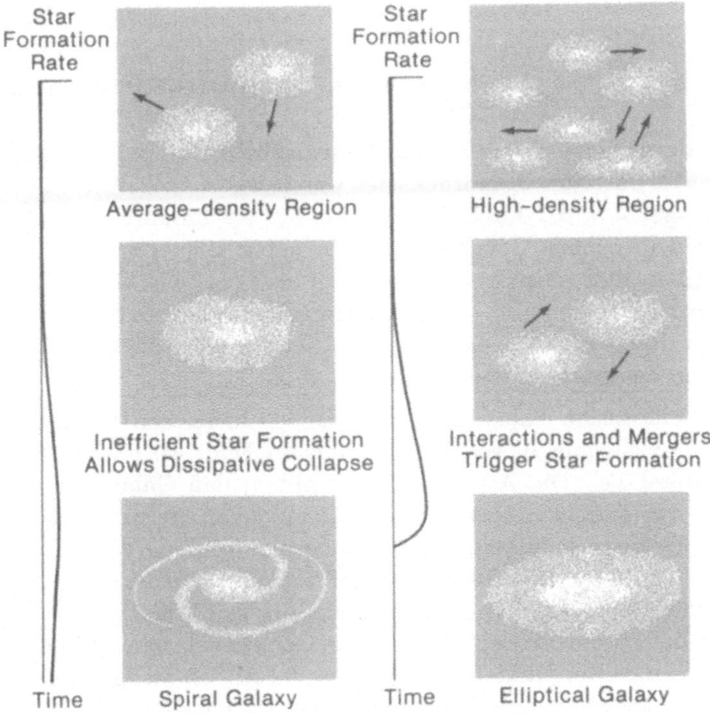

Abb. 14.9 Die Morphologie der Galaxien
Elliptische Galaxien (Elliptical Galaxy, *rechts*) bilden sich wahrscheinlich als Folge von Vereinigungen kleinerer Untersysteme, sie entstehen daher in einer Umgebung hoher Dichte (High-density Region), in der Sternentstehung effizient abläuft (Interactions and Mergers Trigger Star Formation = Wechselwirkungen und Verschmelzungen setzen Sternentstehung in Gang). Die heftigen dynamischen Wechselwirkungen der sich bildenden Sternsysteme führen zu glatten, gasarmen elliptischen Galaxien. Scheibengalaxien (z.B. eine Spiralgalaxie, *links*) bilden sich in relativ ruhigen gasreichen Gebieten geringer Dichte (Average-density Region = Gebiet durchschnittlicher Dichte), in denen die Sternentstehung verhältnismäßig langsam fortschreitet und ineffizient bleibt; der kontinuierliche Einfall von Gas und die Gasdissipation führen zur Bildung einer Scheibe (Inefficient Star Formation Allows Dissipative Collapse = ineffiziente Sternentstehung ermöglicht einen dissipativen Kollaps). Die Diagramme zeigen die relativen Geschwindigkeiten, mit denen in beiden Fällen die Sternentstehung (Star Formation Rate) als Funktion der Zeit abläuft.

frage (der durch Supernovae in den Zentralgebieten elliptischer Galaxien erzeugt wird), oder der Staudruck, der durch das umgebende gasförmige Medium ausgeübt wird, durch das sich das System hindurchbewegt, wenn es sich in einem reichen Galaxienhaufen befindet. Elliptische Galaxien rotieren langsam, weil sie sich wahrscheinlich als Folge der Vereinigung von vielen kleineren Wolken und Protogalaxien gebildet haben. Spiralen bilden sich weniger dramatisch aus dem Kollaps einer riesigen isolierten Gaswolke, die sich beim Schrumpfen immer schneller dreht.

Man findet elliptische Galaxien im allgemeinen in reichen Haufen, Spiralen in den Außengebieten von Haufen und im Feld, wo die Dichte niedrig ist (Kapitel 11). Die Astronomen vermuten, daß Galaxienkollisionen und Gezeitenwechselwirkungen bei der Anregung von Sternentstehung eine wichtige Rolle gespielt haben, vor allem bei der Bildung von elliptischen Galaxien (Abb. 14.9). Beweismaterial dafür, daß Galaxienwechselwirkungen Sternentstehung anregen, wurde durch die Entdeckung von seltenen Galaxien geliefert, die ungewöhnlich starke Quellen sehr langwelliger Infrarotstrahlung sind. Der IRAS-Satellit hat entdeckt, daß solche Galaxien bei Infrarotwellenlängen bis zu hundertmal stärker strahlen als Galaxien wie die Milchstraße. Die Infrarotstrahlung wird anscheinend in vielen Fällen durch einen Ausbruch von Sternentstehung erzeugt, und der Mechanismus, der das interstellare Gas konzentriert und destabilisiert, scheint die Wechselwirkung mit einem nahen Galaxienbegleiter zu sein. Kollisionen, vor allem mit einer der zahlreichen Zwerggalaxien, mögen den Auffegeprozeß angeregt haben, indem sie zu Anfang beim Zerreißen und Abtransport des interstellaren Mediums behilflich waren. Das bei der frühen Sternentstehung verstreute Gas findet einen natürlichen Ruheplatz in den riesigen intergalaktischen Räumen zwischen den Galaxienhaufen.

Ein gemeinsamer Faktor liegt unserer Beschreibung der Entwicklung von Spiralgalaxien und elliptischen Galaxien zugrunde: der Ursprung der schweren Elemente in den Überresten früher Sterngenerationen. Schwere Elemente sind für die Bildung aller heute sichtbaren Sterne in allen Galaxien von entscheidender Bedeutung, und wir werden jetzt ihre Entstehung genauer betrachten.

15

Der Ursprung der schweren Elemente

Wir haben gefunden, das es es möglich ist, auf allgemeine Weise die Häufigkeiten praktisch aller Isotope der Elemente von Wasserstoff bis Uran durch Synthese in Sternen und Supernovae zu erklären.

E.M. BURBIDGE, G.R. BURBIDGE, W.A. FOWLER UND F. HOYLE

Wir sind Kinder der Sterne. Vor zehn Milliarden Jahren befand sich fast jedes Atom unseres Körpers inmitten eines Sterns. Die ersten Sterne, die kollabierende Galaxien mit Licht erfüllten, bestanden vorwiegend aus Wasserstoff, und zehn Prozent ihrer Atome waren Heliumatome, die in den ersten Augenblicken des Urknalls gebildet worden waren. Es gab jedoch keinen Kohlenstoff, keinen Sauerstoff, kein Eisen; keines der Elemente, die nötig sind, die Erde zu bilden und Leben zu erhalten, war vorhanden. Ein nukleares Hindernis - die Unfähigkeit eines Heliumkerns, mit einem Proton oder einem anderen Heliumkern zu verschmelzen, um einen schwereren stabilen Kern zu bilden - verhinderte die Synthese schwerer Elemente im Urknall.

Ein beträchtlicher Bruchteil der schweren Elemente wurde von den ersten Sternen erzeugt. Die dramatische Bestätigung dieser Feststellung war die Entdeckung, daß das intergalaktische Medium in vielen der großen Galaxienhaufen praktisch so reich an Eisen ist wie die Sonne. Das Gas zwischen den Haufen muß durch Auswürfe der Sterne in den Haufengalaxien angereichert worden sein. Dieses Gas kann nur erzeugt worden sein, als die Galaxien sehr jung waren, denn es gibt viel zuviel Eisen, als daß es durch die augenblicklichen Raten der Sternentwicklung und des Masseverlusts erklärt werden könnte (Seite 235).

Eine genauere Untersuchung einzelner Galaxien (einschließlich unserer eigenen) weist einen systematischen Trend auf: Die Häufigkeit schwerer Elemente nimmt von den Zentralbereichen einer Galaxie nach außen hin ab.

Diese Verteilung besagt, daß die Anreicherung ein stufenweise fortschreitendes Phänomen gewesen sein muß. Die schweren Elemente wurden zuerst in den Außengebieten der Galaxie gebildet, das angereicherte Gas fiel nach innen und wurde durch die Bildung neuer Sterne aufgebraucht. Aufeinanderfolgende Zyklen der Sternentstehung führten zu größeren Anreicherungsgraden, und die größte Anreicherung trat auf, wo sich das meiste Gas angesammelt hatte – in den Zentralbereichen der elliptischen Galaxien und in den Scheiben der stark abgeplatteten Spiralgalaxien (Kapitel 14).

Die Erzeugung schwerer Elemente ist deshalb ein wichtiges Glied in der Kette der Entwicklungsstadien, die zur Bildung der Sonne führten. Wir müssen dieses Glied näher untersuchen, um zu verstehen, wie wichtig es ist: Die Abwesenheit schwerer Elemente würde bedeuten, daß Leben nicht existieren könnte. Wie wir in diesem Kapitel sehen werden, war dieser Prozeß nicht unvermeidlich: Die Erzeugung der schweren Elemente hing von der rechtzeitigen Bildung und Entwicklung massereicher Sterne und ihrer Selbstzerstörung in gewaltigen Supernovaexplosionen ab.

Die nukleare Entwicklung der Sterne

Im Innern der Sterne verschmelzen Wasserstoffkerne zu Helium. Diese Kernreaktion oder Folge von Kernreaktionen setzt Energie frei, da der Heliumkern etwas weniger wiegt als die vier Protonen, die bei seiner Bildung miteinander verschmelzen. Dieses Massendefizit von 0.7 Prozent wird überwiegend in Form von intensiver Gammastrahlung und Neutrinos freigesetzt. Die Strahlung ist im heißen Zentrum des Sterns gefangen und erzeugt eine enorme Druckdifferenz, einen *Druckgradienten*, zwischen dem heißen Inneren und den kühlen Außenschichten des Sterns. Der Druck übt eine nach außen wirkende Kraft aus, die der Schwerkraft des Sterns entgegenwirkt, solange genügend Wasserstoff im stellaren Kern vorhanden ist, um Helium zu erzeugen.

Wenn der Wasserstoffvorrat beginnt, sich zu erschöpfen, und der Kern des Sterns immer mehr aus Helium besteht, werden die Kernreaktionen, die Wasserstoff zu Helium verschmelzen, immer seltener. Weniger Energie und Wärme wird erzeugt, der Druck im Zentrum nimmt ab, und das empfindliche Gleichgewicht zwischen Druck und Schwerkraft bricht schließlich zusammen. Die Gravitation wird zur vorherrschenden Kraft, und der Stern beginnt, in sich zusammenzustürzen. Da eine Kompression immer zur Aufheizung eines Gases führt, wird der zentrale Kern durch den Kollaps aufgeheizt.

Schließlich wird der Kern des Sterns so heiß, daß Heliumbrennen einsetzen kann. Helium benötigt eine höhere Temperatur als Wasserstoff, ehe es durch

Nukleosynthese in schwerere Elemente umgewandelt werden kann, da es eine größere Kernladung besitzt. Zwei Heliumkerne stoßen einander stärker ab als zwei Protonen. Um dieses abstoßende elektrostatische Kraftfeld, die *Coulomb-Barriere*, zu durchdringen, sind höhere Geschwindigkeiten erforderlich. Heliumkerne werden schneller und erlangen eine größere Energie, wenn sie auf eine höhere Temperatur aufgeheizt werden. Zwei Heliumkerne verschmelzen zu einem instabilen Isotop des Berylliums, das wieder in zwei Heliumkerne zerfallen kann: Es muß ein dritter Heliumkern vorhanden sein, damit sich ein Kohlenstoffkern bilden kann. Nur weil es eine Resonanz in der Kernstruktur des Kohlenstoffs gibt, die eine Bildung von Kohlenstoff ermöglicht, ehe das Beryllium zerfällt, funktioniert diese Fusion: Es ist bemerkenswert, daß der britische Astronom Fred Hoyle im Jahre 1954 voraussagte, daß eine solche Resonanz existieren müsse; andernfalls könnte Kohlenstoff nicht gebildet werden. Kurz darauf wurde diese Vorhersage im Labor bestätigt. Das Heliumbrennen setzt wieder eine bestimmte Energiemenge frei, weil drei Heliumkerne etwas mehr wiegen als der Kohlenstoffkern, der aus ihnen gebildet wird. Im Vergleich zum Wasserstoffbrennen wird durch das Heliumbrennen etwas weniger Energie erzeugt, sie ist jedoch ausreichend, um den Stern während seiner heliumbrennenden Phase im gravitativen Gleichgewicht zu halten.

Ein recht seltsames Phänomen tritt auf, während sich der Kern des Sterns aufheizt: Die Rate, mit der der Stern strahlt, steigt drastisch an, und die äußere Hülle expandiert um das Hundertfache und mehr. Dieses Aufblähen der Sternatmosphäre bewirkt eine Abkühlung der äußeren Schichten des Sterns. Die ausgesandte Strahlung wird extrem rot. Der Stern hat sich nun in einen leuchtkräftigen *Roten Riesen* entwickelt.

In genügend massereichen Sternen folgt auf das Heliumbrennen das Kohlenstoffbrennen, das zur Erzeugung von schwereren Elementen führt. Wenn der aus Kohlenstoff bestehende Kern aufgebraucht ist, tritt Brennen von schwereren Elementen ein, bis der Kern des Sterns vorwiegend aus Eisen besteht. Eisen ist der von allen am stärksten gebundene Atomkern, was bedeutet, daß Eisenkerne *weniger* wiegen als ihre Bestandteile. Bei der Bildung von Eisen wird Energie freigesetzt. Dies gilt jedoch nicht mehr für Kerne, die schwerer als Eisen sind; man muß Energie *aufwenden*, um solche Elemente zu synthetisieren. Aus dem Brennen von Eisen kann keine weitere Energie gewonnen werden. Die Kernfusion liefert Energie aus Elementen, die leichter sind als Eisen; von Elementen, die schwerer sind als Eisen, kann Energie nur durch Kernspaltung gewonnen werden. (Kernspaltung ist das Grundprinzip der Atombombe – im Gegensatz zur Wasserstoff- oder Fusionsbombe.) Für die meisten Elemente schwerer als Eisen braucht man eine viel stärkere Energiequelle als die, die in einem sich allmählich entwickelnden Stern zur Verfügung steht. Nachdem der Stern einen Eisenkern gebildet hat, ist sein Schicksal besiegelt. Wenn der Vorrat an Kernenergie aufgebraucht ist und nicht mehr die nötige Wärme und den nötigen Druck liefern kann, muß ein Gravitationskollaps eintreten.

Weiße Zwerge

Der Stern stürzt solange zusammen, bis die Materie so dicht gepackt ist, daß sie zu *entarteter Materie* wird. Ein Grundprinzip der Quantentheorie, die Heisenbergsche Unbestimmtheitsrelation, besagt, daß einzelne Teilchen nicht genau bestimmbare Örter besitzen. Nur der Bereich, in dem sie sich aufhalten, kann jemals festgelegt werden. In einer sehr groben Analogie können wir uns eine zugrunde liegende Bewegung, und damit einen Druck der Elementarteilchen vorstellen. Eine genauere Definition erfordert, das Ausschließungsprinzip der Quantenmechanik (das *Pauli-Prinzip*) zu berücksichtigen, das die Zahl der Elektronen in einem bestimmten atomaren Zustand einschränkt. Bei genügend hohen Dichten wird diese Grenze erreicht, bei der ein nur quantenmechanisch erklärbarer Druck auftritt. Im Gegensatz zum gewöhnlichen Gasdruck hängt dieser Druck nicht von der Temperatur ab, sondern von den zufälligen Bewegungen der Atome. Unter gewöhnlichen Bedingungen ist dieser *Entartungsdruck* im Vergleich zum normalen Druck vernachlässigbar klein. Wenn die Materie jedoch zu riesigen Dichten komprimiert ist, wird der Entartungsdruck immer wichtiger. Die ersten davon beeinflußten Teilchen sind die Elektronen, die einen zusätzlichen Druck nach außen hervorrufen, wenn sie entarten; sie setzen so dem Versuch, noch dichter aufeinandergedrückt zu werden, Widerstand entgegen. Wenn der Kern des Sterns einen Zustand erreicht, in dem er durch den Druck entarteter Elektronen stabil gehalten wird, ist der Stern zum *Weißen Zwerg* geworden. Ein Stern von einer Sonnenmasse nimmt um das Hundertfache an Größe ab, um zu einem Weißen Zwerg zu werden (Abb. 15.1). Der Kern eines solchen Sterns besteht aus Kohlenstoff und Sauerstoff, oder sogar aus Helium, wenn der Weiße Zwerg eine Masse von weniger als etwa 0.5 Sonnenmassen besitzt. Der Zwergstern ist weiß, weil er anfänglich aufgrund der riesigen Kompression sehr heiß ist. Er kühlt allmählich ab und verschwindet nach einigen Milliarden Jahren aus unserer Sicht. Die maximale Masse eines Weißen Zwergs beträgt etwa 1.4 Sonnenmassen, obwohl eine schnelle Rotation diese Massengrenze etwas erhöhen kann. Sterne geben im Verlauf ihrer Entwicklung beträchtliche Materiemengen ab, und man glaubt, daß Sterne, deren Anfangsmassen nicht größer als 6 Sonnenmassen sind, sich zu Weißen Zwergen entwickeln werden.

Gelegentlich kann ein Weißer Zwerg in einem Doppelsternsystem Masse von einem Begleitstern akkretieren. Die Zugabe von wasserstoffreichem Brenn-

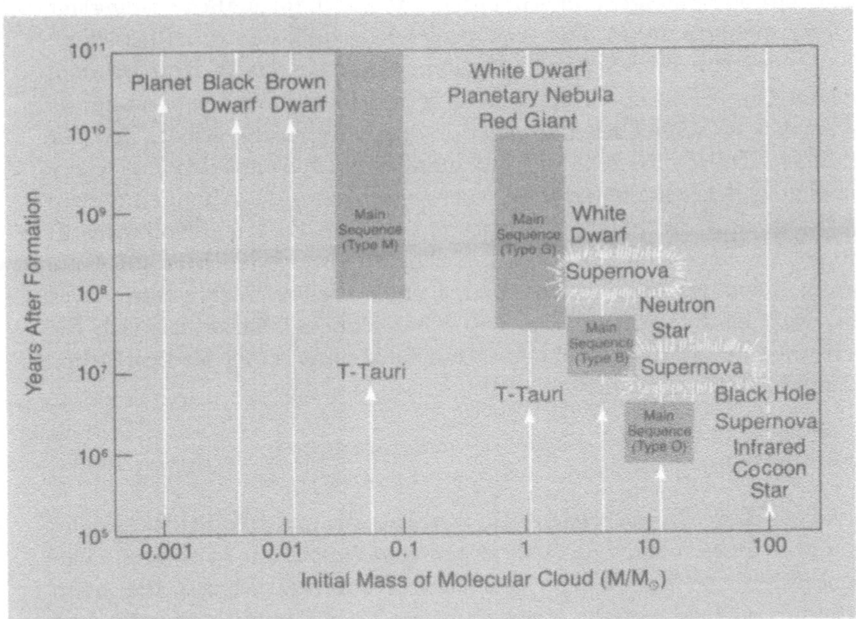

Abb. 15.1 Das Schicksal von Sternen unterschiedlicher Masse
In dieser Abbildung ist auf der x-Achse die Anfangsmasse der Molekülwolke (in Einheiten der Sonnenmasse), auf der y-Achse die seit der Sternentstehung vergangene Zeit (in Jahren) aufgetragen. Sterne mit Massen zwischen 0.1 und 1 Sonnenmassen durchlaufen zunächst das T-Tauri-Stadium, bevor sie sich, wie massereichere Sterne auch, längere Zeit auf der Hauptreihe (Main Sequence) aufhalten. Weiße Zwerge (White Dwarfs) haben Massen von weniger als etwa 1.4 Sonnenmassen. Massereichere Sterne können zu Weißen Zwergen werden, weil sie im Lauf ihrer Entwicklung beträchtliche Materiemengen (z.B. im Roten Riesenstadium – Red Giant – und im Stadium des planetarischen Nebels – Planetary Nebula) verlieren können. Man nimmt heute an, daß sich Sterne mit weniger als 6 Sonnenmassen zu Weißen Zwergen entwickeln, und daß massereichere Sterne als Supernovae explodieren und Neutronensterne (Neutron Stars) zurücklassen. Sehr massereiche Sterne (über 30 – 50 Sonnenmassen) könnten Schwarze Löcher (Black Holes) bilden. Protosterne mit weniger als 0.08 Sonnenmassen entwickeln in ihrem Innern niemals genügend Wärme, um Kernreaktionen zu zünden: Diese Objekte werden braune Zwerge – Brown Dwarfs (und schließlich schwarze Zwerge – Black Dwarfs) genannt, da sie nur sehr schwach im Infraroten strahlen. Der Planet Jupiter könnte in diese Kategorie fallen: Er strahlt 70 Prozent mehr Energie ab, als er von der Sonne empfängt.

stoff auf einen Weißen Zwerg ergibt eine explosive Mischung, deren Zündung die Astronomen als Nova beobachten können. Novae sind mehrfach ausbrechende Objekte, deren Leuchtkraft in Tagen oder Wochen um einen Faktor 100 bis 1 000 000 ansteigt. Die Abnahme auf die ursprüngliche Helligkeit erfolgt über mehrere Jahre. Der Ausbruch wiederholt sich im allgemeinen nach Tausenden von Jahren. Sehr viel seltener kann ein aus Weißen Zwergen bestehendes Doppelsternpaar entstehen, dessen Komponenten einander so nahe sind, daß sie schließlich Bahnenergie durch Reibungsverluste in einer gemeinsamen Hülle verlieren und aufeinander zu spiralen. Im Fall einer Verschmelzung der beiden wird die Massengrenze von 1.4 Sonnenmassen überschritten, und die Folgen sind dramatisch. Es tritt ein Kollaps auf, der eine heftige Explosion zur Folge hat: Eine Supernova leuchtet auf. Eine Supernova, die durch die Verschmelzung eines Weißen Zwergsternpaares entsteht, wird als Supernova vom Typ I bezeichnet: Charakteristisch für sie ist ein wasserstoffarmes Spektrum, und sie kommt in der älteren Sternpopulation der Galaxien vor.

Neutronensterne

Noch massereichere Sterne erleiden ein weit katastrophaleres Schicksal. Die Anfangsmasse eines solchen Sterns war genügend hoch, um zu starken Gravitationskräften und hohen zentralen Temperaturen zu führen, die einen Eisenkern mit einer Masse von etwas mehr als 1.4 Sonnenmassen entstehen ließen. Wenn der Stern den Vorrat an Kernbrennstoff aufgebraucht hat, ist die Gravitationskraft zu stark, um durch den Druck der entarteten Elektronen ausgeglichen zu werden. Der Stern kollabiert heftig, bis sich bei weit höheren Dichten die Elektronen und die Protonen vereinigen und Neutronen bilden. Diese Neutronen entarten schließlich ihrerseits. Wenn der Druck der entarteten Neutronen in der Lage ist, den Kollaps aufzuhalten, bildet sich ein *Neutronenstern*. Ein Neutronenstern hat einen typischen Durchmesser von wenig mehr als 10 Kilometern, er kann jedoch eine größere Masse als die Sonne besitzen.

Der Neutronenstern bildet sich aus dem Kern eines kollabierenden Sterns, der recht massereich gewesen sein muß. Wenn der Stern kollabiert, wird plötzlich eine enorme Menge von Energie in Form von Röntgenstrahlen, Gammastrahlen und Neutrinos freigesetzt; diese Energie hilft, die äußere Hülle des Sterns, die durch die Nukleosynthese stark mit schweren Elementen angereichert worden ist, in einer heftigen Supernovaexplosion wegzublasen. Eine Supernovaexplosion, die durch den Tod eines massereichen Sterns entsteht, wird als Typ II bezeichnet: Ihr Spektrum ist typisch wasserstoffreich und sie kommt in Sternentstehungsgebieten vor. Auf diese Weise werden Elemente, die schwerer als Helium sind, dem interstellaren Material zurückgegeben. Die bestuntersuchte Supernova, SN 1987a, ist vom Typ II (Seite 281).

Ein Neutronenstern kann als ein riesiger Atomkern aufgefaßt werden. Die Protonen und Elektronen sind so dicht aneinandergedrückt, daß sie sich zu Neutronen vereinigen, die praktisch miteinander in Kontakt stehen. Die Dichte im Innern eines Neutronensterns ist fast so groß wie die Dichte in einem Atomkern.

Neutronensterne sind durch Radio-, Röntgen- und sogar Gammabeobachtungen entdeckt worden. Die Radioastronomen finden *Pulsare*, die durch Abstrahlung bemerkenswert regelmäßiger Radiosignale charakterisiert sind. Eine Periode von etwa einer Sekunde wird oft mit einer Genauigkeit, die besser als 1 zu 10^{12} ist, eingehalten. Der Pulsar im Crab-Nebel hat eine Periode von einer dreißigstel Sekunde (Abb. 15.2). Er nimmt mit einer Rate ab, die auf eine Entstehung vor etwa 900 Jahren schließen läßt. Der Crab-Pulsar konnte mit der Supernova des Jahres 1054 in Verbindung gebracht werden, die von chinesischen Astronomen aufgezeichnet worden ist und deren Überrest der Crab-Nebel ist. Die Astronomen haben gefunden, daß der Crab-Pulsar mit der gleichen Periode und in Phase bei Radiowellen, optischen, Röntgen- und Gammawellenlängen strahlt. Der schnellste bekannte Pulsar (Seite 138) hat eine Periode von nur einer Millisekunde.

Man glaubt, daß Pulsare schnell rotierende Neutronensterne sind, die sich während einer Supernovaexplosion gebildet haben. Nur Sterne, die so kompakt wie Neutronensterne sind, können so schnell rotieren. Die Regelmäßigkeit der Pulsarstrahlung kann durch eine vom Neutronenstern ausgehende gebündelte Strahlung erklärt werden, die während der Rotationsperiode wie ein riesiger Suchscheinwerfer einmal umläuft. Der Bündelungseffekt rührt wahrscheinlich vom trichterförmigen Eintreten strahlender relativistischer Teilchen in das starke Magnetfeld des Neutronensterns her. Wegen dieser Richtungsabhängigkeit (wir müssen in der Richtung des Strahls liegen, um ihn zu empfangen), wird am Ort einer ehemaligen Supernova nicht immer ein Pulsar entdeckt.

Neutronensterne sind auch unter noch exotischeren Bedingungen beobachtet worden. Viele Sterne haben beispielsweise nahe Begleiter, und wenn eine Komponente eines solchen Sternpaares eine Supernovaexplosion erleidet und einen Neutronenstern hinterläßt, wird die Entwicklung des Begleitsterns oft stark beschleunigt. Der Begleiter kann eine beträchtliche Materiemenge aus seiner Atmosphäre abgeben und den Neutronenstern in eine dichte Gaswolke einhüllen. Diese Hülle hat den Effekt, daß sie die Radiostrahlung des Pulsars auslöscht, sie erzeugt jedoch eine intensive Röntgenstrahlung, da das Gas akkretiert und im starken Schwerefeld des Neutronensterns aufgeheizt wird. Der bestbekannte Fall eines Röntgendoppel-

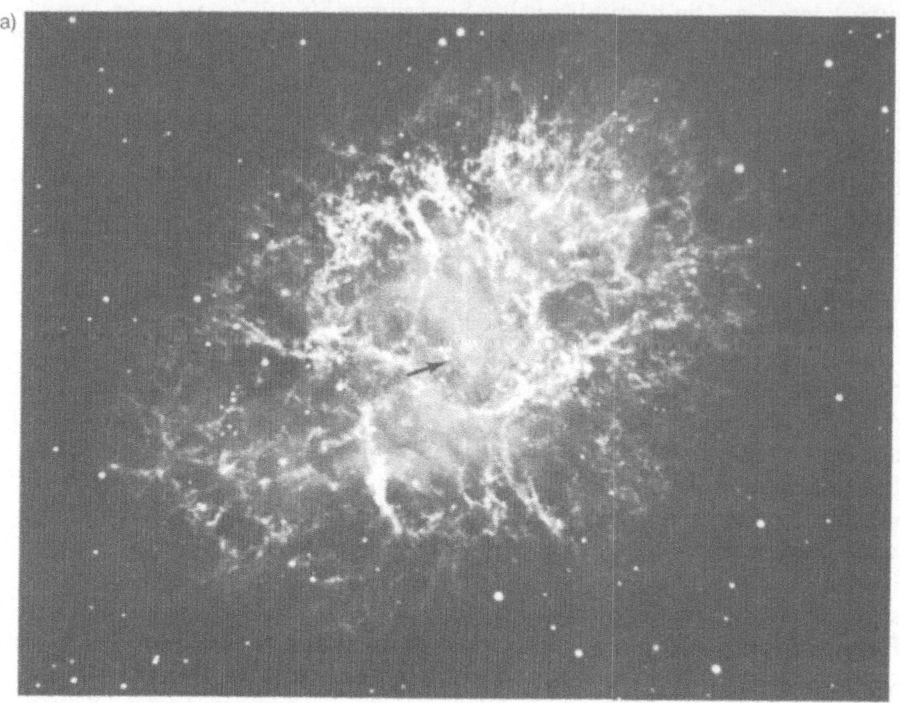

Abb. 15.2 Der Pulsar im Crab-Nebel
Im Innern des gasförmigen Überrestes (a) einer im Jahr 1054 n. Chr. von chinesischen Astronomen beobachteten Supernova liegt der Crab-Pulsar, ein rasch rotierender Neutronenstern. Der Pulsar (*Pfeil*) sendet 30 mal pro Sekunde Strahlung aus, wie in den stroboskopischen Fernsehbildern zu sehen ist, die bei größter und kleinster Helligkeit aufgenommen wurden (b). Filamente des Nebels erscheinen in dieser Photographie weiß; die amorphen grauen Gebiete senden Synchrotronstrahlung aus, die von relativistischen Elektronen emittiert wird, die sich im Magnetfeld des Nebels bewegen.

sterns ist Hercules X-1 im Sternbild Hercules (Abb. 15.3). In diesem Fall wird der Röntgenstrahlen aussendende Stern optisch nicht beobachtet. Der Begleiter der Röntgenquelle ist ein Stern, der HZ Herculis genannt wird und schon lange als veränderlicher Stern bekannt war. Hercules X-1 sendet alle 1.24 Sekunden Röntgenpulse aus. Die Präzision des Röntgenpulsars ist so hoch, daß im Verlauf von 1.7 Tagen, während die Röntgenquelle eine Bahnbewegung um HZ Herculis vollführt, die Pulse infolge des mit der periodischen Bahnbewegung der Röntgenquelle verknüpften Dopplereffekts zunächst in etwas rascherer, dann in etwas langsamerer Folge auftreten. Da

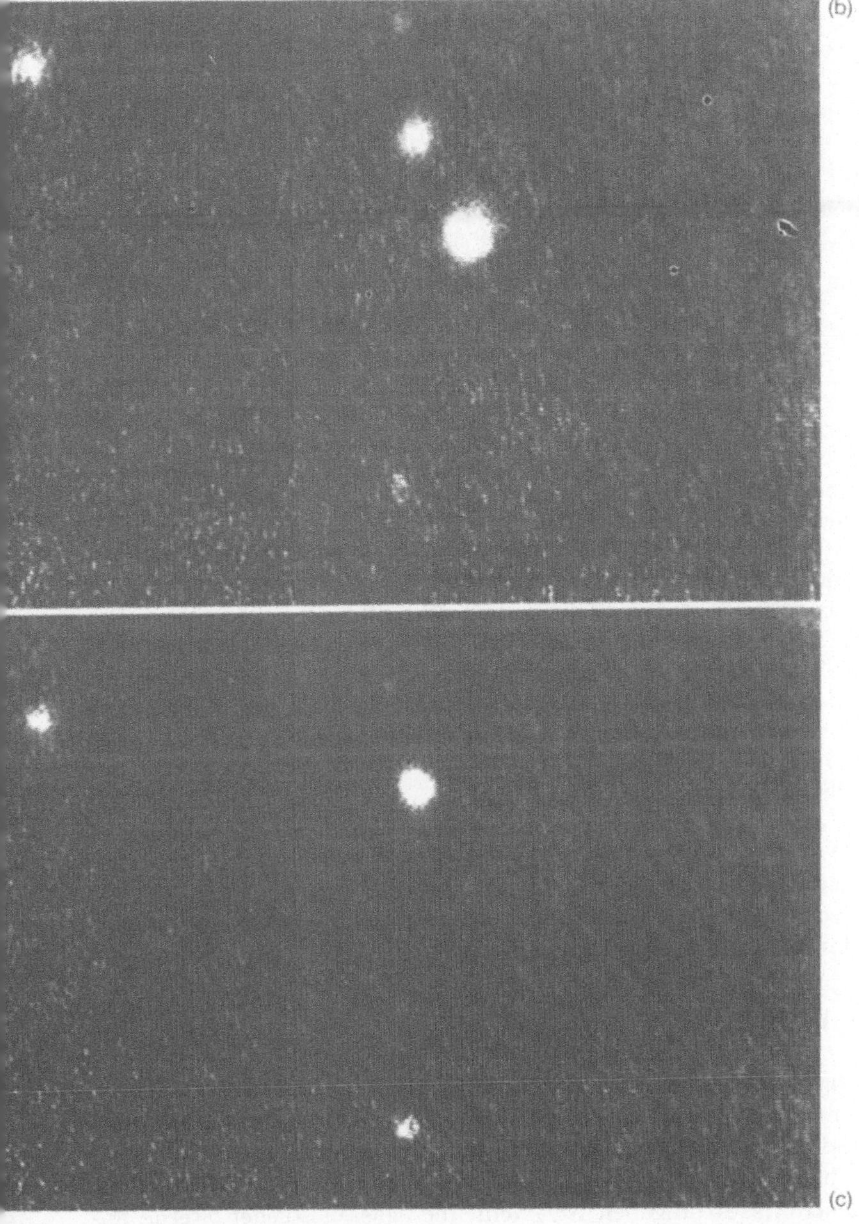

(b)

(c)

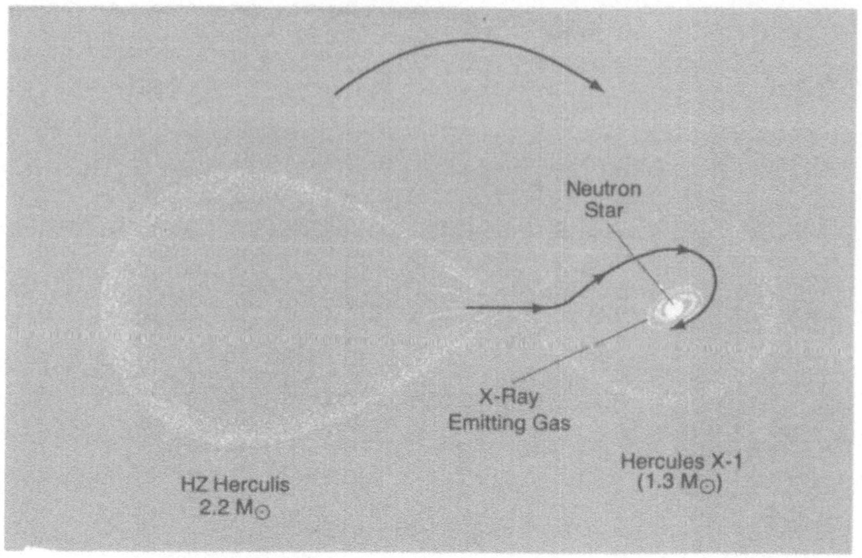

Abb. 15.3 Hercules X-1
Die Röntgenquelle Hercules X-1 ist ein Neutronenstern von etwa 1.3 Sonnenmassen, der einen massereicheren Begleiter, HZ Herculis, der noch sehr leuchtkräftig ist, umkreist. HZ Herculis mag in der Vergangenheit etwas kleiner gewesen und so keinen starken Zerreißkräften ausgesetzt gewesen sein. Als er sich jedoch entwickelte, heizte sich sein Inneres auf und die äußere Hülle schwoll an. Von einem bestimmten Zustand an verursachte die Nähe des Neutronensterns (Neutron Star) eine weitere Vergrößerung der äußeren Hülle von HZ Herculis, und Materie wurde allmählich durch Gezeitenkräfte in den Neutronenstern hineingezogen. Das von HZ Herculis verlorene Material spiralt in Hercules X-1 hinein und bildet eine heiße Scheibe, die im Röntgenbereich sehr ergiebig strahlt (X-Ray Emitting Gas = Röntgenstrahlung aussendendes Gas).

wir die Masse des optischen Begleiters aus Untersuchungen seines Spektrums kennen, können wir die Masse des Röntgenstrahlen aussendenden Sterns berechnen. Seine Masse und Größe deuten darauf hin, das es sich bei Hercules X-1 um einen Neutronenstern handelt.

Schwarze Löcher

Viele Sterne erfahren während der späten Stadien ihrer nuklearen Entwicklung einen beträchtlichen Masseverlust. Eine der Erscheinungsformen ist das Stadium des planetarischen Nebels. Ein planetarischer Nebel besteht aus einem zentralen Stern, der von einer leuchtenden Hülle kürzlich ausgeworfenen Gases umgeben ist. Wenn die Massen solcher Sterne anfangs kleiner als 6 Sonnenmassen waren, entwickeln sie sich schließlich zu Weißen Zwergen; sie bestehen zum großen Teil aus Kohlenstoff, weil das wasserstoffreiche Material abgeworfen wurde. Sterne zwischen 6 und 8 Sonnenmassen können am Ende einen explosiven Kollaps erleiden und lassen keinen Kern zurück. Weil der Druck entarteter Materie bei Erwärmung nicht ansteigt, kann immer mehr Energie zugeführt werden, bis die Kerntemperatur hoch genug ist, um eine katastrophale Detonation des Kohlenstoffkerns hervorzurufen. Im Massenbereich von 8 bis 50 Sonnenmassen sind die Gravitationskräfte dergestalt, daß die nukleare Entwicklung des Kerns fortschreitet, bis sich ein Eisenkern von etwa 1.4 Sonnenmassen gebildet hat. Die Erschöpfung des Kernenergievorrats bewirkt einen Kollaps des Kerns, der sich in einen Neutronenstern verwandelt, während die äußere Hülle in der daraus resultierenden Supernovaexplosion herausgeschleudert wird. Die Reaktion $p + e \rightarrow n + \nu$, wobei ν ein Neutrino bezeichnet, signalisiert den Beginn der Neutronensternbildung, und die Energie, die bei der Kompression auf Kerndichte freigesetzt wird, wird durch die schwach wechselwirkenden Neutrinos abtransportiert. Diese Theorie ist durch die Entdeckung von Neutrinos aus der Supernova SN 1987a bestätigt worden.

Man glaubt, daß Sterne, die massereicher als etwa 50 Sonnenmassen sind, zu Schwarzen Löchern kollabieren. Wir kennen die genaue Massengrenze nicht, jenseits der die Bildung Schwarzer Löcher unvermeidlich ist. Es ist jedoch klar, daß für Sterne genügend hoher Masse selbst der äußerste Entartungsdruck der Neutronen den Kollaps nicht verhindern kann. Das Schwerefeld wird so stark, daß kein Licht entkommen kann. Die Situation erinnert an das Grinsen der Cheshire-Katze – wenn ein Stern kollabiert und sich in ein Schwarzes Loch verwandelt, bleibt nur seine Schwerkraft zurück. Wie bei der Bildung eines Neutronensterns kann die beim letzten Kollaps plötzlich freigesetzte Kernenergie und Gravitationsenergie zum vehementen Abwurf der äußeren Hülle des Sterns führen.

Eine der faszinierendsten Suchkampagnen der modernen Astronomie ist der Versuch, ein Schwarzes Loch zu entdecken. Während kein Licht aus einem Schwarzen Loch entkommen kann, ist es möglich, daß ein Schwarzes Loch ein Stern in einem engen Doppelsternpaar ist, der Materie vom Begleiter aufnimmt. Während das akkretierte Material zum Schwarzen Loch spiralt, wird es aufgeheizt und bildet eine Materiescheibe, die intensive Röntgenstrahlung aussendet, bevor die Materie schließlich im Schwarzen Loch verschwindet. Röntgenastronomen sind allgemein der Ansicht, daß ein paar eigenartige Quellen wie Cygnus X-1 wahrscheinlich Schwarze Löcher sind (Abb. 15.4). Das Hauptargument für Cygnus X-1 ist, daß diese Röntgenquelle vermutlich eine Masse von mehr als 8 Sonnenmassen besitzt. Diese Aussage beruht auf der Analyse der Periode und der Lichtvariationen des

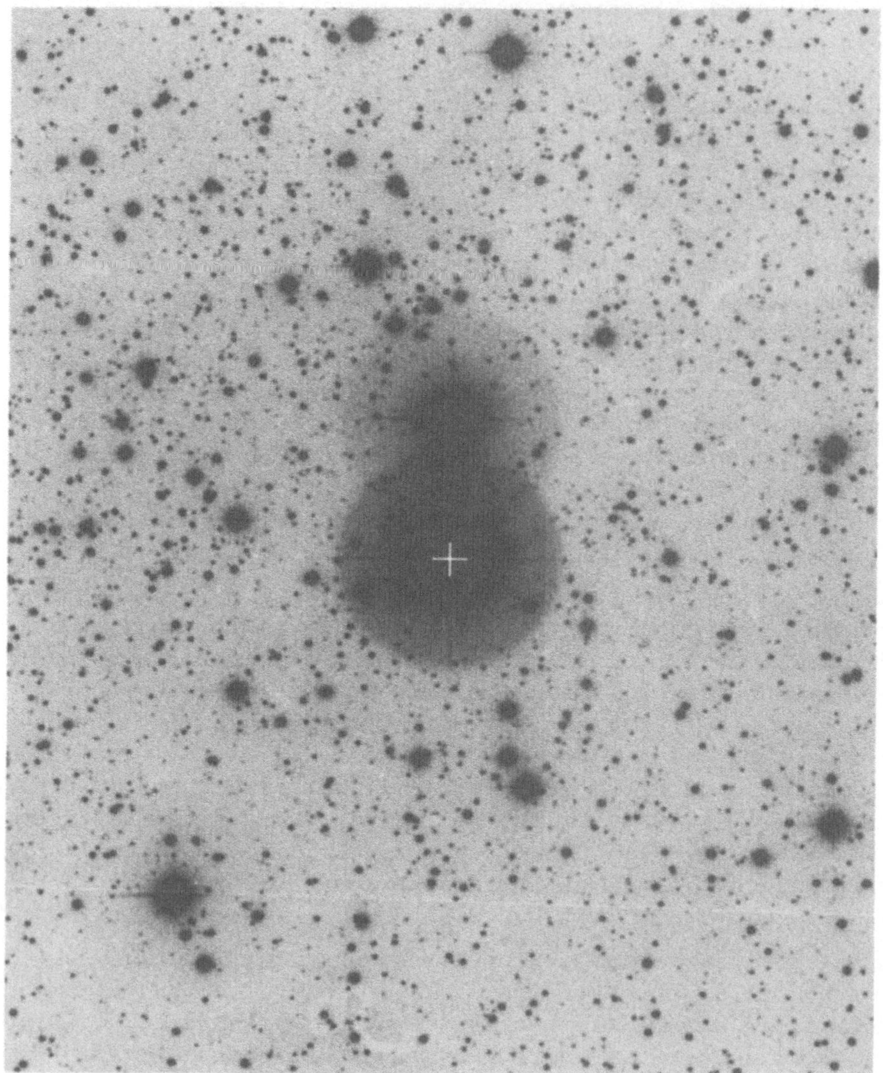

Abb. 15.4 Cygnus X-1
Das größte dunkle Objekt im Zentrum dieses photographischen Negativs ist der Stern HDE 226868, der mit der Röntgenquelle Cygnus X-1 verbunden ist. Der Photographie überlagert ist der Ort einer Radioquelle (*Kreuz*), der mit der Position der Röntgenquelle zusammenfällt. Der Ort der Radioquelle konnte genau bestimmt werden, und Veränderungen in der Stärke der Radiostrahlung fallen mit Änderungen der Röntgenintensität zusammen und ermöglichten damit den Astronomen die Identifizierung von HDE 226868 mit Cygnus X-1. Die Röntgenquelle selbst ist ein kompaktes Objekt, wahrscheinlich ein Schwarzes Loch, das den Stern umkreist und Materie aus dessen äußeren Schichten akkretiert.

optisch sichtbaren Begleitsterns, die uns ermöglicht, Bahn und Masse des Schwarzen Loches zu berechnen. Die Röntgenquelle selbst muß in jedem plausiblen Modell, das die Röntgenstrahlung erklären kann, ein kompaktes Objekt sein, entweder ein Neutronenstern oder ein Schwarzes Loch. Theorien des Gravitationskollapses und der Sternstabilität deuten jedoch darauf hin, daß kein Neutronenstern mehr als 4 Sonnenmassen haben kann. Eine weniger definitive, aber realistischere Obergrenze für die Masse eines Neutronensterns liegt bei 2 Sonnenmassen. Folglich scheint die Identifizierung von Cygnus X-1, und sogar noch besseren Kandidaten wie LMC X-1, mit Schwarzen Löchern recht überzeugend zu sein.

Explosive Nukleosynthese

Bei Supernovaexplosionen wird Energie durch die Implosion des inneren zu einem Neutronenstern kollabierenden Eisenkerns, oder im Falle eines sehr massereichen Sterns durch die Implosion des zu einem Schwarzen Loch kollabierenden gesamten Zentralgebiets freigesetzt. Die äußeren Schichten des Sterns werden in das umgebende interstellare Medium hinausgeschleudert, welches das Material über eine neue Sterngeneration verteilt.

Eine Supernovaexplosion ist ein sehr vehementes und energiereiches Ereignis. Die plötzliche Freisetzung von Energie bei der Implosion des zentralen Eisenkerns zum Neutronenstern verursacht eine Schockwelle, die durch die umgebenden Schichten von Silizium, Sauerstoff, Kohlenstoff, Helium, und am äußersten Rand durch Wasserstoff hindurchläuft. Das Material heizt sich kurzzeitig auf eine Temperatur auf, die alle Temperaturen in der vorhergehenden Geschichte des Sterns bei weitem übertrifft. Gleichzeitig werden im kollabierenden Kern und in den umgebenden heißen, geschockten Schichten riesige Mengen von Neutronen erzeugt. Diese Neutronen *bestrahlen* das Material in der Sternhülle. Das Neutronenbombardement und die vorübergehend hohen Temperaturen liefern die Bedingungen für das Auftreten der *explosiven Nukleosynthese.* Elemente, die schwerer sind als Eisen, können jetzt erzeugt werden, auch viele der selteneren Isotope, die keine Nische in den frühen Stadien des stetigen Kernbrennens gefunden hatten. Supernovaexplosionen liefern so die einzigartige Umgebung, in der Energie zur Verfügung steht, um die sehr schweren Elemente aufzubauen.

Elementhäufigkeiten

Wie sicher können wir sein, daß schwere Elemente in den Überresten alter Supernovae erzeugt wurden? Ein Hinweis wird durch die Elementhäufigkeiten geliefert (Abb. 15.5). Wenn wir Kerne von zunehmender Massenzahl betrachten, sind die Kerne mit geradzahliger Massenzahl häufiger als die mit

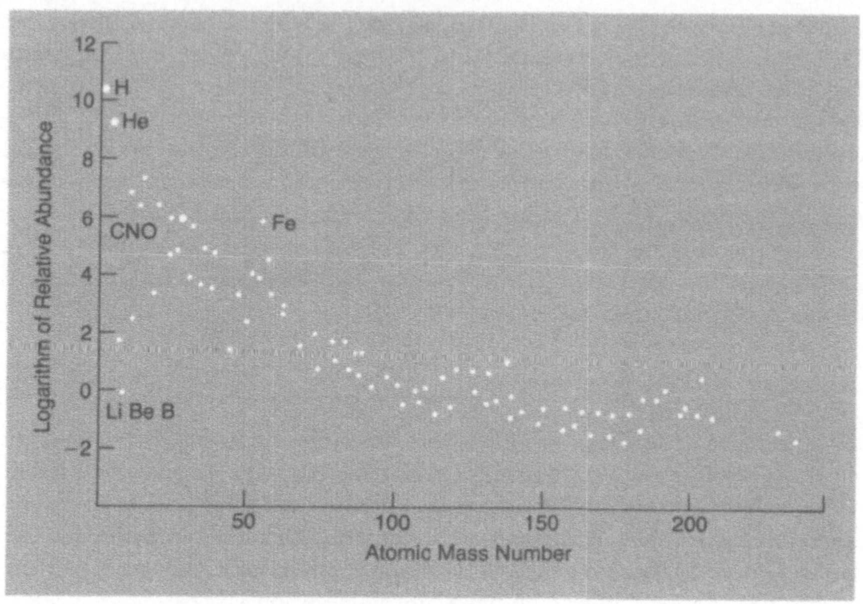

Abb. 15.5 Relative Häufigkeiten der Atomkerne
Das Diagramm zeigt den Logarithmus der relativen Häufigkeit als Funktion der atomaren Massenzahl. Die Häufigkeiten natürlich auftretender Atomkerne sind für Wasserstoff und Helium am höchsten. Lithium, Beryllium und Bor bilden offenbar eine anomale Gruppe. Wie das Wasserstoffisotop Deuterium sind diese drei Elemente sehr zerbrechlich und werden in Sternen eher zerstört als gebildet, und Lithium ist möglicherweise im Urknall gebildet worden. Man beachte bei den schweren Elementen die relative Stärke der Eisenhäufigkeit.

ungeradzahliger. Diese gerade-ungerade-Variation ist eine direkte Folge der Kerneigenschaften der Elemente. Sie kann durch die Stabilität der Atomkerne oder den Bindungsgrad der Kerne leicht verstanden werden, falls die schweren Elemente durch Kernreaktionen entstanden sind (Abb. 15.6).

Elemente mit geradzahliger Massenzahl sind im allgemeinen stabiler als diejenigen mit ungerader Massenzahl. Ein Kern, der eine ungerade Zahl von Teilchen (Protonen oder Neutronen) hat, kann als Kern mit einem ungepaarten Proton oder Neutron angesehen werden, wohingegen ein Kern mit gerader Massenzahl keine ungepaarten Teilchen besitzt. Es ist für die Paarungen nötig, daß sie aus gleichen Teilchen bestehen (Proton-Proton oder Neutron-Neutron). Ein ungebundenes Teilchen deutet auf eine niedrigere Stabilität hin, weil überschüssige Bindungen vorhanden sind, die ein zusätzliches Teilchen binden könnten. Kerne mit geraden Zahlen von Neutronen und Protonen sind dementsprechend stabiler als Kerne mit ungerader Mas-

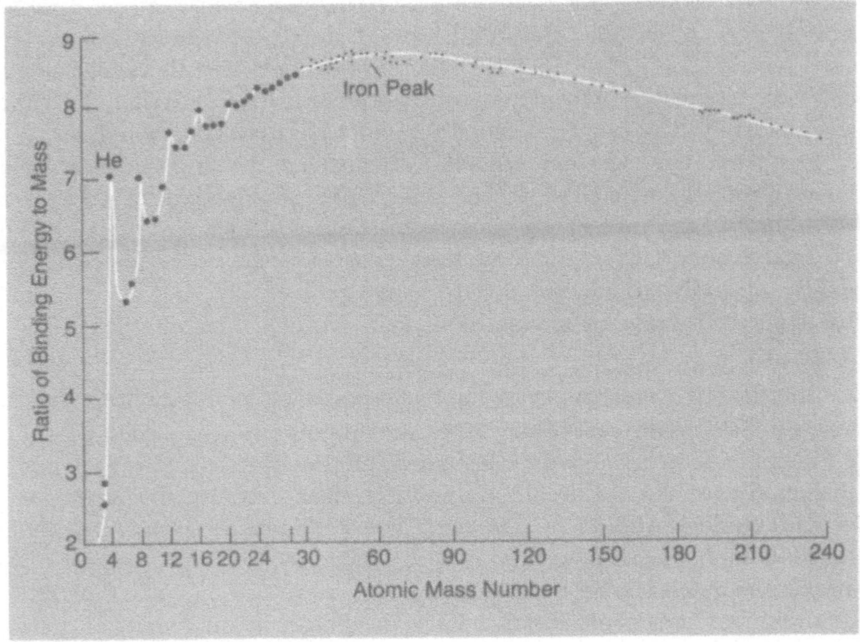

Abb. 15.6 Die Bindungsenergien der Kerne
Das Diagramm zeigt die Bindungsenergie pro Kernteilchen als Funktion der atomaren Massenzahl. Wir können eine Erklärung für die relativen Häufigkeiten der Elemente erhalten, wenn wir die Energiemenge betrachten, die in jedem Kern gespeichert ist. Die Kernkräfte binden die Kerne fest zusammen und setzen bei der Bildung der Kerne eine bestimmte Energiemenge (die Bindungsenergie) frei. Die Bindungsenergie pro Kernteilchen ist gegen die Zahl der Teilchen im Kern (die Massenzahl) aufgetragen. Die relative Stärke des Heliums zeigt die große Energiemenge an, die bei der Heliumsynthese frei wird. Nach der Bildung von Helium wird die Energieerzeugung durch den Aufbau schwerer Kerne zu einem Rückzugsgefecht; die relativen Stärken werden immer kleiner. Durch Kernverschmelzung wird zwar noch Energie freigesetzt, doch die zur Verfügung stehende Bindungsenergie nimmt zu schweren Elementen hin immer mehr ab, bis bei Nickel und Eisen das Ende erreicht wird. Die Synthese von Elementen, die schwerer sind als Eisen, kann keine Energie mehr liefern; stattdessen muß Energie für ihre Synthese aufgewendet werden. Eisen besitzt die höchste Bindungsenergie und ist das stabilste Element, daher ist bei dem unvermeidlichen Streben nach einem nuklearen Gleichgewicht seine Bildung begünstigt. Deshalb tritt in der Darstellung der Häufigkeiten (Abb. 15.5) das Maximum bei Eisen auf (Iron Peak = Eisenspitze).

sezahl, und die Nukleosynthese oder Kernverschmelzung wird deshalb zu einer größeren Häufigkeit von geradzahligen Kernen führen. Dieses gerade-ungerade-Alternieren der natürlich auftretenden Elemente ist ein direkter Hinweis darauf, daß die schweren Elemente durch Kernverschmelzung gebildet worden sind, in der sich Protonen, Neutronen, und Heliumkerne mit schwereren Teilchen verbunden haben. Die stellaren Kerne stellen die wahrscheinlichste Umgebung für diesen Prozeß der Kernverschmelzung dar. Wie wir gesehen haben, scheinen nur die Katastrophen der Supernovaexplosionen imstande zu sein, diese stellaren Kerne in genügendem Maße zu zerreißen, um die in ihnen eingeschlossenen schwereren Elemente freizusetzen. Wir folgern also, daß frühere Generationen von Sternen entstanden und vergangen sein müssen, ehe sich unsere Sonne gebildet hat. Die in der Sonne und anderen Sternen gefundene Häufigkeit schwerer Elemente liefert einen starken Hinweis zur Stützung dieser Theorie.

Die Häufigkeiten verschiedener häufig vorkommender Elemente erinnern stark an die Zusammensetzung eines entwickelten Sterns. Ein Stern von 20 Sonnenmassen erzeugt die Elemente Kohlenstoff, Stickstoff, Sauerstoff, Silizium, Schwefel und Eisen im ungefähr gleichen Verhältnis, wie wir es auf der Erde finden (Abb. 15.7). Ein Stern von 20 Sonnenmassen würde mehr als 10 000 mal leuchtkräftiger sein als die Sonne. Ein so verschwenderischer Energieverbrauch würde bedeuten, daß der Stern rasch seinen Vorrat an Kernbrennstoff erschöpft. Folglich ist es das Schicksal massereicher Sterne, sich rasch zu entwickeln, während sie diese häufig vorkommenden schweren Elemente erzeugen.

Wir können nun unser Wissen über die Geburt und den Tod der Sterne in unsere Theorie der Entwicklung des frühen Universums integrieren. Im Laufe von etwa 100 Millionen Jahren nach dem ursprünglichen Kollaps protogalaktischer Gaswolken begannen undurchsichtige Fragmente massereiche Sterne zu bilden. Diese Sterne hatten eine Lebensdauer von einigen Millionen Jahren, dann kollabierten sie und wurden Supernovae. Während ihre Zentralbereiche zu kompakten Neutronensternen implodierten, wurde der größte Teil ihrer Masse in den Supernovaexplosionen weggeblasen. Die Bruchstücke dieser Supernovae verwandelten sich in rasch expandierende Gasnebel oder *Supernovaüberreste.*

Der Crab-Nebel ist der bekannteste Supernovaüberrest. Ein anderer, der Vela-Nebel, ist von der Südhalbkugel der Erde aus sichtbar (Abb. 15.8). In beiden Überresten sind Pulsare, rotierende Neutronensterne, entdeckt worden. Der Crab-Nebel expandiert mit einer Geschwindigkeit von etwa 1000 Kilometern pro Sekunde, und sein Radius entspricht der Zeit, die seit seiner Bildung im Jahre 1054 vergangen ist. Der Vela-Nebel ist größer als

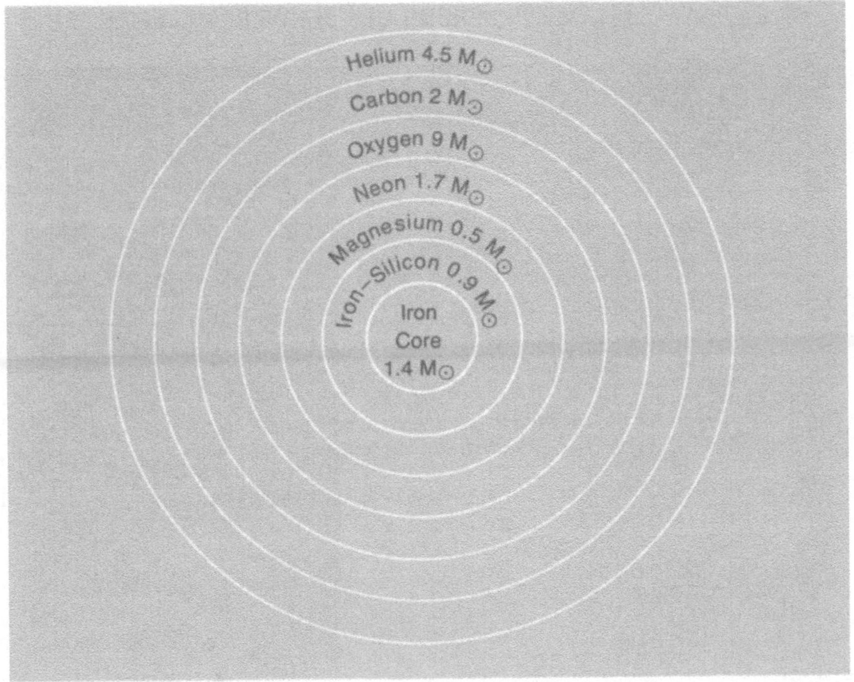

Abb. 15.7 Die Erzeugung schwerer Elemente in einem massereichen Stern
Ein Stern von 20 Sonnenmassen ist kurz vor seinen letzten Entwicklungsstadien dargestellt. Ein Eisenkern (Iron Core) von 1.4 Sonnenmassen ist von Schichten prozessierten Materials umgeben, die in früheren Stadien des Sternlebens erzeugt worden sind: einer Eisen-Silikat-, Magnesium-, Neon, Sauerstoff-, Kohlenstoff- und einer Helium-Schale. Jedes Stadium des Kernbrennens läßt eine Hülle leichteren, unprozessierten Materials dort zurück, wo die Temperatur nicht hoch genug war, um es zu verbrennen.

der Crab-Nebel und expandiert mit weniger als der halben Rate. Das Alter des Vela-Überrests wird auf etwa 10 000 Jahre geschätzt.

Die jungen Supernovaüberreste bremsten sich ab, während sie das interstellare Material auffegten; schließlich wurden sie gründlich mit dem interstellaren Gas vermischt. Auf diese Weise wurden die schweren Elemente, die sich in den ersten Sternen gebildet hatten, überall in der Galaxis in interstellaren Wolken verteilt, die in der Folge kollabierten und neue Sterne bildeten.

In der frühen Galaxis leuchteten Supernovae weit häufiger auf als heute. In den ersten 100 Millionen Jahren des Lebens der Galaxis gab es vielleicht

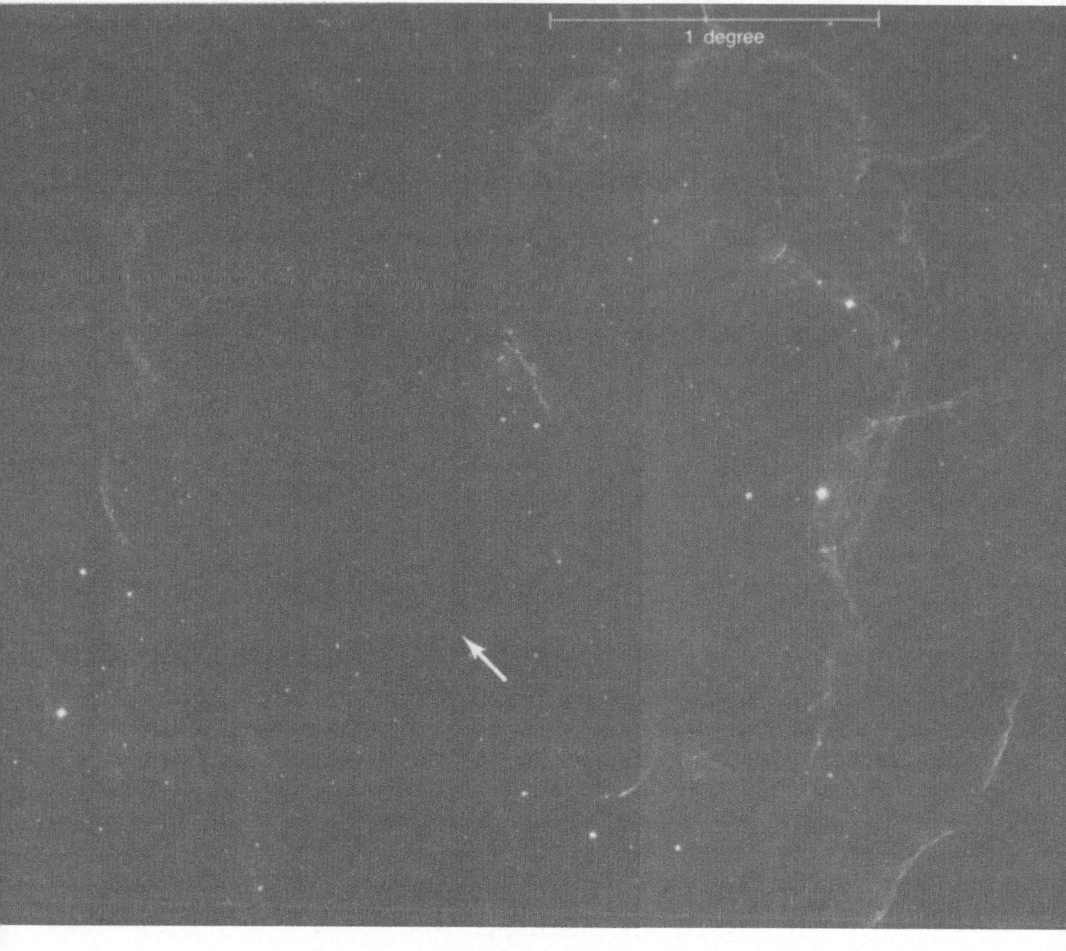

Abb. 15.8 Der Vela-Supernovaüberrest
Dieser rasch expandierende Supernovaüberrest stammt aus einer Explosion, die vor etwa 10 000 Jahren stattfand. Der Vela-Überrest ist auch eine starke Quelle niederenergetischer Röntgenstrahlung, und er enthält einen Radiopulsar an der angezeigten Position. Die unregelmäßige Form des Nebels wird durch die Wechselwirkung der Explosionswelle der Supernova mit vielen interstellaren Wolken und Gasfilamenten hervorgerufen. Diese leuchten auf, nachdem sie von der Explosionswelle erreicht werden, und der sichtbare Komplex heller Flächen und Filamente zeigt die augenblickliche Ausdehnung des Überrests, der noch immer mit einigen hundert Kilometern pro Sekunde expandiert. Eine Winkelausdehnung von einem Grad ist am oberen Rand markiert.

jährlich eine Supernova. Diese Supernovae sind für die schweren Elemente verantwortlich, die überall in der Scheibenpopulation unserer Galaxis zu finden sind. Die Sonne, die sich nahe an der Peripherie unserer Galaxis befindet, bildete sich vor etwa 5 Milliarden Jahren, als die Galaxis 10 Milliarden Jahre alt war. Zu der Zeit, als die Sonne entstand, war die Supernovarate nahezu auf ihre heutige Rate von etwa einer Supernova pro 100 Jahre für jede der beiden Typen I und II zurückgegangen. Beobachtungen des Crab-Nebels und anderer Supernovaüberreste zeigen, daß der Prozeß der Nukleosynthese und der Anreicherung des interstellaren Gases bis zum heutigen Tag andauert.

Supernovae und das Sonnensystem

Es ist möglich, daß der Kollaps interstellarer Wolken durch die Schockwelle einer benachbarten Supernovaexplosion ausgelöst wird. Ein faszinierender Hinweis deutet auf die Wechselwirkung einer Supernova mit der interstellaren Wolke, aus der unser Sonnensystem entstand, hin. Bei der Untersuchung von Proben einiger großer Meteorite, die genügend Material für eine gründliche chemische Analyse lieferten, fand man Anomalien in den Häufigkeiten bestimmter Isotopenarten. Diese Anomalien werden in kleinen eingelagerten Bereichen oder Einschlüssen gefunden, deren Zusammensetzung sich merklich von der des umgebenden Meteoritenmaterials unterscheidet (Abb. 15.9). Die Verhältnisse bestimmter Isotope in den Einschlüssen weichen deutlich von den Verhältnissen auf der Erde ab. Eines der wichtigsten Ergebnisse war die Entdeckung von Spuren eines seltenen Isotops des Magnesiums (Mg^{26}) in aluminiumreichen meteoritischen Einschlüssen. Dieses Magnesiumisotop kommt auf der Erde nicht natürlich vor, in den Einschlüssen jedoch findet man umso mehr Mg^{26}, je höher der Grad der Aluminiumanreicherung ist. Radioaktiver Zerfall verwandelt ein instabiles Isotop des Aluminiums (Al^{26}) in Mg^{26}; die Folgerung scheint unvermeidlich, daß das Mg^{26} auf diese Weise entstanden ist. Besonders interessant ist, daß die Zerfallszeit (oder Halbwertszeit) des Al^{26} nur eine Million Jahre beträgt. Das instabile radioaktive Aluminiumisotop hat keinen langlebigen Vorgänger; es ist unstreitig das Ausgangsmaterial für das beobachtete seltene Magnesiumisotop.

Nach unserem heutigen Verständnis des Ursprungs der Elemente muß das Aluminium in einer Supernovaexplosion erzeugt worden sein. In der Supernovaexplosion wurden offenbar radioaktive aluminiumreiche Rückstände erzeugt, die im Verlauf von weniger als einer Million Jahren nach der Explosion zu festen Teilchen wurden, ehe eine merkliche Verdünnung des aluminiumreichen Materials durch interstellare Materie auftreten konnte. Die Supernova würde also der Bildung des Meteoriten und somit auch der Bil-

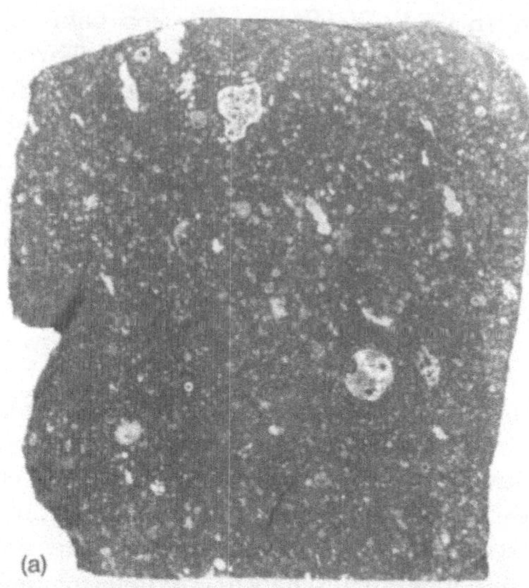

Abb. 15.9 Chondrulen
Die Chondrite, eine Art der Steinmeteorite, enthalten murmelähnliche Materialperlen (Chondrulen), die, als sie sich bei hoher Temperatur bildeten, offenbar einem beträchtlichen Schmelzprozeß unterworfen waren. Die Chondrulen sind die ältesten bekannten Gesteine; sie sind älter als die Sonne. In bestimmten Chondrulen entdeckte Häufigkeitsanomalien von Isotopen deuten auf eine Verseuchung der Wolke, aus der das Sonnensystem entstand, möglicherweise durch eine nahe Supernova hin. Die am gründlichsten untersuchten Proben stammen aus dem Allende-Meteoriten (a), einem kohligen Chondriten, der 1969 in Mexiko niederging. (b) zeigt die Nahaufnahme von Chondrulen aus einem Chondriten, der in der Tschechoslowakei niederging.

dung des Sonnensystems unmittelbar vorausgegangen sein. Eine Million Jahre ist für kosmische Verhältnisse ein kurzer Zeitraum. Er ist in der Tat der Zeit vergleichbar, die eine dichte Wolke nach dem Auslösen des Kollaps benötigt, um in Sterne zu zerfallen.

Wir können also vernünftigerweise schließen, daß einige der auf der Erde gefundenen Meteoritenbruchstücke unverdünnt von einer nahen Supernovaexplosion zu uns gelangt sind, die der Entstehung des Sonnensystems unmittelbar vorausgegangen ist. Nach einer der Hypothesen kondensierte der Supernovaüberrest während seiner Expansion und Abkühlung in winzige feste Körnchen. Die Körner wirkten ähnlich wie Schrapnelle, die ihren Weg in die kollabierende interstellare Wolke sprengten, aus der schließlich das Sonnensystem entstand. Die Körner wurden in Meteoriten eingelagert, während sich das Sonnensystem bildete.

Die Sonne und Milliarden ähnlicher Sterne sind das Endprodukt einer solchen Folge von Ereignissen. Während der ersten 500 Millionen Jahre der der Galaxis entwickelten sich rasch massereiche Sterne und erzeugten die meisten der schweren Elemente, die durch Supernovaexplosionen über die Galaxis verteilt wurden. Milliarden Jahre später bildete sich das Sonnensystem aus der Asche dieser alten Sterne, die zu einer interstellaren Wolke zusammengefegt worden war. Etwa 5 Milliarden Jahre nach dem Kollaps der interstellaren Wolke, die das Sonnensystem bilden sollte, fiel ein Endprodukt dieser Entwicklung, der Meteorit, auf ein anderes Endprodukt, den Planeten Erde, und wurde von einem dritten Endprodukt, einer intelligenten Lebensform, untersucht. In Kapitel 16 wird unsere Theorie der Entstehung und Entwicklung des Sonnensystems und seiner einzigartigen Mitglieder dargelegt werden.

16

Die Entstehung des Sonnensystems

Der Übergang vom Unbelebten zum Lebendigen war eine fast unglaubliche Folge von äußerst unwahrscheinlichen Ereignissen, doch in einem Universum, das mehr als 10^{20} Sterne enthält, die in der Lage sind, Planetensysteme zu entwickeln, und über einen Zeitraum von mindestens 10^{10} Erdjahren kann fast alles mehrfach geschehen. Und offenbar trat diese unwahrscheinliche Folge von Ereignissen wenigstens einmal in unserem Sonnensystem auf, denn wir sind da, die schüchternen Nachkommen einiger ziemlich übler Gase und vieler Blitze!

HARLOW SHAPLEY

Bei unserer Diskussion des Urknalls, der Entwicklung von Galaxien und Sternen haben wir gesehen, wie die Astronomen tief im Raum Systeme beobachtet und klassifiziert haben und Theorien über den Ursprung und die Entwicklung dieser Systeme aufgestellt haben. In diesem Kapitel werden wir unsere engere Nachbarschaft, das Sonnensystem, betrachten und eine Theorie vorstellen, die erklärt, wie sich die einzigartigen Objekte des Sonnensystems gebildet und entwickelt haben. Wie wir im letzten Kapitel gesehen haben, ist es wahrscheinlich, daß das Sonnensystem aus einer Wolke von Staub und Gas entstand, deren Kollaps durch eine Supernova ausgelöst wurde. Obwohl die Wolke, aus der sich das Sonnensystem bildete, nicht länger existiert, finden sich ihre Spuren in den Eigenschaften der Mitglieder des Sonnensystems, die wir heute sehen. Wir werden erst die Eigenschaften beschreiben, die eine Theorie des Ursprungs des Sonnensystems erklären muß. Zu den einzigartigen Kennzeichen – neben der Sonne, den Planeten, Satelliten, Kometen, Asteroiden und Meteoriten – zählt auch das Leben.

Das Sonnensystem

Die vielleicht überraschendste Eigenschaft des Sonnensystems ist, daß die Bahnen aller Planeten nahezu kreisförmig sind und nahe der Äquatorebene der Sonne liegen (Tabelle 16.1). Nicht nur bewegen sich alle Planeten in der gleichen Richtung um die Sonne, in der sie selbst rotiert, sondern fast alle Planeten rotieren ihrerseits in der gleichen Richtung. Die Rotationsachsen der Planeten sind nahezu parallel zur Sonnenachse, mit Ausnahme der von Venus, die antiparallel ist, und der von Uranus, die um etwa 90 Grad geneigt ist. Die Satellitensysteme zeigen zumeist eine ähnliche Regelmäßigkeit. Die inneren Planeten (Merkur, Venus, Erde, Mars) sind relativ kleine, metallreiche, dichte Körper, die sich langsam drehen, Rotationsperioden von einem Tag und mehr haben und nur wenige Satelliten besitzen. Die äußeren Riesenplaneten sind große wasserstoffreiche Körper geringer Dichte, die im allgemeinen viele Satelliten haben.

Wir sind alle mit praktischen Anwendungen der Newtonschen Bewegungsgesetze vertraut: Körper in einem Zustand gleichförmiger Bewegung behalten ihren Impuls. Wir können die Größe der Rotation eines Körpers durch die Berechnung des Drehimpulses quantifizieren. Die Sonne rotiert langsam und besitzt bei weitem weniger Drehimpuls, als man von einer interstellaren Wolke vergleichbarer Masse, die zu einem Stern kollabiert ist, erwarten sollte. Es zeigt sich, daß der Drehimpuls des Sonnensystems zum größten Teil in den Bahnbewegungen der Planeten gespeichert ist – besonders in der Bewegung des größten Planeten Jupiter.

Außer den Planeten enthält das Sonnensystem viele kleinere Körper, einschließlich der Asteroiden, Meteoriten, Kometen, und der Ringe von Saturn, Uranus, Neptun und Jupiter. *Asteroiden* haben Größen bis zu 1000 Kilometern und liegen hauptsächlich zwischen Mars und Jupiter (Abb. 16.1). Es gibt nur etwa 200 Asteroiden mit Durchmessern über 100 Kilometern, aber es muß Zehntausende mit Durchmessern von über einem Kilometer geben. Man vermutete früher, daß es einen unentdeckten Planeten im *Asteroidengürtel* geben müsse. Die Grundlage dieser Vorhersage lieferte das *Titius-Bode-Gesetz*, das eine empirische Beziehung zwischen der Stellung eines Planeten in der Zählung von innen nach außen und seiner Sonnenentfernung liefert und bevorzugte Gebiete für die Entstehung der Planeten im Sonnensystem anzeigt. Das Titius-Bode-Gesetz kann vielleicht aufgrund des Gravitationsanziehung von Sonne und Planeten verstanden werden.

Der weite Bereich der Bahnen von Asteroiden scheint die Möglichkeit auszuschließen, daß sie der Überrest eines früheren, heute zerrissenen Planeten sind. Die chemische Geschichte der Meteoriten, die vermutlich derjenigen der Asteroiden ähnlich ist, unterscheidet sich ebenfalls von der Geschichte irdischen oder lunaren Gesteins und läßt an einen Ursprung in mehreren unterschiedlichen Mutterkörpern denken. Asteroiden und Meteorite scheinen die primitiven Überreste darzustellen, die sich nicht zu einem Planeten kondensiert haben. Periodische Helligkeitsvariationen lassen vermuten, daß Asteroiden rasch rotieren und unregelmäßige Formen besitzen, so daß die sichtbare Oberfläche des Asteroiden während seiner Rotation variiert. Spektroskopische Untersuchungen haben ergeben, daß viele Asteroiden in ihrer Zusammensetzung den Meteoriten sehr ähnlich sind. Viele Asteroiden haben geringes Reflexionsvermögen, sind also schwarz, und haben eine ähnliche chemische Zusammensetzung wie die Steinmeteorite. Andere scheinen reich an Eisen und Nickel zu sein.

Meteorite können grob in zwei verschiedene Klassen eingeteilt werden, Eisen- und Steinmeteorite. Es gibt auch die Hybridenklasse der Eisen-Steinmeteorite. Wir wissen aufgrund radioaktiver Altersbestimmungen, daß die Steinmeteorite (kohlenstoffhaltige Chondrite) bis zu 4.6 Milliarden Jahre alt sind. Meteorite enthalten glasartige Einschlüsse, die auf eine feurige Vergangenheit mit so hohen Temperaturen hindeuten, daß dabei Schmelzvorgänge auftreten konnten. Untersuchungen von Meteoriten förderte auch

Tabelle 16.1 Die Planeten

Die Planetendaten sind in einer Tabelle zusammengefaßt, die auch Skizzen der relativen Größen der Planeten enthält. Das Minuszeichen vor den Rotationsperioden von Venus und Uranus zeigt an, daß diese Planeten in retrograder Richung rotieren.

Objekt des Sonnen- systems	Entfernung von der Sonne (Millionen km)	Durchmesser (in 1000 km)	Masse (Erdmassen)	Zahl der Monde
Sonne	–	1 392	343 000	–
Merkur	58	4.9	0.1	0
Venus	108	12.1	0.8	0
Erde	150	12.7	1.0	1
Mars	228	6.8	0.1	2
Jupiter	779	139.8	317.8	20
Saturn	1 432	115.6	95.2	20
Uranus	2 884	52.3	14.5	15
Neptun	4 509	48.6	17.2	2
Pluto	5 966	3.0	0.002	1

geringe Spuren von seltenen Isotopen zutage, die durch den radioaktiven Zerfall instabiler Mutterkerne erzeugt werden. Wir haben schon früher die Vermutung geäußert, daß einige dieser instabilen Kerne während einer Supernovaexplosion gebildet wurden, die der Entstehung des Sonnensystems unmittelbar vorausging.

Kometen sind massereiche Stücke gefrorener Materie, die die Sonne in stark elliptischen Bahnen umlaufen, die von jenseits der Plutobahn bis ins Innere der Merkurbahn reichen (Abb. 16.2). Hunderte von Jahren mögen vergehen, ehe ein Komet die kalten, öden Außenbereiche des Sonnensystems verläßt und sich der Sonne nähert. Wenn ein Komet das innere Sonnensystem erreicht, erwärmt er sich allmählich und beginnt zu verdampfen. Der Sonnenwind, ein von der Sonne ausgehender Strom heißen Gases, bläst die aus Eis entstandenen Dämpfe weg und führt zur Bildung eines Kometenschweifs aus heißem, leuchtenden Gas, der immer von der Sonne weg gerichtet ist. Einige Kometen (die kurzperiodischen) erscheinen häufiger; ihre Bahnen reichen nur bis zum Asteroidengürtel. Diese Kometen zeigen keine Schweife, vermutlich, weil ihr Vorrat an gefrorenem Material schon ziemlich erschöpft ist.

Dichte ($g\,cm^{-3}$)	Rotations-periode (Tage)	Umlaufzeit um die Sonne (Jahre)	mittlere Temperatur (K)	Äquatorneigung zur Bahn (Grad)	Bahnneigung zur Ekliptik (Grad)
1.4	27	–	5 800	–	–
5.4	55	0.24	~ 600	< 7	7
5.2	–244	0.62	750	177	3.4
5.5	1	1.00	180	23.5	0
3.9	1.03	1.88	140	24	2
1.3	0.41	11.86	128	3	1.3
0.7	0.43	29.48	105	27	2.5
1.2	–(0.6–1)?	84.01	70	98	0.8
1.5	0.66	164.79	55	29	1.8
0.7	6.4	248.4	53	50	17.2

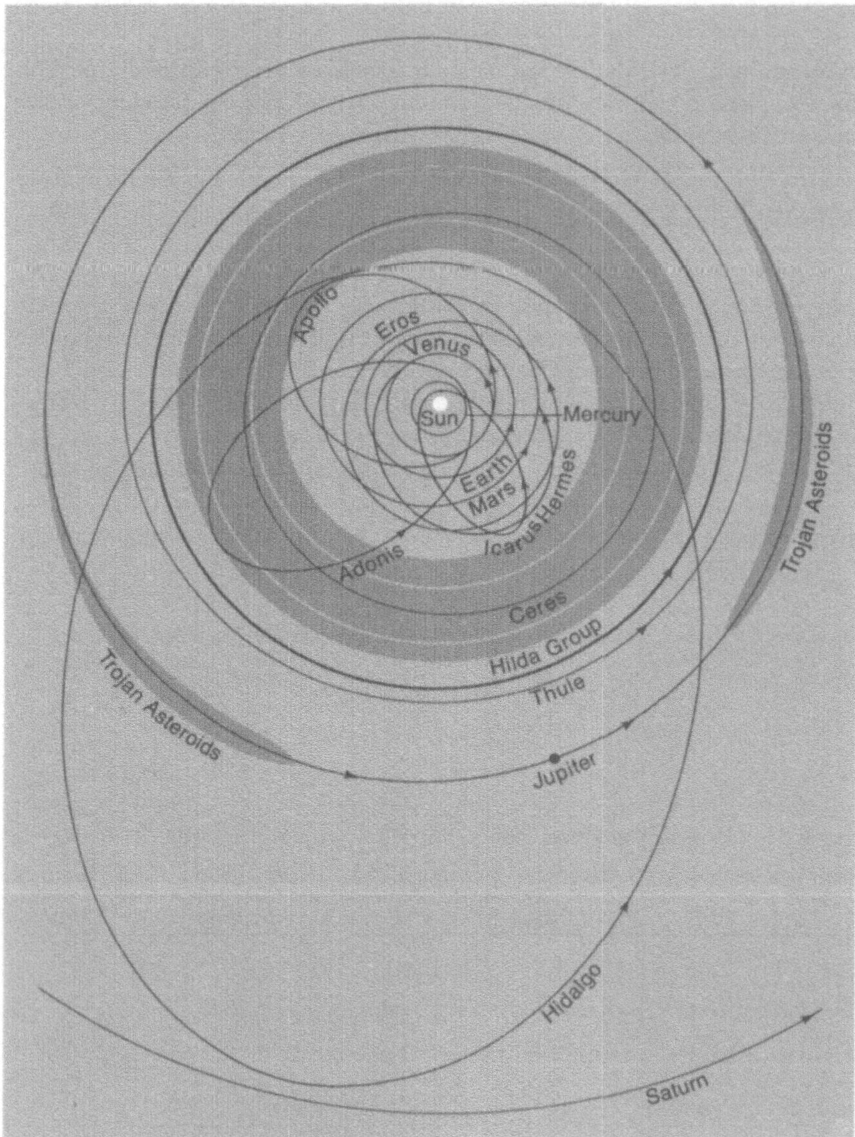

Abb. 16.1 Asteroidenbahnen
Die Asteroiden liegen überwiegend zwischen den Bahnen von Mars und Jupiter. Die Asteroiden der Trojanergruppe (Trojan Asteroids) laufen dem Planeten Jupiter um etwa 60 Grad voraus oder hinterher, sie befinden sich in Gebieten minimaler Gravitationsanziehung. Der Asteroid Hidalgo kann sich weiter als irgendein anderer bekannter Asteroid von der Sonne entfernen.

Schließlich zerfallen Kometen in eine lockere Ansammlung von winzigen Teilchen, die als ein *Meteorschauer* zu bestimmten Zeiten des Jahres sichtbar sind, wenn sie in die Nähe der Erde kommen (Abb. 16.3). Man hat versucht, die auffälligsten Meteorschauer mit einzelnen Kometen in Verbindung zu bringen. Jedes Jahr, wenn die Erde die Bahn des Kometen kreuzt, durchläuft sie Material, das der Komet hinterlassen hat. Diese Fragmente verdampfen in der oberen Atmosphäre und sind als *Meteore* sichtbar.

Die Ringe des Saturn haben einen äußeren Durchmesser von etwa 260 000 Kilometern, doch ihre Dicke beträgt vielleicht weniger als ein zehntel Kilometer. Das Ringsystem ist so dünn, daß Beobachter es aus den Augen verlieren, wenn es alle fünfzehn Jahre für ein paar Tage von der Kante aus erscheint. Die Ringe sind nicht fest, sondern bestehen aus Schwärmen kleiner Teilchen mit einem Eismantel und Durchmessern von Metern bis Millimetern, die den Riesenplaneten in Kreisbahnen umlaufen. Man hat gefunden, daß Jupiter, Uranus und Neptun ebenfalls Ringsysteme innerhalb ihrer Satellitensysteme besitzen; die Ringe von Jupiter und Neptun wurden im Verlauf der Voyager-Vorbeiflüge entdeckt, die Uranusringe wurden ursprünglich vom Erdboden aus bei einem Vorübergang des Uranus vor einem hellen Stern gefunden. Anders als die breiten Ringe des Saturn scheinen die Ringe von Uranus und Neptun schmal und durch große Lücken getrennt zu sein. Die Zusammensetzung der schwachen Ringe von Uranus und Neptun ist noch unbekannt.

Das Ziel jeder zufriedenstellenden Theorie für den Ursprung des Sonnensystems muß die Erklärung all dieser Eigenschaften sein. Von den Riesenplaneten bis zu den Asteroiden, Meteoriten und den winzigen Teilchen des interplanetaren Staubes muß unsere Theorie die Entstehung und Entwicklung der einzigartigen Objekte, die wir heute im Sonnensystem beobachten, erklären können. Unser jetziges Verständnis vom Ursprung des Sonnensystems ist ein Ergebnis der Beiträge vieler verschiedener Astronomen, und wir können einen kleinen Einblick gewinnen, indem wir die geschichtliche Entwicklung der Theorien über das Sonnensystem betrachten. Es gibt drei Klassen von Theorien, deren Entwicklung sich über die letzten drei Jahrhunderte zurückverfolgen läßt.

(a)

Abb. 16.2 Kometen
(a) Der Kopf des Kometen Brooks, beobachtet im Oktober 1911; (b) der Halleysche Komet, photographiert am 6. und 7. Juni 1910, kehrte 1986 in Sonnennähe zurück.

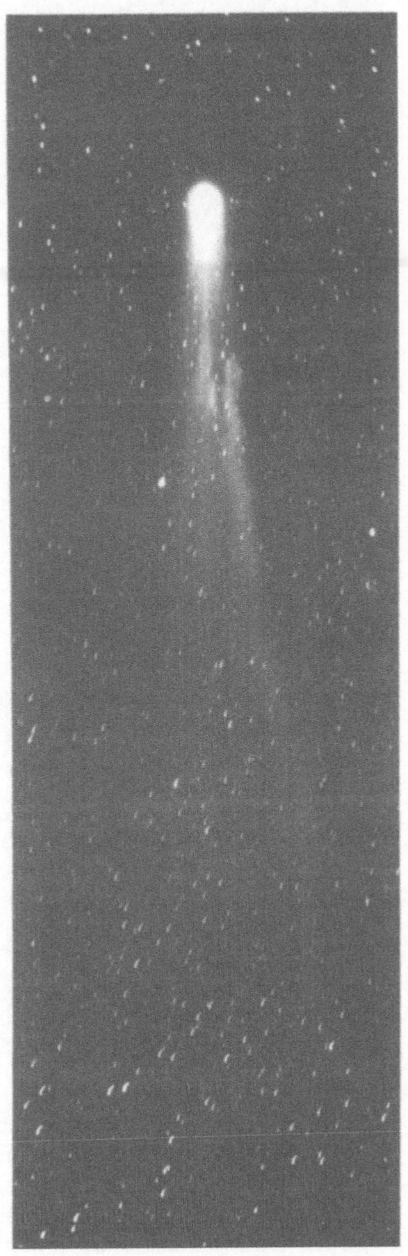

Abb. 16.3 Ein Meteorschauer
Meteorschauer sind spektakuläre Schauspiele von Sternschnuppen, die auftreten, wenn ein Schwarm von Meteoriten in der Erdatmosphäre verbrennt. Große Haufen dieser Meteorite, die vermutlich eine Hinterlassenschaft kurzperiodischer Kometen sind, umkreisen die Sonne und schneiden periodisch die Erdbahn. Der Holzschnitt zeigt den ungewöhnlich starken Meteorschauer der Leoniden vom 12. November 1833.

Turbulenztheorien

Die moderne Kosmogonie begann mit der *Wirbeltheorie* von René Descartes (1644), der als erster versuchte, wissenschaftliches Denken in die Kosmologie einzuführen. Er vertrat die Ansicht, daß Bewegungen in geschlossenen Bahnen in einem Raum stattfinden müssen, der mit einem mysteriösen „Äther" gefüllt ist. Diese Auffassung brachte ihn dazu, ein System von Wirbeln zu postulieren, das sich über alle Skalen erstreckt. Die Erosion der kleinsten Teilchen führte zu ihrem Einfall und schließlichen Ansammeln in der Sonne, während größere Stücke in den Wirbeln eingefangen und festgehalten wurden. Einer der frühen, von anderen Wissenschaftlern erhobenen Einwände gegen die Wirbeltheorie war, daß sie die Symmetrie im Sonnensystem, wo alle Planetenbewegungen fast in der Äquatorebene der Sonne verlaufen, nicht erklären konnte. Moderne Fassungen der Wirbelkosmogonie haben Descartes' frühe Gedanken verfeinert und die Existenz einer rotierenden und turbulenten Gasatmosphäre um die neuentstandene Sonne gefordert. Turbulenz kann als eine Hierarchie von Wirbeln beschrieben werden, die gleichzeitig auf vielen verschiedenen Größenskalen auftreten können. Die Auflösung der kleinsten Wirbel sollte dann zur Bildung dichterer Gebiete führen, die als Kondensationskerne für die Planetenbildung wirken. Diese Planetenkerne können durch Gravitationsanziehung auf die umgebende Materie anwachsen. Eine unbeantwortete Frage lautet: Was treibt die Turbulenz an? Bis heute ist diese Frage nicht zufriedenstellend beantwortet worden, und Turbulenztheorien werden daher abgelehnt.

Gezeitentheorien

Die erste Gezeitentheorie wurde von Georges Louis de Buffon (1785) dargelegt, der die mögliche Kollision eines Kometen mit der Sonne vorschlug. Damals dachte man, daß Kometen so massereich wie die Sonne wären. Wir wissen heute, daß Kometen eine zu geringe Masse haben, um merkliche Gezeiten auf der Sonne hervorzurufen. Moderne Versionen der Gezeitentheorie, die im zwanzigsten Jahrhundert von James Jeans und Harold Jeffreys entwickelt wurden, nahmen den nahen Vorübergang eines Sterns an der Sonne an, der eine große, durch Gezeitenkräfte erzeugte Protuberanz aus der Sonne reißen würde. Das dabei zurückgelassene Gas würde dann in verschiedene Fragmente kondensieren, die sich schließlich abkühlen und zu den Planeten werden (Abb. 16.4).

Die hauptsächliche theoretische Schwierigkeit einer Gezeitentheorie ist, daß der nahe Vorübergang ein zunächst sehr heißes Gas liefern muß. Das heiße Gas würde sich ausdehnen und verteilen, ehe es sich zu einem Planeten verdichten könnte. Man hat deshalb Gezeitentheorien größtenteils aufgegeben.

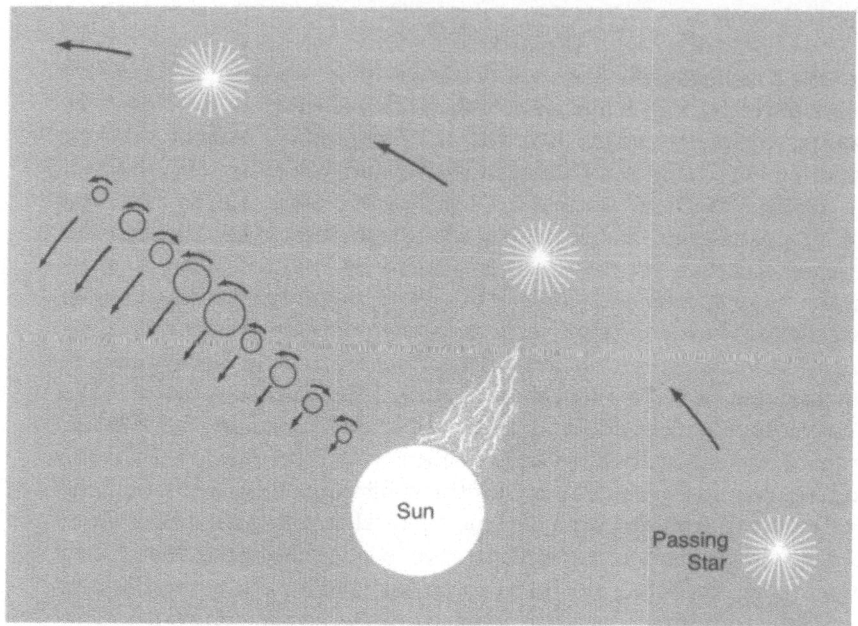

Abb. 16.4 Die Gezeitentheorie
Der Gezeitentheorie zufolge verursachte ein nahe an der Sonne (Sun) vorüberlaufender Stern (Passing Star) auf der Sonnenoberfläche ungeheuere Gezeiten, riß riesige Materiefilamente heraus, die sich in Form von Planeten kondensierten. Diese Theorie kann nicht richtig sein, weil die gasförmigen Filamente viel zu heiß wären, um zu kondensieren: Sie könnten keine Planeten bilden, sondern würden einfach in den interstellaren Raum verdampfen.

Eine der Implikationen der Gezeitentheorie ist, daß die Bildung des Sonnensystems eine Katastrophe erfordert, und es daher ein wahrscheinlich einzigartiges Ereignis im Universum gewesen wäre. Dieser Gesichtspunkt ist durch die Entwicklungstheorie verdrängt worden, in der die Planetenbildung ein natürliches und allgemein auftretendes Phänomen darstellt.

Nebeltheorien

Die dritte und schließlich erfolgreichste Klasse der Theorien des Sonnensystems geht auf die Nebelhypothese von Immanuel Kant (1755) und Pierre Simon de Laplace (1796) zurück. Diese Hypothese bildet die Grundlage der meisten modernen *Nebeltheorien* für den Ursprung des Sonnensystems. Ihr zufolge war der *protosolare Nebel* am Anfang eine diffuse, langsam rotierende Gaswolke. Als er sich durch die Eigengravitation allmählich zusammenzog, verursachten die Zentrifugalkräfte am Äquator den Auswurf von Materieringen. Diese Beschreibung wird heute als stark vereinfacht angesehen. Zum einen würde, wenn nur die Zentrifugalkraft eine Wirkung ausgeübt hätte, die kontrahierende Gaswolke einfach immer flacher geworden, statt Ringe zu bilden.

Die Nebelhypothese ist durch neue Ideen stark modifiziert worden. Wir können ausrechnen, daß der beobachtete Drehimpuls des Sonnensystems vermutlich nicht ausreicht, um den Auswurf von genügend Material in Form einer kontinuierlichen Scheibe für die Planetenbildung verursacht zu haben. Trotzdem ist es reizvoll, zu versuchen, die Entstehung von Planeten und Satelliten aus Ringen von umlaufenden Teilchen zu erklären.

Die Akkumulationstheorie

Die moderne Sicht der Entstehung des Sonnensystems postuliert eine langsam rotierende Gaswolke, die ein Druckgleichgewicht mit dem umgebenden Medium aufrecht erhielt. Der Nebel existierte in Form einer gewöhnlichen interstellaren Wolke für einige zehn Millionen Jahre oder länger. Vielleicht wurde infolge der Kompression durch den Vorübergang einer Dichtewelle in der Nähe ein massereicher Stern geboren, und vielleicht leuchtete beim Tod dieses Sterns eine Supernova auf. Das Auftreffen der Schockwelle aus der Supernovaexplosion mag den Kollaps der Gaswolke verursacht haben.

Das Vorhandensein eines Magnetfelds in der rotierenden, kontrahierenden Gaswolke spielte beim Kollaps eine entscheidende Rolle. Während sich die Wolke immer schneller drehte, wickelten sich die magnetischen Kraftlinien, die wie elastische Federn wirken können, auf (Abb. 16.5). Die magnetischen Spannungen führten zur Bildung eines langsam rotierenden zentralen Kerns, während rasch rotierende Materie in Form eines Rings am Rande zurückblieb. Wir haben bei unserer Diskussion der Sternentstehung (Kapitel 14) den gleichen Prozeß benutzt, um zu erklären, wie sich ein Stern aus einer rotierenden, magnetischen interstellaren Gaswolke bildet. Die schnell rotierende Materie bleibt in einem Ring oder einer Scheibe in der Nähe der Peripherie. Dieser Effekt mag uns helfen, die Verteilung des Drehimpulses im Sonnensystem zu verstehen. Unsere Rechnungen deuten darauf hin, daß die Sonne trotzdem viel schneller rotieren sollte, als sie es heute tut. Direkte Beobachtungen junger Sterne ähnlicher Masse bestätigen dieses Ergebnis. Wir wissen jetzt, daß ständiger Masseverlust durch den Sonnenwind vor allem während der ersten Milliarden Jahre des Lebens der Sonne für den Verlust von Drehimpuls verantwortlich ist.

Die kollabierende Wolke entwickelte rasch einen dichten, langsam rotierenden, undurchsichtigen Kern, der dazu bestimmt war, die Sonne zu werden. Er war von einer rotierenden Gasscheibe umgeben, dem protosolaren Ne-

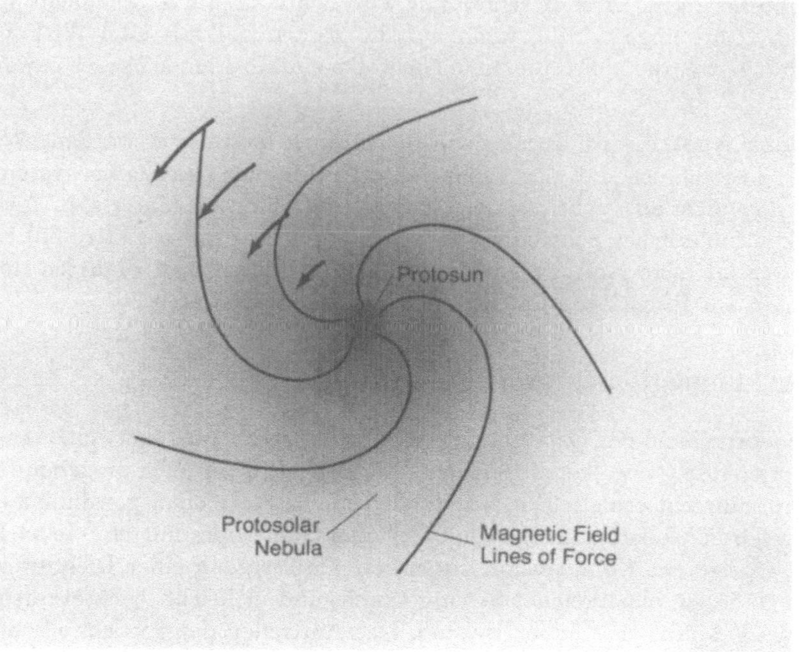

Abb. 16.5 Magnetische Abbremsung
Durch die Rotation des protosolaren Nebels (Protosolar Nebula) wickelten sich die magnetischen Feldlinien (Magnetic Field Lines of Force) immer mehr auf. Wir können uns vorstellen, daß sie sich wie elastische Federn verhalten und eine Spannung ausüben. Dieser Effekt führte zu einer Abbremsung in der Rotationsrate der Protosonne (Protosun), so daß der größte Teil des Drehimpulses im weit außen liegenden Material des protosolaren Nebels blieb. Diese Abbremsung machte es möglich, daß sich aus der inneren Kondensation die Sonne bildete, und sie erklärt den hohen Drehimpuls der Planeten.

bel. Die Scheibe enthielt viele Staubteilchen und Gasatome; sie wurde durch die Zentrifugalbeschleunigung des rotierenden Nebels daran gehindert, in die Protosonne zu stürzen. Man weiß, daß überall im interstellaren Medium Staubteilchen vorhanden sind, weil sie das Sternlicht absorbieren und röten.

Während der frühen Kontraktion der Protosonne sollte das Gas so heiß geworden sein (über 2 000 K), daß vorher existierende Körner zum großen Teil geschmolzen sind. Schließlich, während sich das Gas außerhalb der Protosonne abkühlte, bildeten sich neue Körner auf ähnliche Weise wie Schneeflocken. Zuerst entstanden metallische und schwerschmelzende mineralische Körner; als die Temperatur abnahm, bildeten sich flüchtigere Eiskörner und Eismäntel um die zuerst kondensierten Körner. Eine solche Kondensationsfolge wird durch Untersuchungen der Zusammensetzung und des Aufbaus von Meteoritenproben stark unterstützt.

Im protosolaren Nebel kühlten die festen Staubteilchen ab und fielen durch das Gas zu einer extrem dünnen Scheibe in der Äquatorebene der Protosonne (Abb. 16.6) zusammen. Die Staubteilchen sind viel schwerer als einzelne Gasatome, und das Gas sollte wenig Widerstand entgegensetzen,

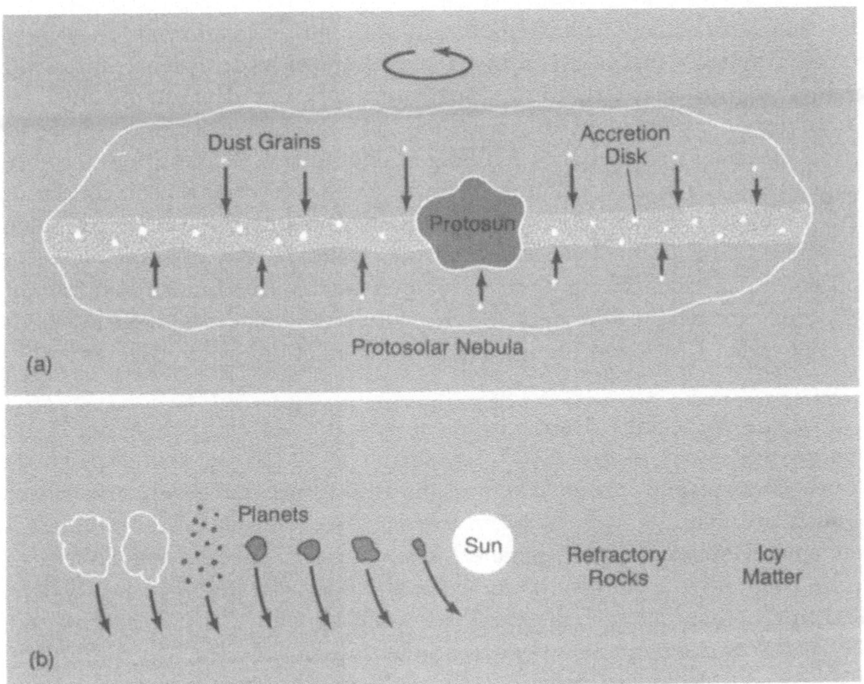

Abb. 16.6 Eine moderne Theorie des Sonnensystems
Die Protosonne (Protosun) entstand im Zentrum des protosolaren Nebels (Protosolar Nebula, a), der beim Kollaps durch die Rotation gehalten wurde. Staubkörner (Dust Grains) fielen durch den Nebel und sammelten sich in einer dünnen Materiescheibe (Accretion Disk) an. Die Scheibe zerbrach durch Gravitationsinstabilität in Planetesimale; daraus entstanden schließlich die Planeten (b). In Sonnennähe konnten nur die schwer schmelzenden, gesteinsartigen Materialien (Refractory Rocks) die hohen Temperaturen überstehen; in den Außengebieten konnten sich die sehr häufigen Eise (Icy Matter) kondensieren. Folglich sind die inneren Planeten klein und besitzen eine hohe Dichte, und die äußeren Planeten sind groß und haben eine niedrige Dichte. Als Folge des Kollapses liegen die Planetenbahnen alle in der Äquatorebene der Sonne, und alle Planeten, Venus und Uranus ausgenommen, rotieren in der gleichen Richtung wie die Sonne.

wenn der Staub in eine Scheibe zusammenstürzt. Die Saturnringe mögen ein Beispiel für den Teil einer solchen Scheibe sein, der sich nicht weiterentwickelt hat. Die Ringe können nicht zu einem Satelliten zusammenfallen, weil sie entweder zu nahe am großen Planeten oder zu nahe an anderen Satelliten waren – die gravitativen Gezeitenkräfte hätten einen solchen Satelliten auseinandergerissen. Die äußeren Bereiche der Scheibe um den Saturn fielen schließlich in sich zusammen und bildeten die Monde des Saturn.

Die dünne Scheibe aus kaltem Staub war, ähnlich wie eine kalte Gaswolke, gravitativ instabil. Geringe Schwankungen in der Dichte übten eine geringfügig größere Gravitationsanziehung auf ihre Umgebung aus. Die Staubkörner wären nicht durch Druckkräfte gestört worden, und sie fielen in die dichteren Gebiete. Als Folge bildeten sich kleine Staubansammlungen. Die Eigengravitation des Staubs überwand seinen geringen Druck und bildete gravitativ gebundene Klumpen. Dynamische Rechnungen deuten darauf hin, daß solche Klumpen die Ausmaße von Asteroiden haben sollten. Zur Beschreibung dieser Klumpen ist der Ausdruck *Planetesimale* erfunden worden. Asteroiden und Kometenkerne sind wahrscheinlich die überlebenden Reste von Planetesimalen, die einst das Sonnensystem erfüllten.

Auf welche Weise kalte Staubteilchen aneinander haften blieben, um Klumpen zu bilden, ist einigermaßen mysteriös. Eine Möglichkeit ist, daß der Staub überwiegend vereist war und die flockigen Staubteilchen so relativ einfach miteinander verschmolzen wären. Die Teilchen könnten einander mit einer Geschwindigkeit genähert haben, die zu niedrig war, um sie zu zerbrechen, aber hoch genug, um sie aneinanderzudrücken, so wie Schneeflocken zu einen Schneeball gepresst werden können. Als nächstes würden die in ihren Bahnen umlaufenden Planetesimale miteinander kollidieren. Kleinere Felsblöcke krachten in größere Körper und zerbrachen. Die Überreste sammelten sich und wurden durch weitere Kollisionen zu festem Fels komprimiert.

In diesem Stadium half die Schwerkraft den größten Planetesimalen, Materie aufzusammeln, und so wuchsen sie schließlich zur Größe von Planeten an. Jeder Planet fegte die Bruchstücke entlang seiner ungefähr kreisförmigen Bahn auf. Untersuchungen der Kraterentstehung auf dem Mond, dem Merkur und dem Mars deuten darauf hin, daß es vor etwa 4.6 Milliarden Jahren über einen Zeitraum von einigen hundert Millionen Jahren eine tausendfach größere Kraterentstehungsrate gab als heute. Die Krater wurden durch das Auftreffen von Planetesimalen mit Durchmessern von 100 und mehr Kilometern verursacht. Das sind Durchmesser, die für viele Asteroiden typisch sind. Die meisten Planetesimale wurden von den Planeten und ihren Satelliten innerhalb der ersten 100 Millionen Jahren der Entstehung des Sonnensystems aufgesammelt. Die restlichen wurden vorwiegend während der folgenden paar hundert Millionen Jahre durch Kollisionen mit den größeren Körpern aufgezehrt. Die größten Planetesimale wuchsen natürlich am schnellsten durch Aufsammeln und Festhalten der meisten Bruchstücke aus Kollisonen mit kleineren Fragmenten. Wenn man vom Asteroidengürtel, den Ringen der äußeren Planeten und einer Wolke eisiger Bruchstücke, die das Sonnensystem umgibt, absieht, blieb nur Staub im interplanetaren Raum zurück.

In der Zwischenzeit nahm die junge Sonne an Leuchtkraft zu. Als die Sonnenstrahlen die Staubhülle um die Sonne durchdrangen, übte die eingestrahlte Energie Einfluß auf die Eigenschaften der sich bildenden Planeten aus. In der Nähe der Sonne stieg die Temperatur stark an, und die flüchtigen Eise verdampften. Nur schwer schmelzende mineralische und metallische Teilchen konnten überleben. Die inneren Planeten bildeten sich deshalb vorzugsweise aus dichten, gesteinsartigen Materialien. Sie haben relativ kleine Massen und konnten nicht viel Wasserstoff oder Helium festhalten. In den äußeren Gebieten des Sonnensystems waren die Temperaturen niedrig genug, um die Eise nicht schmelzen zu lassen. Hier konnten sich massereichere Planeten bilden, und ihre Massen waren groß genug, um Wasserstoff und Helium festzuhalten. Folglich sind die äußeren Riesenplaneten massereich, doch von relativ geringer Dichte; sie bestehen zum größten Teil aus Wasserstoff und Helium. Jupiter und Saturn haben Kerne aus flüssigem metallischem Wasserstoff, in deren Zentrum die schwereren Elemente einen felsigen innersten Kern bilden. Der Wasserstoff steht unter so hohem Druck, daß die Elektronen losgelöst sind und er sich ähnlich wie ein Metall verhält. Als Folge ihrer raschen Rotation (10 Stunden im Fall von Jupiter) erzeugen diese Planeten sehr starke Magnetfelder. Ihr Vorhandensein zeigt sich durch die Beschleunigung von Elektronen in Strahlungsgürteln um Jupiter und durch Ausbrüche von Radiostrahlung. Die Satelliten der äußeren Planeten haben die häufigen leichten Elemente, aus denen die Eise bestehen, weitgehend behalten, aber sie haben viel von ihrem Wasserstoff und Helium verloren.

Dieser modernen *Akkumulationstheorie* zufolge bildeten sich die meisten Planeten durch die Ansammlung vieler kleinerer Körper, die in einer abgeplatteten Scheibe in Bahnen um die Protosonne liefen (Abb. 16.7). Mit hoher Wahrscheinlichkeit sind protoplanetare Scheiben durch ihre Infrarotemission um nahe Sterne wie Wega, Beta Pictoris und MWC 349 entdeckt worden. Diese Theorie liefert eine natürliche Erklärung für den Umlaufsinn und den Rotationssinn der Planeten. Uranus stellt eine Ausnahme dar; er hat sich möglicherweise durch das Verschmelzen weniger – vielleicht nur zweier – großer Körper gebildet. Das hätte zu einer zufälligen Orientie-

Abb. 16.7 Eine protoplanetare Scheibe
Infrarotbeobachtungen lassen vermuten, daß der Stern MWC 349 sehr jung ist und von einer protoplanetaren Scheibe aus Gas und Staub umgeben ist, aus der sich später Planeten bilden könnten. Diese Scheibe wurde nicht direkt photographiert, aber Beobachtungen bei verschiedenen Wellenlängen setzen uns in die Lage, ein Modell dieses Systems zu skizzieren.

rung seiner Rotationsachse geführt, und könnte ihre Neigung von etwa 90 Grad gegen die Ekliptik erklären. Nur Planeten, die sich aus vielen kleineren Körpern, deren verschiedene Dreh- und Bewegungsrichtungen sich im Mittel aufheben, gebildet haben, werden zu Planeten, deren Drehachsen parallel zur Rotationsachse der Sonne sind.

Die retrograde Rotation der Venus legt die Vermutung nahe, daß der Planet eine starke Gezeitenabbremsung erfahren hat. Ein ähnlicher Effekt ist im Erde-Mond-System aufgetreten, so daß der Mond der Erde immer die gleiche Seite zukehrt. Wir verstehen diesen Effekt recht gut: Der Mond rotiert während jedes Umlaufs einmal um seine Achse. Diese Kopplung der Perioden der Rotation und des Bahnumlaufs ist auf den Gezeitenwulst des Mondes, der etwa die Form eines amerikanischen Footballs hat, zurückzuführen. Obwohl die Längendifferenz der Mondachsen nur etwa 2 Kilometer beträgt, veranlassen Gravitationskräfte die größte Achse, ständig in Richtung Erde zu zeigen.

Wir können vermuten, daß heutige Beobachtungen der Asteroiden einen Blick in das frühe Sonnensystem vor der Entstehung der Planeten gewähren. Möglicherweise war die Gravitationsanziehung des Jupiter die Ursache, daß der Verschmelzungsprozeß im Asteroidengürtel gehemmt war. Die äußere Hälfte des Asteroidengürtels enthält überwiegend schwarze, kohlenstoffhaltige Asteroiden. Die abgeleitete Zusammensetzung, die ähnlich der der kohlenstoffhaltigen Chondrite ist, deutet darauf hin, daß die Kondensation bei einer Temperatur von nicht mehr als etwa 400 K stattgefunden haben muß. In der Tat sollte man erwarten, daß kohlenstoffhaltiges Material an der äußeren, kühleren Kante des Asteroidengürtels häufiger ist. Ein ähnlicher allmählicher Übergang zeigt sich zwischen der Kondensation von schwer schmelzbarem Material im inneren Sonnensystem und eisförmigem, flüchtigem Material im äußeren Sonnensystem. Die Größen der Asteroiden überlappen mit denen vieler Planetenmonde, die sich durch ähnliche Prozesse der Akkumulation gebildet haben. Weil die Riesenplaneten mehr Bruchstücke als die kleineren Planeten aufgesammelt haben, besitzen sie jetzt Satelliten in relativ großer Zahl. Beispielsweise haben Jupiter und Saturn jeder etwa 20 Satelliten, Uranus hat 15. Eine ganze Reihe von Satelliten wurde durch die Voyager-Vorbeiflüge entdeckt.

Die massereicheren Satelliten ähneln Planeten. Titan, der massereichste Satellit im Sonnensystem, übertrifft die Masse des Merkur und besitzt eine Methanatmosphäre mit dem Druck von etwa einer Erdatmosphäre. In der Atmosphäre des Titan ist mit Hilfe der Spektroskopie auch Smog nachgewiesen worden. Auf der Io wurden während einem der Voyager-Vorbeiflüge Vulkanausbrüche beobachtet. Andere Satelliten wie Callisto und Prometheus haben Polkappen und andere auffällige Eisstrukturen.

Die Akkumulationstheorie sagt voraus, daß ein Satellitensystem einem Miniatur-Sonnensystem ähneln sollte. Die Satelliten sollten alle in der Äquatorebene des Mutterplaneten liegen, kreisförmige Bahnen haben, und in der gleichen Richtung rotieren und den Planeten umkreisen. Die wenigen Ausnahmen (wie die äußeren Satelliten des Jupiter) sind oft kleine Körper, die in neuerer Zeit eingefangene Asteroiden sein können. Es ist auch möglich, daß die Ringe des Saturn die ursprünglichen Bruchstücke darstellen, die von der Bildung von Satelliten der Planeten übriggeblieben sind.

Pluto besitzt von allen Planeten die exzentrischste Bahn; sie trägt ihn weiter aus der Ekliptik heraus als die Bahn irgendeines anderen Planeten. Im Gegensatz zu den anderen Planeten hat Pluto eine sehr kleine Masse, die möglicherweise kleiner als die des Erdmondes ist. Der Satellit des Pluto, Charon, hat fast die gleiche Masse wie Pluto. Astronomen haben die Vermutung geäußert, daß Pluto ursprünglich ein Satellit des Neptun gewesen sein könnte. Der Satellit Triton besitzt eine ungewöhnliche rückläufige (retrograde) Bahn um Neptun, das mag das sichtbare Zeichen einer katastrophalen Begegnung zweier Satelliten sein, die zum Herausschleudern des Pluto auf seine heutige Bahn geführt hat.

Kometen können das ursprüngliche Material sein, das sich an der äußeren Grenze des Sonnensystems angesammelt hat. Man nimmt an, daß ein großer

Schwarm von Kometenkernen jenseits der Plutobahn umläuft. Die Bahngeschwindigkeiten sind sehr klein, und deshalb können zufällige Gravitationsablenkungen durch vorüberziehende Sterne gelegentlich einen solchen übriggebliebenen Eisbrocken auf die Sonne zu werfen. Im inneren Sonnensystem beginnt die Sonnenwärme das Eis zu verdampfen und damit einen Kometenschweif zu schaffen. Die beobachtete Häufigkeit der Kometen steht mit diesem vermuteten Kometenreservoir in Einklang.

Die Entstehung der Erde und des Lebens

Die vielen Planetesimale, die bei ihrem Zusammenstoßen die Erde bildeten, müssen beim Auftreffen geschmolzen sein und einen heißen, flüssigen Kern gebildet haben. Die Aufheizung des inneren Kerns wird durch den radioaktiven Zerfall sehr schwerer, instabiler Kerne aufrecht erhalten, und die Erde besitzt noch heute einen geschmolzenen, flüssigen Kern. Die Kerndichte deutet auf eine starke *chemische Differentiation* (eine Trennung von schweren und leichten Elementen) hin. Der größte Teil des Eisens wanderte in den Kern, während Sauerstoff, Silizium und Magnesium im umgebenden Mantel blieben. Man hat durch Untersuchungen der Ausbreitung von Erdbebenwellen in der Erdkruste feststellen können, daß die Erdmasse vorwiegend aus einem Eisen-Nickel-Kern besteht, der von einem Mantel silikatartiger Gesteine umgeben ist. Eine andere wichtige Folge eines geschmolzenen Kerns ist die, daß Konvektionsströme (ähnlich der atmosphärischen Turbulenz und den Winden) auftreten, weil das heiße Material bestrebt ist, in höhere Schichten aufzusteigen. Die Silikatgesteine, die eine niedrigere Dichte haben, steigen infolge dieser Konvektion an die Oberfläche. Die kontinentalen Landmassen mögen auf diese Weise entstanden sein. Die Ströme im äußeren Mantel sind für die Kontinentalverschiebung verantwortlich. Als die großen Landmassen der Erdkruste auseinandertrieben, bildeten sich die heutigen Kontinente. Der konstante Druck aus dem heißen Inneren verursacht einen fortdauernden Vulkanismus und immer wieder Spaltenbildung und Erdbeben.

Geringe Mengen einer Anzahl leichter Elemente bilden die Atmosphäre und die Ozeane der Erde. Die Erdatmosphäre stellt heute nur etwa 0.025 Prozent der Erdmasse dar. Das Ausgasen von Wasserdampf und Kohlendioxid aus dem heißen Erdinnern, wie es bei Vulkanausbrüchen beobachtet wird, mag zur Entstehung der Erdatmosphäre geführt haben. Elemente wie Wasserstoff und Helium sollten auf der jungen Erde sehr viel häufiger gewesen sein. Die Uratmosphäre bestand zum großen Teil aus wasserstoffreichen Gasen wie Ammoniak, Methan und Wasserdampf. Die heutigen Atmosphären von Jupiter und Saturn sind der ursprünglichen Atmosphäre der Erde, die praktisch keine freien Ozon- oder Sauerstoffmoleküle enthielt, sehr ähnlich.

Sauerstoff lag fast ausschließlich in Form von Wasserdampf vor. Ohne Ultraviolettstrahlung absorbierendes Ozon in der oberen Atmosphäre war die junge Erde gegen die Ultraviolettstrahlung der Sonne relativ ungeschützt. Es besteht wenig Zweifel, daß es für lebende Organismen gefährlich oder gar tödlich ist, sich ungeschützt der Ultraviolettstrahlung der Sonne auszusetzen.

Auf der jungen Erde jedoch lieferten die ultravioletten Strahlen einen wichtigen Katalysator bei der Entstehung organischer Materie. In einer bemerkenswerten Reihe von Laborexperimenten haben Wissenschaftler die Wirkung von Ultraviolettstrahlungsblitzen und elektrischen Entladungen auf ein Gasgemisch untersucht, das der Atmosphäre der primitiven Erde ähnelt. In diesen Experimenten wurden tatsächlich komplexe Moleküle erzeugt, einschließlich vieler verschiedener Aminosäuren und anderer organischer Verbindungen, die die grundlegenden Bausteine des genetischen Materials sind. Es scheint daher möglich, daß Gewitterstürme auf der jungen Erde den ursprünglichen Anstoß für die Bildung der notwendigen Ingredienzien des Lebens waren (Abb. 16.8).

Weil die Struktur von Aminosäuren asymmetrisch ist, ist das Spiegelbild des Moleküls einer Aminosäure vom Originalmolekül verschieden. Wir sprechen von linksdrehenden und rechtsdrehenden Molekülen, und diese haben verschiedene innere Strukturen. Irdische Aminosäuren sind überwiegend linksdrehende Moleküle und sind ein einzigartiges Kennzeichen für das Leben auf der Erde. Es ist möglich, daß nichtirdische Aminosäuren mit einem anderen Verhältnis von rechts- und linksdrehenden Molekülen anderswo im Universum erzeugt worden sind. Hinweise darauf zu finden, würde unsere Theorien der chemischen Entwicklung weiter stärken. In verschiedenen Meteoritenproben sind tatsächlich außerirdische Aminosäuren gefunden worden.

Die komplexen Aminosäuremoleküle müssen sich in den Ozeanen angesammelt haben, wo das Wasser sie vor der Zerstörung durch die Sonnenstrahlung schützte. Die wäßrige Umgebung ermöglichte es den Molekülen, miteinander zu reagieren und allmählich noch komplexere Moleküle zu synthetisieren. Die Ozeane waren eine schützende Umgebung, eine Art riesiger Urschoß, der es den großen Molekülketten, aus denen sich Zellen bilden, ermöglichte, sich zu entwickeln. Die meisten Biologen stimmen darin überein, daß es nach heutiger Kenntnis der chemischen Reaktionsraten extrem unwahrscheinlich ist, daß sich Schlüsselmoleküle des Lebens, wie die genetischen Trägersubstanzen DNA und RNA, aus dieser Ursuppe entwickelt haben. Irgendwie geschah es trotzdem. Meine Ansicht ist, daß so komplexe Systeme völlig unvorhersehbar sind: Wahrscheinlichkeitsbetrachtungen sind wertlos. Selbst ein einfaches Pendel kann ein chaotisches Verhalten ent-

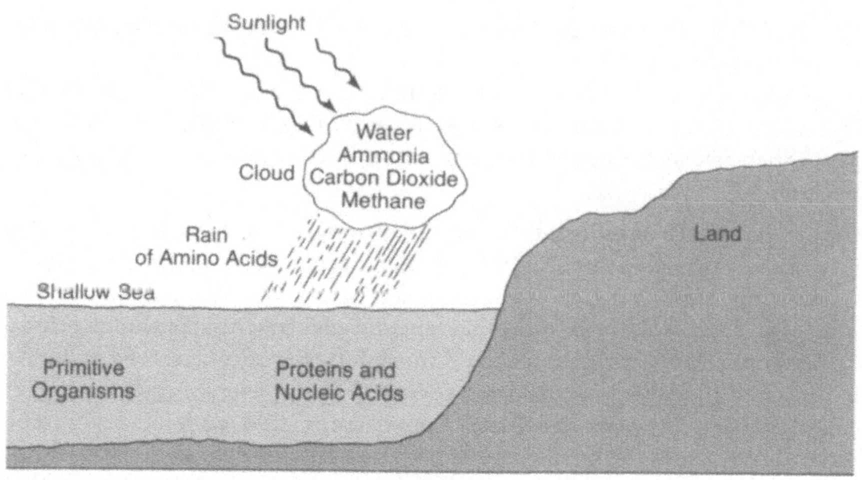

Abb. 16.8 Der Ursprung des Lebens
Die Wechselwirkung von Ultraviolettstrahlung der jungen Sonne (Sunlight = Sonnenlicht) und elektrischen Entladungen oder Gewittern mit Wolken aus Methan, Wasser und anderen einfachen Molekülen in der dampfgesättigten Atmosphäre der ursprünglichen Erde (Cloud = Wolke aus Wasser, Ammoniak, Kohlendioxid und Methan) führte zur Entstehung von Aminosäuren (Amino Acids), die auf die Erde herabregneten. In den Lagunen und flachen Ozeanen (Shallow Sea) waren die Aminosäuren vor der intensiven Strahlung der jungen Sonne geschützt und entwickelten sich nach und nach zu immer komplexeren Molekülketten. Proteine und Nukleinsäuren (Proteins and Nucleic Acids; die Träger des genetischen Kodes) entstanden, schließlich bildeten sich einfache einzellige Organismen. Viele verschiedene chemische Verbindungen müssen träge geblieben sein, bis das Auftreten der ersten selbstreproduzierenden Systeme den Beginn des Lebens ankündigten.

wickeln. Wie können wir dann heute annehmen, das Ergebnis dieser unendlich komplexeren Umgebung zu kennen? Nur weil wir annehmen können, daß wir durch Beobachtung und bei genügend Ausdauer über eine lange Kette wissenschaftlicher Ableitungen darauf kommen werden, daß molekulare Mutationen schließlich zur Entwicklung primitiven pflanzlichen Lebens geführt haben mögen. Algen und ähnliche Pflanzen entstanden zuerst in den Ozeanen; später entwickelte sich das Pflanzenleben auf dem festen Land.

Nach und nach verlor die Erdatmosphäre den größten Teil der leichtesten Elemente, Wasserstoff und Helium. Sauerstoff wurde erzeugt, teilweise durch ultraviolette Dissoziierung von Wasser, aber größtenteils durch Photosynthese. Die ältesten Gesteine der Erde, deren Alter mehr als 2 Milliarden Jahren beträgt, enthalten Hinweise darauf, daß die Erdatmosphäre sehr sauerstoffarm war. Jüngere Gesteine dagegen zeigen Spuren von Rost oder Oxidation. Diese Entdeckung bestätigt unsere Vorstellung, daß die Entwicklung einer sauerstoffreichen Atmosphäre ein sekundäres Ereignis auf der Erde war. Der Sauerstoff, insbesondere das Ozon, waren wichtig, um die Erde gegen die ultraviolette Strahlung abzuschirmen. Auch die riesigen Ozeane spielten eine wichtige unterstützende Rolle bei der Entwicklung von Leben auf der Erde, weil sie eine gleichmäßige Umgebungstemperatur lieferten. Die Ozeane speicherten Wärme und hielten die Erde warm. Zur gleichen Zeit verdampfte Wasserdampf aus den Ozeanen in die Atmosphäre. Der Wasserdampf wirkte wie ein Treibhaus, indem er die Infrarotstrahlung vom Boden, der direkt vom Sonnenlicht erwärmt wurde, zurückhielt. Auf diese Weise wurde eine sichere Umgebung geschaffen, in der sich schließlich tierisches Leben entwickeln konnte.

Entwicklung durch Katastrophen

Das Leben hat sich nicht notwendigerweise ohne Störungen entwickelt. In der Tat deuten paläontologische Untersuchungen urzeitlichen Aussterbens darauf hin, daß die Evolution von einer Reihe oft katastrophaler Änderungen unterbrochen wurde. Im Verlauf von Jahrzehntausenden (im geologischen Zeitmaß kurzen Perioden) wurden viele Arten plötzlich ausgelöscht. In einer der dramatischeren dieser Perioden vor etwa 60 Millionen Jahren starben die Dinosaurier aus.

Obwohl es jede Menge von Theorien über den Tod der Dinosaurier gibt, deutet eine, der viel Aufmerksamkeit geschenkt worden ist, auf ein astronomisches Ereignis hin. In der Grenzschicht zwischen Kreidezeit und Tertiär wurde eine Lage Iridium gefunden. Dies führte zu der Hypothese, daß ein Asteroid oder Komet vor etwa 60 Millionen Jahren mit der Erde kollidiert sei und unseren Planeten mit Bruchstücken überschüttet habe. Dieses Ereignis würde die Ablagerung von Iridium zu einem wohldefinierten Zeitpunkt in der geologischen Geschichte erklären: Iridium ist in meteoritischem Material stärker konzentriert, als wir es über weit auseinanderliegende Regionen der Erde erwarten würden. Einige Paläontologen nehmen an, daß Staub in der Erdatmosphäre den Himmel verdunkelte und zu einer Klimaänderung führte, die möglicherweise eine Eiszeit oder einen für mehrere Jahre anhaltenden „nuklearen Winter" hervorrief. Während dieser Zeit sollte viel von der tropischen Vegetation, die den Dinosauriern Nahrung bot, verschwunden sein. Eine ähnliche Abkühlung des Klimas würde vermutlich das Nebenprodukt eines Atomkriegs sein. Es gibt viele andere Erklärungen für die genaue Art des Mechanismus, einschließlich saurem Regen und Ozonabbau, doch ein Meteoriteneinsturz wird von vielen Forschern, wenn auch nicht allen, als auslösendes Ereignis angenommen. Daten über das urzeitliche Aussterben vieler Pflanzenarten deuten auf eine Periodizität von

27 Millionen Jahren, und eine ähnliche Periodizität ergab sich aus Untersuchungen der Einsturzkrater auf der Erde. Den Untersuchungen der Krater liegt folgender Gedanke zugrunde: So, wie wir neue und alte Fußspuren im Schnee unterscheiden können, ergeben radioaktive Gesteinsdatierungen zusammen mit der Kraterentstehung die zeitlichen Veränderungen von großen Meteoriteneinstürzen auf der Erde. Obwohl die für diese Periodizität gefundenen Beweise marginal sind, hat die Theorie erstaunliche Implikationen. Alle 27 Millionen Jahre verstärkt sich der Einfall von Asteroiden, Meteoriten, Kometen und ähnlichen Objekten auf der Erde. Eine Hypothese für den Grund dieses Phänomens ist, daß die Sonne einen massearmen stellaren Begleiter besitzt, Nemesis genannt, der eine stark exzentrische Bahn hat und alle 27 Millionen Jahre eine Störung der Kometenwolke jenseits der Plutobahn verursacht. Dies würde zu einem periodischen Auftreten verstärkter Kometenbegegnungen mit dem inneren Sonnensystem führen, und vielleicht den ungewöhnlichen Zusammenstoß eines großen extraterrestischen Objekts mit der Erde vor etwa zwei Perioden erklären können. Es braucht nicht betont zu werden, daß die Suche nach Nemesis keinen Sternkandidaten ans Tageslicht gebracht hat, und die genaue Ursache der Iridiumablagerungen und dessen, was wie ein periodisches Massenaussterben aussieht, bleibt unsicher. In der Tat glauben die meisten Experten, daß rein zufällige Ereignisse, die vielleicht mit dem Auftreten von Eiszeiten und Änderungen des Meeresspiegels verknüpft sind, die Beobachtungsdaten über das urzeitliche Artensterben erklären können.

Leben im Universum

Die Entwicklung der Erde und des Lebens findet einen natürlichen Platz in unserem kosmologischen Szenarium. Obwohl wir nur spekulieren können, scheint der Schluß plausibel, daß viele Sterne im Weltraum von Planetensystemen umgeben sein mögen. Kein System ist bisher direkt beobachtet worden, aber einer der bestuntersuchten Kandidaten ist der Begleiter von Barnards Stern. Untersuchungen der Unregelmäßigkeiten in der Bahnbewegung von Barnards Stern deuten auf die Anwesenheit eines möglichen unsichtbaren Begleiters hin, dessen Masse nur 1.5 mal größer ist als die des Jupiter. Einige andere nahe Sterne sind sorgfältig überwacht und auf Bahnbewegungen untersucht worden, die nur einen Bruchteil eines Kilometers pro Sekunde betragen; Planetenbegleiter von Jupitermasse verursachen Störungen in der Bahn des Muttergestirns, die im Prinzip nachweisbar sind. Obwohl noch kein Planet direkt entdeckt worden ist, deutet unsere Theorie des protosolaren Nebels darauf hin, daß die Bildung des Sonnensystems wahrscheinlich kein einzigartiges Ereignis in der Geschichte der Galaxis darstellt.

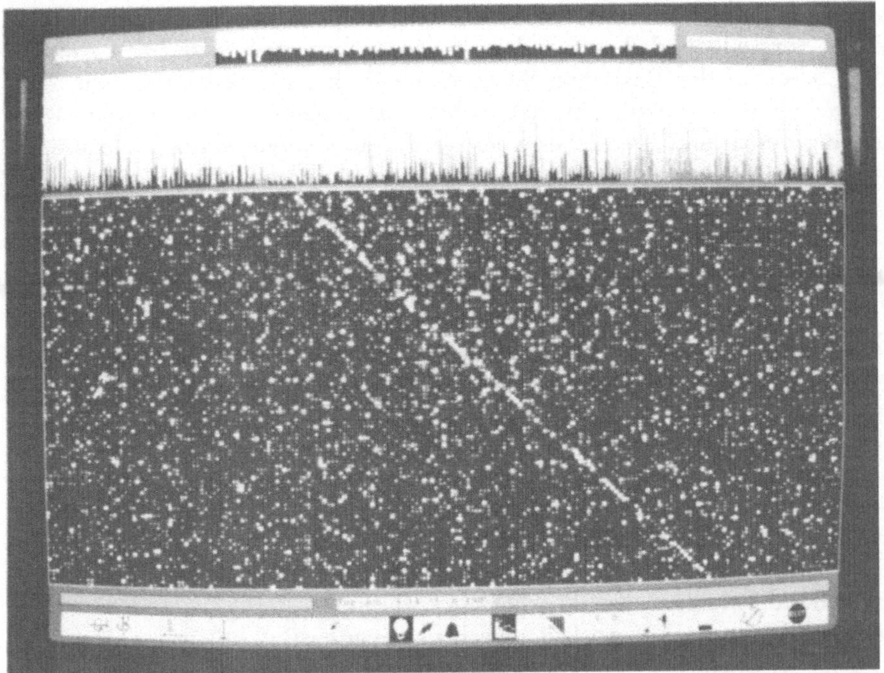

Abb. 16.9 SETI
SETI (Search for Extraterrestrial Intelligence), das von der NASA durchgeführte Programm der Suche nach außerirdischer Intelligenz, untersucht die technologisch effizientesten, kostengünstigsten Möglichkeiten der Suche nach intelligentem Leben andernorts im Universum. Der Prototyp eines SETI-Empfängers wurde in Verbindung mit dem 26-Meter-Radioteleskop des Goldstone-Observatoriums dazu benutzt, ein 1-Watt-Signal zu empfangen, das von der Raumsonde Pioneer 10 von außerhalb unseres Sonnensystems, mehr als 5 Milliarden Kilometern von der Erde entfernt, übermittelt wurde. Die geplanten SETI-Radiospektrum-Analysatoren werden mindestens 100 mal empfindlicher sein.

Ob das Leben gleichermaßen unvermeidlich ist, bleibt eine offene Frage. Biologen haben sich auf drei grundlegende Voraussetzungen für die Entwicklung von Leben geeinigt: eine relativ gleichförmige Temperatur, ein Lösungsmittel wie Wasser und ein Atom wie Kohlenstoff, das imstande ist, komplexe Molekülketten zu bilden. Die Wahrscheinlichkeit für die Entwicklung von Leben kann jedoch wegen der komplexen, nichtlinearen Natur des chemischen Systems nicht abgeschätzt werden. Selbstorganisation ist für ein erfolgreiches Ergebnis unerläßlich. Die komplexen Muster, die bei unseren vergleichsweise dilettantischen Versuchen mit nichtlinearen Systemen zutage treten, stimmen mich optimistisch, daß es schließlich zu einem Fortschritt in unserem Verständnis vom Ursprung des Lebens kommen wird. Es ist vorstellbar, daß sich andere Lebensformen in Ozeanen von Ammoniak oder auf der Basis von Siliziummolekülen entwickeln könnten. Man ist versucht zu spekulieren, daß Leben nicht allein auf die irdische Umgebung beschränkt ist, insbesondere jetzt, da viele komplexe Moleküle im interstellaren Raum entdeckt worden sind. Man weiß, daß Wasserdampf ein gewöhnlicher Bestandteil des interstellaren Gases in nahen Galaxien ist. Wir haben jedoch noch keine Beispiele für Leben außerhalb der Erde. Vielleicht sind erdähnliche Bedingungen nötig, damit Leben auftreten kann.

Obwohl es viele andere Planetensysteme geben mag mit Umgebungen, in denen sich Leben entwickeln könnte, sind wir noch weit von der Gewißheit entfernt, daß intelligente Zivilisationen an irgendeiner anderen Stelle in der Galaxis existieren. Nichtsdestoweniger wird diese Möglichkeit von den Astronomen ernsthaft in Betracht gezogen, und aktives Suchen nach extraterrestrischen Zivilisationen ist geplant (Abb. 16.9). Bis jetzt hat sich unsere Suche auf die Entdeckung elektromagnetischer Strahlung, die von der Radio- und Fernsehkommunikation herrührt, konzentriert. Die größten Radioteleskope sind in der Lage, Radiowellen von einer Zivilisation zu empfangen, die weniger als 100 Lichtjahre von uns entfernt ist, und die einen vergleichbaren Pegel von elektronischem Lärm besitzt, wie er auf der Erde erzeugt wird. Natürlich ist eine gegenseitige Verständigung über diese Entfernungen während unserer Lebenszeit nicht möglich. Man kann jedoch hoffen, irgendwelche intelligenten oder nicht so intelligenten rundfunksendenden Nachbarn im Weltraum zu belauschen.

17

Ein Blick in die fernste Zukunft

Auf diese Weise geht die Welt zu Ende:
mit einem Seufzer, nicht mit einem Knall.

T.S. ELIOT

Im Feuer wird die Welt einst enden,
sagt mancher, mancher – Eis.
Doch was mir stand an Lüsten offen,
das läßt auch mich auf Feuer hoffen.

ROBERT FROST

Bei unserem Überblick über die Entwicklung des Universums sind wir in der Gegenwart angelangt, und wir sind natürlich neugierig, was die Zukunft bringen mag. Wird das Universum für alle Ewigkeit weiter expandieren? Diese Frage läßt sich vermutlich mit ja beantworten. Verschiedene Ansätze führen uns immer zur gleichen Folgerung. Wie es in der Astronomie häufig der Fall ist, fehlt uns natürlich die Möglichkeit, im kosmischen Laboratorium exakte Experimente unter sorgfältig kontrollierten Bedingungen durchzuführen. Auch bei einer Gerichtsverhandlung würden unsere Argumente keinerlei Beweiskraft besitzen. Trotzdem kann man behaupten, daß die Last der Beweise augenblicklich ein wenig zugunsten eines offenen, unendlichen, für alle Zeiten expandierenden Universums ausschlägt. Zunächst werden wir die Argumente für ein offenes Universum zusammentragen; dann werden wir die verschiedenen Hintertüren aufzeigen, die unter Umständen ein geschlossenes Universum zulassen würden.

Die Massendichte des Universums

Die naheliegendste Methode, um ein offenes von einem geschlossenen Universum zu unterscheiden, ist die Messung der mittleren Materiedichte. Wir haben in Kapitel 5 gesehen, wie eine einfache Gleichung (die Friedmann-Gleichung) den Konkurrenzkampf zwischen der anziehenden Gravitationskraft und der Expansion des Universums beschreibt. Die Gravitationsanziehung im Zentrum einer beliebig aus dem Universum geschnittenen Kugel ist proportional der mittleren Materiedichte. Der gemessene Wert für die Hubble-Konstante H ergibt die kinetische Energie der expandierenden Kugel. Wenn die heutige Dichte d unter dem kritischen Wert liegt, bei dem sich Expansion und Gravitationsanziehung die Waage halten, kann die Gravitation die Expansion nicht aufhalten, und das Universum muß offen sein. Die kritische Dichte für ein geschlossenes Universum ist

$$d_{\text{kritisch}} = 3H^2/8\pi G = 5 \times 10^{-30} \text{ g cm}^{-3}$$

wobei G die Newtonsche Gravitationskonstante ist. Eine andere Möglichkeit, diese kritische Dichte auszudrücken, besteht in der Angabe der nötigen Teilchenzahl pro Kubikzentimeter, die 3×10^{-6} Atome pro Kubikzentimeter, oder bloß 3 Atome pro Kubikmeter, beträgt.

Wenn wir den Materieinhalt des Universums bestimmen, scheinen wir allerdings deutlich weniger als den kritischen Wert der Materiedichte im Weltraum zu finden. In der Milchstraße ist die mittlere Materiedichte natürlich hoch (etwa 10^{-23} Gramm pro Kubikzentimeter), aber wir befinden uns in den engen Grenzen einer Galaxie. Wenn wir die riesigen intergalaktischen Räume berücksichtigen, finden wir, daß die mittlere Dichte der leuchtenden Materie im Universum recht klein ist. Die typische Entfernung zwischen Galaxien wie der Milchstraße beträgt etwa 10 Millionen Lichtjahre. Die Milchstraße hat in ihrer Ebene einen Durchmesser von etwa 100 000 Lichtjahren und in dazu senkrechter Richtung vielleicht ein Zehntel dieser Ausdehnung. Nur etwa 1 Teil von 100 Millionen des Raumvolumens ist daher mit Sternen gefüllt. Diese Überlegung liefert eine mittlere Dichte von ungefähr 10^{-31} Gramm pro Kubikzentimeter, oder etwa 2 Prozent des Wertes für ein geschlossenes Universum.

Diese Messung des Sternanteils oder der leuchtenden Komponente der Massendichte liefert nur eine untere Grenze für die tatsächliche mittlere Materiedichte des Universums. Wir haben bereits gesehen, daß die Rotation von Spiralgalaxien wie der Andromeda-Galaxie bis zu Entfernungen von 100 000 Lichtjahren vom Zentrum der Galaxie aus gemessen wird und einen Hinweis darauf liefert, daß ein beträchtlicher Massenanteil in den äußeren Gebieten oder im Halo der Galaxie vorhanden sein muß. Ein solcher Halo muß dunkle Materie enthalten, wahrscheinlich in der Form von sehr massearmen

Sternen, kollabierten Überresten massereicher Sterne, oder irgendeiner Art von schwach wechselwirkenden Teilchen.

Wir können einen realistischeren Wert für die tatsächliche Materiedichte im Universum abschätzen, indem wir den Anteil der dunklen Materie berechnen. Wir kennen die Gesamtmassen der Galaxien aus den dynamischen Messungen der Rotation. Erinnern wir uns, daß das effektive Masse-Leuchtkraft-Verhältnis einer Galaxie etwa 30 Sonnenmassen pro Sonnenleuchtkraft beträgt; das ist beträchtlich größer als der Mittelwert von 5 Sonnenmassen pro Sonnenleuchtkraft für die leuchtenden Gebiete der Spiralgalaxien oder von 8 für die elliptischen Galaxien. Untersuchungen von Galaxienpaaren und Galaxienhaufen deuten darauf hin, daß noch mehr dunkle Materie bei noch größeren Radien vorhanden sein mag. Wenn wir diese dunkle Masse mit hinzunehmen, liegen wir noch immer um einen Faktor 10 unter dem Wert der Dichte für ein geschlossenes Universum.

Wir können folgern, daß die für Galaxien und sogar für Galaxienhaufen abgeschätzen Massendichten nicht ausreichen, um das Universum zu schließen. Wir können natürlich nicht ausschließen, daß Massen, die gleichförmig im Raum verteilt sind, existieren. Unsere Dichteabschätzungen enthalten keine Information über den Beitrag einer solchen Komponente zur mittleren Massendichte. Solch eine gleichförmig verteilte Masse würde nur geringe dynamische Wirkung auf Galaxien oder Galaxienhaufen haben. Wir können über ihre möglichen Eigenschaften nur spekulieren. Die Tatsache, daß in einigen reichen Galaxienhaufen das Masse-Leuchtkraft-Verhältnis etwa 200 Sonnenmassen pro Sonnenleuchtkraft beträgt, deutet darauf hin, daß Masse mit einem sehr hohen Masse-Leuchtkraft-Verhältnis existiert. Aber die Haufen liefern keinen sehr großen Beitrag zur allgemeinen Massendichte des Universums. Man hat in reichen Galaxienhaufen niemals ein Masse-Leuchtkraft-Verhältnis gefunden, das dem Wert 1000 nahekommt.

Die Materie, die für ein geschlossenes Universum erforderlich ist, muß jedoch ein Masse-Leuchtkraft-Verhältnis von 2000 Sonnenmassen pro Sonnenleuchtkraft besitzen. Keine bekannte Population von Sternen oder Galaxien kann dieses Verhältnis erreichen. Daß die dunkle Masse die Form massereicher Planeten (wie Jupiter) oder kollabierter Sternüberreste annehmen könnte, ist unwahrscheinlich. Die dunkle Materie, die nötig ist, das Universum zu schließen, muß gleichförmiger als die Galaxien verteilt sein, und sowohl massereiche Planeten wie kollabierte Sterne würden sicher mit Galaxien assoziiert sein und sich vielleicht zu einer frühen Zeit ihrer Entwicklung gebildet haben. Die Astrophysiker sind natürlich erfinderisch genug, um diesen Einwand zu entkräften: Die Ungewißheit bei den Modellen für Galaxienbildung liegt darin, daß das meiste Gas, das sich einst in ihren Halos befunden hat, sehr wohl kollabiert sein und kompakte Objekte geringer Sichtbarkeit gebildet haben kann. Dies können Weiße Zwerge, Neutronensterne oder Schwarze Löcher sein.

Die wahrscheinlichste Form der kosmologischen dunklen Materie ist Gas, das aus der Epoche der Galaxienentstehung übriggeblieben ist. Astronomen haben intensiv nach intergalaktischem Gas gesucht. Die Entdeckungsmöglichkeit des Gases hängt von seiner Temperatur ab. Wenn das Gas kalt ist, wäre es leicht zu beobachten, und wir beobachten sehr wenig intergalaktisches Gas, das zur dunklen Masse beitragen kann. Nur wenn das Gas sehr heiß ist, können größere Mengen davon im intergalaktischen Raum vorhanden sein. In diesem Fall würde das Gas sehr viel Ultraviolett- oder Röntgenstrahlung aussenden. Röntgenastronomen haben Hinweise auf einen gleichförmigen und isotropen Hintergrund diffuser kosmischer Röntgenstrahlung gefunden, und einige haben gefolgert, daß diese Röntgenstrahlen von intergalaktischem Gas mit einer Temperatur von 500 Millionen K ausgesandt werden. Die Frage bleibt kontrovers, aber wenn diese Erklärung richtig ist, könnte das Universum etwa ein Drittel seiner kritischen Dichte in Form von heißem Gas enthalten. Es werden jedoch auch andere Erklärungen für die diffuse Röntgenstrahlung angeboten, insbesondere, daß sie von einer sehr großen Zahl unaufgelöster extragalaktischer Röntgenquellen ausgesandt wird. Ein etwas kühleres, jedoch ionisiertes Gas könnte auch vorhanden sein. Es wäre sicherlich voreilig, die Möglichkeit auszuschließen, daß eine beträchtliche Materiemenge in dieser Form vorhanden sein könnte; die Menge könnte unter Umständen ausreichen, um das Universum zu schließen.

Die Alternative, nach dunkler Materie zu suchen, ist der Teilchenzoo. Nichtbaryonische Teilchen könnten die dunkle Materie erklären, sofern sie genügend schwach wechselwirken; sie beeinflussen jedoch nicht die ursprüngliche Nukleosynthese. Wie wir früher angemerkt haben, hat kein Experiment den Beweis für die Existenz eines einzigen solchen Teilchenkandidaten erbracht, obwohl sie theoretisch möglich bleiben. Wenn wir annehmen, daß alles, was existieren kann, auch wirklich existiert, haben wir die Motivation, weiter nach nichtbaryonischer dunkler Materie zu suchen als einer Möglichkeit, das Universum zu schließen. Glücklicherweise brauchen wir unsere Untersuchung hier nicht abzubrechen. Wir haben andere, indirekte Wege, die mittlere Massendichte zu bestimmen, nämlich die Messung der Raumkrümung.

Die Krümmung des Raumes

Wir können auf völlig andere Weise versuchen, die Massendichte zu bestimmen, um zwischen den offenen und den geschlossenen Modellen des Universums zu unterscheiden. Im Prinzip können wir hoffen, die Krümmung des Raumes direkt zu messen. Wir müssen uns an den entscheidenden Punkt er-

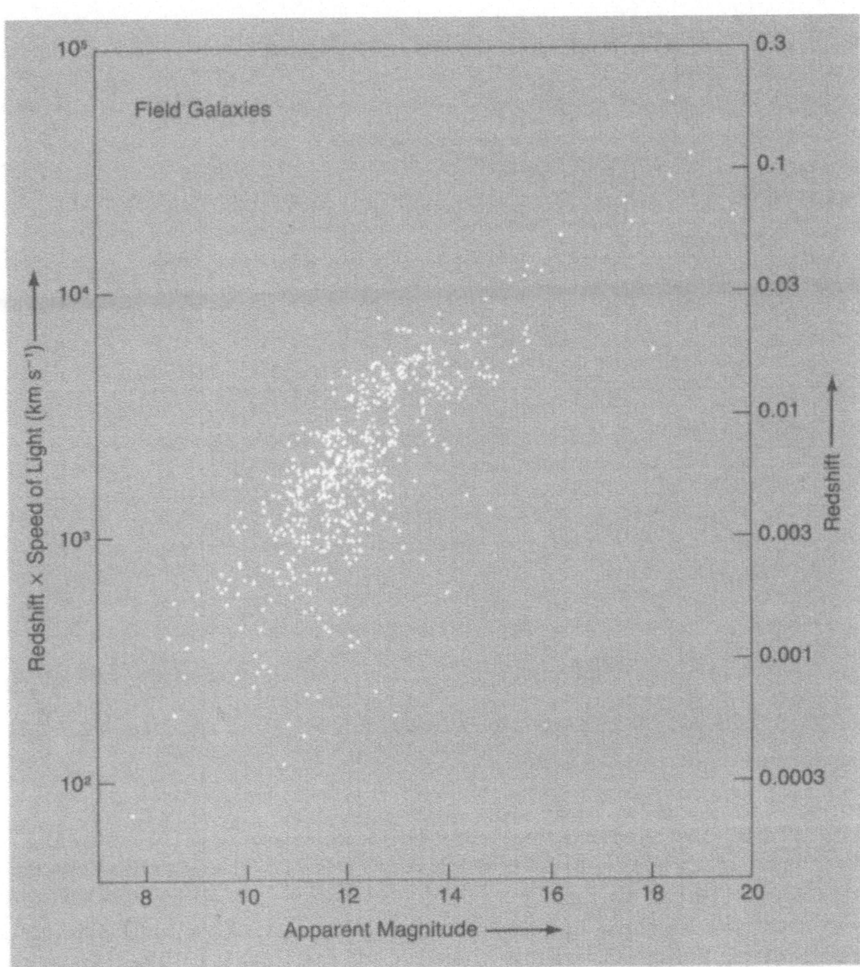

Abb. 17.1a Der Rotverschiebungs-Größenklassen-Test
Die Rotverschiebung (*rechte senkrechte Achse*), die man auch als Geschwindigkeit auffassen kann, wenn man sie mit der Lichtgeschwindigkeit multipliziert (*linke senkrechte Achse*), kann gegen die scheinbare Größenklasse entfernter Galaxien aufgetragen werden (*waagerechte Achse*). Die scheinbare Helligkeit ist bei Kenntnis der wahren Helligkeit ein Maß für die Entfernung. Für Feldgalaxien (Field Galaxies) ist eine Proportionalität zwischen Geschwindigkeit und Entfernung wegen des großen Bereichs wahrer Leuchtkräfte bei jeder vorgegebenen Rotverschiebung kaum erkennbar.

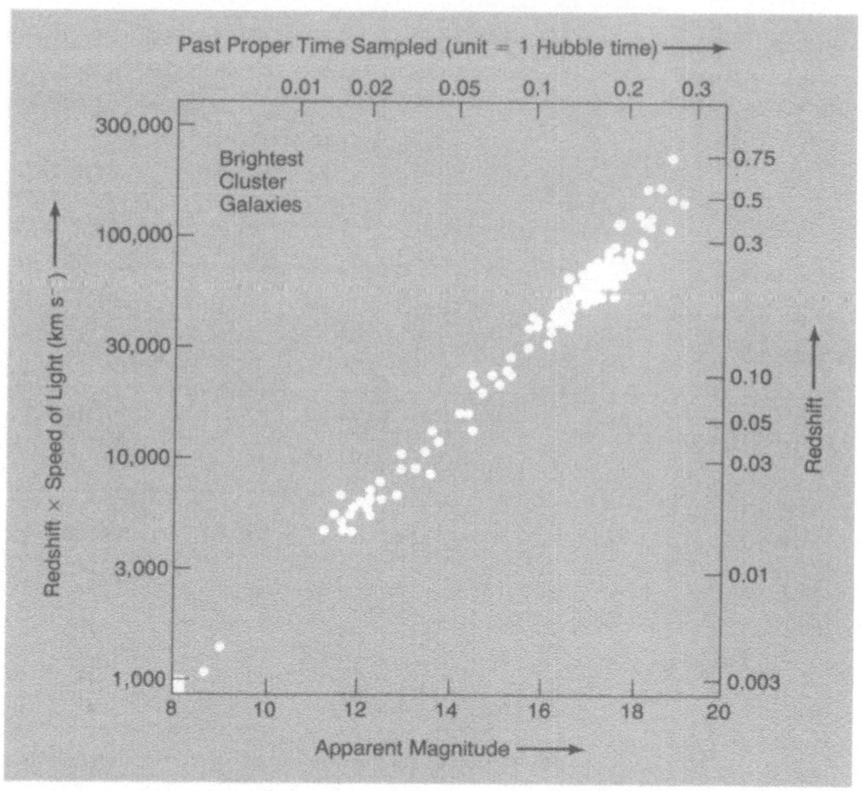

Abb. 17.1b Der Rotverschiebungs-Größenklassen-Test (Fortsetzung) Wenn man jedoch nur die hellsten Mitglieder von Galaxienhaufen (Brightest Cluster Galaxies) betrachtet, findet man eine lineare Beziehung zwischen Geschwindigkeit oder Rotverschiebung und Entfernung (das Hubblesche Gesetz). Das Rechteck in der unteren linken Ecke zeigt den Bereich, für den Hubble 1929 sein Galaxienfluchtgesetz zum erstenmal aufstellte. Auf der oberen waagerechten Achse ist die Zeit (in Einheiten der Hubble-Zeit = Alter des Universums) angegeben, die verstrichen ist, seit das Licht von den Objekten abgestrahlt worden ist. Abweichungen von einer geraden Linie deuten an, daß das Universum möglicherweise nicht-euklidisch ist und entweder offen (Open) oder geschlossen (Closed) ist.

innern, daß in nahen Regionen, dem Sonnensystem oder sogar der Galaxis, die Raumkrümmung völlig zu vernachlässigen ist, von der unmittelbaren Nachbarschaft möglicher Schwarzer Löcher abgesehen. Nur auf den größten Skalen des beobachtbaren Universums wird die Raumkrümmung merklich. Wenn wir Galaxien in immer größeren Entfernungen beobachten, spielen die Effekte der Raumkrümmung eine immer wichtigere Rolle bei der Bestimmung der wahren Entfernungen.

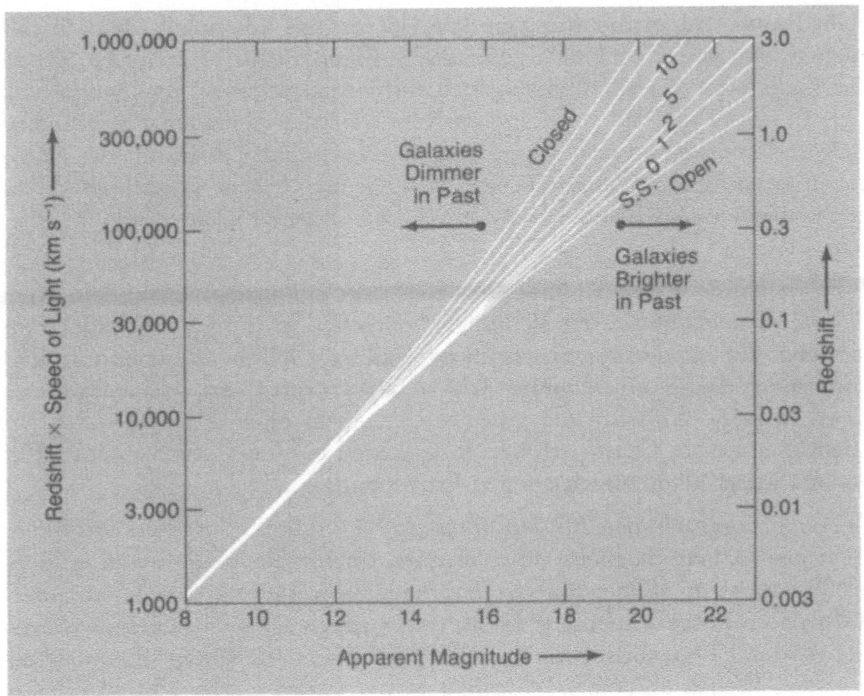

Abb. 17.1c Der Rotverschiebungs-Größenklassen-Test (Fortsetzung)
Die vorausgesagten Kurven für verschiedene kosmologische Friedmann-Lemaître-Modelle sind durch den Zahlenwert für das Verhältnis von mittlerer zu kritischer Dichte (bei der das Universum geschlossen wird) gekennzeichnet. Die mit SS bezeichnete Kurve ist die für ein Steady-State-Universum vorhergesagte; sie liegt merklich außerhalb des beobachteten Bereichs, außer, man nimmt starke Entwicklungseffekte an. Dies würde jedoch dem Hauptgebot der Steady-State-Kosmologie widersprechen. Wenn also die Punktfolge (die beobachtete Haufen darstellt) sich nach oben und links krümmt, ist das Universum geschlossen. Wenn die Punktfolge sich nach rechts krümmt, ist das Universum offen. Probleme schafft die wenig bekannte Leuchtkraftentwicklung in der Vergangenheit: waren die Galaxien in der Vergangenheit lichtschwächer (Galaxies Dimmer in Past), krümmt sich die Kurve nach oben, waren sie heller (Galaxies Brighter in Past), krümmt sie sich nach unten.

Nehmen wir an, daß die schwächsten Galaxien, deren Rotverschiebungen bestimmt werden können, alle ähnliche Leuchtkraft besitzen. Dann können wir, wenn wir ihre scheinbare Helligkeit messen, hoffen, die Effekte der Raumkrümmung zu erkennen (Abb. 17.1). In einem positiv gekrümmten Raum sollten Galaxien mit einer vorgegebenen Fluchtgeschwindigkeit (oder Rotverschiebung) kleinere scheinbare Entfernungen haben als in einem flachen Raum. Als grobe Analogie können wir uns vorstellen, daß wir versuchen, eine auf eine Kugel gezeichnete Figur flachzubiegen: Die Ränder der Figur werden Falten werfen, sich verbiegen und näher aneinander rükken. In einem negativ gekrümmten Raum würden Galaxien mit ähnlicher Rotverschiebung weiter entfernt sein. In diesem Fall beschreibt die Analogie unseren Versuch, eine auf eine sattelförmige Fläche gezeichnete Figur flachzubiegen: Das Resultat wird ein Auseinanderspreizen an den Rändern sein.

Wir können noch eine andere, physikalischere Erklärung verwenden. Wenn sich das Universum in der Vergangenheit schneller ausgedehnt hätte (was in einem geschlossenen Universum der Fall ist), sollten Galaxien mit einer vorgegebenen Rotverschiebung nicht so weit entfernt sein, wie sie es wären, wenn es keine Abbremsung gibt (wie in einem offenen Universum). Vor allem aus diesem Grund erscheinen Galaxien in einem geschlossenen Universum heller als in einem offenen Universum.

Bei einer vorgegebenen Rotverschiebung wäre daher die scheinbare Helligkeit einer Galaxie in einem geschlossenen Universum am kleinsten und am größten in einem offenen Universum. Bei einer Rotverschiebung von 1, nahe der größten Rotverschiebung, die für eine normale Galaxie gemessen worden ist, ist der Unterschied zwischen der scheinbaren Helligkeit einer Galaxie in einem offenen und einem geschlossenen Universum etwa 1 Größenklasse. Das ist etwa ein Faktor 2 in der Helligkeit. Die Galaxie erscheint bei einer gegebenen Rotverschiebung heller, wenn das Universum geschlossen ist. Typische Galaxien, die bei dieser Rotverschiebung beobachtet werden, sind jedoch sehr schwach. Wenn solche Galaxien nahen Galaxien ähnlich sind, sollten sie auf photographischen Platten, die mit den größten Teleskopen der Welt aufgenommen werden, gerade noch erkennbar sein.

Galaxien als kosmologische Sonden

Tatsächlich findet man die wenigen fernen Galaxien mit großen Rotverschiebungen manchmal wesentlich über der Nachweisgrenze einer guten photographischen Platte. Offenkundig sind solche Galaxien keine guten *Standardkerzen.* Entfernte Galaxien erscheinen gelegentlich wesentlich leuchtkräftiger, als wir selbst in einem geschlossenen Universum erwarten würden, wenn diese Galaxien mit nahen Galaxien bezüglich ihrer Leuchtkraft vergleichbar wären. Der Rotverschiebungsrekord für eine ferne Galaxie liegt bei 3.8 (im Jahre 1988); diese Galaxie ist nahezu hundertmal leuchtkräftiger als nahe helle Galaxien und zeigt eine verschwenderische Sternentstehungsrate.

Wir vermuten, daß dies ein Entwicklungsphänomen ist. Die beobachteten fernen Galaxien sind junge Galaxien, und Galaxien sollten in ihrer Jugend wesentlich leuchtkräftiger sein. Die Entwicklung einer Galaxie ist ein komplexer Prozeß. Zunächst enthalten Galaxien viele junge, massereiche, helle Sterne. Im Laufe der Zeit überleben nur die weniger massereichen und langlebigeren Sterne aus der Frühzeit. Auch weiterhin werden junge Sterne gebildet, jedoch mit stark reduzierter Rate. Der Gesamteffekt scheint zu sein, daß junge Galaxien sehr leuchtkräftig sind, und im Verlauf ihres Älterwerdens allmählich schwächer werden. Die Entwicklung führt also im Lauf der Zeit wahrscheinlich zu einem Schwächerwerden der Galaxien.

Weil die entfernten Galaxien heller sind, als wir erwarten, leiten wir kleinere scheinbare Entfernungen für sie ab, und wenn wir sie als weniger entfernt ansehen, folgern wir, daß die Galaxiendichte höher ist. Wir beobachten daher ein Universum, das geschlossener erscheint als es in Wirklichkeit ist. Die Berücksichtigung der Effekte galaktischer Entwicklung vergrößert die Entfernungsschätzungen, erniedrigt die Dichteschätzungen, macht das Universum offener, als die naive Anwendung des ***Rotverschiebungs-Helligkeits-Tests*** angibt. Wenn wir annehmen, daß keine entwicklungsbedingten Änderungen im Licht entfernter Galaxien aufgetreten sind, scheint die Rotverschiebungs-Helligkeits-Beziehung zu zeigen, daß die Raumkrümmung negativ ist. Auf dieser Grundlage könnten wir uns berechtigt fühlen, das Universum als offen anzusehen. Wir trauen jedoch unserer Kenntnis der Galaxienentwicklung überhaupt nicht. Ohne eine empirische Messung von Entwicklungsvorgängen können kosmologische Argumente allein nicht als sicher angesehen werden. Es ist beispielsweise vorstellbar, daß die hellsten Galaxien in der fernen Vergangenheit schwächer waren, zumindest im sichtbaren Teil ihres Spektrums. Ein solcher Effekt ist als Folge des Galaxienkannibalismus vorhergesagt worden. Wenn Galaxien in reichen Haufen ihre schwächeren Nachbarn verschlungen hätten, wären sie mit der Zeit gewachsen und heller geworden. Wir hätten dann die Entfernungen zu fernen Galaxien überschätzt. Die sich ergebende Korrektur würde ein geschlossenes Universum begünstigen.

Beträchtliche Hoffnung besteht, daß Galaxienentwicklung und Raumkrümmung schließlich unabhängig voneinander ermittelt werden können. Um dies zu erreichen, sollten wir Messungen der Rotverschiebungs-Helligkeits-Beziehung in Kombination mit anderen Arten kosmologischer Tests auf entfernte Galaxien anwenden. Ein vielversprechender Ansatz besteht darin, Zählungen schwacher Galaxien in einem ausgewählten Himmelsgebiet durchzuführen (Abb. 17.2). Wenn wir die Helligkeitsschwelle, bis zu der wir Galaxien zählen, heruntersetzen, finden wir eine wachsende Zahl von Galaxien. Wenn schwächere Galaxien gezählt werden, wird ein größeres Raumvolumen untersucht, und man erwartet, daß die Zahl der Galaxien proportional mit dem untersuchten Raumvolumen anwächst. Wie wir vor-

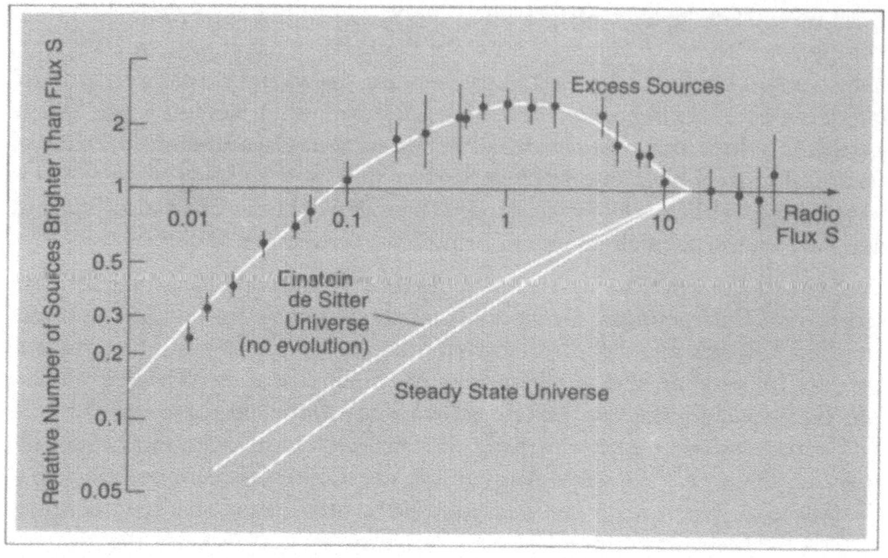

Abb. 17.2 Der Anzahl-Test
Die Anzahlen der Radioquellen, die heller sind als ein bestimmter Strahlungsstrom S, sind relativ zur Anzahl, die man in einem unendlichen, statischen Universum erwartet, gegen den Strahlungsstrom S aufgetragen. In einem statischen Universum ergibt sich eine gerade, horizontale Linie. Diese horizontale Linie bedeutet, daß die Zahl der Quellen mit der Größe des untersuchten Raumvolumens wächst: Man erwartet, daß die Anzahl der Quellen mit der Potenz $-3/2$ des Strahlungsstroms ansteigt. Die Rotverschiebung bewirkt, daß die Zahl der erwarteten Quellen merklich abnimmt. Die Abbildung zeigt auch Voraussagen für das Steady-State-Universum (Steady Stare Universe) und für ein Einstein-de Sitter-Universum (Einstein-De Sitter Universe – no evolution – ohne Entwicklungseffekte). In der Tat beobachten wir das erwartete Resultat für nahe helle Quellen, gefolgt von einem dramatischen Anstieg der Zahl schwächerer Quellen über die für ein geschlossenes Universum erwartete Zahl hinaus (Excess Sources = Überschuß-Quellen), und schließlich eine Abnahme der Zahl der schwächsten Quellen. Der Überschuß kann der Entwicklung zugeschrieben werden, insbesondere einer viel höheren Entstehungsrate der entfernten Quellen in frühen Epochen des expandierenden Universums (entsprechend Rotverschiebungen von 3 bis 4). Die Steady-State-Kosmologie kann die Beobachtungen nicht erklären, da in ihr die Möglichkeit einer solchen Entwicklung definitionsgemäß ausgeschlossen ist. Ein ähnlicher Test kann mit optischen Galaxien durchgeführt werden, indem man die Zahl der auf einer photographischen Platte sichtbaren Galaxien als Funktion ihrer Helligkeit aufträgt. Dieser Test sollte dann eine Information über die Entwicklung der bei optischen Wellenlängen beobachteten Galaxien liefern.

her gesehen haben, gilt diese einfache Proportionalität nur, wenn die Galaxien gleichmäßig verteilt sind und der Raum flach oder euklidisch ist. Die kosmologische Expansion und die Raumkrümmung bewirken, daß Korrekturen an diese Vorhersage angebracht werden müssen. Der resultierende *Anzahldichte-Rotverschiebungs-Test* erlaubt zumindest prinzipiell eine genaue Bestimmung des kosmologischen Modells, doch er erfordert die aufwendige Untersuchung einer vollständigen Stichprobe von Galaxien mit Hunderten oder Tausenden gemessener Rotverschiebungen. Wenn der Raum nicht expandiert und flach ist, ist die Anzahldichte der Galaxien bei einer bestimmten Rotverschiebung oder Entfernung gleich ihrem euklidischen Wert. Der Effekt der Expansion verringert die in einem statischen Raum ermittelte Zahl um einen Faktor, der die Kontraktion des mitbewegten Volumenelements zu früheren Zeiten mißt. Die Krümmung bewirkt, daß diese Zahl noch stärker verkleinert wird, wenn das Universum geschlossen und positiv gekrümmt ist, da sie das relative Volumenelement verringert. Die Krümmung vergrößert diese Zahl, wenn das Universum offen und negativ gekrümmt ist. Dieser Test wurde in vorläufiger Form von zwei Physikern der Princeton-Universität durchgeführt. Ihre Ergebnisse, die auf groben Rotverschiebungen für 1000 Galaxien beruhen, die mit Hilfe einer Serie von Schmalbandfiltern erhalten wurden, deuten darauf hin, daß das Universum genau die kritische Dichte besitzt. Diese Resultate müssen noch bestätigt werden, aber sie geben den ersten möglichen Hinweis auf die Existenz beträchtlicher Mengen dunkler Materie, verteilt über große Skalen bis zu einer Rotverschiebung von 0.5, praktisch bis zu einer Tiefe von Tausenden von Megaparsek. Im Gegensatz dazu kann man erwarten, daß, wenn man keine Rotverschiebungen für die vielen Hunderte von gezählten Galaxien erhalten kann, der *Anzahl-Test* beträchtlich empfindlicher auf die Effekte der galaktischen Entwicklung als auf das gewählte kosmologische Modell reagiert. Einer der Gründe dafür ist, daß ein entscheidender Faktor für die Entdeckung einer weit entfernten Galaxie ihre Helligkeit im Vergleich zur Hintergrundshelligkeit des Nachthimmels ist. Das Bild einer Galaxie kann bis zu einem Punkt verfolgt werden, bei dem die Bildhelligkeit nur ein Bruchteil der Himmelshelligkeit ist. Da das gesamte von einer Galaxie gemessene Licht zur Bestimmung ihrer Helligkeit verwendet wird, ist die Messung des effektiven „Randes" der Galaxie von Wichtigkeit. Die Flächenhelligkeit der Galaxie relativ zum Himmelshintergrund bestimmt die effektive äußere Grenzlinie der Galaxie. Dieser Effekt ist vom kosmologischen Modell unabhängig; er hängt nur von der Rotverschiebung der Galaxie ab. Die Wahl eines bestimmten kosmologischen Modells beeinflußt jedoch die Bestimmung des Volumens, in dem die Galaxien untersucht werden. Trotzdem ergibt sich als Gesamteffekt, daß der Anzahl-Test gegenüber der Kosmologie relativ unempfindlich ist.

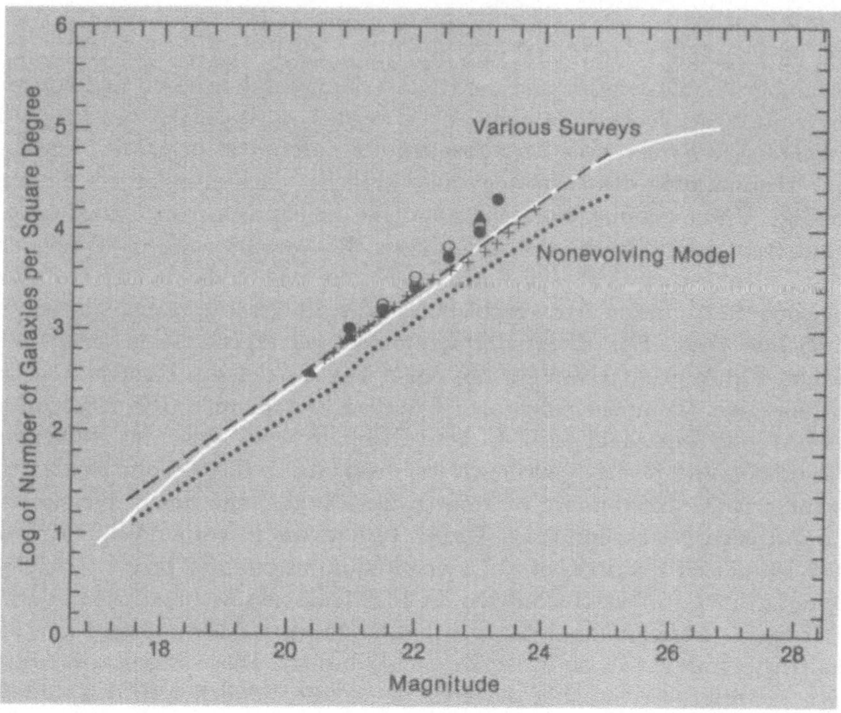

Abb. 17.3 Anzahl als Funktion der Helligkeit
Für mehrere tiefreichende Galaxiendurchmusterungen ist die Anzahl (der Logarithmus der Galaxienzahl pro Quadratgrad) gegen die scheinbare Helligkeit (Magnitude) aufgetragen. Solche Durchmusterungen werden entweder mit Photoplatten oder CCD-Empfängern durchgeführt. Resultate solcher Durchmusterungen sind mit verschiedenen Symbolen dargestellt (Various Surveys). Wenn Entwicklungseffekte nicht berücksichtigt werden (Nonevolving Model), liegen die Vorhersagen des Modells deutlich unterhalb der Datenpunkte.

Entwicklungseffekte können für diese Tests von entscheidender Bedeutung sein. Nehmen wir beispielsweise an, daß im Halo junger Galaxien explosionsartige Sternentstehung stattgefunden hat. Indirekte Argumente für die frühe Galaxienentwicklung haben uns vermuten lassen, daß ein solcher Prozeß häufig auftreten könnte. Unter den Folgen eines solchen Ereignisses wäre ein Anwachsen der scheinbaren Durchmesser der Galaxien, ein Anstieg ihrer Leuchtkraft, und die Entdeckung einer größeren Zahl von Galaxien bei einer vorgegebenen scheinbaren Helligkeit. Entferntere Galaxien würden entdeckt werden; bei Abwesenheit eines solchen Prozesses wären diese Galaxien nicht sichtbar.

Man hat gefunden, daß der Anzahl-Test in der Tat die Galaxienevolution eingrenzt (Abb. 17.3). Durch Galaxienzählungen bis zur Grenzhelligkeit in unterschiedlichen Bereichen des Spektrums sollte es möglich sein, detailliertere Informationen über die Galaxienentwicklung zu gewinnen. Beispielsweise könnten wir hoffen, herauszufinden, ob in frühen Epochen die jüngeren blauen Sterne zahlreicher sind als die älteren roten Sterne; diese Information würde uns einen Hinweis auf das Alter der Galaxien geben. So wie der Anzahl-Test als Messung für Entwicklungseffekte der Radioquellen dient, könnte er uns auch in die Lage versetzen, die Entwicklungsgeschichte gewöhnlicher Galaxien zu bestimmen.

Quasare als kosmologische Sonden

Zwei Astronomen, damals an der Lick-Sternwarte in Kalifornien tätig, haben vorgeschlagen, Quasare zur Sondierung des Universums zu benutzen. Auf den ersten Blick scheint dieser Vorschlag wenig sinnvoll zu sein, denn wie wir in Kapitel 12 gesehen haben, müssen Quasare sich in weit höherem Maße als Galaxien mit der Zeit entwickeln. Ihre Häufigkeit, und vielleicht auch ihre Leuchtkraft, wächst zur Frühzeit des Universums hin stark an, und Quasare haben sehr unterschiedliche Eigenschaften. Sicherlich würden solche Effekte jeden Versuch, Quasare als Standardkerzen zu verwenden, grob verfälschen.

Dies war jedenfalls die Lage, bis die kalifornischen Astronomen bemerkten, daß es vielleicht doch ein Mittel gibt, die Quasare zu kalibrieren und ihre Leuchtkraft abzuleiten. Sie fanden, daß die Stärken bestimmter spektraler Strukturen (oder Emissionslinien) der Quasare gut mit der absoluten Helligkeit korrelierten. Deshalb könnten Quasare vielleicht auf ähnliche Weise wie Galaxien dazu benutzt werden, die Raumkrümmung zu untersuchen. Weil Quasare viel leuchtkräftiger sind als Galaxien, können sie bei größeren Rotverschiebungen beobachtet werden und stellen potentiell wichtige Sonden dar. Eine vorläufige Anwendung dieser Technik scheint auf ein geschlossenes Universum hinzudeuten; die Auswirkungen der Leuchtkraftentwicklung von Quasaren auf dieses Ergebnis bleiben jedoch sehr unsicher.

In einer wesentlich aussagekräftigeren Anwendung von Quasaren auf die Kosmologie wurden Absorptionslinien in Quasarspektren als Sonden für das intergalaktische Medium untersucht. Man glaubt, daß viele Absorptionsliniensysteme durch interstellares Gas in Galaxien entlang der Sichtlinie verursacht werden. Unter diesen Absorptionen findet man neben Wasserstoff auch Linien von schweren Elementen, wie sie in gewöhnlichen Galaxien vorkommen. Man findet aber auch eine beträchtliche Zahl von Absorptionslinien, die durch Gas erzeugt werden, das offenbar keine schweren Elemente aufweist. Die einzige nachweisbare Linie entspricht der Resonanzabsorption des atomaren Wasserstoffs in seinem Grundzustand, die als Lyman-alpha-Übergang bekannt ist (Kapitel 12). Tatsächlich findet man einen ganzen Wald von Lyman-alpha-Absorptionslinien, die immer blauverschoben gegenüber der Lyman-alpha-Emissionslinie des Quasars sind. Diese relative Blauverschiebung bedeutet, daß die Lyman-alpha-Linien in Wolken erzeugt werden, die zwischen uns und dem Quasar liegen, und deshalb weniger rotverschoben sind als der Quasar. Die Lyman-alpha-Absorptionswolken sind so zahlreich wie kleine Galaxien und zeigen im Gegensatz zu den meisten Galaxien nur eine schwache Haufenbildung. Man glaubt, daß es sich um primitive intergalaktische Gaswolken handelt, die entweder gerade dabei sind, Galaxien zu bilden, oder irgendwie daran gehindert wurden, es zu tun. Bisher sind keine Grenzbedingungen für kosmologische Parameter aus diesen Wolken abgeleitet worden, der Lyman-alpha-Wald mag jedoch einen Einblick in ein primitives Entwicklungsstadium prägalaktischer Strukturen gestatten, ehe sich Sterne gebildet haben. Die Lyman-alpha-Wolken sind benutzt worden, das Strahlungsfeld im frühen Universum zu untersuchen; übermäßige Strahlung würde sie zerstören, und es gibt Hinweise darauf, daß sie in der Nähe von Quasaren in der Tat nicht auftreten. Sehr starke Lyman-alpha-Linien werden durch mit gasreichen Galaxien entlang der Sichtlinie in Verbindung gebracht. Aus der Häufigkeit des Auftretens dieser Linien ergibt sich, daß die Galaxien in der Sichtlinie sehr groß sein müssen; man folgert, daß es sich dabei um protogalaktische Scheiben handelt (Scheiben von Galaxien, die sich gerade bilden). Etwa 20 Prozent des Himmels ist von solchen Protogalaxien mit Rotverschiebungen zwischen 2 und 3 angefüllt. Sie sind jedoch außerordentlich lichtschwach, und es gibt zur Zeit kein definitives Bild irgendeines dieser Systeme, die nur durch ihre Absorptionswirkung auf Hintergrundquasare erkannt werden.

Deuterium und Massendichte

Wir haben in Kapitel 7 gesehen, daß die Menge des im Urknall erzeugten Deuteriums kritisch von der Materiedichte abhängt, bei der die ursprünglichen Kernreaktionen abliefen. In einem geschlossenen Universum wäre die Dichte relativ hoch gewesen, als das Universum etwa eine Minute alt war. In dieser Ära sollte die Nukleosynthese von Deuterium auftreten. Die hohe Dichte würde zu einem Verbrennen des Deuteriums führen, und fast kein Deuterium wäre übriggeblieben. Wenn die Dichte in der Kernverschmelzungsepoche niedrig genug war, wie es in einem offenen Universum der Fall wäre, sollte genügend ursprüngliches Deuterium die Heliumsynthese überlebt haben, um die beobachtete Häufigkeit des Deuteriums zu erklären. Man kann sich nur schwer vorstellen, wie Deuterium in irgendeiner astrophysikalischen Umgebung entstanden sein könnte, außer in den ersten

Minuten des Urknalls. Sterne beispielsweise brennen und zerstören damit ihren ursprünglichen Gehalt an zerbrechlichem Deuterium. Die Unfähigkeit, Deuterium anders als durch Erzeugung im Urknall zu erklären, unterstützt die Theorie des kosmologischen Ursprungs von Deuterium. Das impliziert ein offenes Universum.

Wenngleich das Modell eines offenen Universums die Erzeugung von genügend Deuterium erklärt, um unsere theoretischen Anforderungen zu befriedigen, sollten wir doch beachten, daß es nicht das einzig mögliche Modell ist. Einfache geschlossene Modelle des Universums sind in der Tat außerstande, genügend Deuterium zu liefern. Kompliziertere Modelle der frühen Entwicklung des Universums können jedoch Bedingungen schaffen, die für Bildung und Überleben von Deuterium günstig sind.

Einer dieser Mechanismen verlangt die Erzeugung eines lokalen Neutronenüberschusses während des Quark-Hadronen-Phasenübergangs, als das Universum eine Temperatur von etwa 200 Millionen Elektronvolt (MeV) oder 200 Billionen Grad hatte (Seite 157). Sowohl Neutronen wie Protonen werden während dieses Übergangs erzeugt, der die Epoche markiert, in der zum ersten Mal gewöhnliche hadronische und leptonische Materie – Protonen, Neutronen, Elektronen, Myonen – entstand. Es ist jedoch möglich, daß der Phasenübergang nicht gleichförmig verläuft, sondern Blasen des neuen Phasenzustands erzeugt, so wie kochendes Wasser sich unter Blasenbildung in Dampf verwandelt. Zuerst bilden sich Hadronenblasen, die von Quarks umgeben sind, während das Universum abzukühlen versucht und für ein paar Pikosekunden bei 200 MeV verharrt. Schließlich bleiben ein paar Quarkinseln übrig, die vom Hadronenozean umgeben sind. Nun ist die Nettozahl von Baryonen für die Quarks größer als für die Hadronen, da der Phasenübergang Entropie erzeugt und die Baryonenzahl verdünnt. Das bedeutet, daß nach etwa einer Sekunde, wenn die Neutronen ausfrieren, neutronenreiche Flecken vorhanden sind. Die Neutronen und Protonen diffundieren mit unterschiedlichen Raten: Das hat zur Folge, daß in der Epoche der Nukleosynthese, wenn die Temperatur etwa 100 000 Elektronvolt beträgt, noch immer neutronenreiche Materieinseln vorhanden sind; folglich wird sich dort die Nukleosynthese sehr von derjenigen in den neutronenarmen Gebieten unterscheiden. Solche Unterschiede können zu starken Abweichungen in der Häufigkeit der leichten Elemente gegenüber der in Standardmodellen vorhergesagten führen. Der Hauptunterschied ist, daß beträchtliche Mengen von Deuterium selbst in einem Universum gebildet werden, das von Baryonen geschlossen wird. Das ist der Vorteil; das größte Problem ist, daß zuviel Lithium gebildet wird. Dies mag dem Modell den Todesstoß versetzen, und in der Tat wäre es recht bemerkenswert, wenn wir auf diese Weise genau zu den beobachteten prägalaktischen Häufigkeiten der leichten Elemente gelangen, wie sie in einem Urknall-Universum geringer Baryonendichte beobachtet würden.

Andererseits können wir annehmen, daß das Universum zur Zeit von einer Minute oder weniger nach dem Urknall sehr chaotisch und turbulent war. Diese Turbulenz könnte die Form großräumiger Scherbewegungen annehmen. In diesem Fall könnte die Expansion beschleunigt werden. Eine der Folgen ist, daß die Dichte zur Epoche der Nukleosynthese rascher abgefallen wäre. Schwache Wechselwirkungen würden bei einer etwas höheren Temperatur und deshalb zu einer früheren Zeit aus dem Gleichgewicht geraten. Mehr Neutronen würden übrig bleiben, und diese würden zur Synthese von größeren Mengen Deuterium und Helium führen. Die Scherbewegungen könnten im Verlauf der Expansion des Universums rasch zerfallen. (Solche hypothetischen Bewegungen werden natürlich heute nicht mehr beobachtet.) Wir könnten daher noch immer behaupten, daß ein geschlossenes Universum beträchtliche Mengen an ursprünglichem Deuterium enthalten kann. Die Wahrscheinlichkeit der Annahmen, die zu dieser Folgerung führen, ist jedoch fragwürdig; das einfachste Modell ist das des Standard-Urknalls, das eine niedrige Baryonendichte benötigt, jedoch nicht unbedingt ein offenes Universum sein muß, weil es immer noch dunkle Materie geben kann. Ein akzeptables Modell hätte Baryonen von einem Zehntel der kritischen Dichte, während nichtbaryonische dunkle Materie die restlichen 90 Prozent beiträgt.

Die Hubble-Expansion

Eine Anzahl anderer Argumente sind vorgebracht worden, ihre Aussagekraft über die Krümmung des Universums ist aber gleichermaßen unsicher. Ein Beispiel ist die Untersuchung der Hubble-Epansion der Galaxien in der Nachbarschaft unseres lokalen Superhaufens. Dieses System hat den Virgo-Galaxienhaufen als Zentrum. Ein Blick auf die Verteilung der Galaxien am Himmel zeigt eine riesige Galaxienkonzentration in Richtung Virgo-Gebiet. Die lokale Inhomogenität erstreckt sich über vielleicht 100 Millionen Lichtjahre. Der Virgo-Galaxienhaufen selbst ist eine zentrale Spitze in der Galaxienverteilung mit einer Ausdehnung von etwa 5 Millionen Lichtjahren. Eine Wirkung dieses lokalen Galaxienüberschusses ist, daß die allgemeine Hubblesche Expansionsrate leicht abgebremst wird. Es gibt eine Überschußmasse und daher eine Überschußschwerkraft, und dementsprechend entfernen sich die Galaxien mit einer geringeren Geschwindigkeit als bei Abwesenheit des lokalen Superhaufens.

Der Betrag dieser Abbremsung erweist sich als eine für die Kosmologie empfindliche Größe. Betrachten wir ein Universum mit kritischer Dichte. Jede kleine lokale Überschußmasse wird offenbar das labile Gleichgewicht zwischen Schwerkraft und Expansion stören und danach streben, die Fluchtgeschwindigkeiten im lokalen Bereich zu verringern. In einem offenen Universum wird jedoch die Expansionsenergie die Gravitationsenergie bei weitem übertreffen. In diesem Fall würden kleine Erhöhungen der lokalen Dichte die Gravitationsenergie geringfügig erhöhen, die Expansionsrate der Galaxien jedoch nicht nennenswert verlangsamen. Weil Galaxien ungebunden expandieren, würden sie von irgendeiner zusätzlichen Gravitationskraft einfach nicht beeinflußt werden. Nur eine sehr große lokale Inhomogenität würde genügend Kraft erzeugen, um die Galaxien im lokalen Bereich eines offenen Universums abzubremsen.

Leider sind unsere Bestimmungen der Rotverschiebungen und der Entfernungen vieler weit entfernter Galaxien so unsicher, daß wir diesen Test noch nicht eindeutig durchführen können. Es gibt Anzeichen dafür, daß der lokale Expansionsfluß der uns umgebenden Galaxien glatt und ungestört erfolgt. Das spricht für das Modell eines offenen Universums. Man hat aber gefunden, daß diese Gleichförmigkeit überraschenderweise bei größeren Entfernungsskalen von mehr als 15 Megaparsek, der Entfernung des Virgohaufens, zusammenbricht. Ein Hinweis wurde in einer durch Infrarotbeobachtungen selektierten Stichprobe von Galaxien gefunden, die ein ziemlich entgegengesetztes Ergebnis lieferte. Ein Infrarotkatalog von Galaxien hat den Vorteil, daß wir eine Durchmusterung des gesamten Himmels durchführen können: Optische Kataloge sind auf hohe galaktischen Breiten beschränkt, weit von den undurchsichtigen Staubwolken der Milchstraße entfernt. Vorläufige Untersuchungen, die auf einem Katalog von von Galaxien beruhen, die mit dem IRAS-Satelliten ausgewählt wurden, deuten eine schwache Dichteinhomogenität an, die sich bis zu einer Entfernung von etwa 200 Millionen Lichtjahren von uns erstreckt. Diese Inhomogenität liegt in der gleichen Richtung wie die Bewegung der lokalen Gruppe von Galaxien relativ zum Mikrowellenhintergrund. Wenn auf so großen Skalen Masse Licht anzeigt, kann die Größe dieser Bewegung am besten erklärt werden, wenn das Universum die kritische Dichte besitzt. Ohne einen vollständigen Satz von Rotverschiebungen ist es jedoch schwierig, die genaue Tiefe der Durchmusterung und damit die Entfernung der Inhomogenität festzulegen.

Untersuchungen einer Auswahl von etwa 400 elliptischen Galaxien mit gemessenen Rotverschiebungen, die sich bis zu einer ähnlichen Entfernung erstrecken, haben eine genaueren Überblick über das Geschwindigkeitsfeld auf so großen Skalen geliefert. Bei Anwendung einer anscheinend allgemein gültigen Beziehung zwischen Leuchtkraft (deren Bestimmung von der Entfernung abhängt) und interner Geschwindigkeitsdispersion der Galaxie (die von der Entfernung unabhängig ist) konnte man die Entfernung von Gruppen und Haufen mit einer Genauigkeit von einigen Prozent ermitteln. Ein

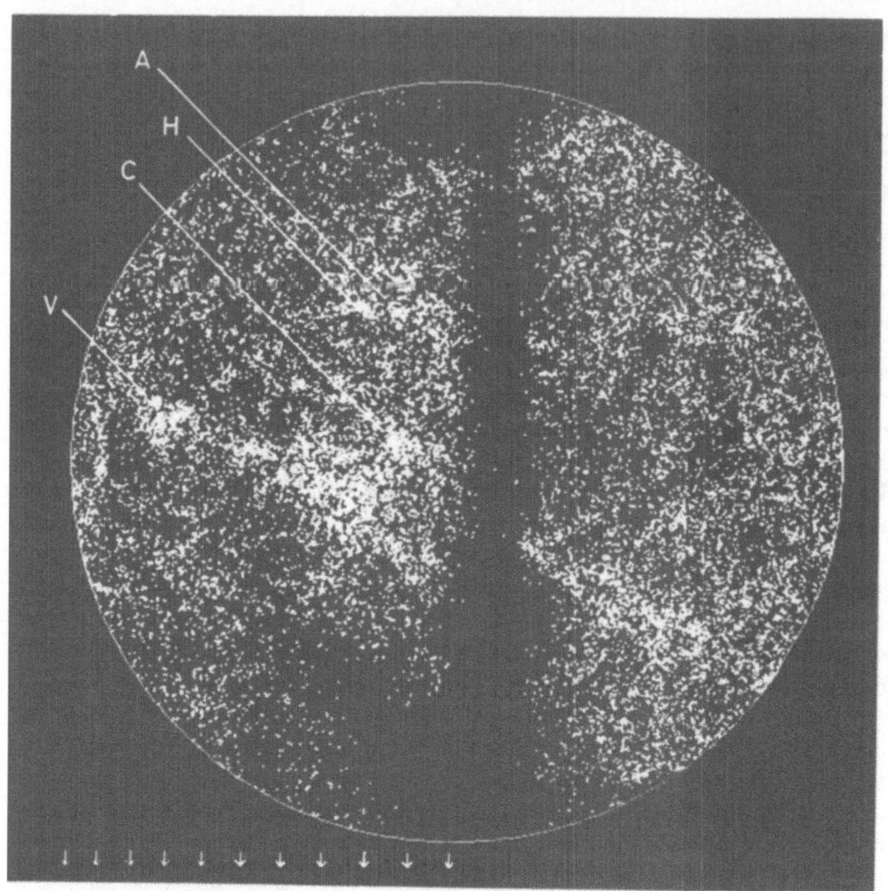

Abb. 17.4 Computerzeichnung der Galaxienverteilung
Diese Computergraphik zeigt alle Galaxien aus verschiedenen Katalogen der Himmelshalbkugel, die auf die Richtung des scheinbaren großräumigen Strömens der elliptischen Galaxien zentriert ist. Das Bild enthält eine Himmelshemisphäre in flächentreuer Projektion. Das dunkle vertikale Band ist die durch die Lichtabsorption in der Galaxis hervorgerufene Zone, in der keine Galaxien sichtbar sind. Das galaktische Zentrum liegt 37° vom unteren Rand entfernt. Die Galaxienhaufen Virgo (V), Centaurus (C), Hydra (H) und Antlia (A) sind markiert. Die große Galaxienkonzentration gerade unterhalb des Centaurus-Haufens, die als „großer Attraktor" bezeichnet wird, ist möglicherweise für den größten Teil der strömenden Bewegung, die bis zu einer Entfernung von 100 Millionen Lichtjahren reicht, verantwortlich.

Vergleich dieser wahren Entfernungen mit den unter Annahme des Hubbleschen Gesetzes aus den Rotverschiebungen abgeleiteten führte eine Gruppe von Astronomen zu der Schlußfolgerung, daß großräumige Massenströme mit Geschwindigkeiten von bis zu 600 Kilometern pro Sekunde auftreten. (Diese Gruppe von Astronomen aus Kalifornien, Arizona, Massachusetts und Cambridge (England) hat den Spitznamen „die sieben Samurai" erhalten, da sie die herkömmliche Weisheit in Frage stellen.) Insbesondere scheinen die lokale Gruppe, der Virgo-Superhaufen, und der entferntere Centaurus-Haufen alle zu einem Punkt im Raum zu eilen, der von der Milchstraße verdunkelt wird, von dem jedoch abgeleitet wird, daß er das Zentrum einer großen Massenkonzentration ist, die als „großer Attraktor" bezeichnet wird (Abb. 17.4). Diese Ergebnisse werden jedoch nur bestätigt, wenn es sich zeigt, daß die untersuchten Galaxien eine unverfälschte Stichprobe der großräumigen Materieverteilung im Universum darstellen.

Wir sollten jedoch zögern, so weitreichende Schlüsse über starke Abweichungen vom Hubblefluß mit ihren entsprechenden Folgen für die Kosmologie ohne unanfechtbare Beweise zu akzeptieren. Wenn die großräumigen Ströme durch Gravitation verursacht werden, erfordern sie, daß im ursprünglichen Fluktuationsspektrum beträchtliche Energie auf großen Skalen auftritt. Der kosmische Mikrowellenhintergrund zeigt uns jedoch durch seine eindrucksvolle Gleichförmigkeit auf sehr großen Skalen (1 Milliarde Lichtjahre und mehr), daß das Universum ausgesprochen ruhig war und ist und gleichmäßig expandiert. Ob es auf mittleren Skalen von 100 Millionen Lichtjahren große Abweichungen gibt, ist immer noch eine kontroverser Punkt. Bis jetzt müssen wir feststellen, daß die bisher untersuchten Raumproben nicht tief genug sind, um ein endgültiges Urteil zu fällen. Ob die lokale Hubblesche Expansionsrate durch die Schwerkraft beträchtlich verringert wird – ob das Universum offen oder geschlossen ist – bleibt ungewiß.

Ein anderes Argument hängt von der genauen Altersbestimmung des Universums ab. Wenn gezeigt werden kann, daß das Alter gleich H_0^{-1} statt, sagen wir, $(2/3)H_0^{-1}$ oder noch weniger ist, würde dies für ein offenes Universum sprechen. Die beste Bestimmung des Alters beruht auf der Anwendung der Sternentwicklungstheorie auf das ***Hertzsprung-Russell-Diagramm*** von Sternen in Kugelsternhaufen (Abb. 17.5). So wie in Abb. 4.3 kann das Alter aus dem Abknickpunkt der Hauptreihe abgeleitet werden. Der beste Wert ist etwa 14 Milliarden Jahre: Wenn wir annehmen, daß unsere Galaxis eine Milliarde Jahre für ihre Entstehung benötigte, ist das Universum etwa 15 Milliarden Jahre alt. Da wir die Hubble-Konstante leider nicht besser als auf einen Faktor 2 genau bestimmen können, können wir das aus der Sternentstehung ermittelte Alter nur mit Werten von H_0^{-1} vergleichen, die zwischen 10 und 20 Milliarden Jahren liegen. Folglich kann kein Schluß aus

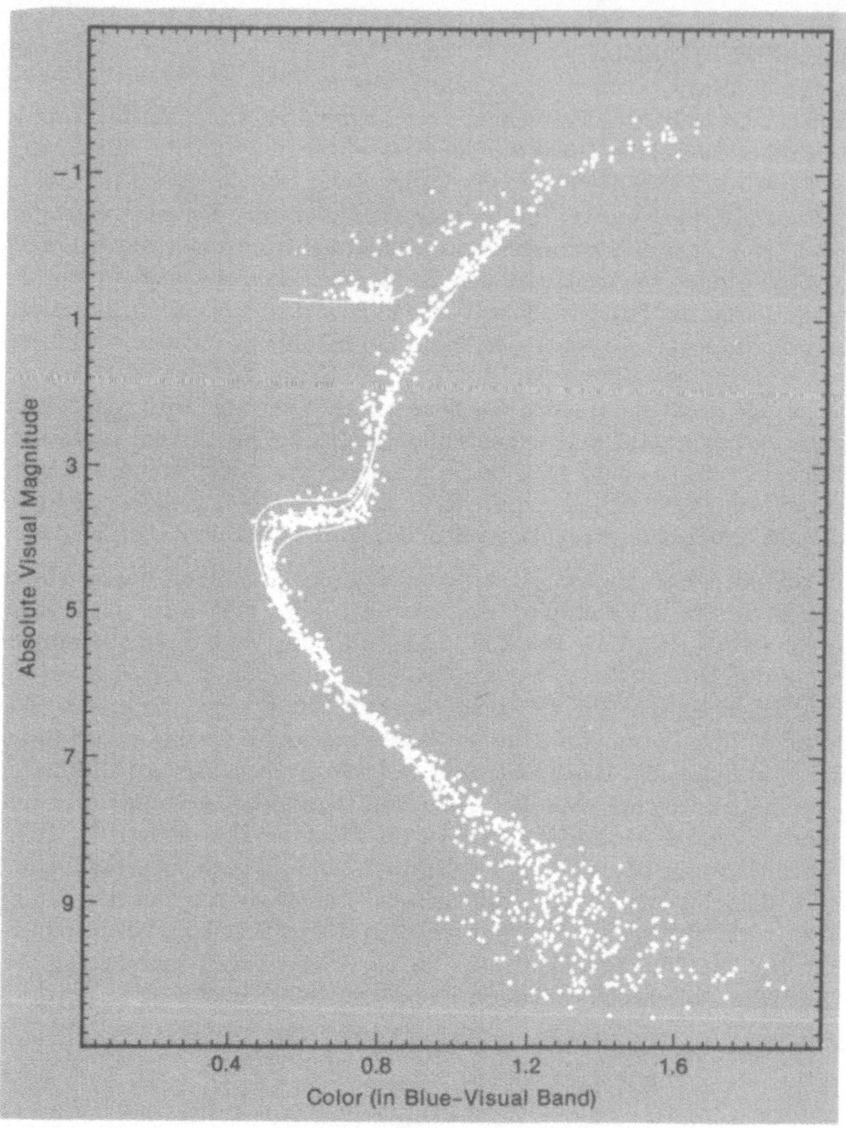

Abb. 17.5 Die Beziehung zwischen absoluter Helligkeit und Farbe
Ein Hertzsprung-Russell-Diagramm des Kugelhaufens 47 Tucanae. In dieser Darstellung, in der die absoluten visuellen Helligkeiten gegen die Farben (im blauen und visuellen Farbbereich) aufgetragen sind, stellen die Sterne in der unteren Diagonale die wasserstoffbrennende Hauptreihe dar. Der Abknickpunkt von der Hauptreihe gibt den Ort der Sterne an, die gerade ihren Wasserstoff erschöpft haben und nur noch etwa eine Zeit von 100 Millionen Jahren ihres Leuchtens vor sich haben. Die Entwicklungsmodelle (durchgezogene Linien) reagieren sehr empfindlich auf diesen Abknickpunkt und liefern nur dann eine zufriedenstellende Übereinstimmung mit den Beobachtungen, wenn das Alter des Kugelhaufens etwa 14 Milliarden Jahren ist.

diesem Vergleich gezogen werden, ehe nicht ein zuverlässigerer Wert für H_0 vorliegt.

Die Zukunft von geschlossenen und offenen Universen

Wir können aus diesen verschiedenen Tests folgern, daß das Abwägen aller Beobachtungstatsachen auf ein offenes Modell des Universums hindeutet. Wie wir gesehen haben, gibt es in jedem Argument schwache Punkte. Die in Kapitel 6 geschilderten theoretischen Argumente sprechen stark zugunsten eines Universums mit kritischer Dichte. Der Grund dafür liegt nicht nur in der Inflation, sondern allgemeiner im Argument der Feinabstimmung. Dieses Argument sagt aus, daß das Universum, um heute einem geschlossenen oder offenen Zustand zuzustreben, zu Beginn der Expansion unnatürlich nahe an der kritischen Dichte gewesen sein muß, es sei denn, das Universum hatte immer exakt die kritische Dichte. Die Verfechter eines gerade noch geschlossenen Universums scheinen in die Ecke gedrängt zu werden. Sie sind mit einer überwältigenden Schwierigkeit konfrontiert: Wenn das Universum geschlossen ist, in welcher Form liegt die versteckte Masse vor? Trotz der menschlichen Erfindungskraft, die eine solche Schwierigkeit theoretisch überwinden kann, muß es den vorgebrachten Vorschlägen an Glaubwürdigkeit mangeln, wenn die Beobachtungsbeweise fehlen: Wenn die versteckte Masse unsichtbar ist, ist alles erlaubt. Kandidaten für die dunkle Materie reichen von Gesteinsbrocken und Planeten bis zu Schwarzen Löchern, Spötter haben sogar Schneeflocken und alte Ausgaben der Zeitschrift *Astrophysical Journal* vorgeschlagen. Außerdem gibt es noch die exotischen schwach wechselwirkenden Teilchenkandidaten, deren Zahl etwa gleich der Quadratwurzel der Zahl der Teilchenphysiker sein muß. Zumindest einige der letzteren sind experimentell nachweisbar.

Obwohl ein offenes Universum augenblicklich die bevorzugte Alternative zu sein scheint, hat es zwei große Nachteile. Erstens ist die Zukunft sehr wenig ansprechend: In einem offenen Universum sind die Galaxien dazu verurteilt, zugrundezugehen, und die Sterne, zu erlöschen und nie wiedergeboren zu werden. Die Gravitation kann der Expansion nicht länger gegenwirken, und die Gravitationskräfte werden auf den größten Entfernungsskalen vernachlässigbar klein. Der Raum wird immer dunkler werden. Die Leeren zwischen den Galaxienhaufen werden sich unermeßlich vergrößern. Da der Vorrat an Kernbrennstoffen schwindet, wird die Materie nicht länger imstande sein, sich in gravitativ gebundenen Systemen gegen die Schwerkraft zu stützen. Galaxien und schließlich auch die großen Galaxienhaufen werden zusammenstürzen und riesige Schwarze Löcher bilden. Schließlich wird die gesamte Materie äußerst kalt werden und auf die Temperatur des absoluten Nullpunkts sinken. Alle Kräfte werden abnehmen und verschwinden, bis ein

Zustand erreicht wird, bei dem sich für alle Zukunft nichts mehr verändert. Der Raum ist unendlich groß, und eine kalte, schwarze, unveränderliche Zukunft wird schließlich überall im Raum herrschen. Dieser Zustand wird sich erst nach ungezählten Milliarden Jahren einstellen, aber er ist trotzdem in einem für alle Zeiten expandierenden Universum unabwendbar.

Zweitens gibt es einen experimentellen Test. Weil die Schwerkraft in der Gegenwart relativ unbedeutend ist, werden in einem offenen Universum bedeutend größere ursprüngliche Dichteschwankungen benötigt, um Galaxien durch den in Kapitel 10 beschriebenen Mechanismus der Gravitationsinstabilität zu bilden. Diese Fluktuationen drücken der Mikrowellen-Hintergrundstrahlung einen Stempel auf, und die meisten Theorien sagen voraus, daß die Mikrowellenstrahlung von Punkt zu Punkt über den gesamten Himmel um bis zu einem Zehntausendstel variieren sollte. In einem geschlossenen Universum sind die Schwankungen etwa 10 bis 30 mal kleiner als in einem offenen Universum. Der Nachweis solcher Fluktuationen wäre eine wichtige Bestätigung der Gravitationsinstabilitätstheorie für die Bildung von Strukturen aus kleinen Dichtefluktuationen. Heute gibt es jedoch nur Obergrenzen für die Abweichungen von der Homogenität der Strahlung. Diese Grenzen reichen aber aus, einige Modelle eines offenen Universums, die anfangs nur adiabatische Dichtefluktuationen zeigten, auszuschließen. Es muß nicht betont werden, daß man immer ein offenes Universum mit einem geeignet gewählten Fluktuationsspektrum erfinden kann, um den Beobachtungen gerecht zu werden. Das Wesentliche ist jedoch, daß die einfachsten, natürlichsten Modelle für ein offenes Universum nachprüfbar sind.

Ein geschlossenes Universum hat zugegebenermaßen ein entschieden glänzenderes Schicksal als ein offenes Universum. Galaxien mögen erlöschen, doch solange ein Vorrat von intergalaktischem Gas zur Verfügung steht, können sich neue Galaxien bilden. Die Gravitationskräfte bleiben immer wichtig. In jedem Raumgebiet übersteigt die gravitative Eigenanziehung der Materie die Expansion und überwindet sie schließlich. Die Strahlung der Galaxien wird als ein schwach flackerndes Lichts bleiben und das Universum warmhalten. Nachdem das Universum eine endliche Größe erreicht hat, wird es schließlich wieder zusammenstürzen. Bei diesem Kollaps wird alles im Universum zusammengedrückt werden. Während die Strahlung komprimiert wird, heizt sie sich auf. Schließlich werden die Galaxien miteinander zusammenstoßen und einander zerreißen. Sterne werden auch zusammenstoßen. Beim weiteren unaufhörlichen Kollaps, der passenderweise als Urgedränge (big squeeze) bezeichnet wird, werden alle Strukturen zerstört. Das Universum wird zu einer dichten heißen Suppe komprimierter Materie zusammenstürzen. Dieser Zustand wird, soweit wir das sagen können, grenzenlos weitergehen, bis das Universum in ein unendlich dichtes, unendlich kleines Gebiet zusammengedrückt ist. Das Urgedränge wird innerhalb von etwa 30 Milliarden Jahren stattfinden, falls das Universum geschlossen ist.

Was dann geschehen wird, liegt außerhalb der Reichweite unserer heutigen physikalischen Kenntnisse. Man hat allgemeine Betrachtungen über die Struktur der Materie auf dieses Modell angewandt, und sie deuten an, daß uns eine zukünftige Singularität – eine Rückkehr zum unendlich dichten Zustand des Urknalls – erwartet. In einem geschlossenen Universum gibt es sowohl in der Vergangenheit als auch in der Zukunft eine Singularität, bei der die Dichte unendlich groß wird. Da alle unsere physikalischen Vorstellungen bei solch extremen Bedingungen ihre Gültigkeit verlieren, können wir über das mögliche Ergebnis nur spekulieren.

Eine reizvolle Vermutung ist, daß ein geschlossenes Universum zurückprallen und von neuem expandieren wird. Wenn dies geschieht, wird die Zukunft des Universums sein, den ganzen Zyklus vom Urknall an zu wiederholen und wieder Galaxien und Sterne zu bilden. Es gibt einen Zusatz: Die von den Sternen während des vorherigen Zyklus erzeugte Strahlung wäre immer noch vorhanden. Wir können eine ganze Folge von aufeinanderfolgenden Zyklen der Expansion und des Kollaps postulieren, von denen jeder infolge der Galaxien- und Sternentstehung immer mehr Strahlung erzeugt. In der Phase hoher Dichte des Kollaps wird diese Strahlung viele Male absorbiert und wieder abgestrahlt, und sie verliert alle Spuren charakteristischer Wellenlängen oder spektraler Eigenheiten. Die Strahlung verwandelt sich schließlich in Schwarzkörperstrahlung. Da wir eine bestimmte Menge an kosmischer Schwarzkörperstrahlung als Hintergrundstrahlung beobachten, schließen wir, daß in einem geschlossenen Universum ein Rückprall nicht beliebig oft erfolgt sein kann. Andernfalls wäre in den früheren Zyklen zuviel Strahlung erzeugt worden.

Die durch diesen Grenzwert erlaubte Zahl der durchlaufenen Zyklen ist nicht groß, sie ergibt sich aus dem Verhältnis der Intensität der Schwarzkörper-Hintergrundstrahlung zum mittleren Fluß des Sternlichts weit entfernter Galaxien. Verglichen mit dem Licht der Milchstraße liefert das Licht entfernter Galaxien nur einen schwachen Beitrag zur Helligkeit des Nachthimmels. Es gibt jedoch eine riesige Zahl ferner Galaxien. Die Emission der entfernten Galaxien überdeckt in der Tat den gesamten Himmel, aber sie beträgt nur etwa ein Prozent der Helligkeit der Milchstraße. Diese Menge reicht selbst in den dunkelsten Nächten nicht aus, einen nachweisbaren Beitrag zum Licht hervorzurufen. Man findet, daß die Intensität der kosmischen Hintergrundstrahlung etwa gleich der des Milchstraßenlichts ist. Die Hintergrundstrahlung ist natürlich am stärksten im Bereich der Radiowellen und somit für das menschliche Auge unsichtbar. Wenn wir annehmen, daß jeder vorhergegangene Zyklus der Expansion soviel Licht erzeugt, wie sich im heutigen Universum befindet, leiten wir ab, daß das Universum etwa 100 frühere Expansions- und Kollaps-Zyklen durchlaufen hat. Eine wesentlich größere Zahl (beispielsweise eine unendliche Folge) kann aufgrund dieses Arguments ausgeschlossen werden. Der Skeptiker mag sich jedoch berechtigt fühlen, die Logik dieser Schlußfolgerung anzuzweifeln, da sie auf der Annahme beruht, daß ein Zurückprallen tatsächlich auftreten kann und außerdem, daß die während des früheren Zyklus erzeugte Entropie aufrechterhalten wird.

Es scheint, daß selbst ein rückprallendes geschlossenes Universum wahrscheinlich keine unendliche Lebensdauer haben kann, und damit verliert ein geschlossenes Universum einen Großteil seiner ästhetischen Anziehungskraft. Der Anfang in der Zeit ist unvermeidlich. Viele Kosmologen geben auch aus philosophischen Gründen einem geschlossenen Universum den Vorzug vor der Alternative eines unendlichen Raums. Solche sehr subjektiven Gründe sollten jedoch in der Wissenschaft keine Rolle spielen. Die Gründe für ein offenes Universum liegen letztlich in den Beobachtungsdaten.

Die Astronomie der neunziger Jahre sollte uns bei unserem Studium der beobachtenden Kosmologie wesentlich weiter bringen. Die potentiell größten Fortschritte kommen durch eine Generation neuer Teleskope. Ein astronomisches Großobservatorium im Weltraum steht in Form des Hubble-Weltraumteleskops zur Verfügung (Abb. 17.6). Dieses Teleskop ist, verglichen mit den Maßstäben erdgebundener Teleskope, nicht besonders groß (seine Öffnung beträgt 2.4 Meter), es sollte jedoch wesentlich empfindlicher sein als die größten Teleskope, auf die wir heute angewiesen sind, weil es ohne die Störungen der Erdatmosphäre bei dunklem Himmel beobachten wird. Es ist möglich, viele weit entfernte Galaxien mit Rotverschiebungen von 1 oder 2 zu untersuchen, und die Spektroskopie mit diesem Teleskop wird uns viel über die Entwicklung junger Galaxien erzählen. Wenn wir erst die Galaxienentwicklung verstehen (oder zumindest modellieren können), wird es keine weiteren Schwierigkeiten geben, wenn entfernte Galaxien für die direkte Messung der Raumkrümmung benutzt werden.

Wenn entfernte Galaxien erst einmal routinemäßig entdeckt werden können, wird eine neue Art von Krümmungsbestimmung möglich, die viele der Unsicherheiten der Galaxienentwicklung, die Galaxien zu so schlechten Standardkerzen macht, umgeht. Nehmen wir an, daß in einer entfernten Galaxie eine Supernova entdeckt wird; wenn sie nahe ihrer maximalen Leuchtkraft ist, erscheint die Galaxie doppelt so hell, und es sollte möglich sein, sie zu entdecken. Die Vermessung des Supernovaspektrums liefert die Geschwindigkeit der expandierenden Hülle; wir können dann den Radius der Supernovahülle aus dem beobachteten Helligkeitsabfall berechnen. Der gemessene

Abb. 17.6 Das Hubble-Weltraumteleskop
Ein 2.4-Meter-Teleskop, das am 24. April 1990 mit dem Space Shuttle in eine Erdumlaufbahn gebracht wurde, wird ein mehr oder weniger permanentes Weltraumobservatorium sein.

Strahlungsfluß kann auch benutzt werden, einen Radius zu berechnen, vorausgesetzt, daß die Entfernung bekannt ist, weil bei gegebener Temperatur die Leuchtkraft einer Hülle aus glühendem Gas umso größer ist, je größer der Radius ist. Aus der Kombination der beiden Methoden zur Radiusbestimmung können wir die wahre Entfernung und damit die Krümmung des Universums ableiten. Obwohl dieser Test durch die Unsicherheiten in den Modellen für Supernovaatmosphären beeinträchtigt ist, sind solche Probleme nicht unüberwindlich, und es sollte schließlich eine direkte Messung der Krümmung möglich sein.

Astronomen sind dabei, auch auf der Erde viel größere Teleskope mit Öffnungen von 10 Metern und mehr zu bauen. Optische Teleskope dieser Größe verlangen neue Technologien. Ein solches Projekt, das von der Universität von Kalifornien und dem California Institute of Technology gebaute 10-Meter Keck-Teleskop hat einen Spiegel, der nicht aus einem einzigen Glasblock besteht, sondern aus 36 aneinandergrenzenden hexagonalen Spiegelsegmenten, die durch eine aufwendige elektronische Steuerung sorgfältig justiert werden. Sensoren kontrollieren ständig die Form des gesamten Spiegels, und Antriebe auf der Rückseite eines jeden Segments kontrollieren seine Orientierung, so daß alle Segmente einem einzelnen Primärspiegel von 10 Meter Durchmesser äquivalent sind. Die lichtsammelnde Kraft eines 10-Meter-Teleskops sollte uns in die Lage versetzen, Galaxien zu beobachten, die sich wirklich am Rand des beobachtbaren Universums befinden. Die Morphologie dieser Galaxien wird uns viel darüber erzählen, auf welche Weise elliptische und Spiralgalaxien ihre typischen Formen erlangen. Ein anderes bemerkenswertes Weltraumprojekt ist ein größeres neues Röntgenteleskop im Raum. Dieses Teleskop sollte uns helfen, den Ursprung des diffusen Röntgenhintergrundes aufzulösen, der von entscheidender Bedeutung für das Problem der mittleren Massendichte des Universums ist. Geplant ist auch ein großes Infrarotteleskop im Weltraum. Die Astronomen hoffen, mit ihm entfernte Galaxien im Zustand ihrer Entstehung zu beobachten, wenn die Protogalaxien noch in dichte Staubwolken gehüllt sind. Wir können zuversichtlich hoffen, daß wir genügend Hinweise zusammentragen werden, um innerhalb dieses Jahrzehnts zu einer endgültigen Aussage zu kommen. Bis dahin stellt die Wahl eines offenen Universums ein Glücksspiel mit marginal günstigen Gewinnchancen dar.

18

Alternativen zum Urknall

Wir werden mit dem Erkunden nicht aufhören,
und das Ende all unseres Erkundens
wird sein, daß wir dorthin gelangen, wo wir hergekommen sind,
und den Ort zum erstenmal erkennen.

T.S. ELIOT

Die Urknallkosmologie erhebt nicht den Anspruch, die einzig mögliche Beschreibung des Universums zu sein. Sie liefert jedoch einen zufriedenstellenden Rahmen, der vieles von dem erklärt, was Astronomen beobachten. Sie war auch Grundlage für Voraussagen, die später durch Experiment und Beobachtung bestätigt wurden. Die meisten Kosmologen verstehen heute die Urknallkosmologie als eine Beschreibung des uns zugänglichen Universums bis hin zu längst vergangenen Zeiten wie der Ära der Nukleosynthese, als das Universum etwa eine Minute alt war.

Vor diesem Augenblick aber entfernt sich die Urknallkosmologie aus dem Bereich der herkömmlichen Physik. Darüberhinaus kann selbst von enthusiastischen Vertretern nicht behauptet werden, daß die Urknalltheorie alles, was wir vom Universum wissen sollten, erklären kann. Die Urknalltheorie hat drei grundlegende Probleme noch nicht gelöst: was vor dem ersten Augenblick war, wie die Singularität beschaffen ist, und wie es zur Galaxienbildung kam. Der Heilige Augustinus gab eine mögliche Antwort auf die erste dieser Fragen, als er sagte, daß es vor der Schöpfung die Hölle für diejenigen gab, die solche unangebrachten Fragen stellen. Eine moderne Spekulation wäre, daß die jetzige Expansion einen von vielen Zyklen darstellt, die ein geschlossenes Universum durchläuft. In diesem Fall muß man die Frage stellen, wie eine Kollapsphase sich in eine Expansionsphase verwandeln kann. Eine noch modernere Vermutung ist, daß sich das beobachtete Universum als Quantenfluktuation aus dem Nichts entwickelte und im Planck-Augenblick zu existieren anfing. Diese Vorstellung umgeht elegant zwei unserer Grundfragen, wirft jedoch neue Fragen auf. Warum ist das Universum so isotrop, und ist es in der Vergangenheit immer so gewesen? Und wie entstanden die ursprünglichen Fluktuationen, aus denen sich die Galaxien bildeten? Oder waren solche Fluktuationen immer schon vorhanden? Um die Konfrontation mit diesen schwierigen Fragen zu vermeiden, die mit unserer heutigen Physik nicht zu beantworten sind, die aber lösbar sein sollten, wenn die Quantenkosmologie voll entwickelt sein wird, hat man nach anderen Beschreibungen des Universums gesucht. In diesem Kapitel wollen wir einige theoretische Alternativen zum Urknall betrachten und Wege erkunden, auf denen wir die übriggebliebenen grundlegenden Probleme lösen können.

Kosmologien mit Lichtermüdung

Die sowohl aus der Beobachtung als aus der Theorie entwickelte Vorstellung des expandierenden Universums hat sich als der bedeutendste Beitrag des 20. Jahrhunderts zur Kosmologie erwiesen. Dieses Konzept bildete die Grundlage für viele andere wichtige Ideen und Entdeckungen. Der nagende Zweifel bleibt jedoch: Könnten wir uns völlig irren? Ist es möglich, daß wir in einem statischen Universum leben?.

Im Prinzip könnte das Licht durch andere Effekte rotverschoben werden als durch den Dopplereffekt des Lichts der von uns zurückweichenden Galaxien. Einer dieser Effekte könnte *Lichtermüdung* sein – Lichtquanten könnten bei ihrer Durchquerung des Raums von den entfernten Galaxien zu uns Energie verlieren. Diese Abnahme der Photonenenergie würde zu einer Vergrößerung der Wellenlänge oder zu einer Rötung führen, die proportional zu der zurückgelegten Entfernung wäre. Die Streuung an intergalaktischen Staubpartikeln könnte auch eine Rötung des Lichts entfernter Galaxien verursachen. Wir messen jedoch heute Rotverschiebungen bei Wellenlängen, die vom optischen (500 Nanometer) bis zum Radiobereich (21 Zentimeter) reichen. Dabei findet man eine genaue Übereinstimmung zwischen den aus optischen und aus Radiodaten ermittelten Rotverschiebungen. Staubteilchen sind im allgemeinen für Radiowellen durchsichtig, wenn sie nicht ungefähr von derselben Größe sind wie die Radiowellen. Der Raum könnte kaum genug Felsbrocken enthalten, um die Radiowellen einer fernen Galaxie zu streuen. Staubteilchen allein können den geforderten Rötungseffekt im intergalaktischen Raum nicht erzeugen. Außerdem würde eine solche Streuung im Gegensatz zur Beobachtung die Spektrallinien verbreitern.

Obwohl wir keinerlei Hinweis dafür besitzen, daß Licht bei der Durchquerung des Raumes Energie verlieren kann, könnte man argumentieren, daß die irdischen Gesetze der Physik über die Weite des intergalaktischen Raumes gar nicht anwendbar sind. Die einzige Möglichkeit scheint zu sein, die Lichtermüdungs-Kosmologie zu prüfen, denn sie liefert für die verschiedenen kosmologischen Tests, die wir im vorigen Kapitel diskutiert haben, grundsätzlich andere Voraussagen als die Kosmologie des expandierenden Universums. Insbesondere sollte der vorausgesagte Energiestrom einer entfernten Galaxie nur um einen der Rotverschiebung proportionalen Betrag abnehmen. Die Rate, mit der die Energie auf der Erde ankommt, würde um diesen Betrag reduziert, weil ein Universum mit Lichtermüdung jedoch statisch ist, wäre die Rate, mit der Photonen ankommen, die gleiche wie die, mit der sie abgestrahlt werden. In den Standard-Urknallmodellen gibt es eine zusätzliche Abnahme des Energiestroms durch einen zweiten Rotverschiebungsfaktor, weil die Expansion eine Zeitdilatation (einen Zeitausdehnungseffekt) erzeugt: Die Zeit wird in unserem Bezugssystem langsamer gemessen als in dem einer entfernten Galaxie, was zu einer Verringerung des gemessenen Energiestroms führt. Im Prinzip liefert diese vorausgesagte Differenz einen Beobachtungstest, obwohl solche Tests noch nicht völlig schlüssig sind.

Die Kosmologie der Lichtermüdung kann jedoch auch ohne einen solchen Test zur Zufriedenheit der meisten Kosmologen ausgeschlossen werden. Wir können mit einer Kosmologie, die einen heißen Urknall verwirft, weder den Ursprung des kosmischen Mikrowellenhintergrunds noch die Häufigkeit der leichten Elemente erklären. Außerdem erscheint es wünschenswert, die Kosmologie der Lichtermüdung schon allein wegen ihrer ad hoc-Natur aufzugeben. Trotzdem ist es wahrscheinlich voreilig anzunehmen, daß die in Kapitel 17 diskutierten kosmologischen Tests oder andere astronomische Beobachtungen uns heute schon in die Lage versetzen, die Kosmologie der Lichtermüdung als Alternative zum Urknall endgültig auszuschließen.

Arpsche Objekte

Lichtermüdungs-Kosmologien sind unbefriedigend, weil sie ein neues physikalisches Gesetz einführen. Andere Versuche jedoch, die die scheinbare Expansion des Weltalls in Frage stellen, beruhen auf Beobachtungen. Der amerikanische Astronom Halton Arp, ein Spezialist für hervorragende Photographien von ungewöhnlichen Galaxien und Quasaren, aufgenommen mit dem 5-Meter-Teleskop auf Mount Palomar, hat einen phänomenologischen Ursprung für große kosmologische Rotverschiebungen vorgeschlagen. Er hat eine Anzahl von Galaxien entdeckt, die durch äußerst schwache Nebelstreifen mit Objekten verbunden sind, die eine völlig unterschiedliche Rotverschiebung besitzen. Arp führt die Objekte als Beweis dafür an, daß der Ursprung der Rotverschiebung, oder zumindest eines erheblichen Bruchteils der Rotverschiebung, in den untersuchten Objekten selbst zu suchen ist und nicht in der Entfernung.

Die meisten Astronomen sind von Arps seltsamen Objekten und deren Assoziationen nicht überzeugt, weil die statistische Grundlage seiner Untersuchungen niemals klar dargestellt worden ist. Wie sorgfältig müssen wir suchen, bis wir etwas Ungewöhnliches finden? Selbst bei den scheinbar anomalen Beispielen können wir nicht entscheiden, ob die schwache Nebelstruktur ein weitverbreitetes Phänomen in einem der Objekte ist und einfach in Projektion auf das andere Objekt beobachtet wird, oder ob sie eine einzigartige physikalische Brücke ist, die Objekte sehr unterschiedlicher Rotverschiebung räumlich verbindet. Einige von Arps Brücken werden fast sicher durch zufällige Projektionen auf den Himmelshintergrund von Objekten mit unterschiedlichen Entfernungen verursacht. Eine flüchtige Betrachtung von Photographien weit entfernter Galaxien zeigt oft sehr helle Sterne unserer eigenen Milchstraße in Projektion auf eine Hintergrundgalaxie. Selbst wenn wir einen solchen Stern an der Spitze eines Spiralarms der entfernten Galaxie sehen, würde niemand behaupten wollen, daß dieser Stern kürzlich von der entfernten Galaxie ausgeschleudert wurde. Wir wissen, daß solche Projektionen gelegentlich durch Zufall entstehen. Aus ähnlichen Gründen betrachtet die Mehrheit der Astronomen die Arpschen Interpretation seiner Photographien mit Skepsis. Mit Hilfe des großen Weltraumteleskops sollte es möglich sein, Spektren zu erhalten, die schließlich die Entscheidung bringen werden. Falls ein kontinuierlicher Übergang der Rotverschiebung entlang des Gasstroms zwischen einer Galaxie kleiner Rotverschiebung und einem Quasar hoher Rotverschiebung gemessen werden kann, wird man Arp ohne Zweifel rechtgeben.

Die Steady-State-Kosmologie

Wir haben schon früher die hauptsächliche Motivation für ein Universum mit im Mittel gleichbleibendem Zustand (Steady-State-Universum) betrachtet: die Vermeidung einer möglichen Schwierigkeit mit Zeitskalen. Seine ewige Dauer war die ansprechendste Eigenschaft dieses Universums. Selbst die Schöpfung konnte nutzbringend in ein solches Universum eingebaut werden: Da man keinen großen Fluß von Gammastrahlen beobachtet (der erwartet wird, wenn neu gebildete Teilchen gelegentlich zerstrahlen), hatte man vorgeschlagen, daß die Schöpfung von Materie vorzugsweise in dichten Galaxienkernen und Quasaren vonstatten geht. Dieser Vorschlag wurde zunächst mit einer gewissen Begeisterung aufgenommen, denn er schien zwei Probleme zu lösen: Die fortdauernde Schöpfung wurde wiederbelebt, und eine reichliche Energiequelle für die energiereichsten Objekte im Universum wurde zur Verfügung gestellt.

Drei Unzulänglichkeiten führten jedoch schließlich zur Aufgabe der Steady-State-Kosmologie. Erstens fanden die Astronomen einen starken Anstieg in der Zahl schwacher Radioquellen mit systematisch abnehmenden Grenzwerten für den Strahlungsstrom. Die geschätzte Zahl liegt recht deutlich über derjenigen, die bei gleichförmiger Quellenverteilung im euklidischen Raum erwartet wird; das legt die Vermutung nahe, daß bei großen Entfernungen starke Entwicklungseffekte auftreten. Die Auffassung, daß es sich um einen Überschuß entfernter schwacher Quellen handelt, fand keine allgemeine Anerkennung. Einige Jahre lang konnte Hoyle argumentieren, es sei eine genauso wahrscheinliche Hypothese, anzunehmen, daß es sich um ein Fehlen von nahen hellen Quellen handelt. Heute scheint jedoch aufgrund der vorliegenden Rotverschiebungen klar zu sein, daß die stark rotverschobenen Quellen, vor allem die Radiogalaxien und die Quasare, starke Entwicklungseffekte zeigen. Gleiche Raumvolumina enthalten mit wachsender Entfernung fortschreitend mehr Quasare und starke Radioquellen. Nur wenn man die Erklärung der Quasar-Rotverschiebungen als kosmologische Entfernungsindikatoren in Frage stellt, kann man diese Schlußfolgerung umgehen. Mit der zunehmenden Entdeckung von Absorptions-Rotverschiebungen in Quasaren, die mit Galaxien in der Sichtlinie in Verbindung gebracht werden, erscheint es immer schwieriger, einen solchen Standpunkt einzunehmen. Radiogalaxien sind im wesentlichen Sternsysteme, und jede Infragestellung der kosmologischen Natur ihrer Rotverschiebungen wäre noch fragwürdiger. Zweitens haben der Rotverschiebungs-Helligkeits-Test und andere kosmologische Tests die Steady-State-Kosmologie als mögliches Modell allein aufgrund der vorausgesagten Krümmung des Universums wahrscheinlich ausgeschlossen. Schließlich hat die Entdeckung des kosmischen Mikrowellen-Hintergrundstrahlung und die Bestätigung der Schwarzkörpernatur ihres Spektrums einen überwältigenden Beweis für einen anfänglich heißen und dichten Zustand des Universums geliefert. Kosmologische Theorien, die den Urknall ausschließen, haben keine plausible Alternative für die Erklärung der Hintergrundstrahlung geliefert.

Galaxien und Antigalaxien

Ein anderer Versuch, den Urknall zu umgehen, wurde von den schwedischen Physikern Hannes Alfvén und Oskar Klein gemacht. Ihr grundlegender Beweggrund war der Gedanke, daß die Symmetrie zwischen Materie und Antimaterie eine grundlegende Annahme jeder Kosmologie sein sollte. In ihrem Modell begann das Universum als eine gigantische sphärische Metagalaxie aus diffusem, langsam kontrahierendem Gas, die gleiche Mengen von Materie und Antimaterie enthielt. Als die Dichte hoch genug geworden war, zerstrahlten Materie und Antimaterie (Abb. 18.1). Durch die Zerstrahlung wurden riesige Strahlungsmengen freigesetzt. Diese bremsten den Kollaps der übriggebliebenen Materie ab und kehrten ihn schließlich um. Das Uni-

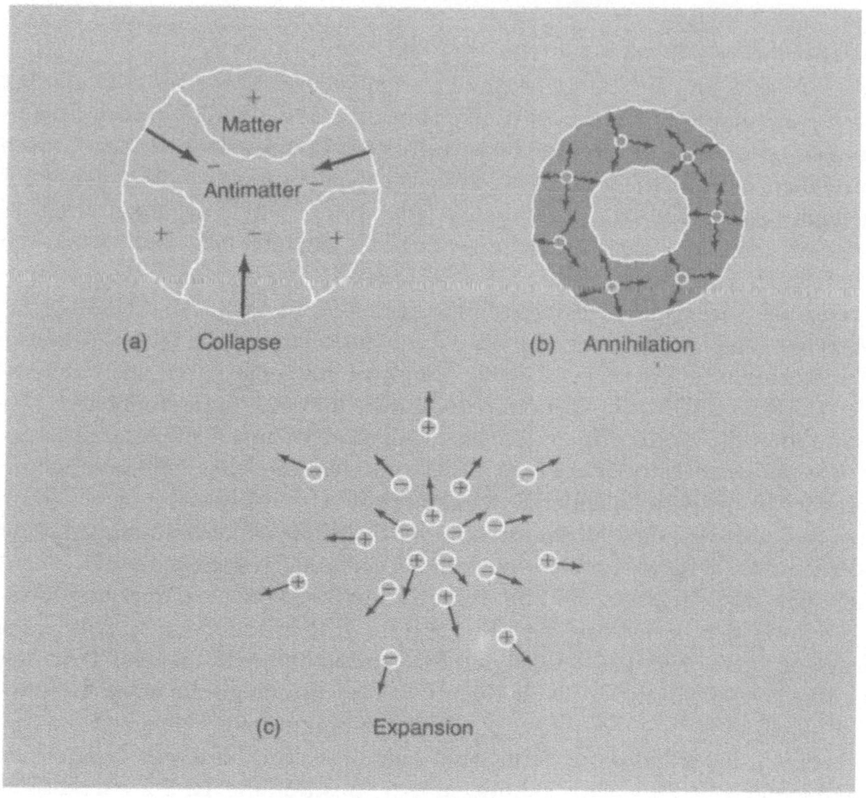

Abb. 18.1 Materie-Antimaterie-Kosmologie
Eine riesige, kugelförmige Metagalaxie, die aus gleichen Teilen aus Materie (Matter) und Antimaterie (Antimatter) besteht, ist anfangs sehr diffus und kollabiert (Collapse; a). Die Dichte erreicht einen Punkt, bei dem Zerstrahlung (Annihilation) einsetzen kann (b); es wird angenommen, daß der Strahlungsdruck der Paarvernichtung den Kollaps umkehrt und eine allgemeine Expansion einleitet (c). Gleichzeitig entstehen Wolken aus Materie und Antimaterie an; schließlich bilden diese Galaxien und Antigalaxien.

versum begann wieder zu expandieren, und schließlich kondensierten Galaxien. In dieser Theorie erwartet man, daß es vergleichbare Anzahlen von Galaxien und Antigalaxien im beobachtbaren Universum gibt.

Gegen die *Alfvén-Klein-Kosmologie* sind viele Einwände ins Feld geführt worden. Zunächst muß, wenn die Alfvén-Klein-Kosmologie richtig ist, irgendein Mechanismus die Gebiete aus Materie und Antimaterie voneinander trennen. Da sogar der intergalaktische Raum etwas Materie enthält, können Galaxien und Antigalaxien nicht völlig getrennt sein. Alfvén hat einen möglichen Weg vorgeschlagen, Gebiete aus Materie und Antimaterie voneinander zu trennen, doch die meisten anderen Astrophysiker betrachten seine Theorie weiterhin mit Skepsis. Zweitens muß es viele Gebiete geben, in denen eine Zerstrahlung von Materie und Antimaterie auftritt. Ein Ergebnis der Zerstrahlung ist die Erzeugung riesiger Mengen von energiereichen Gammastrahlen, die mit Hilfe von Weltraumexperimenten beobachtbar sein sollten. Die Astronomen haben tatsächlich einen diffusen kosmischen Hintergrund von Gammastrahlen gemessen, sein Strahlungsstrom ist jedoch relativ niedrig. Daraus läßt sich folgern, daß in der Gegenwart sehr wenig Zerstrahlung auftritt.

Der vielleicht wichtigste Einwand gegen diese Kosmologie ist das Vorhandensein der kosmischen Hintergrundstrahlung. Wie die Steady-State-Theorie muß die Alfvén-Klein-Kosmologie dieser Strahlung einen nicht-kosmologischen Ursprung zuweisen. Der hohe Grad an Isotropie dieser Strahlung würde darüber hinaus verlangen, daß die Milchstraße sehr nahe am Zentrum der Metagalaxie liegt. Wir könnten nicht mehr als 0.1 Prozent vom Zentrum entfernt sein, andernfalls würde eine beträchtliche Asymmetrie in der Hintergrundstrahlung nachweisbar sein. Dieser starke Konflikt mit dem kopernikanischen kosmologischen Prinzip, welches aussagt, daß unser Ort im Universum in keiner Weise bevorzugt sein sollte, läßt die Alfvén-Klein-Fassung der Materie-Antimaterie-Kosmologie extrem zweifelhaft erscheinen.

Es ist natürlich auch möglich, eine Urknallkosmologie zu entwickeln, in die das Konzept der Symmetrie von Materie und Antimaterie von Anfang an eingeschlossen ist. Wenn es keine Symmetriebrechung gibt, gibt es ähnliche Schwierigkeiten beim Vermeiden nachweisbarer Gammastrahlenemission durch die Zerstrahlung von Materie und Antimaterie. Hier liegt das Schlüsselproblem vielleicht darin, die fast völlige Zerstrahlung des Universums während der Phase hoher Dichte in der Expansion zu umgehen. Es bleibt umstritten, ob dieses Ziel erreicht werden kann.

Veränderliche Gravitation

Die Gravitation ist die schwächste Kraft im Universum. Das Verhältnis der Gravitationskraft zur elektrischen Kraft zwischen einem Elektron und einem Proton hat den verschwindend kleinen Wert von etwa 10^{-40}. Warum sollte eine so kleine Zahl in den Gesetzen der Physik auftreten, die diese beiden Grundkräfte in Beziehung setzt? Durch ein ganz erstaunliches Zusammentreffen können wir eine Zahl ähnlicher Größenordnung aus dem Verhältnis zweier Zeitskalen erhalten. Eine Zahl ist die Zeit, die das Licht benötigt, um eine dem klassischen Protonenradius entsprechende Entfernung zu durchlaufen. Die andere Zahl ist die Hubble-Zeit. Dieses dimensionslose Verhältnis ist ebenfalls etwa 10^{-40}. Das Verhältnis der zwei Grundkräfte und das Verhältnis von atomaren Zeitskalen zu kosmischen Zeitskalen sind folglich von der gleichen unvorstellbar kleinen Größenordnung. Kann dies reiner Zufall sein?

Der Physiker Paul Dirac, einer der Begründer der modernen Quantentheorie, stellte im Jahre 1937 die Hypothese auf, daß ein solches Zusammentreffen so bemerkenswert ist, daß es als Naturgesetz angenommen werden sollte. Da sich die Hubblekonstante im Lauf der Expansion des Universums ändert, folgerte Dirac, daß sich die Gravitationskonstante ebenfalls mit der Zeit ändern müsse, um das Verhältnis aufrecht zu erhalten. Die Newtonsche Konstante G sollte deshalb in frühen Epochen des Universums sehr groß gewesen sein. Eine stetige Abnahme von G über Jahrmilliarden würde interessante Konsequenzen für die Entwicklung des Sonnensystems haben; beispielsweise müßte die Sonne zur Zeit der Entstehung der Erde viel leuchtkräftiger gewesen sein. Der beste moderne Grenzwert für die Änderungsrate von G stammt aus interplanetaren Radarmessungen und reicht aus, Diracs ursprüngliche Theorie zu widerlegen.

Andere haben inzwischen Diracs Hypothese neu formuliert und neue Gravitationstheorien mit zeitlich veränderlichem G entwickelt, um Einsteins allgemeine Relativitätstheorie zu widerlegen. Der bemerkenswerteste dieser Versuche von Carl Brans und Robert Dicke stammt aus dem Jahr 1961. Die *Brans-Dicke-Theorie* macht eine Reihe von interessanten Voraussagen, von denen einige geprüft werden können. Den dramatischsten Effekt liefert die Beobachtung eines Pulsars in seiner Bahn um einen Begleitstern. Dieser sogenannte Doppelsternpulsar stellt ein einzigartiges Laboratorium für die Prüfung von Gravitationstheorien dar, da er sozusagen eine sehr genau gehende Uhr ist; die periodischen Radiosignale des Pulsars werden durch eine im freien Fall befindliche Uhr im starken Schwerefeld des Begleiters erzeugt. Die neuesten Beobachtungen dieses Systems scheinen die Einsteinsche Theorie zu bestätigen und die Brans-Dicke-Theorie von einer ernsthaften Betrachtung auszuschließen.

Ein schrumpfendes Universum

Es ist vielleicht angebracht, einen Abschnitt des Buches einer Kosmologie zu widmen, die ein wenig an Alices Abenteuer in dem von Lewis Carroll erschaffenen Universum erinnert. Fred Hoyle und Jayant Narlikar haben nachgewiesen, daß man die Expansion des Universums nicht von der entgegengesetzten Hypothese unterscheiden kann, daß nämlich in Wirklichkeit alle atomaren Größen mit der Zeit immer kleiner werden. Nach dieser Ansicht ändert sich der Raum nicht. Galaxien bewegen sich nicht voneinander weg, aber alles innerhalb der Galaxien, wir selbst eingeschlossen, ist im

Schrumpfen begriffen. Diese Schrumpfung kann im Rahmen grundlegender physikalischer Vorstellungen verstanden werden, wenn man annimmt, daß die Massen aller Elementarteilchen über eine kosmologische Zeitskala größer werden. Die Masse eines Atoms wächst, die elektrischen Ladungen ändern sich jedoch nicht. Folglich muß das Elektron den Atomkern in immer engeren Bahnen umkreisen. Diese Situation entspricht einer immer höheren Bindungsenergie der Elektronen an den Kern und mehr Energie ist nötig, um sie loszulösen; umgekehrt würde mehr Energie freigesetzt, wenn ein Elektron in einer inneren Bahn eingefangen wird. Die von einem solchen Atom ausgesandte Strahlung würde energiereicher sein und eine kürzere Wellenlänge besitzen als Strahlung von einem weniger stark gebundenen Atom. In einer entfernten Galaxie wären folglich die Atome, die das Licht aussandten, größer gewesen als heute. Die Wellenlänge dieses Lichts sollte länger oder röter sein als Licht, das von den entsprechenden Atomen in einem irdischen Labor erzeugt wird. Die kosmologische Rotverschiebung wird also durch das Schrumpfen von Atomen und die daraus folgende Rötung des Lichts erklärt.

Der extreme Scharfsinn dieser Theorie läßt den Verdacht aufkommen, daß es sich hier nur um ein kluges mathematisches Modell mit wenig Bezügen zur Wirklichkeit handelt. Die Hypothese, auf der es beruht, ist oberflächlich betrachtet einfach und elegant, es mangelt ihr jedoch gänzlich an einer experimentellen Basis. Ihre Voraussagen sind der entscheidende Prüfstein jeder neuen Theorie, und die *Theorie der veränderlichen Masse* scheitert am Überwinden dieser Hürde. Die Hoyle-Narlikar-Theorie besitzt aber ein Verdienst, der ernsthafte Aufmerksamkeit verdient. Sie zeigt einen möglichen Ausweg aus einem der Grundprobleme der Urknalltheorie – dem Geheimnis der anfänglichen Singularität. Die vorgeschlagene Lösung ist tatsächlich eine allgemeine Eigenschaft von Urknallmodellen. Um ihre Bedeutung zu verstehen, müssen wir tiefer in die Natur dieser ursprünglichen Singularität eindringen.

Das Vermeiden der Singularität

Die Pioniere der Urknalltheorie kümmerten sich nicht allzu sehr um die Singularität in der Raum-Zeit, die anscheinend von der Friedmann-Gleichung gefordert wurde. Die offenen Modelle besitzen eine Singularität in der endlichen Vergangenheit, und das geschlossene Modell hat sowohl eine vergangene wie eine zukünftige Singularität (Abb. 18.2). Für Kosmologen wie Richard Chase Tolman, einem der Pioniere des heißen Urknallmodells, waren die vorhergesagten Singularitäten Beweise für die Unzulänglichkeit der entsprechenden Gleichungen und die Nichtanwendbarkeit der einfachen Physik. In einer komplexeren und verfeinerten physikalischen Theorie

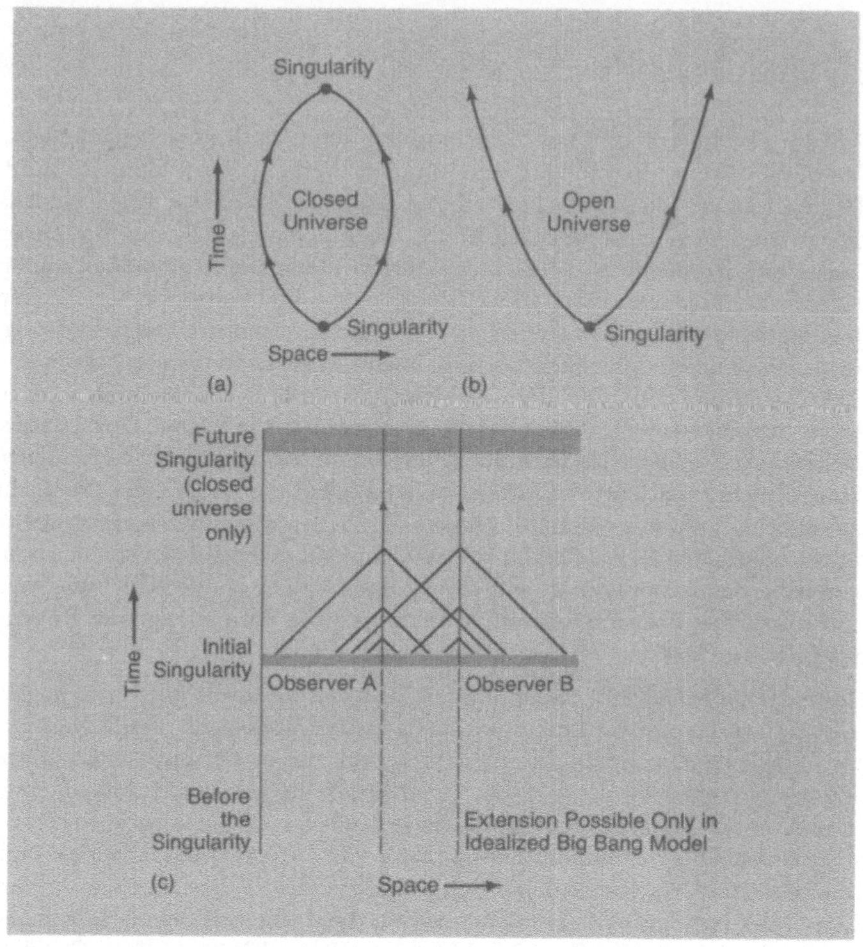

Abb. 18.2 Die Singularität
Das geschlossene Universum (Closed Universe, a) hat Singularitäten in der Vergangenheit und in der Zukunft; das offene Universum (Open Universe, b) hat eine Singularität nur in der Vergangenheit. Nur wenn das Universum ursprünglich völlig regulär (das heißt, außerordentlich homogen und isotrop) war, kann die Singularität durch die Definition neuer Längenskalen so wie in (c) in die Länge gezogen werden, und hypothetische Beobachter (Observer) können die Zeit Null (Initial Singularity = anfängliche Singularität) durchlaufen (Before the Singularity = Vor der Singularität; Extension Possible Only in Idealized Big Bang Model = Extrapolation nur in einem idealisierten Urknallmodell möglich). Im allgemeinen, wenn das Universum nicht so hochgradig ideal ist, beginnen die Weltlinien aller Beobachter plötzlich bei der Singularität der Vergangenheit und enden im Fall eines geschlossenen Universums (Closed Universe Only) plötzlich in der künftigen Singularität (Future Singularity). Die Existenz einer Singularität, welche die Weltlinien von Beobachtern entweder in der Vergangenheit oder in der Zukunft plötzlich abbricht, ist eine allgemeine Eigenschaft des Universums und keine Besonderheit der Urknalltheorie.

würden die Singularitäten verschwinden. Eine allgemeine Analogie ist die eines hüpfenden Balls: Die Bewegungsgleichung des Balls muß im Augenblick des Aufpralls unter Berücksichtigung der Unregelmäßigkeiten in den Oberflächen von Ball und Erdboden geändert werden. Tolman bewies, daß wir bei einem realistischen Universum auch ein solches Zurückprallen erwarten können: Singularitäten würden nicht auftreten, und es könnte eine Folge von Zyklen mit Wechsel zwischen Kompressions- und Expansionsphasen geben. Wir haben früher gesehen, daß die Strahlungserzeugung von Galaxien und Sternen in jedem Zyklus der Zahl möglicher Zyklen eine Grenze setzt; nichtsdestoweniger scheint die Vorstellung eines geschlossenen Universums, das viele Zyklen der Expansion und Kontraktion durchlaufen hat, für viele eine Anziehungskraft zu besitzen.

Leider wissen wir heute, daß dies ein falsch verstandener Gedanke ist. Es ist voreilig, einfach zu behaupten, daß wir nicht in einem zyklischen Universum leben, wir können jedoch definitiv sagen, daß unter gewissen vernünftigen Annahmen eine Singularität in der Vergangenheit unvermeidbar ist. Diese Erkenntnis rührt von einem wichtigen Lehrsatz her, der von den britischen Relativitätstheoretikern Stephen Hawking und Roger Penrose bewiesen wurde.

Im Standard-Urknallmodell besitzt diese in der Vergangenheit liegende Singularität eine interessante Eigenschaft. Im Prinzip kann man durch sie hindurchgehen, ungeachtet der Tatsache, daß die Dichte unendlich wird. Die Singularität kann wegtransformiert werden, wie man im Raum-Zeit-Diagramm sieht (Abb. 18.2). Diese besondere Eigenschaft der Singularität besitzt jedoch nur im idealen Friedmann-Universum Gültigkeit. Das Vorhandensein irgendwelcher Inhomogenitäten bewirkt, daß die Singularität nicht wegtransformiert werden kann. Dieses Ergebnis ist für das kosmologische Modell mit veränderlicher Masse tödlich. Darüber hinaus würde das Universum, selbst wenn es am Anfang eine Singularität durchlief, in einer folgenden Kollapsphase sehr inhomogen sein. Wir ziehen daraus mit einigem Widerstreben den Schluß, daß eine zukünftige Singularität in einem geschlossenen Universum unvermeidlich ist: Hypothetische Beobachter können sich nicht durch sie hindurchbewegen, und deshalb kann das Universum wahrscheinlich nicht zyklisch sein, es sei denn, wir führen neue physikalische Gesetze ein, die unsere Gravitationstheorie beträchtlich ändern würden.

Chaos kontra Ordnung

Warum ist das Universum isotrop? Genauer gesagt, warum ist die Temperatur der kosmischen Hintergrundstrahlung, wenn sie in entgegengesetzten Richtungen gemessen wird, immer gleich 3 K? Falls diese Gebiete ursprüng-

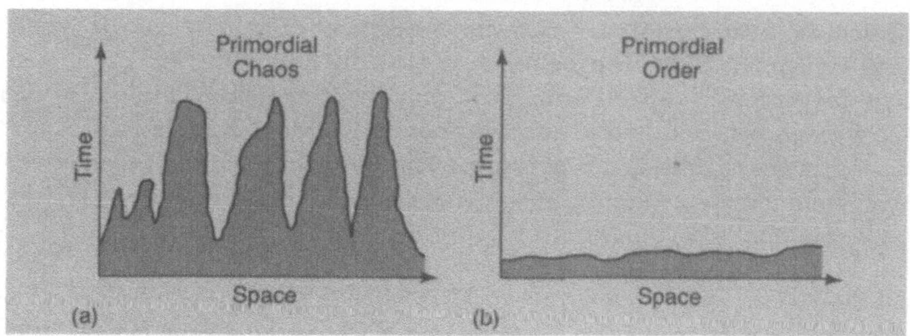

Abb. 18.3 Ordnung oder Chaos?
Es ist reizvoll, darüber zu spekulieren, ob das frühe Universum chaotisch war (Primordial Chaos = anfängliches Chaos, a) und sich anschließend in den geordneten Zustand entwickelt hat, den wir heute auf großen Skalen beobachten. Ein Urchaos könnte möglicherweise zu einer genügenden Durchmischung führen, um die Gleichförmigkeit der kosmischen Hintergrundstrahlung zu erklären. Andererseits können wir argumentieren, daß das frühe Universum sehr (jedoch nicht völlig) regelmäßig und geordnet war (Primordial Order = anfängliche Ordnung, b). Auch diese Hypothese erklärt die Gleichförmigkeit der kosmischen Schwarzkörperstrahlung und ist in besserer Übereinstimmung mit dem thermodynamischen Begriff der wachsenden Entropie (oder Grad der Unordnung). Da die Chaos-Hypothese unbewiesen ist (und insbesondere im Mixmaster-Universum bekanntermaßen nicht funktioniert), geben viele Kosmologen einem geordneten Anfang des Universums den Vorzug.

lich unterschiedliche Temperaturen hatten, war es notwendig, daß die Strahlung von einem Gebiet zum andern fließen konnte, um die Temperaturen so auszugleichen, wie wir sie heute messen. Diese Gebiete können jedoch über das Alter des Universums nicht genügend Zeit gehabt haben, miteinander in Kontakt zu treten, da die Strahlung uns gerade jetzt erreicht.

Wie wir früher gesehen haben, kann das Postulat eines Urchaos diese Schwierigkeit aufheben, indem es in unterschiedlichen Richtungen unterschiedliche Expansionsraten zuläßt und damit die Horizonte im frühen Universum vergrößert. Leider können wir die chaotischen Anfangsbedingungen nicht gut genug beschreiben, um aus dieser Hypothese ein schlüssiges Modell zu entwickeln (Abb. 18.3). Ein anderer Lösungsansatz für die Frage nach einem Urchaos geht von der Betrachtung der *Entropie* aus, die ein Maß für die Unordnung ist. Ein fundamentales Prinzip der Thermodynamik sagt, daß die Entropie eines abgeschlossenen Systems nicht abnehmen kann. Arbeiten von Stephen Hawking und anderen haben gezeigt, daß Entropie auch mit dem Verdampfen Schwarzer Löcher in Verbindung gebracht werden kann. Ein chaotisches frühes Universum würde Schwarze Löcher in

Hülle und Fülle erzeugen, von denen die kleinsten verdampfen und riesige Mengen von Entropie erzeugen würden. Man erhält ein direktes Maß der Entropie des Universums aus der Hintergrundstrahlung, die alle Produkte der Dissipation und der Verdampfung Schwarzer Löcher im frühen Universum einschließt. Die Tatsache, daß diese Strahlung endlich ist, liefert eine direkte Einschränkung für den möglichen Grad an Urchaos: Das Universum kann in sehr frühen Epochen nicht sehr chaotisch gewesen sein, andernfalls würde die gemessene Entropie, das Verhältnis der Zahl der Photonen der kosmischen Hintergrundstrahlung zur Zahl der Protonen, den beobachteten Wert übersteigen, den jede sinnvolle Theorie der Baryonenerzeugung liefert, wie wir in Kapitel 6 erkannt haben. Wir haben schon gesehen, wie erfolgreich die Theorie der Urknall-Nukleosynthese die Zustände des frühen Universums bei einem Alter von nur wenigen Minuten wiedergibt und uns sagt, daß die Expansion damals recht gleichförmig gewesen sein muß. In der Tat kann das Universum nach dem Alter von einem Jahr nicht einmal schwach chaotisch gewesen sein, andernfalls würde die kosmische Hintergrundstrahlung grobe Abweichungen von einem Schwarzkörperspektrum aufweisen. Nur etwa im Laufe des ersten Jahres nach dem Urknall konnte die Schwarzkörperstrahlung effektiv erzeugt werden.

Diese Messungen liefern starke Argumente gegen ein chaotisches frühes Universum. Die Forderung, daß die Entropie immer größer werden muß, deutet ebenfalls darauf hin, daß das frühe Universum sehr regelmäßig war. Diese starke Einschränkung des möglichen frühen Zustands des Universums hilft uns auch, die Isotropie der kosmischen Hintergrundstrahlung zu verstehen, obwohl der genaue Grad der Isotropie aus einem solchen Argument nicht ermittelt werden kann.

Die Isotropie des Universums wird durch die inflationäre Kosmologie erklärt. Vor der Inflation wäre ein übermäßiges Chaos eine Katastrophe, denn das Universum würde in seinen singulären Zustand zurückkollabieren. Wenn man die Quantenkosmologie berücksichtigt, könnte es Einschränkungen dessen geben, was vor dem Einsetzen der Inflation auftreten konnte. Superstrings müssen zu einer wenigdimensionalen Raum-Zeit zusammengestaucht werden, und es gibt keine Garantie dafür, daß daraus eine erfolgreiche Kosmologie entstehen kann. Nichtsdestoweniger ist die Inflation in ihren verschiedenen Erscheinungsformen (chaotische, Quanten-, GUT-Inflation) die große Hoffnung, um die von der Urknalltheorie nicht beantworteten Grundfragen beantworten zu können.

Ein kaltes Universum

Wenn Entropie in einem mäßig chaotischen Universum auf einfache Weise erzeugt wird, könnte das frühe Universum sehr kalt gewesen sein. Die

Schwarzkörperstrahlung könnte das Ergebnis der Dissipation ursprünglicher Irregularitäten sein, oder sie könnte sogar in der späteren Epoche der Galaxienbildung entstanden sein. Ein wichtiger Vorteil eines kalten Universums ist, daß es wahrscheinlich eines der Grundprobleme des Standard-Urknallmodells lösen kann – die Frage nach dem Ursprung der Galaxien. Kalte Materie hat die Eigenschaft, instabil zu sein. In einem kalten Universum ist während einer frühen Epoche Wasserstoff im festen Zustand. Er könnte einen Phasenübergang durchmachen, der zu einer spontanen Erzeugung von asymmetrischen Sprüngen oder Brüchen in einem expandierenden Universum führt. Einige Kosmologen haben spekuliert, daß auf diese Weise die eingestreuten Fluktuationen, aus denen sich Galaxien bilden, selbst in einem ursprünglich homogenen Universum erzeugt werden können.

Der hauptsächliche Widerstand gegen ein kaltes Universum beruht auf seinem Versagen bei der Erklärung der kosmischen Schwarzkörperstrahlung. Es ist vorgeschlagen worden, daß die Strahlung einer frühen Sterngeneration durch Staubkörner absorbiert und schließlich als Schwarzkörperstrahlung wieder abgestrahlt werden kann. Es ist jedoch schwierig, einen solchen Ursprung sowohl mit dem hohen Grad der Isotropie als auch mit dem Schwarzkörperspektrum von 3 K in Einklang zu bringen.

Zukünftige Tests

Keine der alternativen kosmologischen Theorien, die wir diskutiert haben, scheint vielversprechend zu sein, und wir schließen daraus, daß die Urknalltheorie die beste Kosmologie ist, die wir anbieten können. Es gibt jedoch einen entscheidenden Test für zumindest einer der Hauptannahmen, dessen Durchführung noch aussteht. Wir haben gesehen, wie zur Zeit der Entkopplung Dichtefluktuationen mit Amplituden von etwa 1 Prozent über die Massenskalen von Galaxien oder Galaxienhaufen vorhanden waren. Diese Dichtefluktuationen haben dann bis heute zur Bildung von Galaxien geführt. Die Spur dieser Fluktuationen muß bei der Entkopplung in der Schwarzkörperstrahlung zurückgeblieben sein. Radioastronomen können die Theorie der Galaxienbildung testen, indem sie nach Winkelvariationen auf kleinen Skalen suchen. Die Beobachtungstechniken sind jedoch sehr kompliziert, weil eine Empfindlichkeit von 0.001 Prozent und besser erreicht werden muß. Messungen dieser Genauigkeit sollten innerhalb der nächsten Jahre möglich sein.

Die Geburt von Galaxien muß ein sehr energiereiches Ereignis gewesen sein. Weil die Rotverschiebung die neugeborenen Galaxien vor uns versteckt, sollten wir erwarten, durch Ausdehnung unserer Beobachtungen in den Infrarotbereich schließlich bei Rotverschiebungen von 10 oder mehr Galaxien während ihrer Geburt zu entdecken. In einem offenen Universum müssen sich Galaxien bei großen Rotverschiebungen gebildet haben, weil die Gravitation als Antrieb für das Fluktuationswachstum heute relativ ineffektiv ist, während in einem geschlossenen Universum die Galaxienentstehung bis zur heutigen Ära ungehindert fortschreitet. Die Suche nach jungen Galaxien ist deshalb von grundlegender Bedeutung für die Entwicklung eines verbesserten Urknallmodells.

Heute haben Beobachtungen von Galaxien bei Rotverschiebungen unter 1 oder 2 aufregende Hinweise darauf gegeben, daß sich einige Galaxien noch im Entwicklungsstadium befinden. Nahe Galaxien sind gereift, ihre Eigenschaften haben sich stabilisiert, doch einige entfernte Galaxien scheinen übermäßig blau zu sein, was allgemein als Zeichen aktiver Sternentstehung angesehen wird. Die Entwicklung wird bei einer Rotverschiebung von etwa 1 signifikant, und viele Galaxien in diesem Rotverschiebungsbereich sollten durch die neue Generation von sehr großen erdgebundenen Teleskopen, die sich im Bau oder in der Planung befinden, zugänglich werden. Galaxien sind die Bausteine der Urknalltheorie. Die Beobachtungsastronomen, die erwachsene Galaxien in allen Einzelheiten untersucht haben und neugierig machende Blicke auf ihre Jugend haben werfen können, sind jetzt dabei, ihre Geburt und sogar ihre Zeugung zu erforschen. Diese Erkenntnisse sollten helfen, die verbleibenden Probleme der Galaxienbildung zu entscheiden und schließlich sogar die Frage zu klären, ob das Universum offen oder geschlossen ist.

Eine neue Physik

Wir haben auch die vertretbare Hoffnung, daß eine fundamental neue Theorie der Physik uns schließlich ermöglichen wird, das dritte Grundproblem des Urknalls zu untersuchen: die Bedingungen, die bei der ursprünglichen Singularität herrschten. Man hat dieser neuen Physik verschiedene Namen gegeben: Quantengravitation, Supergravitation, Superstringtheorie. Alle diese Theorien zielen darauf ab, die Gravitation mit den anderen fundamentalen Wechselwirkungen, den nuklearen und den elektromagnetischen, zu vereinheitlichen. Neue Entwicklungen in der Elementarteilchenphysik deuten darauf hin, daß wir an der Schwelle eines solchen Fortschritts stehen könnten. Einer der großen Erfolge der Elementarteilchenphysik ist die Vereinheitlichung der elektromagnetischen und der schwachen Kernwechselwirkung im Rahmen einer einzigen Theorie. Wie wir in Kapitel 6 gesehen haben, wurden in den letzten Jahren auch Versuche gemacht, die starken Wechselwirkungen (die die Atomkerne zusammenhalten) in eine einheitliche Theorie einzugliedern. Eine Folge dieser großen vereinheitlichten Theorie (Grand Unified Theory, GUT) ist, daß während der ersten 10^{-43} Sekunden des Universums die Temperatur so hoch war, daß überschwere Teilchen (mit einer Masse von etwa 10^{-6} Gramm) während dieser Phase existierten, bei der die starke, schwache und elektromagnetische Wechselwirkung gleichberechtige Rollen spielten. Das Universum war ursprünglich, als diese Teilchen sich im Gleichgewicht mit der Strahlung befanden und zur Hälfte aus Materie und Antimaterie bestanden, symmetrisch. Während das Universum expandierte, nahm die Temperatur ab, und kurz nach der Singularität zerfielen die überschweren Teilchen. Erinnern wir uns, daß aufgrund der Elementarteilchentheorie die Zerfälle asymmetrisch erfolgten und einen kleinen Überschuß von Materie gegenüber Antimaterie erzeugten. Obwohl wir gesehen haben, daß die genaue Größe dieses Überschusses innerhalb der heutigen Theorie nicht gut bestimmt ist, trat der faszinierende Gedanke auf, daß die Asymmetrie, die aus dem frühen Universum übriggeblieben ist – 10^8 mal mehr Materie als Antimaterie – am Ende vielleicht durch eine aufwendigere Theorie der Elementarteilchenphysik verstanden werden kann.

Andere theoretische Entwicklungen haben zu unserem Verständnis für das Verhalten von Materie im unvorstellbar starken Gravitationsfeld eines Schwarzen Loches beigetragen, wo es zu einer spontanen Erzeugung von Teilchen und Antiteilchen kommen kann. Angesichts der hohen Energien, die in einer so extremen Umgebung erreicht werden, hat man einige Aussicht, manche der Voraussagen der großen vereinheitlichten Theorie experimentell prüfen zu können. Dies erfordert natürlich die Entdeckung eines Schwarzen Mini-Loches, dessen Masse es gerade in der heutigen Zeit verdampfen läßt. Solche Objekte könnten existieren. Wenn man der Philosophie Glauben schenkt, nach der alles, was existieren kann, irgendwo im Universum existiert, hat man Grund zum Optimismus. Andere würden natürlich argumentieren, daß der Grad der Feinabstimmung, die nötig ist, um zur erforderlichen Häufigkeit Schwarzer Mini-Löcher zu führen, so extrem ist, daß ihr Überleben höchst unwahrscheinlich wird.

Das eigentliche Ziel der Elementarteilchen-Kosmologie ist es, in einer einheitlichen Weise alle vier Fundamentalkräfte zusammenzufassen: die Gravitation, den Elektromagnetismus, und die schwache und starke nukleare Wechselwirkung. Wir haben in Kapitel 6 gesehen, daß bizarre Objekte namens Superstrings in 10 oder 26 Dimensionen der Raum-Zeit einige Aussicht bieten, dieses Ziel für die Planckzeit, 10^{-43} Sekunden nach dem Urknall, zu erreichen. Viel Arbeit bleibt jedoch zu tun, um die Beziehung dieser Objekte zu unserem vierdimensionalen Universum mit Energien weit unter der Planck-Skala zu finden. Die Ära der Schöpfung ist es, in der Quantenphysik und Gravitation zusammenfließen. Die Quantengravitation wird volljährig mit den Superstrings, die eine „Theorie für alles" liefern. Noch ist es uns nicht gelungen, die Hochenergiewelt der Superstrings, wo die Planck-

Skala von 10^{19} Milliarden Elektronvolt die einzige charakteristische Energie ist, mit dem niederenergetischen Universum, in dem wir leben, in Verbindung zu bringen. Der Urknall mag wohl diese kaum faßbare Verknüpfung darstellen. Wir hoffen, daß er sich auf natürliche und eindeutige Weise ergibt, vielleicht angetrieben von einer spontanen Quantenfluktuation in der Ära der Quantengravitation.

Solche Entwicklungen liefern beträchtlichen Grund zur Hoffnung, daß wir schließlich in der Lage sein werden, das Zeitalter der Schöpfung nahe der Singularität zu verstehen, als ähnliche physikalische Bedingungen herrschten. Bislang müssen wir widerstrebend zugeben, daß die Urknalltheorie unvollständig ist: Ihr fehlt ein Anfang, und wir können ihr Ende noch nicht voraussagen. Es gibt kaum einen Zweifel, daß, wenn eine bessere Theorie des Universums gefunden wird, diese die Urknalltheorie als eine geeignete Beschreibung des beobachtbaren Universums einschließen wird. Vielleicht wird eine neue Theorie den Urknall in gleicher Weise einschließen, wie Einsteins Theorie der Gravitation die Vorstellungen der Newtonschen Gravitation umfaßte und verallgemeinerte. Obwohl die endgültige Theorie des Universums noch außerhalb unseres Vorstellungsvermögens liegt, können wir doch zuversichtlich sein, daß wir wenigstens ihre groben Umrisse haben auftauchen sehen.

Weiterführende Literatur

Für den Leser, der einige der im Buch behandelten Themen in größerer Ausführlichkeit studieren möchte, gibt es eine sehr große Auswahl an Büchern. Ein historischer Überblick über die Kosmologie findet sich in:

J. Barrow und F. Tipler: The Cosmological Anthropic Principle. Oxford: Oxford University Press, 1986.
J. Charon: Geschichte der Kosmologie. München: Kindler Verlag, 1970.
T. Ferris: Die rote Grenze. Auf der Suche nach dem Rand des Universums. Basel, Boston, Stuttgart: Birkhäuser Verlag, 1982.
J. Gribbin: In Search of the Big Bang. New York: Bantam, 1986.
M.K. Munitz: Theories of the Universe. New York: Free Press, 1957.
J.D. North: The Measure of the Universe. Oxford: Clarendon Press, 1965.
B. Sticker: Bau und Bildung des Weltalls. Freiburg: Herder Verlag, 1967.

Eine allgemeinverständliche Diskussion des Urknalls findet sich in:

G. Gamow: The Creation of the Universe. New York: Viking, 1961.
H. Bondi: Cosmology. Cambridge: Cambridge University Press, 1961.
E. Harrison: Kosmologie – die Wissenschaft vom Universum. Darmstadt: Darmstädter Blätter, 1983.
R. Kippenhahn: Licht vom Rande der Welt. Stuttgart: Deutsche Verlags-Anstalt, 1984.
R. Wagoner und D. Goldsmith: Cosmic Horizons. Stanford, CA: Stanford University Press, 1982.
D. Layzer: Constructing the Universe. New York: Scientific American Library, 1984.

Das sehr frühe Universum wird behandelt in:

S. Weinberg: Die ersten drei Minuten. München: Piper Verlag, 1979.
J. Barrow und J. Silk: Die asymmetrische Schöpfung. München und Zürich: Piper Verlag, 1986.
H. Pagels: Die Zeit vor der Zeit. Berlin: Ullstein Verlag, 1987.
P. Davies: The Accidental Universe. Cambridge: Cambridge University Press, 1982.
H. Reeves: Atoms of Silence. Cambridge, Mass.: MIT Press, 1981.

Über die moderne Teilchenphysik und ihren Zusammenhang mit der Kosmologie informiert:

P.C.W. Davies, J.R. Brown (Hsgr.): Superstrings – eine allumfassende Theorie? Basel: Birkhäuser Verlag, 1989.
H. Fritzsch: Quarks – Urstoff unserer Welt. München: Piper Verlag, 1981.
H. Fritzsch: Vom Urknall zum Zerfall. Die Welt zwischen Anfang und Ende. München: Piper Verlag, 1983.

Das Sonnensystem und seine Entstehung werden beschrieben in:

S.F. Dermott (Hsgr.): The Origin of the Solar System. New York: Wiley, 1987.
R. Kippenhahn: Unheimliche Welten. Planeten, Monde und Kometen. Stuttgart: Deutsche Verlags-Anstalt, 1987.
G.B. Field, G.L. Verschuur und C. Ponnamperuma: Cosmic Evolution. Boston: Houghton Mifflin, 1978.
J.F. Baugher: The Space-Age Solar System. New York: Wiley, 1988.
J. Wood: The Solar System. Englewood Cliffs, N.J.: Prentice-Hall, 1979.

Unter den kurzgefaßten Büchern, die alternative Kosmologien beschreiben, sind unter anderem:

H. Alfvén: Kosmologie und Antimaterie. Frankfurt: Umschau-Verlag, 1967.
G. Lemaître: The Primeval Atom. New York: Van Nostrand, 1950.

Auf einem etwas höheren technischen Niveau sind:

M. Berry: Kosmologie und Gravitation. Stuttgart: B.G. Teubner, 1990.
M. Rowan-Robinson: Cosmology, 2. Auflage. Oxford: Clarendon Press, 1981.
D. Sciama: Modern Cosmology. Cambridge: Cambridge University Press, 1971.

Auf einem noch höheren Niveau sind von den vielen Büchern vor allem diese zu nennen:

G. Börner: The Early Univese – Facts and Fiction. Berlin: Springer Verlag, 1988.
O. Heckmann: Theorien der Kosmologie. Berlin: Springer Verlag, 1942, 1968.
L. Landau, E. Lifschitz: Klassische Feldtheorie. Berlin: Akademie-Verlag, 1963.
G.C. McVittie: General Relativity and Cosmology, 2. Auflage, London: Chapman and Hall, 1965.
C. Misner, K. Thorne, J. Wheeler: Gravitation. San Francisco: Freeman, 1973.
P.J.E. Peebles: Physical Cosmology. Princeton: Princeton University Press, 1971.
P.J.E. Peebles: The Large-Scale Structure of the Universe. Princeton: Princeton University Press, 1980.
R.C. Tolman: Relativity, Thermodynamics and Cosmology. Oxford: Clarendon Press, 1934.
H.J. Treder: Elementare Kosmologie. Berlin: Akademie-Verlag, 1975.
S. Weinberg: Gravitation and Cosmology. New York: Wiley, 1972.
Ya. B. Zeldovich und I.D. Novikov: The Structure and Evolution of the Universe. Chicago: University of Chicago Press, 1983.

Eine Anzahl von Übersichtsartikeln sind spezielleren Themen gewidmet. Diese sind oft detaillierter und aktueller als die oben erwähnten Bücher. Eine kürzlich erschienene Sammlung von Arbeiten ist:

E. Kolb, M. Turner, D. Lindley, K. Olive und D. Seckel: Inner Space, Outer Space. Chicago: University of Chicago Press, 1986.
E.N. Kolb, M.S. Turner: The Early Universe: Reprints. Redwood City, CA: Addison-Wesley, 1988.
E.N. Kolb, M.S. Turner: The Early Universe. Redwood City, CA: Addison-Wesley, 1990.

Ein nützliches Handbuch mit Übersichtsartikeln zu einer Vielzahl von Themen, wie Galaxieneigenschaften, extragalaktische Radioquellen, und beobachtende Kosmologie ist:

A. Sandage, M. Sandage und J. Kristian (Hrsg.): Galaxies and the Universe. Chicago: Chicago University Press, 1975.

Worterklärungen

Absolute Helligkeit ist ein Maß für die von einem Objekt abgegebene Strahlung. Bezieht sie sich auf den sichtbaren Bereich, spricht man von absoluter visueller Helligkeit, bezieht sie sich auf Strahlung, die über alle Wellenlängen abgegeben wird, bezeichnet man sie als absolute bolometrische Helligkeit. Die absolute Helligkeit ist gleich der scheinbaren Helligkeit, die ein Stern bei der Standardentfernung von 10 Parsek hat (1 Parsek = 3.26 Lichtjahre = $3.08 \cdot 10^{16}$ Meter). Die absolute visuelle Helligkeit der Sonne beträgt 4.85 Größenklassen.

Absorption bewirkt den Übergang eines Elektrons von einer inneren zu einer äußeren Bahn um den Atomkern und wird durch den Einfall von Licht derjenigen Wellenlänge verursacht, die dem Energiegewinn des Elektrons entspricht. Für jedes Elektron, das diesen Übergang macht, wird ein Lichtquantum dieser charakteristischen Wellenlänge benötigt.

Adiabatische Fluktuationen sind Fluktuationen, die beide in der Materie- und Energiedichte auftreten, so als ob ein Volumenelement des Universums leicht zusammengedrückt würde, ohne daß Strahlung aus ihm entweichen kann. Vor der Entkopplungsära verhielten sich adiabatische Fluktuationen wie Wellen auf Skalen, die kleiner waren als der Horizont. Nach der Entkopplung setzte Gravitationsinstabilität auf Skalen von etwa 10^{13} $M_\odot$ (1 $M_\odot$ = 1 Sonnenmasse = 1.989×10^{30} Kilogramm) ein, während kleinere adiabatische Fluktuationen schon in früheren Epochen gedämpft worden waren.

Akkumulationstheorie ist die Theorie, in der angenommen wird, daß Planetesimale miteinander kollidieren, sich verbinden, und schließlich genügend Material aufsammeln, um Planeten zu bilden.

Alfvén-Klein-Theorie ist ein kosmologisches Modell, in dem das frühe Universum als eine riesige kollabierende kugelförmige Wolke aus Materie und Antimaterie dargestellt wird. Als eine kritische Dichte erreicht worden war, begann Materie mit Antimaterie zu zerstrahlen, und die dadurch in Form von Strahlung freigesetzte Energie verursachte eine Expansion des Universums. Dieses Modell des expandierenden Universums stößt auf viele Schwierigkeiten und ist durch Beobachtungen weitgehend unglaubwürdig geworden.

Alter des Universums ist die Zeit, die seit der von der Urknalltheorie vorausgesagten Singularität vergangen ist. Sie wird auf 7 bis 20 Milliarden Jahre geschätzt.

Anisotropie ist das Fehlen von Isotropie oder die Abhängigkeit von der Richtung.

Anthropisches kosmologisches Prinzip besagt, daß nur ein beschränkter Bereich möglicher Universen für die Entstehung und die Erhaltung von Leben günstig ist.

Antineutrino ist das Antiteilchen des Neutrinos.

Antiproton ist das Antiteilchen des Protons, das gleiche Masse und Spin besitzt, dessen Ladung jedoch das umgekehrte (negative) Vorzeichen hat.

Antiteilchen ist ein Elementarteilchen mit entgegengesetzter Ladung, sonst jedoch identischen Eigenschaften wie sein Partner. Der größte Teil des beobachtbaren Universums besteht aus Teilchen und Materie, im Gegensatz zu Antiteilchen und Antimaterie.

Anzahl-Helligkeits-Test ist ein kosmologischer Test, der darin besteht, alle Galaxien bis zu einer bestimmten Grenzhelligkeit zu zählen und dieses Verfahren bei immer schwächeren Grenzhelligkeiten zu wiederholen. Abweichungen von der für den euklidischen Raum erwarteten Beziehung helfen festzustellen, ob das Universum offen oder geschlossen ist. In der Praxis liefert dieser Test starke Einschränkungen für Modelle der Galaxienentwicklung und der Galaxienleuchtkraft in vergangenen Epochen.

Anzahldichte-Rotverschiebungstest ist die Messung der Anzahldichte der Galaxien zusammen mit der Bestimmung ihrer Rotverschiebung; daraus ergibt sich die Möglichkeit, die Größe des Volumenelements bei sehr großen Entfernungen zu messen. Man sollte somit in der Lage sein, die Raumkrümmung abzuleiten, vorausgesetzt, man kann Entwicklungseffekte, die die Bestimmung der Anzahldichte beeinflussen, verstehen und berücksichtigen.

Asteroiden sind kleine planetenähnliche Körper des Sonnensystems. Man hat mehr als 1800 Asteroiden entdeckt, und es gibt wahrscheinlich Millionen kleinerer Asteroiden. Der größte Asteroid, Ceres, hat einen Durchmesser von 1000 Kilometern und eine Masse von 2×10^{-4} Erdmassen (1 Erdmasse = 5.9742×10^{24} Kilogramm). Die Gesamtmasse aller Asteroiden ist wahrscheinlich geringer als das Zehnfache der Ceresmasse.

Asteroidengürtel ist ein Gebiet im Sonnensystem zwischen der Bahn des Mars (bei 1.5 Astronomischen Einheiten) und der Bahn des Jupiter (bei 5.2 Astronomischen Einheiten), in dem sich die meisten Asteroiden aufhalten.

Astronomische Einheit ist die mittlere Entfernung Erde – Sonne. Sie beträgt 1.496×10^{11} Meter oder 8.31 Lichtminuten.

Beobachtbares Universum ist der Bereich des Universums, der uns grundsätzlich zugänglich ist: sein Horizont ist der entfernteste Ort, von dem uns sich mit Lichtgeschwindigkeit bewegende Teilchen heute gerade erreichen. Praktisch ist das beobachtbare Universum der Bereich, den wir mit den größten Teleskopen überblicken können.

Bestrahlung ist der Vorgang, bei dem Materie einem intensiven Strom ionisierender Strahlung oder schneller Neutronen ausgesetzt ist. Die äußeren Schichten einer Supernova werden von schnellen Neutronen bestrahlt, die entstehen, wenn der Sternkern kollabiert und sich in einen Neutronenstern verwandelt. Die Neutronen reagieren mit Atomkernen und bilden dabei schwerere Elemente.

Blauverschiebung ist die im Spektrum einer sich nähernden Strahlungsquelle auftretende Verschiebung von Spektrallinien zu kürzeren Wellenlängen.

Bok-Globule ist eine kompakte, kugelähnliche, dunkle interstellare Wolke. Bok-Globulen haben charakteristische Massen von etwa 20 Sonnenmassen und Radien von etwa 1 Lichtjahr. Sie sind möglicherweise Vorläufer sich bildender Protosterne.

Bosonen sind Elementarteilchen mit geradzahligen Vielfachen von $\hbar$, der Grundeinheit des Spins. Beispiele sind das Photon und die X-, W-, und Z-Bosonen. Bosonen unterliegen nicht dem Pauli-Prinzip: überall können beliebige Anzahlen von Bosonen mit identischen Quantenzahlen existieren.

Brans-Dicke-Theorie ist eine Variante der Einsteinschen allgemeinen Relativitätstheorie, in der die Gravitation sowohl durch ein Tensorfeld (wie in Einsteins Theorie) als auch durch ein Skalarfeld beschrieben wird.

Cepheiden sind veränderliche Sterne, die zu einer Gruppe von sehr leuchtkräftigen pulsierenden Überriesensternen gehören, deren Prototyp der Stern δ Cephei ist. Klassische Cepheiden (Typ I) haben charakteristische Perioden von 5 bis 10 Tagen und finden sich auch in relativ jungen galaktischen Sternhaufen. Typ II-Cepheiden haben Perioden von 10 bis 30 Tagen und treten vorzugsweise in Kugelsternhaufen und im galaktischen Halo auf. Die Leuchtkräfte aller Cepheiden sind ihren Perioden proportional; für die zwei Typen gelten jedoch unterschiedliche Perioden-Leuchtkraft-Beziehungen. Der uns nächste Cepheid ist der Polarstern, der gerade im Begriff ist, seine Pulsationen einzustellen.

Chandrasekhar-Masse ist eine Grenzmasse für Weiße Zwergsterne. Sie liegt für einen nicht rotierenden Weißen Zwerg bei 1.4 Sonnenmassen. Oberhalb dieser kritischen Masse kann ein Weißer Zwerg durch den Entartungsdruck der Elektronen gegen den Gravitationskollaps nicht mehr stabilisiert werden.

Chemische Differentiation ist die Trennung verschiedener Elemente, oftmals schwerer von leichteren Elemente, infolge unterschiedlicher chemischer Reaktionen.

Chondrulen sind kleine kugelförmige Körner, die im allgemeinen aus Eisen-, Magnesium- oder Aluminiumsilikaten bestehen, glasartig erscheinen, und als Einschlüsse in urzeitlichen Steinmeteoriten gefunden werden. Die Größen solcher Einschlüsse reicht von mikroskopischen Dimensionen bis zur Größe einer Erbse.

Compton-Wellenlänge Der Dualismus von Teilchen und Welle besagt, daß jedem Elementarteilchen eine fundamentale Wellenlänge zugeordnet werden kann. Diese ist gleich $\hbar/mc$ (in Metern), wobei $\hbar$ die Plancksche Konstante (1.0544×10^{-34}

Joule Sekunde), c die Lichtgeschwindigkeit (2.998×10^8 Meter/Sekunde) und m die Teilchenmasse (Kilogramm) ist.

Coulomb-Barriere Reaktionen zwischen Atomkernen werden dadurch behindert, daß die Kerne die gegenseitige Abstoßungskraft überwinden müssen, die zwischen jedem Teilchenpaar mit gleichem Vorzeichen der Ladung wirkt. Bei hohen Temperaturen sind Kerne schnell genug, um diese Coulomb-Barriere zu überwinden. Je größer die Kernladungszahl, umso höher ist die Temperatur, die erforderlich ist, damit Kernreaktionen ablaufen können.

Dämpfung ist das allmähliche Schwächerwerden einer Oszillation oder Welle. Sie entsteht durch den viskosen Strömungswiderstand.

Deuterium ist das erste schwere Isotop des Wasserstoffs, sein Kern besteht aus einem Proton und einem Neutron. Das Deuteriumatom (D) hat wie normaler Wasserstoff (H) ein Elektron und besitzt daher sehr ähnliche chemische Eigenschaften; es bildet beispielsweise schweres Wasser (HDO). Die Häufigkeit von Deuterium im interstellaren Raum ist nur das etwa 1.4×10^{-5}-fache des Wasserstoffs.

Dichtefluktuationen sind die im frühen Universum lokal auftretenden Dichteerhöhungen von Materie und Strahlung oder von Materie allein. Die Amplituden müssen anfangs sehr klein gewesen sein (weniger als 1 Prozent), um zu einer späteren Zeit Galaxien entstehen zu lassen.

Doppelstern ist ein System von zwei Sternen, die den gemeinsamen Schwerpunkt umkreisen. Visuelle Doppelsterne sind solche, deren Komponenten im Fernrohr getrennt gesehen werden können; spektroskopische Doppelsterne können aufgrund der veränderlichen Radialgeschwindigkeiten der beiden Sterne entdeckt werden.

Dopplereffekt ist die Verschiebung der Spektrallinien im Spektrum einer Quelle, die aufgrund ihrer Relativbewegung in der Sichtlinie auftritt. Eine Bewegung auf uns zu verursacht eine Blauverschiebung, eine Bewegung von uns weg eine Rotverschiebung.

Drehimpuls ist ein Maß für den Impuls, der mit der Rotation oder dem Bahnumlauf eines Körpers oder eines Systems von Teilchen verknüpft ist. Der Drehimpuls wird berechnet, indem man das betrachtete System in eine Zahl von Elementen oder Teilchen zerlegt und für alle Teilchen das Vektorprodukt aus der Verbindungsstrecke mit dem Ursprung und dem Teilchenimpuls aufsummiert. Der Drehimpuls eines abgeschlossenen Systems bleibt erhalten.

Druckgradient ist ein Druckunterschied zwischen zwei aneinandergrenzenden Gebieten einer Flüssigkeit; er führt zu einer Kraft, die vom Gebiet hohen Drucks auf das Gebiet niedrigen Drucks ausgeübt wird. In einem Stern entsteht durch das heiße dichte Sterninnere und das kühlere dünnere Außengebiet ein Druckgradient nach außen, welcher der nach innen wirkenden Schwerkraft die Waage und damit den Stern im Gleichgewicht hält.

Dunkle Materie ist Materie, auf deren Vorhandensein aus dynamischen Messungen abgeleitet wird, die aber nicht sichtbar ist. Die leuchtenden Gebiete der Galaxien haben Masse-Leuchtkraft-Verhältnisse von etwa 10. Das Masse-Leuchtkraft-Verhältnis in den äußeren Halos vieler Spiralgalaxien beträgt jedoch 100 oder mehr; man sieht die Helligkeit mit zunehmender Entfernung vom Zentrum der Galaxie abnehmen, während immer noch beträchtliche Massen vorhanden sind. Ähnlich ist es bei Galaxienhaufen, wo nichtleuchtende Materie den größten Teil der Eigenanziehung hervorrufen muß, welche die Haufen zusammenhalten. Die Masse ist nachgewiesen, jedoch unsichtbar (zumindest für die heute verwendeten Meßgeräte). Man nimmt allgemein an, daß die dunkle Materie entweder aus Überresten massereicher Sterne, aus Körpern von der Größe der Planeten und der Masse des Jupiter oder aber aus schwach wechselwirkenden Teilchen, die vom Urknall übriggeblieben sind, besteht.

Eddington-Lemaître-Universum ist ein kosmologisches Modell, in dem die kosmologische Konstante eine entscheidende Rolle spielt, da sie eine in der Frühzeit auftretende Phase ermöglicht, die dem statischen Universum von Einstein nahekommt. Nach einer beliebig langen Zeit beginnt dann die Expansion des Universums. Die Schwierigkeit mit diesem Modell ist, daß das Einsetzen von Galaxienbildung einen Kollaps auslösen könnte, statt zu einer Expansion des Universums zu führen.

Eigenbewegung ist die systematische Winkelverschiebung eines Sterns an der Himmelskugel, die von seiner Bewegung senkrecht zur Sichtlinie hervorgerufen wird.

Einstein-de Sitter-Universum Einstein und de Sitter schlugen 1932 ein Universum vor, das dem expandierenden Modell von Friedmann-Lemaître entspricht, bei dem der Raum jedoch euklidisch ist.

Einsteins statisches Universum ist ein kosmologisches Modell, in dem ein statisches (weder expandierendes noch kollabierendes) Universum aufrecht erhalten wird, indem eine kosmische Abstoßungskraft (in Form der dazu eingeführten kosmologischen Konstanten) der Gravitationskraft die Waage hält.

Elektronvolt ist die Energie, die von einem Elektron erlangt wird, wenn es über eine Potentialdifferenz von einem Volt beschleunigt wird. Ein Elektronvolt entspricht 1.6×10^{-19} Joule.

Elliptische Galaxie ist eine Galaxie mit glatter und amorpher Struktur, die keine Spiralarme besitzt und von ellipsoidischer Form ist. Elliptische Galaxien sind röter als Spiralen vergleichbarer Masse. Elliptische Riesengalaxien enthalten mehr als 10^{12} $M_\odot$ in Form von Sternen, während elliptische Zwerggalaxien Massen haben, die so niedrig wie 10^7 $M_\odot$ sein können.

Emission begleitet den Übergang eines Elektrons von einer äußeren zu einer inneren Bahn um den Atomkern. Eine charakteristische Energiemenge, die der beim Übergang verlorenen Energie des Elektrons entspricht, wird als Linienstrahlung ausgesandt.

Energiedichte ist die als Strahlung in einem Einheitsvolumen vorhandene Energiemenge, gemessen in Joule Meter^{-3}. Die Energiedichte der Schwarzkörperstrahlung bei einer Temperatur T ist aT^4, dabei ist die Strahlungskonstante $a = 7.56 \times 10^{-16}$ Joule Meter^{-3} K^{-4}.

Entartete Materie ist ein Zustand der Materie, bei dem starke Abweichungen von den klassischen Gesetzen der Physik auftreten. Er findet sich zum Beispiel in Weißen Zwergen und anderen extrem dichten Objekten. Wenn bei einer bestimmten Temperatur die Dichte ansteigt, steigt der Druck um ein Vielfaches schneller an, bis er schließlich von der Temperatur unabhängig wird und nur noch von der Dichte abhängt. Gas in einem solchen Zustand wird als entartet bezeichnet.

Entartungsdruck ist der Druck in einem entarteten Elektronen- oder Neutronengas.

Entkopplung ist der rasche Übergang vom ionisierten Zustand, bei dem die Schwarzkörperstrahlung von den freien Elektronen gestreut wurde, zum nichtionisierten Zustand, bei dem Materie überwiegend in der Form von Wasserstoffatomen vorliegt, die Strahlung nicht merklich streuen können. Diese Entkopplung trat im expandierenden Universum etwa bei einer Rotverschiebung $z = 1000$ auf. In der Folge gibt es keine signifikante Wechselwirkung dieser Strahlung mit der Materie, es sei denn, die Materie wird in einer späteren Epoche durch Strahlung von Quasaren oder sich bildenden Galaxien erneut ionisiert.

Entropie ist ein Maß für den Grad an Unordung in einem System.

Epizykeltheorie ist die Möglichkeit, in einer geozentrischen Kosmologie die scheinbaren Bewegungen der Planeten mit Hilfe von Kreisbewegungen darzustellen. Jeder Planet bewegt sich auf einem Kreis, dessen Mittelpunkt sich auf einem Kreis mit größeren Radius bewegt, der sich möglicherweise auf einem noch größeren Kreis bewegt. Die Erde befindet sich im Mittelpunkt des größten Kreises.

Epoche der Entkopplung tritt etwa 3×10^5 Jahre nach dem Urknall ein, als die kosmische Schwarzkörperstrahlung zum letztenmal an Materie gestreut wurde. Damals rekombinierten bei einer Rotverschiebung von etwa 1000 und einer Temperatur von etwa 3000 K die Protonen und Elektronen und bildeten Wasserstoffatome, die für diese Strahlung praktisch durchsichtig sind.

Erhaltung des Drehimpulses Der gesamte Drehimpuls eines abgeschlossenen dynamischen Systems ändert sich im Lauf seiner Entwicklung nicht.

Erhaltung der Energie Die Gesamtenergie eines Systems (einschließlich kinetischer und gravitativer Energie) ist eine Erhaltungsgröße und ändert sich nicht. Folglich kann die kinetische Energie nur auf Kosten der potentiellen gravitativen Energie wachsen. Da Materie erzeugt oder vernichtet werden kann, wird das Gesetz der Energieerhaltung in der modernen Physik modifiziert: Ein allgemeineres Gesetz ist die Erhaltung von Energie und Materie.

Explosive Verstärkung ist eine Theorie der Galaxienentstehung. Ihr zufolge erzeugen riesige Explosionen, die durch einen Quasar, wiederholte Supernovaexplosionen oder durch noch exotischere Ereignisse angetrieben werden, Hüllen von intergalaktischem Gas. Diese Hüllen sammeln immer mehr Gas auf, werden schließlich instabil und zerbrechen in Galaxien, die ihrerseits Ausgangspunkte weiterer Explosionen sind.

Explosive Kernverschmelzung (Nukleosynthese) ist die Bezeichnung für Kernverschmelzungsprozesse, die vermutlich in Supernovae auftreten. Explosives Kohlenstoffbrennen tritt bei einer Temperatur von etwa 2×10^9 K auf und führt zur Entstehung der Atomkerne von Neon bis Silizium. Explosives Sauerstoffbrennen tritt bei 4×10^9 K auf und erzeugt Kerne mit Massenzahlen zwischen Silizium und Kalzium. Bei höheren Temperaturen werden noch schwerere Kerne bis hin zu Eisen und darüber hinaus erzeugt.

Feinstrukturkonstante ist die Kopplungskonstante $e^2/\hbar c$, deren Wert ungefähr 1/137 beträgt (wobei e die Elektronenladung, $\hbar$ die Plancksche Konstante, und c die Lichtgeschwindigkeit ist). Sie mißt die Stärke der Wechselwirkung zwischen einem geladenen Teilchen und dem elektromagnetischen Feld.

Fermionen sind Elementarteilchen mit halbzahligem Vielfachen von $\hbar$, der Grundeinheit des Spin. Beispiele für Fermionen sind Elektronen, Protonen, Neutronen und Neutrinos. Fermionen müssen sich stets durch wenigstens eine Quantenzahl unterscheiden.

Flacher Raum ist gleichbedeutend mit euklidischem Raum.

Fraunhoferlinien sind Absorptionslinien in Sternspektren. Sie wurden zuerst 1814 von Joseph Fraunhofer in der Sonne untersucht.

Frei-frei-Strahlung ist die elektromagnetische Strahlung eines freien (nicht an einen Atomkern gebundenen) Elektrons aufgrund seiner Abbremsung durch einen Atomkern.

Friedmann-Gleichung ist eine Gleichung, welche die Energieerhaltung in einem expandierenden Universum beschreibt. Die Gleichung läßt sich formal aus den Einsteinschen Feldgleichungen der allgemeinen Relativitätstheorie unter der Voraussetzung ableiten, daß das Universum überall homogen und isotrop ist.

Friedmann-Lemaître-Universen sind die auf den Gleichungen von Friedmann und Lemaître beruhenden drei Standard-Urknall-Modelle.

Galaxienhaufen sind Ansammlungen von Galaxien. Die Reichhaltigkeit eines Haufens kann von lockeren Gruppen wie der lokalen Gruppe (10 bis 100 Mitglieder) zu großen Haufen (von mehr als 1000 Galaxien) reichen.

Galaxienkern ist eine häufig im innersten Bereich einer Galaxie liegende hohe Konzentration von Sternen und Gas, die sich gelegentlich über Tausende von Lichtjahren erstreckt.

Gammastrahlen sind Photonen sehr hoher Frequenz und sehr kurzer Wellenlänge; die Gammastrahlung ist die energiereichste und durchdringendste Form elektromagnetischer Strahlung.

Gasfragmentierung ist das beim Abkühlen und Kollabieren einer Gaswolke auftretende systematische Auseinanderbrechen der Wolke in immer kleinere Untereinheiten. Solange die Wolke in der Lage ist, ungehindert Strahlung abzugeben, überwinden die Gravitationskräfte ständig die entgegenwirkenden Druckkräfte; folglich wird die Jeans-Masse immer kleiner, und die Fragmente zerfallen in kleinere Unterfragmente. Der Prozeß kommt erst zum Halten, wenn die Opazität merklich zunimmt und so die Abstrahlung und damit Abkühlung verhindert wird.

Geozentrische Kosmologie ist ein Modell des Universums, in dem die Erde im Zentrum steht und Sonne, Planeten und Sterne um die Erde kreisen.

Geschlossener Raum ist ein Raum mit endlichem Volumen und (im kosmologischen Zusammenhang) ohne Begrenzung.

Geschlossenes Universum ist ein kosmologisches Friedmann-Lemaître-Modell, in dem der expandierende Raum endlich ist, eine positive Krümmung besitzt und schließlich wieder kollabieren wird.

Gezeitenkraft ist die differentielle gravitative Anziehung, die auf jeden ausgedehnten Körper im Schwerefeld eines anderen Körpers ausgeübt wird.

Gezeitentheorie ist die Theorie vom Ursprung des Sonnensystems aus einem Beinahe-Zusammenstoß der Sonne mit einem massereichen Körper. Die ursprüngliche, 1785 von Buffon entwickelte Version einer Gezeitentheorie nahm an, daß ein Komet dicht an der Sonne vorbeizog, die moderne Form dieser Theorie ersetzt den viel zu massearmen Kometen durch einen Stern. Das durch Gezeitenkräfte aus der Sonne gerissene gasförmige Material sollte sich zu den Planeten kondensiert haben. Diese Theorie ist jedoch von der Nebeltheorie verdrängt worden.

Globales Inertialsystem ist ein Koordinaten- oder Bezugssystem, das sich relativ zur großräumigen Materieverteilung im Universum in Ruhe befindet.

Gravitationsinstabilität ist der Prozeß, durch dem in einem unendlich ausgedehnten Medium Fluktuationen mit Größen, die eine bestimmte Länge (Jeans-Länge) übersteigen, durch Eigengravitation an Stärke zunehmen. Im expandierenden Universum wird diese Zunahme durch die Expansion verlangsamt, schließlich kollabieren die instabilen Fluktuationen in stabile, gravitativ gebundene Systeme.

Gravitationslinse ist eine Massenkonzentration, beispielsweise eine Galaxie oder ein Galaxienhaufen, die Lichtstrahlen eines hinter ihr liegenden Objekts krümmt und so mehrfache Bilder dieses Objekts erzeugt.

Gravitative Rotverschiebung Licht wird in einem Schwerefeld mit niedrigerer Frequenz und längerer (oder röterer) Wellenlänge abgestrahlt als bei Abwesenheit des Schwerefeldes. Die gravitative Rotverschiebung der Strahlung eines Weißen Zwerges beträgt etwa 1 Zehntausendstel der Wellenlänge; dieser Effekt ist auch im Schwerefeld der Erde gemessen worden, wo er ein Milliardstel beträgt. In der

Nähe eines Schwarzen Lochs kann der Effekt viel größer sein, da er proportional zur Masse des Körpers, dividiert durch seinen Radius, ist.

Graviton ist das Quantum der Gravitationsstrahlung.

Grenzschicht zwischen Kreide und Tertiär ist eine geologische Schicht, die vor etwa 65 Millionen Jahren abgelagert wurde und das Zeitalter markiert, in dem Dinosaurier und viele planktonartige Lebewesen ausstarben.

Größenklasse ist ein logarithmisches Maß, das benutzt wird, um die Helligkeit eines Himmelsobjekts anzugeben. Ein Unterschied von einer Größenklasse zwischen zwei Sternen entspricht einem Intensitätsverhältnis von $10^{0.4}$ oder 2.51; 5 Größenklassen entsprechen einem Faktor 100 in der Intensität.

Große Vereinheitlichung/große vereinheitlichte Theorien (GUTs = Grand Unified Theories) stellt eine Klasse von Eichtheorien, dar, welche die starken, elektromagnetischen und schwachen Wechselwirkungen bei hoher Energie vereinigt. Man hofft, daß sich in eine erweiterte Form der Theorie auch die Gravitation einschließen läßt.

H II-Region ist ein Gebiet leuchtenden ionisierten Gases, das massereiche, junge heiße Sterne umgibt und von ihnen ionisiert wird.

Hadronen sind alle Elementarteilchen (Mesonen und Baryonen eingeschlossen), die der starken Wechselwirkung in den Atomkernen unterworfen sind.

Hadronenära ist die Epoche, die einige 10^{-4} Sekunden nach dem Urknall zu Ende ging. Zu dieser Zeit enthielt das Universum viele Hadronen, die im Gleichgewicht mit dem Strahlungsfeld standen. Die Hadronenära ging zu Ende, als die charakteristische Photonenenergie unter die Ruhemasse eines Pions oder π-Mesons (270 Elektronenmassen) sank, und sehr wenige Hadronen übrigblieben (etwa ein Hadron auf 10^8 Photonen).

Halbwertszeit ist der Zeitraum, in dem die Hälfte einer radioaktiven Substanz zerfällt. Sie ist unabhängig von der vorgegebenen Menge.

Halo ist die diffuse, nahezu kugelförmige Wolke aus alten Sternen und Kugelhaufen, die eine Spiralgalaxie umgibt.

Hauptreihe ist der Bereich im Hertzsprung-Russell-Diagramm (in dem Leuchtkraft gegen effektive Temperatur aufgetragen ist), wo sich die meisten Sterne befinden. Mehr als 90 Prozent der beobachteten Sterne liegen auf der Hauptreihe, auf der sie sich während ihrer gesamten wasserstoffbrennenden Phase aufhalten. Die beobachtete obere Massengrenze der Hauptreihe liegt bei etwa 60 Sonnenmassen, da massereichere Sterne instabil sind, und die berechnete untere Grenze liegt bei 0.085 Sonnenmassen, da masseärmere Sterne ihren Wasserstoff nicht zünden können.

Heisenbergsche Unbestimmtheitsrelation sagt aus, daß die Unschärfe in der Messung des Ortes eines Elementarteilchens wächst, wenn die Unschärfe in der Messung seines Impulses abnimmt und umgekehrt. Es ist deshalb unmöglich, die Messung eines atomaren oder nuklearen Prozesses mit beliebig großer Genauigkeit durchzuführen: Der Prozeß wird durch den Meßvorgang verändert.

Heiße dunkle Materie ist der Gattungsname für alle Arten schwach wechselwirkender Teilchen, aus denen sich die dunkle Materie des Universums zusammensetzen kann und die heiß sind, d.h., eine hohe Temperatur oder Geschwindigkeitsverteilung (von der Größenordnung der Lichtgeschwindigkeit) hatten, als das Universum materiedominiert wurde. Das bedeutet, daß nur die größten Fluktuationen (von der Größenordnung des Horizonts in dieser Epoche) überlebt haben, um großräumige Strukturen zu bilden. Ein Kandidat für heiße dunkle Materie ist ein massereiches Neutrino mit einer Masse von etwa 30 Elektronvolt.

Heliozentrische Kosmologie ist ein Modell des Universums, bei dem die Sonne im Mittelpunkt steht, und die Planeten und Sterne sich in zunehmender Entfernung von der Sonne befinden.

Hertzsprung-Russell-Diagramm ist ein Diagramm, in dem die Leuchtkraft der Sterne (oder ihre absolute Helligkeit) in Abhängigkeit von der effektiven Temperatur (oder Farbe) aufgetragen ist. Wasserstoffbrennende Sterne definieren einen bestimmten Bereich (die Hauptreihe) in diesem Diagramm; das für die Untersuchung der Sternentwicklung benutzt wird.

Hierarchische Haufenbildung ist der Prozeß, durch den sich ein System von Teilchen mit Eigengravitation zu immer größeren gravitativ gebundenen Gruppen und Haufen zusammenfügt. Kleine Haufen vereinigen sich zu größeren Haufen, in denen kaum eine Spur der Untereinheiten, aus denen sie sich gebildet haben, zurückbleibt. Elliptische Galaxien könnten auf diese Weise durch die Verschmelzung von Sternhaufen, so groß wie Kugelsternhaufen, entstanden sein, Galaxienhaufen durch einen ähnlichen Prozeß.

Horizont ist die Grenze des beobachtbaren Teils des Universums. Die Ausdehnung dieses Bereichs wird durch die Entfernung begrenzt, die das Licht seit der Singularität durchlaufen konnte.

Hubble-Konstante ist die Proportionalitätskonstante H in der Beziehung zwischen der Fluchtgeschwindigkeit der Galaxien und ihrer Entfernung. Von vielen Astronomen wird zur Zeit ein Wert von 50 Kilometer Sekunde^{-1} Megaparsek^{-1} oder 15 Kilometer Sekunde^{-1} 1 Million Lichtjahre^{-1} angenommen, obwohl ein doppelt so großer Wert ebenfalls mit den astronomischen Beobachtungen verträglich ist.

Hubblesches Gesetz besagt, daß die Rotverschiebung der Galaxien ihrer Entfernung direkt proportional ist. Bei Fluchtgeschwindigkeiten, die im Vergleich zur Lichtgeschwindigkeit klein sind, wächst die relative Fluchtgeschwindigkeit linear mit der Entfernung.

Hydrostatisches Gleichgewicht ist der Gleichgewichtszustand zwischen der nach innen wirkenden Schwerkraft und dem nach außen wirkenden Gas- und Strahlungsdruck eines Sterns.

Hyperbolischer Raum ist ein dreidimensionaler Raum, dessen Geometrie einer sattelförmigen Oberfläche ähnelt; man sagt, er hat eine negative Krümmung.

Hypergalaxie ist ein System, das aus einer beherrschenden Spiralgalaxie und einer Wolke sie umgebender kleiner Satellitensysteme (oft elliptischer Zwerggalaxien) besteht. Unsere Galaxis und die Andromeda-Galaxie sind Hypergalaxien.

Inflation, inflationäres Universum ist die Epoche während der ersten 10^{-35} Sekunden des Universums, in der einigen Eichtheorien der Großen Vereinheitlichung zufolge die Expansionsrate durch einen Phasenübergang beschleunigt wurde.

Interferometrie bei sehr großer Basislänge Radioantennen, die einige tausend Kilometer voneinander entfernt sind, werden als verschiedene Elemente eines Radiointerferometers benutzt, um extrem kleinräumige Winkelstrukturen von Radioquellen zu untersuchen.

Intergalaktisches Gas ist Materie im Raum zwischen den Galaxien. Intergalaktisches Gas wurde in beträchtlichen Mengen in großen Galaxienhaufen entdeckt, wo es so heiß ist, daß starke Röntgenstrahlung emittiert wird. Hinweise auf das Vorhandensein intergalaktischen Gases in verschiedenen Galaxiengruppen (auch in der lokalen Gruppe) sind umstritten; Wolken aus atomarem Wasserstoff könnten vorhanden sein.

Interstellare Körner sind kleine nadelförmige Teilchen im interstellaren Medium mit Größen von 10^{-5} bis 10^{-4} Millimeter. Sie bestehen vorzugsweise aus Silikaten. Sie absorbieren, streuen und polarisieren sehr effizient sichtbares Licht bei Wellenlängen, die ihrer Größe vergleichbar sind, und strahlen das Licht im fernen Infrarotbereich des Spektrums wieder ab. Der Betrag der dadurch verursachten Extinktion im sichtbaren Bereich ist wellenlängenabhängig und führt zu einer Abschwächung und Rötung des Sternlichts.

Inverses Abstandsquadrat-Gesetz ist ein Gesetz, dem zum Beispiel die Schwerkraft und der elektromagnetische Strahlungsfluß gehorchen, und dem zufolge beide mit dem Kehrwert des Quadrats der Entfernung abnehmen.

Irreguläre Galaxie ist eine Galaxie, die weder Spiralstruktur noch eine glatte ellipsoidische Form besitzt, sondern oft filamentförmig oder sehr geklumpt aussieht und im allgemeinen eine kleine Masse (10^7 bis 10^{10} $M_\odot$) besitzt.

Isotherme Fluktuationen sind Fluktuationen in der Materiedichte ohne gleichzeitige Störungen in der Strahlungsdichte. Die Strahlungstemperatur bleibt infolgedessen gleichförmig. Vor der Entkopplungsära waren isotherme Fluktuationen eingefroren, sie konnten weder anwachsen noch zerfallen. Nach der Entkopplung wurden isotherme Fluktuationen gravitationsinstabil, wenn sie größer waren als die Jeans-Masse (etwa 10^6 $M_\odot$).

Isotropie bedeutet Richtungsunabhängigkeit.

Jeans-Länge ist die kritische Wellenlänge, bei deren Überschreitung Oszillationen (oder Schallwellen) in einem unendlich ausgedehnten homogenen Medium gravitationsinstabil werden. Eine Dichtefluktuation mit einer Größe, die größer ist als die Jeans-Länge, wird sich aufgrund ihrer Eigengravitation vom umgebenden Medium auskoppeln und ein stabiles, gebundenes System bilden.

Jeans-Masse ist die Masse einer Kugel, deren Durchmesser gleich der Jeans-Länge ist.

Kalte dunkle Materie ist der Gattungsname für alle Arten schwach wechselwirkender Elementarteilchen, aus denen sich die dunkle Materie des Universums zusammensetzen kann, und die kalt sind, d.h. zur Zeit, als das Universum materiedominiert wurde, eine geringe Temperatur oder Geschwindigkeitsdispersion hatten. Dies ermöglicht vorher existierenden Fluktuationen, auf allen Skalen ungehindert anzuwachsen.

Kernverschmelzungsära (Ära der Nukleosynthese) ist die auf die Leptonenära folgende Epoche zwischen 1 und 1000 Sekunden nach dem Urknall, als Neutronen häufig waren und Deuterium und Helium synthetisiert wurden.

Kinetische Energie ist die mit der Bewegung verknüpfte Energie; sie ist gleich der Arbeit, die geleistet werden muß, um einen Körper der Masse m aus dem Ruhezustand in einen Bewegungszustand mit der Geschwindigkeit v zu bringen,und beträgt $1/2\, m\, v^2$.

Kohlige Chondrite sind Steinmeteorite, die charakteristische Vorkommen von Kohlenstoffverbindungen zeigen. Sie sind die primitivsten Proben organischer Materie im Sonnensystem.

Kombinierte Teilchentheorie ist eine Klasse von Elementarteilchentheorien, nach denen es mit immer größerer Masse immer mehr Elementarteilchenzustände gibt.

Komet ist ein diffuser, aus Gas und festen Teilchen bestehender Körper. Er umläuft die Sonne in einer stark exzentrischen Bahn, die von innerhalb der Erdbahn bis zu mehr als 10^4 Astronomischen Einheiten reicht. Kometen sind aufgrund der Verdampfung ihrer gefrorenen Gase instabile Körper mit Massen von etwa 10^{-10} Erdmassen. Sie überleben im Mittel nicht mehr als 100 Vorübergänge an der Sonne. Nur etwa 4 Prozent der bekannten Kometen kehren periodisch wieder.

Kopernikanisches kosmologisches Prinzip besagt, daß der Ort, von dem aus wir das Universum betrachten, in keiner Weise bevorzugt ist. Dieses Prinzip führt zu der Hypothese, daß das Universum auf den größten Skalen ungefähr homogen und isotrop ist. Zu einer gegebenen kosmischen Zeit sehen alle Beobachter im Raum näherungsweise die gleiche großräumige Verteilung von Materie im Universum.

Korrelationsfunktion der Galaxien ist ein Maß für den Grad der Haufenbildung in einer großen Stichprobe von Galaxien. Die Zweipunkt-Korrelationsfunktion ist die Wahrscheinlichkeit, daß es in einer bestimmten Entfernung von jeder beliebigen Galaxie eine zweite Galaxie gibt, nachdem die Wahrscheinlichkeit eines solchen Zusammentreffens in einer Zufallsverteilung (Poissonverteilung) subtrahiert worden ist.

Kosmische Mikrowellen-Hintergrundstrahlung ist die diffuse, isotrope Strahlung, deren Spektrum dem eines schwarzen Körpers von 3 K entspricht, das folglich das Strahlungsmaximum im Mikrowellenbereich hat.

Kkosmische Strings oder Fäden sind röhrenförmige Energiestrukturen, die in den Anfangsaugenblicken des Universums auftreten können. Ein kosmischer Faden hat eine typische Dicke von nur 10^{-26} Millimetern; wenn er sich jedoch über das gesamte beobachtbare Universum erstreckte, hätte er die Masse von etwa 10^{17} Sonnen.

Kosmogonie ist die Erforschung des Ursprungs der Himmelskörper, vom Sonnensystem bis hin zu den Sternen, Galaxien und Galaxienhaufen.

Kosmologie ist die Erforschung der großräumigen Struktur und der Entwicklung des Universums.

Kosmologische Konstante ist ein von Einstein in seine Feldgleichungen der Gravitation eingefügtes Glied, um ein statisches Modell des Universums zu erhalten. Die kosmologische Konstante entsprach, so wie sie ursprünglich eingeführt wurde, einer kosmischen Abstoßungskraft, welche die Anziehungskraft der Gravitation aufhob.

Leptonen sind Elementarteilchen, die nicht an der starken Wechselwirkung teilnehmen, wie Elektronen, Myonen und Neutrinos.

Leptonenära ist die auf die Hadronenära folgende Epoche, in der das Universum hauptsächlich Leptonen und Photonen enthielt. Sie begann, als die Temperatur einige 10^{-4} Sekunden nach dem Urknall unter 10^{12} K gesunken war, und endete beim Weltalter von etwa einer Sekunde, als die Temperatur unter 10^{10} K sank. Zu dieser Zeit fiel die charakteristische Photonenenergie unter die Energie der Ruhmasse eines Elektrons, und die Häufigkeit der Elektron-Positron-Paare fiel um viele Größenordnungen. Nur ein Elektron auf 10^8 Photonen überlebte. Das Universum war in der Folge strahlungsdominiert (es gab auch beträchtliche Anzahlen von Neutrinos, die aber nicht direkt mit der Materie oder der Strahlung wechselwirkten).

Leuchtkraft ist die Strahlungsleistung eines Objekts. Sie wird in Watt bzw. Joule/Sekunde oder in Einheiten der Sonnenleuchtkraft angegeben. Die Leuchtkraft der Sonne ist $1\ L_{\odot} = 3.96 \times 10^{26}$ Watt.

Leuchtkraftentfernung Wenn die Leuchtkraft eines entfernten Objekts bekannt ist, erlaubt die Messung der scheinbaren Helligkeit und die Anwendung des inversen-Abstandsquadrat-Gesetzes die Berechnung der Leuchtkraftentfernung. Für weit entfernte Galaxien macht sich die Raumkrümmung bemerkbar, und die Leuchtkraftentfernung unterscheidet sich von anderen Entfernungsmaßen.

Leuchtkraftfunktion ist die Verteilung von Objekten bezüglich ihrer Leuchtkräfte; es gibt beispielsweise die Leuchtkraftfunktion von Galaxien und die Leuchtkraftfunktion von Sternen.

Lichtermüdung ist die Hypothese, daß Licht während seiner langen Reise durch den intergalaktischen Raum Energie verliert, wodurch seine Wellenlänge zunimmt und es rotverschoben wird. Diese Hypothese stellt bezüglich der Rotverschiebung entfernter Galaxien eine Alternative zum Urknallmodell dar. Allerdings gibt es keine experimentellen Hinweise auf einen solchen Lichtermüdungseffekt.

Lichtjahr ist die im Vakuum von Licht in einem Jahr durchlaufene Strecke, sie entspricht 9.46×10^{15} Metern.

Lokale Gruppe ist eine kleine Gruppe von Galaxien mit zwei großen Spiralgalaxien (unserer Galaxis und der Andromeda-Galaxie, Messier 31) und zwanzig oder mehr kleineren Systemen.

Lokales Inertialsystem ist ein Koordinaten- oder Bezugssystem, das in Erdnähe definiert wird und in dem das erste Newtonsche Bewegungsgesetz Gültigkeit hat; das bedeutet, daß es sich um ein nicht rotierendes und nicht beschleunigtes Bezugssystem handelt.

Lyman-alpha-Linie ist die charakteristische Spektrallinie des atomaren Wasserstoffes, die dem Übergang des Elektrons zwischen dem Grundzustand und dem niedrigsten angeregten Zustand entspricht. Das absorbierte oder emittierte Licht mit einer Wellenlänge von 121.6 Nanometer liegt im fernen Ultraviolett, so daß die Lyman-alpha-Linie nur von Raumfahrzeugen aus oder in den Spektren stark rotverschobener Quasare untersucht werden kann.

Machsches Prinzip ist die Hypothese, daß das lokale Inertialsystem und die Trägheit aller Körper durch die Verteilung der gesamten Materie im Universum bestimmt werden.

Magnetischer Monopol ist ein massereiches Teilchen, dessen Existenz von Theorien der Großen Vereinheitlichung vorhergesagt wird. Es besitzt eine interne Struktur, eine Masse von etwa 10^{-11} Kilogramm, und das weitreichende magnetische Feld eines einzelnen isolierten Magnetpols.

Masse-Leuchtkraft-Verhältnis ist das Verhältnis der Masse eines Systems, ausgedrückt in Sonnenmassen, zu dessen visueller Leuchtkraft, ausgedrückt in Sonnenleuchtkräften. Die Milchstraße hat in ihren inneren Gebieten ein Masse-Leuchtkraft-Verhältnis von 5. Das deutet darauf hin, daß dort der typische Stern ein Zwergstern mit einer Masse von etwa einer halben Sonnenmasse ist. Ein reicher Galaxienhaufen, wie beispielsweise der Comahaufen, hat ein Masse-Leuchtkraft-Verhältnis von etwa 200. Das weist auf das Vorhandensein einer beträchtlichen Menge dunkler Materie hin.

Massereiches Schwarzes Loch wird in einem theoretischen Modell für Quasare und aktive Galaxienkerne als Energiequelle angenommen. Durch den Einfall von Gas und Sternen auf ein supermassives zentrales Schwarzes Loch und deren dadurch verursachte Aufheizung wird genügend Energie freigesetzt.

Metagalaxis ist gleichbedeutend mit Universum.

Meteor ist eine Sternschnuppe, eine Lichterscheinung am Nachthimmel, die durch das Eindringen eines Gesteins- oder Metallbrockens in die Erdatmosphäre hervorgerufen wird. Dieser Körper verbrennt im allgemeinen, ehe er die Erdoberfläche erreicht.

Meteorit ist der Überrest eines Meteors, der die Erdoberfläche erreicht. Die drei Arten von Meteoriten – Stein-, Eisen- und Stein-Eisen-Meteorite – haben Ausmaße, die von mikroskopischen Größen bis zur Größe eines Asteroiden reichen. Man schätzt, daß jeden Tag einige hundert Tonnen meteoritischen Materials auf die Erde fallen.

Meteorschauer ist eine große Zahl von Meteoren, die im Laufe weniger Stunden auftreten und die von einem gemeinsamen Punkt am Himmel auszugehen scheinen. Meteorschauer sind oft mit Kometen verknüpft, die feste Teilchen hinterlassen haben.

Mikrowellenhintergrund-Anisotropie-Experiment ist ein Experiment, das ausgelegt ist, die Intensität der kosmischen Mikrowellen-Hintergrundstrahlung in verschiedenen Richtungen zu messen. Eine grundlegende Voraussage des kosmischen Ursprungs dieser Strahlung ist, daß die Erdbewegung in Bezug auf diese weit entfernten Gebiete des Universums nachweisbar sein sollte. Der Effekt verursacht eine Erhöhung der Strahlungstemperatur um etwa 10^{-3} K in der Bewegungsrichtung und eine entsprechende Abnahme in der entgegengesetzten Richtung.

Mitbewegte Kugel ist eine hypothetische beliebige Kugeloberfläche um irgendeinen Punkt, die mit dem übrigen Universum expandiert. In Bezug auf die mitbewegte Kugel verhalten sich alle auf ihr befindlichen Teilchen in Ruhe.

Mittlere freie Weglänge ist die mittlere Entfernung, die ein Teilchen durchläuft, bevor es eine merkliche Ablenkung oder eine Kollision erleidet.

Mixmaster-Modell ist ein kosmologisches Modell, in dem das frühe Universum zwar homogen, aber in hohem Maße anisotrop war; das Universum expandierte mit unterschiedlichen Expansionsraten in zwei Richtungen, während es in einer dritten Richtung kollabierte; in der Folge kehrten sich diese Bewegungen um. Jede vorgegebene Materiemenge würde somit abwechselnd pfannkuchenförmige und zigarrenförmige Formen annehmen, die mit der Expansion des Universums allmählich an Volumen zunehmen.

Molekülwolke ist eine interstellare Wolke, die hauptsächlich aus molekularem Wasserstoff besteht, in der sich aber auch kleine Mengen anderer Moleküle wie Kohlenmonoxid und Ammoniak befinden.

Molekülwolkenkomplex ist ein von dichtem, kaltem interstellarem Gas erfülltes Gebiet starker Molekülinienstrahlung. Häufig treten mehrere deutliche Intensitätsmaxima auf, von denen jedes individuellen Klumpen oder Wolken aus Gas und Staub zuzuordnen ist, in einem Gebiet, das sich typischerweise über 50 Lichtjahre erstreckt und oft mit jungen Vor-Hauptreihensternen des Typs T Tauri und auch mit heißen massereichen Sternen und dem sie umgebenden ionisierenden Gas verbunden ist.

Monoton bedeutet entweder ständig anwachsend oder ständig abnehmend.

Nanometer ist eine Längeneinheit für die Messung von Wellenlängen. 1 Nanometer (nm) = 10^{-6} Millimeter.

Nebel ist ein Begriff, der in früheren Zeiten ohne Unterschied für alle Arten von diffusen Objekten am Himmel verwendet wurde. Man weiß heute, daß viele dieser Nebel weit entfernte Galaxien sind; andere Nebel sind Planetarische Nebel, Novahüllen, Supernovaüberreste und Wolken aus ionisiertem Gas innerhalb unserer Milchstraße.

Nebeltheorie ist eine Theorie für den Ursprung des Sonnensystems, die besagt, daß eine langsam rotierende diffuse Gaswolke kontrahierte, abkühlte und zu einer dünnen Scheibe kollabierte, die in einzelne Teile zerbrach und aus der sich schließlich die Planeten bildeten. Gleichzeitig sammelte sich Material mit niedrigem Drehimpuls in der Zentralregion an und bildete die Sonne.

Neutrino ist ein Teilchen mit Ruhmasse null, Ladung null, aber mit einem charakteristischen Spin, und das Energie bei Kernreaktionen wegtransportiert. Da Neutrinos nur sehr schwach mit Materie wechselwirken, bieten sie die Möglichkeit, die Zustände im Innern der Sonne und anderer Sterne zu untersuchen.

Neutronenstern ist ein Stern, dessen Kern hauptsächlich aus Neutronen besteht; das wird bei einer Dichte über 10^{17} Kilogramm Meter^{-3} erwartet. Ein solcher Zustand wird in einem Stern am Endpunkt seiner Entwicklung erreicht, wenn sein Kernbrennstoff erschöpft ist und er zu massereich ist, um ein Weißer Zwerg zu werden. Man nimmt an, daß Sterne von 8 bis 30 oder mehr Sonnenmassen Neutronensterne bilden. Die maximale Masse eines Neutronensterns ist etwa 4 $M_\odot$, und das überschüssige Material wird entweder im Laufe der vorausgehenden Entwicklung durch einen ständigen Masseverlust (Sternwind) oder während der Supernovaexplosion, in welcher der Neutronenstern entsteht, abgeworfen. Pulsare sind rotierende magnetische Neutronensterne von etwa 1 bis 2 $M_\odot$ mit typischen Radien von 10 Kilometern.

Newtonsche Kosmologie Die einfachsten kosmologischen Modelle, die Standard-Urknallmodelle eingeschlossen, können im Rahmen der klassischen Newtonschen Gravitationstheorie abgeleitet werden. Allerdings wird das aus der allgemeinen Relativitätstheorie stammende Birkhoffsche Theorem benötigt, um die Anwendung der Newtonschen Theorie in einem unendlichen Medium zu rechtfertigen.

Nova ist ein Stern, der ein plötzliches Ansteigen der Leuchtkraft um bis zu einem Faktor 10^6 zeigt. Die Explosion, die diesen Helligkeitsanstieg verursacht, führt zum Abwerfen einer Materiehülle, zerreißt den Stern jedoch nicht; es kommt vor, daß ein Stern wiederholte Novaausbrüche zeigt. Novae treten in engen Doppelsternsystemen auf, bei denen eine Komponente ein roter Zwerg ist, der Materie an seinen Begleiter, einen Weißen Zwerg verliert. Die Ansammlung wasserstoffreicher Materie auf der Oberfläche des Weißen Zwergs ist instabil und führt schließlich zu einer thermonuklearen Explosion.

Nukleosynthese oder Kernverschmelzung ist die Bildung von Atomkernen durch Kernreaktionen, entweder während des Urknalls oder im Innern der Sterne. Nur die leichten Elemente (insbesondere Deuterium und Helium) werden im frühen Universum in beträchtlichen Mengen erzeugt; schwerere Elemente werden in Sternen erzeugt.

Olberssches Paradox ist ein Paradoxon, das von dem deutschen Astronomen Heinrich Olbers 1826 formuliert wurde, sich aber schon in den Schriften anderer Wissenschaftler, wie Lois de Chéseaux, mehr als ein Jahrhundert früher findet. Das Paradox lautet: Wieso ist der Nachthimmel dunkel, wenn das Universum unendlich ist? Wir wissen heute, daß verschiedene von Olbers explizit oder implizit gemachte Annahmen unrichtig sind.

Offener Raum ist im kosmologischen Zusammenhang ein Raum mit unendlichem Volumen und ohne Grenze.

Offenes Universum ist ein kosmologisches Friedmann-Lemaître-Modell, in dem der Raum unendlich ist, eine negative Krümmung besitzt oder euklidisch ist und für alle Zeiten expandieren wird.

Parallaxe ist der Winkel, unter dem eine Astronomische Einheit (die mittlere Entfernung Erde–Sonne) aus der Entfernung eines nahen Sterns gesehen wird.

Parsek (pc) ist die Entfernung, bei der die Astronomische Einheit unter einem Winkel von einer Bogensekunde gesehen wird (1 Parsek (pc) = 3.086×10^{16} Meter = 3.26 Lichtjahre).

Pauli-Prinzip (Ausschließungsprinzip) besagt, daß in einem System von Fermionen (z.B. Elektronen oder Neutronen) die zur Verfügung stehenden Quantenzustände nur mit einem Teilchen besetzt werden können. Auf diesem Prinzip beruht der in Weißen Zwergen und anderen dichten Objekten auftretende Entartungsdruck.

Perioden-Leuchtkraft-Beziehung ist der bei veränderlichen Sternen vom Cepheidentyp gefundene Zusammenhang zwischen Leuchtkraft und Pulsationsperiode.

Photino ist ein hypothetisches Fermion, dessen Existenz in einigen Theorien der Supersymmetrie gefordert wird. Seine Ruhmasse ist grösser als null, aber nicht bekannt.

Photon ist ein Lichtquantum, eine diskrete Einheit elektromagnetischer Energie. Photonen haben die Ruhemasse null.

Photosphäre ist die sichtbare Oberfläche der Sonne. Allgemeiner bezeichnet man damit die Schicht eines Sterns, von der das kontinuierliche Licht (im Gegensatz zu Spektrallinien) abgestrahlt wird.

Planckverteilung ist die Verteilung der Strahlungsintensität pro Frequenzintervall B_ν (in Joule Sekunde^{-1} Meter^{-2} Hertz^{-1} eines schwarzen Körpers über alle

Frequenzen, die wie folgt geschrieben werden kann:

$$B_\nu = 2h\nu^3 c^{-2}[\exp(h\nu/kT) - 1]^{-1}$$

Dabei ist h die Plancksche Konstante, k die Boltzmann-Konstante, c die Lichtgeschwindigkeit, T die Temperatur und ν die Frequenz.

Planckzeit ist der Augenblick im Urknall, vor dem die Einsteinsche Gravitationstheorie ihre Gültigkeit verliert und eine Quantentheorie der Gravitation benötigt wird, um das Universum zu beschreiben. Die Planckzeit kann durch $(G\hbar/c^5)^{1/2}$ ausgedrückt werden; dabei ist G die Newtonsche Gravitationskonstante, $\hbar = h/2\pi$ die Plancksche Konstante und c die Lichtgeschwindigkeit ist; die Planckzeit beträgt 10^{-43} Sekunden.

Planetarischer Nebel ist eine dünne, langsam expandierende Hülle aus ionisiertem Gas um den heißen, weit entwickelten Stern, von dem sie abgegeben wurde.

Planetesimale sind asteroidengroße Körper, die entsprechend einer Hypothese der Planetenbildung entstanden, als der protosolare Nebel zu einer Scheibe zusammenstürzte und fragmentierte. Die meisten Planetesimale klumpten in der Folge zusammen und bildeten die Planeten.

Positron ist das Antiteilchen des Elektrons, das eine positive Ladung besitzt, aber sonst die gleichen Eigenschaften hat wie das Elektron.

Potentielle Energie der Gravitation ist die Energie, die einem Körper zur Verfügung steht, wenn er durch ein Schwerefeld fällt. Sie nimmt in dem Maße ab, wie die kinetische Energie des Körpers zunimmt. Es gibt keinen Referenzwert, auf den die potentielle Energie analog zum Zustand der Ruhe eines Körpers bei der kinetischen Energie definiert werden kann. So definieren wir gewöhnlich den Unterschied der potentiellen Energie zwischen zwei Punkten als den negativen Wert der Arbeit, der durch die Schwerkraft geleistet wird, wenn der Körper vom einen Punkt zum anderen fällt.

Protogalaktische Gaswolke ist eine massereiche Gaswolke, die kollabierte und eine Galaxie bildete. Solche Gaswolken entstanden durch das stetige Wachsen von Dichtefluktuationen nach der Entkopplungsära.

Protogalaxie ist eine Galaxie während ihrer frühen Phase, ehe sie ihre heutige Form und Sternmischung entwickelt hatte.

Protosolarer Nebel ist die langsam rotierende Gaswolke, aus der das Sonnensystem entstand.

Protostellarer Kern Die kleinsten undurchsichtigen Klumpen, in die eine kollabierende interstellare Gaswolke fragmentiert, bezeichnet man als protostellare Kerne. Die charakteristische Masse eines solchen Kerns beträgt nur 0.01 Sonnenmassen. Das umgebende Material fällt auf ihn herab, der Kern wächst durch Akkretion und erreicht im Lauf von 10^5 Jahren nach seiner Entstehung die Masse eines Sterns. In diesem Zustand stellt er einen Protostern dar – ein ausgedehnter Kokon kontrahierender Materie, der überwiegend im fernen Infrarotbereich strahlt.

Pulsar ist ein rotierender magnetischer Neutronenstern. Radiopulsare wurden 1967 entdeckt. Sie senden Radiopulse mit höchster Regelmäßigkeit aus. Man hat mehr als 100 Pulsare in der Milchstraße entdeckt mit Perioden zwischen 0.001 und etwa 3 Sekunden. Die abgeleiteten Flußdichten der Magnetfelder an ihrer Oberfläche betragen bis zu 10^8 Tesla.

Quantenmechanik ist die Theorie der Wechselwirkung zwischen Strahlung und Materie. Sie beruht auf Plancks grundlegendem Gedanken, daß strahlende Körper Energie in diskreten Einheiten oder Strahlungsquanten aussenden, deren Energie der Frequenz des Lichts proportional ist.

Quasar ist ein Objekt, das sternförmig aussieht, dessen Emissionslinienspektrum jedoch eine große Rotverschiebung anzeigt. Quasare sind die leuchtkräftigsten und entferntesten Objekte, die man im Universum kennt.

Radian ist ein Maß für Winkelgrößen; 2π Radian entsprechen 360°.

Radiogalaxie ist eine Galaxie, die im Radiobereich extrem leuchtkräftig ist.

Radiointerferometer bestehen aus zwei oder mehr getrennten Radioantennen, die gleichzeitig Strahlung von der gleichen Quelle empfangen. Die verschiedenen Signale durchlaufen geringfügig unterschiedliche Weglängen, ehe sie die Antennen erreichen; sie sind daher geringfügig außer Phase und ergeben bei ihrer Aufaddierung ein charakteristisches Interferenzmuster, mit dessen Hilfe die Struktur kompakter Radioquellen mit hoher Winkelauflösung kartiert werden kann.

Radiokeulen sind ausgedehnte Gebiete diffuser Radiostrahlung, die eine Radiogalaxie umgeben und oft Hantelform aufweisen.

Raumwinkel ist ein Maß für die Winkelausdehnung eines ausgedehnten Objekts, das gleich der Fläche ist, die es auf der Oberfläche einer Kugel mit dem Radius 1 einnimmt.

Raum-Zeit Die drei physikalischen Dimensionen des Raums werden mit der Zeit, die als vierte Dimension aufgefaßt wird, verknüpft und ergeben so das Raum-Zeit-Kontinuum, das den grundlegenden Rahmen in der Relativitätstheorie darstellt.

Rayleigh-Jeans-Bereich ist das Gebiet ausreichend langer Wellenlängen (auf der langwelligen Seite des Strahlungsmaximums), in dem die Rayleigh-Jeanssche Näherung für die Energieverteilung eines schwarzen Körpers gültig ist.

Rekombination ist der Einfang eines Elektrons durch ein positiv geladenes Ion. Der im frühen Universum vorherrschende Prozeß war die Rekombination von Wasserstoff: Fast alle Elektronen rekombinierten mit Protonen und bildeten so Wasserstoffatome. Daraufhin entkoppelten Materie und Strahlung voneinander, weil keine weitere Streuung der Strahlung auftrat,

Relativistische Kosmologie ist die Anwendung der Einsteinschen allgemeinen Relativitätstheorie auf die Kosmologie. Die Urknallmodelle wurden zuerst aus den

Gleichungen der relativistischen Kosmologie abgeleitet, die für viele Anwendungen dieser Modelle gebraucht werden.

Relativistische Teilchen sind Teilchen mit Geschwindigkeiten nahe der Lichtgeschwindigkeit.

Relaxation ist der Prozeß gravitativer Wechselwirkung (im Fall eines Stern- oder Galaxienhaufens), bei dem sich schließlich eine zufällige Verteilung der Bewegungen einstellt. Man sagt dann, daß sich ein solches System im Zustand des thermischen Gleichgewichts befindet.

Retrograde Bewegung ist die Bewegung in die der vorherrschenden Bewegungsrichtung entgegengesetzten Richtung.

Ringgalaxie ist eine Galaxie mit ringförmigem Erscheinungsbild. Der Ring enthält leuchtkräftige blaue Sterne, während das Zentralgebiet relativ wenig leuchtende Materie enthält. Man nimmt an, daß ein solches System ursprünglich eine gewöhnliche Galaxie war, die kürzlich einen Frontalzusammenstoß mit einer anderen Galaxie erlitten hat.

Roter Riese ist ein leuchtkräftiger roter Stern, der seinen Wasserstoffvorrat im Kern aufgebraucht und sich von der Hauptreihe fort entwickelt hat. Sein Kern ist kontrahiert und ist heißer geworden. Dadurch wird Heliumbrennen ermöglicht. Durch die Expansion der äußeren Schichten hat sich eine ausgedehnte kühle Atmosphäre gebildet.

Rotverschiebung ist die Verschiebung der Spektrallinien zu längeren Wellenlängen im Spektrum eines sich von uns entfernenden Objekts.

Rotverschiebungs-Größenklassen-Test ist ein kosmologischer Test, bei dem die Rotverschiebungen und scheinbaren Helligkeiten entfernter Galaxien (mit gleichen absoluten Helligkeiten) gegeneinander aufgetragen werden. Abweichungen von der im euklidischen Raum erwarteten Beziehung können bei der Entscheidung helfen, ob das Universum offen oder geschlossen ist. Der Rotverschiebungs-Größenklassen-Test reagiert sehr empfindlich auf Entwicklungseffekte (also darauf, ob Galaxien in der Vergangenheit heller oder schwächer waren). Das entsprechende Diagramm ist das Hubble-Diagramm.

Ruhenergie ist die aus der Beziehung $E = mc^2$ berechnete Energie (in Joule), wobei m die Masse des Teilchens (in Kilogramm) und c die Lichtgeschwindigkeit (in Meter/Sekunde) ist. Die Ruhenergie wird nur dann vollständig freigesetzt, wenn ein Teilchen mit seinem Antiteilchen zerstrahlt.

Saha-Gleichung gibt die Anzahlen der Ionen unterschiedlicher Ionisationsstufen eines bestimmten Elements an, die bei einer bestimmten Temperatur und Dichte in einem Gas in thermischem Gleichgewicht vorkommen.

Salpeter-Funktion ist eine einfache funktionale Beschreibung der Massenverteilung neu entstandener Sterne. Auch als ursprüngliche Massenfunktion der Sterne bezeichnet, ist die Salpeter-Funktion (die Zahl der pro Einheitsmasse gebildeten Sterne) proportional zu $m^{-2.35}$, wobei m die Masse eines Sterns ist.

Scheinbare Helligkeit ist ein logarithmisches Maß der beobachteten Helligkeit eines Himmelsobjekts. Die hellsten Sterne haben eine scheinbare Helligkeit 1; sie sind Sterne der ersten Größe. Je schwächer ein Stern ist, umso größer ist seine scheinbare Helligkeit; die schwächsten mit dem bloßen Auge erkennbaren Sterne sind sechster Größe.

Schwache Wechselwirkungen sind die Kernkräfte kurzer Reichweite, die für Radioaktivität und für den Zerfall bestimmter instabiler Teilchen, wie Neutronen, verantwortlich sind. Diese Kräfte treten mit einer Rate auf, die verglichen mit den starken Wechselwirkungen etwa um einen Faktor 10^{13} langsamer ist. Das Neutrino ist das in erster Linie mit den schwachen Wechselwirkungen verknüpfte Teilchen.

Schwarzer Körper ist ein idealer Körper, der alle auf ihn auftreffende Strahlung aller Wellenlängen absorbiert. Er ist ein perfekter Absorber und deshalb auch ein perfekter Emitter. Die von einem schwarzen Körper ausgesandte Strahlung hängt nur von seiner Temperatur ab.

Schwarzes Loch ist eine Masse, die einen Gravitationskollaps erlitten hat und von der weder Licht, Materie noch irgendeine andere Art von Signal entweichen kann. Ein Schwarzes Loch entsteht, wenn das Gravitationsfeld so stark geworden ist, daß die Fluchtgeschwindigkeit eines Körpers an der Oberfläche Lichtgeschwindigkeit erreicht.

Schwarze Mini-Löcher können sich in einem chaotischen frühen Universum in Epochen bilden, die noch nahe an der Planck-Zeit liegen. Die charakteristische Masse dieser Schwarzen Mini-Löcher ist 10^{-9} Kilogramm, das entspricht der minimalen Masse einer kollabierenden Inhomogenität zu dieser Zeit. Massereichere Schwarze Mini-Löcher können sich in späteren Epochen bilden. Da die üblichen Theorien der Sternentwicklung zeigen, daß nur sehr massereiche Sterne Schwarze Löcher bilden können, besitzt das sehr frühe Universum die einzigartige Eigenschaft, mögliche Schwarze Mini-Löcher entstehen zu lassen.

Schwarzkörperstrahlung ist Strahlung, deren wellenlängenabhängige Intensitätsverteilung die eines schwarzen Körpers ist.

Schwarzschildradius ist der Ereignishorizont eines kugelförmigen Schwarzen Loches; er ist gleich dem kritischen Radius einer Kugel, von der Licht nicht mehr ins Unendliche entkommen kann. Der Schwarzschildradius eines Sterns von einer Sonnenmasse ist 2.5 Kilometer.

Seyfert-Galaxie ist Mitglied einer kleinen (etwa 1 Prozent umfassenden) Klasse von Spiralgalaxien, deren Kerne durch hohe Leuchtkraft und blaue Farbe charakterisiert sind und deren Spektren starke, oft breite Emissionslinien zeigen.

Singularität ist ein Gebiet der Raum-Zeit, in dem die bekannten Gesetze der Physik ihre Gültigkeit verlieren und die Raumkrümmung unendlich wird.

Sonnenwind ist ein aus der Sonnenkorona radial abströmendes heißes Plasma. Die Sonne verliert jährlich das etwa 10^{-13}-fache ihrer Masse durch den Sonnenwind, der sowohl Masse als auch Drehimpuls von der Sonne wegtransportiert.

Spektrallinien treten in Emission oder Absorption bei diskreten Wellenlängen oder Frequenzen auf. Sie entstehen durch atomare oder molekulare Übergänge. Im Fall der Atome bedeutet ein Übergang den Sprung eines Elektrons von einer Bahn zu einer anderen; ein Lichtquant wird abgestrahlt, wenn das Elektron zum Kern hin springt, und es wird absorbiert, wenn das Elektron nach außen springt.

Spektrokopie ist die Technik, durch die Licht in seine einzelnen Farben oder Wellenlängen aufgespalten wird.

Spektrum ist das in die einzelnen Wellenlängen aufgespaltete Licht. Das Spektrum eines bestimmten chemischen Elements oder einer Verbindung enthält charakteristische Spektrallinien.

Sphärischer Raum ist ein dreidimensionaler Raum, dessen Geometrie der Oberfläche einer Kugel ähnelt, und dessen Raumkrümmung positiv ist (die Oberfläche einer Kugel ist ein zweidimensionaler sphärischer Raum).

Spiralförmige Dichtewelle ist eine Welle, die durch lokales Anwachsen des Gravitationsfelds zustande kommt und eine Reihe von aufeinander folgenden Kompressionen und Verdünnungen hervorruft, während sie sich mit konstanter Winkelgeschwindigkeit in einer rotierenden Galaxie fortpflanzt. Die Kompression übt auch eine Wirkung auf das interstellare Gas in der Galaxie aus. Dies führt zu Sternbildung an den vorauslaufenden Rändern der Spiralarme. Die großräumige Struktur von Spiralgalaxien kann auf diese Weise verstanden werden.

Spiralgalaxie ist eine Galaxie mit deutlichem Kernbereich und leuchtenden, aus Gas, Staub und jungen Sternen bestehenden Spiralarmen, die vom Kerngebiet ausgehen. Die Massen von Spiralgalaxien liegen zwischen 10^{10} und 10^{12} $M_{\odot}$.

Standard-Urknallmodell sind die kosmologischen Friedmann-Lemaître-Modelle, die ein isotropes und homogenes Universum beschreiben, das aus expandierender Materie und Strahlung besteht. Im Standard-Urknallmodell stehen drei Möglichkeiten für die Raumgeometrie zur Wahl: Der Raum kann positiv gekrümmt sein wie die Oberfläche einer Kugel, in diesem Fall ist das Universum endlich, geschlossen und wird schließlich wieder zusammenstürzen. Der Raum kann aber auch euklidisch sein oder eine negative Krümmung besitzen (wie eine Sattelfläche), in diesen Fällen ist das Universum unendlich, offen und wird immer expandieren. In allen drei Modellen hat der Raum keine Grenze.

Standardkerze ist im astronomischen Sprachgebrauch eine Klasse von Sternen oder Galaxien mit jeweils ähnlichen Leuchtkräften, die sich nicht mit ihrem Alter ändern. Sie werden zur Bestimmung von Leuchtkraftentfernungen benutzt.

Starke Wechselwirkungen sind Kernkräfte kurzer Reichweite, die dafür verantwortlich sind, daß die Atomkerne zusammengehalten werden. Die typische Reichweite der starken Wechselwirkung ist 10^{-11} Meter, und die Zeitskala, während der sie wirkt, ist 10^{-33} Sekunden.

Statistische Parallaxe ist die mittlere Parallaxe einer Gruppe von Sternen bei ungefähr gleicher Entfernung, die aus den Radialgeschwindigkeiten und Eigenbewegungen dieser Sterne bestimmt wird.

Staudruck ist ein starker Strömungswiderstand, der auf einen stumpfen Körper ausgeübt wird, der sich mit Überschallgeschwindigkeit durch ein umgebendes gasförmiges Medium bewegt. Im Fall einer Galaxie, die sich durch das intergalaktische Gas bewegt, ist der Staudruck imstande, das meiste interstellare Gas aus der Galaxie herauszufegen.

Steady-State-Theorie (Theorie des unveränderlichen Zustands) ist die kosmologische Theorie von Bondi, Gold und Hoyle, der zufolge Materie ständig neu geschaffen wird, um die Lücken zu füllen, die durch die Expansion des Universums erzeugt werden. Nach dieser Theorie sollte das Universum keinen Anfang und kein Ende haben und immer die gleiche Dichte behalten. Die dafür erforderliche Erschaffungsrate beträgt ein Atom pro Kubikmeter pro zehn Milliarden Jahre, oder etwa 1 Atom pro 10 Kubikkilometer pro Jahr. Die Steady-State-Theorie ist unglaubwürdig geworden und wurde in den letzten Jahren von den meisten Kosmologen zu den Akten gelegt.

Strahlungsära ist der Zeitraum zwischen etwa 1 Sekunde und 3×10^5 Jahren nach dem Urknall, als Strahlung das Universum dominierte.

Strahlungsstrom ist ein Maß für die Menge an Leistung oder Strahlung, die in einer Zeiteinheit pro Einheitsfläche aufgesammelt wird; der Strahlungsstrom wird in Joule Meter^{-2} Sekunde^{-1} gemessen.

Strahlungstemperatur einer Strahlungsquelle ist gleich der Temperatur eines schwarzen Körpers, der bei der gleichen Frequenz mit der gleichen Intensität strahlt.

Streuung ist der Prozeß, durch den Licht absorbiert und in alle Richtungen wieder abgestrahlt wird; dabei tritt praktisch keine Frequenzänderung auf. Die Streuung an freien Elektronen war die hauptsächliche Ursache der Opazität im frühen Universum.

Supergalaktische Ebene ist eine Symmetrieebene, die durch den Virgo-Galaxienhaufen geht, und zu der hin viele der hellsten Galaxien des Himmels konzentriert sind. Diese Galaxien bilden den lokalen Superhaufen.

Superhaufen sind Haufen von Galaxienhaufen, deren Ausdehnung etwa 10^8 Lichtjahre beträgt.

Supernova ist ein Stern, der einen sehr großen Anstieg der Leuchtkraft bis zum 10^8-fachen zeigt, ausgelöst durch den Kollaps des inneren Kerns zu einem Neutronenstern und das Abwerfen der äußeren Sternhülle. Ein Stern von mehr als etwa 8 Sonnenmassen wird zur Supernova, wenn er seinen inneren Vorrat an Kernbrennstoff verbraucht hat.

Supernovaüberrest ist die expandierende Gashülle, die mit einer Geschwindigkeit von etwa 10 000 Kilometer Sekunde^{-1} durch eine Supernovaexplosion abgeworfen wird und als expandierender, diffuser Gasnebel oft mit schalenartiger Struktur beobachtet wird. Supernovaüberreste sind im allgemeinen energiereiche Radio- und Röntgenquellen.

Supersymmetrie ist eine Eigenschaft, die von einigen vereinheitlichten Eichtheorien gefordert wird, und eine Symmetrie zwischen Fermionen und Bosonen erzeugt. Wenn diese Symmetrie eine lokale Eichsymmetrie ist, kann sie die Eigenschaften der gravitativen Wechselwirkung ebenfalls einschließen, und die sich daraus ergebende Theorie wird als Supergravitation bezeichnet. Diese Klasse von Theorien wird heute von theoretischen Physikern intensiv untersucht.

Superstring ist eine 26-dimensionale Konfiguration mit linienförmiger Topologie, in der alle fundamentalen Kräfte, die Gravitation eingeschlossen, vereinigt werden können. Die Kosmologen sehen in den Superstrings eine ihrer größten Hoffnungen für die Entwicklung einer Theorie der Quantenkosmologie. Der Kollaps der überzähligen Dimensionen zu unserem vierdimensionalen Universum ist notwendig, um eine realistische Theorie abzuleiten; eine solche Kompaktierung ist bisher noch nicht erfolgreich durchgeführt worden. Es gibt auch Superstrings in 10 Dimensionen.

Synchrotronstrahlung ist Strahlung, ausgesandt von geladenen relativistischen Teilchen, die in Magnetfeldern auf spiralförmigen Bahnen laufen. Die Abbremsung der bewegten Ladungen bewirkt, daß die Teilchen Strahlung aussenden. Radiogalaxien und Supernovaüberreste sind intensive Quellen von Synchrotronstrahlung. Charakteristische Eigenschaften der Synchrotronstrahlung sind ihr hoher Polarisationsgrad und ihr nichtthermisches Spektrum.

Theorie der veränderlichen Masse ist eine von Hoyle und Narlikar entwickelte Theorie, in der sich die Massen der Elementarteilchen mit der Zeit in einer Weise ändern, die dem Hubbleschen Rotverschiebungsgesetz genau entspricht.

Thermisches Gleichgewicht in einem Teilchensystem bedeutet das Erreichen einer statistischen oder Poisson-Verteilung der Bewegungen.

Titius-Bode-Gesetz ist eine Regel, mit deren Hilfe man die Planetenentfernungen von der Sonne berechnen kann: Die Entfernung zum $(n+2)$ten Planeten beträgt $0.4 + 0.3 \times 2^n$ Astronomische Einheiten. Dieses Gesetz liefert von der Venus bis zum Uranus überraschend gute Ergebnisse, verliert dann aber seine Gültigkeit.

Tritium ist ein instabiles schweres Isotop des Wasserstoffs. Der Tritiumkern besteht aus zwei Neutronen und einem Proton. Die Halbwertszeit für den radioaktiven Zerfall von Tritium beträgt 12 Jahre.

T Tauri-Sterne sind veränderliche Sterne, die bei niedriger effektiver Temperatur relativ leuchtkräftig sind, starke Emissionslinien aufweisen, mit interstellaren Gaswolken in Beziehung stehen und in sehr jungen Sternhaufen gefunden werden. Man nimmt an, daß sie sich noch im Prozeß der gravitativen Kontraktion aus ihrer protostellaren Phase befinden, noch nicht die Hauptreihe erreicht haben, also noch nicht begonnen haben, Wasserstoff zu brennen.

Urknalltheorie ist ein Modell des Universums, in dem die Raum-Zeit mit einer anfänglichen Singularität begann und in der Folge expandiert.

Ursprünglicher Feuerball ist der von der Urknalltheorie vorausgesagte heiße und dichte frühe Zustand des Universums, als das Universum hauptsächlich von hochenergetischer Strahlung erfüllt war, die in der Folge expandierte, abkühlte und heute als kosmische Mikrowellen-Hintergrundstrahlung beobachtet wird.

Ursprüngliches Chaos ist die Vorstellung, daß das frühe Universum extrem irregulär und inhomogen gewesen sein könnte. Dann würden wir den Ursprung von Strukturen im Universum verstehen können, und auch, warum auf den allergrößten Skalen das Universum homogen und isotrop ist.

Ursprüngliche Quarks Man nimmt an, daß alle Baryonen und Mesonen aus Quarks zusammengesetzt sind, Elementarteilchen mit Ladungen, die Bruchteile von 1/3 der Elementarladung betragen. In der Phase hoher Dichte und hoher Temperatur im sehr frühen Universum sollten riesige Mengen von Quarks im Gleichgewicht mit anderen Elementarteilchen gewesen sein. Während das Universum expandierte und abkühlte, könnten einige dieser Quarks ausgefroren worden sein. In welchem Ausmaß einzelne freie Quarks überleben konnten, ist ein ungelöstes Problem der Elementarteilchenphysik.

Virialsatz sagt aus, daß in gravitativ gebundenen, stabilen Systemen die über die Zeit gemittelte kinetische Energie gleich der Hälfte der (negativen) potentiellen gravitativen Energie ist.

Virtuelle Paare sind Teilchen und Antiteilchen, die für eine extrem kurze Zeit existieren, während der die Heisenbergsche Unbestimmtheitsrelation erlaubt, daß das Gesetz der Erhaltung von Masse und Energie verletzt werden kann. Diracs Theorie besagt, daß das Vakuum aus einem Ozean von virtuellen Elektron-Positron-Paaren besteht, die nur freigesetzt oder getrennt werden können, wenn genügend Energie zur Verfügung steht.

Viskosität ist die innere Reibung einer Flüssigkeit, die dem Fließen Widerstand entgegensetzt und Energie dissipiert.

Vollkommenes kosmologisches Prinzip ist die Hypothese, die in der Steady State-Theorie eine zentrale Rolle spielt, daß nämlich das Universum allen Beobachtern überall im Universum und zu jeder Zeit den gleichen Anblick bietet. Diese Beobachter würden immer die etwa gleiche großräumige Verteilung der Materie in allen Bereichen und in jeder Richtung beobachten.

„Von oben nach unten"-Theorie ist ein Szenarium für die Bildung großräumiger Strukturen, bei dem die größten Objekte (Galaxien-Superhaufen) zuerst entstehen und sich die Struktur in der Folge durch Fragmentierung entwickelt, bis schließlich die kleinsten Galaxien gebildet wurden.

„Von unten nach oben"-Theorie ist ein Szenarium für die Bildung großräumiger Strukturen, bei dem die kleinsten Objekte (Zwerggalaxien) zuerst entstehen und die Struktur sich hierarchisch entwickelt, bis schließlich die größten Galaxien-Superhaufen entstehen.

Weißer Zwerg ist ein dichter, heißer Stern geringer Leuchtkraft, der seinen Vorrat an Kernbrennstoff verbraucht hat und sich im Endstadium seiner Entwicklung befindet. Sterne mit weniger als 1.4 Sonnenmassen werden schließlich zu Weißen Zwergen mit typischen Durchmessern von etwa 1 Prozent des Sonnendurchmessers und Dichten im Bereich 10^8 bis 10^{11} Kilogramm Meter^{-3} haben.

Weißes Rauschen ist ein völlig zufälliges und unkorreliertes Rauschen, das bei allen Frequenzen die gleiche Leistung besitzt.

Wellenlänge Elektromagnetische Strahlung wird durch ihre Wellenlänge oder ihre Frequenz charakterisiert, deren Produkt gleich der Lichtgeschwindigkeit ist. Die Wellenlänge ist die Entfernung zwischen aufeinanderfolgenden Wellenfronten, und die Frequenz ist die Zahl der Wellenfronten, die an einen gegebenen Punkt in einer Sekunde vorbeilaufen. Im sichtbaren Bereich hat das Licht eine Wellenlänge von 400 bis 700 Nanometer und eine Frequenz von 7×10^{14} bis 4×10^{14} Hertz.

Wirbeltheorie ist die Kosmogonie des Sonnensystems von Descartes, der 1644 die These entwickelte, daß sich Sonne und Planeten aus Materie zusammenballten, die sich in einem System von Wirbeln auf allen Skalen bewegten.

Zwillingsauspuff-Modell ist ein theoretisches Modell für Radiogalaxien, in dem angenommen wird, daß eine kompakte Quelle im Kern einer Galaxie einen Doppelstrahl eines sich rasch bewegenden Plasmas aussendet, das Hunderttausende von Lichtjahren durchquert, um schließlich im umgebenden intergalaktischen Gas sich auffächernd zum Halt zu kommen. Die in den Radiokeulen abgestrahlte Energie stammt aus der Dissipation dieses Gases.

Abbildungsnachweis

Umschlagmotiv: mit freundlicher Genehmigung des European Southern Observatory. Frontispiz: National Radio Astronomy Observatory, operated by Associated Universities Inc., under contract with the National Science Foundation (VLA-Beobachtungen von C.P. O'Dea und F.N. Owen).

2.4: Mit Genehmigung des Muzeum Okregowego w Toruniu. 2.5: Kopernikus' eigene Żeichnung im Originalmanuskript. Die Abbildung im Buch des Kopernikus ist von minderer Qualität und ist möglicherweise ohne Bezug auf Kopernikus geändert worden. 2.7: Photographie des Yerkes Observatory. 2.9: Photographie Cramponi Brüssel. 2.10: Mit Genehmigung der Huntington Library, San Marino, California. 2.11: American Institute of Physics, Niels Bohr Library. 3.5: Aus *Pulsating Stars and Cosmic Distances* von Robert Kraft, ©1959 by Scientific American, Inc. All rights reserved. 3.6: Daten von P. Schechter, *Astrophysical Journal* **203**, S. 297 (1976). 3.7: S. Strom, Kitt Peak National Observatory. 3.9, 3.10, 3.11, 10.10, 10.13, 10.14, 10.15, 11.8(a), 12.6(a), 13.1: Hale Observatories. 3.13: P.J.E. Peebles. 4.2(a,b): C.B. Moore. 4.2(c): Courtesy of American Museum of Natural History. 4.4, 13.7, 13.9, 14.5, 15.2, 16.3: Lick Observatory. 4.6: Mullard Radio Astronomy Observatory, Cambridge, England. 4.7: Bell Laboratories. 4.8: Daten von D. Woody und P. Richards, *Physical Review Letters* **42**, S. 925 (1979). 6.4: D. Bennett und F. Bouchet. 7.1, 7.2: Daten von R.V. Wagoner, *Astrophysical Journal* **179**, S. 343 (1973). 7.3: Daten von D. York und J. Rogerson, *Astrophysical Journal* **203**, S. 378 (1976). 10.5: Daten von E.J. Groth und P.J.E. Peebles, *Astrophysical Journal* **217**, S. 385 (1977). 10.6, 10.7, 14.8: M. Davis, G. Efstathiou, C. Frenk, S.D.M. White. 10.11: Daten von T. van Albada und J. van Gorkom, *Astronomy and Astrophysics* **54**, S. 121 (1977). 11.1: Daten von E. Turner und J. Gott, *Astrophysical Journal Supplement* **32**, S. 411 (1976). 11.3. V. de Lapparent, M. Geller und J. Huchra, *Astrophysical Journal Letters* **302**, L1 (1986). 11.4: P. Gorenstein. 11.5: Daten von R.J. Mitchell, J.L. Culhane, P.N. Davison und J.C. Ives, *Monthly Notices Royal Astronomical Society* **176**, S. 29P (1976). 11.6: D. Malin und D. Carter. 11.7: L. Hernquist und P. Quinn. 11.8: Daten von M.S. Roberts und R.N. Whitehurst, *Astrophysical Journal* **201**, S. 343 (1975). 12.1: Aus *The Cosmic Bakkground Radiation* von Adrian Webster. ©1974 by Scientific American, Inc. All rights reserved. 12.2(a): Cerro Tololo Inter-American Observatory. 12.2(b): Daten von J. Grindley, *Astrophysical Journal* **199**, S. 49 (1975). 12.3(a): G.K. Miller, K.J. Wellington, H. van der Laan, *Astronomy and Astrophysics* **38**, S. 381 (1985).

12.3(b): C.P. O'Dea und F.N. Owen, *Astrophysical Journal* **301**, S. 841 (1986). 12.6(b): Daten von B.N. Swanenburg et al., *Nature* **275**, S. 298 (1978). 12.7: Aus *The Evolution of Quasars* von Marteen Schmidt und Francis Bello, ©1971 by Scientific American, Inc. All rights reserved. 12.8: A.M. Wolfe. 12.10: V. Petrosian und R. Lynds. 13.6: H. Ungerechts und P. Thaddeus. 13.8: Daten von J. Scalo, in *Protostars and Planets*, Hrsg. T. Gehrels (University of Arizona Press), S. 265 (1978). 13.10: B.J. Bok. 15.4: J. Kristian, Hale Observatories. 15.8: Ellis Miller. 15.9(a): C.B. Moore. 15.9(b): Mit Erlaubnis des American Museum of Natural History. 16.2: Aus *The Discovery of Icarus* von Robert S. Richardson. ©1965 by Scientific American, Inc. All rights reserved. 16.4: Mit Erlaubnis des American Museum of Natural History. 16.10: J. Tarter. 17.1: Daten von M. Ryle. Reproduziert mit Erlaubnis aus *Annual Review of Astronomy and Astrophysics* **6**, S. 249. ©1968 by Annual Reviews, Inc. 17.3: Daten von J.A. Tyson. 17.4: W. Harris und D. Vanden Berg. 17.5: O. Lahav. 17.6: NASA.

Register